“十二五”普通高等教育本科国家级规划教材

中国石油和化学工业优秀教材一等奖

# 化工热力学

## 第三版

陈钟秀　顾飞燕　胡望明　编著

U0201797

化学工业出版社

·北京·

**图书在版编目（CIP）数据**

化工热力学/陈钟秀，顾飞燕，胡望明编著．—3版．
北京：化学工业出版社，2012.1（2024.11重印）
普通高等教育"十二五"重点规划教材
ISBN 978-7-122-12536-1

Ⅰ. 化… Ⅱ. ①陈…②顾…③胡… Ⅲ. 化工热力
学 Ⅳ. TQ013.1

中国版本图书馆CIP数据核字（2011）第209218号

---

责任编辑：赵玉清　　　　　　　　　　文字编辑：周　倜
责任校对：郑　捷　　　　　　　　　　装帧设计：关　飞

---

出版发行：化学工业出版社（北京市东城区青年湖南街13号　邮政编码100011）
印　　装：河北延风印务有限公司
787mm×1092mm　1/16　印张21½　字数579千字　2024年11月北京第3版第19次印刷

购书咨询：010-64518888　　　　　　售后服务：010-64518899
网　　址：http://www.cip.com.cn
凡购买本书，如有缺损质量问题，本社销售中心负责调换。

---

定　　价：49.80元　　　　　　　　　　　　版权所有　违者必究

# 第三版前言

　　近年来，由于化学工业的快速发展，化工热力学的研究范畴不断拓宽和深化，不少新的理论与方法应运而生，特别在热力学理论模型开发及其在化工计算中的应用方面均有重要的进展。为了满足新时代下高等院校对课程教育改革的要求，编者在广泛征集对《化工热力学》教材的使用意见和建议的基础上，对第二版教材进行修改和补充。本书第二版自 2001 年出版以来，作为相关专业本科生与研究生的教材，深受师生的欢迎，收到很多好的建议和评价，已经印刷 16 次，印数达 88100 册。

　　编者根据多年教学经验和体会，参阅近年来国内、外出版的相关教材和文献资料，考虑热力学理论的严谨性、逻辑性强的特点，力求强化基本概念与原理，注重工程中的应用和学生综合能力的培养，适当介绍近代化工热力学的进展。本书保持第二版教材的基本结构，注意教学内容之间的衔接，对某些章节安排作适当的调整。增添了以下内容：热力学的发展简史；状态方程及其混合规则的发展；固体在超临界流体中的溶解度以及固液平衡；高分子膜和凝胶；熔点与凝固点的估算方法等。本书中也删去一些与基础教学联系不甚紧密的内容。此外，各章节均作了文字的修正和完善，力求叙述简要，条理清晰。每章安排了相关的习题。附录中增添了流体热力学性质的普遍化数据和热力学主题词的中、英文对照。标题中标有 * 号的内容，教学中可根据情况适当取舍。

　　浙江大学吴兆立教授担任本书主审，他给予认真的审阅和热情的指导。在本书的编写过程中，浙江大学化工系的领导、化学工程研究所的全体同仁给予大力支持和帮助。兄弟院校的化工热力学任课老师为本书的编写提出中肯的意见与建议。本教材第一、二版发行后得到读者的热情关注和欢迎，在此一并表示衷心的感谢。

　　本书第 1、5、7 章由顾飞燕执笔，第 2、8、9 章由胡望明执笔，其余由陈钟秀执笔。由于编者水平有限，书中不妥之处，敬请读者批评指正。

编　者

2011 年 7 月

# 第一版前言

化工热力学是化学工程学科的一个重要分支，是化工类专业必修的专业基础课程。1990 年的全国高校化工工艺类专业教学指导委员会教材工作会议制订了化工热力学课程大纲，并确定由编者承担本书的编写工作。

在编写中，编者在多年的教学实践基础上，总结过去所编写的教材，参考了国内外近期出版的有关教材和专著，内容上注意了与物理化学课程的衔接。在着重阐述热力学原理的同时，注重其在工程中的应用，叙述上力求由浅入深。为了提高学生的运算能力，书中附有若干常用的计算机框图，在每章中安排了较多的例题，附录中列出常用物质的物性数据和图表。

全书共分 8 章。第 1 章绪论。第 2、3 章分别介绍流体及其混合物的 $p$-$V$-$T$ 关系和热力学性质，这是学习后面各章的基础。第 4 章是化工过程的能量分析，对能量的有效利用进行分析和评述。第 5 章是蒸气动力循环与制冷循环。第 6 章是溶液的热力学性质。第 7、8 章是运用热力学解决化工领域中的相平衡与化学反应平衡的问题，这两章是热力学和传质、分离、反应工程间联系的纽带。

全国高等学校化工工艺类专业教学指导委员会对本书的编写给予了大力支持和鼓励。成都科技大学苏裕光教授担任本书的主审，给予了认真审阅和热情指导。浙江大学侯虞钧、吴兆立教授对本书提出了宝贵意见，化工热力学教研室全体同志提供了许多方便，在此一并深表谢意。

本书第 1、5、7 章由顾飞燕编写，其余由陈钟秀编写。由于编者水平有限，书中缺点和错误在所难免，敬请读者批评指正。

编 者

1991 年 12 月于浙江大学

# 第二版前言

本书自第一版出版以来，已连续 5 次印刷，共计 32000 册，得到了读者的广泛支持。1996 年荣获全国高等学校化工类优秀教材原化学工业部二等奖；1998 年获浙江省科学技术进步三等奖；1999 年被浙江省教育委员会确定为"浙江省高等教育面向 21 世纪教学内容和课程体系改革课题"。随着科学技术的不断发展，根据拓宽专业基础，提高综合素质，增加创新能力的要求，我们深感热力学教材在阐述热力学原理时，除了注意其在工程中的应用外，还需要反映近代热力学的发展。为此，在广泛征集第一版教材使用意见和建议下对本书进行重新组织编写。书中第 8、9 章和第 11 章是重新编写的，其他章节在原有基础上也作了较大的修改和增减。在某些内容上标有 * 号的，教学中可根据情况适当取舍。为加强本书应用性，在各章增加了相应的例题与习题。

根据国家法定表示方法，规定系统得功时 $W$ 为正值，而对环境做功时 $W$ 为负值，这与以往不少教材中的习惯规定相反，务请注意。

本书的编写得到了化学工程与工艺专业教学指导委员会的支持和鼓励。浙江大学吴兆立教授担任了本书的主审，给予了认真的审阅和热情的指导。四川联合大学苏裕光教授对本书提出了宝贵意见。全国许多兄弟院校中的任课教师也为第二版的编写提出了许多中肯意见。在此一并表示衷心的感谢。

本书第 1、6、7 章由顾飞燕执笔，第 2、8、9 章由胡望明执笔，其余由陈钟秀执笔。由于编者水平有限，书中不当之处，敬请批评指正。

编　者
2000 年 9 月

# 目　　录

# 1 绪　　论

## 1.1　热力学的发展及化工热力学的研究对象

　　热力学是在研究热现象的应用中产生的。热现象的重要应用之一是利用热而获得机械功。热力学的发展初期，其研究的主要问题就是热和机械功的相互转换。16 世纪末，Galileo 根据空气受热膨胀的原理制造了测温仪器，给予温度定性的指示。1660 年 Ferdinand Ⅱ 制造了酒精温度计。随着水银温度计的制造与改良，华氏温标、摄氏温标的选定，才有可能对物质的热性质进行定量的研究。但当时对热的本质认识是朦胧的。在较长一段时间内流行两种不同的说法：其一是热质说，认为热是一种没有质量的流质，可透入一切物质之中；另一种说法认为热是一种运动的表现。直到 1842 年德国医生 Mayer 首次发表论文，提出热是能量的一种形式，可以与机械能相互转换，但总的能量保持不变。1843～1850 年，Joule 以多种实验方法测定了热功当量值，明确了热是能量的一种形式，它只能在物体之间交换能量的过程中出现。在此基础上，发现与建立热力学第一定律。应指出，除了 Mayer 与 Joule 外，其他国家的科学家从不同的角度也为热力学第一定律的建立作出贡献。

　　热力学第二定律的建立是和热机工作的分析相联系的。18 世纪初，蒸汽机的出现及广泛应用推动了对热机的理论研究。Carnot 于 1824 年进行这方面的工作，并提出热机最高效率的概念。19 世纪 50 年代 Clausius 重新审查了 Carnot 的工作，根据热传导总是从高温到低温而不能反之进行这一事实，提出了热力学第二定律的表述。Kilvin 也独立地从 Carnot 的工作中发现了热力学第二定律，对第二定律作了另一种表述。热力学第二定律引进了熵和绝对温度的概念，建立了热力学第二定律。两个热力学基本定律建立之后，将热力学基本定律应用于实际过程中，又提出了反映物质特性的热力学函数，确定了热力学函数与各种物质性质之间的关系，进一步研究不同物质在相变和化学变化中所遵循的具体规律等。19 世纪末，Gibbs 建立了热力学平衡的普遍条件，发展了相理论。1912 年，由于研究低温下物质的性质，Nernst 建立了热力学第三定律。

　　热力学基本定律、热力学函数以及其他的基本概念构成热力学理论的基础。它是研究能量、能量转换以及与能量转换有关的物性间相互关系的科学。如今，热力学已发展成一门严密的、系统性强的学科。近年来，计算机的广泛应用已将繁复的热力学计算变为可能，新的计算工具引进了新的观点、新的方法以及新的理论。

　　热力学基本定律总结了自然界的客观规律。以热力学基本定律为基础进行数学演绎、逻辑推理而得到的热力学理论具有普遍性、可靠性与实用性，可应用于机械工程、化学、化学工程等各领域。由此形成工程热力学、化学热力学和化工热力学等重要分支。化工热力学集化学热力学与工程热力学之大成，既要解决化学问题，又要解决工程问题。它的主要任务是以热力学基本定律为基础，研究化工过程中各种能量的相互转换及其有效利用的规律，研究物质状态变化与物质性质之间的关系，研究物理或化学变化达到平衡的理论极限、条件与状态。近年来，随着化学工业的发展和化工分离新技术的出现，化工热力学涉及的研究物质由极性或非极性的小分子扩展到电解质、高分子化合物、生物大分子；涉及的状态不仅仅是一般的气体、液体与固体，且扩展到液晶、凝胶、超临界状态；讨论的问题不仅仅是常规的相平衡，且扩大到高压临界现象、界面现象以及综合相变与化学变化的耦合过程。以上这些将扩宽和深化化工热力学的研究范畴，促进化工热力学学科的发展。

化工热力学与化学反应工程、化工分离过程关系密切。化工热力学在化学工程中的地位与应用可简单概括为：它是化工过程研究、开发和设计的理论基础。在生产实践中，诸如指导与解决混合物的有效分离，判断与指导能量的合理利用，控制物质变化的方向性和限度，制备具有一定性能的材料，如何提高产率等问题，热力学是必不可少的有力工具。

## 1.2 热力学的研究方法

热力学的研究方法有宏观研究方法与微观研究方法两类。

以宏观方法研究平衡态体系的热力学称为经典热力学。宏观研究方法是将大量分子组成的体系视为一个整体，研究大量分子中发生的平均变化，用宏观物理量来描述体系的状态，以宏观观点考察体系间的相互作用，不考虑物质的微观结构与过程机理。采用对大量宏观现象的直接观察与实验，总结出规律。所以经典热力学的最大特点就是得到的规律或结论具有普遍适用性与可靠性，不因具体体系而异。此研究方法由于简单、可靠，容易解决工程中的问题，在化学工程中得到广泛应用。

宏观研究方法的不足之处是由于不涉及物质的微观结构，从而建立起来的热力学宏观理论不能解释微观的本质及其发生的内部原因。另外，经典热力学基于可逆过程、平衡态两个重要概念，所得的结果是实际过程所能达到的最大极限，而实际过程往往是不可逆的。20 世纪中叶后发展的不可逆热力学可弥补这方面的不足，但这门新兴学科有待于进一步完善。

微观研究方法是建立在大量粒子群统计性质的基础上，它是对物质微观结构的观察与分析问题，预测与解释平衡状态下物质的宏观特性。用微观观点与统计方法研究热力学的规律，称为统计热力学或分子热力学。其优点是对热力学原理可获得较深入的理解。这种研究方法在化工热力学学科的发展中得到重视，也取得显著的效果。微观研究方法的局限性是对物质的微观结构采用假设的模型，这种假设的模型只是物质结构的近似描写，应用于复杂分子、高压下的气体或液体等体系时，需要根据实际数据确定模型的可调参数。

经典热力学与分子热力学是关系密切又各自独立的两门学科，对热力学现象的研究，它们能起到相辅相成、殊途同归的作用。

## 1.3 热力学名词与定义

### 1.3.1 体系与环境

分析任何现象或任何过程首先要明确研究的对象。在热力学分析中，将研究中涉及的一部分物质（或空间）从其余物质（或空间）中划分出来。其划分出来部分称为体系，其余部分称为环境。体系与环境之间的分界面称为边界。体系的边界可以是真实的，或是假想的，也可以是静止的，或可以是运动的。

根据体系与环境的相互关系，热力学体系可分为如下三种。

孤立体系：体系与环境之间既无物质的交换又无能量的交换。

封闭体系：体系与环境之间只有能量的交换而无物质的交换。

敞开体系：体系与环境之间可以有能量与物质的交换。

应当指出，体系的选择是人为地根据实际情况，以解决问题带来方便为原则。

### 1.3.2　平衡状态与状态函数

状态是指体系在某一瞬间所呈现的宏观物理状况。热力学中，一般说体系处于某个状态，即指平衡状态。

平衡状态的定义：体系在不受外界影响的条件下，如果它的宏观性质不随时间而变化，此体系处于热力学平衡状态。达到热力学平衡（即热平衡、力平衡、相平衡和化学平衡）的必要条件是引起体系状态变化的所有势差，如温度差、压力差、化学位差等均为零。可见平衡体系就是没有状态变化条件下存在的体系。

需要指出，当体系达到平衡状态时，组成体系的分子处于不断运动中，但分子运动的平均效果不随时间而变，因而表现为宏观状态不变。平衡状态实质上是动态平衡。

描述体系所处状态的宏观物理量称为热力学变量，亦称为状态函数。常用的状态函数有压力、温度、比容、内能、焓、熵、自由焓等。

热力学变量可以分为强度量与广度量。强度量的数值仅取决于物质本身的特性，而与物质的数量无关，如温度、压力、密度、摩尔内能等。广度量的数值与物质的数量成正比，如体积、质量、焓、熵、内能、自由焓等。须指出，单位质量的广度量显然是一种强度量。

### 1.3.3　过程与循环

过程是指体系由某一平衡状态变化到另一平衡状态时所经历的全部状态的总和。过程可以按不同的范畴进行分类。按过程中某个状态函数的变化规律来分，有等压过程、等温过程、等容过程、等熵过程等。按可逆程度来分，有可逆过程与不可逆过程。

可逆过程是热力学中极为重要的概念。定义为：某一过程完成后，如果令过程逆行而能使过程中所涉及的体系与环境均能完全回复到各自的原始状态而不留下任何变化，此过程称为可逆过程。它是一种只能趋向而实际上不能实现的理想过程。可逆过程的特点是状态变化的推动力与阻力无限接近，体系始终无限接近平衡状态。

不可逆过程：一个单向过程发生之后一定留下一些痕迹，无论用何种方法也不能将此痕迹完全消除，在热力学上称为不可逆过程。可以说，一切实际存在的过程皆是不可逆过程。

体系经过一系列的状态变化过程后，最后又回到最初状态，则整个的变化称为循环。循环有正向循环与逆向循环之分。凡是使热能转变为机械能的热力循环称为正向循环，在 $p$-$V$ 图上以顺时针方向循环，工程上采用的热机是利用正向循环。消耗能量迫使热量从低温物体取出，并传至高温物体。在 $p$-$V$ 图上以逆时针方向循环称为逆向循环。制冷、热泵是利用逆向循环工作的。

### 1.3.4　温度和热力学第零定律

实验观察可知，当两个物体分别与第三个物体处于热平衡时，则此两个物体彼此之间也必定处于热平衡。这是经验的叙述，称热平衡定律，又称热力学第零定律。历史上，这个定律被公认为热力学公理之前，热力学第一定律、第二定律已命名，之所以称第零定律，只是因为在逻辑表述上，热平衡定律应在第一定律、第二定律之前阐述之故。

热力学第零定律为建立温度的概念提供了实验基础。根据热力学第零定律，处于同一热平衡状态的所有体系必定有一宏观特性是彼此相同的，描述此宏观特性的参数称为温度。

上述的温度定义仅是定性的，完整的温度定义还需要包括温度数值的表示法——温标。建立任何一种温标除了选择一定的测温手段外，还需要规定温标的基准点与分度方法。工程上常用的有绝对温标（K）、摄氏温标（℃）与华氏温标（℉）等。国际单位制采用绝对温标。绝对温标指定水的凝固点为 273.15K。

摄氏温标与绝对温标的换算关系为：$t(℃)=T(K)-273.15$。

### 1.3.5　热与功

热是研究热现象中引进的概念。热力学中，热的定义是通过体系的边界，体系与体系（或体系与环境）之间由于温差而传递的能量。需要指出：

① 不能把热视为是贮存在体系内的能量，它只是能量的传递形式。当能量以热的形式传入体系后，不是以热的形式贮存，而是增加了该体系的内能。

② 热不是状态函数，它与过程变化的途径有关。

③ 习惯规定，体系吸热为正值，体系放热为负值。

功是体系与环境之间传递能量的又一种形式。热力学中定义："功是除温差以外的其他势差而引起体系与环境之间传递的能量。"由于做功的方式不同，存在各种形式的功，如机械功、电功、化学功、表面功、磁功等。

在热力学中，经常遇到有限压缩过程或膨胀过程的做功方式。如果过程是可逆进行，那么做功的表达式 $W = -\int_{V_1}^{V_2} p\mathrm{d}V$，式中，$p$ 为体系的压力；$V_1$、$V_2$ 分别为过程前、后的体积值。做功表达式中负号是为了与功所采用的习惯符号一致。功也不是状态函数，其数值与过程变化的途径有关。习惯规定，体系对环境做功为负值，而环境对体系做功为正值。

# 2 流体的 $p\text{-}V\text{-}T$ 关系

在众多的热力学性质中，流体的压力 $p$、摩尔体积 $V$ 和温度 $T$ 是可以通过实验测量的；利用流体 $p\text{-}V\text{-}T$ 数据和热力学基本关系式可计算不能直接从实验测得的其他性质，如焓 $H$、内能 $U$、熵 $S$、自由焓 $G$ 等。因此，流体 $p\text{-}V\text{-}T$ 关系的研究是一项重要的基础工作。

## 2.1 纯物质的 $p\text{-}V\text{-}T$ 关系

图 2-1 的三维曲面显示了处于平衡态下的纯物质 $p\text{-}V\text{-}T$ 关系，曲面以上或以下的空间是不平衡区。三维曲面上"固"、"液"和"气（汽）"分别代表固体、液体和气体的单相区；"固-汽"、"固-液"和"液-汽"分别表示固汽、固液和液汽平衡共存的两相区。两相区在 $p\text{-}T$ 图（图 2-2）上的投影是三条相平衡曲线，升华线、熔化线和汽化线，三线的交点是三相点。汽化线的另一个端点是临界点 $C$，它表示汽液两相能共存的最高压力和温度，即临界压力 $p_c$ 和临界温度 $T_c$。高于临界压力和温度的区域称为超临界流体区。从液体到流体或从气体到流体

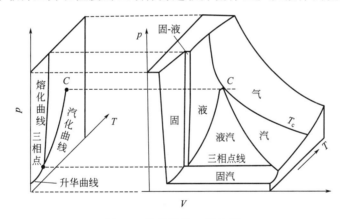

图 2-1　纯物质的 $p\text{-}V\text{-}T$ 图

都是渐变过程，不存在相变。超临界的流体既不同于液体，又不同于气体。它的密度可以接近液体，但具有类似气体的体积可变性和传递性质，可作为特殊的萃取溶剂和反应介质。因此，开发超临界流体区的分离技术和反应技术，近年来成为引人注目的热点。

流体 $p\text{-}V\text{-}T$ 关系，还可以用以 $T$ 为参变量的 $p\text{-}V$ 图表示，见图 2-3。图中高于临界温度的等温线 $T_1$、$T_2$，曲线平滑且不与相界线相交，近于双曲线，即 $pV=$ 常数。小于临界温度的等温线 $T_3$、$T_4$ 由三个不同部分组成。中间水平线段表示汽液平衡共存，在给定温度下对应一个确定不变的压力，即该纯物质的饱和蒸气压。汽液平衡混合物的组成从左端 $100\%$ 液体变化到右端 $100\%$ 气体。曲线 $AC$ 为饱和液体线，曲线 $BC$ 为饱

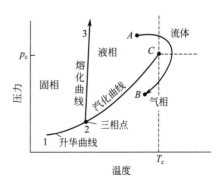

图 2-2　纯物质的 $p\text{-}T$ 图

和蒸气线。曲线 $ACB$ 下面是两相区，其左、右面分别为液相区和气相区。

等温线在两相区中的水平线段随着温度升高而缩短，最后在临界温度时缩成一点 $C$。从图 2-3 上看出，临界等温线在临界点上的斜率和曲率都等于零。数学上表示为

$$\left(\frac{\partial p}{\partial V}\right)_{T=T_c}=0 \tag{2-1}$$

$$\left(\frac{\partial^2 p}{\partial V^2}\right)_{T=T_c}=0 \tag{2-2}$$

式(2-1) 和式(2-2) 提供了经典的临界点定义。Martin 和侯虞钧（Hou Yujun）在研究气体状态方程时发现，在临界点 $p$ 对 $V$ 的三阶和四阶导数也是零或是很小的数值。

随着温度变化，饱和液体和饱和蒸气的密度迅速改变，但两者改变的总和变化甚微。Cailleter 和 Mathias[1] 注意到，当以饱和液体和饱和蒸气密度的算术平均值对温度作图时，得一近似的直线，如图 2-4 所示。这结果称为直线直径定律，常用于临界密度的实验测定。

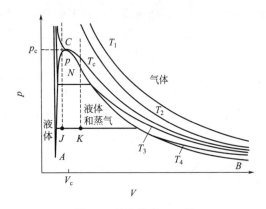

图 2-3　纯物质的 $p$-$V$ 图

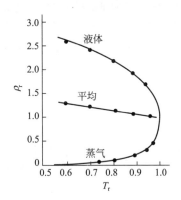

图 2-4　直线直径定律

## 2.2　气体的状态方程

描述流体 $p$-$V$-$T$ 关系的函数式为

$$f(p,V,T)=0 \tag{2-3}$$

据相律可知，纯流体的 $p$、$V$、$T$ 性质中任意两个确定后，体系的状态也就确定了。故式(2-3) 称为状态方程（EOS）。状态方程的重要价值表现为：

① 用状态方程可精确地代表相当广泛范围内的 $p$-$V$-$T$ 数据，从而大大减少实验测定的工作量；

② 用状态方程可计算不能直接从实验测定的其他热力学性质；

③ 用状态方程可进行相平衡计算，如计算饱和蒸气压、混合物汽液平衡、液液平衡等。尤其在计算高压汽液平衡时的简捷、准确、方便，是其他方法不能与之相比的。

总之，离散的 $p$-$V$-$T$ 实验数据点，经状态方程函数化后，在化工过程开发和设计中，不但可避免传统查图查表的麻烦，而且借助电子计算机可实现准确快速的计算，极大提高工作效率。

一个优秀的状态方程应是形式简单，计算方便，适用范围广，计算不同热力学性质均有较高的准确度。但已发表的数百个状态方程中，能符合这些要求的为数不多。因此有关状态方程

❶　Cailleter L，Mathias E C. Compt. Rend，1886，102：1202.

的深入研究尚在继续进行。

状态方程按形式、结构通常可分为两类：非解析型和解析型。解析型状态方程又分为密度为三次方的立方型方程和多常数 Virial 型方程。非解析型方程主要针对特定流体作高精度描述，无普适性。本教材介绍重要而常用的解析型状态方程。

### 2.2.1 理想气体方程

理想气体方程是最简单的状态方程，即

$$pV = RT \quad \text{或} \quad p = \frac{RT}{V} \tag{2-4}$$

式中，$p$ 为气体压力；$V$ 为气体摩尔体积；$T$ 为绝对温度；$R$ 为通用气体常数，其数值见表 2-1。

**表 2-1　通用气体常数 $R$ 的值**

| $R$ | 单　　位 | | $R$ | 单　　位 | |
|---|---|---|---|---|---|
| 1.987 | 卡/(摩尔·K) | cal[①]/(mol·K) | 83.14 | (厘米³·巴)/(摩尔·K) | (cm³·bar[③])/(mol·K) |
| 8.314 | 焦耳/(摩尔·K) | J/(mol·K) | 0.08205 | (米³·大气压)/(千摩尔·K) | (m³·atm)/(kmol·K) |
| 82.05 | (厘米³·大气压)/(摩尔·K) | (cm³·atm[②])/(mol·K) | 8.314×10³ | (米³·帕)/(千摩尔·K) | (m³·Pa)/(kmol·K) |

① 1cal=4.186J。
② 1atm=1.013×10⁵Pa。
③ 1bar=10⁵Pa。

理想气体是极低压力和较高温度下各种真实气体的极限情况，实际上并不存在。理想气体方程除了在工程设计中可用作近似估算外，更重要的是为判断真实气体状态方程的正确程度提供了一个标准。当 $p \to 0$ 或者 $V \to \infty$ 时，任何真实气体状态方程都应还原为理想气体方程。

使用状态方程时，应注意通用气体常数 $R$ 的单位必须和 $p$、$V$、$T$ 的单位相适应。

### 2.2.2 立方型状态方程

所谓立方型状态方程是因为方程可展开为体积（或密度）的三次多项式。van der Waals 方程（1873 年）是第一个适用真实气体的立方型方程，是对理想气体方程(2-4)的校正。

$$p = \frac{RT}{V-b} - \frac{a}{V^2} \tag{2-5}$$

方程中常数 $a$、$b$ 分别是考虑到分子有体积和分子间存在相互作用的校正。利用临界点 $(\partial p/\partial V)=0$，$(\partial^2 p/\partial V^2)=0$ 的条件可确定

$$a = \frac{27R^2 T_c^2}{64 p_c}; b = \frac{RT_c}{8 p_c}$$

虽然 van der Waals 方程准确度不高，无很大实用价值，但建立方程的理论和方法对以后立方型方程的发展产生了重大影响。目前工程上广泛采用的立方型方程基本上都是从 van der Waals 方程衍生出来的。其中有代表性的有如下几个。

（1）Ridlich-Kwang 方程（1949 年）

Ridlich-Kwang 方程简称 RK 方程，其形式为

$$p = \frac{RT}{V-b} - \frac{a}{T^{0.5} V(V+b)} \tag{2-6}$$

式中，$a$、$b$ 是方程常数，与流体的特性有关，由纯物质临界性质计算

$$a = 0.42748 R^2 T_c^{2.5}/p_c \tag{2-7a}$$

$$b = 0.08664 RT_c/p_c \tag{2-7b}$$

RK 方程适用非极性和弱极性化合物，计算准确度比 van der Waals 方程有很大提高，但

对多数强极性化合物仍有较大偏差。

（2）Soave-Ridlich-Kwang 方程（1972 年）

$$p = \frac{RT}{V-b} - \frac{a(T)}{V(V+b)} \tag{2-8}$$

该方程简称 SRK 方程。Soave 对 RK 方程的改进是将原方程中的常数 $a$ 作为温度函数，即

$$a(T) = a_c \times \alpha(T) = 0.42748R^2 T_c^2 / p_c \times \alpha(T) \tag{2-9a}$$

$$b = 0.08664RT_c / p_c \tag{2-9b}$$

$$\alpha(T) = [1 + m(1 - T_r^{0.5})]^2 \tag{2-9c}$$

$$m = 0.480 + 1.574\omega - 0.176\omega^2 \tag{2-9d}$$

式中，$\omega$ 为偏心因子。

SRK 方程提高了对极性物质和量子化流体 $p$-$V$-$T$ 计算的准确度。更主要的是 Soave 对方程的改进使方程可用于饱和液体密度的计算。在此基础上，用单一的 SRK 方程便可较精确地计算汽液平衡，拓宽了方程应用的领域。

（3）Peng-Robinson 方程（1976 年）

$$p = \frac{RT}{V-b} - \frac{a(T)}{V(V+b) + b(V-b)} \tag{2-10}$$

其中

$$a(T) = a_c \times \alpha(T) = 0.45724R^2 T_c^2 / p_c \times \alpha(T) \tag{2-11a}$$

$$b = 0.07780RT_c / p_c \tag{2-11b}$$

$$\alpha(T) = [1 + k(1 - T_r^{0.5})]^2 \tag{2-11c}$$

$$k = 0.3746 + 1.54226\omega - 0.26992\omega^2 \tag{2-11d}$$

Peng-Robinson（PR）方程中常数 $a$ 仍是温度的函数，对体积表达的更精细的修正目的是为了提高方程计算 $Z_c$ 和液体密度的准确性。因此 PR 方程在计算饱和蒸气压、饱和液相密度方面有更好的准确度。PR 方程和 SRK 方程一样，是工程相平衡计算中最常用的方程之一。

（4）Patel-Teja 方程（1982 年）

$$p = \frac{RT}{V-b} - \frac{a(T)}{V(V+b) + c(V-b)} \tag{2-12}$$

其中

$$a(T) = \Omega_a R^2 T_c^2 / p_c \times \alpha(T) \tag{2-13a}$$

$$b = \Omega_b RT_c / p_c \tag{2-13b}$$

$$c = \Omega_c RT_c / p_c \tag{2-13c}$$

$$\alpha(T) = [1 + F(1 - T_r^{0.5})]^2 \tag{2-13d}$$

$\Omega_a$、$\Omega_b$ 和 $\Omega_c$ 的计算方法如下

$$\Omega_c = 1 - 3\xi_c$$

$$\Omega_a = 3\xi_c^2 + 3(1 - 2\xi_c)\Omega_b + \Omega_b^2 + \Omega_c$$

而 $\Omega_b$ 是下式中最小的正根

$$\Omega_b^3 + (2 - 3\xi_c)\Omega_b^2 + 3\xi_c^2 \Omega_b - \xi_c^3 = 0$$

上述诸式中的 $\xi_c$ 及 $F$ 是两个经验参数，由纯物质的饱和性质求得。

Patel-Teja（PT）方程中引进了新的常数 $c$，常数个数达到三个。常数多有利于提高方程的准确度，但也给方程的简明性和易算性带来损失。用 PT 方程计算了一些极性和非极性纯物质的饱和气体和液体密度，其平均偏差分别为 $1.44\%$ 和 $2.94\%$（1070 个数据点）。用 PT 方程计算轻烃、醇水等体系的汽液平衡也取得较好结果。

**表 2-2 立方型方程三次展开式**

摩尔体积 $V$ 的三次展开式

| RK 方程 | $V^3 - \dfrac{RT}{p}V^2 + \dfrac{1}{p}\left(\dfrac{a}{T^{0.5}} - bRT - pb^2\right)V - \dfrac{ab}{pT^{0.5}} = 0$ | (2-14) |

| SRK 方程 | $V^3 - \dfrac{RT}{p}V^2 + \dfrac{1}{p}(a - bRT - pb^2)V - \dfrac{ab}{p} = 0$ | (2-15) |

| PR 方程 | $V^3 - \left(\dfrac{RT}{p} - b\right)V^2 + \dfrac{1}{p}(a - 2bRT - 3pb^2)V - \dfrac{ab}{p} + \dfrac{RTb^2}{p} + b^3 = 0$ | (2-16) |

| PT 方程 | $V^3 - \left(\dfrac{RT}{p} - c\right)V^2 + \dfrac{1}{p}[a - RT(b+c) - 2pbc - pb^2]V - \dfrac{ab}{p} + \dfrac{RTbc}{p} + b^2 c = 0$ | (2-17) |

压缩因子 $Z$ 的三次展开式

| RK 方程 | $Z^3 - Z^2 + (A - B - B^2)Z - AB = 0$ | (2-18) |

| SRK 方程 | $Z^3 - Z^2 + (A - B - B^2)Z - AB = 0$ | (2-19) |

| PR 方程 | $Z^3 - (1-B)Z^2 + (A - 2B - 3B^2)Z - (AB - B^2 - B^3) = 0$ | (2-20) |

| PT 方程 | $Z^3 - (1-C)Z^2 + (A - B - C - 2BC - B^2)Z - (AB - BC - B^2 C) = 0$ | (2-21) |

上述方程中除 RK 方程 $A = ap/R^2 T^{2.5}$ 外，其余

$$A = ap/R^2 T^2, \quad B = bp/RT, \quad C = cp/RT$$

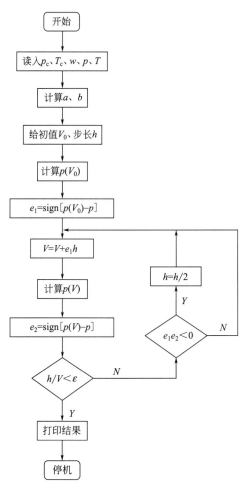

图 2-5 对分法计算立方型方程体积根

立方型方程形式简单，方程中一般只有两个常数，且常数可用纯物质临界性质和偏心因子计算。表 2-2 列出了立方型方程三次展开式。在临界点，方程有三重实根，所求实根即为 $V_c$；当 $T < T_c$，压力为相应温度下的饱和蒸气压时，方程有三个实根，最大根是气相摩尔体积 $V^V (Z^V)$，最小根是液相摩尔体积 $V^L (Z^L)$，中间的根无物理意义；其他情况时，方程有一实根和两个虚根，其实根为液相摩尔体积 $V^L (Z^L)$ 或气相摩尔体积 $V^V (Z^V)$。

在方程的应用中，准确地求取方程的体积根是一个重要的环节。三次方程的求根方法有三次求根公式和数值计算法两大类。图 2-5 给出了数值算法之一的对分法求根的计算框图。该方法的思路是先给定初值和步长，求出根的范围；然后逐次对分根所在范围，直至求得方程的根。该方法计算过程稳定，缺点是耗时稍多。另一种数值算法——Newton 法可参阅与本教材配套的习题集❶，使用时需注意计算的收敛性。

若将立方型方程改写成表 2-3 中的形式，则有可能仅仅通过手工计算就可求取方程的根，而不必借助计算机，迭代步骤是：

① 设初值 $Z$（可用理想气体为初值，即取 $Z = 1$）；

② 将 $Z$ 值代入式(2-25) 计算 $h$、$h'$；

③ 将 $h$、$h'$ 值代入表 2-3 中的状态方程计算 $Z$ 值；

❶ 陈钟秀，顾飞燕. 化工热力学例题与习题. 北京：化学工业出版社，1998.

④ 比较前后两次计算的 $Z$ 值，若误差已达到允许范围，迭代结束；否则返回步骤②再行计算。

请注意，该方法不能用于液相体积根的计算。

**表 2-3  立方型方程的另一形式**

| | | |
|---|---|---|
| RK、SRK 方程 | $Z=\dfrac{1}{1-h}-\dfrac{A}{B}\left(\dfrac{h}{1+h}\right)$ | (2-22) |
| PR 方程 | $Z=\dfrac{1}{1-h}-\dfrac{A}{B}\left(\dfrac{h}{1+2h-h^2}\right)$ | (2-23) |
| PT 方程 | $Z=\dfrac{1}{1-h}-\dfrac{A}{B}\left(\dfrac{h}{1+h+h'-hh'}\right)$ | (2-24) |
| 其中 | $h=\dfrac{b}{V}=\dfrac{B}{Z}$，$h'=\dfrac{c}{V}=\dfrac{C}{Z}$ | (2-25) |

常数 $A$、$B$、$C$ 的定义见表 2-2

**【例 2-1】** 将 1kmol 氮气压缩贮于容积为 $0.04636\text{m}^3$、温度为 273.15K 的钢瓶内。问此时氮气的压力多大？分别用理想气体方程、RK 方程和 SRK 方程计算。其实验值为 101.33MPa。

**解** 从附录二查得氮的临界参数为

$$T_c=126.2\text{K}, \quad p_c=3.394\text{MPa}, \quad \omega=0.040$$

氮气的摩尔体积为 $V=0.04636/1000=4.636\times10^{-5}\text{m}^3/\text{mol}$

① 理想气体方程

$$p=RT/V=8.314\times273.15/(4.636\times10^{-5})=4.8987\times10^7\text{Pa}$$

误差 $\quad (1.0133\times10^8-4.8987\times10^7)/1.0133\times10^8=51.7\%$

② RK 方程

将 $T_c$、$p_c$ 值代入式(2-7a) 和式(2-7b)，得

$$a=\frac{0.4278\times(8.314)^2\times(126.2)^{2.5}}{3.394\times10^6}=1.5588(\text{Pa}\cdot\text{m}^6\cdot\text{K}^{0.5})/\text{mol}^2$$

$$b=\frac{0.08664\times8.314\times126.2}{3.394\times10^6}=2.6802\times10^{-5}\text{m}^3/\text{mol}$$

代入式(2-6)，得

$$p=\frac{8.314\times273.15}{(4.636-2.6806)\times10^{-5}}-\frac{1.5588}{(273.15)^{0.5}\times4.636(4.636+2.6802)\times10^{-10}}$$
$$=8.8307\times10^7\text{Pa}$$

误差 $\quad (1.0133\times10^8-8.8307\times10^7)/1.0133\times10^8=12.9\%$

③ SRK 方程

将 $\omega$ 代入式(2-9d)，得

$$m=0.480+1.574\times0.040-0.176\times(0.040)^2=0.5426$$

$T_r=273.15/126.2=2.1644$，代入式(2-9c)，得

$$\alpha(T)=[1+0.5426(1-2.1644^{0.5})]^2=0.5540$$

从式(2-9a)、式(2-9b)，得

$$a=0.42748\times\frac{(8.314)^2\times(126.2)^2}{3.394\times10^6}\times0.5540=7.6816\times10^{-2}(\text{Pa}\cdot\text{m}^3)/\text{mol}$$

$$b=0.08664\times\frac{8.314\times126.2}{3.394\times10^6}=2.6784\times10^{-5}\text{m}^3/\text{mol}$$

将上述值代入式(2-8)，得

$$p=\frac{8.314\times273.15}{(4.636-2.6784)\times10^{-5}}-\frac{7.6816\times10^{-2}}{4.636\times(4.636+2.6784)\times10^{-10}}=9.3355\times10^7\text{Pa}$$

误差　　　　　　　　$(1.0133 \times 10^8 - 9.3355 \times 10^7)/1.0133 \times 10^8 = 7.9\%$

上述计算表明，在高压低温下理想气体方程根本不能适用，RK 方程亦有较大误差，SRK 方程的计算准确度则较好。

**【例 2-2】** 试用 SRK 和 PR 方程分别计算异丁烷在 $300\mathrm{K}$，$3.704 \times 10^5 \mathrm{Pa}$ 时饱和蒸气的摩尔体积。已知实验值为 $V = 6.081 \times 10^{-3} \mathrm{m}^3/\mathrm{mol}$。

**解** 由附录二查得异丁烷临界参数为

$$T_c = 408.1\mathrm{K}, \quad p_c = 3.648 \times 10^6 \mathrm{Pa}, \quad \omega = 0.176$$

① SRK 方程

$$T_r = 300/408.1 = 0.7351$$

$$m = 0.480 + 1.574 \times 0.176 - 0.176 \times 0.176^2 = 0.7516$$

$$\alpha(T) = [1 + 0.7516(1 - 0.7351^{0.5})]^2 = 1.2259$$

$$a = 0.42748 \times \frac{(8.314)^2 \times (408.1)^2}{3.648 \times 10^6} \times 1.2259 = 1.6537(\mathrm{Pa} \cdot \mathrm{m}^6)/\mathrm{mol}^2$$

$$b = 0.08664 \times \frac{8.314 \times 408.1}{3.648 \times 10^6} = 8.0582 \times 10^{-5} \mathrm{m}^3/\mathrm{mol}$$

$$A = \frac{1.6537 \times 3.704 \times 10^5}{(8.314)^2 (300)^2} = 0.09846$$

$$B = \frac{8.0582 \times 10^{-5} \times 3.704 \times 10^5}{8.314 \times 300} = 0.01197$$

按式（2-22）

$$Z = \frac{1}{1-h} - \frac{A}{B}\left(\frac{h}{1+h}\right) = \frac{1}{1-h} - 8.2256\left(\frac{h}{1+h}\right)$$

和式（2-25）

$$h = \frac{B}{Z} = \frac{0.01197}{Z}$$

迭代计算。

② PR 方程

$$k = 0.37464 + 1.54226 \times 0.176 - 0.26992 \times 0.176^2 = 0.6377$$

$$\alpha(T) = [1 + 0.6377(1 - 0.7351)^{0.5}]^2 = 1.1902$$

$$a = 0.45727 \times \frac{(8.314)^2 \times (408.1)^2}{3.648 \times 10^6} \times 1.1902 = 1.7175 \mathrm{Pa} \cdot \mathrm{m}^6/\mathrm{mol}^2$$

$$b = 0.07780 \times \frac{8.314 \times 408.1}{3.648 \times 10^6} = 7.2360 \times 10^{-5} \mathrm{m}^3/\mathrm{mol}$$

$$A = \frac{1.7175 \times 3.704 \times 10^5}{(8.314)^2 \times (300)^2} = 0.1023$$

$$B = \frac{7.2360 \times 10^{-5} \times 3.704 \times 10^5}{8.314 \times 300} = 0.01075$$

按式（2-23）

$$Z = \frac{1}{1-h} - \frac{A}{B}\left(\frac{h}{1+2h-h^2}\right) = \frac{1}{1-h} - 9.5163\left(\frac{h}{1+2h-h^2}\right)$$

和式（2-25）

$$h = \frac{B}{Z} = \frac{0.01075}{Z}$$

迭代计算。

③ 取初值 $Z=1$，迭代计算结果见下表。

| 迭代次数 | SRK 方程 | | PR 方程 | |
|---|---|---|---|---|
| | $Z$ | $h$ | $Z$ | $h$ |
| 0 | 1 | 0.01197 | 1 | 0.01075 |
| 1 | 0.9148 | 0.01308 | 0.9107 | 0.01184 |
| 2 | 0.9071 | 0.01320 | 0.9019 | 0.01192 |
| 3 | 0.9062 | 0.01321 | 0.9013 | 0.01193 |
| 4 | 0.9061 | — | 0.9012 | — |

SRK 方程　　　$V = \dfrac{ZRT}{p} = \dfrac{0.9061 \times 8.314 \times 300}{3.704 \times 10^5} = 6.1015 \times 10^{-2}\,\mathrm{m^3/mol}$

误差　　　　　$(6.031 - 6.1015) \times 10^{-2} / 6.031 \times 10^{-2} = -1.2\%$

PR 方程　　　$V = \dfrac{ZRT}{p} = \dfrac{0.9012 \times 8.314 \times 300}{3.704 \times 10^5} = 6.0685 \times 10^{-2}\,\mathrm{m^3/mol}$

误差　　　　　$(6.031 - 6.0685) \times 10^{-2} / 6.031 \times 10^{-2} = -0.6\%$

从以上计算看出，迭代收敛速度很快，仅迭代四次即得终点。SRK 和 PR 方程都有较好的计算准确度，其结果均可为工程界接受。

### 2.2.3　多常数状态方程

与简单的状态方程相比，多常数方程的优点是应用范围广，准确度高；缺点是形式复杂，计算难度和工作量都较大。由于电子计算机的日益普及，克服这些缺点已不成问题，因此多常数方程正越来越多地在工程计算中得到应用。

(1) Virial 方程（1901 年）

Virial 不是人名而是"力"的意思，方程提出者为 Onnes。方程的形式为

$$Z = \frac{pV}{RT} = 1 + \frac{B}{V} + \frac{C}{V^2} + \frac{D}{V^3} + \cdots \tag{2-26}$$

或者

$$Z = \frac{pV}{RT} = 1 + B'p + C'p^2 + D'p^3 + \cdots \tag{2-27}$$

式中，$B(B')$、$C(C')$、$D(D')$、……分别称为第二、第三、第四、……Virial 系数。对一定的物质来说，这些系数仅仅是温度的函数。

Virial 方程具有坚实的理论基础，其系数有着确切的物理意义，如第二 Virial 系数是考虑到两个分子碰撞或相互作用导致的与理想行为的偏差，第三 Virial 系数则是反映三个分子碰撞所导致的非理想行为。因为两个分子间的相互作用最普遍，而三分子相互作用、四分子相互作用等的概率依次递减。因此方程中第二 Virial 系数最重要，在热力学性质计算和相平衡中都有应用。高次项对 $Z$ 的贡献逐项迅速减小，只有当压力较高时，更高的 Virial 系数才变得重要。

方程式(2-26)和式(2-27)为无穷级数，如果以舍项形式出现时，方程就成为近似式。从工程实用上来讲，在中、低压时，取方程(2-26)和式(2-27)的二项或三项即可得合理的近似值。Virial 方程的二项截断式如下

$$Z = \frac{pV}{RT} = 1 + \frac{B}{V} \tag{2-28a}$$

或

$$Z = \frac{pV}{RT} = 1 + B'p = 1 + \frac{Bp}{RT} \tag{2-28b}$$

式(2-28)可精确地表示低于临界温度、压力为 1.5MPa 左右的蒸气的 $p\text{-}V\text{-}T$ 性质。当压力超过适用范围而在 5MPa 以上时，需把 Virial 方程舍项成三项式，方能得到满意结果，即

$$Z = \frac{pV}{RT} = 1 + \frac{B}{V} + \frac{C}{V^2} \tag{2-29}$$

由于对第三 Virial 系数以后的 Virial 系数知道很少,且高于三项的 Virial 式使用起来不方便,所以对于更高的压力,通常都采用其他状态方程。

由统计力学可从理论上计算各项 Virial 系数,即

$$B = -2\pi N_A \int_0^\infty (e^{-\Gamma(r)/kT} - 1) r^2 \, dr \tag{2-30}$$

$$C = \frac{-8\pi N_A^2}{3} \int_0^\infty \int_0^\infty \int_{|\Gamma_{12} - \Gamma_{13}|}^{\Gamma_{12} + \Gamma_{13}} f_{12} f_{13} f_{23} r_{12} r_{13} r_{23} \, dr_{12} \, dr_{13} \, dr_{23} \tag{2-31}$$

式中,$\Gamma(r)$ 为两分子间的位能;$r$ 为分子中心间距离;$N_A$ 为 Avogadro 常数;$k$ 为 Boltzmann 常数;$f_{ij} = \exp(-\Gamma_{ij}/kT) - 1$。

对第四和更高的 Virial 系数也可导出类似的式子。但由于分子间相互作用十分复杂,至今建立的分子间位能函数仅对简单分子有较好精度,大多数物质的 Virial 系数还需要通过实验测定。许多气体的第二 Virial 系数可从文献或有关手册中查到。当查不到数据时,可用普遍化的方法估算,这将在下一节讨论。

(2) Martin-Hou 方程 (1955 年)

该方程 1955 年由 Martin 和侯虞钧[1]提出,简称 MH 方程。1959 年 Martin 对该方程作了进一步的改进,提高了其在较高密度区的精确度。1981 年侯虞钧等[2]又将方程的适用范围扩展到液相区。

Martin-Hou 方程的通式为

$$p = \sum_{i=1}^{5} \frac{f_i(T)}{(V-b)^i} \tag{2-32}$$

其中 $f_i(T) = A_i + B_i T + C_i \exp(-5.475 T/T_c)$

81 型 MH 方程的展开式为

$$p = \frac{RT}{V-b} + \frac{A_2 + B_2 T + C_2 \exp(-5.475 T/T_c)}{(V-b)^2} +$$
$$\frac{A_3 + B_3 T + C_3 \exp(-5.475 T/T_c)}{(V-b)^3} + \frac{A_4 + B_4 T}{(V-b)^4} + \frac{B_5 T}{(V-b)^5} \tag{2-33}$$

式中,$A_2$,$B_2$,$C_2$,$A_3$,$B_3$,$C_3$,$A_4$,$B_4$,$B_5$ 及 $b$ 皆为方程的常数,可从纯物质临界参数 $T_c$、$p_c$、$V_c$ 及饱和蒸气压曲线上的一点数据 $(T^S, p^S)$ 求得。

81 型 MH 方程用于烃类和非烃类气体均令人十分满意,一般误差小于 1%。对许多极性物质如 $NH_3$、$H_2O$ 在较宽的温度范围和压力范围内,都可以得到精确的结果,对量子气体 $H_2$、He 等也可应用,目前它已成功地用于合成氨的工艺计算。在汽液两相区,对比温度 $T_r$ 约从 0.65 到临界温度,对诸如二氧化碳、正丁烷、氩、甲烷及氮等各类物质,方程计算的饱和液相摩尔体积与文献数据比较平均偏差不到 5%,一般在 2%~3%,同时饱和气相摩尔体积的偏差在 1% 以内。

(3) Benedict-Webb-Rubin 方程 (1940 年)

该方程属于 Virial 型方程,简称 BWR 方程,在计算和关联轻烃及其混合物的液体和气体热力学性质时极有价值。其表达式为

---

[1] Martin J J, Hou Y C. AIChE J, 1955, 1: 142.

[2] 侯虞钧, 张彬, 唐宏青. 化工学报, 1981, 1: 1.

$$p = RT\rho + \left(B_0 RT - A_0 - \frac{C_0}{T^2}\right)\rho^2 + (bRT - \alpha)\rho^3 + a\alpha\rho^6 +$$

$$\frac{c}{T^2}\rho^3(1+\gamma\rho^2)\exp(-\gamma\rho^2) \tag{2-34}$$

式中，$\rho$ 为密度；$A_0$、$B_0$、$C_0$、$a$、$b$、$c$、$\alpha$ 和 $\gamma$ 8 个常数由纯组分 $p\text{-}V\text{-}T$ 数据和蒸气压数据确定。

作者在提出方程时，给出了 12 个轻组分的常数值，1967 年 Cooper 和 Goldfrank 推荐了 33 种物质的常数值，1976 年 Holub 又补充了 8 个组分的数据。不同来源的常数不能凑成一套使用，8 个常数均有物理量纲，使用时须采用一致的单位。

在烃类热力学性质计算中，比临界密度大 1.8～2.0 倍的高压条件下，BWR 方程计算的平均误差为 0.3% 左右，但该方程不能用于含水体系。为了提高 BWR 方程对高密度流体的计算准确性，许多研究者相继对方程进行修正，其常数越来越多，精度也相对提高。如 1972 年 Starling 在 BWR 方程基础上提出 11 个常数的 SHBWR 方程[1]，即

$$p = RT\rho + \left(B_0 RT - A_0 - \frac{C_0}{T^2} + \frac{D_0}{T^3} - \frac{E_0}{T^4}\right)\rho^2 + \left(bRT - a - \frac{d}{T}\right)\rho^3 +$$

$$\alpha\left(a + \frac{d}{T}\right)\rho^6 + \frac{c}{T^2}\rho^3(1+\gamma\rho^2)\exp(-\gamma\rho^2) \tag{2-35}$$

修正式增加了 $D_0$、$E_0$ 和 $d$ 三个常数，应用范围扩大，对比温度可以低到 $T_r = 0.3$，在比临界密度高达 3 倍的条件下也能用来计算气体的 $p\text{-}V\text{-}T$ 关系。对轻烃气体、$CO_2$、$H_2S$ 和 $N_2$ 的广度性质作计算，误差范围在 0.5%～2.0% 之间，对于液化天然气和液化石油气等类型的轻烃混合物尤其成功。

求取多常数方程的体积（密度）根，可采用前面介绍过的 Newton 法、对分法等数值计算方法，在计算机上进行。所选用的方法首先应具有较好的稳定性，在任何情况下都保证可收敛得到正确结果；其次计算耗时应尽可能少，因为工程计算中（如精馏塔设计计算）涉及方程求根可能达数百次、数千次，因此耗时多少也是考核计算程序（软件）的一个重要指标。

### 2.2.4 状态方程的发展

从图 2-6 可知，随着流体分子间相互作用连续地从 van der Waals 引力增大至化学键力，宏观状态下的简单流体过渡为相互成链状连接的大分子流体。因此，近几十年来的研究着眼于从最初描述纯物质性质、非极性或弱极性混合物性质的简单流体状态方程出发，不断开发出适用于极性物质、非极性-极性不对称混合物、含超临界组分、长链分子、缔合分子等复杂体系物性和相平衡计算的链状流体状态方程、缔合流体状态方程。

（1）简单流体的状态方程

简单流体的状态方程一般由分子大小决定的斥力项 $p^{\text{rep}}$ 和分子相互吸引产生的内聚力项 $p^{\text{att}}$ 构成，即

$$p = p^{\text{rep}} + p^{\text{att}} \tag{2-36}$$

自 van der Waals 提出第一个真实气体状态方程以来，立方型方程已成为化学工程计算最常用的工具。立方型方程形式简单、运用方便，能连续描述从气相到液相的流体物性。但是对于任何物质，方程计算的临界压缩因子是相同的常数，使其在大的温度、压力范围内的计算精度受到影响。为此，许多研究者在 van der Waals 方程的基础上，对立方型状态方程的斥力项和引力项提出改进。

---

[1] Starling K E. Fluid Thermodynamics Properties for Light Petroleum System. Huston：Gulf Publish Co，1973.

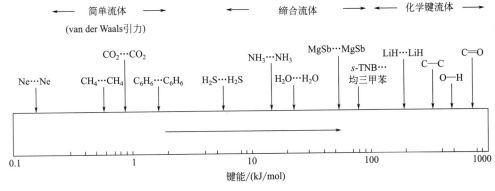

图 2-6　流体分子间相互作用力分布

斥力项的改进基于硬球流体理论，其中 $y=b/4V$，$b$ 是 1mol 分子所占据的体积。Boubik 通过引入非球形参数 $\alpha$，扩大了斥力项应用范围。斥力项表达式越精细，状态方程在流体高密度区域的计算精度就越高，其中主要的研究结果列于表 2-4。

表 2-4　立方型状态方程斥力项的改进

| 作　者 | 斥　力　项 | 发表日期 |
|---|---|---|
| Guggenheim | $\dfrac{RT}{V(1-y)^4}$ | 1965 |
| Carnahan-Starling | $\dfrac{RT(1+y+y^2-y^3)}{V(1-y)^3}$ | 1969 |
| Scott | $\dfrac{RT(V+b)}{V(V-b)}$ | 1971 |
| Boubik | $\dfrac{RT[1+(3\alpha-2)y+(3\alpha^2-3\alpha+1)y^2-\alpha^2y^3]}{V(1-y)^3}$ | 1981 |

Redlich-Kwong 对引力项的改进打开了状态方程实际应用的突破口；继而 Soave 和 Peng-Robinson 将引力项中的常数 $a$ 改进为与蒸气压数据相关的温度函数，使方程的应用范围拓宽至汽液两相区、临界区物性计算，二元和多元相平衡计算。虽然 SRK 方程和 PR 方程的改进受到蒸气压数据测量精度和范围的限制，但方程形式简单，计算时要求输入的数据少（仅需要纯物质临界性质和偏心因子），计算方便，精度良好，因而在化学工程领域获得广泛应用。此外，其他改进的方程斥力项列于表 2-5。这些方程一般增加了第三个或更多的方程常数，各有特点和适用对象，但需输入更多的纯物质性数据，计算耗时也有增加，因此在实际应用中的影响仍不及 SRK 方程和 PR 方程。

表 2-5　立方型状态方程引力项的改进

| 作　者 | 引　力　项 | 发表日期 |
|---|---|---|
| Fuller | $\dfrac{a(T)}{V(V+cb)}$ | 1986 |
| Schmid-Wenzel | $\dfrac{a(T)}{V^2+ubV+wb^2}$ | 1980 |
| Kubic | $\dfrac{a(T)}{(V+c)^2}$ | 1982 |
| Stryiek-Vera | $\dfrac{a(T)}{V^2+2bV-b^2}$ | 1986 |
| Schwartzentraber-Renon | $\dfrac{a(T)}{(V+c)(V+2c+b)}$ | 1989 |

还有一些研究者同时改进方程的斥力项和引力项；或者将改进的斥力项与经验的引力项相结合构成新的方程。其中典型的有 Shah 等[1]提出的四次方程，即

$$p = \frac{RT}{(V - k_0\alpha)} + \frac{\alpha k_1 RT}{(V - k_0\alpha)^2} - \frac{aV + k_0\alpha c}{V(V + e)(V - k_0\alpha)} \tag{2-37}$$

前两项为斥力项，第三项为引力项。

式中，$k_0 = 1.2864$；$k_1 = 2.8225$；$e$ 是常数；$a$、$c$ 是温度的函数；$\alpha$ 是流体的摩尔硬球体积。

$\alpha$ 由式(2-38) 计算

$$\alpha = 0.165 V_c \{\exp[-0.03125\ln(T/T_c) - 0.0054(\ln(T/T_c))^2]\}^3 \tag{2-38}$$

确定方程常数需要用到 $T_c$、$V_c$ 和 $\omega$ 三个物性参数。方程四个体积根中一个根始终为负，无物理意义；另三个根与立方型方程相同。该方程在计算熵差、第二 Virial 系数、$p$-$V$-$T$ 性质时比立方型方程有所改进。

（2）链状流体状态方程和缔合流体状态方程

对于由化学键能结合的链状分子，Flory-Huggins 晶格模型理论提供了最基础的热力学模型（见本书 8.2 节），它较好地描述了高分子溶液的热力学性质，但在零密度时不趋向理想气体方程，因而在低密度区域不能给出正确结果。针对该模型存在的不足，新发展的链状流体状态方程主要有如下 3 类。

① PHCT（perturbed hard chain Theory）状态方程[2]。方程基于小分子微扰硬球理论和 Prigogine 的链状分子理论，由下述配分函数 $Q$ 推导得到，即

$$p = kT\left(\frac{\partial Q}{\partial V}\right)_{T,N} \tag{2-39}$$

其中

$$Q = \frac{V^N}{N!\Lambda^{3N}}\left(\frac{V_f}{V}\right)^N\left[\exp\left(\frac{-\Phi}{2kT}\right)\right]^N(q_{r,v})^N$$

式中，$q_{r,v}$ 是分子转动和振动力矩的贡献；$N$ 是分子数；$\Lambda$ 是 de Broglie 波长（与温度有关）；$\Phi$ 是平均势能；$V_f$ 为自由体积。

该方程可在大的密度、温度范围内使用，并满足低密度时趋向理想气体的要求。

② TPT（thermodynamic perturbation theory）状态方程[3]。方程的建立融合了硬链分子斥力项，对于有 $m$ 个链节的硬链分子，方程的形式为

$$p = \frac{RT}{V}\left[mZ_{HS} - (m-1)(1 + \eta\frac{\partial\ln g_{HS}(\sigma)}{\partial\eta})\right] \tag{2-40}$$

式中，$g_{HS}(\sigma)$ 是硬球点点接触关联函数；$\sigma$ 是硬球直径；$\eta = \pi m\rho\sigma^3/6$，是体积分率；$\rho$ 是数密度；$Z_{HS}$ 是由 Carnahan-Starling 方程（见表 2-4）确定的硬球压缩因子。

该方程能更精确地预测高分子物质的压缩因子和第二 Virial 系数。

③ PACT（perturbed anisotropic chain theory）状态方程[4]。该方程在 PHCT 方程中结合了各向异性多极力，包含各向异性偶极矩和四极矩在内的分子间相互作用；考虑了分子大小、形状不同的影响。

$$p = \frac{RT}{V}[1 + Z^{rep} + Z^{iso} + Z^{ani}] \tag{2-41}$$

---

[1] Shah V M, et al. AIChE J, 1994, 40: 152.

[2] Beret S, Prausnitz J M. J Chem Phys, 1987, 87: 7323.

[3] Wertheim M S. J Chem Phys, 1987, 87: 7323.

[4] Vimalchand P, Donohue M D. Ind Eng Chem Fundam, 1985, 24: 246.

式中，$Z^{rep}$、$Z^{iso}$、$Z^{ani}$、分别由 Carnahan-Starling 方程、Lennard-Jones 各向同性相互作用引力项和假设分子为有效线性条件下的各向异性相互作用的微扰表达式计算。方程对大、小分子，极性、非极性分子，全流体密度范围都适用。

介于简单流体和化学键流体之间的缔合流体，在实际生产中也十分常见，如含氢键或极性基团的物质、含极性-非极性物质的非对称体系等。为描述这些体系热力学性质而发展的有代表性的缔合流体状态方程主要有如下两类。

① SAFT（statistical associating fluid theory）状态方程[1]。方程综合了球形斥力、色散力、非球形分子成链和缔合作用，以自由能形式表示为

$$\frac{A}{NkT} = \frac{A^{ig}}{NkT} + \frac{A^{seg}}{NkT} + \frac{A^{chain}}{NkT} + \frac{A^{assoc}}{NkT} \tag{2-42}$$

式中，$A^{ig}$ 为同温度、同密度下理想气体的自由能；$A^{seg}$ 是链节间相互作用的贡献；$A^{chain}$ 反映链节中存在的成键共价键能；$A^{assoc}$ 表示由于缔合产生的自由能。

该方程有许多简化式和改进式，使方程能够用于极性体系、非对称体系的热力学性质、汽液平衡和液液平衡的计算。

② CPA（cubic plus association）状态方程[2]。方程将微扰理论与立方型方程相结合，即

$$p = \frac{RT}{V-b} - \frac{a}{V(V-b)} + \frac{RT}{V}\rho \sum_{\alpha}\left[\frac{1}{X_\alpha} - \frac{1}{2}\right]\frac{\partial X_\alpha}{\partial \rho} \tag{2-43}$$

前两项是 SRK 方程，第三项取自 SAFT 方程的缔合项。

式中，$X_\alpha$ 是在点 $\alpha$ 没有缔合的分子的摩尔分率；$\rho$ 是摩尔密度。

该方程能很好地关联一元醇、酚、乙二醇、水等物质的蒸气压和饱和液相体积，也能用于醇-烃类混合物相平衡计算；较 SRK 方程和 SAFT 方程的计算精度均有提高。

## 2.3 对比态原理及其应用

### 2.3.1 对比态原理

对比态原理认为，在相同的对比状态下，所有的物质表现出相同的性质。

令 $$T_r = T/T_c \quad p_r = p/p_c \quad V_r = V/V_c = 1/\rho_r$$

式中，$T_r$、$p_r$、$V_r$ 和 $\rho_r$ 分别称为对比温度、对比压力、对比摩尔体积和对比密度。

将这些关系代入 van der Waals 方程，得

$$(p_r + 3/V_r^2)(3V_r - 1) = 8T_r$$

这就是 van der Waals 提出的简单的对比态原理。式中原方程的特性常数消失了，成为对任何气体都可适用的普遍化方程式。换言之，对不同的气体，若其 $p_r$ 和 $T_r$ 相同，则 $V_r$ 也必相同。这种关系在数学上可表示为

$$V_r = f(p_r, T_r) \tag{2-44}$$

因为 $$V_r = V/V_c = \frac{ZRT}{pV_c} = \frac{ZT_r}{Z_c p_r}$$

所以，式(2-44)只有在各种气体的临界压缩因子 $Z_c$ 相等的条件下，才能严格成立。实际上，物质的 $Z_c$ 在 $0.2 \sim 0.3$ 范围内变动，不是常数。因此简单的两参数（$p_r$，$T_r$）对比态原理仅能应用于球形非极性的简单分子和组成、结构、分子大小近似的物质。

---

[1] Chapman W G，et al. Mol Phys，1988，65：1057；Ind Eng Chem Res，1990，29：1709.

[2] Kontogeoris G M，et al. Ind Eng Chem Res，1996，35：4310.

拓宽应用范围和提高计算准确性的有效方法是在简单对比态关系式中引入第三参数。第三参数可以是 $Z_c$，也可采用物质其他具普遍性的性质，如偏心因子 $\omega$、Riedel 因子 $\alpha_c$ 等。在工程中使用较多的是以偏心因子为第三参数的对比态关联式。

### 2.3.2　以偏心因子为第三参数的对比态原理

物质的对比蒸气压的对数与绝对温度有近似线性关系，即

$$\lg p_r^S = a - b/T_r$$

式中，$p_r^S$ 为对比饱和蒸气压。

蒸气压曲线终止于临界点。在临界点处，$T_r = p_r = 1$，此时，对比蒸气压方程变成 $0 = a - b$，或 $a = b$。于是，对比蒸气压方程可以表示为

$$\lg p_r^S = a(1 - 1/T_r)$$

因此，当以 $\lg p_r^S$ 对 $1/T_r$ 作图时，得到一直线，$a$ 是对比蒸气压线的负斜率。

根据对比态原理，如果这一推理准确，则所有物质应该具有相同的对比蒸气压曲线，斜率 $a$ 对所有物质都应该相同。但实际情况并非如此，每种物质都有一定的斜率 $a$（见图 2-7）。

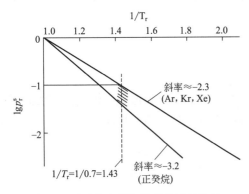

图 2-7　对比蒸气压与温度的近似关系

Pitzer 注意到氩、氪、氙的数据全都位于同一根对比蒸气压曲线上，并且这条线通过 $\lg p_r^S = -1$ 和对比温度 $T_r = 0.7$ 这一点。很明显，其他流体在 $T_r = 0.7$ 处的纵坐标 $\lg p_r^S$ 值与氩、氪和氙在同一条件下的 $\lg p_r^S$ 值的差能够表征该物质的某种特性，Pitzer 就把这个差值定义为偏心因子 $\omega$，即

$$\omega = -\lg (p_r^S)_{T_r = 0.7} - 1.00 \tag{2-45}$$

因此，知道了任何物质的 $p_c$、$T_c$ 以及 $T_r = 0.7$ 时的饱和蒸气压数据，即可确定 $\omega$ 值。常见物质的 $p_c$、$V_c$、$T_c$、$Z_c$ 和 $\omega$ 值见附录二。

由 $\omega$ 的定义，简单流体的 $\omega$ 值等于零，这些气体的压缩因子仅是 $T_r$ 和 $p_r$ 的函数。而对所有 $\omega$ 值相同的流体来说，若处于相同 $T_r$、$p_r$ 下，其压缩因子必定相等。这就是 Pitzer 提出的三参数对应态原理，表示为

$$Z = Z^0 + \omega Z^1 \tag{2-46}$$

式中，$Z^0$ 和 $Z^1$ 是 $p_r$ 和 $T_r$ 二者的复杂函数，附录三[1]表 A1 与表 A2 分别给出了不同 $p_r$（从 0.010 到 10.000）和 $T_r$（从 0.30 到 4.00）下的 $Z^0$ 和 $Z^1$ 值，可供工程计算使用。

Pitzer 关系式对于非极性或弱极性的气体能够提供可靠的结果，其误差在 3% 以内；应用于极性气体时，误差达 5%～10%；对于缔合气体，其误差要大得多；对量子气体，如氢、氦等，普遍化关系得不到好的结果。应当指出，普遍化关系并不能用来代替 $p$-$V$-$T$ 的可靠实验数据。

Lee 和 Kesler[2] 推广了 Pitzer 等提出的关联方法，将三参数对应态原理表达为解析式

$$Z = Z^0 + \frac{\omega}{\omega^r}(Z^r - Z^0) \tag{2-47}$$

式中，$Z^0$、$Z^r$ 分别为简单流体和参考流体的压缩因子；$\omega^r = 0.3978$。

$Z^0$ 和 $Z^r$ 都可用修正的 BWR 对比态方程求得，只是常数不同而已。

[1]　Lee B I，Kesler M G. AIChE J，1975，21（3）：510-527.

[2]　Lee B I，Kesler M G. AIChE J，1975，21：510.

$$Z = 1 + \frac{B}{V_r} + \frac{C}{V_r^2} + \frac{D}{V_r^5} + \frac{c_4}{T_r^3 V_r^2}\left(\beta + \frac{\gamma}{V_r^2}\right)\exp\left(-\frac{\gamma}{V_r^2}\right) \tag{2-48}$$

其中
$$B = b_1 - b_2/T_r - b_3/T_r^2 - b_4/T_r^3 \tag{2-49a}$$
$$C = c_1 - c_2/T_r + c_3/T_r^3 \tag{2-49b}$$
$$D = d_1 + d_2/T_r \tag{2-49c}$$

简单流体的状态方程中的常数由 Ar、Kr 和 $CH_4$ 的实验数据计算而得，参考流体选择正辛烷，$Z^r$ 及其相应的状态方程中的常数值是经过对其他物质压缩因子和热力学数据拟合、调整后得到。两种流体的状态方程常数示于表 2-6。

表 2-6  式 (2-48) 中的常数

| 常　数 | 简单流体 | 参考流体 | 常　数 | 简单流体 | 参考流体 |
|--------|----------|----------|--------|----------|----------|
| $b_1$ | 0.1181193 | 0.2026579 | $c_3$ | 0.0 | 0.016901 |
| $b_2$ | 0.265728 | 0.331511 | $c_4$ | 0.042724 | 0.041577 |
| $b_3$ | 0.154790 | 0.027655 | $d_1 \times 10^4$ | 0.155488 | 0.48736 |
| $b_4$ | 0.030323 | 0.203488 | $d_2 \times 10^4$ | 0.623689 | 0.0740336 |
| $c_1$ | 0.0236744 | 0.0313385 | $\beta$ | 0.65392 | 1.226 |
| $c_2$ | 0.0186984 | 0.0503618 | $\gamma$ | 0.060167 | 0.03754 |

【例 2-3】 用 Pitzer 的普遍化关系式计算甲烷在 323.16K 时产生的压力。已知甲烷的摩尔体积为 $1.25 \times 10^{-4}\,m^3/mol$，压力的实验值为 $1.875 \times 10^7\,Pa$。

解　从附录二查得甲烷的临界参数为
$$T_c = 190.6K, \quad p_c = 4.600MPa, \quad \omega = 0.008$$
因此 $T_r = 323.16/190.6 = 1.695$；$p_r$ 不能直接计算，需迭代求解。
$$p = ZRT/V = Z \times 8.314 \times 323.16/1.25 \times 10^{-4} = 2.149 \times 10^7 Z$$
而
$$p = p_c p_r = 4.600 \times 10^6 p_r$$
因此
$$Z = \frac{4.600 \times 10^6}{2.149 \times 10^7} p_r = 0.214 p_r \tag{A}$$
据式 (2-46)
$$Z = Z^0 + \omega Z^1 \tag{B}$$
设 $Z$ 值代入式 (A) 求出 $p_r$；根据 $T_r$、$p_r$ 值查附录三表 A1 和表 A2 得 $Z^0$ 和 $Z^1$；再将 $Z^0$、$Z^1$ 代入式 (B) 求得 $Z$ 值。比较 $Z$ 的计算值与假设值，如相差较大则代入式 (A) 重新计算，直至迭代收敛。

迭代的结果为 $\quad p_r = 4.06$ 时，$Z = 0.877$
$$p = ZRT/V = 0.877 \times 8.314 \times 323.16/1.25 \times 10^{-4} = 1.885 \times 10^7\,Pa$$
误差 $\quad (1.875 - 1.885) \times 10^7/1.875 \times 10^7 = -0.5\%$

### 2.3.3　普遍化状态方程

用对比参数 $T_r$、$p_r$、$V_r$ 代替变量 $T$、$p$、$V$，消去状态方程中反映气体特征的常数，所得的方程称为普遍化状态方程。原则上它适用于任何气体。前面介绍的 van der Waals 的简单对比态原理式 (2-44) 和 Lee-Kesler 方程式 (2-47) 均是普遍化状态方程的例子。

以下介绍 Pitzer 提出的普遍化第二 Virial 系数关系式。该式是一个解析计算式，计算时不需要查图，在工程应用中受到欢迎。

将 $T = T_r T_c$，$p = p_r p_c$ 代入舍项 Virial 方程 (2-28a) 中得到
$$Z = 1 + \frac{Bp}{RT} = 1 + \left(\frac{Bp_c}{RT_c}\right)\left(\frac{p_r}{T_r}\right) \tag{2-50}$$
变量 $\left(\dfrac{Bp_c}{RT_c}\right)$ 是无量纲的，可以看成对比第二维里系数。对于指定的气体来说，$B$ 仅仅是温度

的函数，$B$ 的普遍化关系只与对比温度有关，而与对比压力无关。因此，Pitzer 提出了如下的关联式

$$\frac{Bp_c}{RT_c}=B^0+\omega B^1 \tag{2-51}$$

式中，$B^0$ 和 $B^1$ 只是对比温度的函数，用下述关系式表示

$$B^0=0.083-0.422/T_r^{1.6} \tag{2-52a}$$

$$B^1=0.139-0.172/T_r^{4.2} \tag{2-52b}$$

以后 Tsonopoulos[1] 又将 Pitzer 的关联式修改为

$$B^0=0.1445-0.330/T_r-0.1385/T_r^2-0.0121/T_r^3-0.000607/T_r^8$$

$$B^1=0.0637+0.331/T_r^2-0.423/T_r^3-0.008/T_r^8$$

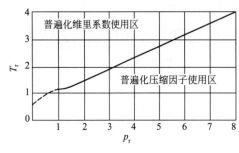

图 2-8 普遍化关系式适用区域

上述关系式适用范围位于图 2-8 所示曲线上面的区域。该线是根据对比体积 $V_r \geqslant 2$ 绘制的。当对比温度高于 $T_r=4$ 时，则对压力没有什么限制，但是须 $V_r \geqslant 2$。对于较低的对比温度，允许的压力范围随着温度的降低而降低。但在对比温度约为 0.9 这一点以前，压力范围则受饱和（冷凝）蒸气压的限制。图 2-8 的虚线表示饱和线。图 2-8 曲线以下的条件范围内，适用 Pitzer 提出的压缩因子关系式（2-46）。

【例 2-4】 质量为 500g 的氨气贮于容积为 $0.03\text{m}^3$ 的钢弹内，钢弹浸于温度为 65℃的恒温浴中。试用普遍化第二 Virial 系数计算氨气压力，并与文献值 $p=2.382\text{MPa}$ 比较。

**解** 从附录二查得氨的临界参数

$$T_c=405.6\text{K}, \quad p_c=11.28\text{MPa}, \quad V_c=72.6\times10^{-6}\,\text{m}^3/\text{mol}, \quad \omega=0.250$$

求氨的摩尔体积

$$V=\frac{0.03}{500/17.02}=1.021\times10^{-3}\,\text{m}^3/\text{mol}$$

$$V_r=\frac{1.021\times10^{-3}}{72.6\times10^{-6}}=14.1$$

由于 $V_r>2$，故适用普遍化第二 Virial 系数关系式。

$$T_r=338.15/405.6=0.834$$

$$B^0=0.083-0.422/(0.834)^{1.6}=-0.481$$

$$B^1=0.139-0.172/(0.834)^{4.2}=-0.230$$

由式（2-51）

$$\frac{Bp_c}{RT_c}=B^0+\omega B^1=-0.481-0.250\times0.230=-0.539$$

所以

$$B=-\frac{0.539\times8.314\times405.6}{11.28\times10^6}=-1.611\times10^{-4}\,\text{m}^3/\text{mol}$$

由式（2-50）

$$Z=\frac{pV}{RT}=1+\frac{Bp}{RT}$$

---

[1] Tsonopoulos C. AIChE J，1974，20：263.

则

$$p=\frac{RT}{V-B}=\frac{8.314\times338.15}{1.021\times10^{-3}+1.611\times10^{-4}}=2.378\times10^{6}\mathrm{Pa}$$

计算值与实验值 2.382MPa 是非常接近的，说明在压力不太高时，普遍化第二 Virial 系数用于极性物质广度性质计算，结果也较满意。

**【例 2-5】** 试将以下形式的 RK 方程改写成普遍化形式，并计算 277.6K，$4.513\times10^{6}\mathrm{Pa}$ 时乙烯的摩尔体积。

$$Z=\frac{1}{1-h}-\frac{A}{B}\left(\frac{h}{1+h}\right) \tag{A}$$

其中

$$h=B/Z,\quad B=bp/RT,\quad A/B=a/bRT^{1.5} \tag{B}$$

式中，$a$、$b$ 为 RK 方程的常数。

**解** ① 将 $a=0.42748R^{2}T_{c}^{2.5}/p_{c}$，$b=0.08664RT_{c}/p_{c}$，$T=T_{r}T_{c}$，$p=p_{r}p_{c}$ 代入式 (B)，得

$$B=0.08664p_{r}/T_{r},A/B=4.9340/T_{r}^{1.5}$$

所以普遍化 RK 方程为

$$Z=\frac{1}{1-h}-\frac{4.9340}{T_{r}^{1.5}}\left(\frac{h}{1+h}\right) \tag{C}$$

其中

$$h=\frac{0.08664p_{r}}{ZT_{r}} \tag{D}$$

② 从附录二查得乙烯临界参数

$$T_{c}=282.4,\quad p_{c}=5.036\mathrm{MPa}$$

因此将 $T_{r}=277.6/282.4=0.983$，$p_{r}=4.513\times10^{6}/5.036\times10^{6}=0.896$ 代入式 (C)、式 (D)，整理得

$$Z=\frac{1}{1-h}-5.0625\left(\frac{h}{1+h}\right) \tag{E}$$

$$h=0.07897/Z \tag{F}$$

由式 (E)、式 (F) 迭代求解得 $Z=0.4882$，乙烯的摩尔体积 $V=ZRT/p=0.4882\times8.314\times277.6/4.513\times10^{6}=2.497\times10^{-4}\mathrm{m}^{3}/\mathrm{mol}$，与实验值 $V=2.43\times10^{-4}\mathrm{m}^{3}/\mathrm{mol}$ 比较，误差为 2.8%。

## 2.4 真实气体混合物的 $p$-$V$-$T$ 关系

化工生产中，处理的物系往往是多组分的真实气体混合物。目前虽然已收集、积累了许多纯物质的 $p$-$V$-$T$ 数据，但混合物的实验数据很少，不能满足工程设计的需要。解决这一问题的有效方法是在纯组分性质和混合物性质之间建立起联系，用纯物质性质来预测或推算混合物性质。描述纯物质性质和混合物性质之间联系的函数式称为混合规则。纯气体的 $p$-$V$-$T$ 关系式借助于混合规则便可推广到气体混合物。

### 2.4.1 混合规则与虚拟临界参数

目前使用的混合规则绝大部分是经验的，是从大量实际应用中总结归纳后建立起来的。其中典型的混合规则表达式为

$$Q_{\mathrm{m}}=\sum_{i}\sum_{j}y_{i}y_{j}Q_{ij} \tag{2-53}$$

式中，$Q_{\mathrm{m}}$ 表示混合物性质，可以是临界参数 $T_{c}$、$p_{c}$、$V_{c}$，也可以是偏心因子 $\omega$ 等其他参数；$y$ 是混合物中各组分的摩尔分数；$Q_{ij}$ 当下标相同时表示纯组分性质，下标不同时表示

相互作用项，相互作用项 $Q_{ij}$ 代表了混合过程引起的非理想性。

如何求取 $Q_{ij}$ 对混合规则有很大影响，通常采用算术平均或几何平均来计算。

若取算术平均
$$Q_{ij} = (Q_{ii} + Q_{jj})/2$$

则式（2-53）变为
$$Q_m = \sum_i y_i Q_i \tag{2-54}$$

若取几何平均
$$Q_{ij} = (Q_{ii} Q_{jj})^{0.5}$$

则式（2-54）变为
$$Q_m = \left( \sum_i y_i Q_i^{0.5} \right)^2 \tag{2-55}$$

一般情况，算术平均用于表示分子大小的参数，几何平均用于表示分子能量的参数。

将混合物视为假想的纯物质，具有虚拟临界参数，就可以把纯物质的对比态方法应用到混合物上。Kay 提出的最简单的混合规则将混合物虚拟临界参数表示为
$$T_{cm} = \sum_i y_i T_{ci}, \quad p_{cm} = \sum_i y_i p_{ci} \tag{2-56}$$

式中，$T_{cm}$、$p_{cm}$ 为虚拟临界温度和压力；$y_i$ 为组分 $i$ 的摩尔分数。

求得虚拟临界参数后，混合物即可作为假想的纯物质进行计算。

若混合物中所有组分的临界温度和压力之比在以下范围内
$$0.5 < T_{ci}/T_{cj} < 2, \ 0.5 < p_{ci}/p_{cj} < 2$$

Kay 规则与其他较复杂的规则比较，计算 $T_{cm}$ 值的差别小于 2%。

对于虚拟临界压力，除非所有组分的 $p_c$ 或 $V_c$ 都比较接近，否则式（2-56）的计算结果通常不能令人满意。为此 Prausnitz 和 Gunn[1] 提出了一个改进的表达式
$$p_{cm} = R \left( \sum_i y_i Z_{ci} \right) T_{cm} / \sum_i y_i V_{ci} \tag{2-57}$$

式（2-56）和式（2-57）中都不含有组分间的相互作用项，因此这些混合规则不能真正反映混合物性质。对于组分差别很大的混合物，尤其是含有极性组分或有缔合成二聚体倾向的体系，这些混合规则不能适用。

### 2.4.2　气体混合物的第二 Virial 系数

由统计力学可以导出气体混合物第二 Virial 系数为
$$B = \sum_i \sum_j y_i y_j B_{ij} \tag{2-58}$$

这是少数从理论推导的混合规则之一。

式中，$y$ 代表混合物中各组分的摩尔分数；$B_{ij}$ 表示组分 $i$ 和 $j$ 之间的相互作用，$i$ 和 $j$ 相同，表示同类分子作用，$i$ 和 $j$ 不同，表示异类分子作用，且 $B_{ij} = B_{ji}$。

对于二元混合物，式（2-58）展开为
$$B = y_1^2 B_{11} + 2y_1 y_2 B_{12} + y_2^2 B_{22} \tag{2-59}$$

式中，$B_{11}$、$B_{22}$ 是纯物质 1 和纯物质 2 的第二 Virial 系数；$B_{ij}$ 代表混合物性质，称为交叉第二 Virial 系数，它们都只是温度的函数。

纯物质第二 Virial 系数可按式（2-51）计算，交叉第二 Virial 系数按以下的经验式计算
$$B_{ij} = \frac{RT_{cij}}{p_{cij}} (B^0 + \omega_{ij} B^1) \tag{2-60}$$

式中，$B^0$ 和 $B^1$ 是如同式（2-52a）、式（2-52b）一样的对比温度 $T_r$ 的函数。

Prausnitz 对计算 $T_{cij}$、$p_{cij}$ 和 $\omega_{ij}$ 提出如下的混合规则
$$T_{cij} = (T_{ci} T_{cj})^{0.5} (1 - k_{ij}) \tag{2-61}$$

❶ Prausnitz J M, Gunn R D. AIChE J, 1958, 4(430):494.

$$V_{cij} = \left( \frac{V_{ci}^{1/3} + V_{cj}^{1/3}}{2} \right)^3 \tag{2-62}$$

$$Z_{cij} = (Z_{ci} + Z_{cj})/2 \tag{2-63}$$

$$p_{cij} = Z_{cij} R T_{cij} / V_{cij} \tag{2-64}$$

$$\omega_{ij} = (\omega_i + \omega_j)/2 \tag{2-65}$$

在近似计算中 $k_{ij}$ 可取为零，或查阅 "Ind Eng Chem Fundam，1967，6：492"。当 $i=j$ 时，所有这些方程式都还原为纯物质的相应值；当 $i \neq j$ 时，这些参数定义为虚拟参数，没有物理意义。对比温度用 $T_r = T/T_{cij}$ 计算。

由式(2-60) 计算 $B_{ij}$，然后代入式(2-58) 求得混合物的 $B$。混合物压缩因子用式(2-28a) 计算

$$Z = 1 + \frac{Bp}{RT}$$

气体混合物计算虽包含了许多步骤，但每一步都不复杂，整个计算过程可方便地编成程序由计算机完成。

**【例 2-6】**　试求 $CO_2(1)$-$C_3H_8(2)$ 体系在 311K 和 1.50MPa 的条件下的混合物摩尔体积，两组分的摩尔比为 3：7。

**解**　计算所需的有关数据列表如下：

| $ij$ | $T_{cij}$/K | $p_{cij}$/MPa | $V_{cij}$ /(m³/kmol) | $Z_{cij}$ | $\omega_{ij}$ | $B^0$ | $B^1$ | $B_{ij}$ /(m³/kmol) |
|---|---|---|---|---|---|---|---|---|
| 11 | 304.2 | 7.376 | 0.0942 | 0.274 | 0.225 | −0.324 | −0.018 | −0.1125 |
| 22 | 369.8 | 4.246 | 0.2030 | 0.281 | 0.145 | −0.474 | −0.218 | −0.3660 |
| 12 | 335.4 | 5.470 | 0.1416 | 0.278 | 0.185 | −0.394 | −0.098 | −0.2100 |

由式(2-59) 得

$$B = 0.3^2 \times (-0.1125) + 2 \times 0.3 \times 0.7 \times (-0.2100) + 0.7^2 \times (-0.3660) = -0.2777 \, \text{m}^3/\text{kmol}$$

$$Z = 1 + \frac{Bp}{RT} = 1 + \frac{(-0.2777 \times 10^{-3}) \times 1.50 \times 10^6}{8.314 \times 311} = 1 - 0.161 = 0.839$$

$$V = \frac{ZRT}{p} = \frac{0.839 \times 8.314 \times 311}{1.50 \times 10^6} = 1.45 \times 10^{-3} \, \text{m}^3/\text{mol}$$

### 2.4.3　混合物的状态方程

若把混合物看做一个整体，可以通过混合规则从纯物质状态方程得出混合物状态方程。一个纯物质状态方程可使用不同的混合规则，一个混合规则也可用于不同的状态方程，其优劣程度由实际计算结果检验。

（1）RK型状态方程

RK 型状态方程（van der Waals，RK，SRK，PR 方程）用于混合物时，下面的混合规则被推荐用来计算方程中的常数 $a$ 和 $b$。

$$a_m = \sum_i \sum_j y_i y_j a_{ij} \tag{2-66}$$

$$b_m = \sum_i y_i b_i \tag{2-67}$$

式中，$b_i$ 是纯组分常数，没有 $b$ 的交叉项；$a_{ij}$ 既包括纯组分常数（下标 $i=j$），也包括交叉项（下标 $i \neq j$）。

交叉项 $a_{ij}$ 按下式计算

$$a_{ij} = (a_i a_j)^{0.5}(1 - k_{ij}) \tag{2-68}$$

式中，$k_{ij}$ 为经验的二元相互作用参数，一般由实验数据拟合得到。

混合规则中引入可调节的 $k_{ij}$，有利于提高计算准确性。对组分性质相近的混合物，可取 $k_{ij}=0$。通过式(2-66)～式(2-68) 计算得到混合物常数 $a_m$、$b_m$ 后，状态方程就成了混合物状态方程，可用来计算混合物的 $p$-$V$-$T$ 关系和其他热力学性质。

**【例 2-7】** 试用 RK 方程计算二氧化碳和丙烷的等分子混合物在 151℃ 和 13.78MPa 下的摩尔体积。

**解** 临界性质由例 2-6 给出，把这些值代入式(2-7a)、式(2-7b) 和式(2-68)，得如下结果（取 $k_{ij}=0$）：

| $ij$ | $a_{ij}/(\mathrm{Pa \cdot m^6 \cdot K^{\frac{1}{2}}/mol^2})$ | $b_{ij}/(\mathrm{m^3/mol})$ |
|------|------|------|
| 11 | 6.439 | $2.97 \times 10^{-5}$ |
| 22 | 18.210 | $6.27 \times 10^{-5}$ |
| 12 | 11.069 | — |

混合物常数由式(2-66) 和式(2-67) 求出：

$$a_m = y_1^2 a_{11} + 2 y_1 y_2 a_{12} + y_2^2 a_{22}$$
$$= 0.5^2 \times 6.439 + 2 \times 0.5 \times 0.5 \times 11.069 + 0.5^2 \times 18.210$$
$$= 11.697 (\mathrm{Pa \cdot m^6 \cdot K^{1/2}})/\mathrm{mol^2}$$
$$b_m = y_1 b_1 + y_2 b_2 = 0.5 \times 2.97 \times 10^{-5} + 0.5 \times 6.27 \times 10^{-5}$$
$$= 4.62 \times 10^{-5} \mathrm{m^3/mol}$$
$$B = \frac{b_m p}{RT} = \frac{4.62 \times 10^{-3} \times 13.78 \times 10^6}{8.314 \times 424.15} = 0.1806$$
$$\frac{A}{B} = \frac{a_m}{b_m RT} = \frac{11.697}{4.62 \times 10^{-3} \times 8.314 \times (424.15)^{1.5}} = 3.488$$

将上面两个量代入方程式(2-22) 和式(2-25)，得

$$Z = \frac{1}{1-h} - 3.488 \left( \frac{h}{1+h} \right) \tag{A}$$

$$h = \frac{0.1806}{Z} \tag{B}$$

联立求解方程 (A)、(B)，得

$$Z = 0.624, h = 0.2894$$

所以混合物摩尔体积为

$$V = \frac{ZRT}{p} = \frac{0.625 \times 8.314 \times 424.15}{13.78 \times 10^6} = 1.60 \times 10^{-4} \mathrm{m^3/mol}$$

（2）Benedict-Webb-Rubin 方程

该方程应用于混合物时，采用的混合规则为

$$x_m = \left( \sum_i y_i x_i^{\frac{1}{r}} \right)^r \tag{2-69}$$

对 8 个 BWR 方程常数，$x$、$r$ 值见表 2-7。

表 2-7  $x$、$r$ 值

| $x$ | $A_0$ | $B_0$ | $C_0$ | $a$ | $b$ | $c$ | $\alpha$ | $\gamma$ |
|------|------|------|------|------|------|------|------|------|
| $r$ | 2 | 1 | 2 | 3 | 3 | 3 | 3 | 2 |

（3）Martin-Hou 方程

MH 方程用于混合物时，有三种混合规则：临界参数混合规则、方程常数混合规则和温度函数混合规则。本文只介绍温度函数混合规则。

温度函数混合规则的通式为

$$L_m = (-1)^{n+1} \left( \sum y_i \mid L_i \mid^{\frac{1}{n}} \right)^n \tag{2-70}$$

式中，$n$ 为正整数；$y_i$ 为 $i$ 组分的摩尔分数。

若 $L$ 代表方程常数 $b$，则 $n=1$

$$b_m = \sum_i y_i b_i$$

若 $L$ 代表式(2-32)中的温度函数 $f_i(T)$，则

$$n = K, \quad K = 1, 3, 4, 5$$

$$f_K(T)_m = (-1)^{(K+1)} \left( \sum_i y_i \mid f_K(T)_i \mid^{\frac{1}{K}} \right)^K$$

对于第二项的温度函数 $f_2(T)$，有

$$n = K = 2$$

$$f_2(T)_m = -\sum_i \sum_j y_i y_j (\mid f_2(T)_i \mid \mid f_2(T)_j \mid)^{0.5} (1 - Q_{ij})$$

对于二元体系展开为

$$f_2(T)_m = -y_1^2 \mid f_2(T)_1 \mid - 2 y_1 y_2 (\mid f_2(T)_1 \mid \mid f_2(T)_2 \mid)^{0.5} (1 - Q_{12}) - y_2^2 \mid f_2(T)_2 \mid$$

式中，$Q_{ij}$ 为二元相互作用参数，由实验数据求得。

### 2.4.4　状态方程混合规则的发展

（1）单流体混合规则的改进

状态方程用于混合物性质计算，除了方程自身的精度外，建立合适的混合规则也十分重要。式(2-52)是被广泛使用的 van der Waals 单流体混合规则，当用于立方型方程时［见式(2-66)、式(2-67)］，仅采用一个可调的二元相互作用参数便可较好地计算非极性或弱极性混合物的物性和相平衡。为了将状态方程应用拓宽至含极性物质的混合物，许多研究者对立方型方程单流体混合规则进行改进，改进的基本思路是：①保持常数 $b$ 的混合规则不变，而将常数 $a$ 中的二元相互作用项 $a_{ij}$ 改变为与组成相关的函数；②混合规则中引入两个可调的二元相互作用参数。表 2-8 中列举了一些有代表性的改进式。

**表 2-8　组成相关的 $a_{ij}$ 混合规则**

| 作者 | $a_{ij}$ 项 | 发表日期 |
|---|---|---|
| Adachi and Sugie | $(a_i a_j)^{1/2} [1 - l_{ij} + m_{ij}(x_i - x_j)]$ | 1986 |
| Panagiotopoulos | $(a_i a_j)^{1/2} [1 - k_{ij} + (k_{ij} - k_{ji})x_i]$ | 1986 |
| Stryjek and Vera | $(a_i a_j)^{1/2} (1 - x_i k_{ij} - x_j k_{ji})$ (Magules 型) | 1986 |
| | $(a_i a_j)^{1/2} \left( 1 - \dfrac{k_{ij} k_{ji}}{x_i k_{ij} + x_j k_{ji}} \right)$ (Van Laar 型) | |
| Sandoval 等 | $(a_i a_j)^{1/2} [1 - (x_i k_{ij} + x_j k_{ji}) - 0.5(k_{ij} + k_{ji})(1 - x_i - x_j)]$ | 1989 |

（2）Huron-Vidal（HV）混合规则

1979 年 Huron 和 Vidal[1] 提出了一个全新概念的混合规则，该规则建立在三个假设的基础上：①当压力趋向无穷大时，由状态方程计算的超额自由焓 $G^E$ 与从活度系数模型计算的 $G^E$ 相等；②当压力趋向无穷大时，协体积 $b$ 等于摩尔体积 $V$；③超额体积 $V^E$ 为零。该混合规则用于 SRK 方程，常数 $a$ 的混合规则为

---

[1]　Huron M J，Vidal J. Fluid Phase Equilib，1979，3：255.

$$a = b\left(\sum_{i=1}^{N} x_i \frac{a_i}{b_i} - \frac{G_\infty^E}{\ln 2}\right) \tag{2-71}$$

式中，常数 $b$ 仍为线性混合，即 $b = \sum x_i b_i$；$G_\infty^E$ 由 NRTL 活度系数模型（参见本书 4.8.4 节）计算。

$$G_\infty^E = \sum_{i=1}^{N} x_i \left[\frac{\sum_{j=1}^{N} x_j G_{ji} C_{ji}}{\sum_{k=1}^{N} x_k G_{ki}}\right] \tag{2-72}$$

式中，$G_{ji} = b_j \exp\left(\dfrac{-\alpha_{ji} C_{ji}}{RT}\right)$；$C_{ji} = g_{ji} - g_{ii}$；$g_{ji}$ 和 $g_{ii}$ 分别为异类和同类分子间相互作用能；$\alpha_{ji}$ 为非随机参数。

因此常数 $a$ 的 Huron-Vidal（HV）混合规则为

$$a = b \sum_{i=1}^{N} x_i \left(\frac{a_i}{b_i} - \frac{1}{\ln 2} \frac{\sum_{j=1}^{N} x_j G_{ji} C_{ji}}{\sum_{k=1}^{N} x_k G_{ki}}\right) \tag{2-73}$$

式中，$\alpha_{ji}$、$C_{ij}$ 和 $C_{ji}$ 是可调的二元相互作用参数。当 $\alpha_{ji} = 0$ 时，HV 混合规则还原为 van der Waals 单流体混合规则。应用 HV 混合规则，可以高精度地关联高度非理想体系的汽液平衡。

由于低压下的 $G^E$ 与压力趋于无限大时的 $G_\infty^E$ 有很大差别，HV 混合规则处理低压数据有困难。为此 Mollerup 提出的修正方法是直接从零压超额自由焓导出方程常数 $a$ 的混合规则，即

$$a = b \sum_i x_i \left(\frac{a_i}{b_i}\right)\left(\frac{f_i}{f}\right) - \frac{G^E}{f} + \frac{RT}{f}\left[\sum_i x_i \ln\left(f_c \frac{b_i}{b}\right)\right] \tag{2-74}$$

式中，$f_i = b_i / V_i$；$f = b/V$；$f_c = (1/f_i - 1)/(1/f - 1)$。

Michelsen 等[1]受此启发，提出零压为参考态，结合 SRK 方程，重复 Huron-Vidal 的推导过程得到下述混合规则

$$q(\alpha) = \sum_{i=1}^{N} x_i q(\alpha_i) + \frac{G^E}{RT} + \sum_i x_i \ln\left(\frac{b_i}{b}\right) \tag{2-75}$$

式中，$\alpha = \dfrac{a}{bRT}$；$b = \sum x_i b_i$；$\alpha_i = \dfrac{a_i}{b_i RT}$。

函数 $q(\alpha)$ 可以采用不同的近似函数表达式，最简单的为线性关系式，即

$$q(\alpha) \approx q_0 + q_1 \alpha$$

由此产生的混合规则称为改进的一次 HV 混合规则（MHV1），即

$$\alpha = \sum_{i=1}^{N} x_i \alpha_i + \frac{1}{q_1}\left[\frac{G^E}{RT} + \sum_{i=1}^{N} x_i \ln\left(\frac{b_i}{b}\right)\right] \tag{2-76}$$

式中，$q_1 = -0.593$。

若 $q(\alpha)$ 采用二次多项式

$$q(\alpha) \approx q_0 + q_1 \alpha + q_2 \alpha^2$$

则可得到改进的二次 HV 混合规则（MHV2），即

---

[1] Michelsen M L. Fluid Phase Equilib, 1990, 60: 213.

$$q_1 \left( \alpha - \sum_{i=1}^{N} x_i \alpha_i \right) + q_2 \left( \alpha^2 - \sum_{i=1}^{N} x_i \alpha_i^2 \right) = \frac{G^E}{RT} + \sum_{i=1}^{N} x_i \ln \left( \frac{b_i}{b} \right) \qquad (2\text{-}77)$$

式中，$q_1 = -0.478$；$q_2 = -0.0047$。

作者使用该混合规则，并用 UNIFAC 活度系数模型（参见本书 4.8.5 节）计算 $G^E$，成功预测了高压汽液平衡和多组分气体-溶剂体系的相平衡。

（3）Wong-Sandler（WS）混合规则

从式(2-58)可知，由统计力学导出的气体混合物第二 Virial 系数必定是组成的二次函数，但以零压或无限大压力为标准态导出的混合规则一般不符合此规律。Wong 和 Sandler[❶] 以无限大压力下超额自由能 $A_{\infty}^E$ 为基准，建立了符合第二 Virial 系数条件的混合规则（WS 混合规则），即

$$a = b \left[ \sum_i x_i \frac{a_i}{b_i} + \frac{A_{\infty}^E}{C} \right] \qquad (2\text{-}78)$$

$$b = \frac{\sum_i \sum_j x_i x_j \left( b - \dfrac{a}{RT} \right)_{ij}}{1 - \dfrac{A_{\infty}^E}{RT} - \sum_i x_i \left( \dfrac{a_i}{b_i RT} \right)} \qquad (2\text{-}79)$$

式中，$C$ 是常数，与选择的状态方程有关，如用于 PR 方程，则 $C = \dfrac{1}{\sqrt{2}} \ln(\sqrt{2} - 1)$；并且

$$\left( b - \frac{a}{RT} \right)_{ij} = \left( \frac{b_i + b_j}{2} \right) - \frac{\sqrt{a_i a_j} (1 - k_{ij})}{RT} \qquad (2\text{-}80)$$

式中，$k_{ij}$ 是对应于第二 Virial 系数的相互作用参数。

WS 混合规则与 MHV2 一样，能在大的温度、密度范围内，关联和预测从简单流体到复杂体系的物性和相平衡数据。两者是目前化工过程计算中主要采用的混合规则。

需要强调指出的是，改进后的状态方程中的某些常数，以及混合规则中的二元相互作用参数不能由理论推导获得，都需要通过关联实验数据得到，因此使其在应用中仍存在各自的局限性。

## 2.5 液体的 $p$-$V$-$T$ 性质

液体的 $p$-$V$-$T$ 关系较复杂，对液体的理论研究远不如对气体研究那样深入。但是与气体相比，液体的摩尔体积容易实验测定；除临界区外，压力和温度对液体容积性质影响不大，体积膨胀系数 $\alpha = \dfrac{1}{V} \left( \dfrac{\partial V}{\partial T} \right)_p$ 和压缩系数 $k = -\dfrac{1}{V} \left( \dfrac{\partial V}{\partial p} \right)_T$ 的值都很小，且几乎不随温度、压力变化。因此，液体 $p$-$V$-$T$ 关系，除了实验测定外，工程上常用图表法、结构加和法、经验关联式和普遍化关系式等方法来估算。

### 2.5.1 经验关联式

许多气体状态方程，如 SRK、PR、MH、BWR 等，虽都能较好地计算饱和液体摩尔体积，但对整个液相区的 $p$-$V$-$T$ 性质仅能作定性描述。因此工程计算常使用精度较高的经验关联式。

（1）Tait 方程

---

❶ Wong S S H，Sandler S I. AIChE J，1992，38：671.

该方程的表达式为

$$V^{L}=V_0^{L}-D\ln\left(\frac{p+E}{p_0+E}\right) \tag{2-81}$$

式中，$D$、$E$ 在给定温度下为常数；$V_0^{L}$ 和 $p_0$ 为指定温度下；该液体在对比态时的体积和压力。

当有足够的数据，求出 $D$、$E$ 之后，就可计算沿着等温线的 $p$-$V$ 关系。此方程可以用于很高的压力。

（2）Chueh-Prausnitz 方程

该方程的表达式为

$$\rho=\rho^{S}\left[1+\frac{9Z_{c}N}{p_{c}}(p-p^{S})\right]^{1/9} \tag{2-82}$$

其中

$$N=(1-0.89\omega)\exp(6.9547-76.2853T_{r}+191.3060T_{r}^{2}-$$
$$203.5472T_{r}^{3}+82.7631T_{r}^{4})$$

式中，$\rho^{S}$ 和 $p^{S}$ 分别为体系温度下的饱和液体密度和饱和蒸气压。

（3）修正的 Rackett 方程

该方程的表达式

$$V^{S}=\frac{RT_{c}}{p_{c}}Z_{RA}^{[1+(1-T_{r})^{2/7}]} \tag{2-83}$$

式中，$V^{S}$ 是饱和液体的摩尔体积；$Z_{RA}$ 值可查阅文献[1]，若文献中没有，则用下式估算

$$Z_{RA}=0.29056-0.08775\omega \tag{2-84}$$

该式计算仅仅需要临界参数，所得结果误差最大为 7% 左右，通常为 1%～2%。但它不能准确预测临界体积 $V_{c}$，除非 $Z_{RA}=Z_{c}$。

若已知一点密度数据，则修正的 Rackett 方程可写成下面的形式

$$V^{S}=V^{R}(0.29056-0.08775\omega)^{\theta} \tag{2-85}$$
$$\theta=(1-T_{r})^{2/7}-(1-T_{r}^{R})^{2/7}$$

式中，$V^{R}$ 是在参考点的对比温度 $T_{r}^{R}$ 下的饱和液体摩尔体积。

该方程精度相当高，对许多非极性饱和液体来说，误差在 1% 以内。

### 2.5.2　普遍化关联式

由 Lydersen 等提出的计算液体密度的普遍化关联式为

$$\rho_{r}=\rho_{r}'+D(Z_{c}-0.27) \tag{2-86}$$

式中，$\rho_{r}'$ 为 $Z_{c}=0.27$ 时液体的对比密度，可从图 2-9 中查取；$\rho_{r}$ 是 $Z_{c}\neq0.27$ 时的液体密度；$D$ 为校正系数，可从图 2-10 中读得。

液体的对比密度定义为

$$\rho_{r}=\rho/\rho_{c}=V_{c}/V \tag{2-87}$$

因此，已知临界数据，便可由式（2-86）和式（2-87）计算液体密度或体积。

**【例 2-8】**　①估算 37℃ 的饱和液氨的密度；②估算 37℃ 和 10.13MPa 下液氨的密度。

**解**　由附录二查得氨的临界参数

$T_{c}=405.6K$，$p_{c}=11.28MPa$，$V_{c}=72.5\times10^{-6}m^{3}/mol$，$Z_{c}=0.242$，$\omega=0.250$

① 采用修正的 Rackett 方程

---

[1]　Red R C，Prausnitz J M，Poling B E. The Properties of Gases and Liquids. 4th Ed. McGraw-Hill.

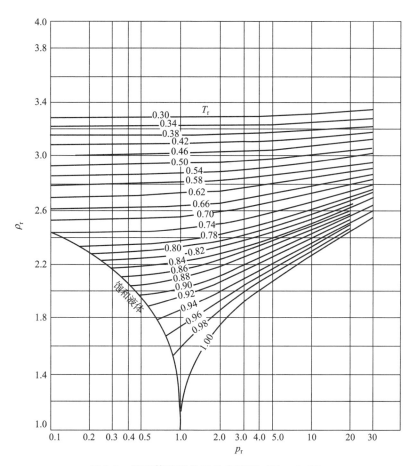

图 2-9　纯液体普遍化对比密度图（$Z_c = 0.27$）

$$T_r = (37 + 273.15)/405.6 = 0.7647$$

查文献得氨的 $Z_{RA} = 0.2465$，按式(2-83)

$$V^S = \frac{8.314 \times 405.6}{11.28 \times 10^6} \times 0.2465^{[1+(1-0.7647)^{2/7}]}$$

$$= 2.919 \times 10^{-5}\, m^3/mol$$

将此值与实验值 $2.914 \times 10^{-5}\, m^3/mol$ 比较，误差为 $0.2\%$。

②　采用普遍化密度关系式

对比参数

$$T_r = 0.7647, \quad p_r = \frac{10.13}{11.28} = 0.8980$$

根据 $T_r$、$p_r$ 值查图 2-9 得 $\rho_r' = 2.38$，查图 2-10（$Z_c < 0.27$）得 $D = -7.2$，代入式(2-86)，得

$$\rho_r = 2.38 + (-7.2)(0.242 - 0.27) = 2.58$$

$$V = V_c/\rho_r = 7.25 \times 10^{-5}/2.58 = 2.81 \times 10^{-5}\, m^3/mol$$

与实验值 $2.86 \times 10^{-5}\, m^3/mol$ 相比，误差为 $1.7\%$。

### 2.5.3　液体混合物的密度

采用合适的混合规则，一般来说，上面介绍的经验关联式都能够用来计算液体混合物的密度。以修正的 Rackett 方程为例，当用于液体混合物时，方程表示为

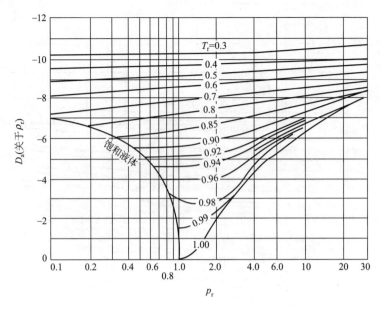

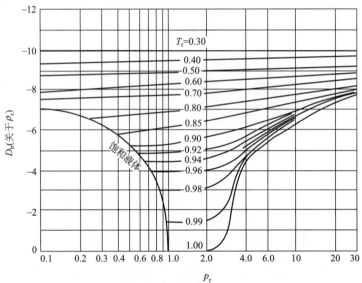

图 2-10  $Z_c \neq 0.27$ 时对比密度校正值

$$V = R\left(\sum_i \frac{x_i T_{ci}}{p_{ci}}\right) Z_{RA}^{[1+(1-T_r)^{2/7}]} \tag{2-88}$$

$$Z_{RA} = \sum_i x_i Z_{RA_i} \tag{2-89}$$

式中，$T_r = T/T_{cm}$。

Chuch 和 Prausnitz 建议 $T_{cm}$ 按以下的方法计算

$$T_{cm} = \sum_i \sum_j \phi_i \phi_j T_{cij} \tag{2-90a}$$

$$\phi_i = x_i V_{ci} / \sum_i x_i V_{ci} \tag{2-90b}$$

$$T_{cij} = (T_{ci} T_{cj})^{0.5} (1 - k_{ij}) \tag{2-90c}$$

$$1 - k_{ij} = 8(V_{ci}V_{cj})^{0.5}/(V_{ci}^{1/3} + V_{cj}^{1/3})^3 \qquad (2\text{-}90\text{d})$$

【例 2-9】 试计算混合物 $CO_2(1)$-$n$-$C_4H_{10}(2)$ 在 344.26K 和 6.48MPa 时的液体体积。已知混合物中 $CO_2$ 的摩尔分数为 $x_1 = 0.502$，液体摩尔体积实验值 $V^L = 9.913 \times 10^{-5}$ $m^3/mol$。

**解** 从附录二中查得 $CO_2$ 和 $n$-$C_4H_{10}$ 的临界参数如下：

| 物 质 | $T_c/K$ | $p_c/MPa$ | $V_c/(m^3/mol)$ | $\omega$ |
|---|---|---|---|---|
| $CO_2$ | 304.5 | 7.376 | $9.40 \times 10^{-5}$ | 0.225 |
| $n$-$C_4H_{10}$ | 425.20 | 3.80 | $2.55 \times 10^{-4}$ | 0.193 |

由式(2-84) 计算

$$Z_{RA1} = 0.29056 - 0.08775 \times 0.225 = 0.2708$$
$$Z_{RA2} = 0.29056 - 0.08775 \times 0.193 = 0.2736$$
$$Z_{RA} = \sum_i x_i Z_{RAi} = 0.502 \times 0.2708 + 0.498 \times 0.2736 = 0.2722$$

由式(2-90) 计算

$$\phi_1 = \frac{0.502 \times 9.40 \times 10^{-5}}{(0.502 \times 9.40 + 0.498 \times 25.5) \times 10^{-5}} = 0.2709$$

$$\phi_2 = 1 - \phi_1 = 0.7291$$

$$1 - k_{ij} = \frac{8 \times (9.40 \times 10^{-5} \times 2.55 \times 10^{-4})^{0.5}}{[(9.40 \times 10^{-5})^{1/3} + (2.55 \times 10^{-4})^{1/3}]^3} = 0.9595$$

$$T_{c12} = (304.15 \times 425.20)^{0.5} \times 0.9595 = 345.05K$$

$$T_{cm} = 0.2709^2 \times 304.15 + 2 \times 0.2709 \times 0.7291 \times 345.05 + 0.7291^2 \times 425.20$$
$$= 384.68K$$

$$T_r = 344.26/384.68 = 0.8949$$

将上述数据代入式(2-88)，得

$$V = 8.314 \left( \frac{0.502 \times 304.15}{7.376 \times 10^6} + \frac{0.498 \times 425.20}{3.80 \times 10^6} \right) 0.2722^{[1+(1-0.8949)^{2/7}]}$$
$$= 8.73 \times 10^{-5} m^3/mol$$

与实验值相比，误差为 11.9%。

## 习 题

2-1 使用下述三种方法计算 1kmol 的甲烷贮存在体积为 $0.1246m^3$、温度为 50℃ 的容器中所产生的压力：
(1) 理想气体方程；(2) Redlich-Kwong 方程；(3) 普遍化关系式。

2-2 分别使用理想气体方程和 Pitzer 普遍化关系式，计算 510K、2.5MPa 下正丁烷的摩尔体积。已知实验值为 $1480.7cm^3/mol$。

2-3 生产半水煤气时，煤气发生炉在吹风阶段的某种情况下，76%（摩尔分数）的碳生成二氧化碳，其余的生成一氧化碳。试计算：
(1) 含碳量为 81.38% 的 100kg 焦炭能生成 0.1013MPa、303K 的吹风气若干立方米？
(2) 所得吹风气的组成和各气体分压。

2-4 将压力为 2.03MPa、温度为 477K 条件下的 $2.83m^3$ $NH_3$ 气体压缩到 $0.142m^3$，若压缩后温度 448.6K，则其压力为若干？分别用下述方法计算：(1) van der Waals 方程；(2) Redlich-Kwong 方程；(3) Peng-Robinson 方程；(4) 普遍化关系式。

2-5 直径为 8m 的热气球包括吊舱重 120kg，吊舱内两名乘员体重各 70kg。当热气球在周围大气压力 93 kPa、温度 12℃ 的环境中飞行时，热气球内的温度是多少？若环境温度为 25℃，热气球内的温度又该是多少？

2-6 试计算含有 30％（摩尔分数）氮气（1）和 70％（摩尔分数）正丁烷（2）的气体混合物 7g，在 188℃ 和 6.888MPa 条件下的体积。已知 $B_{11}=14cm^3/mol$，$B_{22}=-265cm^3/mol$，$B_{12}=-9.5cm^3/mol$。

2-7 等摩尔组成的甲烷和丙烷混合物由压缩机在 5500kPa、363K 下，以 1.4kg/s 的速度排放。如果在排放管线中流速不超过 30m/s，试求排放管线的最小直径是多少？

2-8 试用 Redlich-Kwong 方程和 SRK 方程计算 273K、101.3MPa 下氮的压缩因子。已知实验值为 2.0685。

2-9 0.454kg 正庚烷从 21℃、0.1MPa（液体，密度 680kg/m³）变化到 371K、4.0MPa，随着此状态的焓变 $\Delta H$ 为 2650kJ，试问其内能的变化为多少？

2-10 液态正戊烷在 291K、0.1MPa 下的密度为 0.630g/cm³。试估算在 423K、10MPa 下的密度。

# 3 纯流体的热力学性质

纯流体的热力学性质，是指纯物质流体的热力学性质，具体包括流体的温度、压力、比容、比热容、焓、熵、内能、自由能、自由焓及逸度等。这些性质都是化工过程计算、分析以及化工装置设计中不可缺少的重要依据。就测量情况分为可直接测量与不能直接测量两类。压力、比容与温度可直接测量；而其他则须通过与可测性质的关系来计算。因而，找出这两类性质之间的关系式，即热力学性质的基本微分方程是十分重要的。

本章将扼要地介绍化工领域中最常应用的一些热力学性质的基本微分方程、热力学性质的计算以及常用的热力学数据和热力学图表。

## 3.1 热力学性质间的关系

### 3.1.1 单相流体系统基本方程

根据热力学第一定律和第二定律，对单位质量定组成的均匀流体体系，在非流动条件下，其热力学性质之间存在以下关系

$$dU = TdS - pdV \tag{3-1}$$
$$dH = TdS + Vdp \tag{3-2}$$
$$dA = -pdV - SdT \tag{3-3}$$
$$dG = Vdp - SdT \tag{3-4}$$

上述方程组是最基本的关系式，所有其他的函数关系式均由此导出。

### 3.1.2 点函数间的数学关系式

对一个单组分的单相系统，若系统的三种性质为 $x$、$y$、$z$，则存在下述关系式

$$z = f(x, y)$$

微分得

$$dz = \left(\frac{\partial z}{\partial x}\right)_y dx + \left(\frac{\partial z}{\partial y}\right)_x dy$$

或
$$dz = Mdx + Ndy \tag{3-5}$$

如果 $x$、$y$、$z$ 都是点函数，且 $z$ 是自变量 $x$、$y$ 的连续函数，$Mdx + Ndy$ 是函数 $z(x, y)$ 的全微分，则 $M$ 与 $N$ 之间有

$$\left(\frac{\partial M}{\partial y}\right)_x = \left(\frac{\partial N}{\partial x}\right)_y \tag{3-6}$$

式(3-6) 具有如下两种意义。

① 在进行热力学研究时，如遇到式(3-5) 的方程形式，则可根据式(3-6) 来检定 $dz$ 是否是一全微分。如果 $dz$ 是一全微分，则在数学上，$z$ 是点函数，在热力学上 $z$ 就是系统的状态函数。

② 如果根据任何独立的推论，预知 $z$ 是系统的一种性质（即状态函数），因而 $dz$ 是一全微分，式(3-6) 将给出一种求得 $x$ 与 $y$ 之间数学关系的方法。

在热力学里经常遇到式(3-5) 类型的方程式，其中的 $dz$ 并不一定是全微分。在这时候，

式(3-6) 的必要条件是有帮助的。

在点函数与其导数之间还有另一种关系（称循环关系式），即

$$\left(\frac{\partial z}{\partial x}\right)_y \left(\frac{\partial x}{\partial y}\right)_z \left(\frac{\partial y}{\partial z}\right)_x = -1 \tag{3-7}$$

当需要将变量加以变化时，这一方程式是很有用的。使用式(3-7) 能够将任一简单变量用其他两个变量表示出来。此式很容易记，只需将三个变数按照上下外的次序循环就行。

【例 3-1】 运用式(3-6)，试证明热力学第一定律方程式 $\delta Q = \mathrm{d}U + p\mathrm{d}V$ 的 $\delta Q$ 不是系统的状态函数。

**证** 将方程式

$$\delta Q = \mathrm{d}U + p\mathrm{d}V \tag{A}$$

应用于单相的单组分系统，根据 Gibbs 相律，为了确定这个系统，必须确定两种性质。现选定温度 $T$ 和体积 $V$ 这两种性质，又知道内能 $U$ 是一种性质，于是可以用方程式将内能变化用微分形式表示

$$\mathrm{d}U = \left(\frac{\partial U}{\partial T}\right)_V \mathrm{d}T + \left(\frac{\partial U}{\partial V}\right)_T \mathrm{d}V \tag{B}$$

将式(B) 代入式(A)，得

$$\delta Q = \left(\frac{\partial U}{\partial T}\right)_V \mathrm{d}T + \left(\frac{\partial U}{\partial V}\right)_T \mathrm{d}V + p\mathrm{d}V = \left(\frac{\partial U}{\partial T}\right)_V \mathrm{d}T + \left[\left(\frac{\partial U}{\partial V}\right)_T + p\right]\mathrm{d}V$$

使用式(3-6) 来检验上式，即若 $\delta Q$ 是全微分，必有下列关系式

$$\frac{\partial\left[\left(\frac{\partial U}{\partial T}\right)_V\right]}{\partial V} = \frac{\partial\left[\left(\frac{\partial U}{\partial V}\right)_T + p\right]}{\partial T}$$

$$\frac{\partial^2 U}{\partial T \partial V} = \frac{\partial^2 U}{\partial V \partial T} + \left(\frac{\partial p}{\partial T}\right)_V \tag{C}$$

要使等式(C) 成立，则必须 $(\partial p/\partial T)_V = 0$，这显然是不可能的，因为实验证明，气体在等容时，压力随温度的上升而增高。即

$$\left(\frac{\partial p}{\partial T}\right)_V \neq 0$$

则等式(C) 不成立，可知 $\delta Q$ 不是全微分，$Q$ 不是系统的性质，即 $Q$ 不是系统的状态函数。

### 3.1.3 Maxwell 关系式

由于 $U$、$H$、$A$ 和 $G$ 都是状态函数，所以将式(3-6)

$$\left(\frac{\partial M}{\partial y}\right)_x = \left(\frac{\partial N}{\partial x}\right)_y$$

应用于式(3-1)～式(3-4)四个基本方程时，则可以得到著名的 Maxwell 关系式

$$\left(\frac{\partial T}{\partial V}\right)_S = -\left(\frac{\partial p}{\partial S}\right)_V \tag{3-8}$$

$$\left(\frac{\partial T}{\partial p}\right)_S = \left(\frac{\partial V}{\partial S}\right)_p \tag{3-9}$$

$$\left(\frac{\partial p}{\partial T}\right)_V = \left(\frac{\partial S}{\partial V}\right)_T \tag{3-10}$$

$$\left(\frac{\partial V}{\partial T}\right)_p = -\left(\frac{\partial S}{\partial p}\right)_T \tag{3-11}$$

由系数关系又可得到另一组方程（亦称能量方程的导数式）

$$\left(\frac{\partial U}{\partial S}\right)_V = \left(\frac{\partial H}{\partial S}\right)_p = T$$

$$\left(\frac{\partial U}{\partial V}\right)_S = \left(\frac{\partial A}{\partial V}\right)_T = -p$$

$$\left(\frac{\partial H}{\partial p}\right)_S = \left(\frac{\partial G}{\partial p}\right)_T = V$$

$$\left(\frac{\partial G}{\partial T}\right)_p = \left(\frac{\partial A}{\partial T}\right)_V = -S$$

以上诸方程都是以 1mol 流体为基础。

由 $p$、$V$、$T$、$S$、$U$、$H$、$A$、$G$ 8 个热力学性质可以推出几百个关系式，但在工程计算中能应用的不多。这些关系式都有共同的特点，即它们都是用其他两种性质来表示系统的某一性质对另一性质的变化率。在实际工程计算中 Maxwell 关系式的应用之一是用易于实测的某些数据来代替或计算那些难于实测的物理量；例如用 $-\left(\frac{\partial V}{\partial T}\right)_p$ 来代替 $\left(\frac{\partial S}{\partial p}\right)_T$，$\left(\frac{\partial p}{\partial T}\right)_V$ 代替 $\left(\frac{\partial S}{\partial V}\right)_T$。

【例 3-2】 试计算在 0.1013MPa 下，液态汞由 275K 恒容加热到 277K 时所产生的压力？

**解** 本题只要求出 $\left(\frac{\partial p}{\partial T}\right)_V$，则从 275K 恒容加热到 277K 时所产生的压力即可容易求出。

将式(3-7) 重行排列，并分别用 $p$、$V$、$T$ 代替 $x$、$y$、$z$，得

$$\left(\frac{\partial p}{\partial T}\right)_V = -\frac{(\partial V/\partial T)_p}{(\partial V/\partial p)_T}$$

式中，$(\partial V/\partial T)_p$ 表示恒压时体积随温度的变化率。显然，它与物质的膨胀系数密切相关。

体积膨胀系数的定义为

$$\beta = \frac{1}{V}\left(\frac{\partial V}{\partial T}\right)_p \tag{3-12}$$

液态汞的体积膨胀系数值由手册查得

$$\beta = 0.00018 \text{K}^{-1}$$

$(\partial V/\partial p)_T$ 表示等温时体积随压力的变化率。它与物质的压缩系数 $k$ 相关。

等温压缩系数 $k$ 的定义为

$$k = -\frac{1}{V}\left(\frac{\partial V}{\partial p}\right)_T \tag{3-13}$$

液态汞的等温压缩系数值由手册查得

$$k = 0.0000385 \text{MPa}^{-1}$$

于是得

$$\left(\frac{\partial p}{\partial T}\right)_V = \frac{0.00018}{0.0000385} = 4.675 \text{MPa/K}$$

故液态汞由 275K 恒容加热到 277K 时压力的变化为

$$4.675 \times (277 - 275) = 9.35 \text{MPa}$$

其绝压为 9.45MPa。

# 3.2 热力学性质的计算

### 3.2.1 Maxwell 关系式的应用

根据相律

$$\pi(\text{相数}) + i(\text{独立变量数}) = N(\text{组分数}) + 2$$

对于均相单组分的系统 $\pi=1$，$N=1$，则 $i=2$，即热力学状态函数只要根据两个变量即可计算，如表示成 $p$、$T$ 的函数，也可表示成 $p$、$V$ 或 $T$、$V$ 的函数。工程上经常需要计算的是 $p$、$T$ 变化引起系统的热力学变量的变化值，如焓变与熵变。下面分别介绍熵、焓和内能的关系式。

(1) 熵

① 第一 dS 方程

当 $S=S(T,V)$ 时，则有

$$dS=\left(\frac{\partial S}{\partial T}\right)_V dT+\left(\frac{\partial S}{\partial V}\right)_T dV$$

因

$$C_V=\left(\frac{\partial Q}{\partial T}\right)_V=\left(\frac{T dS}{\partial T}\right)_V=T\left(\frac{\partial S}{\partial T}\right)_V$$

得

$$\left(\frac{\partial S}{\partial T}\right)_V=\frac{C_V}{T}$$

又

$$\left(\frac{\partial S}{\partial V}\right)_T=\left(\frac{\partial p}{\partial T}\right)_V$$

所以

$$dS=C_V\frac{dT}{T}+\left(\frac{\partial p}{\partial T}\right)_V dV \tag{3-14}$$

式(3-14) 即称为第一 dS 方程。积分得

$$S-S_0=\Delta S=\int_{T_0}^{T} C_V d\ln T+\int_{V_0}^{V}\left(\frac{\partial p}{\partial T}\right)_V dV$$

② 第二 dS 方程

当 $S=S(T,p)$ 时，则有

$$dS=\left(\frac{\partial S}{\partial T}\right)_p dT+\left(\frac{\partial S}{\partial p}\right)_T dp$$

因

$$\left(\frac{\partial S}{\partial T}\right)_p=\frac{C_p}{T} \qquad \left(\frac{\partial S}{\partial p}\right)_T=-\left(\frac{\partial V}{\partial T}\right)_p$$

所以

$$dS=C_p\frac{dT}{T}-\left(\frac{\partial V}{\partial T}\right)_p dp \tag{3-15a}$$

式(3-15a) 即称为第二 dS 方程。积分得

$$S-S_0=\int_{T_0}^{T} C_p d\ln T-\int_{p_0}^{p}\left(\frac{\partial V}{\partial T}\right)_p dp$$

熵随压力的变化率，可由式(3-12) 代入式(3-11) 求得

$$\left(\frac{\partial S}{\partial p}\right)_T=-\beta V \tag{3-15b}$$

③ 第三 dS 方程

当 $S=S(p,V)$ 时，则有

$$dS=\left(\frac{\partial S}{\partial p}\right)_V dp+\left(\frac{\partial S}{\partial V}\right)_p dV$$

因为

$$\left(\frac{\partial S}{\partial p}\right)_V=\left(\frac{\partial T}{\partial p}\right)_V\left(\frac{\partial S}{\partial T}\right)_V=\left(\frac{\partial T}{\partial p}\right)_V\frac{C_V}{T}$$

$$\left(\frac{\partial S}{\partial V}\right)_p=\left(\frac{\partial T}{\partial V}\right)_p\left(\frac{\partial S}{\partial T}\right)_p=\left(\frac{\partial T}{\partial V}\right)_p\frac{C_p}{T}$$

所以

$$dS = \frac{C_V}{T}\left(\frac{\partial T}{\partial p}\right)_V dp + \frac{C_p}{T}\left(\frac{\partial T}{\partial V}\right)_p dV \tag{3-16}$$

式(3-16)即称为第三 dS 方程。

这三个 dS 方程在计算熵的变化时是有用的。因为在可逆过程中 $\delta Q = T dS$，所以当已知比热容和 $p\text{-}V\text{-}T$ 数据时，便可利用这些方程来计算可逆过程的热效应。

（2）焓

dH 亦为变量 $p$、$V$ 和 $T$ 中任何两个的函数，可用刚才导出的三个 dS 方程来得到三个 dH 方程。

$$dH = T dS + V dp \tag{3-2}$$

将第一个 dS 方程代入式(3-2)并注意到

$$dp = \left(\frac{\partial p}{\partial T}\right)_V dT + \left(\frac{\partial p}{\partial V}\right)_T dV$$

得到第一 dH 方程

$$dH = \left[C_V + V\left(\frac{\partial p}{\partial T}\right)_V\right]dT + \left[T\left(\frac{\partial p}{\partial T}\right)_V + V\left(\frac{\partial p}{\partial V}\right)_T\right]dV \tag{3-17}$$

用相同方法可得第二、第三 dH 方程

$$dH = C_p dT + \left[V - T\left(\frac{\partial V}{\partial T}\right)_p\right]dp \tag{3-18}$$

$$dH = \left[V + C_V\left(\frac{\partial T}{\partial p}\right)_V\right]dp + C_p\left(\frac{\partial T}{\partial V}\right)_p dV \tag{3-19}$$

在这三个焓的普遍方程中，以 $T$ 和 $p$ 为独立变量的方程，即式(3-18)是非常有用的。等压过程时，有

$$dH = C_p dT \tag{3-20}$$

对等温过程，有

$$dH = \left[V - T\left(\frac{\partial V}{\partial T}\right)_p\right]dp$$

即

$$\left(\frac{\partial H}{\partial p}\right)_T = V - T\left(\frac{\partial V}{\partial T}\right)_p \tag{3-21a}$$

理想气体状态时

$$\left(\frac{\partial H^{ig}}{\partial p}\right)_T = \frac{RT}{p} - T\frac{R}{p} = 0 \tag{3-21b}$$

结合式(3-12)体积膨胀系数定义，可将式(3-21a)写成另一种形式

$$\left(\frac{\partial H}{\partial p}\right)_T = (1 - \beta T)V \tag{3-22}$$

（3）内能

dU 同样为变量 $p$、$V$ 和 $T$ 中的任何两个的函数。与焓的情况一样，三个 dS 方程也可以用来得出三个 dU 方程。

$$dU = T dS - p dV \tag{3-1}$$

将第一 dS 方程代入式(3-1)，便得到第一 dU 方程

$$dU = C_V dT + \left[T\left(\frac{\partial p}{\partial T}\right)_V - p\right]dV \tag{3-23}$$

相同方法可得第二、第三 dU 方程

$$dU = \left[C_p - p\left(\frac{\partial V}{\partial T}\right)_p\right]dT - \left[p\left(\frac{\partial V}{\partial p}\right)_T + T\left(\frac{\partial V}{\partial T}\right)_p\right]dp \tag{3-24}$$

$$dU = C_V \left(\frac{\partial T}{\partial p}\right)_V dp + \left[C_p \left(\frac{\partial T}{\partial V}\right)_p - p\right]dV \tag{3-25}$$

在这三个 $dU$ 方程式中，以 $T$ 和 $V$ 为独立变量的方程，即式(3-23)是非常有用的。对等容过程

$$dU = C_V dT \tag{3-26}$$

对等温过程

$$dU = \left[T\left(\frac{\partial p}{\partial T}\right)_V - p\right]dV$$

即

$$\left(\frac{\partial U}{\partial V}\right)_T = T\left(\frac{\partial p}{\partial T}\right)_V - p \tag{3-27}$$

或

$$p = T\left(\frac{\partial p}{\partial T}\right)_V - \left(\frac{\partial U}{\partial V}\right)_T$$

该方程与 van der Waals 状态方程 $p = \dfrac{RT}{V-b} - \dfrac{a}{V^2}$ 形式相似，所以也有人称它为热力学状态方程式。

对方程式 $U = H - pV$ 进行微分可求得内能随压力的变化率

$$\left(\frac{\partial U}{\partial p}\right)_T = \left(\frac{\partial H}{\partial p}\right)_T - p\left(\frac{\partial V}{\partial p}\right)_T - V$$

因此由式(3-22)及式(3-13)，有

$$\left(\frac{\partial U}{\partial p}\right)_T = (kp - \beta T)V \tag{3-28}$$

式中，$k$ 为等温压缩系数；$\beta$ 为体积膨胀系数。

式(3-15b)、式(3-22)和式(3-28)用膨胀系数 $\beta$ 和压缩系数 $k$ 表达，通常只应用于液体。

对于不接近临界点的液体，比容本身正如 $k$ 和 $\beta$ 的数值一样是很小的。因此，在大多数情况下，压力对液体的熵、焓和内能的影响很小。对于理想化的不可压缩流体，$k$ 和 $\beta$ 取零。在此情况下，$(\partial S/\partial p)_T$ 和 $(\partial U/\partial p)_T$ 均为零。熵和内能与压力无关。但是，正如式(3-22)所表明的那样，不可压缩流体的焓仍然是压力的函数。

当 $(\partial V/\partial T)_p$ 以体积膨胀系数代替，则式(3-15a)和式(3-18)变成

$$dS = C_p \frac{dT}{T} - \beta V dp \tag{3-29}$$

及

$$dH = C_p dT + V(1 - \beta T)dp \tag{3-30}$$

由于 $\beta$ 及 $k$ 对于液体而言为压力的弱函数，它们通常假设为常数，积分时可用算术平均值。

**【例 3-3】** 试求液体水从 $A$（0.1MPa，25℃）变到 $B$（100MPa，50℃）时的焓变和熵变。水的有关数据列于下表：

| $t/℃$ | $p/MPa$ | $C_p/[J/(mol \cdot K)]$ | $V/(cm^3/mol)$ | $\beta/K^{-1}$ |
|---|---|---|---|---|
| 25 | 0.1 | 75.305 | 18.075 | $256 \times 10^{-6}$ |
| 25 | 100 | …… | 17.358 | $366 \times 10^{-6}$ |
| 50 | 0.1 | 75.314 | 18.240 | $458 \times 10^{-6}$ |
| 50 | 100 | …… | 17.535 | $568 \times 10^{-6}$ |

**解** 液体从状态 $A$ 变化到状态 $B$ 时的焓变和熵变用式(3-30)和式(3-29)的积分式来求得。由于焓和熵是状态函数，因此，积分的途径可以任意选取。对于上面给出数据的最佳途径可用图 3-1 表示。

由表中数据可知，$C_p$ 为温度的弱函数，$V$ 和 $\beta$ 均为 $p$ 的弱函数。因此，积分时可用算术

平均值。式（3-29）和式（3-30）积分后可简化成

$$\Delta S = \overline{C}_p \ln \frac{T_B}{T_A} - \overline{\beta}\,\overline{V}(p_B - p_A) \tag{1}$$

$$\Delta H = \overline{C}_p(T_B - T_A) + \overline{V}(1 - \overline{\beta}T_B)(p_B - p_A) \tag{2}$$

式中，$\overline{C}_p$、$\overline{V}$ 与 $\overline{\beta}$ 分别代表平均热容、平均摩尔体积和平均体积膨胀系数。

当 $p = 0.1\text{MPa}$ 时

$$\overline{C}_p = \frac{75.305 + 75.314}{2} = 75.310\,\text{J/(mol·K)}$$

当 $T = 50℃$ 时

$$\overline{V} = \frac{18.240 + 17.535}{2} = 17.888\,\text{cm}^3/\text{mol}$$

$$\overline{\beta} = \frac{458 + 568}{2} \times 10^{-6} = 513 \times 10^{-6}\,\text{K}^{-1}$$

将有关数值代入式（1），得

$$\Delta S = 75.310 \ln \frac{323.15}{298.15} - (513 \times 10^{-6})(17.888)(100 - 0.1)$$
$$= 6.0640 - 0.9167 = 5.1473\,\text{J/(mol·K)}$$

同样，将有关数值代入式（2），得

$$\Delta H = 75.310(323.15 - 298.15) + 17.888[1 - (513 \times 10^{-6})(323.15)](100 - 0.1)$$
$$= 1882.75 + 1490.77 = 3373.5\,\text{J/mol}$$

从本例可见，对于液体水，压力变化 100MPa 对熵变和焓变的影响都小于温度变化 25℃ 带来的影响。

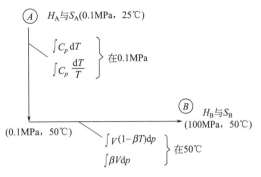

图 3-1　求焓变和熵变的最佳途径

### 3.2.2　剩余性质法

除直接从热力学函数的导数关系式计算热力学性质外，还可以使用剩余性质法来计算。

在热力学性质的计算中，首先总是考虑在理想气体的状态下，温度对该热力学性质的影响，然后再在等温条件下，考虑压力对该热力学性质的影响。

虽然式（3-11）和式（3-21a）能够直接用来计算压力对实际气体 $H$ 和 $S$ 的影响，但采用剩余性质为基础的方法更为方便。所谓剩余性质，是气体在真实状态下的热力学性质与在同一温度、压力下当气体处于理想状态下热力学性质之间的差额。此处要注意的是，既然气体是在真实状态下，那么在同一温度、压力下，本来是不可能处于理想状态的。所以剩余性质是一个假想的概念，而用这个概念可以找出真实状态与假想的理想状态之间热力学性质的差额，从而算出真实状态下气体的热力学性质。这是处理问题的一种方法。于是，剩余性质 $M^R$ 可由下述方程式给出

$$M^R = M - M^{ig} \tag{3-31}$$

式中，$M$ 与 $M^{ig}$ 分别为在相同温度和压力下真实气体与理想气体的广度热力学性质的摩尔值，如 $V$、$U$、$H$、$S$ 和 $G$ 等。

为了计算热力学性质 $M$（例如 $H$ 和 $S$）值，将式（3-31）写成

$$M = M^{ig} + M^R \tag{3-32}$$

使用此式将计算分成两部分：第一部分，计算理想气体 $M^{ig}$ 值，可以用适合于理想气体的

简单方程来计算；第二部分，计算 $M^R$ 的值，它具有对理想气体函数校正的性质，其值取决于 $p$-$V$-$T$ 数据。

在等温的条件下，将式(3-31) 对 $p$ 微分

$$\left(\frac{\partial M^R}{\partial p}\right)_T = \left(\frac{\partial M}{\partial p}\right)_T - \left(\frac{\partial M^{ig}}{\partial p}\right)_T$$

对于等温时的状态变化，可以写成

$$d(M^R) = \left[\left(\frac{\partial M}{\partial p}\right)_T - \left(\frac{\partial M^{ig}}{\partial p}\right)_T\right]dp \qquad (\text{等温}) \qquad (3\text{-}33)$$

从 $p_0$ 至 $p$ 进行积分，得

$$M^R = (M^R)_0 + \int_{p_0}^{p}\left[\left(\frac{\partial M}{\partial p}\right)_T - \left(\frac{\partial M^{ig}}{\partial p}\right)_T\right]dp \quad (\text{等温}) \qquad (3\text{-}34)$$

式(3-34) 中，$(M^R)_0$ 是在压力为 $p_0$ 时剩余性质的值。当 $p_0 \to 0$ 时，$(M^R)_0$ 成为 $M^R$ 在压力为零时的极限值。实际上，当压力趋近于零时，某些热力学性质的值即趋近于理想气体状态时热力学性质的值，此时

$$(M^R)_0 = 0$$

实验表明，当 $M^R \equiv H^R$ 和 $M^R \equiv S^R$ 时，上述结论是能成立的；而当 $M^R \equiv V^R$ 时，这个结果是不成立的。前两种正是大家希望考虑的。对焓和熵来说

$$M^R = \int_{0}^{p}\left[\left(\frac{\partial M}{\partial p}\right)_T - \left(\frac{\partial M^{ig}}{\partial p}\right)_T\right]dp \qquad (\text{等温}) \qquad (3\text{-}35)$$

当 $M^R \equiv H^R$ 时，所需的导数是方程式(3-21a) 和式(3-21b)，将它们代入式(3-35) 中，得

$$H^R = \int_{0}^{p}\left[V - T\left(\frac{\partial V}{\partial T}\right)_p\right]dp \qquad (\text{等温}) \qquad (3\text{-}36)$$

同样，当 $M^R \equiv S^R$ 时，适用的导数是方程式(3-11)，因此可得

$$S^R = \int_{0}^{p}\left[\frac{R}{p} - \left(\frac{\partial V}{\partial T}\right)_p\right]dp \qquad (\text{等温}) \qquad (3\text{-}37)$$

方程式(3-36) 和式(3-37) 是根据 $p$-$V$-$T$ 数据计算剩余焓和剩余熵的方程式。

对 1kmol 的气体量

$$V = \frac{ZRT}{p}$$

$$\left(\frac{\partial V}{\partial T}\right)_p = \frac{ZR}{p} + \frac{RT}{p}\left(\frac{\partial Z}{\partial T}\right)_p$$

将 $\left(\frac{\partial V}{\partial T}\right)_p$ 值代入式(3-36) 与式(3-37)，得

$$\frac{H^R}{RT} = -T\int_{0}^{p}\left(\frac{\partial Z}{\partial T}\right)_p \frac{dp}{p} \qquad (\text{等温}) \qquad (3\text{-}38)$$

$$\frac{S^R}{R} = -T\int_{0}^{p}\left(\frac{\partial Z}{\partial T}\right)_p \frac{dp}{p} - \int_{0}^{p}(Z-1)\frac{dp}{p} \qquad (\text{等温}) \qquad (3\text{-}39)$$

上述方程式，积分都是在等温下进行的，可用数值法求解，也可以用图解法求解。若用状态方程来表达 $Z$，这些积分式就可用解析法求解。因而只要有 $p$-$V$-$T$ 数据或合适的状态方程，就能求出 $H^R$ 和 $S^R$ 或其他剩余性质。由于剩余性质与实验数据有着直接联系，因而在实际应用中剩余性质是非常重要的。下面具体介绍如何使用剩余性质法从实验数据计算焓和熵值。

对于焓和熵，式(3-32) 可写成

$$H = H^{ig} + H^R \qquad (3\text{-}40)$$

$$S = S^{ig} + S^R \qquad (3\text{-}41)$$

因此，$H$ 和 $S$ 的值可根据相应的理想气体性质与剩余性质两者相加求得。将式(3-15a) 和式

(3-20) 应用于理想气体状态，并用 $\left(\dfrac{\partial V^{\mathrm{ig}}}{\partial T}\right) = \dfrac{R}{p}$ 代入式(3-15)，得

$$\mathrm{d}H^{\mathrm{ig}} = C_p^{\mathrm{ig}}\mathrm{d}T$$

$$\mathrm{d}S^{\mathrm{ig}} = \frac{C_p^{\mathrm{ig}}}{T}\mathrm{d}T - \frac{R}{p}\mathrm{d}p$$

将上两式进行积分，从理想气体参考态 $T_0$ 和 $p_0$ 开始，积分到理想气体状态 $T$ 和 $p$。在 $T_0$ 和 $p_0$ 时，$H^{\mathrm{ig}} = H_0^{\mathrm{ig}}$ 和 $S^{\mathrm{ig}} = S_0^{\mathrm{ig}}$，所以

$$H^{\mathrm{ig}} = H_0^{\mathrm{ig}} + \int_{T_0}^{T} C_p^{\mathrm{ig}}\mathrm{d}T \tag{3-42}$$

$$S^{\mathrm{ig}} = S_0^{\mathrm{ig}} + \int_{T_0}^{T} \frac{C_p^{\mathrm{ig}}}{T}\mathrm{d}T - R\ln\frac{p}{p_0} \tag{3-43}$$

将上两式分别代入式(3-40) 和式(3-41)，即可得出真实气体的焓 $H$ 和熵 $S$ 的方程式

$$H = H^{\mathrm{ig}} + H^{\mathrm{R}} = H_0^{\mathrm{ig}} + \int_{T_0}^{T} C_p^{\mathrm{ig}}\mathrm{d}T + H^{\mathrm{R}} \tag{3-44}$$

$$S = S^{\mathrm{ig}} + S^{\mathrm{R}} = S_0^{\mathrm{ig}} + \int_{T_0}^{T} \frac{C_p^{\mathrm{ig}}}{T}\mathrm{d}T - R\ln\frac{p}{p_0} + S^{\mathrm{R}} \tag{3-45}$$

为计算方便，可将以上两式写成

$$H = H_0^{\mathrm{ig}} + \overline{C}_{pH}^{\mathrm{ig}}(T - T_0) + H^{\mathrm{R}} \tag{3-46}$$

$$S = S_0^{\mathrm{ig}} + \overline{C}_{pS}^{\mathrm{ig}}\ln\frac{T}{T_0} - R\ln\frac{p}{p_0} + S^{\mathrm{R}} \tag{3-47}$$

式中，$H^{\mathrm{R}}$ 及 $S^{\mathrm{R}}$ 分别由式(3-36)、式(3-38) 及式(3-37)、式(3-39) 给出；$\overline{C}_{pH}^{\mathrm{ig}}$ 和 $\overline{C}_{pS}^{\mathrm{ig}}$ 分别为理想气体求焓变和熵变需用的平均等压热容，其值可分别用下述两式求得

$$\overline{C}_{pH}^{\mathrm{ig}} = \frac{\displaystyle\int_{T_0}^{T} C_p^{\mathrm{ig}}\mathrm{d}T}{T - T_0} \tag{3-48}$$

$$\overline{C}_{pS}^{\mathrm{ig}} = \frac{\displaystyle\int_{T_0}^{T} C_p^{\mathrm{ig}}\dfrac{\mathrm{d}T}{T}}{\ln\dfrac{T}{T_0}} \tag{3-49}$$

根据热力学第一定律和第二定律导出的热力学性质方程式不能求出焓和熵的绝对值，只能求出其相对值。参考态是计算的起始点，参考态的焓 $H_0^{\mathrm{ig}}$ 和熵 $S_0^{\mathrm{ig}}$ 是计算焓和熵的基准。参考态 $(T_0, p_0)$ 的选择和确定是根据计算是否简便而任意设定的，同样 $H_0^{\mathrm{ig}}$ 和 $S_0^{\mathrm{ig}}$ 也是任意指定的。式(3-44) 和式(3-45) 的计算仅需要理想气体的热容以及 $p$-$V$-$T$ 数据。只要在给定的 $T$、$p$ 下求得 $V$、$H$ 和 $S$，则其他的性质便可根据定义式求出。

从上述公式可知，理想气体方程是计算真实气体性质的基础。虽然式(3-38) 和式(3-39) 写成仅适用于气体的形式，但其剩余性质对于液体也成立。式(3-40) 和式(3-41) 中剩余项 $H^{\mathrm{R}}$ 和 $S^{\mathrm{R}}$ 包含了各种因素，对气体而言，其值通常都十分小，它们对主项 $H^{\mathrm{ig}}$、$S^{\mathrm{ig}}$ 具有校正性质；而对于液体，由于 $H^{\mathrm{R}}$ 及 $S^{\mathrm{R}}$ 需包含汽化的焓及熵变化，因而，液体的性质变化通常由式(3-29) 及式(3-30) 的形式积分求出，如例 3-3 所表明。

**【例 3-4】** 试计算异丁烷饱和蒸气在 87℃ 的焓及熵。已知：

① 87℃ 异丁烷的饱和蒸气压为 1.541MPa；

② 设在 27℃，0.1MPa 异丁烷理想气体参考态时

$$H_0^{\mathrm{ig}} = 18115.0\mathrm{J/mol} \quad S_0^{\mathrm{ig}} = 295.976\mathrm{J/(mol \cdot K)}$$

③ 在有关温度范围内，异丁烷理想气体的热容为

$$C_p^{ig}/R = 1.7765 + 33.037 \times 10^{-3} T$$

④ 异丁烷蒸气压缩因子 $Z$ 的数据如下表：

| $p$/MPa | 340K | 350K | 360K | 370K | 380K |
|---|---|---|---|---|---|
| 0.01 | 0.99700 | 0.99719 | 0.99737 | 0.99753 | 0.99767 |
| 0.05 | 0.98745 | 0.98830 | 0.98907 | 0.98977 | 0.99040 |
| 0.2 | 0.95895 | 0.96206 | 0.96483 | 0.96730 | 0.96953 |
| 0.4 | 0.92422 | 0.93069 | 0.93635 | 0.94132 | 0.94574 |
| 0.6 | 0.88742 | 0.89816 | 0.90734 | 0.91529 | 0.92223 |
| 0.8 | 0.84575 | 0.86218 | 0.87586 | 0.88745 | 0.89743 |
| 1.0 | 0.79659 | 0.82117 | 0.84077 | 0.85695 | 0.87061 |
| 1.2 | ... | 0.77310 | 0.80103 | 0.82315 | 0.84134 |
| 1.4 | ... | ... | 0.75506 | 0.78531 | 0.80923 |
| 1.541 | ... | ... | 0.71727 | | |

**解** 运用式(3-38)和式(3-39)计算在 $87^{\circ}C$（360K）、1.541MPa 下异丁烷的 $H^R$ 与 $S^R$ 时需要求出下述两个积分值

$$\int_0^p \left(\frac{\partial Z}{\partial T}\right)_p \frac{\mathrm{d}p}{p} \qquad \int_0^p (Z-1) \frac{\mathrm{d}p}{p}$$

图解积分需要 $(\partial Z/\partial T)_p/p$ 及 $(Z-1)/p$ 对 $p$ 作图。$(Z-1)/p$ 值可直接从 360K 的 $Z$ 数据求出，而偏导数 $(\partial Z/\partial T)_p$ 则可由 $Z$ 对 $T$ 图中等压线的斜率求出。为了此目的，要作各不同压力的 $Z$-$T$ 曲线，并求出 360K 时各等压线的斜率（作切线求值）。图解积分需要的数据列于下表（括号中的值由外推求得）：

| $p$/MPa | $[-(Z-1)/p \times 10^2]$/(MPa)$^{-1}$ | $(\partial Z/\partial T)_p \times 10^4$/(K$^{-1}$·MPa$^{-1}$) | $p$/MPa | $[-(Z-1)/p \times 10^2]$/(MPa)$^{-1}$ | $(\partial Z/\partial T)_p \times 10^4$/(K$^{-1}$·MPa$^{-1}$) |
|---|---|---|---|---|---|
| 0 | (25.90) | (17.80) | 0.8 | 15.52 | 15.60 |
| 0.01 | 24.70 | 17.00 | 1.0 | 15.92 | 17.77 |
| 0.05 | 21.86 | 15.14 | 1.2 | 16.58 | 20.73 |
| 0.2 | 17.59 | 12.93 | 1.4 | 17.50 | 24.32 |
| 0.4 | 15.91 | 12.90 | 1.541 | (18.35) | (27.20) |
| 0.6 | 15.44 | 13.95 | | | |

求得两积分之值为

$$\int_0^p \left(\frac{\partial Z}{\partial T}\right)_p \frac{\mathrm{d}p}{p} = 26.37 \times 10^{-4} K^{-1}$$

$$\int_0^p (Z-1) \frac{\mathrm{d}p}{p} = -0.2596$$

根据式(3-38)

$$\frac{H^R}{RT} = -(360)(26.37 \times 10^{-4}) = -0.9493$$

根据式(3-39)

$$\frac{S^R}{R} = -0.9493 - (-0.2596) = -0.6897$$

得

$$H^R = (-0.9493)(8.314)(360) = -2841.3 \text{J/mol}$$

$$S^R = (-0.6897)(8.314) = -5.734 \text{J/(mol·K)}$$

下面两式分别用来计算求焓变和熵变时所需的平均温度

$$T_{am} = \frac{T_1 + T_2}{2} \tag{3-50}$$

式中，$T_{am}$ 为算术平均温度，K，用于计算焓变。

$$T_{lm} = \frac{T_2 - T_1}{\ln \dfrac{T_2}{T_1}} \tag{3-51}$$

式中，$T_{lm}$ 为对数平均温度，K，用于计算熵变。

根据式(3-50) 与式(3-51)，得

$$T_{am} = \frac{(27+273)+(87+273)}{2} = 330\text{K}$$

$$T_{lm} = \frac{(87+273)-(27+273)}{\ln \dfrac{(87+273)}{(27+273)}} = 329.09\text{K}$$

将 $T_{am}$ 和 $T_{lm}$ 分别代入下式，可求出平均热容

$$C_p^{ig}/R = 1.7765 + 33.037 \times 10^{-3} T$$

$$\overline{C}_{pH}^{ig}/R = 1.7765 + 33.037 \times 10^{-3} \times 330 = 12.679$$

$$\overline{C}_{pS}^{ig}/R = 1.7765 + 33.037 \times 10^{-3} \times 329.09 = 12.650$$

用式(3-46) 和式(3-47) 可求出 $H$ 和 $S$ 之值，即

$$\begin{aligned}
H &= H_0^{ig} + \overline{C}_{pH}^{ig}(T-T_0) + H^R \\
&= 18115.0 + (12.679)(8.314)(360-300) - 2841.3 \\
&= 21598.5 \text{J/mol}
\end{aligned}$$

$$\begin{aligned}
S &= S_0^{ig} + \overline{C}_{pS}^{ig}\ln\frac{T}{T_0} - R\ln\frac{p}{p_0} + S^R \\
&= 295.976 + (12.650)(8.314)\ln\frac{360}{300} - 8.314\ln\frac{1.541}{0.1} - 5.734 \\
&= 286.678 \text{J/(mol·K)}
\end{aligned}$$

本例只计算了某一状态的焓与熵。只要给出适当的数据，可以计算任何状态的焓和熵。题中指定的 $H_0^{ig}$ 和 $S_0^{ig}$ 值不能随便变更。显然，给出的 $H_0^{ig}$ 和 $S_0^{ig}$ 值不同，求得的 $H$ 和 $S$ 值也不同。若是求焓变和熵变，则不受 $H_0^{ig}$ 和 $S_0^{ig}$ 的影响。

### 3.2.3　状态方程法

真实气体状态方程一般表示为 $V$ 或 $p$ 的多项式，推算热力学性质时，首先将有关的热力学性质转化为 $\left(\dfrac{\partial p}{\partial T}\right)_V$、$\left(\dfrac{\partial^2 p}{\partial T^2}\right)_V$、$\left(\dfrac{\partial p}{\partial V}\right)_T$ 和 $\left(\dfrac{\partial^2 p}{\partial V^2}\right)_T$ 等偏导数函数的形式，然后对有关的状态方程求导，把上述偏导数代入进行求解。在烃类化合物的热力学性质计算中，广泛采用 RK 方程、BWRS 方程。

现以 RK 方程为例，将其应用于等温焓差的计算。

焓的定义　　　　　　　　$H = U + pV$

将上式对 $V$ 进行微分

$$\left(\frac{\partial H}{\partial V}\right)_T = \left(\frac{\partial U}{\partial V}\right)_T + \left[\frac{\partial(pV)}{\partial V}\right]_T \tag{3-52}$$

因为

$$\left(\frac{\partial U}{\partial V}\right)_T = T\left(\frac{\partial p}{\partial T}\right)_V - p \tag{3-27}$$

将式(3-27) 与式(3-52) 合并得

$$\left(\frac{\partial H}{\partial V}\right)_T = \left[T\left(\frac{\partial p}{\partial T}\right)_V - p\right] + \left[\frac{\partial(pV)}{\partial V}\right]_T$$

积分后，得到焓的等温变化的通式

$$(H_2 - H_1)_T = \int_{V_1}^{V_2} \left[ T \left( \frac{\partial p}{\partial T} \right)_V - p \right] dV + \Delta(pV) \tag{3-53}$$

将 RK 方程对 $T$ 进行微分，得

$$\left( \frac{\partial p}{\partial T} \right)_V = \frac{R}{V-b} + \frac{0.5a}{T^{1.5}V(V+b)} \tag{3-54}$$

将式(3-54)代入式(3-53)，得

$$(H_2 - H_1)_T = \frac{1.5a}{T^{0.5}} \int_{V_1}^{V_2} \frac{dV}{V(V+b)} + \Delta(pV)$$

积分得

$$(H_2 - H_1)_T = \frac{-1.5a}{bT^{0.5}} \left[ \ln \frac{V+b}{V} \right]_{V_1}^{V_2} + \Delta(pV)$$

$$= \frac{1.5a}{bT^{0.5}} \left( \ln \frac{V_2}{V_2+b} + \ln \frac{V_1+b}{V_1} \right) + \Delta(pV) \tag{3-55}$$

气体状态"2"是感兴趣的状态，状态"1"是压力为零时的理想气体状态，则

$$\lim_{V_1 \to \infty} \left[ \ln \frac{V_1+b}{V_1} \right] = 0$$

$$\Delta(pV) = p_2 V_2 - p_1 V_1 = ZRT - RT = (Z-1)RT$$

因此，式(3-55)可写为

$$\frac{H - H^{ig}}{RT} = \frac{1.5a}{bRT^{1.5}} \ln \frac{V}{V+b} + Z - 1$$

由式(2-25)知

$$h = \frac{b}{V} = \frac{Bp}{Z} \qquad \frac{A}{B} = \frac{a}{bRT^{1.5}}$$

故

$$\frac{H - H^{ig}}{RT} = \frac{H^R}{RT} = -\frac{3}{2} \frac{A}{B} \ln(1+h) + Z - 1$$

$$= Z - 1 - \frac{3}{2} \frac{A}{B} \ln \left( 1 + \frac{Bp}{Z} \right) \qquad (T = 常数) \tag{3-56}$$

压缩因子 $Z$ 可以从 RK 方程或式(2-25)算得，再用式(3-56)求出等温的焓差。为计算简便，已作成图供查用[1]。

这是一个分析计算法，只要有合适的状态方程，就可利用上法进行推导，得出的结果较其他方法准确。表 3-1 列出了常用状态方程计算剩余焓、剩余熵的表达式。电子计算机的应用，克服了繁琐甚至无法进行的困难，为严格、精确的热力学性质计算开辟了途径，为制作精密的热力学图表提供了条件。

表 3-1　常用状态方程计算剩余焓、剩余熵的表达式

| 状态方程 | $\dfrac{H^R}{RT}$ | $\dfrac{S^R}{R}$ |
|---|---|---|
| RK 方程[式(2-6)] | $Z - 1 - \dfrac{1.5a}{bRT^{1.5}} \ln \left( 1 + \dfrac{b}{V} \right)$ | $\ln \dfrac{p(V-b)}{RT} - \dfrac{a}{2bRT^{1.5}} \ln \left( 1 + \dfrac{b}{V} \right)$ |
| SRK 方程[式(2-8)] | $Z - 1 - \dfrac{1}{bRT} \left[ a - T \left( \dfrac{da}{dT} \right) \right] \ln \left( 1 + \dfrac{b}{V} \right)$ <br> 其中，$\left( \dfrac{da}{dT} \right) = -m \left( \dfrac{aa_c}{TT_c} \right)^{0.5}$ | $\ln \dfrac{p(V-b)}{RT} + \dfrac{1}{bR} \left( \dfrac{da}{dT} \right) \ln \left( 1 + \dfrac{b}{V} \right)$ |

---

[1]　Edmister W C. Applied Hydrocarbon Thermodynamics: Vol Ⅱ. Gulf Publishing Co, 1974.

| 状态方程 | $\dfrac{H^R}{RT}$ | $\dfrac{S^R}{R}$ |
|---|---|---|
| PR 方程[式(2-10)] | $Z-1-\dfrac{1}{2^{1.5}bRT}\left[a-T\left(\dfrac{\mathrm{d}a}{\mathrm{d}T}\right)\right]\ln\dfrac{V+(\sqrt{2}+1)b}{V-(\sqrt{2}-1)b}$ 其中，$\left(\dfrac{\mathrm{d}a}{\mathrm{d}T}\right)=-m\left(\dfrac{aa_c}{TT_c}\right)^{0.5}$ | $\ln\dfrac{p(V-b)}{RT}+\dfrac{1}{2^{1.5}bR}\left(\dfrac{\mathrm{d}a}{\mathrm{d}T}\right)\ln\dfrac{V+(\sqrt{2}+1)b}{V-(\sqrt{2}-1)b}$ |
| MH 方程[式(2-32)] | $Z-1+\dfrac{1}{RT}\displaystyle\sum_{i=2}^{5}\dfrac{f_i(T)-T\dfrac{\mathrm{d}f_i(T)}{\mathrm{d}T}}{(i-1)(V-b)^{i-1}}$ | $\ln\dfrac{p(V-b)}{RT}-\dfrac{1}{R}\displaystyle\sum_{i=2}^{5}\dfrac{\dfrac{\mathrm{d}f_i(T)}{\mathrm{d}T}}{(i-1)(V-b)^{i-1}}$ |

【**例 3-5**】 试采用 RK 方程求算 125℃，$1\times10^7$ Pa 下丙烯的焓差（假设该状态下的丙烯服从 RK 状态方程）。

**解** 从附录二中查得丙烯的临界参数

$$T_c=365.0\text{K} \qquad p_c=4.620\text{MPa}$$

根据式(2-7a)、式(2-7b) 来计算 RK 方程式常数，然后运用 RK 方程式(2-6) 求 $V$ 解得 $h$、$Z$ 值。

$$a=\frac{0.42748R^2T_c^{2.5}}{p_c}=\frac{(0.42748)(8.314)^2(365.0)^{2.5}}{4.620}$$
$$=1.629\times10^7(\text{MPa}\cdot\text{cm}^6\cdot\text{K}^{0.5})/\text{mol}^2$$
$$b=\frac{0.08664RT_c}{p_c}=\frac{(0.08664)(8.314)(365.0)}{4.620}=56.94\text{cm}^3/\text{mol}$$

将 $a$、$b$ 值代入方程式(2-6)，得

$$10=\frac{(8.314)(125+273.15)}{V-56.94}-\frac{1.629\times10^7}{(125+273.15)^{0.5}V(V+56.94)}$$

解得

$$V=142.2\text{cm}^3/\text{mol}$$

按式(2-22) 要求，先求出 $h$ 和 $\dfrac{A}{B}$

$$h=\frac{b}{V}=\frac{Bp}{Z}=\frac{56.94}{142.2}=0.4004$$

$$\frac{A}{B}=\frac{a}{bRT^{1.5}}=\frac{1.629\times10^7}{(56.94)(8.314)(398.2)^{1.5}}=4.331$$

$$Z=\frac{1}{1-h}-\frac{A}{B}\left(\frac{h}{1+h}\right)=\frac{1}{1-0.4004}-4.331\left(\frac{0.4004}{1+0.4004}\right)$$
$$=0.4295$$

由式(3-56)得

$$\frac{H-H^{ig}}{RT}=\frac{H^R}{RT}=Z-1-\frac{3}{2}\frac{A}{B}\ln\left(1+\frac{Bp}{Z}\right)$$

$$=0.4295-1-\frac{3}{2}\times4.331\times\ln(1+0.4004)$$

$$=-2.758$$

$$H-H^{ig}=(-2.758)(8.314)\times(398.2)=-9130.73\text{J/mol}$$

由于 RK 方程对在 398.2K，10MPa 下的丙烯只是近似正确，因此，所得结果也是一个近似值。

### 3.2.4 气体热力学性质的普遍化关系法

在工程计算中，特别是计算高压下的热力学函数时常缺乏所需的 $p\text{-}V\text{-}T$ 实验数据及所需物质的图表用来计算物质的性质，在这种情况下，可借助于近似的方法来处理，把第 2 章所介绍的压缩因子的普遍化方法扩展到对剩余性质 $S^R$ 和 $H^R$ 的计算。

将式(3-38) 和式(3-39) 用对比参数

$$p = p_c p_r \qquad\qquad \mathrm{d}p = p_c \mathrm{d}p_r$$
$$T = T_c T_r \qquad\qquad \mathrm{d}T = T_c \mathrm{d}T_r$$

代入，得普遍化的形式

$$\frac{H^R}{RT_c} = -T_r^2 \int_0^{p_r} \left(\frac{\partial Z}{\partial T_r}\right)_{p_r} \frac{\mathrm{d}p_r}{p_r} \tag{3-57}$$

$$\frac{S^R}{R} = -T_r \int_0^{p_r} \left(\frac{\partial Z}{\partial T_r}\right)_{p_r} \frac{\mathrm{d}p_r}{p_r} - \int_0^{p_r} (Z-1) \frac{\mathrm{d}p_r}{p_r} \tag{3-58}$$

上面两式含变量 $Z$、$T_r$ 和 $p_r$，因此对于任何给定的 $T_r$ 和 $p_r$ 值，根据普遍化压缩因子 $Z$ 的数据就可从式(3-57) 和式(3-58) 求出 $H^R$ 和 $S^R$ 的值。

（1）由普遍化压缩因子关系求焓与熵

与普遍化压缩因子的关系相对应，当 $V_r < 2$ 时（图 2-8 的曲线下部范围），应该找出用压缩因子表示的 $H^R$ 和 $S^R$ 的普遍化关系式。

对于 $Z$ 的关联，基于式(2-46)

$$Z = Z^0 + \omega Z^1 \tag{2-46}$$

在恒压下对 $T_r$ 求偏导，得

$$\left(\frac{\partial Z}{\partial T_r}\right)_{p_r} = \left(\frac{\partial Z^0}{\partial T_r}\right)_{p_r} + \omega \left(\frac{\partial Z^1}{\partial T_r}\right)_{p_r}$$

将前面导出的 $\left(\dfrac{\partial Z}{\partial T_r}\right)_{p_r}$ 表达式代入式(3-57) 与式(3-58)，得

$$\frac{H^R}{RT_c} = -T_r^2 \int_0^{p_r} \left(\frac{\partial Z^0}{\partial T_r}\right)_{p_r} \frac{\mathrm{d}p_r}{p_r} - \omega T_r^2 \int_0^{p_r} \left(\frac{\partial Z^1}{\partial T_r}\right)_{p_r} \frac{\mathrm{d}p_r}{p_r} \tag{A}$$

及

$$\frac{S^R}{R} = -\int_0^{p_r} \left[ T_r \left(\frac{\partial Z^0}{\partial T_r}\right)_{p_r} + Z^0 - 1 \right] \frac{\mathrm{d}p_r}{p_r} - \omega \int_0^{p_r} \left[ T_r \left(\frac{\partial Z^1}{\partial T_r}\right)_{p_r} + Z^1 \right] \frac{\mathrm{d}p_r}{p_r} \tag{B}$$

式(A)、(B) 中的积分仅与积分上限 $p_r$ 及对比温度 $T_r$ 有关，其中的 $\left(\dfrac{\partial Z^0}{\partial T_r}\right)_{p_r}$ 与 $\left(\dfrac{\partial Z^1}{\partial T_r}\right)_{p_r}$ 可由附录三表 A1、表 A2 不同的 $p_r$ 和 $T_r$ 下的 $Z^0$、$Z^1$ 数据，进行数值解或图解求得。为便于书写起见，将式(A) 与式(B) 中的第一项积分值分别用 $(H^R)^0/RT_c$ 和 $(S^R)^0/R$ 表示，第二项积分值相应地用 $(H^R)^1/RT_c$ 和 $(S^R)^1/R$ 表示，于是可写成如下的剩余焓和剩余熵的表达式

$$\frac{H^R}{RT_c} = \frac{(H^R)^0}{RT_c} + \omega \frac{(H^R)^1}{RT_c} \tag{3-59}$$

$$\frac{S^R}{R} = \frac{(S^R)^0}{R} + \omega \frac{(S^R)^1}{R} \tag{3-60}$$

另一方法是 Lee 和 Kesler 使用改进形式的 Benedict-Webb-Rubin（BWR）状态方程，将它们的普遍化关联式推广至剩余性质的计算。用 Lee 和 Kesler 方程计算 $(H^R)^0/RT_c$、$(H^R)^1/RT_c$、$(S^R)^0/R$ 和 $(S^R)^1/R$ 值，作为 $T_r$ 和 $p_r$ 的函数列于附录三的表 B1 至表 C2。将这些值与式(3-59) 和式(3-60) 联合应用就可以求出 $H^R$ 和 $S^R$ 之值。显然，此计算方法是以 Pitzer 提出的三参数对应状态原理为基础的，它们适用于图 2-8 曲线以下范围内的 $T_r$ 和

$p_r$ 值。

（2）由普遍化维里系数计算焓与熵

与普遍化压缩因子关联相似，由于复杂的函数关系使得 $(H^R)^0/RT_c$、$(H^R)^1/RT_c$、$(S^R)^0/R$ 和 $(S^R)^1/R$ 无法用简单的方程式表达。但在低压下普遍化维里系数对 $Z$ 的关联方法对于剩余性质仍然适用。

Pitzer 提出的三参数对比状态关系式就第二维里系数在有限压力范围内可表示成式（2-50）

$$Z = 1 + \frac{Bp}{RT} = 1 + \left(\frac{Bp_c}{RT_c}\right)\left(\frac{p_r}{T_r}\right) \tag{2-50}$$

其中

$$\frac{Bp_c}{RT_c} = B^0 + \omega B^1 \tag{2-51}$$

合并式（2-50）及式（2-51），得

$$Z = 1 + B^0 \frac{p_r}{T_r} + \omega B^1 \frac{p_r}{T_r}$$

由此式可得

$$\left(\frac{\partial Z}{\partial T_r}\right)_{p_r} = p_r\left(\frac{\mathrm{d}B^0/\mathrm{d}T_r}{T_r} - \frac{B^0}{T_r^2}\right) + \omega p_r\left(\frac{\mathrm{d}B^1/\mathrm{d}T_r}{T_r} - \frac{B^1}{T_r^2}\right)$$

将以上两式代入式（3-57）及式（3-58），得

$$\frac{H^R}{RT_c} = -T_r \int_0^{p_r}\left[\left(\frac{\mathrm{d}B^0}{\mathrm{d}T_r} - \frac{B^0}{T_r}\right) + \omega\left(\frac{\mathrm{d}B^1}{\mathrm{d}T_r} - \frac{B^1}{T_r}\right)\right]\mathrm{d}p_r$$

及

$$\frac{S^R}{R} = -\int_0^p\left(\frac{\mathrm{d}B^0}{\mathrm{d}T_r} - \omega\frac{\mathrm{d}B^1}{\mathrm{d}T_r}\right)\mathrm{d}p_r$$

由于 $B^0$ 和 $B^1$ 仅是温度的函数，在恒温下积分可得

$$\frac{H^R}{RT_c} = p_r\left[B^0 - T_r\frac{\mathrm{d}B^0}{\mathrm{d}T_r} + \omega\left(B^1 - T_r\frac{\mathrm{d}B^1}{\mathrm{d}T_r}\right)\right] \tag{3-61}$$

$$\frac{S^R}{R} = -p_r\left(\frac{\mathrm{d}B^0}{\mathrm{d}T_r} + \omega\frac{\mathrm{d}B^1}{\mathrm{d}T_r}\right) \tag{3-62}$$

$B^0$ 和 $B^1$ 与对比温度的关系由式（2-52a）和式（2-52b）提供。它们对 $T_r$ 求导亦较简便。应用式（3-61）和式（3-62）计算剩余焓和熵时需要下面四式

$$B^0 = 0.083 - \frac{0.422}{T_r^{1.6}} \tag{2-52a}$$

$$\frac{\mathrm{d}B^0}{\mathrm{d}T_r} = \frac{0.675}{T_r^{2.6}} \tag{3-63}$$

$$B^1 = 0.139 - \frac{0.172}{T_r^{4.2}} \tag{2-52b}$$

$$\frac{\mathrm{d}B^1}{\mathrm{d}T_r} = \frac{0.722}{T_r^{5.2}} \tag{3-64}$$

式（3-61）～式（3-64）各式应用的对比温度和对比压力的范围也由图 2-8 规定。

根据 $H^R$ 及 $S^R$ 普遍化关联式，结合理想气体热容，运用式（3-46）和式（3-47）可以求出任何温度和压力下的焓和熵值。设某物系从状态 1 变到状态 2，用式（3-46）写出两个状态的焓值

$$H_2 = H_0^{ig} + \overline{C}_{pH}^{ig}(T_2 - T_0) + H_2^R$$
$$H_1 = H_0^{ig} + \overline{C}_{pH}^{ig}(T_1 - T_0) + H_1^R$$

过程的焓变 $\Delta H = H_2 - H_1$，由上两式之差求得

$$\Delta H = \overline{C}_{pH}^{ig}(T_2 - T_1) + H_2^R - H_1^R \tag{3-65}$$

同理，可得

$$\Delta S = \overline{C}_{pS}^{ig} \ln \frac{T_2}{T_1} - R\ln \frac{p_2}{p_1} + S_2^R - S_1^R \tag{3-66}$$

式(3-65)及式(3-66)右边的各项可以与物系从初态到达终态的计算途径进行联系。在图 3-2 中，由状态 1 到状态 2 的真实路径（虚线）可以设想用三步计算途径来实现。步骤 $1 \rightarrow 1^{ig}$ 表示在 $T_1$ 和 $p_1$ 下由真实气体转化为理想气体，这是虚拟的，其焓变与熵变为

$$H_1^{ig} - H_1 = -H_1^R$$
$$S_1^{ig} - S_1 = -S_1^R$$

$1^{ig} \rightarrow 2^{ig}$ 是理想气体从状态 $1^{ig}$（$T_1$，$p_1$）到达状态 $2^{ig}$（$T_2$，$p_2$），此过程的焓变和熵变为

$$\Delta H^{ig} = H_2^{ig} - H_1^{ig} = \overline{C}_{pH}^{ig}(T_2 - T_1) \tag{3-67}$$

$$\Delta S^{ig} = S_2^{ig} - S_1^{ig} = \overline{C}_{pS}^{ig} \ln \frac{T_2}{T_1} - R\ln \frac{p_2}{p_1} \tag{3-68}$$

最后 $2^{ig} \rightarrow 2$，在 $T_2$、$p_2$ 下由理想气体回到真实气体，这也是虚拟的过程，其焓变和熵变为

$$H_2 - H_2^{ig} = H_2^R$$
$$S_2 - S_2^{ig} = S_2^R$$

将三个过程的焓变和熵变相加，即为式(3-65)和式(3-66)。

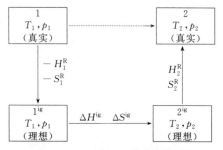

图 3-2　$\Delta H$ 与 $\Delta S$ 的计算途径

**【例 3-6】** 试估计 1-丁烯蒸气在 473.15K，7MPa 下的 $V$、$U$、$H$ 和 $S$。假定 1-丁烯饱和液体在 273.15K（$p^S = 1.27 \times 10^5$ Pa）时的 $H$ 和 $S$ 值为零。已知：

$T_c = 419.6$K　　　$p_c = 4.02$MPa　　　$\omega = 0.187$

$T_n = 267$K（正常沸点）

$C_p^{ig}/R = 1.967 + 31.630 \times 10^{-3} T - 9.837 \times 10^{-6} T^2$ （$T$，K）

**解**　$T_r = \dfrac{473.15}{419.6} = 1.13$　　　　$p_r = \dfrac{7}{4.02} = 1.74 > 1$

查附录三表 A1 和表 A2 插值得 $Z^0 = 0.489$ 和 $Z^1 = 0.141$

$$Z = Z^0 + \omega Z^1 = 0.489 + (0.187)(0.141) = 0.516$$

$$V = \frac{ZRT}{p} = \frac{(0.516)(8.314 \times 10^{-3})(473.15)}{7} = 0.290 \text{m}^3/\text{kmol}$$

焓和熵的计算不像体积计算那样可以直接进行。因为 $H$ 和 $S$ 是状态函数，其计算的结果与途径的选择无关，因此现采用类似于图 3-2 的计算路径。如图 3-3 所示，设初态为 273.15K 1-丁烯饱和液体，其 $H$ 和 $S$ 值为零。终态为 473.15K，7MPa 1-丁烯蒸气。计算过程共分四步：（a）汽化；（b）转变成理想气体状态；（c）273.15K，0.127MPa 的理想气

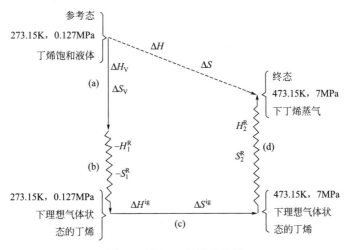

图 3-3 例 3-6 计算步骤图

体状态变到 473.15K，7MPa 的理想气体状态；（d）理想气体状态转变成同温同压的真实气体状态。

（a）1-丁烯在恒温恒压下汽化，$\Delta S_V = \Delta H_V / T$，汽化热不知道，所以必须进行计算。估算常压沸点时的汽化热可用 Riedel 推荐的公式

$$\frac{\Delta H_n}{T_n} = \frac{9.079(\ln p_c + 1.2897)}{0.930 - T_{rn}} \tag{3-69}$$

式中，$T_n$ 为常压沸点，K；$\Delta H_n$ 为常压沸点下的摩尔汽化热，J/mol；$p_c$ 为临界压力，MPa；$T_{rn}$ 为常压沸点下的对比温度，$T_{rn} = 267/419.6 = 0.636$。

将有关数据代入式(3-69)，得

$$\frac{\Delta H_n}{T_n} = \frac{9.079(\ln p_c + 1.2897)}{0.930 - T_{rn}} = \frac{9.079(\ln 4.02 + 1.2897)}{0.930 - 0.636} = 82.79$$

$$\Delta H_n = (267)(82.79) = 22105 \text{J/mol}$$

已知正常沸点下的汽化热求 273.15K 时的汽化热可用 Watson 推荐的公式

$$\frac{\Delta H_V}{\Delta H_n} = \left(\frac{1 - T_r}{1 - T_{rn}}\right)^{0.38} \tag{3-70}$$

在 273.15K 下，$T_r = 273.15/419.6 = 0.651$

$$\frac{\Delta H_V}{\Delta H_n} = \left(\frac{1 - 0.651}{1 - 0.636}\right)^{0.38}$$

$$\Delta H_V = (0.349/0.364)^{0.38} \times 22105 = 21754 \text{J/mol}$$

$$\Delta S_V = \Delta H_V / T = 21754/273.15 = 79.64 \text{J/(mol · K)}$$

（b）在 $T_1$、$p_1$ 下将 1-丁烯饱和蒸气变为理想气体的假想过程。$T_1$、$p_1$ 时 $T_r = 0.651$，$p_r = 0.0316$，根据式(2-52a)、式(2-52b) 及其它们对温度的微分式可得

$$B^0 = -0.756 \qquad \frac{dB^0}{dT_r} = 2.06$$

$$B^1 = -0.904 \qquad \frac{dB^1}{dT_r} = 6.73$$

用式(3-61) 和式(3-62) 计算 $H_1^R$ 和 $S_1^R$

$$\frac{H_1^R}{RT_c} = 0.0317[-0.756 - 0.651 \times 2.06 + 0.187(-0.904 - 0.651 \times 6.73)]$$

$$=-0.0978$$

$$H_1^R=(-0.0978)(8.314)(419.6)=-341.2\text{J/mol}$$

$$\frac{S_1^R}{R}=-0.0317[2.06+(0.187)(6.73)]=-0.1052$$

$$S_1^R=(-0.1052)(8.314)=-0.8746\text{J/(mol·K)}$$

(c) 在理想气体状态，从 273.15K，0.127MPa 变化到 473.15K，7MPa。$\Delta H^{ig}$ 和 $\Delta S^{ig}$ 用式(3-67) 和式(3-68) 计算，式中需要的 $\overline{C}_{pH}^{ig}$ 和 $\overline{C}_{pS}^{ig}$ 可从已知的 $C_p^{ig}/R$ 表达式求得。求焓变和熵变时所需的平均温度由式(3-50) 和式(3-51) 求得

$$T_{am}=\frac{T_1+T_2}{2}=\frac{273.15+473.15}{2}=373.15\text{K}$$

$$T_{lm}=\frac{T_2-T_1}{\ln\dfrac{T_2}{T_1}}=\frac{473.15-273.15}{\ln\dfrac{473.15}{273.15}}=364.04\text{K}$$

因而求得

$$\overline{C}_{pH}^{ig}/R=1.967+31.630\times10^{-3}\times373.15-9.837\times10^{-6}(373.15)^2$$
$$=12.400$$

$$\overline{C}_{pS}^{ig}/R=1.967+31.630\times10^{-3}\times364.04-9.837\times10^{-6}(364.04)^2$$
$$=12.178$$

将以上数据代入式(3-67)和式(3-68),得

$$\Delta H^{ig}=(12.400)(8.314)(473.15-273.15)=20619\text{J/mol}$$

$$\Delta S^{ig}=(12.178)(8.314)\ln\frac{473.15}{273.15}-8.314\ln\frac{7}{0.127}$$
$$=22.29\text{J/(mol·K)}$$

(d) 将473.15K、7MPa下理想气体状态的丁烯转变成同温同压的真实气体。终态的 $T_r=$ 1.13，$p_r=7/4.02=1.74>1$。查附录三表 B1、表 B2、表 C1 和表 C2，插值，将所得数据代入式(3-59)和式(3-60)，得

$$\frac{H_2^R}{RT_c}=-2.34+(0.187)(-0.62)=-2.46$$

$$\frac{S_2^R}{R}=-1.63+(0.187)(-0.56)=-1.73$$

$$H_2^R=(-2.46)(8.314)(419.6)=-8582\text{J/mol}$$

$$S_2^R=(-1.73)(8.314)=-14.38\text{J/(mol·K)}$$

将上述四步焓变和熵变各自相加，得从初态（$H$ 和 $S$ 值为零）变至终态的总焓变和总熵变（即终态的焓和熵之值）

$$H=\Delta H=\Delta H_V+(-H_1^R)+\Delta H^{ig}+H_2^R$$
$$=21754+341.2+20619-8582=34132\text{J/mol}$$

$$S=\Delta S=\Delta S_V+(-S_1^R)+\Delta S^{ig}+S_2^R$$
$$=79.64+0.8746+22.29-14.38=88.42\text{J/(mol·K)}$$

内能为

$$U=H-pV=34132-7\times10^6\times0.2815\times10^{-3}$$
$$=32162\text{J/mol}$$

这些结果比假设 1-丁烯蒸气为理想气体所得结果更符合实验值。

# 3.3 逸度与逸度系数

### 3.3.1 逸度及逸度系数的定义

自由焓在化学热力学中是一种十分重要的性质，它与温度和压力有如下的一个基本关系式

$$dG = Vdp - SdT \tag{3-71}$$

在等温条件下，将此关系式应用于1mol纯流体$i$时，得

$$dG_i = V_i dp \quad (\text{等温}) \tag{3-72}$$

对于理想气体，$V_i = RT/p$，则

$$dG_i = RT\frac{dp}{p} \quad (\text{等温})$$

$$dG_i = RTd\ln p \quad (\text{等温})$$

虽然上式只适用于理想气体，但如果用一个新的函数$f$来代替压力$p$，就可保持此式的简单形式而成为适用于真实气体的公式

$$dG_i = RTd\ln f_i \quad (\text{等温}) \tag{3-73}$$

式中，$f_i$为纯组分$i$的逸度，其单位与压力的单位相同。

式(3-73)只是$f_i$的部分定义，它可用来计算$f_i$的变化，但不是绝对值。对于理想气体这一特殊情况

$$RTd\ln f_i = RTd\ln p \quad (\text{理想气体})$$

积分得到

$$\ln f_i = \ln p + \ln c$$

或

$$f_i = cp$$

式中，$c$是常数。

令$c=1$，就完成了$f_i$的定义，即理想气体的逸度等于其压力。由于只有当压力为零时，真实气体状态才表现为理想气体状态性质，所以

$$\lim_{p\to 0}\frac{f_i}{p} = 1 \tag{3-74}$$

式(3-73)和式(3-74)共同给出了纯物质的逸度定义。

逸度系数定义为物质的逸度和它的压力之比。对纯物质

$$\phi_i = \frac{f_i}{p} \tag{3-75}$$

由于逸度与压力具有相同的单位，所以逸度系数是无量纲的。从式(3-75)知，可把逸度视作校正的压力，而气体的压力、液体和固体的蒸气压却是用来表征该物质的逃逸趋势，因此逸度也是表征体系逃逸趋势的，这也就是逸度的物理意义。

### 3.3.2 气体的逸度

(1) 从实验数据计算逸度系数

① 从$p$-$V$-$T$数据计算逸度系数

将式(3-72)和式(3-73)合并，得

$$RTd\ln f_i = V_i dp \quad (\text{等温}) \tag{3-76}$$

对$\phi_i$的定义表达式(3-75)取对数并微分，得

$$d\ln f_i = d\ln\phi_i + d\ln p = d\ln\phi_i + \frac{dp}{p}$$

将$d\ln f_i$的表达式代入式(3-76)，得

$$\mathrm{d}\ln\phi_i = \frac{pV_i}{RT} \times \frac{\mathrm{d}p}{p} - \frac{\mathrm{d}p}{p} \qquad (\text{等温})$$

因为

$$Z_i = \frac{pV_i}{RT}$$

所以

$$\mathrm{d}\ln\phi_i = (Z_i - 1)\frac{\mathrm{d}p}{p} \qquad (\text{等温})$$

将上式从压力为零的状态积分到压力为 $p$ 的状态，并考虑到当 $p \to 0$ 时 $\phi_i = 1$，得

$$\ln\phi_i = \int_0^p (Z_i - 1)\frac{\mathrm{d}p}{p} \qquad (\text{等温}) \tag{3-77}$$

因为剩余体积和压缩因子 $Z$ 的关系式为

$$V_i^{\mathrm{R}} = V_i - V_i^{\mathrm{ig}} = V_i - \frac{RT}{p} = \frac{Z_iRT}{p} - \frac{RT}{p}$$

$$= \frac{RT}{p}(Z_i - 1)$$

所以式（3-77）可以写成如下等效的形式

$$\ln\phi_i = \frac{1}{RT}\int_0^p V_i^{\mathrm{R}}\mathrm{d}p \qquad (\text{等温}) \tag{3-78}$$

由式（3-77）和式（3-78）得出理想气体 $\phi_i = 1$。这两式可被广泛用于从 $p$-$V$-$T$ 实验数据来计算逸度和逸度系数。但是，应用这些公式求解时必须进行数值积分或图解积分。

② 从焓值和熵值计算逸度系数

式（3-73）可以写成

$$\mathrm{d}\ln f_i = \frac{1}{RT}\mathrm{d}G_i$$

在相同的温度下，从基准态（以 $^*$ 表示）积分到压力 $p$

$$\ln\frac{f_i}{f_i^*} = \frac{1}{RT}(G_i - G_i^*)$$

根据定义

$$G_i = H_i - TS_i \qquad\qquad G_i^* = H_i^* - TS_i^*$$

因此

$$\ln\frac{f_i}{f_i^*} = \frac{1}{R}\left[\frac{H_i - H_i^*}{T} - (S_i - S_i^*)\right] \tag{3-79}$$

如果基准态的压力 $p^*$ 取得足够低，以至使物质实际上成为理想气体的状态时，则 $f_i^* = p^{\mathrm{ig}}$，上式就变成

$$\ln\frac{f_i}{p^{\mathrm{ig}}} = \frac{1}{R}\left[\frac{H_i - H_i^{\mathrm{ig}}}{T} - (S_i - S_i^{\mathrm{ig}})\right] \tag{3-80}$$

式（3-80）即为利用焓值和熵值计算逸度和逸度系数的方程式。

【**例 3-7**】 通过查表确定过热蒸汽在 473.15K 和 $9.807\times10^5$ Pa 时的逸度和逸度系数。

**解** 从蒸汽表知 473.15K 时的最低压力为 $1.961\times10^3$ Pa，假设蒸汽处于此状态时基本上是理想气体，则从蒸汽表中查出如下的基准态值：

$$p^{\mathrm{ig}} = 1.961\times10^3\,\mathrm{Pa}$$

$$H_i^{\mathrm{ig}} = 2879\,\mathrm{kJ/kg}$$

$$S_i^{\mathrm{ig}} = 9.652\,\mathrm{kJ/(kg \cdot K)}$$

3 纯流体的热力学性质 | **53**

过热蒸汽在 473.15K 和 $9.807 \times 10^5$ Pa 条件下的 $H_i$ 和 $S_i$ 值为

$$H_i = 2829 \text{kJ/kg}$$

$$S_i = 6.703 \text{kJ/(kg} \cdot \text{K)}$$

为了把 $H$ 和 $S$ 化成以摩尔为单位，则必须乘以水的相对分子质量 18.016，然后代入式 (3-80)，得

$$\ln \frac{f_i}{p^{\text{ig}}} = \frac{18.016}{8.314} \left[ \frac{2829 - 2879}{200 + 273} - (6.703 - 9.652) \right] = 6.161$$

$$\frac{f_i}{p^{\text{ig}}} = 473.9$$

因为 $\qquad\qquad\qquad\qquad p^{\text{ig}} = 1.961 \times 10^3 \text{Pa}$

所以 $\qquad\qquad\qquad\qquad f_i = 0.9293 \text{MPa}$

$$\phi_i = \frac{f_i}{p} = \frac{0.9293}{0.9807} = 0.9476$$

（2）用状态方程计算逸度系数

由式 (3-78) 知纯组分逸度系数 $(f/p)$ 和 $p$-$V$-$T$ 间的基本关系为

$$RT \ln \frac{f}{p} = \int_{p_0}^{p} \left( V - \frac{RT}{p} \right) \mathrm{d}p \qquad \text{（等温）}$$

将上式改写成

$$\ln \left( \frac{f}{p} \right) = \frac{1}{RT} \int_{p_0}^{p} V \mathrm{d}p - \int_{\ln p_0}^{\ln p} \mathrm{d}\ln p \tag{3-81}$$

积分项 $\int V \mathrm{d}p$ 采用分部积分

$$\int V \mathrm{d}p = \Delta(pV) - \int p \mathrm{d}V \tag{3-82}$$

现以 RK 方程为例代入求解。

将式 (2-6) RK 方程进行 $\int p \mathrm{d}V$ 积分

$$\int_{V_0}^{V} p \mathrm{d}V = RT \int_{V_0}^{V} \frac{\mathrm{d}V}{V - b} - \frac{a}{T^{0.5}} \int_{V_0}^{V} \frac{\mathrm{d}V}{V(V + b)} = RT \ln \frac{V - b}{V_0 - b} -$$

$$\frac{a}{bT^{0.5}} \ln \left[ \left( \frac{V}{V_0} \right) \left( \frac{V_0 + b}{V + b} \right) \right] \tag{3-83}$$

将式 (3-81)～式 (3-83) 合并，得

$$\ln \left( \frac{f}{p} \right) = Z - 1 - \ln \frac{pV - pb}{RT - p_0 b} + \frac{a}{bRT^{1.5}} \ln \left[ \left( \frac{V}{V_0} \right) \left( \frac{V_0 + b}{V + b} \right) \right] \tag{3-84}$$

当 $p_0 \rightarrow 0$ 时，$(RT - p_0 b) \rightarrow RT$，$(V_0 + b)/V_0 \rightarrow 1.0$

由于 $\qquad pb/RT = Bp \qquad b/V = Bp/Z \qquad a/(bRT^{1.5}) = A/B$

所以式 (3-84) 可表示为

$$\ln \left( \frac{f}{p} \right) = Z - 1 - \ln(Z - Bp) - \frac{A}{B} \ln \left( 1 + \frac{Bp}{Z} \right) \tag{3-85}$$

式 (3-85) 给出了纯气体或定组成的气体混合物的逸度计算式，使 $\dfrac{f}{p}$ 成为 $Z$、$Bp$ 和 $\dfrac{A}{B}$ 的函数。$Z$ 应从式 (2-22) 求得，不能采用其他来源的 $Z$ 值代入式 (3-85) 计算 $f$。当然，式 (3-85) 是从 RK 方程导得的，若用其他方程，也可作相似的推导，其形式却有所不同。表 3-2 列出了常用状态方程计算逸度系数的表达式。

**表 3-2　常用状态方程计算逸度系数的表达式**

| 状态方程 | $\ln\dfrac{f}{p}$ |
|---|---|
| RK 方程[式(2-6)] | $Z-1-\ln\dfrac{p(V-b)}{RT}-\dfrac{a}{bRT^{1.5}}\ln\left(1+\dfrac{b}{V}\right)$ |
| SRK 方程[式(2-8)] | $Z-1-\ln\dfrac{p(V-b)}{RT}-\dfrac{a}{bRT}\ln\left(1+\dfrac{b}{V}\right)$ |
| PR 方程[式(2-10)] | $Z-1-\ln\dfrac{p(V-b)}{RT}-\dfrac{a}{2^{1.5}bRT}\ln\dfrac{V+(\sqrt{2}+1)b}{V-(\sqrt{2}-1)b}$ |
| MH 方程[式(2-32)] | $Z-1-\ln\dfrac{p(V-b)}{RT}+\dfrac{1}{RT}\displaystyle\sum_{i=2}^{5}\dfrac{f_i(T)}{(i-1)(V-b)^{i-1}}$ |

（3）用对应态原理计算逸度系数

将式（3-77）写成对比压力的形式，得

$$\ln\phi_i = \ln\frac{f}{p} = \int_{p_{0r}}^{p_r}\frac{Z-1}{p_r}\mathrm{d}p_r \tag{3-86}$$

式（3-86）表明，$\phi$ 是 $p_r$ 和 $Z$ 的函数，而 $Z$ 的普遍化计算有两参数法和三参数法。

以两参数普遍化压缩因子图为基础，结合式（3-86），可以制成两参数普遍化逸度系数图。当知道气体所处状态的 $T_r$ 和 $p_r$ 值，便可以从图中直接查出相应的逸度系数，从而计算出逸度，其计算误差通常在 10% 以内。

为了提高计算精度，引进了第三参数，其中 $\omega$ 是合适的第三参数。像处理压缩因子一样，逸度系数的对数值也能写成 $\omega$ 的线性方程。

$$\ln\phi = \ln\phi^0 + \omega\ln\phi^1 \tag{3-87a}$$

或

$$\phi = (\phi^0)(\phi^1)^\omega \tag{3-87b}$$

式中，$\phi^0$ 和 $\phi^1$ 分别为简单流体的普遍化逸度系数和普遍化逸度系数的校正函数。

Lee-Kesler 方程计算 $\lg\phi^0$ 和 $\lg\phi^1$ 值，将其作为 $T_r$ 和 $p_r$ 的函数值，列于附录三表 D1 与表 D2。当已知 $T_r$、$p_r$ 值就可查得 $\lg\phi^0$ 和 $\lg\phi^1$ 数值，再由式（3-87）计算求得逸度系数。

在第 2 章中曾指出，当气体所处状态的 $T_r$、$p_r$ 值落在图 2-8 斜线上方，或对比体积 $V_r\geqslant 2$ 时，应该采用下列形式方程计算压缩因子

$$Z=1+\frac{Bp_c}{RT_c}\times\frac{p_r}{T_r} \tag{2-50}$$

其中

$$\frac{Bp_c}{RT_c}=B^0+\omega B^1 \tag{2-51}$$

将以上两式代入式（3-86），得

$$\ln\phi_i=\frac{p_r}{T_r}(B^0+\omega B^1) \tag{3-88}$$

式（3-88）既可用于纯气体的逸度系数计算，也能用于气体混合物中组分的逸度系数计算。

**【例 3-8】**　试估算 1-丁烯蒸气在 473.15K，7MPa 下的逸度和逸度系数值。

**解**　这些条件与例 3-6 相同，其中

$$T_r=1.13 \qquad p_r=1.74>1 \qquad \omega=0.187$$

由附录三表 D1 与表 D2 查得上述条件下

$$\phi^0=0.624 \qquad \phi^1=1.096$$

则由式（3-87b）可得

$$\phi=(0.624)(1.096)^{0.187}=0.635$$

$$f=\phi p=(0.635)(7)=4.445\mathrm{MPa}$$

【例 3-9】　试用下列方法求算 10.203MPa 和 407K 时气态丙烷的逸度。

（a）设丙烷为理想气体；

（b）用 RK 方程；

（c）用普遍化的三参数法。

**解**　（a）设在此条件下的丙烷是理想气体，则在 10.203MPa 和 407K 的逸度为 10.203MPa。

（b）从附录二中查得丙烷的物性数据

$$p_c = 4.246\text{MPa} \qquad T_c = 369.8\text{K} \qquad \omega = 0.152$$

$$a = \frac{0.42748R^2 T_c^{2.5}}{p_c} = \frac{(0.42748)(8.314)^2(369.8)^{2.5}}{4.246}$$

$$= 1.830 \times 10^7 (\text{MPa} \cdot \text{cm}^3 \cdot \text{K}^{1/2})/\text{mol}^2$$

$$b = \frac{0.08664RT_c}{p_c} = \frac{(0.08664)(8.314)(369.8)}{4.246} = 62.74\text{cm}^3/\text{mol}$$

$$\frac{A}{B} = \frac{a}{bRT^{1.5}} = \frac{1.830 \times 10^7}{(62.74)(8.314)(407)^{1.5}} = 4.273$$

$$Bp = \frac{bp}{RT} = \frac{(62.74)(10.203)}{(8.314)(407)} = 0.1892$$

从式（3-85）求算 $\dfrac{f}{p}$。因 $h = \dfrac{b}{V}$，但 $V$ 是未知数，需由式（2-6）计算

$$10.203 = \frac{(8.314)(407)}{V-62.74} - \frac{1.830 \times 10^7}{(407)^{1/2}V(V+62.74)}$$

迭代解得

$$V = 151.45\text{cm}^3/\text{mol}$$

$$h = \frac{62.79}{151.45} = 0.415$$

由式（2-22）

$$Z = \frac{1}{1-0.415} - 4.273\left(\frac{0.415}{1.415}\right) = 0.4562$$

$$\ln\frac{f}{p} = (0.4562-1) - \ln(0.4562-0.1892) - 4.273\ln\left(1 + \frac{0.1893}{0.4562}\right)$$

$$= -0.5348 + 1.3209 - 1.4831 = 0.6970$$

$$\frac{f}{p} = 0.4981 \qquad f = 0.4981 \times 10.203 = 5.082\text{MPa}$$

（c）普遍化的三参数法

选用 $\omega$ 作为第三参数，已知

$$T_r = 407/369.8 = 1.101 \qquad p_r = 10.203/4.246 = 2.403$$

由附录三表 D1 与表 D2 查得

$$\phi^0 = 0.489 \qquad \phi^1 = 1.06$$

从式（3-87b）

$$\phi = (0.489)(1.06)^{0.152} = 0.4938$$

$$f = 0.4938 \times 10.203 = 5.038\text{MPa}$$

已知 10.203MPa 和 407K（133.8℃）下气态丙烷逸度系数的文献值为 0.4934，即逸度为 $0.4934 \times 10.203 = 5.034\text{MPa}$。

现将几种方法的计算结果比较如下：

| 方 法　　误　差 | 理想气体定律 | RK 方程 | 三参数法($\omega$) |
|---|---|---|---|
| $\dfrac{\text{文献值}-\text{计算值}}{\text{文献值}}\times100\%$ | $-102.6\%$ | $-0.95\%$ | $0.81\%$ |

从上表可知，理想气体方程计算误差很大，三参数（$\omega$）法和 RK 方程计算结果令人满意。

### 3.3.3　液体的逸度

式(3-78)不仅适用于纯气体，亦可应用于纯液体及纯固体。在计算纯液体于指定温度 $T$ 和压力 $p$ 时的逸度，可将该式中的积分拆为两项

$$RT\ln\phi_i = RT\ln\frac{f_i^{\mathrm{L}}}{p} = \int_0^{p_i^{\mathrm{S}}}\left(V_i - \frac{RT}{p}\right)\mathrm{d}p + \int_{p_i^{\mathrm{S}}}^{p}\left(V_i^{\mathrm{L}} - \frac{RT}{p}\right)\mathrm{d}p$$

上式右方第一项积分所计算的是饱和蒸汽 $i$（处于体系温度 $T$ 和饱和蒸汽压 $p_i^{\mathrm{S}}$ 下）的逸度 $f_i^{\mathrm{S}}$，汽液两相处于平衡状态时，饱和蒸汽 $i$ 的逸度和饱和液体 $i$ 的逸度相等，即 $f_i^{\mathrm{V}} = f_i^{\mathrm{L}} = f_i^{\mathrm{S}}$。第二项积分则计算将液相由 $p_i^{\mathrm{S}}$ 压缩至 $p$ 时逸度的校正值。于是上式可进一步写成

$$RT\ln\frac{f_i^{\mathrm{L}}}{p} = RT\ln\frac{f_i^{\mathrm{S}}}{p_i^{\mathrm{S}}} + \int_{p_i^{\mathrm{S}}}^{p} V_i^{\mathrm{L}}\mathrm{d}p - RT\ln\frac{p}{p_i^{\mathrm{S}}} \tag{3-89}$$

经整理后得

$$f_i^{\mathrm{L}} = p_i^{\mathrm{S}}\phi_i^{\mathrm{S}}\exp\int_{p_i^{\mathrm{S}}}^{p}\frac{V_i^{\mathrm{L}}\mathrm{d}p}{RT} \tag{3-90}$$

式中，$\phi_i^{\mathrm{S}}$ 为饱和蒸汽 $i$ 的逸度系数，$\phi_i^{\mathrm{S}} = f_i^{\mathrm{S}}/p_i^{\mathrm{S}}$。

由式(3-90)可看出，纯液体 $i$ 在 $T$ 和 $p$ 时的逸度为该温度下的饱和蒸汽压 $p_i^{\mathrm{S}}$ 乘以两项校正系数。其一为逸度系数 $\phi_i^{\mathrm{S}}$，用来校正饱和蒸汽对理想气体的偏离；另一项为指数校正项 $\exp\int_{p_i^{\mathrm{S}}}^{p}\dfrac{V_i^{\mathrm{L}}\mathrm{d}p}{RT}$（常称为 Poynting 校正因子），表示将液体由 $p_i^{\mathrm{S}}$ 压缩至 $p$。

虽然液体的摩尔体积为温度与压力的函数，但远离临界点时可视为不可压缩，在此情况下式(3-90)可简化为

$$f_i^{\mathrm{L}} = p_i^{\mathrm{S}}\phi_i^{\mathrm{S}}\exp\left[\frac{V_i^{\mathrm{L}}(p - p_i^{\mathrm{S}})}{RT}\right] \tag{3-91}$$

压力对 Poynting 校正因子的影响可由下列数据清楚地看出

| $V_i^{\mathrm{L}} = 100\text{ml/mol}, T = 300\text{K}$ | | | |
|---|---|---|---|
| $(p - p_i^{\mathrm{S}})$/MPa | Poynting 校正因子值 | $(p - p_i^{\mathrm{S}})$/MPa | Poynting 校正因子值 |
| 0.10133 | 1.004 | 10.133 | 1.499 |
| 1.0133 | 1.041 | 101.33 | 57.0 |

上列数据表明 Poynting 校正因子只有在高压下方起重要影响。

**【例 3-10】** 试确定液态二氟氯甲烷在 255.4K 和 13.79MPa 下的逸度。已知 255.4K 下的物性数据为（a）$p_i^{\mathrm{S}} = 2.674\times10^5\text{Pa}$；（b）$Z_i^{\mathrm{S}} = 0.932$；（c）容积数据是

| $p\times10^4$/Pa | $V$/(m³/kg) | $p\times10^4$/Pa | $V$/(m³/kg) |
|---|---|---|---|
| 6.895 | 0.3478 | 689.48 | 0.0004805 |
| 27.58 | 0.0007426 | 1034.22 | 0.0003494 |
| 344.74 | 0.0006115 | 1378.96 | 0.0002184 |

**解**　本题可分两段进行计算，首先计算 255.4K、$2.674\times10^5\text{Pa}$ 下的饱和蒸汽逸度 $f_i^{\mathrm{S}}$，然

后再计算由饱和液体变为 255.4K、13.79MPa 加压液体的 $f_i/f_i^S$。

① 求 $f_i^S$

由物性数据手册查得二氟氯甲烷的

$$T_c = 369.2K \qquad p_c = 4.975MPa$$

得

$$T_r = \frac{255.4}{369.2} = 0.6918 \qquad p_r = \frac{0.2674}{4.975} = 0.05375$$

查图 2-8，该状态点落在曲线上方，所以使用普遍化维里系数法，将式(2-28b)代入式(3-77)，得

$$\ln\phi_i = \frac{B_i p}{RT} = Z_i - 1 \tag{3-92}$$

即

$$\ln\phi_i^S = \frac{B_i^S p_i^S}{RT} = Z_i^S - 1 = 0.932 - 1 = -0.068$$

$$\phi_i^S = 0.934$$

$$f_i^S = \phi_i^S p_i^S = 0.934 \times 2.674 \times 10^5 = 2.498 \times 10^5 \, Pa$$

② 求 $f_i^L/f_i^S$

据式(3-90)

$$\ln\frac{f_i^L}{f_i^S} = \frac{1}{RT}\int_{p_i^S}^{p} V_i^L dp = \frac{V_i^L(p - p_i^S)}{RT}$$

式中，$V_i^L$ 取平均值，即 $V_i^L = \dfrac{(0.0007426 + 0.0002184) \times 86.5}{2}$ m³/kmol，将各已知值代入式(3-90)，得

$$\ln\frac{f_i^L}{f_i^S} = \frac{(0.0007426 + 0.0002184) \times 86.5}{2} \times \frac{(13.79 - 0.2674) \times 10^6}{8.314 \times 10^3 \times 255.4}$$

$$= 0.2647$$

所以

$$\frac{f_i^L}{f_i^S} = 1.303$$

$$f_i^L = 1.303 \times f_i^S = 1.303 \times 2.498 \times 10^5 = 3.255 \times 10^5 \, Pa$$

# 3.4 两相系统的热力学性质及热力学图表

在化工工艺与设备的计算中，需要使用许多热力学数据。在工业生产和工程设计中，若不重视正确选择这些基础数据，就会直接影响计算结果。下面扼要介绍两相系统的热力学性质的计算和一些常用的热力学性质图表。

### 3.4.1 两相系统的热力学性质

若系统是汽液两相共存，且互成平衡，则按相律只有一个自由度。这一区域在 $p$-$T$ 图中是介于三相点和临界点之间的一段曲线。

单组分系统汽液平衡的两相混合物的性质，与各相的性质和各相的相对量有关。因为体积、焓和熵等都是容量性质，故汽液混合物的相应值是两相数值之和。设下角标 g 代表气相，l 代表液相，则对单位质量混合物有

$$U = U_l(1-x) + U_g x \tag{3-93}$$

$$S = S_l(1-x) + S_g x \tag{3-94}$$

$$H = H_l(1-x) + H_g x \tag{3-95}$$

式中，$x$ 为气相的质量分数或摩尔分数（通常称为品质、干度）。

上述方程式概括地用一个式子表示

$$M = M_\alpha(1-x) + M_\beta x \tag{3-96}$$

式中，$M$ 是泛指的热力学容量性质；下角标 $\alpha$、$\beta$ 分别表示互成平衡的两相。

将式(3-96)用于汽液两相混合物体积，则 $M$ 变成 $V$，$\alpha$、$\beta$ 相为 l、g 相，可写成

$$V = V_l(1-x) + V_g x = V_l + x(V_g - V_l) = V_l + x\Delta V_{gl}$$

该式有着明确的物理意义，表明汽液混合物的体积最小是饱和液体的体积，另加上部分液体汽化（干度）而增加的体积。

在需要计算两相混合物的性质时，由于在热力学性质表中只给出了饱和相的值，此时就可应用式(3-96)来计算两相混合物；当数据以热力学性质图来表示时，各种混合相的函数值有时可直接从等干度线 ($x$) 来读取。

### 3.4.2 热力学性质图表

物质的热力学性质可以以三种形式表示，方程式、图和表。每一种表示法都有其优点和缺点。方程式可以用分析法进行微分，其结果较图解法精确，但很费时间，而且有许多状态方程式，其中的变数分离难于办到。表格能给出确定点的精确值，但要使用内插法，比较麻烦。而图示法容易内插求出中间数据，对问题的形象化也有帮助。例如，某一过程若为等焓过程，沿着等焓线就可以立即观察到它的温度和压力的变化，等焓降压到某一压力时，相应的温度是多少，立即可以从图上读出；其主要缺点是精确度不高，其变量数目受到限制。

最通用的热力学性质图有温熵图、压焓图（常以 $\ln p$ 对 $H$ 作图）、焓熵图（常称 Mollier 图）和焓浓图。上面所命名的图即以此类变数作为坐标。还有其他的线图，但用得较少。

图 3-4～图 3-6 表明了上述前三种图的一般形式。它们是水的热力学性质图的示意图。

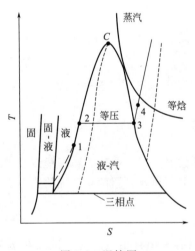

图 3-4 温熵图

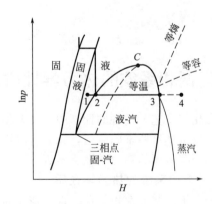

图 3-5 压焓图

图 3-7 是酒精水溶液的焓浓图。其他物质的热力学性质图也具有相类似的情况。位于图 2-2 $p$-$T$ 图内线上的两相状态，在这些图上则用面积表示；而在图 2-2 上的三相点，在这些图上则表示成一条线。临界点仍为一点，用字母 $C$ 表示，通过这一点的实线代表泡点的饱和液体状态（$C$ 点的左边）和露点的饱和蒸气状态（$C$ 点的右边）。

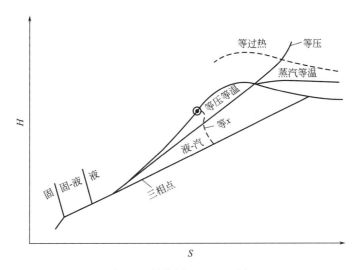

图 3-6 焓熵图（Mollier 图）

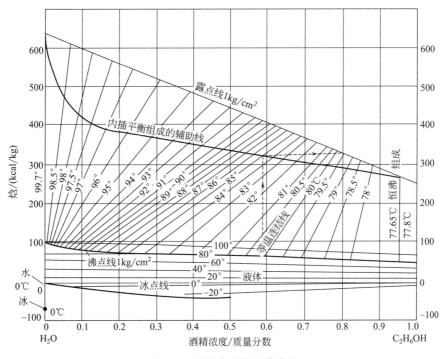

图 3-7 酒精水溶液的焓浓图

换算因子：1kcal＝4.1868kJ

温熵图是最有用的热力学性质图，其纵坐标是温度，横坐标是熵。对于可逆过程

$$\delta Q_R = T dS$$

所以

$$\int_1^2 \delta Q_R = \int_{S_1}^{S_2} T dS = Q_R$$

换言之，在 $T\text{-}S$ 图上位于 $T\text{-}S$ 曲线下的面积等于可逆过程中吸收的热量或放出的热量。当系统可逆吸热时，表示系统状态的点由左向右移动。如果系统可逆放热，则状态点由右向左移动。

在讨论过程的热效应和功时，$T\text{-}S$ 图是很有用的。现以蒸汽发电厂的锅炉操作为例讨论之。始态是某一低于沸点的液体水，终态是过热区内的蒸汽。当水加入锅炉并被加热时，温度近似地沿着定压线（图 3-4 和图 3-5 的 1-2 线所示）上升直到饱和为止。在点 2，水开始汽化，在汽化过程中温度保持不变。点 3 相当于完全汽化点。当供给更多的热量时，蒸汽沿着途径 3-4 变成过热，从图上可看出蒸汽过热的特点是温度上升和熵增加。在压-焓图上，整个过程用相当于锅炉压力的水平线（图 3-5）表示。在两相区内，任何广度性质和干度 $x$ 或湿含量 $(1-x)$ 的关系由式（3-93）~式（3-96）给出。在锅炉操作的整个过程中，水吸收的总热量等于 $\int T\mathrm{d}S$，这相当于零温度和过程遵循的途径 1-2-3-4 之间的面积。

焓-熵图（$H\text{-}S$）在解决热机、压缩机、冷冻机与工质的状态变化时也常常被使用，其纵坐标为 $H$ 值，横坐标轴上为 $S$ 值。由于稳定流动过程中焓是重要的热力学参数，而且在这些装置中常进行接近可逆绝热（等熵）过程，所以 $H\text{-}S$ 图很有用。$H\text{-}S$ 图常称为 Mollier 图，然而也有人把任何以焓为坐标的图都称为 Mollier 图。

在解决热机、压缩机和冷冻机中工质状态变化的有关问题时，常因某些工质在某种过程进行中可能变为另一物态而显得困难，所用方程要比气体方程式复杂，要解决问题，就必须将状态变化过程分为若干部分，其中每一部分都应用它自己的方程式，然而用 $H\text{-}S$ 图来解决就显得十分简单。在其图上常画出等容线、等压线、等温线、等干度线和等内能线等。只要已知该物质任意两个参变量，就可以很快地读出其余各参变量。例如，已知某蒸气的压力和干度，即可在 $H\text{-}S$ 图上很方便地求出诸如比体积、焓、内能和熵等性质。

有许多物质的热力学性质用表列出，用这种形式比图更为精确。蒸汽表也许是收集得最广泛、最完善的一种物质的热力学性质表。目前使用的水蒸气表分为三类，一类是未饱和水蒸气和过热蒸汽表，另两类是以温度为序和以压力为序的饱和水蒸气表。对其他物质[1]也有相当数量的资料可以使用。

【**例 3-11**】 1MPa、573K 的水蒸气，可逆绝热膨胀到 0.1MPa，试求蒸汽的干度。

**解** 根据 $p_1=1\text{MPa}$ 查饱和水蒸气表，得此时 $T'=452.88\text{K}$，题给 $T_1=573\text{K}$

$$T_1>T'$$

说明状态 1 的水蒸气为过热蒸汽。由过热蒸汽表中查出

$$H_1=3051.3\text{kJ/kg}$$
$$S_1=7.1239\text{kJ/(kg·K)}$$

水蒸气由状态 1 绝热可逆膨胀至状态 2 为等熵过程，即 $S_2=S_1$。由饱和水蒸气表查出，当 $p_2=0.1\text{MPa}$ 时

$$S_l=1.3027\text{kJ/(kg·K)} \qquad H_l=417.51\text{kJ/kg}$$
$$S_g=7.3608\text{kJ/(kg·K)} \qquad H_g=2675.7\text{kJ/kg}$$

$S_2=S_1=7.1239\text{kJ/(kg·K)}$，其数值在 $S_g$ 与 $S_l$ 之间，可见状态 2 是湿蒸汽，其参数为

$$S_2=(1-x_2)S_l+x_2S_g$$

将已知数据代入求 $x_2$，得

$$x_2=\frac{S_2-S_l}{S_g-S_l}=\frac{7.1239-1.3027}{7.3608-1.3027}=0.9609$$

即可逆绝热膨胀到 0.1MPa 时含有蒸汽 96.09%，液体 3.91%。

若使用 Mollier 图，得首先找出初态的位置，然后沿着等熵线直达 0.1MPa 的等压线，从图上可直接得到干度 $x$。

---

[1] Perry J H, Chihon C H. Chemical Engineers' Handbook. 5th ed. New York: McGraw-Hill, 1973.

# 习　题

3-1　物质的体积膨胀系数 $\beta$ 和等温压缩系数 $k$ 的定义分别为

$$\beta = \frac{1}{V}\left(\frac{\partial V}{\partial T}\right)_p \qquad k = -\frac{1}{V}\left(\frac{\partial V}{\partial p}\right)_T$$

试导出服从 van der Waals 状态方程的 $\beta$ 和 $k$ 的表达式。

3-2　某理想气体借活塞之助装于钢瓶中，压力为 34.45MPa，温度为 93℃，反抗一恒定的外压力 3.45MPa 而等温膨胀，直到两倍于其初始容积为止，试计算此过程之 $\Delta U$、$\Delta H$、$\Delta S$、$\Delta A$、$\Delta G$、$\int T\mathrm{d}S$、$\int p\mathrm{d}V$、$Q$ 和 $W$。

3-3　试求算 1kmol 氮气在压力为 10.13MPa、温度为 773K 下的内能、焓、熵、$C_V$、$C_p$ 和自由焓之值。假设氮气服从理想气体定律。已知：

(1) 在 0.1013MPa 时氮的 $C_p$ 与温度的关系为

$$C_p = 27.22 + 0.004187T \ \mathrm{J/(mol \cdot K)}$$

(2) 假定在 0℃ 及 0.1013MPa 时氮的焓为零；

(3) 在 298K 及 0.1013MPa 时氮的熵为 191.76J/(mol·K)。

3-4　设氯在 27℃、0.1MPa 下的焓、熵值为零，求 227℃、10MPa 下氯的焓、熵值。已知氯在理想气体状态下的定压摩尔热容为：

$$C_p^{\mathrm{ig}} = 31.696 + 10.144 \times 10^{-3}T - 4.038 \times 10^{-6}T^2 \ \mathrm{J/(mol \cdot K)}$$

3-5　试用普遍化方法计算二氧化碳在 473.2K、30MPa 下的焓与熵。已知在相同条件下，二氧化碳处于理想状态的焓为 8377J/mol，熵为 −25.86J/(mol·K)。

3-6　试确定 21℃ 时，1mol 乙炔的饱和蒸气与饱和液体的 $U$、$V$、$H$ 和 $S$ 的近似值。乙炔在 0.1013MPa、0℃ 的理想气体状态的 $H$、$S$ 定为零。乙炔的正常沸点为 −84℃，21℃ 时的蒸气压为 4.459MPa。

3-7　将 10kg 水在 373.15K、0.1013MPa 的恒定压力下汽化，试计算此过程中 $\Delta U$、$\Delta H$、$\Delta S$、$\Delta A$ 和 $\Delta G$ 之值。

3-8　试估算纯苯由 0.1013MPa、80℃ 的饱和液体变为 1.013MPa、180℃ 的饱和蒸气时该过程的 $\Delta V$、$\Delta H$ 和 $\Delta S$。已知：纯苯在正常沸点时的汽化潜热为 30733J/mol；饱和液体在正常沸点下的体积为 95.7cm³/mol；定压摩尔热容 $C_p^{\mathrm{ig}} = 16.036 + 0.2357T \ \mathrm{J/(mol \cdot K)}$；第二维里系数 $B = -78\left(\dfrac{1}{T} \times 10^3\right)^{2.4} \ \mathrm{cm^3/mol}$。

3-9　有 A 和 B 两个容器，A 容器充满饱和液态水，B 容器充满饱和蒸气。两个容器的容积均为 1L，压力都为 1MPa。如果这两个容器爆炸，试问哪一个容器被破坏得更严重？假定 A、B 容器内物质做可逆绝热膨胀，快速绝热膨胀到 0.1MPa。

3-10　某容器内的液态水和蒸气在 1MPa 压力下处于平衡状态，质量为 1kg。假如容器内液体和蒸气各占一半体积，试求容器内的液态水和蒸气的总焓。

3-11　过热蒸汽的状态为 533K 和 1.0336MPa，通过喷嘴膨胀，出口压力为 0.2067MPa，如果过程为可逆绝热且达到平衡，试问蒸汽在喷嘴出口的状态如何？

3-12　试估算 366K、2.026MPa 下，1mol 乙烷的体积、焓、熵与内能。设 255K、0.1013MPa 时乙烷的焓、熵为零。已知乙烷在理想气体状态下的摩尔恒压热容

$$C_p^{\mathrm{ig}} = 10.083 + 239.304 \times 10^{-3}T - 73.358 \times 10^{-6}T^2 \ \mathrm{J/(mol \cdot K)}$$

3-13　试采用 RK 方程求算在 227℃、5MPa 下气相正丁烷的剩余焓和剩余熵。

3-14　假设二氧化碳服从 RK 状态方程，试计算 50℃、10.13MPa 时二氧化碳的逸度。

3-15　试计算液态水在 30℃ 下，压力分别为 (a) 饱和蒸汽压、(b) $100 \times 10^5$ Pa 下的逸度和逸度系数。已知：

(1) 水在 30℃ 时饱和蒸汽压 $p^S = 0.0424 \times 10^5$ Pa；(2) 30℃，$0 \sim 100 \times 10^5$ Pa 范围内将液态水的摩尔体积视为常数，其值为 0.01809m³/kmol；(3) $1 \times 10^5$ Pa 以下的水蒸气可以视为理想气体。

3-16　有人用 A 和 B 两股水蒸气通过绝热混合获得 0.5MPa 的饱和蒸汽，其中 A 股是干度为 98% 的湿蒸汽，压力为 0.5MPa，流量为 1kg/s；而 B 股是 473.15K、0.5MPa 的过热蒸汽，试求 B 股过热蒸汽的流量为多少？

# 4 流体混合物的热力学性质

在化工、冶金和能源等工业生产中，经常涉及气体或液体的多组分混合物，其组成常常因为质量传递或化学反应而发生变化。因此，在运用热力学原理来描述这类体系时必须考虑到组成对性质的影响。由于混合物（或称溶液）的热力学研究是一个复杂的问题，且电解质在某些溶剂中分解成离子致使电解质溶液的处理要比非电解质溶液复杂得多，因而，本书只限于讨论非电解质溶液的热力学性质。

## 4.1 变组成体系热力学性质间的关系

根据焓、自由能和自由焓定义及单相流体系统的基本性质关系式可以推得变组成体系热力学性质间的关系式。

式(3-1)～式(3-4) 也可以应用在恒组成、由单一的液相或气相构成、不发生化学变化的闭合混合物系统。在此情况下，式(3-1) 写成如下的形式比较方便

$$d(nU) = Td(nS) - pd(nV)$$

式中，$U$、$S$、$V$ 是摩尔性质；$n$ 是物质的量。

总内能是总熵和总容积的函数，因此，可以写成

$$nU = U(nS, nV)$$

$nU$ 的全微分为

$$d(nU) = \left[\frac{\partial(nU)}{\partial(nS)}\right]_{nV,n} d(nS) + \left[\frac{\partial(nU)}{\partial(nV)}\right]_{nS,n} d(nV)$$

式中，下标 $n$ 表示所有化学物质的物质的量保持一定。

对比 $d(nU)$ 的两个方程式，可得

$$\left[\frac{\partial(nU)}{\partial(nS)}\right]_{nV,n} = T \tag{4-1a}$$

$$\left[\frac{\partial(nU)}{\partial(nV)}\right]_{nS,n} = -p \tag{4-1b}$$

对单相敞开系统，因为系统与环境之间有物质交换，物质可以加入系统，或从系统取出，所以总内能 $nU$ 不仅是 $nS$ 和 $nV$ 的函数，而且也是系统中各种化学物质的物质的量的函数，即

$$nU = U(nS, nV, n_1, n_2, \cdots, n_i, \cdots)$$

式中，$n_i$ 代表化学物质 $i$ 的物质的量。

$nU$ 的全微分为

$$d(nU) = \left[\frac{\partial(nU)}{\partial(nS)}\right]_{nV,n} d(nS) + \left[\frac{\partial(nU)}{\partial(nV)}\right]_{nS,n} d(nV) + \sum \left[\frac{\partial(nU)}{\partial n_i}\right]_{nS,nV,n_{j \neq i}} dn_i \tag{4-2a}$$

式中，求和号 $\sum$ 表明，它包括系统中所有的物质；$n_{j \neq i}$ 表示除第 $i$ 种化学物质外所有其他化学物质的物质的量都保持不变。

为了简化起见，设在求和号 $\sum$ 中 $dn_i$ 的系数等于 $\mu_i$，即

$$\mu_i = \left[\frac{\partial (nU)}{\partial n_i}\right]_{nV, nS, n_j} \tag{4-2b}$$

将式(4-1a)、式(4-1b) 和式(4-2b) 代入式(4-2a)，于是

$$d(nU) = Td(nS) - pd(nV) + \sum (\mu_i dn_i) \tag{4-3}$$

式(4-3) 是单相流体系统的基本性质关系式，适用于恒质量或变质量、恒组成或变组成的系统。$\mu_i$ 称为组分 $i$ 的化学位。

对 $n\,\mathrm{mol}$ 的物质，其焓、自由能和自由焓可以写成

$$nH = nU + p(nV)$$
$$nA = nU - T(nS)$$
$$nG = nU + p(nV) - T(nS)$$

将上述方程式微分，并将式(4-3) 所表示的 $d(nU)$ 代入，得到 $d(nH)$、$d(nA)$ 和 $d(nG)$ 的普遍表达式

$$d(nH) = Td(nS) + (nV)dp + \sum (\mu_i dn_i) \tag{4-4}$$
$$d(nA) = -(nS)dT - pd(nV) + \sum (\mu_i dn_i) \tag{4-5}$$
$$d(nG) = -(nS)dT + (nV)dp + \sum (\mu_i dn_i) \tag{4-6}$$

这些方程式适用于开放或封闭的均匀流体体系中平衡态之间的变化。当 $n_i$ 全部保持不变时（$dn_i = 0$）就简化成适用于定组成定质量体系的方程式(3-1)～式(3-4)。

若将全微分的判据应用到式(4-3)～式(4-6) 各式的右端，则可得到 16 个普遍方程式，其中四个是 Maxwell 方程［式(3-8)～式(3-11)］，另外两个相当有用的方程式是从式(4-6) 得到的：

$$\left[\frac{\partial \mu_i}{\partial T}\right]_{p, n} = -\left[\frac{\partial (nS)}{\partial n_i}\right]_{T, p, n_j} \tag{4-7}$$

和

$$\left[\frac{\partial \mu_i}{\partial p}\right]_{T, n} = \left[\frac{\partial (nV)}{\partial n_i}\right]_{T, p, n_j} \tag{4-8}$$

式中，下标 $n$ 指所有组分的物质的量都不变。

# 4.2　化学位和偏摩尔性质

### 4.2.1　化学位

根据式(4-3)～式(4-6)，化学位的相应表达式为

$$\mu_i = \left[\frac{\partial (nU)}{\partial n_i}\right]_{nS, nV, n_j} = \left[\frac{\partial (nH)}{\partial n_i}\right]_{nS, p, n_j} = \left[\frac{\partial (nA)}{\partial n_i}\right]_{nV, T, n_j} = \left[\frac{\partial (nG)}{\partial n_i}\right]_{T, p, n_j} \tag{4-9}$$

式中，下标 $n_j$ 是指除 $i$ 组分以外的其余组分的物质的量都保持不变。

上式给出了组分 $i$ 的化学位定义，化学位在相平衡和化学平衡中起着重要的作用。

### 4.2.2　偏摩尔性质

（1）偏摩尔性质

式(4-9) 中用偏微分形式 $\left[\dfrac{\partial (nM)}{\partial n_i}\right]_{T, p, n_j}$ 表明了体系性质随组成的改变，这种偏微分在溶液热力学中具有重要的意义，称作溶液中组分 $i$ 的偏摩尔性质，用符号 $\overline{M_i}$ 表示之。其定义式可写为

$$\overline{M_i} = \left[\frac{\partial (nM)}{\partial n_i}\right]_{T, p, n_j} \tag{4-10}$$

式中，$\overline{M_i}$ 称为在指定 $T$、$p$ 和组成下物质 $i$ 的偏摩尔性质；$n$ 是总物质的量；$M$ 泛指溶液

的摩尔热力学性质，可以代表任何摩尔性质，如 $U$、$H$、$S$、$A$ 和 $G$，还可代表压缩因子 $Z$、密度 $\rho$ 等。

将式(4-9) 对照偏摩尔性质的定义式(4-10)，可知

$$\mu_i = \left[\frac{\partial(nG)}{\partial n_i}\right]_{T,p,n_j} = \overline{G}_i$$

即化学位与偏摩尔自由焓相等。

化学位 $\mu_i$ 是强度性质，在溶液热力学性质计算及判断平衡中起着重要的作用，但不能直接测量。处于平衡态时，每一物质的化学位在各平衡相中相等，因此研究偏摩尔自由焓及其与混合物的其他热力学性质的数学关系是十分必要的。

偏摩尔性质的物理意义是在给定的 $T$、$p$ 和组成下，向含有组分 $i$ 的无限多的溶液中加入 1mol 的组分 $i$ 所引起一系列热力学性质的变化。事实上，溶液的各组分均匀混合，且不再具有单独存在时的性质。然而，可以在某种任意而又通用的基准上规定其性质，式(4-10) 定义了溶液性质在各组分间的分配。这样，就可以将偏摩尔性质完全当成是溶液中各组分的摩尔性质而加以处理。纯物质的偏摩尔性质就是摩尔性质。

从实验知道，式(4-10) 对各种广度热力学性质都适用，且

$$nM = \sum(n_i\overline{M}_i) \tag{4-11}$$

两边同除以 $n$ 后，得到另一种形式

$$M = \sum(x_i\overline{M}_i) \tag{4-12}$$

式中，$x_i$ 是溶液中组分 $i$ 的摩尔分数。

式(4-11) 和式(4-12) 是根据偏摩尔性质的定义方程式(4-10)，通过数学逻辑推理而得的。若已知各组分的偏摩尔性质，则可由式(4-11) 或式(4-12) 来计算溶液的性质，如同用纯组分的摩尔性质来计算理想溶液的性质一样。由此可见，偏摩尔性质在多元溶液热力学性质计算中是何等重要。

用符号 $M$ 表示的溶液性质也可以用单位质量为基准来表示。关联溶液性质的各种方程式在形式上是不变的，只需将用摩尔表示的 $n$ 代之以质量表示的 $m$ 即可，并将其叫做偏比性质而不叫做偏摩尔性质。

在溶液热力学中有三类性质，分别用下述符号表达并区分之：

溶液性质        $M$，如 $U$、$H$、$S$、$G$

偏摩尔性质    $\overline{M}_i$，如 $\overline{U}_i$、$\overline{H}_i$、$\overline{S}_i$、$\overline{G}_i$

纯组分性质    $M_i$，如 $U_i$、$H_i$、$S_i$、$G_i$

可以证明每一个关联定组成溶液摩尔热力学性质的方程式都对应存在一个关联溶液中某一组分 $i$ 的相应的偏摩尔性质的方程式。

上面虽然讨论了偏摩尔性质的定义、含义以及它和溶液性质间的关系，但比较抽象。下面以体积为例加以说明。

设有一装有等摩尔的乙醇和水混合物的敞口烧杯。在室温 $T$ 和大气压 $p$ 下，此混合物所占有的体积 $V_t = nV$。在同样 $T$、$p$ 的条件下，将一小滴含 $\Delta n_W$ 摩尔的纯水加入到此溶液中，均匀地混合成溶液，并给以足够的时间进行热交换，使烧杯中的物料恢复到最初的温度，那么烧杯中的体积会如何变化呢？

人们或许会认为其增加的体积应当等于加进水的体积，即 $V_W\Delta n_W$，其中的 $V_W$ 是纯水在 $T$、$p$ 条件下的摩尔体积。如果这是正确的，则

$$\Delta(nV) = V_W\Delta n_W$$

但是，从实验得知，体积的实际增加值 $\Delta(nV)$ 比上述方程式得到的值稍微小一些。显然，加

到溶液中水的有效摩尔体积比纯水在相同 $T$、$p$ 时的摩尔体积小。用 $\overline{V}_W$ 来表示有效摩尔体积，则可以写成

$$\Delta(nV) = \overline{V}_W \Delta n_W \tag{A}$$

或

$$\overline{V}_W = \frac{\Delta(nV)}{\Delta n_W} \tag{B}$$

考虑 $\Delta n_W \rightarrow 0$ 的极限情况，则式（B）变为

$$\overline{V}_W = \lim_{\Delta n_W \rightarrow 0} \frac{\Delta(nV)}{\Delta n_W} = \frac{d(nV)}{dn_W} \tag{C}$$

由于 $T$、$p$ 和 $n_E$（乙醇的物质的量）为常数，方程更合理地写成

$$\overline{V}_W = \left[\frac{\partial(nV)}{\partial n_W}\right]_{T,p,n_E} \tag{D}$$

与式（4-10）比较，$M = V$，因此式（D）是式（4-10）的特殊情况。从等式中得出，溶液中水的偏摩尔体积就是在 $T$、$p$ 和 $n_E$ 不变情况下，溶液总体积对 $n_W$ 的变化率。

当有 $dn_W$ 的水加到溶液中去，根据式（C）可写出

$$d(nV) = \overline{V}_W dn_W \tag{E}$$

当有 $dn_W$ 的水加到纯水中去，完全有理由认为其体积变化为

$$d(nV) = V_W dn_W \tag{F}$$

式中，$V_W$ 是纯水在 $T$、$p$ 条件下的摩尔体积。

比较式（E）、式（F）两式，当溶液用纯水代替时，$V_W = \overline{V}_W$。当溶液改为纯物质时，偏摩尔性质就等于摩尔性质，即 $\overline{M}_i = M_i$；换言之，对纯物质则根本无所谓偏摩尔性质。

（2）偏摩尔性质的计算

① 解析法　将式（4-10）的导数展开

$$\overline{M}_i = M\left(\frac{\partial n}{\partial n_i}\right)_{T,p,n_j} + n\left(\frac{\partial M}{\partial n_i}\right)_{T,p,n_j}$$

因为

$$\left(\frac{\partial n}{\partial n_i}\right)_{T,p,n_j} = \left[\frac{\partial(n_1 + n_2 + \cdots + n_i + \cdots)}{\partial n_i}\right]_{T,p,n_j} = 1$$

所以

$$\overline{M}_i = M + n\left(\frac{\partial M}{\partial n_i}\right)_{T,p,n_j} \tag{4-13}$$

在等温和等压条件下，摩尔性质 $M$ 是 $N-1$ 个摩尔分数的函数，即

$$M = M(x_1, x_2, \cdots, x_k, \cdots)$$

等温等压时，上式的全微分为

$$dM = \sum\left[\left(\frac{\partial M}{\partial x_k}\right)_{T,p,x_j} dx_k\right]$$

式中，$x_j$ 是指除 $x_k$ 以外各摩尔分数不变。

以 $dn_i$ 除上面的方程式并限定 $n_j$ 为常数，则得

$$\left(\frac{\partial M}{\partial n_i}\right)_{T,p,n_j} = \sum\left[\left(\frac{\partial M}{\partial x_k}\right)_{T,p,x_j}\left(\frac{\partial x_k}{\partial n_i}\right)_{n_j}\right] \tag{4-14}$$

根据摩尔分数的定义，$x_k = n_k/n$；所以

$$\left(\frac{\partial x_k}{\partial n_i}\right)_{n_j} = \frac{1}{n}\left(\frac{\partial n_k}{\partial n_i}\right)_{n_j} - \frac{n_k}{n^2}\left(\frac{\partial n}{\partial n_i}\right)_{n_j}$$

但是右边的第一项偏导数为零，第二项为 1，所以

$$\left(\frac{\partial x_k}{\partial n_i}\right)_{n_j} = -\frac{n_k}{n^2} = -\frac{x_k}{n}$$

将此偏导数代入方程（4-14），化简后得到

$$\left(\frac{\partial M}{\partial n_i}\right)_{T,p,n_j} = -\frac{1}{n}\sum_k\left[x_k\left(\frac{\partial M}{\partial x_k}\right)_{T,p,x_j}\right]$$

将此结果与式(4-13)合并，得到最终的方程式为

$$\overline{M}_i = M - \sum_{k\neq i}\left[x_k\left(\frac{\partial M}{\partial x_k}\right)_{T,p,x_{j\neq i,k}}\right] \tag{4-15}$$

式中，$i$ 为所讨论的组元；$k$ 为不包括 $i$ 在内的其他组元；$j$ 指不包括 $i$ 及 $k$ 的组元。

若已知溶液性质 $M$ 时，式(4-15) 可以求算多元体系的偏摩尔性质。

对于二元体系，运用式(4-15) 可得

$$\overline{M}_1 = M - x_2\left(\frac{\mathrm{d}M}{\mathrm{d}x_2}\right) \tag{4-16a}$$

或

$$\overline{M}_1 = M + x_2\left(\frac{\mathrm{d}M}{\mathrm{d}x_1}\right) \tag{4-16b}$$

$$\overline{M}_2 = M - x_1\left(\frac{\mathrm{d}M}{\mathrm{d}x_1}\right) \tag{4-17a}$$

或

$$\overline{M}_2 = M + x_1\left(\frac{\mathrm{d}M}{\mathrm{d}x_2}\right) \tag{4-17b}$$

式(4-15) 是溶液性质和组分偏摩尔性质间的普遍关系式，它不仅适用于一般的热力学性质，如 $V$、$U$、$H$ 和 $G$ 等，同样也适用溶质的混合性质和组分的偏摩尔混合性质间的关系。

通过实验测得在指定 $T$、$p$ 下不同组成时的 $M$ 值，并将实验数据关联成 $M$-$x$ 的解析式，则可按定义式(4-10) 或式(4-15) 用解析法求出导数值来计算偏摩尔性质。

**【例 4-1】** 某实验室需配制含有 20%（质量分数）的甲醇的水溶液 $3\times10^{-3}\,\mathrm{m}^3$ 作为防冻剂。试求需要多少体积的20℃时的甲醇与水混合。已知：20℃时 20%（质量分数）甲醇溶液的偏摩尔体积 $\overline{V}_1 = 37.8\,\mathrm{cm}^3/\mathrm{mol}$，$\overline{V}_2 = 18.0\,\mathrm{cm}^3/\mathrm{mol}$；20℃时纯甲醇的体积 $V_1 = 40.46\,\mathrm{cm}^3/\mathrm{mol}$，纯水的体积 $V_2 = 18.04\,\mathrm{cm}^3/\mathrm{mol}$。

**解** 将组分的质量分数换算成摩尔分数，得

$$x_1 = 0.1233 \qquad x_2 = 0.8767$$

由式(4-12)可知

$$V = x_1\overline{V}_1 + x_2\overline{V}_2$$

将数值代入，得

$$V = 0.1233\times37.8 + 0.8767\times18 = 20.44\,\mathrm{cm}^3/\mathrm{mol}$$

配制防冻剂需物质的量

$$n = \frac{3000}{20.44} = 146.77\,\mathrm{mol}$$

所需甲醇、水的物质的量分别为

$$n_1 = 0.1233\times146.77 = 18.10\,\mathrm{mol}$$
$$n_2 = 0.8767\times146.77 = 128.67\,\mathrm{mol}$$

则所需甲醇、水的体积为

$$V_{1t} = 18.10\times40.46 = 732.33\,\mathrm{cm}^3$$
$$V_{2t} = 128.67\times18.04 = 2321.21\,\mathrm{cm}^3$$

将两种组分的体积简单加和

$$V_{1t}+V_{2t}=732.33+2321.21=3053.54 \text{cm}^3$$

则混合后生成的溶液体积要缩小

$$\frac{3053.54-3000}{3000}=1.78\%$$

**【例 4-2】** 某二组元液体混合物在 298K 和 $1.0133\times10^5$Pa 下的焓可用下式表示

$$H=100x_1+150x_2+x_1x_2(10x_1+5x_2) \tag{A}$$

式中，$H$ 单位为 J/mol。试确定在该温度、压力状态下

（a）用 $x_1$ 表示的 $\overline{H}_1$ 和 $\overline{H}_2$；

（b）纯组分焓 $H_1$ 和 $H_2$ 的数值；

（c）无限稀释下液体的偏摩尔焓 $\overline{H}_1^{\infty}$ 和 $\overline{H}_2^{\infty}$ 的数值。

**解** （a）已知 $H=100x_1+150x_2+x_1x_2(10x_1+5x_2)$　用 $x_2=1-x_1$ 代入式（A），并化简得

$$H=100x_1+150(1-x_1)+x_1(1-x_1)[10x_1+5(1-x_1)]=150-45x_1-5x_1^3 \tag{B}$$

据式（4-16）和式（4-17），二元溶液的偏摩尔性质与摩尔性质间的关系为

$$\overline{M}_1=M+(1-x_1)\left(\frac{\partial M}{\partial x_1}\right)_{T,p}$$

$$\overline{M}_2=M-x_1\left(\frac{\partial M}{\partial x_1}\right)_{T,p}$$

当 $M=H$ 时

$$\overline{H}_1=H+(1-x_1)\left(\frac{\partial H}{\partial x_1}\right)_{T,p}$$

$$\overline{H}_2=H-x_1\left(\frac{\partial H}{\partial x_1}\right)_{T,p}$$

由式（B）得

$$\left(\frac{\partial H}{\partial x_1}\right)_{T,p}=-45-15x_1^2$$

所以

$$\overline{H}_1=150-45x_1-5x_1^3+(1-x_1)[-(45+15x_1^2)]=105-15x_1^2+10x_1^3 \text{ J/mol} \tag{C}$$

$$\overline{H}_2=150-45x_1-5x_1^3+x_1(45+15x_1^2)=150+10x_1^3 \text{J/mol} \tag{D}$$

（b）将 $x_1=1$ 及 $x_1=0$ 分别代入式（B）得纯组分焓 $H_1$ 和 $H_2$

$$H_1=100\text{J/mol} \qquad H_2=150\text{J/mol}$$

（c）$\overline{H}_1^{\infty}$ 和 $\overline{H}_2^{\infty}$ 是指在 $x_1=0$ 及 $x_1=1$ 时的 $\overline{H}_1$ 及 $\overline{H}_2$，将 $x_1=0$ 代入式（C）中得

$$\overline{H}_1^{\infty}=105\text{J/mol}$$

将 $x_1=1$ 代入式（D）中得

$$\overline{H}_2^{\infty}=160\text{J/mol}$$

② 作图法　如果将实验数据画成 $M$-$x_2$ 图（图 4-1），则可用作图法求得偏摩尔性质。欲求 $x_2$ 等于某值时的偏摩尔量，则在 $M$-$x_2$ 曲线上找到此点（如图中 $b$ 点），过此点作曲线的切线，切线在 $x_2=0$ 和 $x_2=1$ 的纵轴上的截距分别等于 $\overline{M}_1$ 和 $\overline{M}_2$。现以二元溶液的偏摩尔体积为例进行说明。

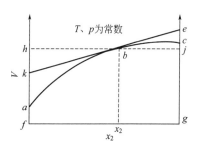

图 4-1　作图法求偏摩尔体积

图 4-1 中的曲线 $abc$ 表示不同浓度溶液的摩尔体积，$\overline{ke}$

是浓度为 $x_2$ 时曲线 $abc$ 的切线，试证：

（a）纵轴高度 $\overline{fk}=\overline{V}_1$，即组分 1 在浓度 $x_2$ 时的偏摩尔体积；

（b）纵轴高度 $\overline{ge}=\overline{V}_2$，即组分 2 在浓度 $x_2$ 时的偏摩尔体积。

**证** 由图可知 $\overline{fk}=\overline{fh}-\overline{kh}$

$$\overline{fh}=V \text{（浓度为 } x_2 \text{ 时溶液的摩尔体积）}$$

$$\overline{kh}=x_2\frac{\mathrm{d}V}{\mathrm{d}x_2}=x_2\left(\frac{\partial V}{\partial x_2}\right)_{T,p}$$

$$\overline{fk}=V-x_2\frac{\mathrm{d}V}{\mathrm{d}x_2} \tag{A}$$

如能证得

$$\overline{V}_1=V-x_2\frac{\mathrm{d}V}{\mathrm{d}x_2}=V-x_2\left(\frac{\partial V}{\partial x_2}\right)_{T,p} \tag{B}$$

则比较式（A）和式（B），即得 $\overline{V}_1=\overline{fk}$

设 $V$ 代表溶液的摩尔体积，则体系的体积性质

$$nV=(n_1+n_2)V$$

将 $nV$ 在温度、压力和 $n_2$ 不变的条件下对 $n_1$ 求导，则得

$$\overline{V}_1=\left[\frac{\partial(nV)}{\partial n_1}\right]_{T,p,n_2}=V+(n_1+n_2)\left(\frac{\partial V}{\partial n_1}\right)_{T,p,n_2}$$

因组分 2 的摩尔分数 $x_2=\dfrac{n_2}{n_1+n_2}$，则

$$\mathrm{d}x_2=-\frac{n_2\,\mathrm{d}n_1}{(n_1+n_2)^2}=-x_2\frac{\mathrm{d}n_1}{n_1+n_2}$$

即

$$\frac{n_1+n_2}{\mathrm{d}n_1}=-\frac{x_2}{\mathrm{d}x_2}$$

所以

$$(n_1+n_2)\left(\frac{\partial V}{\partial n_1}\right)_{T,p,n_2}=-x_2\left(\frac{\partial V}{\partial x_2}\right)_{T,p,n_2}$$

将上式代入 $\overline{V}_1$ 表达式中，于是得

$$\overline{V}_1=V-x_2\left(\frac{\partial V}{\partial x_2}\right)_{T,p,n_2}$$

因为 $\dfrac{\mathrm{d}V}{\mathrm{d}x_2}$ 与 $\left(\dfrac{\partial V}{\partial x_2}\right)_{T,p,n_2}$ 相同，故上式可直接写作

$$\overline{V}_1=V-x_2\frac{\mathrm{d}V}{\mathrm{d}x_2}$$

比较式（A）和式（B），即得 $\overline{V}_1=\overline{fk}$

同样可证得 $\overline{V}_2=\overline{ge}$

**【例 4-3】** 已知 293K 时甲醇水溶液的密度如下所示，试用作图法求在 $x(\mathrm{CH_3OH})$ 为 0.2、0.4、0.6、0.8 和 0.9 时的 $\overline{V}(\mathrm{H_2O})$ 和 $\overline{V}(\mathrm{CH_3OH})$。

| $w(\mathrm{CH_3OH})/\%$ | 0 | 20 | 40 | 60 | 80 | 90 | 100 |
|---|---|---|---|---|---|---|---|
| 密度/(g/cm³) | 0.9982 | 0.9666 | 0.9345 | 0.8946 | 0.8469 | 0.8202 | 0.7850 |

**解** 先将密度换算成比容，再换算成摩尔体积，然后作出 $V=f[x(\mathrm{CH_3OH})]$ 的曲线（图 4-2）。采用作图法求出 $\overline{V}(\mathrm{H_2O})$ 和 $\overline{V}(\mathrm{CH_3OH})$。结果示于下表中：

| $w(CH_3OH)$ /% | $x(CH_3OH)$ /% | $V$ /(cm³/g) | 平均相对分子质量 $M_{aV}$ | $V$ /(cm³/mol) | $\overline{V}(H_2O)$ /(cm³/mol) | $\overline{V}(CH_3OH)$ /(cm³/mol) |
|---|---|---|---|---|---|---|
| 0 | 0.00 | 1.002 | 18.02 | 18.06 | | |
| 20 | 12.33 | 1.035 | 19.74 | 20.43 | 18.0 | 37.8 |
| 40 | 27.27 | 1.070 | 21.82 | 23.35 | 17.5 | 39.0 |
| 60 | 45.76 | 1.118 | 24.42 | 27.31 | 16.8 | 39.8 |
| 80 | 69.23 | 1.181 | 27.72 | 32.74 | 15.4 | 40.4 |
| 90 | 83.51 | 1.219 | 29.71 | 36.22 | 15.0 | 40.5 |
| 100 | 100.00 | 1.263 | 32.03 | 40.46 | | |

计算结果表明,在水和甲醇混合过程中,溶液体积缩小。因此,$V = f[x(CH_3OH)]$的曲线是向上凹的。

通过本例计算表明作图法的物理概念明确,但繁琐且不够准确。若用数值微分法,即用 Lagrange 微分式求出 $\frac{\partial V}{\partial x}$,然后根据式(4-16)和式(4-17)可求出 $\overline{V}_1$ 和 $\overline{V}_2$,这样易于得到较准确的结果。

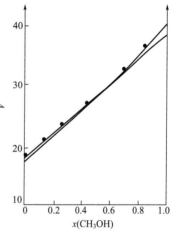

图 4-2 甲醇-水二元系的体积-浓度图

### 4.2.3 Gibbs-Duhem 方程

由偏摩尔性质可以得出溶液相平衡热力学中的一个基本方程——Gibbs-Duhem 方程。

将式(4-11)微分,得

$$d(nM) = \sum(n_i d\overline{M}_i) + \sum(\overline{M}_i dn_i) \tag{4-18}$$

式中,全微分 $d(nM)$ 代表由于 $T$、$p$ 或 $n_i$ 的变化而产生的 $nM$ 的变化。

由于 $nM$ 的普遍函数关系为

$$nM = f(T, p, n_1, n_2, n_3, \cdots)$$

所以全微分 $d(nM)$ 也可用下式表示

$$d(nM) = \left[\frac{\partial(nM)}{\partial T}\right]_{p,n} dT + \left[\frac{\partial(nM)}{\partial p}\right]_{T,n} dp + \sum(\overline{M}_i dn_i)$$

或

$$d(nM) = n\left(\frac{\partial M}{\partial T}\right)_{p,x} dT + n\left(\frac{\partial M}{\partial p}\right)_{T,x} dp + \sum(\overline{M}_i dn_i) \tag{4-19}$$

式中,下标 $x$ 表示所有的物质的量都保持不变。

比较式(4-18)和式(4-19),只有当

$$n\left(\frac{\partial M}{\partial T}\right)_{p,x} dT + n\left(\frac{\partial M}{\partial p}\right)_{T,x} dp - \sum(n_i d\overline{M}_i) = 0$$

时两式才能普遍成立。

用 $n$ 除之得

$$\left(\frac{\partial M}{\partial T}\right)_{p,x} dT + \left(\frac{\partial M}{\partial p}\right)_{T,x} dp - \sum(x_i d\overline{M}_i) = 0 \tag{4-20}$$

式(4-20)是 Gibbs-Duhem 方程的一般形式,它适用于均相中任何热力学函数 $M$。当 $T$、$p$ 一定时,式(4-20)简化为

$$\sum(x_i d\overline{M}_i)_{T,p} = 0 \tag{4-21}$$

式(4-21)为广泛使用的 Gibbs-Duhem 方程的形式。

对于二元系统，在等温等压条件下有

$$x_1 \mathrm{d}\overline{M}_1 + x_2 \mathrm{d}\overline{M}_2 = 0$$

上式也可改写成

$$(1-x_2)\frac{\mathrm{d}\overline{M}_1}{\mathrm{d}x_2} = -x_2\frac{\mathrm{d}\overline{M}_2}{\mathrm{d}x_2} \quad (\text{等温等压}) \tag{4-22}$$

式(4-22)表明，组元1的偏摩尔量随组成（$x_2$）的变化率必然和组元2的偏摩尔量随组成的变化率反号。

当 $\overline{M}_i \equiv \overline{G}_i$ 时，由式(4-21)得到

$$\sum (x_i \mathrm{d}\overline{G}_i)_{T,p} = 0 \tag{4-23}$$

Gibbs-Duhem方程的形式有多种。它的用途主要有：① 检验实验测得的混合物热力学性质数据的正确性；② 从一个组元的偏摩尔量推算另一组元的偏摩尔量（二元系统）。

## 4.3 混合物的逸度与逸度系数

流体混合物中组分逸度的计算是气液平衡计算的基础，也是化学反应平衡计算中必不可少的。本节将在纯流体逸度的基础上，讨论混合物中组分逸度的定义、计算方法及与混合物逸度之间的关系。

### 4.3.1 混合物的组分逸度

均相混合物中组分的逸度定义与纯物质的逸度定义方法相同。其表示式类似式(3-73)和式(3-74)

$$\mathrm{d}\overline{G}_i = RT\mathrm{d}\ln\hat{f}_i \quad (\text{等温}) \tag{4-24}$$

$$\lim_{p \to 0}\frac{\hat{f}_i}{x_i p} = 1 \tag{4-25}$$

式中，$\hat{f}_i$ 称为组分逸度；$\mathrm{d}\overline{G}_i$ 是对1mol的混合物而言的。

由于理想气体混合物的性质与真实气体混合物 $p \to 0$ 时的性质一样，所以，对理想气体混合物中任一组分都可以写成

$$\hat{f}_i = x_i p \quad (\text{理想气体}) \tag{4-26}$$

式中，$p$ 是总压（对于液相，它是饱和蒸气压）；乘积 $x_i p$ 称为气体混合物中组分 $i$ 的分压 $p_i$，它在相平衡和化学反应平衡中是经常使用的。

因此，根据定义 $p_i = x_i p$，则写成

$$\sum p_i = \sum x_i p = p\sum x_i = p$$

即气体混合物的压力等于它的各个组分的分压之和。

1mol理想气体混合物的总压为

$$p = \frac{RT}{V}$$

式中，$V$ 是混合物的摩尔体积。

如果混合物中含有 $x_i$ mol 的组分 $i$，则这些数量的纯 $i$ 在相同温度 $T$ 占有相同容积 $V$ 时，表现出纯组分的压力为

$$p_{\text{纯}i} = \frac{x_i RT}{V} = x_i p = p_i$$

但是，对真实气体就不是这样。对真实气体来说，分压没有物理意义。

混合物中组分 $i$ 的逸度系数定义为

$$\hat{\phi}_i = \frac{\hat{f}_i}{x_i p} \tag{4-27}$$

气体混合物中的组分逸度及逸度系数可以由状态方程和按一定混合规则算出的常数加以计算。

类同纯物质的逸度系数计算式(3-77),下式是计算混合物的组分逸度系数的基本关系式

$$\ln \hat{\phi}_i = \int_0^p (\overline{Z}_i - 1) \frac{\mathrm{d}p}{p} \quad (\text{等 } T \text{、} x) \tag{4-28}$$

该式不论对液体或气体混合物都是适用的。因为 $\overline{Z}_i = p \overline{V}_i / RT$,可得式(4-28)的另一种形式为

$$\ln \hat{\phi}_i = -\frac{1}{RT} \int_0^p \left( \frac{RT}{p} - \overline{V}_i \right) \mathrm{d}p \quad (\text{等 } T \text{、} x) \tag{4-29}$$

对理想气体来说,$Z_i = \overline{Z}_i = 1$,由式(3-77)和式(4-28)得出 $\phi_i = \hat{\phi}_i = 1$

将上式改写成

$$\ln \hat{\phi}_i = \int_0^p \left( \frac{\overline{V}_i}{RT} \mathrm{d}p - \frac{\mathrm{d}p}{p} \right)$$

或

$$RT \ln \hat{\phi}_i = \int_0^p \left[ \left( \frac{\partial V_t}{\partial n_i} \right)_{T,p,n_j} - \frac{RT}{p} \right] \mathrm{d}p \tag{4-30}$$

式(4-30)也可写成

$$RT \ln \hat{\phi}_i = \int_{V_t}^{\infty} \left[ \left( \frac{\partial p}{\partial n_i} \right)_{T,V_t,n_j} - \left( \frac{RT}{V_t} \right) \right] \mathrm{d}V_t - RT \ln Z_m \tag{4-31}$$

式中,$V_t$ 为混合物总体积;$Z_m$ 为总压 $p$ 及 $T$ 下的混合物的压缩因子。

由于较多的状态方程以 $T$、$V$ 为自变量,所以用式(4-31)计算 $\hat{\phi}_i$ 更为方便。

现以二元气体混合物为例,选用 RK 方程和 Virial 方程来说明如何由混合规则按式(4-28)计算气体混合物中的组分逸度。

① 若将 RK 方程和 Prausnitz 建议的混合规则代入基本方程式(4-31),导出计算逸度系数 $\hat{\phi}_i$ 的公式为

$$\ln \hat{\phi}_i = \ln \left( \frac{V}{V - b_m} \right) + \left( \frac{b_i}{V - b_m} \right) - \frac{2 \sum\limits_{j=1}^{n} y_j a_{ij}}{b_m RT^{1.5}} \ln \left( \frac{V + b_m}{V} \right) +$$

$$\frac{a_m b_i}{b_m^2 RT^{1.5}} \left[ \ln \left( \frac{V + b_m}{V} \right) - \left( \frac{b_m}{V + b_m} \right) \right] - \ln \left( \frac{pV}{RT} \right) \tag{4-32}$$

式中,$V$ 为混合物的摩尔体积;混合物的常数 $b_m$ 和 $a_m$ 分别按下式计算

$$b_m = \sum_i (y_i b_i) \tag{2-67}$$

$$a_m = \sum_i \sum_j (y_i y_j a_{ij}) \tag{2-66}$$

而交叉系数 $a_{ij}$ 按下列各式计算

$$a_{ij} = \frac{(\Omega_{ai} + \Omega_{aj}) R^2 T_{cij}^{2.5}}{2 p_{cij}} \tag{4-33}$$

$$p_{cij} = \frac{Z_{cij} RT_{cij}}{V_{cij}} \tag{2-64}$$

$$T_{cij} = (T_{ci}T_{cj})^{1/2}(1-k_{ij}) \tag{2-61}$$

$$V_{cij} = \left(\frac{V_{ci}^{1/3}+V_{cj}^{1/3}}{2}\right)^3 \tag{2-62}$$

$$Z_{cij} = \frac{Z_{ci}+Z_{cj}}{2} \tag{2-63}$$

$$\omega_{ij} = \frac{\omega_i+\omega_j}{2} \tag{2-65}$$

当缺乏有关组分的 $\Omega_a$ 和 $k_{ij}$ 数据时，$a_{ij}$ 和 $T_{cij}$ 可分别按下式计算

$$a_{ij} = \frac{0.42748R^2\,T_{c_{ij}}^{2.5}}{p_{cij}}$$

$$T_{cij} = (T_{ci}T_{cj})^{1/2}$$

在应用式(4-32)计算 $\hat{\phi}_i$ 时，需先由 RK 方程求出在所求温度、压力和组成条件下的 $Z$ 和 $V$ 值，这在第 2 章中已作了介绍。

② 若气体混合物服从截至到第二维里系数的维里方程，则将式(2-28b)用于 $n$ mol 气体混合物时，可写成

$$nZ - n = \frac{nBp}{RT}$$

当 $T$、$p$ 和 $n_2$ 保持不变时，对 $n_1$ 微分得偏摩尔压缩因子 $\overline{Z}_1$

$$\overline{Z}_1 = \left[\frac{\partial(nZ)}{\partial n_1}\right]_{T,p,n_2} = \frac{p}{RT}\left[\frac{\partial(nB)}{\partial n_1}\right]_{T,p,n_2} + 1$$

将上式代入式(4-28)，得

$$\ln\hat{\phi}_1 = \int_0^p \frac{p}{RT}\left[\frac{\partial(nB)}{\partial n_1}\right]_{T,p,n_2} \frac{\mathrm{d}p}{p} = \frac{1}{RT}\int_0^p\left[\frac{\partial(nB)}{\partial n_1}\right]_{T,p,n_2}\mathrm{d}p$$

因为此积分是在恒温和恒组成下对 $p$ 的积分，$(nB)$ 则仅与温度及组成有关，所以

$$\ln\hat{\phi}_1 = \frac{p}{RT}\left[\frac{\partial(nB)}{\partial n_1}\right]_{T,p,n_2}$$

二元气体混合物的混合第二维里系数

$$B = y_1(1-y_2)B_{11} + 2y_1y_2B_{12} + y_2(1-y_1)B_{22} = y_1B_{11} + y_2B_{22} + y_1y_2\delta_{12}$$

其中

$$\delta_{12} = 2B_{12} - B_{11} - B_{22}$$

因为 $y_i = n_i/n$

$$nB = n_1B_{11} + n_2B_{22} + \frac{n_1n_2}{n}\delta_{12}$$

对 $n_1$ 微分，得

$$\left[\frac{\partial(nB)}{\partial n_1}\right]_{T,p,n_2} = B_{11} + \left(\frac{1}{n} - \frac{n_1}{n^2}\right)n_2\delta_{12} = B_{11} + (1-y_1)y_2\delta_{12} = B_{11} + y_2^2\delta_{12}$$

故有

$$\ln\hat{\phi}_1 = \frac{p}{RT}(B_{11} + y_2^2\delta_{12}) \tag{4-34}$$

同理

$$\ln\hat{\phi}_2 = \frac{p}{RT}(B_{22} + y_1^2\delta_{12}) \tag{4-35}$$

将式(4-34)和式(4-35)推广使用到多元气体混合物的任一组分上，得

$$\ln\hat{\phi}_i = \frac{p}{RT}\left\{B_{ii} + \frac{1}{2}\sum_j\sum_k\left[y_jy_k(2\delta_{ji} - \delta_{jk})\right]\right\} \tag{4-36}$$

其中

$$\delta_{ji} = 2B_{ji} - B_{jj} - B_{ii} \tag{4-37}$$

$$\delta_{jk} = 2B_{jk} - B_{jj} - B_{kk} \tag{4-38}$$

式中，下角符号 $i$ 指的是特定组分；下角 $j$、$k$ 两者均指一般组分，并且是包括 $i$ 在内的所有组分。

请注意，根据式(4-37) 和式(4-38)

$$\delta_{ii} = \delta_{jj} = \delta_{kk} = 0 \qquad 且\ \delta_{jk} = \delta_{kj}$$

$B_{ij}$ 的计算在第 2 章中已经给出，即

$$B_{ij} = \frac{RT_{cij}}{p_{cij}}(B^0 + \omega_{ij}B^1) \tag{2-60}$$

其中

$$\omega_{ij} = \frac{1}{2}(\omega_i + \omega_j) \qquad p_{cij} = \frac{Z_{cij}RT_{cij}}{V_{cij}}$$

$$V_{cij} = \left(\frac{V_{ci}^{1/3} + V_{cj}^{1/3}}{2}\right)^3 \qquad T_{cij} = (T_{ci}T_{cj})^{1/2}(1 - k_{ij})$$

$$Z_{cij} = \frac{1}{2}(Z_{ci} + Z_{cj})$$

为了确定图 2-8 所示关系的适用性，需要混合物的 $T_r$ 和 $p_r$ 值。而混合物的实际临界参数 $T_c$ 和 $p_c$ 知道得很少，因而采用假想的临界参数 $T_{pc}$ 和 $p_{pc}$，最常用、简单的混合法则为Kay法。

$$p_{pc} = \sum(y_i p_{ci}) \qquad T_{pc} = \sum(y_i T_{ci})$$

由此计算假想参数

$$p_{pr} = \frac{p}{p_{pc}} \qquad T_{pr} = \frac{T}{T_{pc}}$$

除 RK 方程和 Virial 方程以外，也可由一些适合于混合物的状态方程与其混合规则导出计算逸度系数的公式。当缺乏适用的状态方程时，亦可用对应状态原理来计算气体混合物中组分的逸度系数。

**【例 4-4】** 试计算在 323K 及 25kPa 下甲乙酮（1）和甲苯（2）的等摩尔混合物中甲乙酮和甲苯的逸度系数。设气体混合物服从截尾到第二维里系数的维里方程。已知各物质的临界参数和偏心因子的数值见下表，设式(2-61)中的二元交互作用参数 $k_{ij} = 0$。

| $ij$ | $T_{cij}/K$ | $p_{cij}/MPa$ | $V_{cij}/(cm^3/mol)$ | $Z_{cij}$ | $\omega_{ij}$ |
|------|-------------|---------------|----------------------|-----------|---------------|
| 11 | 535.6 | 4.15 | 267 | 0.249 | 0.329 |
| 22 | 591.7 | 4.11 | 316 | 0.264 | 0.257 |
| 12 | 563.0 | 4.13 | 291 | 0.256 | 0.293 |

**解** 从上表所列纯物质参数的数值，用式(2-61)～式(2-65)计算混合物的参数，计算结果列入表的最后一行。将表中数据代入式(2-52a)、(2-52b) 和式(2-60)，计算得到 $B^0$，$B^1$ 和 $B_{ij}$ 的数值如下：

| $ij$ | $T_{rij}$ | $B^0$ | $B^1$ | $B_{ij}/(cm^3/mol)$ |
|------|-----------|-------|-------|---------------------|
| 11 | 0.603 | −0.865 | −1.300 | −1387 |
| 22 | 0.546 | −1.028 | −2.045 | −1860 |
| 12 | 0.574 | −0.943 | −1.632 | −1611 |

$$\delta_{12} = 2B_{12} - B_{11} - B_{22} = (2)(-1611) + 1387 + 1860 = 25\,cm^3/mol$$

由式(4-34) 和式(4-35)，得

$$\ln\hat{\phi}_1 = \frac{p}{RT}(B_{11} + y_2^2\delta_{12}) = \frac{25}{(8314)(323)}[(-1387) + (0.5)^2(25)] = -0.0129$$

$$\hat{\phi}_1 = 0.987$$

$$\ln\hat{\phi}_2 = \frac{p}{RT}(B_{22}+y_1^2\delta_{12}) = \frac{25}{(8314)(323)}[(-1860)+(0.5)^2(25)] = -0.0173$$

$$\hat{\phi}_2 = 0.983$$

### 4.3.2 混合物的逸度与其组分逸度之间的关系

溶液或混合物的逸度定义式为

$$dG = RT d\ln f \qquad (等温) \tag{4-39}$$

$$\lim_{p\to 0}\frac{f}{p}=1 \tag{4-40}$$

式中，$G$ 为溶液的摩尔自由焓。

同纯物质一样，理想气体混合物的逸度等于压力。

至此，共有三种逸度：一是纯物质的逸度 $f_i$；二是混合物中组分的逸度 $\hat{f}_i$；三是混合物的逸度 $f$。当混合物的极限组成 $x_i = 1$ 时，$f$ 和 $\hat{f}_i$ 都等于 $f_i$。

同样，也有三种逸度系数，$\phi_i$、$\hat{\phi}_i$ 和 $\phi$。

混合物的逸度系数 $\phi$ 定义为

$$\phi = \frac{f}{p} \tag{4-41}$$

为了确定混合物的逸度 $f$ 与其组分逸度 $\hat{f}_i$ 之间的关系以及确定 $\phi$ 和 $\hat{\phi}_i$ 之间的关系，首先在相同的温度、压力和组成的条件下对式(4-39)进行从混合的理想气体状态到真实溶液状态的假想变化的积分，并考虑到理想气体的逸度等于压力，即 $f^{ig} = p$，得

$$G - G^{ig} = RT\ln f - RT\ln p$$

将上式乘以 $n$mol，得

$$nG - nG^{ig} = RT\ (n\ln f)\ - nRT\ln p$$

在等 $T$、$p$ 和等 $n_j$ 的条件下，对 $n_i$ 微分

$$\left[\frac{\partial(nG)}{\partial n_i}\right]_{T,p,n_j} - \left[\frac{\partial(nG^{ig})}{\partial n_i}\right]_{T,p,n_j} = RT\left[\frac{\partial(n\ln f)}{\partial n_i}\right]_{T,p,n_j} - RT\ln p$$

根据偏摩尔性质定义，前两项为偏摩尔自由焓，因此上式可写成

$$\overline{G}_i - \overline{G}_i^{ig} = RT\left[\frac{\partial(n\ln f)}{\partial n_i}\right]_{T,p,n_j} - RT\ln p \tag{4-42}$$

直接积分式(4-24)，得

$$\overline{G}_i - \overline{G}_i^{ig} = RT\ln\hat{f}_i - RT\ln\hat{f}_i^{ig}$$

对于混合的理想气体，组分的逸度等于分压，即

$$\hat{f}_i^{ig} = x_i p$$

所以

$$\overline{G}_i - \overline{G}_i^{ig} = RT\ln\hat{f}_i - RT\ln x_i p$$

或

$$\overline{G}_i - \overline{G}_i^{ig} = RT\ln\frac{\hat{f}_i}{x_i} - RT\ln p \tag{4-43}$$

比较式(4-42)与式(4-43)，得

$$\ln\frac{\hat{f}_i}{x_i} = \left[\frac{\partial(n\ln f)}{\partial n_i}\right]_{T,p,n_j} \tag{4-44}$$

式(4-44) 减去数学恒等式 $\ln p = \left[\dfrac{\partial(n\ln p)}{\partial n_i}\right]_{T,p,n_j}$，得

$$\ln\frac{\hat{f}_i}{x_i p} = \left[\frac{\partial(n\ln f/p)}{\partial n_i}\right]_{T,p,n_j}$$

根据 $\phi$、$\hat{\phi}_i$ 的定义，上式可写成

$$\ln\hat{\phi}_i = \left[\frac{\partial(n\ln\phi)}{\partial n_i}\right]_{T,p,n_j} \tag{4-45}$$

对照偏摩尔性质的定义式(4-10)

$$\overline{M}_i = \left[\frac{\partial(nM)}{\partial n_i}\right]_{T,p,n_j}$$

式(4-44) 和式(4-45) 都符合偏摩尔性质的定义，所以 $\ln(\hat{f}_i/x_i)$ 是 $\ln f$ 的偏摩尔性质，$\ln\hat{\phi}_i$ 是 $\ln\phi$ 的偏摩尔性质。应用式(4-12)，可将上述性质归纳成下表：

| 溶 液 性 质 | 偏 摩 尔 性 质 | 二 者 关 系 式 | |
| --- | --- | --- | --- |
| $M$ | $\overline{M}_i$ | $M = \sum(x_i\overline{M}_i)$ | (4-12) |
| $\ln f$ | $\ln(\hat{f}_i/x_i)$ | $\ln f = \sum x_i\ln(\hat{f}_i/x_i)$ | (4-46) |
| $\ln\phi$ | $\ln\hat{\phi}_i$ | $\ln\phi = \sum x_i\ln\hat{\phi}_i$ | (4-47) |

由于 $\hat{f}_i$ 和 $\hat{\phi}_i$ 不为 $f$ 和 $\phi$ 的偏摩尔性质，故用符号（‸）而不用 （—），以示区别。

**【例 4-5】** 试用 RK 方程和 Prausnitz 建议的混合规则 （令 $k_{ij}=0.1$） 来计算 $CO_2$ （1） 和 $C_3H_8$ （2） 以 3.5∶6.5 的摩尔比例混合的混合物在 400K 和 13.78MPa 下的 $\hat{\phi}_1$、$\hat{\phi}_2$ 和 $\phi$。

**解** 先求出该混合物在 400K 和 13.78MPa 下的摩尔体积。

由附录二查得 $CO_2$ 和 $C_3H_8$ 的临界参数值，将这些值代入式(2-61)～式(2-65) 以及式(2-7a) 和式(2-7b)，得出如下结果：

| $ij$ | $T_{cij}/K$ | $p_{cij}/MPa$ | $V_{cij}/(m^3/kmol)$ | $Z_{cij}$ | $\omega_{ij}$ | $b_i/(m^3/kmol)$ | $a_{ij}/(MPa \cdot m^6 \cdot K^{1/2}/kmol^2)$ |
| --- | --- | --- | --- | --- | --- | --- | --- |
| 11 | 304.2 | 7.376 | 0.0940 | 0.274 | 0.225 | 0.0297 | 6.470 |
| 22 | 369.8 | 4.246 | 0.2030 | 0.281 | 0.145 | 0.0628 | 18.315 |
| 12 | 301.9 | 4.918 | 0.1416 | 0.278 | 0.185 | … | 9.519 |

混合物常数由式(2-66) 和式(2-67) 求出

$$\begin{aligned}
a_m &= y_1^2 a_{11} + 2y_1 y_2 a_{12} + y_2^2 a_{22} \\
&= (0.35)^2(6.470) + 2(0.35)(0.65)(9.519) + (0.65)^2(18.315) \\
&= 12.862\,MPa \cdot m^6 \cdot K^{1/2}/kmol^2
\end{aligned}$$

$$b_m = y_1 b_1 + y_2 b_2 = (0.35)(0.0297) + (0.65)(0.0628) = 0.0512\,m^3/kmol$$

现用下列形式的 RK 方程计算 $Z$ 值

$$Z = \frac{1}{1-h} - \frac{a}{bRT^{3/2}}\left(\frac{h}{1+h}\right) \tag{A}$$

其中

$$h = \frac{b}{V} = \frac{bp}{ZRT} \tag{B}$$

$$\frac{a}{bRT^{3/2}} = \frac{12.862}{(0.0512)(8.314\times10^{-3})(400)^{3/2}} = 3.777$$

$$\frac{bp}{RT} = \frac{(0.0512)(13.78)}{(8.314\times10^{-3})(400)} = 0.2122$$

将 $\dfrac{a}{bRT^{3/2}}$ 和 $\dfrac{bp}{RT}$ 的值分别代入式（A）和式（B），即得

$$Z=\frac{1}{1-h}-3.777\left(\frac{h}{1+h}\right) \tag{C}$$

$$h=\frac{0.2122}{Z} \tag{D}$$

联立求解式（C）和式（D），得

$$Z=0.5688 \qquad h=0.3731$$

所以，摩尔体积为

$$V=\frac{ZRT}{p}=\frac{(0.5688)(8.314\times10^{-3})(400)}{13.78}=0.137\,\text{m}^3/\text{kmol}$$

将 RK 方程和 Prausnitz 建议的混合规则代入式（4-31），得出用 RK 方程计算二元体系中组分 $i$ 的逸度系数公式如下

$$\ln\hat{\phi}_1=\ln\left(\frac{V}{V-b_{\rm m}}\right)+\left(\frac{b_1}{V-b_{\rm m}}\right)-\frac{2(y_1a_{11}+y_2a_{12})}{b_{\rm m}RT^{1.5}}\ln\left(\frac{V+b_{\rm m}}{V}\right)+$$
$$\frac{a_{\rm m}b_1}{b_{\rm m}^2RT^{1.5}}\left[\ln\left(\frac{V+b_{\rm m}}{V}\right)-\left(\frac{b_{\rm m}}{V+b_{\rm m}}\right)\right]-\ln\left(\frac{pV}{RT}\right) \tag{E}$$

$$\ln\hat{\phi}_2=\ln\left(\frac{V}{V-b_{\rm m}}\right)+\left(\frac{b_2}{V-b_{\rm m}}\right)-\frac{2(y_1a_{21}+y_2a_{22})}{b_{\rm m}RT^{1.5}}\ln\left(\frac{V+b_{\rm m}}{V}\right)+$$
$$\frac{a_{\rm m}b_2}{b_{\rm m}^2RT^{1.5}}\left[\ln\left(\frac{V+b_{\rm m}}{V}\right)-\left(\frac{b_{\rm m}}{V+b_{\rm m}}\right)\right]-\ln\left(\frac{pV}{RT}\right) \tag{F}$$

将各值代入式（E）和式（F），得

$$\ln\hat{\phi}_1=\ln\left(\frac{0.1373}{0.1373-0.0512}\right)+\left(\frac{0.0297}{0.1373-0.0512}\right)-$$
$$\frac{2[(0.35)(6.470)+(0.65)(9.519)]}{(0.0512)(8.314\times10^{-3})(400)^{1.5}}\ln\left(\frac{0.1373+0.0512}{0.1373}\right)+$$
$$\frac{(12.862)(0.0297)}{(0.0512)^2(8.314\times10^{-3})(400)^{1.5}}\left[\ln\left(\frac{0.1373+0.0512}{0.1373}\right)-\left(\frac{0.0512}{0.1373+0.0512}\right)\right]-$$
$$\ln\left[\frac{(13.78)(0.1373)}{(8.314\times10^{-3})(400)}\right]=0.4667+0.3449-1.5732+0.0993-(-0.5640)$$
$$=-0.0983$$

$$\ln\hat{\phi}_2=\ln\left(\frac{0.1373}{0.1373-0.0512}\right)+\left(\frac{0.0628}{0.1373-0.0512}\right)-$$
$$\frac{2[(0.35)(9.519)+(0.65)(18.315)]}{(0.0512)(8.314\times10^{-3})(400)^{1.5}}\ln\left(\frac{0.1373+0.0512}{0.1373}\right)+$$
$$\frac{(12.862)(0.0628)}{(0.0512)^2(8.314\times10^{-3})(400)^{1.5}}\left[\ln\left(\frac{0.1373+0.0512}{0.1373}\right)-\left(\frac{0.0512}{0.1373+0.0512}\right)\right]-$$
$$\ln\left[\frac{(13.78)(0.1373)}{(8.314\times10^{-3})(400)}\right]=0.4667+0.7294-2.8360+0.2099-(-0.5640)$$
$$=-0.866$$

据式（4-47）

$$\ln\phi=\sum x_i\ln\hat{\phi}_i=x_1\ln\hat{\phi}_1+x_2\ln\hat{\phi}_2=(0.35)(-0.0983)+(0.65)(-0.866)=-0.5973$$

得

$$\phi=0.5503 \qquad \hat{\phi}_1=0.9064 \qquad \hat{\phi}_2=0.4206$$

### 4.3.3 压力和温度对逸度的影响

（1）压力对逸度的影响

由式(3-76)得出压力对纯物质逸度的影响为

$$\left(\frac{\partial \ln f_i}{\partial p}\right)_T = \frac{V_i}{RT} \tag{4-48a}$$

式中，$V_i$ 表示纯 $i$ 组分的摩尔体积。

压力对混合物中组分逸度的影响具有相似的公式

$$\left(\frac{\partial \ln \hat{f}_i}{\partial p}\right)_{T,x} = \frac{\overline{V}_i}{RT} \tag{4-48b}$$

式中，$\overline{V}_i$ 表示混合物中 $i$ 组分的偏摩尔体积。

（2）温度对逸度的影响

由式(3-80) 出发可得出温度对纯物质逸度的影响。将该式改写成另一形式，即

$$\ln \frac{f_i}{p} = \frac{S_i^{ig} - S_i}{R} - \frac{H_i^{ig} - H_i}{RT}$$

或

$$R \ln f_i = R \ln p + S_i^{ig} - S_i - \frac{H_i^{ig} - H_i}{T}$$

在定压下对温度求导，得

$$R\left(\frac{\partial \ln f_i}{\partial T}\right)_p = \left(\frac{\partial S_i^{ig}}{\partial T}\right)_p - \left(\frac{\partial S_i}{\partial T}\right)_p - \frac{1}{T}\left[\left(\frac{\partial H_i^{ig}}{\partial T}\right)_p - \left(\frac{\partial H_i}{\partial T}\right)_p\right] + \frac{H_i^{ig} - H_i}{T^2}$$

因为

$$\left(\frac{\partial H}{\partial T}\right)_p = C_p \qquad\qquad \left(\frac{\partial S}{\partial T}\right)_p = \frac{C_p}{T}$$

所以

$$R\left(\frac{\partial \ln f_i}{\partial T}\right)_p = \frac{C_{p_i}^{ig}}{T} - \frac{C_{p_i}}{T} - \frac{1}{T}(C_{p_i}^{ig} - C_{p_i}) - \frac{H^R}{T^2}$$

化简后得

$$\left(\frac{\partial \ln f_i}{\partial T}\right)_p = -\frac{H^R}{RT^2} = \frac{H_i^{ig} - H_i}{RT^2} \tag{4-49a}$$

式中，$H_i^{ig}$ 为 $i$ 组分于理想气体状态下的摩尔焓；$H_i$ 为纯 $i$ 组分在体系压力和温度下的摩尔焓。

式(4-49a) 为温度对纯物质逸度的影响。

温度对混合物中组分逸度的影响也具有相似的公式

$$\left(\frac{\partial \ln \hat{f}_i}{\partial T}\right)_{p,x} = \frac{H_i^{ig} - \overline{H}_i}{RT^2} \tag{4-49b}$$

式中，$\overline{H}_i$ 为混合物中 $i$ 组分的偏摩尔焓。

## 4.4 理想溶液和标准态

理想溶液的性质在一定条件下能够近似地反映真实溶液的性质，简化计算过程，而更重要的是以此为基础可以更为方便地研究真实溶液，因此掌握理想溶液的性质，了解理想溶液和非理想溶液性质上的区分是十分必要的。

#### 4.4.1 理想溶液的逸度、标准态

将式(4-29)与式(3-78)相减,得出在相同的温度和压力下,溶液中组分的逸度及其纯态的逸度之间的关系式:

$$\ln \frac{\hat{\phi}_i}{\phi_i} = -\frac{1}{RT}\int_0^p \left(\frac{RT}{p} - \overline{V}_i - \frac{RT}{p} + V_i\right)\mathrm{d}p = \frac{1}{RT}\int_0^p (\overline{V}_i - V_i)\mathrm{d}p$$

将 $\phi_i$、$\hat{\phi}_i$ 的定义式代入上式,得

$$\ln \frac{\hat{f}_i}{x_i f_i} = \frac{1}{RT}\int_0^p (\overline{V}_i - V_i)\mathrm{d}p \tag{4-50}$$

式(4-50)是通式,一般情况均适用,但使用中需要知道有关混合物的偏摩尔体积数据,而该数据一般难于取得。当混合物是理想溶液时,$\overline{V}_i = V_i$,式(4-50)可简化为

$$\hat{f}_i^{\mathrm{id}} = x_i f_i \tag{4-51}$$

式(4-51)表示理想溶液组分的逸度与其摩尔分数成正比,即理想溶液服从 Lewis-Randall 则。当应用它计算溶液中组分的逸度时,除溶液的组成外,不需要再知道其他有关溶液的资料。

一个比式(4-51)更为普遍性的表达式是基于标准态的概念建立的,理想溶液中组分 $i$ 的逸度一般定义如下

$$\hat{f}_i^{\mathrm{id}} = x_i f_i^{\ominus} \tag{4-52}$$

式中,比例系数 $f_i^{\ominus}$ 叫做组分 $i$ 的标准态逸度。

标准态逸度有两种。在与混合物相同的温度和压力下,组分 $i$ 的标准态逸度 $f_i^{\ominus} = f_i$,这样的标准态就是纯 $i$ 的实际态,此情况下式(4-52)与式(4-51)完全一样。在图4-3上示出了

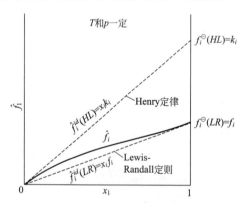

图4-3 溶液中组分 $i$ 的逸度与组成的关系

在固定 $T$、$p$ 下溶液中以 $f_i^{\ominus}(LR)$ 为终点的直线是曲线在 $x_i = 1$ 处的切线,因此,在 $x_i \to 1$ 的范围内代表真实溶液的性质。曲线的形态要求在 $x_i = 1$ 时与通过原点的直线相切,用数学公式可表示为

$$\lim_{x_i \to 1} \frac{\hat{f}_i}{x_i} = f_i^{\ominus}(LR)$$

因为 $f_i^{\ominus}(LR)$ 代表纯组分 $i$ 真正存在时的逸度 $f_i$,因此也可表示为

$$\lim_{x_i \to 1} \frac{\hat{f}_i}{x_i} = f_i \tag{4-53}$$

式(4-53)就是 Lewis-Randall 定则,它表明当 $x_i \to 1$ 时,式(4-51)是正确的,而当 $x_i$ 的值与1接近时是近似正确的。

另一个标准态是根据 Henry 定律提出,用 $f_i^{\ominus}(HL)$ 表示在溶液的 $T$ 和 $p$ 下纯 $i$ 组分的假想状态的逸度。在图4-3中,终止于 $f_i^{\ominus}(HL)$ 处的虚线的数学条件为

$$\lim_{x_i \to 0} \frac{\hat{f}_i}{x_i} = f_i^{\ominus}(HL)$$

更为普遍地表示成下式

$$\lim_{x_i \to 0} \frac{\hat{f}_i}{x_i} = k_i \tag{4-54}$$

式(4-54)是 Henry 定律的一种提法,它表明当 $x_i \to 0$ 的极限情况下 $\hat{f}_i = x_i k_i$,$k_i$ 叫做

Henry 常数。当 $x_i$ 的值接近于零时，该关系式是近似正确的。

综上所述，方程式(4-52)实际上可以采取如下两种形式

$$\hat{f}_i^{\text{id}}(LR) = x_i f_i \tag{4-55}$$

和

$$\hat{f}_i^{\text{id}}(HL) = x_i k_i \tag{4-56}$$

理想化的模型有两种用途：第一，在适当的组成范围内，提供一个近似的 $\hat{f}_i$ 值；第二，提供可与实际 $\hat{f}_i$ 值比较的标准值。图 4-3 表明了 Henry 定律和 Lewis-Randall 定则与真实的 $\hat{f}_i$ 和 $x_i$ 之间的关系曲线的关联。当一个实际溶液在整个组成范围内都是理想的，则图上的三条线都将重合。在这种情况下，$\hat{f}_i^{\text{id}} = \hat{f}_i$，$k_i = f_i$。

$f_i^{\ominus}(LR)$ 与 $f_i^{\ominus}(HL)$ 不同。$f_i^{\ominus}(LR)$ 代表纯组分 $i$ 的逸度，是纯 $i$ 在给定 $T$ 和 $p$ 时物质的实际状态，其值只与 $i$ 组分的性质有关。当组分都是液相时，通常都采用 Lewis-Randall 定则为基础的标准态，此时溶质和溶剂都可以采用这类标准态。而 $f_i^{\ominus}(HL)$ 是一种虚假的状态，它是在溶液的 $T$ 和 $p$ 下纯 $i$ 组分的假想状态的逸度。它不仅与组分 $i$ 的性质有关，而且也和溶剂的性质有关。这种标准态常用于在液体溶剂中溶解度很小的溶质。如上所述，溶剂的标准态逸度常用 $f_i^{\ominus}(LR)$，因此，当溶解度很小的溶质溶于液体溶剂时，溶质和溶剂的标准态却是互不相同的。

Gibbs-Duhem 方程式(4-21)提供了 Lewis-Randall 定则和 Henry 定律之间的关系。即当 Henry 定律在某范围内对组分 1 来说是正确时，则 Lewis-Randall 定则必在相同的组成范围内对组分 2 也正确；反之，当 Henry 定律在某范围内对组分 2 适用时，那么 Lewis-Randall 定则必在相同的组成范围内适用于组分 1。

在溶液热力学中所使用的标准态，是在溶液的温度和压力下的纯物质的状态，它或者是真实的，或者是假想的。除了逸度有标准态 $f_i^{\ominus}$ 以外，其他的性质也有标准态，例如 $V_i^{\ominus}$、$S_i^{\ominus}$、$G_i^{\ominus}$ 等。当温度和压力变化时，标准态也和物质的其他的性质一样，随温度和压力而变化。

### 4.4.2 理想溶液和非理想溶液

对于理想溶液来说，各个组分的分子间作用力相等，分子体积相同；而理想气体则不计分子间作用及分子体积。例如，常温下的苯-甲苯、辛烷-庚烷等溶液，由于它们具有一定的分子间力和分子体积，所以，是构成了理想溶液而不是理想气体。但是，在临界点附近的高温区域，它们就不再是理想溶液了。气体混合物作为理想溶液来处理的范围较液体为广。通常，当各组分的对比压力在 0.8 以下时，气体混合物都可以作为理想溶液来处理。

理想溶液中各组分的逸度等于在相同的温度和压力下各纯组分的逸度与它的摩尔分数之乘积。各组分的偏摩尔性质与它们的纯物质性质之间关系为

$$\left.\begin{array}{l} \overline{V}_i = V_i \\ \overline{U}_i = U_i \\ \overline{H}_i = H_i \\ \overline{G}_i = G_i + RT\ln x_i \\ \overline{S}_i = S_i - R\ln x_i \end{array}\right\} \tag{4-57}$$

式(4-57)说明了由组分生成理想溶液时，组分 $i$ 的偏摩尔体积、偏摩尔内能和偏摩尔焓分别等于纯物质的摩尔体积、摩尔内能和摩尔焓。因此，混合的体积变化为零，热效应亦为零。从偏摩尔自由焓和偏摩尔熵来看，某一组分的化学位和熵与其他组分的种类及相对含量无

关，由在一定温度时该组分的含量（用摩尔分数表示）决定。

非理想溶液则不符合式(4-57)中的某些条件或全部条件。在这种溶液中，各组分的分子所处的情况与它们在各纯组分中所处的情况不同，因而它们的性质也就不同。生成溶液时，往往伴随着放热或吸热现象，且体积也有变化。

## 4.5 活度与活度系数

人们在处理真实溶液时像处理真实气体一样，即对于理想溶液的种种公式加以修正，采用有效浓度"活度"代替浓度。引用活度来计算真实溶液与理想溶液的区别以及那些目前尚无法计算的一切量。

活度定义为溶液中组分的逸度 $\hat{f}_i$ 对该组分在标准态时的逸度 $f_i^{\ominus}$ 之比，用 $\hat{a}_i$ 表示，以表示真实溶液对理想溶液的偏离。

$$\hat{a}_i = \frac{\hat{f}_i}{f_i^{\ominus}} \tag{4-58}$$

式中选取与溶液处于同一温度、同一压力下的纯组分作为标准态。

对于理想溶液，因为

$$\hat{f}_i = x_i f_i = x_i f_i^{\ominus}$$

所以

$$\hat{a}_i = \frac{\hat{f}_i}{f_i^{\ominus}} = \frac{x_i f_i^{\ominus}}{f_i^{\ominus}} = x_i$$

即理想溶液中组分 $i$ 的活度等于以摩尔分数表示的组分 $i$ 的浓度。在真实气体及其混合物中使用逸度以校正压力，与此类似，在非理想溶液中使用活度来校正浓度。

活度和摩尔分数之比称为活度系数，以 $\gamma_i$ 表示之。

$$\gamma_i = \frac{\hat{a}_i}{x_i} \tag{4-59}$$

根据式(4-58)，得

$$\gamma_i = \frac{\hat{f}_i}{x_i f_i^{\ominus}}$$

又因 $x_i f_i^{\ominus} = \hat{f}_i^{id}$，所以

$$\gamma_i = \frac{\hat{f}_i}{\hat{f}_i^{id}} \tag{4-60}$$

这样，溶液中组分的活度系数值等于该组分在溶液中的真实逸度与在理想溶液中的逸度之比。

【例4-6】 39℃，2MPa下二元溶液中组分1的逸度为

$$\hat{f}_1 = 6x_1 - 9x_1^2 + 4x_1^3$$

式中，$x_1$ 是组分1的摩尔分数；$\hat{f}_1$ 的单位为MPa。试求在上述温度和压力下

① 纯组分1的逸度与逸度系数；

② 组分1的亨利系数 $k_1$；

③ 活度系数 $\gamma_1$ 与 $x_1$ 的关系式(组分1的标准状态是以Lewis-Randall定则为基准)。

**解** 在39℃，2MPa下

$$\hat{f}_1 = 6x_1 - 9x_1^2 + 4x_1^3$$

① 在给定的温度、压力下，当 $x_1=1$ 时

$$f_1=1\text{MPa}$$

根据定义

$$\phi_1=\frac{f_1}{p}=\frac{1}{2}=0.5$$

② 据式(4-54)

$$k_1=\lim_{x_1\to 0}\frac{\hat{f}_1}{x_1}$$

得

$$k_1=\lim_{x_1\to 0}\left(\frac{6x_1-9x_1^2+4x_1^3}{x_1}\right)=6\text{MPa}$$

③ 因为 $\gamma_1=\dfrac{\hat{f}_1}{x_1 f_1}$

所以

$$\gamma_1=\frac{6x_1-9x_1^2+4x_1^3}{x_1\times 1}=6-9x_1+4x_1^2$$

# 4.6 混合过程性质变化

## 4.6.1 混合过程性质变化

对于真实溶液，其性质与各组分性质的加和一般并不相等。二者的差额称为混合性质或称混合性质变化。该变量的普遍定义是

$$\Delta M=M-\sum x_i M_i^{\ominus} \tag{4-61}$$

式中，$M_i^{\ominus}$ 是纯组分 $i$ 在规定的标准态时的摩尔性质。

式(4-12)把溶液的摩尔热力学性质与各组分的偏摩尔性质关联起来，即

$$M=\sum x_i \overline{M}_i \tag{4-12}$$

将此 $M$ 的表达式代入式(4-61)，得

$$\Delta M=\sum x_i \overline{M}_i-\sum x_i M_i^{\ominus}=\sum x_i(\overline{M}_i-M_i^{\ominus})$$

令 $\Delta \overline{M}_i=\overline{M}_i-M_i^{\ominus}$，上式可写成

$$\Delta M=\sum x_i \Delta \overline{M}_i \tag{4-62}$$

式中，$\Delta \overline{M}_i$ 代表当 1mol 纯组分 $i$ 在相同的温度和压力下，由其标准态变为给定组成溶液中的某组分时的性质变化。

对 $\Delta M$ 来说，$\Delta \overline{M}_i$ 也是偏摩尔性质，并且是 $T$、$p$ 和 $x$ 的函数。因此，也可以像 $\overline{M}_i$ 和 $M$ 间的关系，应用式(4-15)来关联 $\Delta \overline{M}_i$ 和 $\Delta M$，即

$$\Delta \overline{M}_i=\Delta M-\sum_{k\neq i}\left[x_k\left(\frac{\partial \Delta M}{\partial x_k}\right)_{T,p,x_{l\neq i,k}}\right] \tag{4-63}$$

采用混合的性质变化和混合的偏摩尔性质变化是很方便的，因为它们的差值是性质变化的非常敏感的度量。

现以自由焓为例，混合性质的变化量 $\Delta G$ 为

$$\Delta G=G-\sum x_i G_i^{\ominus}$$

式中，$G_i^{\ominus}$ 为溶液中组分 $i$ 的标准自由焓；$G$ 为溶液的摩尔自由焓；$x_i$ 为组分 $i$ 在溶液中的摩尔分数。

因为

$$G=\sum x_i \overline{G}_i$$

所以

$$\Delta G=\sum x_i \overline{G}_i-\sum x_i G_i^{\ominus}=\sum x_i(\overline{G}_i-G_i^{\ominus})$$

等式两边同除 $RT$，得

$$\frac{\Delta G}{RT}=\frac{1}{RT}\sum x_i(\overline{G}_i-G_i^{\ominus})$$

又因为

$$\overline{G}_i-G_i^{\ominus}=RT\ln\frac{\hat{f}_i}{f_i^{\ominus}}=RT\ln\hat{a}_i$$

所以

$$\frac{\Delta G}{RT}=\sum(x_i\ln\hat{a}_i) \tag{4-64}$$

其他各种的混合性质变化，由式(4-62) 也同样可以写出下述无量纲函数。

$$\frac{p\Delta V}{RT}=\frac{p}{RT}\sum[x_i(\overline{V}_i-V_i^{\ominus})]$$

$$\frac{\Delta H}{RT}=\frac{1}{RT}\sum[x_i(\overline{H}_i-H_i^{\ominus})]$$

$$\frac{\Delta S}{R}=\frac{1}{R}\sum[x_i(\overline{S}_i-S_i^{\ominus})]$$

上述无量纲函数均可以简化成与 $\hat{a}_i$ 有关的函数，其函数关系如下

$$\frac{p\Delta V}{RT}=\sum\left[x_i\left(\frac{\partial\ln\hat{a}_i}{\partial\ln p}\right)_{T,x}\right] \tag{4-65}$$

$$\frac{\Delta H}{RT}=-\sum\left[x_i\left(\frac{\partial\ln\hat{a}_i}{\partial\ln T}\right)_{p,x}\right] \tag{4-66}$$

$$\frac{\Delta S}{R}=-\sum(x_i\ln\hat{a}_i)-\sum\left[x_i\left(\frac{\partial\ln\hat{a}_i}{\partial\ln T}\right)_{p,x}\right] \tag{4-67}$$

很明显，混合性质变化值与标准态的选择有关。

### 4.6.2　理想溶液的混合性质变化

对于理想溶液，因为 $\hat{a}_i=x_i$，以 $x_i$ 代替式(4-64)～式(4-67) 中的 $\hat{a}_i$，则得到理想溶液混合性质改变量的表达式

$$\frac{\Delta G^{\text{id}}}{RT}=\sum x_i\ln x_i \tag{4-68}$$

$$\Delta V^{\text{id}}=0 \tag{4-69}$$

$$\Delta H^{\text{id}}=0 \tag{4-70}$$

$$\frac{\Delta S^{\text{id}}}{R}=-\sum x_i\ln x_i \tag{4-71}$$

理想溶液的混合焓和混合体积变化都等于零，而 $\Delta G^{\text{id}}$ 为负值，$\Delta S^{\text{id}}$ 是正值。

理想溶液是存在的，但为数并不多。只有一个不同替代基团化合物之间的混合物、异构体的混合物、紧邻同系物的混合物、同位素化合物的混合物等的混合热或混合体积变化都比较小，有的可为零，如苯-甲苯溶液等在某些近似的计算中，可视为理想溶液处理。

【**例 4-7**】　在 303K、$1.013\times10^5\text{Pa}$ 下，苯(1)和环己烷(2)的液体混合物的体积数据可用二次方程

$$V=(109.4-16.8x_1-2.64x_1^2)\times10^{-3}$$

来表示。式中，$x_1$ 为苯的摩尔分数，$V$ 的单位为 $\text{m}^3/\text{kmol}$。试求 303K、$1.013\times10^5\text{Pa}$ 下的 $\overline{V}_1$、$\overline{V}_2$ 和 $\Delta V$ 的表达式(标准态以 Lewis-Randall 定则为基准)。

**解**　根据摩尔性质与偏摩尔性质间的关系得

$$\overline{M}_1 = M + (1-x_1)\frac{\mathrm{d}M}{\mathrm{d}x_1} \qquad\qquad (4\text{-}16\mathrm{b})$$

$$\overline{M}_2 = M - x_1\frac{\mathrm{d}M}{\mathrm{d}x_1} \qquad\qquad (4\text{-}17\mathrm{a})$$

当 $M \equiv V$ 时

$$\overline{V}_1 = V + (1-x_1)\frac{\mathrm{d}V}{\mathrm{d}x_1} \qquad\qquad (\mathrm{A})$$

$$\overline{V}_2 = V - x_1\frac{\mathrm{d}V}{\mathrm{d}x_1} \qquad\qquad (\mathrm{B})$$

已知 $\qquad\qquad V = (109.4 - 16.8x_1 - 2.64x_1^2)\times10^{-3}$

得 $\qquad\qquad \dfrac{\mathrm{d}V}{\mathrm{d}x_1} = (-16.8 - 5.28x_1)\times10^{-3} \qquad\qquad (\mathrm{C})$

将式（C）代入式（A）及式（B），得

$$\overline{V}_1 = (92.6 - 5.28x_1 + 2.64x_1^2)\times10^{-3} \qquad\qquad (\mathrm{D})$$

$$\overline{V}_2 = (109.4 + 2.64x_1^2)\times10^{-3} \qquad\qquad (\mathrm{E})$$

因为 $\qquad\qquad \Delta M = \sum x_i\Delta\overline{M}_i \qquad\qquad (4\text{-}62)$

所以 $\qquad\qquad \Delta V = \sum x_i\Delta\overline{V}_i = x_1\Delta\overline{V}_1 + x_2\Delta\overline{V}_2$

其中 $\qquad\qquad \Delta\overline{V}_1 = \overline{V}_1 - V_1 \qquad\qquad \Delta\overline{V}_2 = \overline{V}_2 - V_2$

由式（D）、式（E）可知

$$V_1 = 89.96\times10^{-3}\,\mathrm{m^3/kmol} \qquad V_2 = 109.4\times10^{-3}\,\mathrm{m^3/kmol}$$

故 $\qquad\qquad \Delta\overline{V}_1 = 2.64\times10^{-3}x_2^2 \qquad\qquad \Delta\overline{V}_2 = 2.64\times10^{-3}x_1^2$

$$\Delta V = x_1\times2.64\times10^{-3}x_2^2 + x_2\times2.64\times10^{-3}x_1^2$$

$$= 2.64\times10^{-3}x_1x_2(x_2 + x_1)$$

因为 $\qquad\qquad x_1 + x_2 = 1$

所以得 $\qquad\qquad \Delta V = 2.64\times10^{-3}x_1x_2 \quad \mathrm{m^3/kmol}$

### 4.6.3　混合过程的焓变及焓浓图

当两种或更多种的纯物质混合形成溶液时，通常有焓变发生。在间歇的等压混合过程中，其热效应就等于总焓的变化。如果混合是在稳态流动过程中进行，在忽略动能和势能的变化且无轴功产生的条件下，其热效应也等于总焓变化。因此，根据式（4-61）对混合热就可给出如下定义

$$\Delta H = H - \sum(x_iH_i^{\ominus}) \qquad\qquad (4\text{-}72)$$

式中，$\Delta H$ 为形成 1mol 溶液时的混合热或混合过程的焓变。

对于二元溶液，选用纯组分作为标准态（即 $H_i^{\ominus} = H_i$）时，方程式可以写成

$$\Delta H = H - x_1H_1 - x_2H_2 \qquad\qquad (4\text{-}73)$$

上述方程式是计算二元溶液焓值的通用式，可用在气体溶液或液体溶液，也可用于固体或气体溶解在液体中的溶液。混合热的数值通常都必须由实验测定混合过程中吸收或放出的热量来确定，这种方法叫做溶液量热法。当然也可从相平衡的数据或其他方法计算得到，但直接由实验方法得到的准确度要高得多。

向溶液中加入溶剂，使溶液稀释，产生的热效应称为稀释热。稀释热还可分为微分稀释热和积分稀释热。若把 1mol 的纯溶剂加到无限大量的溶液中去，溶液的浓度可认为不变，所发生的焓变称为微分稀释热；若含有 1mol 溶质的溶液，当无限稀释时，其焓变则称为积分稀释热。稀释热和温度、压力、稀释前及稀释后浓度以及溶液的量有关。

固体、液体或气体在溶剂中转变成溶液时的焓变称为溶解热或溶解焓。溶解热亦可分为两种，即微分溶解热和积分溶解热。1mol 溶质进入无限大量的溶液中所发生的焓变称为微分溶解热，在此过程中溶液的浓度不变，更准确地说，浓度只增加无限小的量，可以忽略；而积分溶解热是指 1mol 物质溶解在某定量的纯溶剂中所发生的焓变。有关混合过程的焓变名词很多，在各种溶解热和稀释热之间理应有内在的联系，并能用数学方式加以表达。如积分溶解热就可通过下式由微分溶解热来计算

$$\Delta H_{int} = m \int_m^\infty \frac{\Delta H_{dit}}{m^2} dm \qquad (4-74)$$

式中，$\Delta H_{int}$ 代表当 1mol 溶质溶解在 $m$ mol 溶剂中的焓变，即积分溶解热；$\Delta H_{dit}$ 代表微分溶解热。

积分溶解热和微分溶解热的数值可能有很大的差别。在浓溶液中这个差别比较显著，不但数值不同，而且符号也可能不同。随着浓度的降低，其差别也逐渐减少，而在无限稀释溶液中，两者就变为相等。通常，手册中记载的大多数是积分溶解热数据，而在热力学的讨论中经常提的是微分溶解热。

【**例 4-8**】 试计算用 78％的硫酸水溶液加水稀释来配制成 25％硫酸水溶液 1000kg 时，求

① 78％硫酸溶液与水各用多少；

② 稀释过程中放出的热量；

③ 在绝热条件下配制，所得稀硫酸溶液的终温为多少度？

已知：$H_2SO_4$ 与水的温度均为 25℃；25％硫酸溶液的平均比热容为 3.35J/(kg·K)。

**解** ① 求 78％$H_2SO_4$ 溶液与水的用量。

以 1000kg、25％$H_2SO_4$ 溶液为计算基准

为配制 1000kg、25％$H_2SO_4$ 溶液需取用 78％$H_2SO_4$ 溶液的量为

$$m(78\%H_2SO_4) = \frac{1000 \times 25}{78} = 320.5kg$$

所以稀释用水量为

$$m(H_2O) = 1000 - 320.5 = 679.5kg$$

② 求稀释过程中放出的热量。

将质量浓度换算为以水与 $H_2SO_4$ 物质的量之比表示的浓度，以便查表。

$$原始浓度 \ n_1 = \frac{22/18}{78/98} = 1.536mol \ H_2O/mol \ H_2SO_4$$

$$最终溶液 \ n_2 = \frac{75/18}{25/98} = 16.33mol \ H_2O/mol \ H_2SO_4$$

由此从有关溶解热图表查得

$$n_1 = 1.536 \qquad (\Delta H_{sn}^\ominus)_1 = -35.59kJ/mol \ H_2SO_4$$

$$n_2 = 16.33 \qquad (\Delta H_{sn}^\ominus)_2 = -69.33kJ/mol \ H_2SO_4$$

所以

$$积分稀释热 = -69.33 - (-35.59) = -33.74kJ/mol \ H_2SO_4$$

在 $1.013 \times 10^5 Pa$、25℃时，由 78％硫酸水溶液配制 1000kg 25％硫酸水溶液，其稀释热总计为

$$\left(\frac{1000 \times 25\% \times 10^3}{98.0}\right)(-33.74) = -8.607 \times 10^4 kJ$$

③ 求所得溶液的终温。

设在绝热条件下稀释，稀释热使溶液自 25℃升至 $t$℃

则 $$1000 \times 3.35 \times (t-25) = 8.607 \times 10^4$$

解得 $$t = 50.69℃$$

**【例 4-9】** 某硫酸厂的干燥塔用浓度为 93％（质量分数，下同）的硫酸为干燥剂除去湿炉气（含 $SO_2$、$SO_3$、$O_2$、$N_2$ 和 $H_2O$）中的水分。其流程示意如图4-4，93％$H_2SO_4$ 于 40℃时进干燥塔，由塔底流出时，浓度降为 92.5％，经冷却排管冷却到 40℃后，送到吸收塔吸收 $SO_3$。干燥塔内的压力基本维持 $1.013 \times 10^5 Pa$ 的恒压。设干燥塔绝热良好，求每吸收 100kg 水分时需由冷却排管排出的热量。

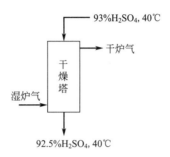

图 4-4　硫酸厂炉气干燥示意图

已知：18℃时硫酸的积分溶解热公式为

$$\Delta H_{int} = -\frac{17860n}{n+1.7983} \quad cal/mol\ H_2SO_4\ (n<20)$$

式中，$n$ 是每摩尔 $H_2SO_4$ 所带的水的物质的量。

**解**　因为 93％$H_2SO_4$ 通过干燥塔时浓度改变很小，因此可把过程的热效应近似地看做 93％$H_2SO_4$ 的微分稀释热，或水蒸气在 93％$H_2SO_4$ 中的微分溶解热。

当温度变化不大时，温度对溶解热的影响不大，因此可将 18℃时硫酸的积分溶解热公式作为 40℃下的近似计算式。由此式推导得水的微分溶解热的计算式为

$$\Delta H_{dit} = \left(\frac{\partial \Delta H_{int}}{\partial n(H_2O)}\right)_{T,p,n_{H_2SO_4}} = \left[\frac{\partial}{\partial n}\left(-\frac{17860n}{n+1.7983}\right)\right]_{T,p}$$

$$= -\frac{32110}{(n+1.7983)^2} cal/mol\ H_2O = -\frac{1.3444 \times 10^5}{(n+1.7983)^2} J/mol\ H_2O$$

上式仅适用于液态水，为此将水蒸气被硫酸吸收的过程分解为两步计算：

（a）水蒸气冷凝成液态的水；

（b）液态水溶于 93％$H_2SO_4$。

取 1kg 水蒸气作为计算基准。

（a）求水蒸气的冷凝热。

由手册上查得 40℃时水的蒸发热为 2408J/kg，故水蒸气的冷凝热为 $\Delta H_{冷凝} = -2408 J/kg\ H_2O$。

（b）求水的微分溶解热。

为了应用题给的公式计算，必须先将溶液的浓度换算成以 kmol $H_2O$/kmol $H_2SO_4$ 表示。对 93％$H_2SO_4$ 的浓度可换算成

$$n = \frac{100(1-0.93)/18}{100 \times 0.93/98} = 0.4098 kmol\ H_2O/kmol\ H_2SO_4$$

所以

$$\Delta H_{\text{dit}} = -\frac{1.3444 \times 10^5}{(0.4098 + 1.7983)^2} = -27573 \text{J/mol H}_2\text{O} = -1532 \text{J/kg H}_2\text{O}$$

（c）求每吸收 100kg 水分时的总热效应。

$$\Delta H_{\text{吸}} = 100(\Delta H_{\text{冷凝}} + \Delta H_{\text{dit}}) = 100(-2408 - 1532) = -3.94 \times 10^5 \text{J}$$

焓浓图是表示溶液焓数据最方便的方法，它以温度作为参数，把二元溶液的焓作为组成的函数，简单明白地表示了各种热量的变化。焓值的基准是摩尔溶液或单位质量溶液。另外从图中还可以得到许多有用的热力学数据，如偏摩尔焓、微分溶解热等。焓浓图在工程上应用很广，许多单元操作，如蒸发、蒸馏和吸收的计算中都能用上。

图 4-5～图 4-7 分别绘出了最简单的焓浓等温线、不同类型溶液的焓浓等温线及不同温度条件下乙醇(1)-水(2) 系的 $\Delta H\text{-}x_1$ 曲线。从图 4-7 中可看出 $\Delta H\text{-}x_1$ 曲线是非对称型的，由于组成的不同，同一体系 $\Delta H$ 值也会有正有负。另外，在定组成下，随着温度的升高，混合焓值也在提高，30℃时，在该体系的全浓度范围内，$\Delta H$ 呈负值，是放热的；而当温度达 110℃时，全浓度范围内的 $\Delta H$ 却都是正值，变成了吸热。目前根据溶液理论来预测非理想体系的混合焓尚有相当的难度，较多的方法是建立半经验半理论的模型，用实验数据拟合出模型参数，以用于关联或推算。

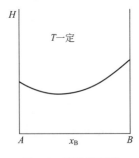

图 4-5　焓浓等温线

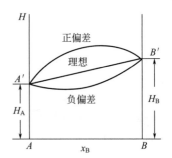

图 4-6　不同类型溶液的焓浓等温线

**【例 4-10】** 有一单效蒸发器，将 8000kg/h 的 10%NaOH 溶液浓缩为 50%。加料温度为 20℃，蒸发操作压力为 $1.013 \times 10^4 \text{Pa}$。在这种条件下 50%NaOH 溶液的沸点为 88℃。试问设计该蒸发器时应采用多大传热速率？

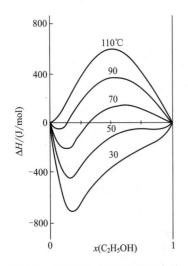

图 4-7　乙醇(1)-水(2)系的混合焓

**解** 蒸发水量为

$$8000 \times 0.1 \times \left(\frac{90}{10} - \frac{50}{50}\right) = 6400 \text{kg/h}$$

水分蒸发后成为 $1.013 \times 10^4 \text{Pa}$、88℃的过热蒸汽。故蒸发器蒸发过程如下图所示：

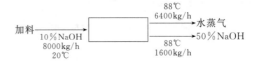

因是恒压蒸发，$\Delta H = Q_p$。查图 4-8，得

10%NaOH 溶液在 20℃ 时的焓 = 34(Btu)/(lbm) = 79kJ/kg

50%NaOH 溶液在 88℃时的焓 = 215(Btu)/(lbm) = 500kJ/kg

由蒸汽表查得 $1.013 \times 10^4 \text{Pa}$、88℃的过热蒸汽的焓为 2660kJ/kg。因此，传热速率

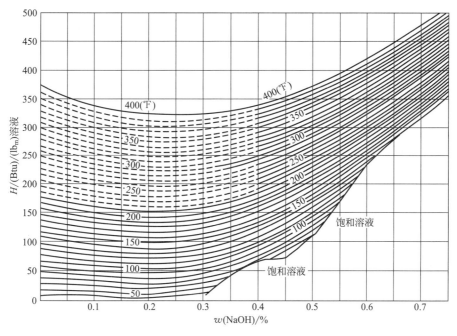

图 4-8 NaOH-H$_2$O 体系焓浓图

[换算因子：1(Btu)/(lbm)＝2.326kJ/kg]

$$Q＝\Delta H＝6400\times2660+1600\times500-8000\times79＝17192000\text{kJ/h}$$

## 4.7 超额性质

超额性质（excess properties）定义为在相同的温度、压力和组成条件下真实溶液性质和理想溶液性质之差。

根据定义

$$M^{E}＝M-M^{id} \tag{4-75}$$

和

$$\Delta M^{E}＝\Delta M-\Delta M^{id} \tag{4-76}$$

式中，$M$ 为溶液的摩尔性质；$M^{id}$ 为在相同 $T$、$p$ 及组成下的理想溶液的性质；$M^{E}$ 称为超额溶液性质，也有的人翻译为过量性质；$\Delta M^{E}$ 为混合过程的超额性质变化。

实际上 $M^{E}$ 和 $\Delta M^{E}$ 是相同的，这可将根据式(4-61) 求得的 $\Delta M$、$\Delta M^{id}$ 代入式(4-76) 而得到证明。因而，为了简化起见，采用符号 $M^{E}$。如同其他的热力学函数一样，$M^{E}$ 也有其偏摩尔性质。偏摩尔超额性质 $\overline{M}_{i}^{E}$ 的定义式为

$$\overline{M}_{i}^{E}＝\overline{M}_{i}-\overline{M}_{i}^{id}$$

一般化的方程为

$$M^{E}＝\Delta M^{E}＝\Delta M-\Delta M^{id} \tag{4-77}$$

以焓为例

$$H^{E}＝\Delta H-\Delta H^{id}$$

由式(4-70)，$\Delta H^{id}＝0$，所以 $H^{E}＝\Delta H$，即超额焓等于混合过程的焓变化。

当 $M$ 代表 $V$、$U$、$H$、$c_{p}$、$c_{V}$ 和 $Z$ 时，因 $\Delta M^{id}＝0$，则从式(4-77) 得

$$M^{E}＝\Delta M^{E}＝\Delta M \tag{4-78}$$

这表明对上述所列热力学函数来说，体系的超额性质和其混合性质是一致的，它们不代表新的

热力学性质。因此混合焓即超额焓，混合体积即超额体积等。

当 $M$ 代表 $A$、$S$ 和 $G$ 时，也就是代表熵和与熵有关的函数时，超额性质才代表新的有用变量。因 $\Delta M^{id} \neq 0$，则它们的超额函数不等于其混合性质。现以最有用的超额自由焓为例作进一步分析。由式(4-77) 和式(4-68) 得

$$G^E = \Delta G - RT \sum (x_i \ln x_i) \tag{4-79}$$

或根据式(4-61) 得

$$G^E = G - \sum (x_i G_i^\ominus) - RT \sum (x_i \ln x_i)$$

式中，$G^E$ 值决定于 $G_i^\ominus$ 标准态的选择。

为化成无量纲式，用 $RT$ 除式(4-79)，得

$$\frac{G^E}{RT} = \frac{\Delta G}{RT} - \sum (x_i \ln x_i) \tag{4-80}$$

因为

$$\Delta G = RT \sum (x_i \ln \hat{a}_i) \tag{4-64}$$

代入式(4-80)，得

$$\frac{G^E}{RT} = \sum (x_i \ln \hat{a}_i) - \sum (x_i \ln x_i)$$

或

$$\frac{G^E}{RT} = \sum \left( x_i \ln \frac{\hat{a}_i}{x_i} \right)$$

因为

$$\gamma_i = \frac{\hat{a}_i}{x_i}$$

所以

$$\frac{G^E}{RT} = \sum (x_i \ln \gamma_i) \tag{4-81}$$

对照式(4-12)，$\ln \gamma_i$ 为 $\dfrac{G^E}{RT}$ 的偏摩尔性质，即

$$\ln \gamma_i = \frac{\overline{G_i^E}}{RT} \tag{4-82}$$

根据式(4-10) 对偏摩尔性质的定义，可写成

$$\ln \gamma_i = \left[ \frac{\partial \left( \dfrac{nG^E}{RT} \right)}{\partial n_i} \right]_{T,p,n_j} \tag{4-83}$$

式(4-81)～式(4-83) 表达了 $i$ 组分的偏摩尔超额自由焓和溶液的摩尔自由焓与 $i$ 组分的活度系数间的关系。如前所述，$\gamma_i$ 是表征溶液非理想性的一个函数，不言而喻，$G^E$ 和 $\overline{G_i^E}$ 当然也是可以用来表征溶液非理想性的。在溶液热力学的研究中它们有着非常重要的作用。从超额性质的定义也不难看出它本身就是代表真实溶液性质与相同温度、压力和组成条件下的理想溶液性质的差别，差别愈大表明真实溶液的非理想性愈强。因此，超额函数本身是衡量溶液非理想性的量度。从式中看出 $\ln \gamma_i$ 是 $\dfrac{G^E}{RT}$ 的偏摩尔量，这也是在溶液热力学的研究中 $\ln \gamma_i$ 比 $\gamma_i$ 更多出现的原因。

对应于式(4-83) 可以写出下面关系式

$$\ln \gamma_i = \frac{G^E}{RT} - \sum_{k \neq i} x_k \left[ \frac{\partial \left( \dfrac{G^E}{RT} \right)}{\partial x_k} \right]_{T,p,x_{l \neq i,k}} \tag{4-84}$$

在溶液热力学中，表示为 $T$、$p$、$x$ 的函数的 $G^E$ 方程有着重要的作用，只要知道 $G^E$ 的数学模

型，由上述式子用微分的方法可计算活度系数。同时，$G^E$ 又是决定相稳定性和相分离条件的重要物理量，在相平衡和化学平衡的计算中拥有突出的作用。

【例 4-11】　某二元混合物，其逸度表达式为

$$\ln f = A + Bx_1 - Cx_1^2$$

式中，$A$、$B$、$C$ 为 $T$、$p$ 的函数，试确定 $G^E/RT$、$\ln\gamma_1$、$\ln\gamma_2$ 的相应关系式（均以 Lewis-Randall 定则为标准状态）。

**解**　根据式(4-81)，对二元溶液有

$$\frac{G^E}{RT} = x_1\ln\gamma_1 + x_2\ln\gamma_2 = x_1\ln\frac{\hat{f}_1}{x_1 f_1^\ominus} + x_2\ln\frac{\hat{f}_2}{x_2 f_2^\ominus}$$

根据题意均以 Lewis-Randall 定则为标准状态，$f_i^\ominus(LR) = f_i$，所以得

$$\frac{G^E}{RT} = x_1\ln\frac{\hat{f}_1}{x_1 f_1} + x_2\ln\frac{\hat{f}_2}{x_2 f_2} = x_1\ln\frac{\hat{f}_1}{x_1} + x_2\ln\frac{\hat{f}_2}{x_2} - x_1\ln f_1 - x_2\ln f_2$$

$$= \ln f - x_1\ln f_1 - x_2\ln f_2 \tag{A}$$

已知
$$\ln f = A + Bx_1 - Cx_1^2 \tag{B}$$

当 $x_1 = 1$ 时
$$\ln f_1 = A + B - C \tag{C}$$

当 $x_1 = 0$ 时
$$\ln f_2 = A \tag{D}$$

将式(B)、式(C)、式(D) 代入式(A)，得

$$\frac{G^E}{RT} = A + Bx_1 - Cx_1^2 - Ax_1 - Bx_1 + Cx_1 - Ax_2 = Cx_1 - Cx_1^2 = Cx_1(1-x_1) = Cx_1 x_2$$

由于
$$\ln\gamma_i = \left[\frac{\partial\left(\dfrac{nG^E}{RT}\right)}{\partial n_i}\right]_{T,p,n_j}$$

$$\frac{nG^E}{RT} = \frac{Cn_1 n_2}{n}$$

所以得

$$\ln\gamma_1 = \left[\frac{\partial\left(\dfrac{nG^E}{RT}\right)}{\partial n_1}\right]_{T,p,n_2} = Cn_2\left(\frac{1}{n} - \frac{n_1}{n^2}\right) = Cx_2(1-x_1) = Cx_2^2$$

$$\ln\gamma_2 = \left[\frac{\partial\left(\dfrac{nG^E}{RT}\right)}{\partial n_2}\right]_{T,p,n_1} = Cn_1\left(\frac{1}{n} - \frac{n_2}{n^2}\right) = Cx_1(1-x_2) = Cx_1^2$$

## 4.8　活度系数与组成的关联

活度系数与组成的关联式由液体混合物的超额自由焓方程导出。根据式(4-83)

$$\ln\gamma_i = \left[\frac{\partial\left(\dfrac{nG^E}{RT}\right)}{\partial n_i}\right]_{T,p,n_j}$$

若已知超额自由焓的函数模型，则通过对 $n_i$ 进行偏微分，就可得出活度系数与组成的关联式。

溶液的超额性质不仅是温度、压力的函数，而且也是溶液组成的函数。这些函数的形式众多，有的由经验的方法归纳得到，有的则由理论或半理论推导而得出。

评价超额性质与组成的关系方程有多种指标，如形式简单、参数有比较明确的物理意义并可利用文献数据或实验结果进行估值，能比较广泛地表达溶液的非理想性等。溶液理论有多

个，有些具有较深厚的统计热力学意义。本节将介绍在工程中已被广泛应用的理论和方程。

### 4.8.1 正规溶液和无热溶液

根据溶液的非理想实际情况和处理的方便，将非理想溶液简化为正规溶液和无热溶液两类，工程中常用的半经验方程几乎都是从这样简化的两大类中得出的。

（1）正规溶液

所谓正规溶液，Hildebrand 定义为："当极少量的一个组分从理想溶液迁移到有相同组成的真实溶液时，如果没有熵的变化，并且总的体积不变，此真实溶液称为正规溶液"。正规溶液与理想溶液比较，两者的 $S^E = 0$、$V^E = 0$，但正规溶液的混合热不等于零，所以正规溶液有别于理想溶液，其所以非理想的原因是因为 $H^E \neq 0$。根据正规溶液的特点，超额自由焓可写成

$$G^E = H^E \tag{4-85}$$

Wohl 型方程就是在正规溶液的基础上推得的，其中包括 Van Laar 方程和 Margules 方程。

根据正规溶液 $S^E = 0$，可推得

$$RT\ln\gamma_i = 常数 \tag{4-86}$$

即

$$\ln\gamma_i \propto \frac{1}{T}$$

式(4-86) 常用来在已知某一温度下的活度系数时去求出另一温度下的活度系数，但仅限于溶液为正规溶液或很接近于正规溶液。

（2）无热溶液

某些由分子大小相差甚远的组分构成的溶液，特别是聚合物溶液属此类型。这类溶液 $H^E \approx 0$，故称为无热溶液，其所以不理想主要是因为 $S^E \neq 0$。根据无热溶液的特点，超额自由焓可写成

$$G^E = -TS^E \tag{4-87}$$

现在用得最广泛的 Wilson 方程以及 NRTL 方程都是在无热溶液的基础上获得的。

根据无热溶液有 $H^E = 0$，可得出 $\ln\gamma_i$ 不是温度 $T$ 的函数。

### 4.8.2 Redlich-Kister 经验式

Redlich-Kister 于 1948 年提出将 $G^E$ 表达成二组成差 $(x_1 - x_2)$ 的幂级数，即

$$\frac{G^E}{x_1 x_2 RT} = B + C(x_1 - x_2) + D(x_1 - x_2)^2 + \cdots \tag{4-88}$$

式中，$B$、$C$ 和 $D$ 等是经验常数，通过拟合活度系数实验数据求出。

若将上式截至二次项，并利用式(4-83)，则可导得如下的活度系数方程式

$$\ln\gamma_1 = x_2^2[B + C(3x_1 - x_2) + D(x_1 - x_2)(5x_1 - x_2) + \cdots] \tag{4-89}$$

$$\ln\gamma_2 = x_1^2[B + C(x_1 - 3x_2) + D(x_1 - x_2)(x_1 - 5x_2) + \cdots] \tag{4-90}$$

Redlich-Kister 经验式是目前还在使用的经验式中的较好者。当 $B$、$C$、$D$、……经验常数取不同的符号和数值时，可以用来描述不同类型的混合物：

当 $B = C = D = 0$ 时，则 $\gamma_1 = \gamma_2 = 1$，体系为理想溶液；

当 $C = D = 0$ 时，则 $\ln\gamma_1 = Bx_2^2$，$\ln\gamma_2 = Ax_1^2$，体系为正规溶液。如 $B > 0$ 时是正偏差，$B < 0$ 时是负偏差。

Redlich-Kister 经验方程 (4-88) 的形式也可用于描述 $H^E$、$V^E$ 等其他广度性质 $M$ 的超额函数 $M^E$。

### 4.8.3 Wohl 型方程

Wohl 型方程是在正规溶液的基础上获得的，因此要求出各组分的活度系数与组成之间的关系式，只需求出这一类非理想溶液的 $H^E$ 与组成关系即可。

（1）Wohl 方程

前面已介绍正规溶液的非理想性是由于 $H^E \neq 0$。$H^E$ 所以不等于零是由于不同的组分具有不同的化学结构，不同的分子大小，分子间的相互作用力各不相等，以及分子的极性差异等因素，Wohl 将其归纳，提出一个综合性的超额自由焓表达式，此式表示为有效体积分数的函数并展开成 Maclaurin 级数，即

$$\frac{G^E}{RT\sum_i q_i x_i} = \sum_i \sum_j Z_i Z_j a_{ij} + \sum_i \sum_j \sum_k Z_i Z_j Z_k a_{ijk} +$$

$$\sum_i \sum_j \sum_k \sum_l Z_i Z_j Z_k Z_l a_{ijkl} + \cdots \tag{4-91}$$

式中，$x_i$ 为 $i$ 组分的摩尔分数；$q_i$ 为 $i$ 组分的有效摩尔体积；$a_{ij}$ 为 $i$、$j$ 两分子间的交互作用参数；$a_{ijk}$ 为 $i$、$j$、$k$ 三分子间的交互作用参数；$a_{ijl}$ 为 $i$、$j$、$k$、$l$ 四分子间的交互作用参数；其中 $a_{ii} = a_{iii} = a_{iiii} = \cdots = 0$；$Z_i$ 为 $i$ 组分的有效体积分数，其定义为

$$Z_i = \frac{q_i x_i}{\sum_i q_i x_i}$$

根据定义

$$\sum_i Z_i = 1$$

式（4-91）写到四组分配对常数为止，即至 $a_{ijkl}$，称为四阶 Wohl 型方程（亦称四尾方程）；如写到三组分配对常数即 $a_{ijk}$ 为止，则称为三阶方程。方程的阶数愈高，则愈能代表实际体系的性质，但是常数也就愈多，需要更多的实验数据来求取，计算也繁琐。在实际应用中较多采用三阶方程。

略去四分子以上集团相互作用项，将式（4-91）用于二元系统时变为

$$\frac{G^E}{RT(q_1 x_1 + q_2 x_2)} = 2Z_1 Z_2 a_{12} + 3Z_1^2 Z_2 a_{112} + 3Z_1 Z_2^2 a_{122} \tag{4-92}$$

令

$$A = q_1(2a_{12} + 3a_{122})$$
$$B = q_2(2a_{12} + 3a_{112})$$

代入上式，根据式（4-83）将式（4-92）对 $n_i$ 进行偏微分，经整理得

$$\ln\gamma_1 = Z_2^2\left[A + 2Z_1\left(B\frac{q_1}{q_2} - A\right)\right] \tag{4-93a}$$

$$\ln\gamma_2 = Z_1^2\left[B + 2Z_2\left(A\frac{q_2}{q_1} - B\right)\right] \tag{4-93b}$$

式（4-93）中包括三个参数 $A$、$B$ 与 $\frac{q_2}{q_1}$，其值必须用实验值来确定。

Wohl 方程的 $G^E$ 展开式（4-91）虽是经验式，并无严格的理论基础，但是具有很大的灵活性。通过对 $G^E$ 展开式作出各种简化假定，可导出一些早期建立的著名活度系数方程。

（2）Scatchard-Hamer 方程

用纯组分的液体摩尔体积 $V_1^L$ 及 $V_2^L$ 代替有效摩尔体积 $q_1$ 及 $q_2$，则式（4-93a）和式（4-93b）就变为

$$\ln\gamma_1 = Z_2^2\left[A + 2Z_1\left(B\frac{V_1^L}{V_2^L} - A\right)\right] \tag{4-94a}$$

$$\ln\gamma_2 = Z_1^2\left[B + 2Z_2\left(A\frac{V_2^L}{V_1^L} - B\right)\right] \tag{4-94b}$$

其中
$$Z_1 = \frac{x_1}{x_1 + x_2 \dfrac{V_2^L}{V_1^L}}$$

$$Z_2 = \frac{x_2 \dfrac{V_2^L}{V_1^L}}{x_1 + x_2 \dfrac{V_2^L}{V_1^L}}$$

由于 $V_1^L$、$V_2^L$ 已知，所以式(4-94a) 和式(4-94b) 为二参数方程，关联方便。

（3）Margules 方程

当 $q_1 = q_2$ 时，则 $Z_i = x_i$，式(4-93a) 和式(4-93b) 就变为

$$\ln\gamma_1 = x_2^2 [A + 2x_1(B-A)] \tag{4-95a}$$

$$\ln\gamma_2 = x_1^2 [B + 2x_2(A-B)] \tag{4-95b}$$

式(4-95a)和式(4-95b)为三阶 Margules 方程，即为常用的 Margules 方程。参数 $A$、$B$ 需由实验值确定，当 $x_1 = 0$ 时，$\ln\gamma_1^\infty = A$；当 $x_2 = 0$ 时，$\ln\gamma_2^\infty = B$。此处 $\gamma_1^\infty$ 和 $\gamma_2^\infty$ 表示无限稀释时的活度系数。

（4）Van Laar 方程

当 $q_2 / q_1 = B/A$ 时，则式(4-93a) 和式(4-93b) 就变为

$$\ln\gamma_1 = \frac{A}{\left(1 + \dfrac{A x_1}{B x_2}\right)^2} \tag{4-96a}$$

$$\ln\gamma_2 = \frac{B}{\left(1 + \dfrac{B x_2}{A x_1}\right)^2} \tag{4-96b}$$

式(4-96a) 和式(4-96b) 为 Van Laar 方程。当 $x_1 = 0$ 时，$\ln\gamma_1^\infty = A$；当 $x_2 = 0$ 时，$\ln\gamma_2^\infty = B$。$A$、$B$ 两参数需由实验值确定，通常可以从汽液平衡实验数据求得，即

$$A = \ln\gamma_1 \left(1 + \frac{x_2 \ln\gamma_2}{x_1 \ln\gamma_1}\right)^2 \tag{4-97a}$$

$$B = \ln\gamma_2 \left(1 + \frac{x_1 \ln\gamma_1}{x_2 \ln\gamma_2}\right)^2 \tag{4-97b}$$

由上式可知，如果测得一对 $\gamma_1$ 和 $\gamma_2$ 的数据，通过上式原则上就可确定 Van Laar 方程的两个参数 $A$ 和 $B$。

通过以上讨论可知 Wohl 型方程是一种通式，其余所介绍的三种方程都是 Wohl 方程的特例。在实际应用中如何选择适当的方程进行计算，并无明确的准则，通常对分子体积相差不太大的体系选择 Margules 方程较为合适，反之则宜选用 Scatchard-Hamer 方程或 Van Laar 方程。如果能得到恒温下一系列 $G^E/(x_1 x_2 RT)$ 与 $x_1$ 的实验数据，而且在图上 $G^E/(x_1 x_2 RT)$ 与 $x_1$ 的关系近似地为一直线，则表明 Margules 方程将提供最好的拟合。如果 $x_1 x_2 RT/G^E$ 与 $x_1$ 的关系近似地为一直线，则表明应使用 Van Laar 方程式。如果两种情况都不呈直线，则应采用其他方程式拟合。

由于 Wohl 型方程是以正规溶液为基础建立起来的，而且汽液平衡体系又多种多样，因此要用一种类型的方程来归纳和阐明所有的体系是困难的。

### 4.8.4 局部组成型方程

（1）局部组成的概念

溶液的组成通常采用摩尔分数 $x_i$ 和体积分数 $\phi_i$ 等来表示。例如，在二元混合物中当摩尔数相等的纯组分 1 和组分 2 混合后，可认为溶液中各部分的组成即摩尔分数均为

$$x_1 = \frac{1}{2} \qquad x_2 = \frac{1}{2}$$

这是溶液组成的宏观量度。从微观上看，只有当所有分子间的作用力均相等，组分 1 和 2 作随机混合时才是如此。在实际溶液中各组分分子间的作用力一般并不相等，因此，分子间的混合通常是非随机的；也就是说从微观的局部来看上述溶液的组成并非为 1/2。

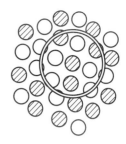

图 4-9  局部组成和局部
摩尔分数的概念图

⊘ 组分1；○ 组分2

若同种分子的相互作用明显大于异种分子间的相互作用，则在分子 1 周围出现分子 1 的概率较高；同样，在分子 2 的周围出现分子 2 的概率也较高。反之，当同种分子的相互作用显著小于异种分子间的相互作用时，则在某分子邻近出现异种分子的概率较高。这样在某个分子（中心分子）周围的局部范围内，其组成和总体组成会不同。图 4-9 所示的属后一种情况，分子 1-1、2-2 相互作用显著小于 1-2 相互作用，在分子 1 的周围分子 1 的局部组成即分子 1 的摩尔分数约为 3/8，分子 2 的局部摩尔分数约为 5/8，而不等于混合物的总体组成 $x_1 = x_2 = 1/2$。

用 $x_{ji}$ 代表 $i$ 分子周围 $j$ 分子的局部摩尔分数，对二元混合物则有

$$x_{11} + x_{21} = 1 \qquad x_{22} + x_{12} = 1$$

（2）局部组成型方程

1964 年 Wilson[1] 首先提出了以局部组成概念为基础的超额自由焓 $G^E$ 的函数模型与活度系数方程，给出了半理论的假设，使活度系数计算方法的研究进入了一个新阶段。

前面已介绍局部摩尔分数和总体摩尔分数间的差异是由于分子之间作用力的不同所引起的。那么如何将局部摩尔分数 $x_{ji}$ 与可以实际量度的总体摩尔分数 $x_i$ 关联起来呢？Wilson 引入了能量参数 $g_{ji}$（反映 $i$-$j$ 分子间的交互作用能量），并将 $x_{ji}$ 和 $x_i$ 通过 Boltzmann 因子关联起来，即

$$\frac{x_{21}}{x_{11}} = \frac{x_2 \exp\left(\dfrac{-g_{21}}{RT}\right)}{x_1 \exp\left(\dfrac{-g_{11}}{RT}\right)} \tag{4-98a}$$

式中，$x_{21}$ 为在分子 1 周围找到分子 2 的概率，即分子 1 周围的分子 2 的局部摩尔分数；$x_{11}$ 为在分子 1 周围找到同种分子的概率，即分子 1 周围的分子 1 的局部摩尔分数；$g_{11}$ 为分子 1 与 1 间的相互作用力的能量项；$g_{21}$ 为分子 1 与 2 间的相互作用力的能量项。

式（4-98a）为在分子 1 周围找到分子 2 的概率与找到分子 1 的概率之比。与式（4-98a）相似，在分子 2 的周围找到分子 1 和分子 2 的概率之比为

$$\frac{x_{12}}{x_{22}} = \frac{x_1 \exp\left(\dfrac{-g_{12}}{RT}\right)}{x_2 \exp\left(\dfrac{-g_{22}}{RT}\right)} \tag{4-98b}$$

式中，$g_{22}$ 为分子 2 与分子 2 间的相互作用力的能量项；$g_{12}$ 为分子 2 与分子 1 间的相互作

❶  Wilson G M J. Am Chem Soc，1964，86：127.

用力的能量项，$g_{12}=g_{21}$。

按式(4-98a)和式(4-98b)不难导出局部体积分率 $\xi_{ii}$ 和总体摩尔分数 $x_i$ 间的关系，即

$$\xi_{ii}=\frac{x_iV_i^{\mathrm{L}}\exp\left(\dfrac{-g_{ii}}{RT}\right)}{\displaystyle\sum_{j=1}^{N}x_jV_j^{\mathrm{L}}\exp\left(\dfrac{-g_{ij}}{RT}\right)}\qquad(4\text{-}99\mathrm{a})$$

式中，$V_i^{\mathrm{L}}$ 和 $V_j^{\mathrm{L}}$ 表示纯液体 $i$ 和 $j$ 的摩尔体积。

对二元混合物，组分 1 和组分 2 的局部体积分数分别为

$$\xi_{11}=\frac{x_1}{x_1+x_2(V_2^{\mathrm{L}}/V_1^{\mathrm{L}})\exp\left[\dfrac{-(g_{21}-g_{11})}{RT}\right]}\qquad(4\text{-}99\mathrm{b})$$

$$\xi_{22}=\frac{x_2}{x_2+x_1(V_1^{\mathrm{L}}/V_2^{\mathrm{L}})\exp\left[\dfrac{-(g_{12}-g_{22})}{RT}\right]}\qquad(4\text{-}99\mathrm{c})$$

Wilson 提出的 $G^{\mathrm{E}}$ 模型以无热溶液为基础，即 $H^{\mathrm{E}}\approx0$，$G^{\mathrm{E}}=H^{\mathrm{E}}-TS^{\mathrm{E}}=-TS^{\mathrm{E}}$，所以对 $G^{\mathrm{E}}$ 模型的研究就集中在 $S^{\mathrm{E}}$ 的问题上。

Flory 和 Huggins 在似晶格模型的基础上，采用统计力学的方法导出无热溶液超额熵的方程，即

$$S^{\mathrm{E}}=-R\sum_{i=1}^{N}x_i\ln\frac{\phi_i}{x_i}$$

得

$$G^{\mathrm{E}}=-TS^{\mathrm{E}}=RT\sum_{i=1}^{N}x_i\ln\frac{\phi_i}{x_i}\qquad(4\text{-}100)$$

式中，$\phi_i$ 为组分 $i$ 的体积分数，其表达式为

$$\phi_i=\frac{x_iV_i^{\mathrm{L}}}{\displaystyle\sum_{i=1}^{N}x_iV_i^{\mathrm{L}}}\qquad(4\text{-}101)$$

式中，$V_i^{\mathrm{L}}$ 为在该状态下组分 $i$ 纯液态时的摩尔体积。

当每个组分的摩尔体积相等时，$\phi_i$ 等于 $x_i$，在此种情况下，Flory-Huggins 方程表示理想溶液。

Wilson 建议采用局部体积分数替代由 Flory 和 Huggins 推导的无热溶液超额自由焓方程中的总体平均体积分数，得

$$\frac{G^{\mathrm{E}}}{RT}=\sum_{i=1}^{N}x_i\ln\frac{\xi_{ii}}{x_i}\qquad(4\text{-}102)$$

式中，$x_i$ 为 $i$ 组分的总体平均摩尔分数；$\xi_{ii}$ 为 $i$ 组分的局部体积分数。

将式(4-99)代入式(4-102)，得多元体系超额自由焓的 Wilson 模型

$$\frac{G^{\mathrm{E}}}{RT}=-\sum_{i=1}^{N}x_i\ln\Big(\sum_{j=1}^{N}\Lambda_{ij}x_j\Big)\qquad(4\text{-}103)$$

其中

$$\Lambda_{ij}=\frac{V_j^{\mathrm{L}}}{V_i^{\mathrm{L}}}\exp\left[\frac{-(g_{ij}-g_{ii})}{RT}\right]\qquad(4\text{-}104)$$

式中，$\Lambda_{ij}$ 称为 Wilson 参数，由式(4-104)可知 $\Lambda_{ij}$ 通常不等于 $\Lambda_{ji}$，$\Lambda_{ii}=\Lambda_{jj}=1$，$\Lambda_{ij}>0$；$(g_{ij}-g_{ii})$ 为二元交互作用能量参数，可为正值或负值。

将式(4-103)对 $x_i$ 微分可导出 Wilson 计算活度系数 $\gamma_i$ 的通式，即

$$\ln\gamma_i = 1 - \ln\left(\sum_{j=1}^{N} \Lambda_{ij} x_j\right) - \sum_{k=1}^{N} \frac{\Lambda_{ki} x_k}{\sum_{j=1}^{N} \Lambda_{kj} x_j} \tag{4-105}$$

式中，每个加和号表示包括所有的组分。

对二元溶液，上式简化为

$$\ln\gamma_1 = -\ln(x_1 + \Lambda_{12} x_2) + x_2\left[\frac{\Lambda_{12}}{x_1 + \Lambda_{12} x_2} - \frac{\Lambda_{21}}{x_2 + \Lambda_{21} x_1}\right] \tag{4-106a}$$

$$\ln\gamma_2 = -\ln(x_2 + \Lambda_{21} x_1) - x_1\left[\frac{\Lambda_{12}}{x_1 + \Lambda_{12} x_2} - \frac{\Lambda_{21}}{x_2 + \Lambda_{21} x_1}\right] \tag{4-106b}$$

式中，Wilson 参数 $\Lambda_{12}$ 和 $\Lambda_{21}$ 按式(4-104) 可分别表示为

$$\Lambda_{12} = \frac{V_2^L}{V_1^L}\exp\left[\frac{-(g_{12} - g_{11})}{RT}\right] \tag{4-107a}$$

$$\Lambda_{21} = \frac{V_1^L}{V_2^L}\exp\left[\frac{-(g_{21} - g_{22})}{RT}\right] \tag{4-107b}$$

式中二元交互作用能量参数$(g_{12} - g_{11})$和$(g_{21} - g_{22})$需由二元汽液平衡的实验数据确定。通常采用多点组成下的实验数据，用非线性最小二乘法回归求取参数最佳值。

Wilson 方程具有如下几个突出的优点：

① 对二元溶液它是一个两参数方程，故只要有一组数据即可推算，并且计算精度较高，对含烃、醇、醚、酮、腈、酯以及含水、硫、卤素的互溶体系均能获得较好的结果。

② 二元交互作用能量参数 $(g_{ij} - g_{ii})$ 受温度影响较小，在不太宽的温度范围内可视作常数，而 Wilson 参数 $\Lambda_{ij}$ 是随溶液温度变化而变化，因此该方程能反映温度对活度系数的影响，且具有半理论的物理意义；

③ 仅由二元体系数据可以预测多元体系的行为，而无需多元参数。

上述优点使得 Wilson 方程在工程设计中获得了广泛的应用，在汽液平衡研究领域中曾独步一时。然而，Wilson 方程的应用也有它的局限性：①不能用于部分互溶体系；②不能反映出活度系数有最高值或最低值的溶液特征。

为了改进 Wilson 方程，自 1964 年以后出现了许多修改的 Wilson 方程，如多参数 Wilson、片山型修正 Wilson、长田型修正 Wilson 和 Enthalpic Wilson 等方程；同时也出现了以局部组成概念为基础的其他方程。现将主要方程列于表 4-1 中。至于这些方程的详细内容和推导方法可见有关文献。

NRTL 和 UNIQUAC 方程要比 Wilson 方程更新一些。它们和 Wilson 方程一样，能用二元参数去直接推算多元汽液平衡，并且还都能用于不互溶的浓度区间，因此，它们被用来计算关联液液平衡。UNIQUAC 方程中仅用两个可调整参数（NRTL 方程则需三个），并且它的二元参数值随温度的变化较小，在不太大的温度范围内可以适用；又由于其主要浓度变量是表面积分数（而非摩尔分数），因此，该方程对分子大小悬殊的体系有较好的效果，如聚合物溶液。1975 年以后，对 UNIQUAC 方程又有许多改进，提高了该方程的关联精度。表 4-2 中列出了"DECHEMA Vapor-Liquid Equilibrium Data Collection"中用五种活度系数模型对大量数据进行关联比较的结果。由表 4-2 所列出的数字可见，对有机水溶液来说，其中有 40.3% 的体系用 NRTL 方程关联效果最佳，而只有 7.1% 的体系以 Van Laar 方程最佳。说明对这类体系来说，在五种活度系数模型中，以 NRTL 最佳，Van Laar 式最差。从表 4-2 中还可看出，在这些类别化合物中，Wilson 方程效果佳，在 3563 个体系中，有 30% 的体系以 Wilson 方程的关联结果最好。

表 4-1　以局部组成概念为基础的主要方程

| 名称 | 二元参数 | $G^E$ | $\ln\gamma_1$ 和 $\ln\gamma_2$ |
|---|---|---|---|
| Wilson 方程 | $\Lambda_{12}, \Lambda_{21}$ | $\dfrac{G^E}{RT} = -x_1\ln(x_1+\Lambda_{12}x_2)$ $-x_2\ln(x_2+\Lambda_{21}x_1)$ | $\ln\gamma_1 = -\ln(x_1+\Lambda_{12}x_2) +$ $x_2\left[\dfrac{\Lambda_{12}}{x_1+\Lambda_{12}x_2} - \dfrac{\Lambda_{21}}{x_2+\Lambda_{21}x_1}\right]$ $\ln\gamma_2 = -\ln(x_2+\Lambda_{21}x_1) -$ $x_1\left[\dfrac{\Lambda_{12}}{x_1+\Lambda_{12}x_2} - \dfrac{\Lambda_{21}}{x_2+\Lambda_{21}x_1}\right]$ |
| NRTL 方程[1] | $g_{12}-g_{22},$ $g_{21}-g_{11}, \alpha_{12}$ | $\dfrac{G^E}{RT} = x_1x_2\left[\dfrac{\tau_{21}G_{21}}{x_1+x_2G_{21}} + \dfrac{\tau_{12}G_{12}}{x_2+x_1G_{12}}\right]$ 式中 $G_{12}=\exp(-\alpha_{12}\tau_{12})$ $G_{21}=\exp(-\alpha_{12}\tau_{21})$ $\tau_{12}=(g_{12}-g_{22})/RT$ $\tau_{21}=(g_{21}-g_{11})/RT$ | $\ln\gamma_1 = x_2^2\left[\dfrac{\tau_{21}G_{21}^2}{(x_1+x_2G_{21})^2} + \dfrac{\tau_{12}G_{12}}{(x_2+x_1G_{12})^2}\right]$ $\ln\gamma_2 = x_1^2\left[\dfrac{\tau_{12}G_{12}^2}{(x_2+x_1G_{12})^2} + \dfrac{\tau_{21}G_{21}}{(x_1+x_2G_{21})^2}\right]$ |
| UNIQUAC[2] | $U_{12}-U_{22},$ $U_{21}-U_{11}$ | $G^E = G_C^E + G_R^E$[3] $\dfrac{G_C^E}{RT} = x_1\ln\dfrac{\phi_1}{x_1} + x_2\ln\dfrac{\phi_2}{x_2} +$ $\dfrac{Z}{2}\left(q_1x_1\ln\dfrac{\theta_1}{\phi_1} + q_2x_2\ln\dfrac{\theta_2}{\phi_2}\right)$ $\dfrac{G_R^E}{RT} = -q_1x_1\ln(\theta_1+\theta_2\tau_{21})$ $-q_2x_2\ln(\theta_2+\theta_1\tau_{12})$ 式中 $\theta_1 = \dfrac{x_1q_1}{x_1q_1+x_2q_2}$ $\phi_1 = \dfrac{x_1r_1}{x_1r_1+x_2r_2}$ $\tau_{21}=\exp\left[-\dfrac{(U_{21}-U_{11})}{RT}\right]$ $\tau_{12}=\exp\left[-\dfrac{(U_{12}-U_{22})}{RT}\right]$ $q$ 和 $r$ 是纯组分的参数；$Z$ 为晶格配位数，取值为 10 | $\ln\gamma_i = \ln\gamma_i^C + \ln\gamma_i^R$[3] $\ln\gamma_1 = \ln\dfrac{\phi_1}{x_1} + \dfrac{Z}{2}q_1\ln\dfrac{\theta_1}{\phi_1} + \phi_2\left(l_1-\dfrac{r_1}{r_2}l_2\right)$ $-q_1\ln(\theta_1+\theta_2\tau_{21}) + \theta_2q_1\left(\dfrac{\tau_{21}}{\theta_1+\theta_2\tau_{21}} - \dfrac{\tau_{12}}{\theta_2+\theta_1\tau_{12}}\right)$ $l_1 = \dfrac{Z}{2}(r_1-q_1) - (r_1-1)$ 上两式中下标 1 与 2 互换，即得 $\ln\gamma_2$、$l_2$ |

① NRTL 是 Non-Random Two Liquids 缩写。Renon H，Prausnitz J M．AIChE J，1968，14：135．

② UNIQUAC 是 Universal Quasi Chemical 的缩写。Abrams D S，Prausnitz J M．AIChE J，1975，21：116.

③ 下标 C 代表组合部分；R 代表剩余部分。

表 4-2　"DECHEMA Vapor-Liquid Equilibrium Data Collection"
中五种活度系数关联方法的最佳拟合频率

| 收集的部分 | 数据数 | Margules 式 | Van Laar 式 | Wilson 式 | NRTL 式 | UNIQUAC[2] |
|---|---|---|---|---|---|---|
| 1 有机水溶液 | 504 | 0.143 | 0.071 | 0.240 | 0.403① | 0.143 |
| 2A 醇 | 574 | 0.166 | 0.085 | 0.395① | 0.223 | 0.131 |
| 2B 醇和酚 | 480 | 0.213 | 0.119 | 0.342① | 0.225 | 0.102 |
| 3/4 醇、酮、醚 | 490 | 0.280① | 0.167 | 0.243 | 0.155 | 0.155 |
| 6A$C_4\sim C_6$ 烃类 | 587 | 0.172 | 0.133 | 0.365① | 0.232 | 0.099 |
| 6B$C_7\sim C_{18}$ 烃类 | 435 | 0.225 | 0.170 | 0.260① | 0.209 | 0.136 |
| 7 芳烃 | 493 | 0.260① | 0.187 | 0.225 | 0.160 | 0.172 |
| 总的 7 分册 | 3563 | 0.206 | 0.131 | 0.300① | 0.230 | 0.133 |

① 指在每一个项目中最佳拟合的最高拟合频率。

② 用的是 UNIQUAC 方程的原型。

### 4.8.5　基团贡献模型

（1）基团贡献法的原理

基团贡献法是将物质（纯物质、混合物）的物性看成是由构成该物质的分子中各基团对物性贡献的总和。这样就能用为数有限的基团特性参数去关联大量物质的性质，并去推算未知体系的物性。

基团贡献法的基团性质加和方法是基于任一基团在分子中的作用与其他基团的存在无关，亦即认为各基团所起的作用是独立的。而事实上，一分子中各基团的作用受该分子中其他基团作用的影响。因此，基团贡献法只是一种近似的计算方法。在化工生产中所涉及的组分数为数极多（数以万计），它们的混合物则更是多得无法计数，但构成这些组分分子的基团却为数不多，只有数十个。因此，从基团参数出发来推算混合物的物性具有广泛性和应用灵活的特点，它使物性的预测大为简化，在缺乏实验数据的情况下，通过利用含有同种基团的其他体系的实验数据来预测未知体系的活度系数及其他物性。

基团贡献模型主要有 1969 年由 Derr 和 Deal 所提出的 ASOG[❶] 法（基团解析法）与 1975 年 Fredenslund 等所提出的 UNIFAC[❷] 模型（通用基团活度系数模型）。本节将介绍 UNIFAC 模型。

（2）UNIFAC 模型

UNIFAC 是 Universal Quasi-Chemical Functional Group Activity Coefficient 的缩写，该模型是在基团解析法基础上结合 UNIQUAC 模型而导出。

Fredenslund 引用 UNIQUAC 模型的基本形式，将活度系数 $\gamma_i$ 表示成由两部分组成，即

$$\ln\gamma_i = \ln\gamma_i^C + \ln\gamma_i^R \tag{4-108}$$

式中，$\gamma_i^C$ 为组合活度系数，反映溶液中各种基团的形状与大小；$\gamma_i^R$ 为剩余活度系数，反映溶液中各种基团的相互作用的影响。

① 组合活度系数 $\gamma_i^C$  直接采用 UNIQUAC 模型中的组合活度系数式计算，即

$$\ln\gamma_i^C = \ln\frac{\phi_i}{x_i} + \frac{Z}{2}q_i\ln\frac{\theta_i}{\phi_i} + l_i - \frac{\phi_i}{x_i}\sum_{j=1}^{N}x_j l_j \tag{4-109}$$

$$l_i = \frac{Z}{2}(r_i - q_i) - (r_i - 1) \tag{4-110}$$

式中，$Z$ 为晶体的配位数，一般取 $Z=10$；$x_i$ 为溶液中 $i$ 组分的摩尔分数；$\theta_i$ 和 $\phi_i$ 分别为 $i$ 组分的平均表面积分数和平均体积分数，其值按下式计算

$$\theta_i = \frac{q_i x_i}{\sum_j q_j x_j} \tag{4-111}$$

$$\phi_i = \frac{r_i x_i}{\sum_j r_j x_j} \tag{4-112}$$

式中，$q_i$ 与 $r_i$ 为纯组分 $i$ 的结构参数，分别由构成该组分的各基团的相应参数叠加而得，即

$$q_i = \sum_{k=1}^{m} \upsilon_k^{(i)} Q_k \tag{4-113}$$

$$r_i = \sum_{k=1}^{m} \upsilon_k^{(i)} R_k \tag{4-114}$$

式中，$m$ 为 $i$ 组分中所含基团种类；$\upsilon_k^{(i)}$ 为 $i$ 组分中所含基团 $k$ 的个数；$Q_k$ 为基团 $k$ 的表

❶ Derr E L，Deal C H. International Symp on Distillation，1969，3：40.

❷ Fredenslund A，Jones R，Prausnitz J M. AIChE J，1975，21：1086.

面积参数；$R_k$ 为基团 $k$ 的体积参数。

基团表面积和体积参数值见表 4-3。

**表 4-3 基团体积和表面积参数**

| 主基团 | 编号 | 子基团 | $R_k$ | $Q_k$ | 示 例 |
|---|---|---|---|---|---|
| 1<br>"$CH_2$" | 1 | $CH_3$ | 0.9011 | 0.848 | 丁烷：$2CH_3$，$2CH_2$ |
| | 2 | $CH_2$ | 0.6744 | 0.540 | 2-甲基丙烷：$3CH_3$，$1CH$ |
| | 3 | $CH$ | 0.4469 | 0.228 | 2,2-甲基丙烷：$4CH_3$，$1C$ |
| | 4 | $C$ | 0.2195 | 0.003 | |
| 2<br>"$C=C$" | 5 | $CH_2{=}CH$ | 1.3454 | 1.176 | 1-己烯：$1CH_3$，$3CH_2$，$1CH_2{=}CH$ |
| | 6 | $CH{=}CH$ | 1.1167 | 0.867 | 2-己烯：$2CH_3$，$2CH_2$，$1CH{=}CH$ |
| | 7 | $CH{=}C$ | 0.8886 | 0.676 | 2-甲基-2-丁烯：$3CH_3$，$1CH{=}C$ |
| | 8 | $CH_2{=}C$ | 1.1173 | 0.988 | 2-甲基-1-丁烯：$2CH_3$，$1CH_2$，$1CH_2{=}C$ |
| 3<br>"$ACH$" | 9 | $ACH$ | 0.5313 | 0.400 | 苯：$6ACH$ |
| | 10 | $AC$ | 0.3652 | 0.120 | 苯乙烯：$1CH_2{=}CH$，$5ACH$，$1AC$ |
| 4<br>"$ACCH_2$" | 11 | $ACCH_3$ | 1.2663 | 0.968 | 甲苯：$5ACH$，$1ACCH_3$ |
| | 12 | $ACCH_2$ | 1.0396 | 0.660 | 乙苯：$1CH_3$，$5ACH$，$1ACCH_2$ |
| | 13 | $ACCH$ | 0.8121 | 0.348 | 异丙苯：$2CH_3$，$5ACH$，$1ACCH$ |
| 5<br>"$CCOH$" | 14 | $CH_2CH_2OH$ | 1.8788 | 1.664 | 1-丙醇：$1CH_3$，$1CH_2CH_2OH$ |
| | 15 | $CHOHCH_3$ | 1.8780 | 1.660 | 2-丁醇：$1CH_3$，$1CH_2$，$1CHOHCH_3$ |
| | 16 | $CHOHCH_2$ | 1.6513 | 1.352 | 3-辛醇：$2CH_3$，$4CH_2$，$1CHOHCH_2$ |
| | 17 | $CH_3CH_2OH$ | 2.1055 | 1.972 | 乙醇：$1CH_3CH_2OH$ |
| | 18 | $CHCH_2OH$ | 1.6513 | 1.352 | 2-甲基-1-丙醇：$2CH_3$，$1CHCH_2OH$ |
| 6 | 19 | $CH_3OH$ | 1.4311 | 1.432 | 甲醇：$1CH_3OH$ |
| 7 | 20 | $H_2O$ | 0.92 | 1.40 | 水：$H_2O$ |
| 8 | 21 | $ACOH$ | 0.8952 | 0.680 | 苯酚：$5ACH$，$1ACOH$ |
| 9<br>"$CH_2CO$" | 22 | $CH_3CO$ | 1.6724 | 1.488 | 酮基在第二个碳上：2-丁酮：$1CH_3$，$1CH_2$，$1CH_3CO$ |
| | 23 | $CH_2CO$ | 1.4457 | 1.180 | 酮基在其他碳上；3-戊酮：$2CH_3$，$1CH_2$，$1CH_2CO$ |
| 10 | 24 | $CHO$ | 0.9980 | 0.948 | 乙醛：$1CH_3$，$1CHO$ |
| 11<br>"$COOC$" | 25 | $CH_3COO$ | 1.9031 | 1.728 | 乙酸丁酯：$1CH_3$，$3CH_2$，$1CH_3COO$ |
| | 26 | $CH_2COO$ | 1.6764 | 1.420 | 丙酸丁酯：$2CH_3$，$3CH_2$，$1CH_2COO$ |
| 12<br>"$CH_2O$" | 27 | $CH_3O$ | 1.1450 | 1.088 | 二甲醚：$1CH_3$，$1CH_3O$ |
| | 28 | $CH_2O$ | 0.9183 | 0.780 | 二乙醚：$2CH_3$，$1CH_2$，$1CH_2O$ |
| | 29 | $CHO$ | 0.6908 | 0.468 | 二异丙醚：$4CH_3$，$1CH$，$1CHO$ |
| | 30 | $FCH_2O$ | 0.9183 | 1.1 | 四氢呋喃：$3CH_2$，$1FCH_2O$ |
| 13<br>"$CNH_2$" | 31 | $CH_3NH_2$ | 1.5959 | 1.544 | 甲胺：$1CH_3NH_2$ |
| | 32 | $CH_2NH_2$ | 1.3692 | 1.236 | 丙胺：$1CH_3$，$1CH_2$，$1CH_2NH_2$ |
| | 33 | $CHNH_2$ | 1.1417 | 0.924 | 异丙胺：$2CH_3$，$1CHNH_2$ |
| 14<br>"$CNH$" | 34 | $CH_3NH$ | 1.4337 | 1.244 | 二甲胺：$1CH_3$，$1CH_3NH$ |
| | 35 | $CH_2NH$ | 1.2070 | 0.936 | 二乙胺：$2CH_3$，$1CH_2$，$1CH_2NH$ |
| | 36 | $CHNH$ | 0.9795 | 0.624 | 二异丙胺：$4CH_3$，$1CH$，$1CHNH$ |
| 15 | 37 | $ACNH_2$ | 1.0600 | 0.816 | 苯胺：$5ACH$，$1ACNH_2$ |
| 16<br>"$CCN$" | 38 | $CH_3CN$ | 1.8701 | 1.724 | 乙腈：$1CH_3CN$ |
| | 39 | $CH_2CN$ | 1.6434 | 1.416 | 丙腈：$1CH_3$，$1CH_2CN$ |
| 17<br>"$COOH$" | 40 | $COOH$ | 1.3013 | 1.224 | 乙酸：$1CH_3$，$1COOH$ |
| | 41 | $HCOOH$ | 1.5280 | 1.532 | 甲酸：$1HCOOH$ |
| 18<br>"$CCl$" | 42 | $CH_2Cl$ | 1.4654 | 1.264 | 1-氯丁烷：$1CH_3$，$2CH_2$，$1CH_2Cl$ |
| | 43 | $CHCl$ | 1.2380 | 0.952 | 2-氯丙烷：$2CH_3$，$1CHCl$ |
| | 44 | $CCl$ | 0.7910 | 0.724 | 2-氯-2-甲基丙烷：$3CH_3$，$1CCl$ |
| 19<br>"$CCl_2$" | 45 | $CH_2Cl_2$ | 2.2564 | 1.988 | 二氯甲烷：$1CH_2Cl_2$ |
| | 46 | $CHCl_2$ | 2.0606 | 1.684 | 1,1-二氯乙烷：$1CH_3$，$1CHCl_2$ |
| | 47 | $CCl_2$ | 1.8016 | 1.448 | 2,2-二氯丙烷：$2CH_3$，$1CCl_2$ |

| 主 基 团 | 编号 | 子基团 | $R_k$ | $Q_k$ | 示　　　例 |
|---|---|---|---|---|---|
| 20 | 48 | CHCl$_3$ | 2.8700 | 2.410 | 氯仿：1CHCl$_3$ |
| "CCl$_3$" | 49 | CCl$_3$ | 2.6401 | 2.184 | 1,1,1-三氯乙烷：1CH$_3$，1CCl$_3$ |
| 21 | 50 | CCl$_4$ | 3.3900 | 2.910 | 四氯甲烷：1CCl$_4$ |
| 22 | 51 | ACCl | 1.562 | 0.844 | 氯苯：5ACH，1ACCl |
| 23 | 52 | CH$_3$NO$_2$ | 2.0086 | 1.868 | 硝基甲烷：1CH$_3$NO$_2$ |
| "CNO$_2$" | 53 | CH$_2$NO$_2$ | 1.7818 | 1.560 | 1-硝基丙烷：1CH$_3$，1CH$_2$，1CH$_2$NO$_2$ |
| | 54 | CHNO$_2$ | 1.5544 | 1.248 | 2-硝基丙烷：2CH$_3$，1CHNO$_2$ |
| 24 | 55 | ACNO$_2$ | 1.4199 | 1.104 | 硝基苯：5ACH，1ACNO$_2$ |
| 25 | 56 | CS$_2$ | 2.057 | 1.65 | 二硫化碳：1CS$_2$ |

② 剩余活度系数　UNIFAC 模型假设剩余部分是溶液中每一个基团所起作用减去其在纯组分中所起作用的总和。其关联式与 ASOG 模型完全相同，即

$$\ln\gamma_i^{R} = \sum_{k=1}^{m} \upsilon_k^{(i)}\left[\ln\Gamma_k - \ln\Gamma_k^{(i)}\right] \tag{4-115}$$

式中，$\Gamma_k$ 为基团 $k$ 的剩余活度系数；$\Gamma_k^i$ 为基团 $k$ 在仅含 $i$ 组分分子的"参考"溶液中的剩余活度系数；$m$ 为溶液中所含基团种数；$\upsilon_k^{(i)}$ 为 $i$ 组分中基团 $k$ 的个数。

基团 $k$ 的剩余活度系数和 UNIQUAC 模型中计算 $\gamma_i^{R}$ 的公式完全相同，只是将各项改用相应的基团参数来代替，即

$$\ln\Gamma_k = Q_k\left[1 - \ln\left(\sum_{j=1}^{m}\bar{\theta}_j\psi_{jk}\right) - \sum_{j=1}^{m}\left(\frac{\bar{\theta}_j\psi_{kj}}{\sum\limits_{n=1}^{m}\bar{\theta}_n\psi_{nj}}\right)\right] \tag{4-116}$$

式中，$\bar{\theta}_j$ 为基团 $j$ 的表面积分数，其定义为

$$\bar{\theta}_j = \frac{Q_jX_j}{\sum\limits_{n=1}^{m}Q_nx_n} \tag{4-117}$$

式中，$Q_j$ 为基团 $j$ 的表面积参数，见表 4-3；$X_j$ 为基团 $j$ 在溶液中的基团分数，其定义为

$$X_j = \frac{\sum\limits_{i=1}^{c}\upsilon_j^{(i)}x_i}{\sum\limits_{i=1}^{c}\sum\limits_{k=1}^{m}\upsilon_k^{(i)}x_i} \tag{4-118}$$

式中，$x_i$ 为溶液中 $i$ 组分的摩尔分数；$\upsilon_j^{(i)}$ 为 $i$ 组分中基团 $j$ 的个数。

式（4-116）中 $\psi_{jk}$ 与 $\psi_{kj}$ 称为 $j$ 与 $k$ 基团相互作用参数

$$\psi_{jk} = \exp\left(-\frac{U_{jk}-U_{kk}}{RT}\right) = \exp\left(-\frac{a_{jk}}{T}\right) \tag{4-119a}$$

$$\psi_{kj} = \exp\left(-\frac{U_{kj}-U_{jj}}{RT}\right) = \exp\left(-\frac{a_{kj}}{T}\right) \tag{4-119b}$$

式中，$U_{jk}$，$U_{kj}$ 表征配偶基团 $j$ 与 $k$ 之间的相互作用，称为基团配偶参数；$a_{jk}$ 称为基团交互作用参数，它是基团 $j$ 和基团 $k$ 之间相互作用能与两个 $k$ 基团之间相互作用能差异的度量，其单位为 K，且 $a_{jk} \neq a_{kj}$，并且假定基团交互作用参数与温度无关。

因此，每一对基团存在两个基团相互作用参数，三个基团（或更多基团）间的参数就不需要了。基团相互作用参数必须从相平衡数据计算得到。表 4-4 列出了 25 种基团间的相互作用参数值。

## 表 4-4　基团交互作用参数 $a_{jk}$

$$(a_{jj}=a_{kk}=0,\ a_{jk}\neq a_{kj})$$

K

| $j$ \ $k$ | 1 CH₂ | 2 C=C | 3 ACH | 4 ACCH₂ | 5 CCOH | 6 CH₃OH | 7 H₂O | 8 ACOH |
|---|---|---|---|---|---|---|---|---|
| 1 CH₂ | 0 | −200.0 | 61.13 | 76.50 | 737.5 | 697.2 | 1318 | (2789)[①] |
| 2 C=C | 2520 | 0 | 340.7 | 4102 | (535.2) | (1509) | 599.6 | |
| 3 ACH | −11.12 | −94.78 | 0 | 167.0 | 477.0 | 637.4 | 903.8 | (1397) |
| 4 ACCH₂ | −69.70 | −269.7 | −146.8 | 0 | 469.0 | 603.3 | (5695) | (726.3) |
| 5 CCOH | −87.93 | (121.5) | −64.13 | −99.38 | 0 | 127.4 | 285.4 | (257.3) |
| 6 CH₃OH | 16.51 | (−52.39) | −50.00 | −44.50 | −80.78 | 0 | −181.0 | |
| 7 H₂O | 580.6 | 511.7 | 362.3 | (377.6) | −148.5 | 289.6 | 0 | 442.0 |
| 8 ACOH | (311.0) | | (2043) | (6245) | (−455.4) | | −540.6 | 0 |
| 9 CH₂CO | 26.76 | −82.92 | 140.1 | 365.8 | 129.2 | 108.7 | 605.6 | |
| 10 CHO | 505.7 | | | | | −340.2 | (−155.7) | |
| 11 COOC | 114.8 | | 85.84 | −170.0 | 109.9 | 249.6 | 1135 | 853.6 |
| 12 CH₂O | 83.36 | 76.44 | 52.13 | 65.69 | 42.00 | (339.7) | 634.2[②] | |
| 13 CNH₂ | −30.48 | (79.40) | −44.85 | | (−217.2) | (−481.7) | −507.1 | |
| 14 CNH | 65.33 | −41.32 | −22.31 | (223.0) | −243.3 | −500.4 | −547.7[②] | |
| 15 ACNH₂ | 5339 | | 650.4 | 3399 | (−245.0) | | −339.5 | |
| 16 CCN | 35.76 | 26.09 | (−22.97) | −138.4 | | (168.8) | 242.8 | |
| 17 COOH | 315.3 | (349.2) | 62.32 | 268.2 | −17.59 | 1020 | −292.0 | |
| 18 CCl | (91.45) | (−24.36) | (4.680) | (122.9) | 368.6 | 529.0 | 698.2 | |
| 19 CCl₂ | (34.01) | (−52.71) | | | 601.6 | (669.9) | 708.7 | |
| 20 CCl₃ | 36.70 | −185.1 | 288.5 | (33.61) | 491.1 | 649.1 | 826.8 | |
| 21 CCl₄ | −78.45 | (−293.7) | −4.700 | 134.7 | 570.7 | 860.1 | 1201 | (1616) |
| 22 ACCl | −141.3 | | (−237.7) | | (134.1) | | 920.4 | |
| 23 CNO₂ | −32.69 | (−49.92) | 10.38 | −97.05 | | (252.6) | 614.2 | |
| 24 ACNO₂ | (5541) | | (1825) | | | | 360.7 | |
| 25 CS₂ | (11.46) | | −18.99 | | 442.8 | 914.2 | 1081 | |

| $j$ \ $k$ | 9 CH₂CO | 10 CHO | 11 COOC | 12 CH₂O | 13 CNH₂ | 14 CNH | 15 ACNH₂ | 16 CCN |
|---|---|---|---|---|---|---|---|---|
| 1 CH₂ | 476.4 | (677.0) | 232.1 | 251.5 | 391.5 | 255.7 | 1245 | 612.0 |
| 2 C=C | 524.5 | | | 289.3 | (396.0) | 273.6 | | 370.9 |
| 3 ACH | 25.77 | | 5.994 | 32.14 | 161.7 | 122.8 | 668.2 | (212.5) |
| 4 ACCH₂ | −52.10 | | 5688 | 213.1 | | (−49.29) | 612.5 | 6096 |
| 5 CCOH | 48.16 | | 76.20 | 70.00 | (110.8) | 188.3 | (412.0) | |
| 6 CH₃OH | 23.39 | 306.4 | −10.72 | (−180.6) | (359.3) | (266.0) | | (45.54) |
| 7 H₂O | −280.8 | (649.1) | −455.4 | −400.6[②] | 357.5 | 287.0[②] | 213.0 | 112.6 |
| 8 ACOH | | | −713.2 | | | | | |
| 9 CH₂CO | 0 | −37.36 | −213.7 | (5.202) | | | | 428.5 |
| 10 CHO | 128.0 | 0 | | | | | | |
| 11 COOC | 372.2 | | 0 | −235.7 | | (−73.50) | | 533.6 |
| 12 CH₂O | (52.38) | | 461.3 | 0 | | (141.7) | | |
| 13 CNH₂ | | | | | 0 | (63.72) | | |
| 14 CNH | | | (136.0) | (−49.30) | (108.8) | 0 | | |
| 15 ACNH₂ | | | | | | | 0 | |
| 16 CCN | −275.1 | | −297.3 | | | | | 0 |
| 17 COOH | −297.8 | | −256.3 | −338.5 | | | | |
| 18 CCl | (286.3) | | | 225.4 | | | | |
| 19 CCl₂ | (423.2) | | (−132.9) | (−197.7) | | | | |
| 20 CCl₃ | 552.1 | | 176.5 | −20.93 | | | | (74.04) |
| 21 CCl₄ | 372.0 | | 129.5 | | | 91.13 | (1302) | (492.0) |
| 22 ACCl | | | −299.2 | | 203.5 | −108.4 | | |
| 23 CNO₂ | (−142.6) | | | (−94.49) | | | | |
| 24 ACNO₂ | | | | | | | (5250) | |
| 25 CS₂ | 298.7 | | 233.7 | 79.79 | | | | |

续表

| | $k$ | 17 | 18 | 19 | 20 | 21 | 22 | 23 | 24 | 25 |
|---|---|---|---|---|---|---|---|---|---|---|
| $j$ | | COOH | CCl | CCl$_2$ | CCl$_3$ | CCl$_4$ | ACCl | CNO$_2$ | ACNO$_2$ | CS$_2$ |
| 1 | CH$_2$ | 663.5 | (35.93) | (53.76) | 24.9 | 104.3 | 321.5 | 661.5 | (543.0) | (114.1) |
| 2 | C=C | (730.4) | (99.61) | (337.1) | (4583) | (5831) | | (542.1) | | |
| 3 | ACH | 537.4 | (−18.81) | | −231.9 | 3.00 | (538.2) | 168.1 | (194.9) | 97.53 |
| 4 | ACCH$_2$ | 603.8 | (−114.1) | | (−12.14) | −141.3 | | 3629 | | |
| 5 | CCOH | 77.61 | −38.23 | −185.9 | −170.9 | −98.66 | (290.0) | | | 73.52 |
| 6 | CH$_3$OH | −289.5 | −38.32 | (−102.5) | −139.4 | −67.80 | | (75.14) | | −31.09 |
| 7 | H$_2$O | 225.4 | 325.4 | 370.4 | 353.7 | 497.5 | 678.2 | −19.44 | 399.5 | 887.1 |
| 8 | ACOH | | | | | (4894) | | | | |
| 9 | CH$_2$CO | 669.4 | (−191.7) | (−284.0) | −354.6 | −39.20 | | (137.5) | | 162.3 |
| 10 | CHO | | | | | | | | | |
| 11 | COOC | 660.2 | | (108.9) | −209.7 | 54.47 | 808.7 | | | 162.7 |
| 12 | CH$_2$O | 664.6 | 301.1 | (137.8) | −154.3 | | | (95.18) | | 151.1 |
| 13 | CNH$_2$ | | | | | | | 68.81 | | |
| 14 | CNH | | | | | 71.23 | (4350) | | | |
| 15 | ACNH$_2$ | | | | | (8455) | | | (−62.73) | |
| 16 | CCN | | | | −15.62 | (−54.86) | | | | |
| 17 | COOH | 0 | 44.42 | −183.4 | | 212.7 | | | | |
| 18 | CCl | 326.4 | 0 | 108.3 | (249.2) | 62.42 | | | | |
| 19 | CCl$_2$ | 1821 | −84.53 | 0 | (0) | (56.33) | | | | |
| 20 | CCl$_3$ | | (−157.1) | (0) | 0 | −30.10 | | | | 256.5 |
| 21 | CCl$_4$ | 689.0 | 11.80 | (17.97) | 51.90 | 0 | (475.8) | (490.9) | (534.7) | 132.2 |
| 22 | ACCl | | | | (−255.4) | 0 | (−154.5) | | | |
| 23 | CNO$_2$ | | | | (−34.68) | 794.4 | 0 | | | |
| 24 | ACNO$_2$ | | | | (514.6) | | | 0 | | |
| 25 | CS$_2$ | | | | −125.8 | −60.71 | | | | 0 |

① 括弧内数据由少量数据回归得出。

② 在全浓度范围内并非均可靠。

式(4-116)也适用于计算 $\ln\Gamma_k^{(i)}$，但应注意组分数仅有一个。式(4-115)中引入 $\Gamma_k^{(i)}$ 这一项是为了保证当 $x_i \to 1$ 时，$\gamma_i^R \to 1.0$。同时由式(4-109)不难看出，当 $x_i \to 1$ 时 $\gamma_i^C \to 1$，于是必然 $\gamma_i \to 1$。

【例4-12】 试求丙酮(1)-戊烷(2)体系在307K，$x_1 = 0.047$ 时丙酮的活度系数。

**解** 丙酮是由 1 个 CH$_3$ 基团和 1 个 CH$_3$CO 基团构成。戊烷是由 2 个 CH$_3$ 基团和 3 个 CH$_2$ 基团构成。由表4-3查得：

| 基 团 | 编 号 | $R_k$ | $Q_k$ |
|---|---|---|---|
| CH$_3$ | 1 | 0.9011 | 0.848 |
| CH$_2$ | 2 | 0.6744 | 0.540 |
| CH$_3$CO | 22 | 1.6724 | 1.488 |

由式(4-113)得

$$q_1 = 1 \times 0.848 + 1 \times 1.488 = 2.336$$
$$q_2 = 2 \times 0.848 + 3 \times 0.540 = 3.316$$

由式(4-114)得

$$r_1 = 1 \times 0.9011 + 1 \times 1.6724 = 2.5735$$
$$r_2 = 2 \times 0.9011 + 3 \times 0.6744 = 3.8254$$

由式(4-111)得

$$\theta_1 = \frac{2.336 \times 0.047}{2.336 \times 0.047 + 3.316 \times 0.953} = 0.03358$$

$$\theta_2 = \frac{3.316 \times 0.953}{2.336 \times 0.047 + 3.316 \times 0.953} = 0.96642$$

由式(4-112)得

$$\phi_1 = \frac{2.5735 \times 0.047}{2.5735 \times 0.047 + 3.8254 \times 0.953} = 0.03211$$

$$\phi_2 = \frac{3.8254 \times 0.953}{2.5735 \times 0.047 + 3.8254 \times 0.953} = 0.96789$$

将上述 $r_i$、$q_i$ 值代入式(4-110)，并取 $Z=10$，得

$$l_1 = \frac{10}{2}(2.5735 - 2.336) - (2.5735 - 1) = -0.3860$$

$$l_2 = \frac{10}{2}(3.8254 - 3.316) - (3.8254 - 1) = -0.2784$$

$$\ln\gamma_1^C = \ln\frac{0.03211}{0.047} + \frac{10}{2} \times 2.336\ln\frac{0.03358}{0.03211} + (-0.3860) -$$

$$\frac{0.03211}{0.047}[0.047 \times (-0.3860) + 0.953 \times (-0.2784)]$$

$$= -0.0505$$

从表 4-4 得

$$a_{1,22} = a_{2,22} = 476.4\text{K}$$

$$a_{22,1} = a_{22,2} = 26.76\text{K}$$

$$a_{1,2} = a_{2,1} = a_{1,1} = a_{2,2} = a_{22,22} = 0\text{K}$$

由式(4-119)得

$$\psi_{1,22} = \psi_{2,22} = \exp\left(-\frac{476.4}{307}\right) = 0.2119$$

$$\psi_{22,1} = \psi_{22,2} = \exp\left(-\frac{26.76}{307}\right) = 0.9165$$

$$\psi_{1,1} = \psi_{2,1} = \psi_{1,2} = \psi_{2,2} = \psi_{22,22} = 1$$

在纯丙酮中的基团分数为

$$X_1^{(1)} = X_{22}^{(1)} = 0.5$$

表面积分数为

$$\overline{\theta}_1^{(1)} = \frac{0.848}{0.848 + 1.488} = 0.3630$$

$$\overline{\theta}_2^{(1)} = \frac{1.488}{0.848 + 1.488} = 0.6370$$

由式(4-116)得

$$\ln\Gamma_1^{(1)} = 0.848\left[1 - \ln(0.3630 \times 1 + 0.6370 \times 0.9165) - \right.$$

$$\left. \frac{0.3630 \times 1}{0.3630 \times 1 + 0.6370 \times 0.9165} - \frac{0.6370 \times 0.2119}{0.3630 \times 0.2119 + 0.6370}\right]$$

$$= 0.4089$$

同理 $\ln\Gamma_{22}^{(1)} = 0.1389$

当 $x_1 = 0.047$ 时，基团分数为

$$X_1 = \frac{0.047 \times 1 + 0.953 \times 2}{0.047 \times 2 + 0.953 \times 5} = 0.4019$$

$$X_2 = 0.5884 \qquad X_{22} = 0.0097$$

基团的表面积分数为

$$\overline{\theta}_1 = 0.5065 \qquad \overline{\theta}_2 = 0.4721 \qquad \overline{\theta}_{22} = 0.0214$$

由式(4-116)得

$$\ln\Gamma_{22} = 1.488\Big[1 - \ln((0.5065 + 0.4721) \times 0.2119 + 0.0214 \times 1) -$$

$$\frac{(0.5065 + 0.4721) \times 0.9165}{(0.5065 + 0.4721) + 0.0214 \times 0.9165} - \frac{0.0214 \times 1}{(0.5065 + 0.4721) \times 0.2119 + 0.0214}\Big]$$

$$= 2.2067$$

同理 $$\ln\Gamma_1 = 0.0014$$

则 $$\ln\gamma_1^{\mathrm{R}} = 1 \times (0.0014 - 0.4089) + 1 \times (2.2067 - 0.1389) = 1.6603$$

$$\ln\gamma_1 = 1.6603 - 0.0505 = 1.6098$$

$$\gamma_1 = 5.00$$

已知实验值为 4.41，则

$$误差\% = \frac{5.00 - 4.41}{4.41} \times 100 = 13.4\%$$

## 习 题

4-1 在 20℃、0.1013MPa 时，乙醇(1)与 $H_2O$(2)所形成的溶液其体积可用下式表示：

$$V = 58.36 - 32.46x_2 - 42.98x_2^2 + 58.77x_2^3 - 23.45x_2^4$$

试将乙醇和水的偏摩尔体积 $\overline{V}_1$、$\overline{V}_2$ 表示为浓度 $x_2$ 的函数。

4-2 某二组元液体混合物在固定 $T$ 及 $p$ 下的焓可用下式表示：

$$H = 400x_1 + 600x_2 + x_1x_2(40x_1 + 20x_2)$$

式中，$H$ 单位为 J/mol。试确定在该温度、压力状态下

(1) 用 $x_1$ 表示的 $\overline{H}_1$ 和 $\overline{H}_2$；

(2) 纯组分焓 $H_1$ 和 $H_2$ 的数值；

(3) 无限稀释下液体的偏摩尔焓 $\overline{H}_1^\infty$ 和 $\overline{H}_2^\infty$ 的数值。

4-3 实验室需要配制 $1200\mathrm{cm}^3$ 防冻溶液，它由 30% 的甲醇(1)和 70% 的 $H_2O$(2)（摩尔比）组成。试求需要多少体积的 25℃ 时的甲醇与水混合。已知甲醇和水在 25℃、30%（摩尔分数）的甲醇溶液的偏摩尔体积：

$$\overline{V}_1 = 38.632\mathrm{cm}^3/\mathrm{mol} \qquad \overline{V}_2 = 17.765\mathrm{cm}^3/\mathrm{mol}$$

25℃下纯物质的体积：

$$V_1 = 40.727\mathrm{cm}^3/\mathrm{mol} \qquad V_2 = 18.068\mathrm{cm}^3/\mathrm{mol}$$

4-4 有人提出用下列方程组来表示恒温、恒压下简单二元体系的偏摩尔体积

$$\overline{V}_1 - V_1 = a + (b - a)x_1 - bx_1^2$$

$$\overline{V}_2 - V_2 = a + (b - a)x_2 - bx_2^2$$

式中，$V_1$ 和 $V_2$ 是纯组分的摩尔体积，$a$、$b$ 只是 $T$、$p$ 的函数。试从热力学角度分析这些方程是否合理？

4-5 试计算甲乙酮(1)和甲苯(2)的等分子混合物在 323K 和 $2.5 \times 10^4$ Pa 下的 $\hat{\phi}_1$、$\hat{\phi}_2$ 和 $f$。

4-6 试推导服从 van der waals 方程的气体的逸度表达式。

4-7 式 $\hat{f}_i^{\mathrm{V}} = \hat{f}_i^{\mathrm{L}}$ 为汽液两相平衡的一个基本限制，试问平衡时下式是否成立：

$$f^{\mathrm{V}} = f^{\mathrm{L}}$$

也就是说，当混合体系处于平衡时其汽相混合物的逸度是否等于液相混合物的逸度？

4-8 体积为 $1m^3$ 的容器，内装由 $30\%$（摩尔分数）氮和 $70\%$（摩尔分数）乙烷所组成的气体混合物，温度为 $127℃$，压力为 $20.26MPa$。求容器内混合物的物质的量（mol）、焓和熵。假设混合物是理想溶液。纯氮和纯乙烷在 $127℃$ 和 $20.26MPa$ 的 $V$、$H$ 和 $S$ 值由下表给出：

| 项目 | $V/(cm^3/mol)$ | $H/(J/mol)$ | $S/[J/(mol \cdot K)]$ |
|------|------|------|------|
| 氮 | 179.6 | 18090 | 154.0 |
| 乙烷 | 113.4 | 31390 | 190.2 |

表中焓值和熵值的基准是在绝对零度时完整晶体的值为零。

4-9 $344.75K$ 时，由氢和丙烷组成的二元气体混合物，其中丙烷的摩尔分数为 $0.792$，混合物的压力为 $3.7974MPa$。试用 RK 方程和相应的混合规则计算混合物中氢的逸度系数。已知氢-丙烷系的 $k_{ij}=0.07$，$\hat{\phi}_{H_2}$ 的实验值为 $1.439$。

4-10 某二元液体混合物在固定 $T$ 和 $p$ 下其超额焓可用下列方程来表示：
$$H^E = x_1 x_2 (40x_1 + 20x_2)$$
其中 $H^E$ 的单位为 $J/mol$。试求 $\overline{H_1^E}$ 和 $\overline{H_2^E}$（用 $x_1$ 表示）。

4-11 环己烷（1）和四氯化碳（2）所组成的二元溶液，在 $1.013 \times 10^5 Pa$、$333K$ 时的摩尔体积值如下表所示：

| $x_1$ | $V/(cm^3/mol)$ | $x_1$ | $V/(cm^3/mol)$ | $x_1$ | $V/(cm^3/mol)$ |
|------|------|------|------|------|------|
| 0.00 | 101.460 | 0.20 | 104.002 | 0.85 | 111.897 |
| 0.02 | 101.717 | 0.30 | 105.253 | 0.90 | 112.481 |
| 0.04 | 101.973 | 0.40 | 106.490 | 0.92 | 112.714 |
| 0.06 | 102.228 | 0.50 | 107.715 | 0.94 | 112.946 |
| 0.08 | 102.483 | 0.60 | 108.926 | 0.96 | 113.178 |
| 0.10 | 102.737 | 0.70 | 110.125 | 0.98 | 113.409 |
| 0.15 | 103.371 | 0.80 | 111.310 | 1.00 | 113.640 |

试由上述数据，确定给定温度及压力下的（1）$V_1$；（2）$V_2$；（3）$\overline{V_1^\infty}$；（4）$\overline{V_2^\infty}$；

再由以上数据，分别用下列四个标准态，求出 $\Delta V$，并给出 $\Delta V$ 对 $x_1$ 的曲线；（5）组分 1、组分 2 均用 Lewis-Randall 规则标准状态；（6）组分 1、组分 2 均用 Henry 定律标准状态；（7）组分 1 用 Lewis-Randall 规则标准状态，组分 2 用 Henry 定律标准状态；（8）组分 1 用 Henry 定律标准状态，组分 2 用 Lewis-Randall 规则标准状态。

上述四个标准状态，意指不同类型的理想溶液。试问对组分 1 的稀溶液来说，哪一对能更好地表示实际的体积变化？对组分 1 的浓溶液呢？

4-12 在 $473K$、$5MPa$ 下两气体混合物的逸度系数可用下式表示：
$$\ln\phi = y_1 y_2 (1+y_2)$$
式中，$y_1$、$y_2$ 为组分 1 和组分 2 的摩尔分数，试求 $\hat{f}_1$ 及 $\hat{f}_2$ 的表达式，并求出当 $y_1 = y_2 = 0.5$ 时，$\hat{f}_1$、$\hat{f}_2$ 各为多少？

4-13 在一固定 $T$、$p$ 下，测得某二元体系的活度系数值可用下列方程表示：
$$\ln\gamma_1 = \alpha x_2^2 + \beta x_2^2 (3x_1 - x_2) \tag{a}$$
$$\ln\gamma_2 = \alpha x_1^2 + \beta x_1^2 (x_1 - 3x_2) \tag{b}$$
试求出 $\dfrac{G^E}{RT}$ 的表达式；并问（a）、（b）方程式是否满足 Gibbs-Duhem 方程？若用（c）、（d）方程式表示该二元体系的活度数值时，则是否也满足 Gibbs-Duhem 方程？
$$\ln\gamma_1 = x_2 (a + bx_2) \tag{c}$$
$$\ln\gamma_2 = x_1 (a + bx_1) \tag{d}$$

4-14　在恒定 $T$、$p$ 下，某二元液态溶液的超额性质与组成间的函数关系假设为

$$M^E = Ax_1 + Bx_1^2$$

式中 $A$ 与 $B$ 在恒温恒压下为常数。试问根据热力学以及该方程的要求去处理实验数据，是否会产生困难？请予以解释。

4-15　工厂常将稀硫酸溶液重新浓缩后再使用，现设有 68% 稀硫酸在 0.1013MPa、25℃下进入浓缩锅，浓缩至 92%。已知 92% 硫酸溶液的正常沸点为 556.15K，平均热容为 1.926kJ/(kg·K)。试计算每得到 100kg 92% 硫酸溶液应向浓缩锅提供多少热量？

4-16　试证明 $\dfrac{\overline{G_i^E}}{RT}$ 和 $\ln\gamma_i$ 既是 $\dfrac{G^E}{RT}$ 的偏摩尔量，又是 $\Delta\ln\phi$ 的偏摩尔量和 $\Delta\ln f$ 的偏摩尔量。

4-17　测得乙腈(1)-乙醛(2)体系在 50℃到 100℃的第二维里系数可近似地用下式表示：

$$B_{11} = -8.55\left(\frac{1}{T}\times10^3\right)^{5.5}$$

$$B_{22} = -21.5\left(\frac{1}{T}\times10^3\right)^{3.25}$$

$$B_{12} = -1.74\left(\frac{1}{T}\times10^3\right)^{7.35}$$

式中，$T$ 的单位是 K，$B$ 的单位是 $cm^3/mol$。试计算乙腈和乙醛两组分的等分子蒸气混合物在 $0.8\times10^5 Pa$ 和 80℃时的 $\hat{f}_1$ 与 $\hat{f}_2$。

4-18　下述说法是否正确？并说明理由。

(1) 因为分子 1 对分子 2 的作用能等于分子 2 对分子 1 的作用能，因此，与相互作用能成正比的能量项 $g_{12} = g_{21}$，这样便可推知 Wilson 参数 $\Lambda_{12} = \Lambda_{21}$；

(2) 剩余性质 $M^R$ 只能用于气体；而超额性质 $M^E$ 既可用于气体，也可用于液体。

4-19　一个由丙酮(1)-醋酸甲酯(2)-甲醇(3)所组成的三元液态溶液，当温度为 50℃时，$x_1 = 0.34$，$x_2 = 0.33$，$x_3 = 0.33$，试用 Wilson 方程计算 $\gamma_i$。已知在 50℃时三个二元体系的 Wilson 配偶参数值如下：

$$A_{12} = 0.7189 \qquad \Lambda_{21} = 1.1816$$
$$A_{13} = 0.5088 \qquad \Lambda_{31} = 0.9751$$
$$A_{23} = 0.5229 \qquad \Lambda_{32} = 0.5793$$

# 5 相 平 衡

混合物的分离与精制在化工过程中占有重要的地位。化工生产中广为采用的分离技术如精馏、吸收、萃取、结晶等分别以汽液平衡、气体的溶解度、液液平衡、固液平衡等理论为设计依据。

当两相接触时，由于存在温度、压力、组分浓度的差异，相间将发生物质和能量的交换，直至各相的性质如温度、压力、组成等不再随时间变化时，此状态即处于相平衡。实际上，相平衡是一种动态平衡。相平衡理论是论述相平衡时体系的温度、压力、各相的体积、各相的组成以及其他热力学函数间关系与相互间的计算。相平衡涉及的内容十分广泛。本章重点讨论汽液平衡的理论与汽液平衡数据的计算方法。气体的溶解度、液液平衡、固液平衡则作简要介绍。

## 5.1 相平衡的判据与相律

### 5.1.1 相平衡的判据

平衡的判据应以热力学第二定律为依据。等温等压下的封闭体系，一切自发过程必引起体系的自由焓减少，达到平衡态时，体系的自由焓为最小。由此得出，等温等压的封闭体系达到平衡的判据为

$$(\mathrm{d}G)_{T,p}=0 \tag{5-1}$$

将式(5-1)应用于多组分两相平衡的封闭体系，设两相分别为 $\alpha$ 相和 $\beta$ 相，每一相可视为一个能向另一相传递物质的敞开体系。

由单相敞开体系的热力学关系式，写出

$$\mathrm{d}(nG)^{\alpha}=-(nS)^{\alpha}\mathrm{d}T+(nV)^{\alpha}\mathrm{d}p+\sum\mu_i^{\alpha}\mathrm{d}n_i^{\alpha}$$

$$\mathrm{d}(nG)^{\beta}=-(nS)^{\beta}\mathrm{d}T+(nV)^{\beta}\mathrm{d}p+\sum\mu_i^{\beta}\mathrm{d}n_i^{\beta}$$

等温等压下 $\alpha$、$\beta$ 两相平衡时，由式(5-1)得

$$(\mathrm{d}G)_{T,p}=\mathrm{d}(nG)^{\alpha}+\mathrm{d}(nG)^{\beta}=\sum\mu_i^{\alpha}\mathrm{d}n_i^{\alpha}+\sum\mu_i^{\beta}\mathrm{d}n_i^{\beta}=0 \tag{5-2}$$

因两相合并为封闭体系，又无化学反应，体系内部的质量平衡，$\mathrm{d}n_i^{\alpha}=-\mathrm{d}n_i^{\beta}$，代入式(5-2)

$$\sum(\mu_i^{\alpha}-\mu_i^{\beta})\mathrm{d}n_i^{\alpha}=0, \qquad \text{但 } \mathrm{d}n_i^{\alpha}\neq 0$$

$$\mu_i^{\alpha}=\mu_i^{\beta} \tag{5-3}$$

对于多相（$\pi$ 相）与多组分（$N$ 组分），则写为

$$\mu_i^{\alpha}=\mu_i^{\beta}=\cdots=\mu_i^{\pi}(i=1,2,\cdots,N) \tag{5-4}$$

上式是以化学位表示的相平衡判据式。

利用逸度的定义式

$$\mathrm{d}\overline{G}_i=\mathrm{d}\mu_i=RT\mathrm{d}\ln\hat{f}_i\,(T\,\text{一定})$$

代入式(5-4)

可导出另一个等效的相平衡判据式

$$\hat{f}_i^\alpha = \hat{f}_i^\beta = \cdots = \hat{f}_i^\pi (i=1,2,\cdots,N) \tag{5-5}$$

由此可知，相平衡的判据为"除各相的温度、压力相同外，各相中各组分的化学位或者各相中各组分的分逸度必须相等"。

由于逸度的计算比化学位更为方便。因此式(5-5)是解决相平衡问题常用的公式。

### 5.1.2 相律

相律是多组分多相平衡体系所遵循的普遍规律。它是 J. W. Gibbs 于 1875 年提出的。相律揭示出平衡体系的自由度 $F$、组分数 $N$、相数 $\pi$ 之间的关系。其表达式如下

$$F = N - \pi + 2 \tag{5-6}$$

物质在不同的宏观约束条件下能呈现各种不同的聚集状态。气、液、固态是常见的三种宏观聚集态。相就是这些宏观聚集态共性的抽象。平衡热力学中，将宏观强度性质相同的均匀部分称为相。相在化学组成上可以是纯物质，也可以由多种物质组成。不同相之间一定有明显的分界面，而且越过此分界面某些物理性质的改变是突跃式的，因此原则上可用一定的方法将它们分开。但是仅有明显的分界面未必是不同的相。例如，氯化钠晶粒之间有明显的分界面。可是所有的氯化钠晶粒是一个固相。

体系自由度是在保持相的数目和相的形态不发生变化的条件下，独立可变的热力学强度变量的数目。

相律具有很广泛的指导意义，常用此确定体系的自由度、最大自由度以及可能共存的最多相数等。应用相律时，首先要考查体系是否满足相律成立的条件，并确定体系的组分数，这是关键的步骤。下面举例说明。

① 液体水与水蒸气平衡。确定组分数，$N=1$，相 $\pi=2$，则 $F=1$。可见体系只能指定温度或压力。

② 二元体系的汽液平衡。确定组分 $N=2$，相 $\pi=2$，则 $F=2$。若在变量（温度、压力、汽相组成、液相组成）中指定两个变量，则体系的状态便完全固定。

③ 水-正丁醇体系的汽液液平衡。确定组分 $N=2$，相 $\pi=3$，则 $F=1$，二元三相平衡中只有一个自由度。

## 5.2 汽液平衡的相图

考察体系相变化过程时，采用相图可直观表示体系的温度、压力及各相组成的关系。对二元体系，根据相律、相数至少为 1 时，自由度最多是 3，即在三维空间上完全可以显示二元相图的全貌，见图 5-1 所示。

三个坐标是 $T$、$p$、$x_1$（或 $y_1$）。图 5-1 中两个拱形曲面代表饱和状态，下面拱形曲面代表饱和蒸气状态 $pTy$ 面，上面拱形曲面代表饱和液体状态 $pTx$ 面，此两拱形面的交线 $UBHC_1$ 及 $KAC_2$ 线分别代表纯组分 1 和纯组分 2 的蒸气压曲线，$C_1$ 点与 $C_2$ 点分别是组分 1 与组分 2 的临界点。由组分 1、组分 2 构成的不同组成的混合物临界点位于 $C_1C_2$ 间的圆形边缘线上。$C_1C_2$ 曲线也称临界点轨迹。

在 $pTx$ 面以上的区域是过冷液体区，而在 $pTy$ 面以下的区域则是过热蒸气区。在 $pTx$ 面与 $pTy$ 面之间的空间则是汽液相共存区。

设某种过冷液体混合物，见图 5-1 中的 $F$ 点，在等温与等组成的条件下，沿垂直线 $FG$ 降低压力，则第一个气泡在 $L$ 点出现，$L$ 点是位于 $pTx$ 面上的点，被称为泡点，$pTx$ 面称泡点面，在 $L$ 点与液体成平衡的蒸气状态，必定是由处于 $L$ 点的温度和压力下的 $pTy$ 面上点 $V$ 表

示。$VL$ 线是连接汽液平衡相的结线。当压力沿 $FG$ 线进一步降低，液体的汽化量随之增加，直到 $W$ 点液体全部汽化，$W$ 点位于 $pTy$ 面上，因 $W$ 点是最后一滴液体消失，称为露点，$pTy$ 面称露点面。再进一步降压，进入过热蒸气区域。

图 5-1 较复杂，实际应用中，二元体系汽液平衡的特性通常用二维相图来描述。常用有 $p$-$T$ 图、$p$-$x$-$y$ 图、$T$-$x$-$y$ 图、$y$-$x$ 图。

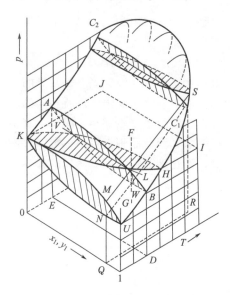

图 5-1 汽液平衡的 $p$-$T$-$x$-$y$ 图

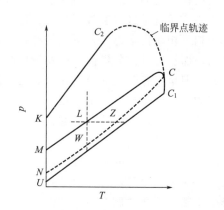

图 5-2 二元体系的 $p$-$T$ 图

### 5.2.1 二元体系的 $p$-$T$ 图及临界区域的相特性

图 5-1 中，取组成为一定的截面 $MNQRSL$，面上的线投影到一个与之平行的平面上，得到一定组成下的 $p$-$T$ 图。见图 5-2。

图 5-2 中 $UC_1$、$KC_2$ 是纯组分 1 与纯组分 2 的蒸气压曲线，$C_1$、$C_2$ 分别为纯组分 1、纯组分 2 的临界点，环形曲线 $MLCWN$ 表示一定组成的二元混合物的 $p$-$T$ 关系。$MLC$ 线是泡点线，$NWC$ 是露点线。如果混合物的组成改变，则环形曲线的位置、形状将会改变。

可见，单组分与二元体系的 $p$-$T$ 图是不同的，差异列在表 5-1 中。

表 5-1　单组分与二元体系的 $p$-$T$ 图的差异

| 单　组　分 | 二　元　体　系 |
| --- | --- |
| 汽液共存状态以一条曲线表示,其泡点线与露点线重合 | 汽液共存状态以一个区域表示,即 $MLCWN$ 曲线包围的面积 |
| 临界点是汽液两相共存的最高温度与最高压力 | 临界点未必是汽液两相共存的最高温度和最高压力 |
| 等压下沸点温度保持不变,待液体全部汽化后温度才能升高 | 物态处于液态,等压下升温到泡点温度($L$ 点),液体开始汽化,液体不断汽化,液相的含量也随之改变,体系的温度也不断升高,直至该压力下露点温度($Z$ 点),才全部汽化 |

图 5-3 表示二元混合物临界区域相特性的部分 $p$-$T$ 图。图 5-3 中 $C$ 点是二元混合物的临界点。$M_T$ 是两相共存的最高温度，称为临界冷凝温度。$M_p$ 是两相共存的最高压力，称为临界冷凝压力。图 5-3 中虚线（0.1，0.2）表示湿度线。

当体系处于临界点 $C$ 两边作等温下减压操作时发生的状态变化是不同的。在左侧，沿 $BD$

线降压，在泡点 $B$ 处开始汽化，随着压力下降，气体量增多，直到露点 $D$ 时全部变为蒸气。但在临界点 $C$ 的右侧却不同，压力降低过程中产生液相的含量增加的异常现象。例如，沿着 $FH$ 线降压，$F$ 点为饱和蒸气，降压后不会汽化，反而发生液化，直至 $G$ 点液相量达最大，再继续降压才开始汽化，直到露点 $H$ 时全部汽化。这种现象称逆向冷凝（retrograde condensation）。逆向冷凝的原理与现象在石油开采中有重要的实用意义，可以从石油气中提取"凝缩油"。

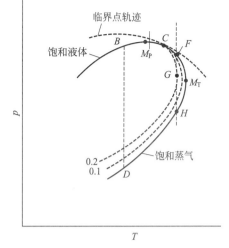

图 5-3 临界区域相特性的部分 $p$-$T$ 图

### 5.2.2 二元体系的 $p$-$x$-$y$、$T$-$x$-$y$、$y$-$x$ 相图形态的类型

二元体系汽液平衡的自由度为 2，其相图可用平面图表示。对于理想溶液，遵守 Raoult 定律，等温下 $p$-$x$-$y$ 图上的 $p$-$x$ 线应是一条直线，而对于非理想溶液，由于组分的分子大小及分子间作用力的差异引起对理想溶液的偏差，而这偏差程度的不同构成不同形态的相图，通常分为以下几类。

（1）具有正偏差而无恒沸物体系

此类体系是溶液中各组分的分压均大于 Raoult 定律的计算值，而溶液的蒸气压介于两纯组分蒸气压之间。其相图见图 5-4(a)、(e) 和图 5-5 中曲线 $a$，如甲醇-水体系、呋喃-四氯化

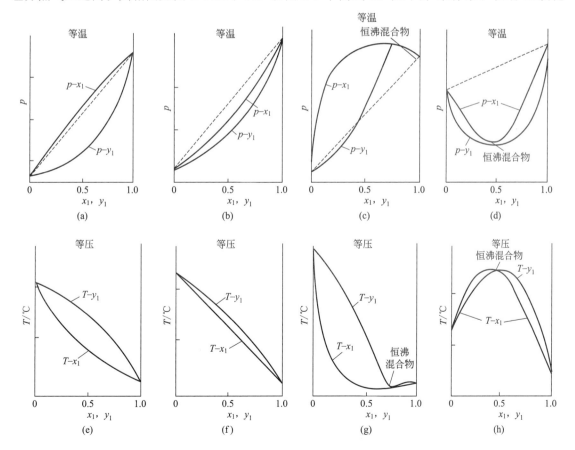

图 5-4 低压下互溶体系的汽液平衡相图

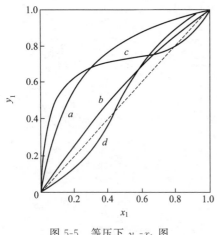

图 5-5 等压下 $y_1$-$x_1$ 图

碳体系等属于此类型。

（2）具有负偏差而无恒沸物体系

此类体系是溶液中各组分的分压均小于 Raoult 定律的计算值，而溶液的蒸气压介于两纯组分蒸气压之间。其相图见图 5-4(b)、(f) 和图 5-5 中的曲线 b，如氯仿-苯体系，四氯化碳-四氢呋喃体系等。

（3）正偏差较大而形成最大压力恒沸物体系

正偏差较大以至溶液的总压在 $p$-$x$ 曲线上出现最高点，最高点的压力均大于两纯组分的蒸气压，相应在等压下的 $T$-$x$ 曲线上为最低点，该点 $y = x$，称为恒沸点。相图见图 5-4(c)、(g) 和图 5-5 中的曲线 c，如乙醇-水体系、乙醇-苯体系等。

（4）负偏差较大而形成最小压力恒沸物体系

负偏差较大以至溶液的总压在 $p$-$x$ 曲线上出现最低点，该点的压力均小于两纯组分的蒸气压，相应在等压下 $T$-$x$ 曲线上为最高点，此点称恒沸点。相图见图 5-4(d)、(h) 和图 5-5 中的曲线 d，如氯仿-丙酮体系，三氯甲烷-四氢呋喃体系等。

需指出，形成恒沸点体系，在 $y$-$x$ 图上，恒沸点便是 $y \sim x$ 曲线与对角线的交点。对给定的体系，在一定的压力下如形成恒沸物，那么恒沸点组成与恒沸温度固定不变，如果压力改变，那么恒沸点位置也相应改变。

（5）液相为部分互溶体系

如果溶液的正偏差增大，溶液中同分子间的吸引力大大超过异分子间的吸引力。此情况下，溶液组成在某一定范围内会产生相分裂而形成两个液相，即称液相为部分互溶体系。此类相图见图 5-6。正丁醇-水体系，异丁醛-水体系等属此类型。此类体系需同时考虑汽液与液液平衡的问题。

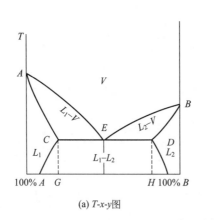

(a) $T$-$x$-$y$图

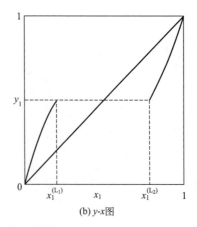

(b) $y$-$x$图

图 5-6 液相为部分互溶体系

# 5.3 汽液平衡的计算

## 5.3.1 汽液平衡计算的基本公式及计算类型

相平衡的判据应用于汽液平衡，即为

$$\hat{f}_i^{\mathrm{V}} = \hat{f}_i^{\mathrm{L}} \quad (i=1, 2, \cdots, N) \tag{5-7}$$

式中，$\hat{f}_i$ 为混合物中组分 $i$ 的逸度；上标 V 指汽相；上标 L 指液相。

上式既是汽液平衡的准则，又是汽液平衡计算的基本公式。具体应用时，需要建立混合物中组分的逸度 $\hat{f}_i^{\mathrm{V}}$、$\hat{f}_i^{\mathrm{L}}$ 与体系的温度、压力以及汽液相组成的关系。下面介绍两种常用的热力学处理方法。

（1）活度系数法

根据溶液热力学理论，将液相中组分的逸度与组分的活度系数相联系，简称活度系数法。对液相，由活度与活度系数的定义式得出

$$\hat{f}_i^{\mathrm{L}} = \gamma_i x_i f_i^{\ominus}$$

式中，$f_i^{\ominus}$ 为标准态的逸度，取以 Lewis-Randall 定则为基准的标准态，即纯液体 $i$ 在体系的温度与压力下的逸度。

$$f_i^{\ominus} = f_i^{\mathrm{L}} = p_i^{\mathrm{S}} \phi_i^{\mathrm{S}} \exp \int_{p_i^{\mathrm{s}}}^{p} \frac{V_i^{\mathrm{L}}}{RT} \mathrm{d}p$$

式中，指数项 $\exp \int_{p_i^{\mathrm{s}}}^{p} \frac{V_i^{\mathrm{L}}}{RT} \mathrm{d}p$ 称为 Poynting 因子，其意义是压力对 $f_i^{\ominus}$ 影响的校正。

对汽相 
$$\hat{f}_i^{\mathrm{V}} = p y_i \hat{\phi}_i^{\mathrm{V}}$$

将 $\hat{f}_i^{\mathrm{L}}$ 与 $\hat{f}_i^{\mathrm{V}}$ 表达式代入式(5-7)，得

$$\hat{\phi}_i^{\mathrm{V}} p y_i = \gamma_i x_i p_i^{\mathrm{S}} \phi_i^{\mathrm{S}} \exp \int_{p_i^{\mathrm{s}}}^{p} \frac{V_i^{\mathrm{L}}}{RT} \mathrm{d}p \quad (i=1,2,\cdots,N) \tag{5-8}$$

式中，$y_i$ 和 $x_i$ 分别为汽、液相中组分 $i$ 的摩尔分数；$\hat{\phi}_i^{\mathrm{V}}$ 为汽相混合物中组分 $i$ 在体系温度 $T$、体系压力 $p$ 下的逸度系数；$\gamma_i$ 为液相中组分 $i$ 的活度系数；$p_i^{\mathrm{S}}$ 为纯组分 $i$ 在体系温度 $T$ 时的饱和蒸气压；$\phi_i^{\mathrm{S}}$ 为纯组分 $i$ 在体系温度 $T$ 与其饱和蒸气压 $p_i^{\mathrm{S}}$ 时的逸度系数；$V_i^{\mathrm{L}}$ 为纯组分 $i$ 在体系温度 $T$ 时液相的摩尔体积。

（2）状态方程法（EOS 法）

由逸度系数的定义式，对汽、液相中组分 $i$ 的逸度分别写成

$$\hat{f}_i^{\mathrm{V}} = \hat{\phi}_i^{\mathrm{V}} y_i p, \quad \hat{f}_i^{\mathrm{L}} = \hat{\phi}_i^{\mathrm{L}} x_i p$$

代入式(5-7)，得

$$\hat{\phi}_i^{\mathrm{V}} y_i = \hat{\phi}_i^{\mathrm{L}} x_i \quad (i=1,2,\cdots,N) \tag{5-9}$$

式中，$\hat{\phi}_i^{\mathrm{V}}$ 与 $\hat{\phi}_i^{\mathrm{L}}$ 分别为汽、液相中组分 $i$ 的逸度系数。

式(5-7)～式(5-9) 均为汽液平衡的计算通式。实际应用中，可根据具体情况作进一步合理简化。

汽液平衡的计算是得出体系处于平衡时的压力、温度及汽、液相组成之间的关系。典型的汽液平衡计算为泡点、露点计算及闪蒸计算。泡点、露点计算是精馏过程逐板计算中需反复进行的基本运算内容。工程上常见的泡点、露点计算有以下四类：

① 已知体系的压力 $p$ 与液相组成 $x_i$，求泡点温度 $T$ 与汽相组成 $y_i$；

② 已知体系的压力 $p$ 与汽相组成 $y_i$，求露点温度 $T$ 与液相组成 $x_i$；

③ 已知体系的温度 $T$ 与液相组成 $x_i$，求泡点压力 $p$ 与汽相组成 $y_i$；

④ 已知体系的温度 $T$ 与汽相组成 $y_i$，求露点压力 $p$ 与液相组成 $x_i$。

假设一个 $N$ 组分的混合物处于汽液平衡状态，总的变量数为 $2N$ 个（$T$，$p$，$N-1$ 个液相摩尔分数 $x_i$，$N-1$ 个汽相摩尔分数 $y_i$），由相律分析知，独立变量为 $N$ 个。当 $N$ 个变量一经指定，则其余 $N$ 个变量通过列出 $N$ 个组分的平衡关系式（$\hat{f}_i^V = \hat{f}_i^L$）联立求解而得。由于汽液平衡关系式(5-8)或式(5-9)包含复杂的隐函数关系，如果不允许作简单的假定，则上述四类的计算都需要借助电子计算机进行迭代求解。

### 5.3.2 活度系数加状态方程法

采用活度系数和状态方程两个模型计算汽液平衡称为活度系数加状态方程法（简称 $\gamma_i +$ EOS 法）。

基于溶液理论推导的活度系数 $\gamma_i$ 计算式未考虑压力对 $\gamma_i$ 的影响，活度系数加状态方程法适用于远离临界点区域的中、低压范围内。此范围内汽液平衡计算通式(5-8)可作以下简化。

① 因为 $\left(\dfrac{\partial \ln \gamma_i}{\partial p}\right)_{T,x} = \dfrac{\overline{\Delta V_i}}{RT}$；$\left(\dfrac{\partial \ln f_i^\ominus}{\partial p}\right)_T = \dfrac{V_i^L}{RT}$

混合过程的偏摩尔体积的变化 $\overline{\Delta V_i}$ 与纯组分 $i$ 的摩尔体积 $V_i^L$ 均为液相性质。在此范围内，上述两偏导数值均很小，可忽略压力对 $\gamma_i$ 和 $f_i^\ominus$ 的影响。再加之体系的压力不高，与体系温度下的饱和蒸气压之差不大，由此可假定 $f_i^L = f_i^S$。即在体系的压力和温度下，纯液体 $i$ 的逸度 $f_i^L$ 等于该组分 $i$ 在体系的温度和相应饱和蒸气压时的逸度 $f_i^S$。或 $\exp\displaystyle\int_{p_i^S}^{p} \dfrac{V_i^L}{RT}\mathrm{d}p = 1$ 代入式(5-8)，得中压汽液平衡的关系式

$$p y_i \hat{\phi}_i^V = \gamma_i x_i p_i^S \phi_i^S \quad (i=1,\ 2,\ \cdots,\ N) \tag{5-10}$$

$$\sum y_i = 1 \tag{5-11a}$$

$$\sum x_i = 1 \tag{5-11b}$$

② 低压下，汽相可假定为理想气体。$\hat{\phi}_i^V = 1$、$\phi_i^S = 1$ 代入式(5-10)，得低压下，液相为非理想溶液的汽液平衡关系式

$$p y_i = \gamma_i x_i p_i^S \quad (i=1,\ 2,\ \cdots,\ N) \tag{5-12}$$

式(5-10)与式(5-12)中各项热力学函数计算列入表 5-2 中。

**表 5-2　式(5-10)与式(5-12)中各项热力学函数计算**

| 热力学函数 | 确定该热力学函数的变量与公式 | 计算所需要的参数 |
|---|---|---|
| $p_i^S$ | $T$，蒸气压方程 | $p_i^S = f(T)$ 中常数 |
| $\hat{\phi}_i^V$ | $T$，$p$，$y_i$，选定状态方程后导出 $\ln \hat{\phi}_i^V$ 表达式 | 每一组分的 $T_{ci}$，$p_{ci}$，$V_{ci}$，$Z_{ci}$，$\omega_{ci}$ |
| $\phi_i^S$ | $T$，汽相同一状态方程导出 $\ln \phi_i^S$ 表达式 | 每一组分的 $p_{ci}$，$T_{ci}$，$\omega_{ci}$，$p_i^S$ |
| $\gamma_i$ | $T$，$x_i$，活度系数关联式 | $\gamma_i = f(T, x_i)$ 中方程参数 |

中、低压下泡点、露点的计算方法如下。

对加压汽液平衡，通过联解式(5-10)、式(5-11a)或式(5-10)、式(5-11b)求算。

Ⅰ. 已知体系压力 $p$ 与液相组成 $x_i$，求泡点温度 $T$ 与汽相组成 $y_i$。

式(5-10)中 $\hat{\phi}_i^V$、$\phi_i^S$、$p_i^S$、$\gamma_i$ 的计算与 $T$ 有关，需要假设泡点温度的初始值，而后观察试

算结果的 $\sum y_i$ 是否等于 1，进行调整。又 $\hat{\phi}_i^V$ 还与 $y_i$ 值有关。开始计算时还需要假设汽相中各组分的 $\hat{\phi}_i^V = 1$。计算框图列于图 5-7。

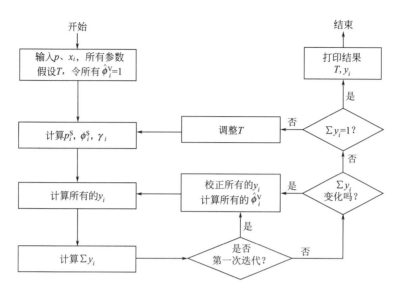

图 5-7　泡点温度与汽相组成的计算框图

计算步骤如下：

① 估算温度 $T$，并令各组分的 $\hat{\phi}_i^V = 1$。

② 用 Antoine 方程计算各组成的 $p_i^S$。

③ 选定合适的状态方程，计算各组分的 $\phi_i^S$。

④ 选定合适的活度系数关联式，确定关联式中方程参数，计算各组分的 $\gamma_i$ 值。

⑤ 计算 $y_i = \dfrac{\gamma_i x_i p_i^S \phi_i^S}{p \hat{\phi}_i^V}$。第一次计算各组分的 $\sum y_i$ 显然难以满足 $\sum y_i = 1$ 的要求，为了使

第一次迭代计算时保证 $\sum y_i = 1$，在计算 $\hat{\phi}_i^V$ 前对 $y_i$ 值进行归一化处理，即将第一次计算所得的各个 $y_i$ 值以 $\sum y_i$ 值除之，得到校正后的 $y_i$ 值，用此 $y_i$ 值，所设温度 $T$，已知的压力 $p$，而后代入选定的状态方程相应的 $\ln\hat{\phi}_i^V$ 公式计算 $\hat{\phi}_i^V$ 值。

⑥ 由式 $y_i = \dfrac{\gamma_i x_i p_i^S \phi_i^S}{p\hat{\phi}_i^V}$ 再次计算 $y_i$ 值及 $\sum y_i$。新的 $\sum y_i$ 值与上一次计算的 $\sum y_i$ 值相比较，

如果 $\sum y_i$ 有变化，则重新对 $y_i$ 归一化处理，并计算新 $y_i$ 值下的 $\hat{\phi}_i^V$ 值。这个过程重复进行，一直到两次迭代所得的 $\sum y_i$ 值之差达到一定的精度为止。

⑦ 判别 $\sum y_i$ 是否等于 1。若 $\sum y_i \neq 1$，需重新调整温度，进行新一轮的大循环。循环中 $\hat{\phi}_i^V$ 值采用上一轮迭代的计算值，依次循环，直到 $\sum y_i$ 与 1 的差值达到预定的精度。调整后的温度为平衡温度，计算的 $y_i$ 值为平衡的汽相组成。

低压下泡点计算，式(5-10) 变为 $p y_i = \gamma_i x_i p_i^S$，取消计算框图 5-7 中的内循环，计算明显简化，举例如下。

【**例 5-1**】　试用 Wilson 方程计算甲醇（1）-水（2）体系在 0.1013MPa 下的汽液平衡。

计算框图：

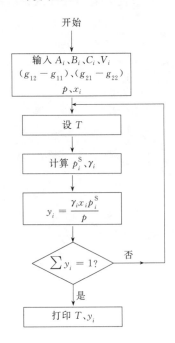

已知该二元体系的 Wilson 方程能量参数
$$g_{12}-g_{11}=1085.13\text{J/mol}$$
$$g_{21}-g_{22}=1631.04\text{J/mol}$$

查得甲醇、水的 Antoine 方程及液相摩尔体积与温度的关系式：

甲醇　　　$\ln p_1^S=11.9673-3626.55/(T-34.29)$
$$V_1=64.509-19.716\times10^{-2}T+3.8735\times10^{-4}T^2$$

水　　　　$\ln p_2^S=11.6834-3816.44/(T-46.13)$
$$V_2=22.888-3.642\times10^{-2}T+0.685\times10^{-4}T^2$$

单位：$p_i^S$，bar；$V_i$，$\text{cm}^3/\text{mol}$；$T$，K。

**解**　由于低压，汽相可视为理想气体，液相为非理想溶液，汽液平衡关系式为
$$\begin{cases}py_i=x_i\gamma_ip_i^S,\ (i=1,\ 2)\\y_1+y_2=1\end{cases}$$

二元体系 Wilson 方程
$$\ln\gamma_1=-\ln(x_1+\Lambda_{12}x_2)+x_2\left[\frac{\Lambda_{12}}{x_1+\Lambda_{12}x_2}-\frac{\Lambda_{21}}{x_2+\Lambda_{21}x_1}\right]$$

$$\ln\gamma_2=-\ln(x_2+\Lambda_{21}x_1)-x_1\left[\frac{\Lambda_{12}}{x_1+\Lambda_{12}x_2}-\frac{\Lambda_{21}}{x_2+\Lambda_{21}x_1}\right]$$

$$\Lambda_{12}=\frac{V_2}{V_1}\exp\left[-(g_{12}-g_{11})/(RT)\right]$$

$$\Lambda_{21}=\frac{V_1}{V_2}\exp\left[-(g_{21}-g_{22})/(RT)\right]$$

例如：计算 $x_1=0.40$ 时 $T_1$，$y_1$，此题是告之 $p$、$x_1$ 求 $T$、$y_1$，由于平衡温度未知，需试差求解。求解方法见计算框图。

设 $T=349.25$K，代入公式求得
$$p_1^S=1.57\times10^5\text{Pa},V_1=42.898\text{cm}^3/\text{mol}$$
$$p_2^S=0.404\times10^5\text{Pa}\quad V_2=18.532\text{cm}^3/\text{mol}$$
$$\Lambda_{12}=0.2972,\ \Lambda_{21}=1.3192,\ \gamma_1=1.167,\ \gamma_2=1.153$$
$$y_1=0.7235,\ y_2=0.2758$$
$$\sum y_i=0.7235+0.2758=0.9993\approx1,\ y_1=0.7235/0.9993=0.724$$

当 $x_1=0.40$ 时　$T=349.25$K　$y_1=0.724$

其他液相组成下的 $T$、$y_1$ 值可用类似方法求得。计算结果见表 5-3。

表 5-3　甲醇（1）-水（2）体系在 0.1013MPa 下汽液平衡数据

| $x_1$ | 0.05 | 0.20 | 0.40 | 0.60 | 0.80 | 0.90 |
|---|---|---|---|---|---|---|
| $T/℃$ | 92.70 | 82.59 | 76.10 | 71.57 | 67.82 | 66.11 |
| $y_1$ | 0.269 | 0.564 | 0.724 | 0.832 | 0.920 | 0.961 |

Ⅱ. 已知体系的温度 $T$ 与液相组成 $x_i$，求泡点压力 $p$ 与汽相组成 $y_i$。

已知 $T$，可求得各组分的 $p_i^S$、$\phi_i^S$，告之 $T$、$x_i$，选用合适的活度系数方程求得 $\gamma_i$，但 $\hat{\phi}_i^V$ 计算需要总压 $p$ 与 $y_i$。为此先假设 $\hat{\phi}_i^V=1$ 及 $p$ 值，而后进行迭代试差求解。

用于低压下泡点压力汽相组成计算，可不必试差。其 $p=\sum \gamma_i x_i p_i^{\mathrm{S}}$，$y_i=\dfrac{\gamma_i x_i p_i^{\mathrm{S}}}{p}$。

**【例 5-2】** 氯仿(1)-乙醇(2)二元体系，55℃时超额自由焓的表达式为

$$\frac{G^{\mathrm{E}}}{RT}=(1.42x_1+0.59x_2)x_1x_2$$

55℃时，氯仿、乙醇的饱和蒸气压

$$p_1^{\mathrm{S}}=82.37\mathrm{kPa}, \quad p_2^{\mathrm{S}}=37.31\mathrm{kPa}$$

试求：① 该体系在 55℃时 $p$-$x_1$-$y_1$ 数据；

② 如有恒沸点，确定恒沸组成和恒沸压力。

**解** ①
$$\ln\gamma_i=\left[\frac{\partial \dfrac{nG^{\mathrm{E}}}{RT}}{\partial n_i}\right]_{T,p,n_j} \quad 得$$

$$\ln\gamma_1=x_2^2[0.59+1.66x_1] \tag{1}$$

$$\ln\gamma_2=x_1^2[1.42-1.66x_2] \tag{2}$$

可认为该体系汽相是理想气体，液相是非理想溶液，汽液平衡关系式：$py_i=\gamma_i x_i p_i^{\mathrm{S}}$

$$p=\gamma_1 x_1 p_1^{\mathrm{S}}+\gamma_2 x_2 p_2^{\mathrm{S}} \tag{3}$$

$$y_1=\frac{\gamma_1 x_1 p_1^{\mathrm{S}}}{p} \tag{4}$$

用不同 $x_1$ 值代入式(1)～式(4) 可得表 5-4 的结果。

表 5-4

| $x$ | 0 | 0.1 | 0.2 | 0.3 | 0.5 | 0.7 | 0.8 | 0.9 | 1.0 |
|---|---|---|---|---|---|---|---|---|---|
| $\gamma_1$ | 1.804 | 1.845 | 1.804 | 1.704 | 1.426 | 1.171 | 1.079 | 1.021 | 1.000 |
| $\gamma_2$ | 1.000 | 0.9993 | 1.004 | 1.023 | 1.159 | 1.571 | 2.006 | 2.761 | 4.137 |
| $p/\mathrm{kPa}$ | 37.31 | 48.75 | 59.68 | 68.84 | 80.36 | 85.09 | 86.12 | 86.00 | 82.37 |
| $y_1$ | 0 | 0.312 | 0.498 | 0.612 | 0.731 | 0.793 | 0.826 | 0.880 | 1.000 |

由上计算可知：

（a）该体系的 $\gamma$-$x$ 曲线上，$\gamma_1$-$x_1$ 曲线出现最高点，则在 $\gamma_2$-$x_1$ 曲线上相应有最低点；

（b）该体系在 55℃时汽液平衡关系为最大压力恒沸物体系。

② 对具有恒沸点的二元体系，恒沸点时，$y_1=x_1$ 其 $\gamma_1=\dfrac{p}{p_1^{\mathrm{S}}}$，$\gamma_2=\dfrac{p}{p_2^{\mathrm{S}}}$

$$\gamma_1 p_1^{\mathrm{S}}=\gamma_2 p_2^{\mathrm{S}}$$

$$\begin{cases}\exp[x_2^2(0.59+1.66x_1)]\times 82.37=\exp[x_1^2(1.42-1.66x_2)]\times 37.31 \\ x_1+x_2=1\end{cases}$$

$$x_1=0.848 \quad x_2=0.152$$

解得：
$$p=\gamma_1 x_1 p_1^{\mathrm{S}}+\gamma_2 x_2 p_2^{\mathrm{S}}$$
$$=\exp[0.152^2(0.59+1.66\times 0.848)]\times 0.848\times 82.37+$$
$$\exp[0.848^2(1.42-1.66\times 0.152)]\times 0.152\times 37.31=86.28\mathrm{kPa}$$

恒沸组成 $x_1=0.848$

恒沸压力 $p=86.28\mathrm{kPa}$

Ⅲ. 已知体系的温度 $T$ 与汽相组成 $y_i$，计算露点压力 $p$ 与液相组成 $x_i$。

此类型的计算方法类同求泡点温度与汽相组成的计算。所不同的是 $\gamma_i$ 与 $x_i$ 有关，开始计算时，需假设各组分的 $\gamma_i=1$，$\hat{\phi}_i^{\mathrm{V}}$ 值与 $T$、$p$、$y_i$ 有关，因 $p$ 未知，需假定 $p$ 的初始值，选择

合适的状态方程计算 $\hat{\phi}_i^V$ 及 $\phi_i^S$，由 $x_i=\dfrac{py_i\hat{\phi}_i^V}{\gamma_ip_i^S\phi_i^S}$ 计算 $x_i$，由此 $x_i$ 值及已知温度 $T$ 再重新计算 $\gamma_i$ 值。而后判断 $\sum x_i=1$ 进行压力 $p$ 的调整，计算框图见图 5-8。

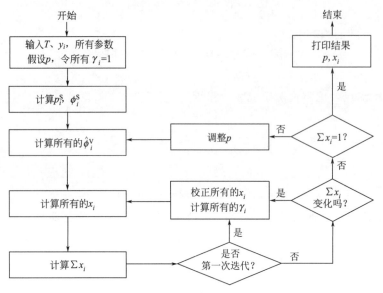

图 5-8　露点压力和液相组成的计算框图

Ⅳ. 已知体系的压力 $p$ 与汽相组成 $y_i$，计算露点温度 $T$ 与液相组成 $x_i$。

此计算方法尽管不同，了解上述类型的计算方法后，可依此类推，自行编排出计算框图。

液相活度系数关联式中方程参数的求得，可以来自手册。最常见的是由实测的汽液平衡数据 （$T$、$p$、$x_i$、$y_i$）求算得 $\gamma_i$ 值，而后从 $\gamma_i-x_i$ 数据代入有关的活度系数关联式，联立解出方程参数，从而可求出全浓度范围内汽液平衡数据。

汽液平衡实验通常在低压或中压下测定。对中压汽液平衡，利用式（5-10），可得到

$$\ln\gamma_i=\ln\frac{py_i}{p_i^Sx_i}+\ln\hat{\phi}_i^V-\ln\phi_i^S$$

低压下，汽相可视为理想气体，由式（5-12）可写为

$$\gamma_i=\frac{py_i}{p_i^Sx_i}$$

对于具有恒沸点的 $i$，$j$ 二元体系，因恒沸点时 $y_i=x_i$，于是 $\gamma_i=\dfrac{p}{p_i^S}$，$\gamma_j=\dfrac{p}{p_j^S}$

无限稀释活度系数 $\gamma_i^{\infty}$ 的定义是当组分 $i$ 的浓度为无限稀释情况下的活度系数，即 $\gamma_i^{\infty}=\lim\limits_{x_i\to0}\gamma_i$。

工程设计中的多元汽液平衡计算，常采用汽液平衡比 $K_i$ 或组分的相对挥发度 $\alpha_{ij}$ 表示。汽液平衡比 $K_i$ 的定义：汽液平衡中，组分 $i$ 在汽相中的摩尔分数与液相中的摩尔分数的比值，即 $K_i=\dfrac{y_i}{x_i}$。

相对挥发度 $\alpha_{ij}$ 的定义：两组分 $i$，$j$ 的汽液平衡比的比值，即 $\alpha_{ij}=\dfrac{K_i}{K_j}=\dfrac{y_ix_j}{x_iy_j}$。

由 $\alpha_{ij}$ 的定义式，可写出用 $\alpha_{ij}$ 表示的汽液平衡组成的关系式。

$$y_i=\frac{\alpha_{ij}x_i}{\sum\limits_{i=1}^{N}\alpha_{ij}x_i} \tag{5-13a}$$

$$x_i = \frac{y_i/a_{ij}}{\sum_{i=1}^{N} y_i/a_{ij}} \tag{5-13b}$$

对汽相是理想气体，液相是非理想溶液的体系

$$K_i = \frac{\gamma_i p_i^S}{p}, \quad a_{ij} = \frac{\gamma_i p_i^S}{\gamma_j p_j^S}$$

**【例 5-3】** 甲醇-甲基乙基酮二元系在温度 64.3℃、压力为 $1.013 \times 10^5$ Pa 时形成含 84.2%（摩尔分数）甲醇的恒沸物，用恒沸点数据求 Wilson 方程参数，并用 Wilson 方程计算该二元系在压力为 $1.013 \times 10^5$ Pa 下的 $T$-$x_1$-$y_1$ 数据。

已知物质的 Antoine 常数如下

| 组分 | | $A$ | $B$ | $C$ |
|---|---|---|---|---|
| 甲醇 | (1) | 11.9673 | 3626.55 | −34.29 |
| 甲基乙基酮 | (2) | 9.9784 | 3150.42 | −36.65 |

$$\text{Antoine 方程} \quad \ln p_i^S = A - \frac{B}{T+C}$$

**解** 64.3℃时，Antoine 方程计算得

$$p_1^S = 0.982 \times 10^5 \text{ Pa}$$
$$p_2^S = 0.6076 \times 10^5 \text{ Pa}$$

低压下，汽相为理想气体、液相为非理想溶液的汽液平衡关系式 $py_i = \gamma_i x_i p_i^S$

当 $x_1 = 0.842$（恒沸点）时，活度系数

$$\gamma_1 = \frac{py_1}{p_1^S x_1} = \frac{p}{p_1^S} = \frac{1.013 \times 10^5}{0.982 \times 10^5} = 1.031$$

$$\gamma_2 = \frac{py_2}{p_2^S x_2} = \frac{p}{p_2^S} = \frac{1.013 \times 10^5}{0.6076 \times 10^5} = 1.667$$

将 $x_1 = 0.842$，$x_2 = 1 - x_1 = 0.158$ 时，$\gamma_1 = 1.031$，$\gamma_2 = 1.667$，代入二元系的 Wilson 方程，可解得

$$\Lambda_{12} = 1.01818, \quad \Lambda_{21} = 0.3778$$

甲醇与甲基乙基酮的正常沸点分别为 64.7℃与 79.6℃，而恒沸温度是 64.3℃，因温度变化范围不大，可不考虑 $\Lambda_{12}$、$\Lambda_{21}$ 随温度的变化因素。

利用 $\begin{cases} p = \gamma_1 x_1 p_1^S + \gamma_2 x_2 p_2^S \\ y_1 = \dfrac{\gamma_1 x_1 p_1^S}{p} \end{cases}$

已知 $p = 1.013 \times 10^5$ Pa，给定 $x_1$ 值，代入 Wilson 方程求得 $\gamma_1$、$\gamma_2$。利用上述方程试差求解 $T$、$y_1$ 值。计算结果列入表 5-5。

表 5-5

| $x_1$ | $y_1$ | | $T/℃$ | |
|---|---|---|---|---|
| | 实 验 值 | 计 算 值 | 实 验 值 | 计 算 值 |
| 0.076 | 0.193 | 0.185 | 75.3 | 75.6 |
| 0.197 | 0.377 | 0.377 | 70.7 | 71.3 |
| 0.356 | 0.528 | 0.536 | 67.5 | 67.8 |
| 0.498 | 0.622 | 0.637 | 65.9 | 66.0 |
| 0.622 | 0.695 | 0.711 | 65.1 | 65.0 |
| 0.747 | 0.777 | 0.782 | 64.4 | 64.3 |
| 0.829 | 0.832 | 0.833 | 64.3 | 64.3 |
| 0.936 | 0.926 | 0.921 | 64.4 | 64.4 |

可见，计算值与实验值基本上相一致。

**【例 5-4】** 由组分 A、B 组成的二元溶液，汽相可认为是理想气体，液相为非理想溶液，液相活度系数与组成的关联式用下式表示。

$$\ln\gamma_A = 0.5x_B^2, \quad \ln\gamma_B = 0.5x_A^2$$

80℃时，组分 A、B 的饱和蒸气压分别为

$$p_A^S = 1.2 \times 10^5 \, Pa, \quad p_B^S = 0.8 \times 10^5 \, Pa$$

问此溶液在 80℃时汽液平衡有否形成恒沸物？若有，恒沸压力及恒沸组成为多少？

**解** 汽相为理想气体、液相为非理想溶液的体系，$py_i = \gamma_i x_i p_i^S$

相对挥发度
$$\alpha_{AB} = \frac{\gamma_A p_A^S}{\gamma_B p_B^S}$$

当 $x_A = 0$ 时，$\gamma_A = \gamma_A^\infty = 1.648$

$x_B = 1 \qquad \gamma_B = 1$

$$\alpha_{AB} = \frac{1.648 \times 1.2 \times 10^5}{1 \times 0.8 \times 10^5} = 2.472$$

当 $x_A = 1$ 时，$\gamma_A = 1$

$x_B = 0 \qquad \gamma_B = \gamma_B^\infty = 1.648$

$$\alpha_{AB} = \frac{1 \times 1.2 \times 10^5}{1.648 \times 0.8 \times 10^5} = 0.910$$

由于 $\alpha_{AB}$ 是 $x_A$ 的连续函数，当 $x_A = 0$ 时，$\alpha_{AB}$ 由 2.472 变化到 $x_A = 1$ 时的 0.910，中间必通过 $\alpha_{AB} = 1$ 的点，即在 $x_A$ 由 0 变化到 1 之间某一组成，必存在恒沸点。

由于 $\gamma_A$、$\gamma_B$ 均大于 1，所以此溶液在 80℃时汽液平衡是形成最大压力的恒沸物。

恒沸点时，$\gamma_A p_A^S = \gamma_B p_B^S$

$$\ln\gamma_A - \ln\gamma_B = \ln p_B^S - \ln p_A^S$$

$$\begin{cases} 0.5x_B^2 - 0.5x_A^2 = \ln\dfrac{0.8 \times 10^5}{1.2 \times 10^5} \\ x_A + x_B = 1 \end{cases}$$

得
$$x_A = 0.905, \quad x_B = 0.095$$

恒沸压力
$$p = \gamma_A p_A^S = \exp(0.5 \times 0.095^2) \times 1.2 \times 10^5 = 1.205 \times 10^5 \, Pa$$

**【例 5-5】** 已知 60℃下，2,4-二甲基戊烷（1）和苯（2）形成最大压力恒沸物，现采用萃取精馏将其分离。已知 2-甲基 2-4 戊二醇是适宜的第三组分。试问需要加入多少第三组分才能使原来恒沸物的相对挥发度 $\alpha_{12}$ 永不小于 1，也就是说 $\alpha_{12}$ 的极小值出现在 $x_2 = 0$ 处。为此也可以这样提出问题，当 $x_2 \to 0$，$\alpha_{12} = 1$ 时，2-甲基 2-4 戊二醇的浓度应为多少？

已知数据：60℃时，两组分的饱和蒸气压

$$p_1^S = 52.39 \, kPa, \quad p_2^S = 52.26 \, kPa$$

该温度下体系的无限稀释活度系数为

二元体系 1-2，$\gamma_1^\infty = 1.96$，$\gamma_2^\infty = 1.48$

二元体系 1-3，$\gamma_1^\infty = 3.55$，$\gamma_3^\infty = 15.1$

二元体系 2-3，$\gamma_2^\infty = 2.04$，$\gamma_3^\infty = 3.89$

**解** 形成恒沸物的混合物，采用萃取蒸馏方法分离，即在被分离混合物中加入低挥发度的第三组分，该组分与分离的组分有选择性的作用，借此改变该两组分的相对挥发度 $\alpha_{12}$。

本题选用 2-甲基 2-4 戊二醇为第三组分，60℃时，它的饱和蒸气压是 133Pa，容易从混合物中分离，而且它与原来的组分是互溶的。

待确定的量是当 $x_2=0$ 时，使 $\alpha_{12}=1$ 的组成 $x_1$、$x_3$ 值。

因为 $p_1^S \doteq p_2^S$，$\alpha_{12}=\dfrac{\gamma_1 p_1^S}{\gamma_2 p_2^S} \doteq \dfrac{\gamma_1}{\gamma_2}$

当 $\alpha_{12}=1$ 时，$\gamma_1=\gamma_2$

$\gamma_1$、$\gamma_2$ 计算采用 Wilson 方程，Wilson 方程用于三元体系中组分 1 和组分 2 时，其展开式

$$\ln\gamma_1 = 1-\ln(x_1+\Lambda_{12}x_2+\Lambda_{13}x_3)-\frac{x_1}{x_1+x_2\Lambda_{12}+x_3\Lambda_{13}}-$$

$$\frac{x_2\Lambda_{21}}{x_1\Lambda_{21}+x_2+x_3\Lambda_{23}}-\frac{x_3\Lambda_{31}}{x_1\Lambda_{31}+x_2\Lambda_{32}+x_3} \tag{A}$$

$$\ln\gamma_2 = 1-\ln(x_1\Lambda_{21}+x_2+x_3\Lambda_{23})-\frac{x_1\Lambda_{12}}{x_1+x_2\Lambda_{12}+x_3\Lambda_{13}}-$$

$$\frac{x_2}{x_1\Lambda_{21}+x_2+x_3\Lambda_{31}}-\frac{x_3\Lambda_{32}}{x_1\Lambda_{31}+x_2\Lambda_{32}+x_3} \tag{B}$$

当 $x_2=0$，以上式(A)、式(B) 变为

$$\ln\gamma_1 = 1-\ln(x_1+x_3\Lambda_{13})-\frac{x_1}{x_1+x_3\Lambda_{13}}-\frac{x_3\Lambda_{31}}{x_1\Lambda_{31}+x_3}$$

$$\ln\gamma_2 = 1-\ln(x_1\Lambda_{21}+x_3\Lambda_{23})-\frac{x_1\Lambda_{12}}{x_1+x_3\Lambda_{13}}-\frac{x_3\Lambda_{32}}{x_1\Lambda_{31}+x_3}$$

令 $\gamma_1=\gamma_2$，经整理，并以 $Z=\dfrac{x_3}{x_1}$ 代入得

$$\ln\left(\frac{\Lambda_{21}+Z\Lambda_{23}}{1+Z\Lambda_{13}}\right)=\frac{1-\Lambda_{12}}{1+Z\Lambda_{13}}+\frac{Z(\Lambda_{31}-\Lambda_{32})}{\Lambda_{31}+Z} \tag{C}$$

从给定的 $\gamma_i^\infty$ 值可求出 Wilson 方程参数 $\Lambda_{ij}$ 值，二元体系的 Wilson 方程，对组分 $i$、$j$

$$\ln\gamma_i^\infty = -\ln\Lambda_{ij}+1-\Lambda_{ji}$$

$$\ln\gamma_j^\infty = -\ln\Lambda_{ji}+1-\Lambda_{ij}$$

$i=1$，2，3；$j=1$，2，3，注意 $\Lambda_{ii}=1$

对 $i$、$j$ 体系，当 $\gamma_i^\infty$ 和 $\gamma_j^\infty$ 为已知，由这两个方程式联立解出 $\Lambda_{ij}$ 和 $\Lambda_{ji}$。

从已知数据解得 1-2、1-3、2-3 二元体系的参数如下

$$\Lambda_{12}=0.4109 \qquad \Lambda_{13}=0.7003 \qquad \Lambda_{23}=1.0412$$

$$\Lambda_{21}=1.2165 \qquad \Lambda_{31}=0.08936 \qquad \Lambda_{32}=0.2467$$

将这些参数代入式(C)，得

$$\ln\left(\frac{1.2165+1.0412Z}{1+0.7003Z}\right)=\frac{0.5891}{1+0.7003Z}-\frac{0.1573Z}{0.08936+Z}$$

试差法得出 $Z=0.6615$

解之 $x_3=0.398$，$x_1+x_2=1-x_3=0.602$ $\quad Z=\dfrac{x_3}{x_1}=\dfrac{x_3}{1-x_3}=0.6615$

结果表明：当 $x_3=0.398$ 时，对所有可能的 $x_1$ 与 $x_2$ 组合，其 $\alpha_{12}\geqslant 1$。

### 5.3.3 状态方程法

高压范围或接近临界区域的相平衡，不能忽略压力对 $f_i^L$ 和 $\gamma_i$ 的影响，另外，近临界区域内 $V_i^L$ 也不能视为常数。高压下汽液平衡宜采用状态方程法计算。

$$\hat{\phi}_i^{\mathrm{V}} y_i = \hat{\phi}_i^{\mathrm{L}} x_i \quad (i=1,2,\cdots N)$$

式中，$\hat{\phi}_i^{\mathrm{V}}$、$\hat{\phi}_i^{\mathrm{L}}$ 分别为汽、液相中组分 $i$ 的逸度系数，可采用状态方程（equation of state）计算。

状态方程计算汽液平衡的关键是对研究的混合物能找到汽、液两相均适用的状态方程以及相应的混合规则，并导出组分逸度系数 $\hat{\phi}_i^{\mathrm{V}}$ 和 $\hat{\phi}_i^{\mathrm{L}}$ 的表达式。计算方法简述如下。

假定有 $N$ 个组分的混合物，如果已知压力 $p$ 与液相组成 $x_i$，试计算平衡温度 $T$ 与汽相组成 $y_i$。

未知量：平衡温度 $T$；

汽相组成 $y_i(i=1,2,\cdots,N)$；

平衡汽、液相的摩尔体积 $V^{\mathrm{V}}$、$V^{\mathrm{L}}$。

总计：$N+2$ 个未知量。

联立的方程组：

$$\begin{cases} K_i = \dfrac{y_i}{x_i} = \dfrac{\hat{\phi}_i^{\mathrm{L}}}{\hat{\phi}_i^{\mathrm{V}}}(i=1,2,\cdots,N) & \text{汽液平衡关系式} \\[2mm] p = f(T,V^{\mathrm{V}},n_1,n_2\cdots) & \text{汽相状态方程} \\[2mm] p = f(T,V^{\mathrm{L}},n_1,n_2,\cdots) & \text{液相状态方程} \end{cases}$$

总计也有 $N+2$ 个独立方程。

独立方程数与未知量数相等，原则上可以求解。然而，要联解这些强非线性方程，必须采用计算机才能解决。

综上所述，状态方程法的计算步骤如下。

① 选用适用的状态方程及相配套的混合规则，目的是能描述汽、液混合物的热力学性质；

② 从手册查阅或自行推导该状态方程的组分逸度系数计算的表达式；

③ 计算该状态方程常数；

④ 由实验数据或已查阅的文献数据回归求得混合规则中的二元相互作用参数；

⑤ 联解上述方程组，即进行汽液平衡计算。

状态方程法的优点是不必计算活度，无需标准态的确定。汽液平衡计算式 $y_i\hat{\phi}_i^{\mathrm{V}} = x_i\hat{\phi}_i^{\mathrm{L}}$ 的推导是严密的，未作任何的简化，公式本身具备热力学一致性。

状态方程法在工程上应用首先是 BWR 方程，该方程能较好计算轻烃类的汽液平衡。经 Starling 和 Han 改进而提出的 SHBWR 方程扩大了应用范围，并提高了计算精度。近年来，81 型 MH 方程、SRK 方程和 PR 方程等已发展到用于极性物质与含水体系的汽液平衡计算，甚至可以用于部分互溶体系，这是值得重视的发展趋势。

**【例 5-6】** 用 PR 状态方程计算甲醇(1)-水(2)体系在 150℃时汽液平衡。

**解** ① 查出纯物质的参数

| | $p_c$/MPa | $T_c$/K | $\omega$ |
|---|---|---|---|
| 甲醇（1） | 8.096 | 512.6 | 0.559 |
| 水（2） | 22.05 | 647.3 | 0.344 |

② 列出所需要的计算公式

PR 方程
$$p = \frac{RT}{V-b_i} - \frac{a_i(T)}{V(V+b_i)+b_i(V-b_i)} \tag{1}$$

其中
$$a_i(T) = a(T_c)\alpha(T_r,\omega) \tag{2}$$

$$b_i = 0.0778 \frac{RT_{ci}}{p_{ci}} \tag{3}$$

$$a(T_c) = 0.45724 \frac{R^2 T_{ci}^2}{p_{ci}} \tag{4}$$

$$[\alpha(T_r, \omega)]^{0.5} = 1 + k'(1 - T_{ri}^{0.5}) \tag{5}$$

$$k' = 0.37464 + 1.54226\omega - 0.26992\omega^2 \tag{6}$$

组分逸度系数的计算

$$\ln \hat{\phi}_i = \frac{b_i}{b_m}(Z-1) - \ln(Z-B) - \frac{A}{2\sqrt{2}B}\left[\frac{2\sum\limits_i x_i a_{ij}}{a_m} - \frac{b_i}{b_m}\right]\ln\left[\frac{Z + 2.414B}{Z - 0.414B}\right] \tag{7}$$

其中

$$a_m = \sum_i \sum_j (y_i y_j a_{ij}) \tag{8}$$

$$b_m = \sum_i (y_i b_i) \tag{9}$$

$$a_{ij} = (a_i a_j)^{\frac{1}{2}}(1 - k_{ij}) \tag{10}$$

$$A = \frac{a_m p}{R^2 T^2}, \quad B = \frac{b_m p}{RT}, \quad Z = \frac{pV}{RT} \tag{11}$$

汽液平衡关系式

$$y_i \hat{\phi}_i^V = x_i \hat{\phi}_i^L \tag{12}$$

③ 计算框图

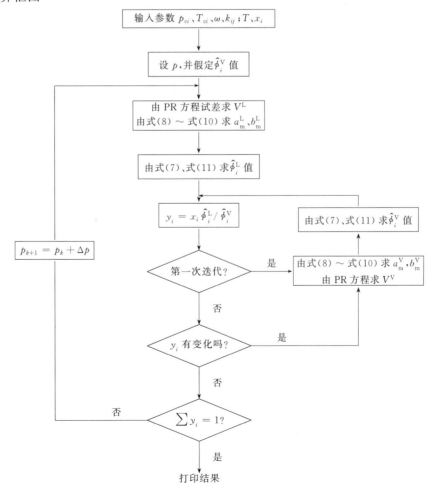

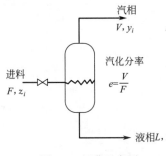

图 5-9 闪蒸示意图

### 5.3.4 闪蒸的计算

闪蒸是单级平衡分离过程。高于泡点压力的液体混合物，如果压力降低到泡点压力与露点压力之间，就会部分汽化，也叫闪蒸。闪蒸的示意图如图 5-9 所示。

在给定的温度与压力下，进料流量为 $F$ mol，总组成为 $z_i$ 的汽液混合物进入闪蒸罐分离为平衡的汽、液两相，汽相的量为 $V$mol，组成为 $y_i$，液相的量为 $L$mol，组成为 $x_i$。闪蒸中汽化分率 $e$ 定义为 $e = \dfrac{V}{F}$。

闪蒸的计算除了满足相平衡关系外，还必须符合物料平衡的要求。

组分 $i$ 的物料平衡

$$Fz_i = Vy_i + Lx_i \qquad (i=1,2,\cdots,N) \tag{5-14}$$

因为 $F = V + L$，取 $F = 1$mol，将 $V = 1 - L$ 代入上式得

$$z_i = Lx_i + (1-L)y_i \qquad (i=1,2,\cdots,N) \tag{5-15}$$

组分 $i$ 的相平衡

$$y_i = K_i x_i \qquad (i=1,2,\cdots,N) \tag{5-16}$$

联解式(5-15)与式(5-16)两式得

$$x_i = \frac{z_i}{L + K_i(1-L)} \quad (i=1,2,\cdots,N) \tag{5-17}$$

由于汽、液两相中各组分 $y_i$ 或 $x_i$ 值不完全独立，需同时满足 $\sum y_i = 1$ 或 $\sum x_i = 1$。

汽液平衡比由汽液平衡通式 $py\hat{\phi}_i^{\mathrm{V}} = \gamma_i x_i f_i^{\ominus}$ 可得出，即

$$K_i = \frac{\gamma_i f_i^{\ominus}}{\hat{\phi}_i^{\mathrm{V}} p} \tag{5-18}$$

从式(5-18)可见，$K_i$ 应是 $T$、$p$、$x_i$、$y_i$ 的复杂函数，如采用严谨的汽液平衡模型进行计算，计算复杂，还必须借助于电子计算机才能完成。但对轻烃类体系，可利用 Depriester 所制作的 $p$-$T$-$K$ 列线图（见附录八），根据温度与压力条件直接查出各组分的 $K_i$ 值，如果温度 $T$ 或压力 $p$ 未知，需用试差法求解。

**【例 5-7】** 已知混合液的组成（摩尔分数）：$CH_4$ 0.05，$C_2H_6$ 0.10，$C_3H_8$ 0.30，$i$-$C_4H_{10}$ 0.55，试计算混合液在 27℃ 时的平衡汽相组成。

**解** 利用轻烃类的 $p$-$T$-$K$ 列线图求 $K$ 值，必须知道混合物的平衡压力，需用试差法求解，试差方法如下：

已知 $T \xrightarrow[x_i]{\text{设 }p}$ 查烃类 $p$-$T$-$K$ 列线图得 $K_i \longrightarrow y_i = K_i x_i \longrightarrow$ 判断 $\sum y_i = 1?$ $\xrightarrow{\text{是}} y_i = K_i x_i$

调整 $p$ （否）

假定 $p$ 值时，应考虑到等温下的 $K_i$ 值随压力增大而降低，结果见表 5-6。

表 5-6

| 假设压力 $p$ | | 1.925MPa(19atm) | | 1.874MPa(18.5atm) | |
|---|---|---|---|---|---|
| 组分 | $x_i$ | $K_i$ | $y_i = K_i x_i$ | $K_i$ | $y_i = K_i x_i$ |
| $CH_4$ | 0.05 | 8.9 | 0.445 | 9.2 | 0.460 |
| $C_2H_6$ | 0.10 | 1.9 | 0.190 | 1.92 | 0.192 |
| $C_3H_8$ | 0.30 | 0.62 | 0.186 | 0.63 | 0.189 |
| $i$-$C_4H_{10}$ | 0.55 | 0.277 | 0.152 | 0.285 | 0.157 |
| $\sum$ | 1.00 | | 0.973 | | 0.998 |

该混合物在 27℃ 时平衡压力为 1.874MPa，平衡汽相组成：$CH_4$ 0.460，$C_2H_6$ 0.192，$C_3H_8$ 0.189，$i$-$C_4H_{10}$ 0.157。

**【例 5-8】** 含摩尔分数为 $CH_4$ 0.1，$C_2H_6$ 0.2，$C_3H_8$ 0.3，$i$-$C_4H_{10}$ 0.15，$n$-$C_4H_{10}$ 0.2 及 $n$-$C_5H_{12}$ 0.05 的混合物从高压条件下放入分离器中，分离器的操作压力为 0.1013MPa，要求混合物分离成 50％ 的液体及 50％ 的气体，求分离器应保持的温度。

**解** 此题属一次平衡闪蒸，如果混合物分离成汽、液两相，分离器的温度处于此混合物在该压力下的泡点与露点之间，为了便于试差，先求出该压力下的泡点与露点数值。

① 该混合物在 0.1013MPa 下的泡点。

试差方法如下：

$$\text{已知 } p \xrightarrow[x_i]{\text{设 } T} \text{由 } p\text{-}T\text{-}K \text{ 列线图求 } K_i \longrightarrow y_i = K_i x_i \longrightarrow \text{判断 } \sum y_i = 1? \xrightarrow{\text{是}} \begin{array}{l} T_B = T \\ y_i = K_i x_i \end{array}$$

调整 $T$ ↓ 否

结果见表 5-7。

表 5-7

| 假设温度/℃ | | −40℃ | | −43.3℃ | |
|---|---|---|---|---|---|
| 组分 | $x_i$ | $K_i$ | $y_i = K_i x_i$ | $K_i$ | $y_i = K_i x_i$ |
| $CH_4$ | 0.10 | 8.5 | 0.85 | 8.2 | 0.82 |
| $C_2H_6$ | 0.20 | 0.78 | 0.156 | 0.703 | 0.1406 |
| $C_3H_8$ | 0.30 | 0.13 | 0.039 | 0.11 | 0.033 |
| $i$-$C_4H_{10}$ | 0.15 | 0.044 | 0.0066 | 0.038 | 0.0057 |
| $n$-$C_4H_{10}$ | 0.20 | 0.0243 | 0.0049 | 0.0208 | 0.0042 |
| $n$-$C_5H_{12}$ | 0.05 | 0.0046 | 0.0002 | 0.0037 | 0.00018 |
| $\Sigma$ | 1.00 | | 1.0567 | | 1.0036 |

求出泡点温度为 −43.3℃。

② 该混合物在 0.1013MPa 下的露点。

试差方法如下：

$$\text{已知 } p \xrightarrow[y_i]{\text{设 } T} \text{由 } p\text{-}T\text{-}K \text{ 列线图求 } K_i \longrightarrow x_i = \frac{y_i}{K_i} \longrightarrow \text{判断 } \sum x_i = 1? \xrightarrow{\text{是}} \begin{array}{l} T_D = T \\ x_i = \dfrac{y_i}{K_i} \end{array}$$

调整 $T$ ↑ 否

结果见表 5-8。

表 5-8

| 假设温度/℃ | | 54.5℃ | | 49℃ | |
|---|---|---|---|---|---|
| 组分 | $y_i$ | $K_i$ | $x_i = y_i/K_i$ | $K_i$ | $x_i = y_i/K_i$ |
| $CH_4$ | 0.10 | 19.1 | 0.0052 | 18.6 | 0.0054 |
| $C_2H_6$ | 0.20 | 4.6 | 0.0435 | 4.32 | 0.0463 |
| $C_3H_8$ | 0.30 | 1.75 | 0.1714 | 1.58 | 0.1899 |
| $i$-$C_4H_{10}$ | 0.15 | 0.83 | 0.1807 | 0.74 | 0.2027 |
| $n$-$C_4H_{10}$ | 0.20 | 0.61 | 0.3279 | 0.54 | 0.3704 |
| $n$-$C_5H_{12}$ | 0.05 | 0.26 | 0.1923 | 0.20 | 0.250 |
| $\Sigma$ | 1.00 | | 0.9210 | | 1.0647 |

求出露点温度为 49℃。

③ 平衡闪蒸的温度。

已知 $L=0.5$，$V=0.5$

$$x_i = \frac{z_i}{L+K_i(1-L)} = \frac{z_i}{0.5+0.5K_i}$$

试差方法如下：

已知 $p$ $\xrightarrow[z_i]{\text{设 } T}$ 由 $p\text{-}T\text{-}K$ 列线图求 $K_i$ $\longrightarrow$ $x_i = \dfrac{z_i}{0.5+0.5K_i}$ $\longrightarrow$ 判断 $\sum x_i = 1$ $\xrightarrow{\text{是}}$ $T$ 即是

调整 $T$ ↑ ↓ 否

结果见表 5-9。

表 5-9

| 假设温度/℃ | | 32℃ | | 28℃ | |
| --- | --- | --- | --- | --- | --- |
| 组分 | $z_i$ | $K_i$ | $x_i$ | $K_i$ | $x_i$ |
| $CH_4$ | 0.10 | 16.8 | 0.0112 | 16.25 | 0.0116 |
| $C_2H_6$ | 0.20 | 3.45 | 0.0899 | 3.28 | 0.0935 |
| $C_3H_8$ | 0.30 | 1.17 | 0.2765 | 1.05 | 0.2927 |
| $i\text{-}C_4H_{10}$ | 0.15 | 0.50 | 0.20 | 0.45 | 0.2067 |
| $n\text{-}C_4H_{10}$ | 0.20 | 0.355 | 0.2952 | 0.317 | 0.3037 |
| $n\text{-}C_5H_{12}$ | 0.05 | 0.124 | 0.0889 | 0.105 | 0.0905 |
| $\sum$ | 1.00 | | 0.9617 | | 0.9989 |

试差结果：分离器应保持的温度为 28℃。

### 5.3.5 汽液平衡数据的热力学一致性检验

汽液平衡数据的热力学一致性检验就是用热力学的普遍关系来检验实验数据的可靠性。检验的基本公式是 Gibbs-Duhem 方程。该方程确立了混合物中所有组分的逸度（或活度系数）之间的相互关系。

对一个敞开的均匀体系，用自由焓表示的 Gibbs-Duhem 方程为

$$V\mathrm{d}p - S\mathrm{d}T - \sum x_i \mathrm{d}\bar{G}_i = 0 \tag{5-19}$$

利用溶液中组分 $i$ 逸度的定义式：$\mathrm{d}\bar{G}_i = RT\mathrm{d}\ln\hat{f}_i$（等温），得出等温、等压下以逸度表示的 Gibbs-Duhem 方程

$$\sum x_i \mathrm{d}\ln\hat{f}_i = 0 \quad (\text{等温、等压})$$

用组分 $i$ 活度系数的定义式 $\gamma_i = \dfrac{\hat{f}_i}{x_i f_i^\ominus}$ 代入上式，则得

$$\sum x_i \mathrm{d}\ln\gamma_i = 0 \quad (\text{等温、等压}) \tag{5-20}$$

对二元体系

$$x_1\mathrm{d}\ln\gamma_1 + x_2\mathrm{d}\ln\gamma_2 = 0 \quad (\text{等温、等压})$$

因 $\qquad \mathrm{d}x_1 = -\mathrm{d}x_2, \qquad x_1\dfrac{\mathrm{d}\ln\gamma_1}{\mathrm{d}x_1} - x_2\dfrac{\mathrm{d}\ln\gamma_2}{\mathrm{d}x_2} = 0 \tag{5-21}$

上式表明：①$\ln\gamma_i\text{-}x_i$ 曲线均以 $x_i$ 为横坐标，那么 $\ln\gamma_1\text{-}x_1$ 曲线与 $\ln\gamma_2\text{-}x_1$ 曲线必为两条交叉的光滑曲线。

② 当 $\ln\gamma_1 > 0$，必然 $\ln\gamma_2 > 0$（正偏差体系）；反之，当 $\ln\gamma_1 < 0$，也必然 $\ln\gamma_2 < 0$，（负偏

差体系）；显然，$x_1=1$ 时，$\ln\gamma_1=0$，若 $x_2=1$，$\ln\gamma_2=0$。

对 Raoult 定律比较，形成正偏差体系或负偏差体系以及部分互溶体系的 $\ln\gamma_i\text{-}x_1$ 曲线图见图 5-10 所示。

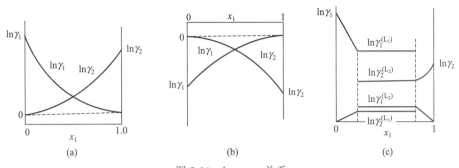

图 5-10　$\ln\gamma_1\text{-}x_1$ 关系

（a）正偏差；（b）负偏差；（c）部分互溶体系

汽液平衡的真实过程，通常为等温或等压，需考虑压力或温度对活度系数的影响，则 Gibbs-Duhem 方程可扩展为

$$\sum x_i\,\mathrm{d}\ln\gamma_i = \sum x_i\left[\frac{\mathrm{d}\ln\gamma_i}{\mathrm{d}p}\right]_{T,x}\mathrm{d}p + \sum x_i\left[\frac{\mathrm{d}\ln\gamma_i}{\mathrm{d}T}\right]_{p,x}\mathrm{d}T$$

$$= \sum x_i\left[\frac{\overline{V}_i-V_i}{RT}\right]\mathrm{d}p - \sum x_i\left[\frac{\overline{H}_i-H_i}{RT^2}\right]\mathrm{d}T$$

$$= \frac{\Delta V}{RT}\mathrm{d}p - \frac{\Delta H}{RT^2}\mathrm{d}T \tag{5-22}$$

式(5-22) 可直接应用于等温或等压汽液平衡数据的热力学一致性的检验。

定量检验有面积检验法与点检验法。

（1）面积检验法（也称积分检验法）

等温汽液平衡 $$\sum x_i\mathrm{d}\ln\gamma_i = \frac{\Delta V}{RT}\mathrm{d}p \tag{5-23}$$

二元体系 $$x_1\mathrm{d}\ln\gamma_1 + x_2\mathrm{d}\ln\gamma_2 = \frac{\Delta V}{RT}\mathrm{d}p$$

积分式 $$\int_{x_1=0}^{x_1=1} x_1\mathrm{d}\ln\gamma_1 + \int_{x_1=0}^{x_1=1} x_2\mathrm{d}\ln\gamma_2 = \int_{x_1=0}^{x_1=1}\ln\frac{\gamma_1}{\gamma_2}\mathrm{d}x_1 = -\int_{x_1=0}^{x_1=1}\frac{\Delta V}{RT}\mathrm{d}p \tag{5-24}$$

由于液相混合物的 $\Delta V$ 一般很小，且实验测定时总压力变化不大，式(5-24) 可简化为

$$\int_{x_1=0}^{x_1=1}\ln\frac{\gamma_1}{\gamma_2}\mathrm{d}x_1 = 0 \tag{5-25}$$

以 $\ln\dfrac{\gamma_1}{\gamma_2}$ 对 $x_1$ 作图，见图 5-11 所示。如果图 5-11 中 Ⅰ 和 Ⅱ 两部分面积相等，说明等温汽液平衡数据符合热力学一致性。

由于实验误差，图 5-11 中 Ⅰ 面积不可能完全等于 Ⅱ 面积，其允许误差一般可取

$$\left|\frac{\text{面积Ⅰ}-\text{面积Ⅱ}}{\text{面积Ⅰ}+\text{面积Ⅱ}}\right| < 0.02$$

等压汽液平衡

$$\sum x_i\mathrm{d}\ln\gamma_i = -\frac{\Delta H}{RT^2}\mathrm{d}T \tag{5-26}$$

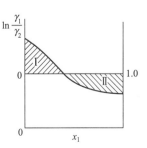

图 5-11　面积检验法

积分上式，得出二元体系等压汽液平衡检验式

$$\int_{x_1=0}^{x_1=1} \ln\frac{\gamma_1}{\gamma_2}\mathrm{d}x_1 = \int_{x_1=0}^{x_1=1} \frac{\Delta H}{RT^2}\mathrm{d}T \tag{5-27}$$

由于 $\Delta H$ 随组分变化的数据较少，而此数值又不能忽略。通常采用 Herington 推荐的半经验方法来检验二元等压数据的热力学一致性。

方法如下：

以 $\ln\dfrac{\gamma_1}{\gamma_2}$ 对 $x_1$ 作图，见图 5-11 所示。

令 $I = \displaystyle\int_0^1 \ln\frac{\gamma_1}{\gamma_2}\mathrm{d}x_1$，即 $\ln\dfrac{\gamma_1}{\gamma_2}$-$x_1$ 曲线下面积的代数和

$\Sigma = \displaystyle\int_0^1 \left|\ln\frac{\gamma_1}{\gamma_2}\mathrm{d}x_1\right|$，即 $\ln\dfrac{\gamma_1}{\gamma_2}$-$x_1$ 曲线下的总面积

$$D = \frac{|I|}{\Sigma}\times100; \quad J = \frac{150\theta}{T_m}$$

式中，$T_m$ 为体系的最低沸点，K；150 为经验常数，是 Herington 分析典型有机溶液混合热数据后得出；$\theta$ 为两组分的沸点差，若有恒沸物生成，即为最低恒沸温度与高沸点之差或最高恒沸温度与低沸点之差。

当 $D<J$，表明数据符合热力学一致性。如 $D-J<10$，仍然可认为数据具有一定的可靠性。

面积检验法简单易行，曾被广泛采用。其缺点是对实验数据进行整体检验而非逐点检验，需要整个浓度范围内的实验数据；另外，可能存在由于实验误差的相互抵消而造成面积检验符合要求的虚假现象。

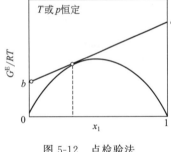

图 5-12　点检验法

（2）点检验法（微分检验法）

此法是以实验数据作出 $\dfrac{G^E}{RT}$-$x_1$ 曲线为基础进行的逐点检验。

已知二元体系的超额自由焓与活度系数的关系式

$$\frac{G^E}{RT} = \sum x_i\ln\gamma_i = x_1\ln\gamma_1 + x_2\ln\gamma_2 \tag{5-28}$$

由实验值（$p$、$T$、$x_i$、$y_i$）可求得 $\gamma_i$ 值，而后绘制 $\dfrac{G^E}{RT}$-$x_1$ 曲线，见图 5-12 所示。在任一组成下，对该曲线作切线，此切线于 $x_1=1$ 与 $x_1=0$ 轴上的截距分别为

$$a = \frac{G^E}{RT} + x_2\frac{\mathrm{d}(G^E/RT)}{\mathrm{d}x_1} \tag{5-29}$$

$$b = \frac{G^E}{RT} - x_1\frac{\mathrm{d}(G^E/RT)}{\mathrm{d}x_1} \tag{5-30}$$

式(5-28) 在等温、等压下对 $x_1$ 微分

$$\frac{\mathrm{d}\left(\dfrac{G^E}{RT}\right)}{\mathrm{d}x_1} = x_1\frac{\mathrm{d}\ln\gamma_1}{\mathrm{d}x_1} + \ln\gamma_1 + x_2\frac{\mathrm{d}\ln\gamma_2}{\mathrm{d}x_1} - \ln\gamma_2 = \ln\gamma_1 - \ln\gamma_2 + \beta \tag{5-31}$$

由 Gibbs-Duhem 方程式(5-22) 可知

对等温汽液平衡　　　　　　　　$$\beta = \left(\frac{\Delta V}{RT}\right)\frac{\mathrm{d}p}{\mathrm{d}x_1} \tag{5-32}$$

对等压汽液平衡　　　　　　　　$$\beta = -\left(\frac{\Delta H}{RT^2}\right)\frac{\mathrm{d}T}{\mathrm{d}x_1} \tag{5-33}$$

将式(5-28)、式(5-31)代入式(5-29)与式(5-30)分别得

$$a = \ln\gamma_1 + x_2\beta \tag{5-34}$$
$$b = \ln\gamma_2 - x_1\beta \tag{5-35}$$

由上两式表明，由截距 $a$、$b$ 与 $\beta$ 值可以定出 $\gamma_1$ 与 $\gamma_2$ 值。如果此活度系数值与由实验数据计算的 $\gamma$ 值相符则表明该点数据符合热力学一致性。在点检验中，对等温汽液平衡，由于 $\Delta V \ll RT$，可取 $\beta = 0$。但对等压汽液平衡数据，严格讲，$\beta$ 值需按式(5-33)计算。由于混合热数据很少，通常 $\beta$ 值难以确定。对某些体系的等压数据，如组分沸点相近、化学结构类似，无恒沸物形成，也近似可取 $\beta = 0$ 进行检验。

**【例 5-9】** 已知异丙醇(1)-水(2)的汽液平衡数据如表 5-10（压力为 0.1013MPa）

表 5-10

| $x_1$ | 0.00 | 0.0160 | 0.0570 | 0.1000 | 0.1665 | 0.2450 | 0.2980 | 0.3835 | 0.4460 |
|---|---|---|---|---|---|---|---|---|---|
| $y_1$ | 0.00 | 0.2115 | 0.4565 | 0.5015 | 0.5215 | 0.5390 | 0.5510 | 0.5700 | 0.5920 |
| $T/℃$ | 100 | 93.40 | 84.57 | 82.70 | 81.99 | 81.62 | 81.28 | 80.90 | 80.67 |
| $x_1$ | 0.5145 | 0.5590 | 0.6605 | 0.6955 | 0.7650 | 0.8090 | 0.8725 | 0.9535 | 1.000 |
| $y_1$ | 0.6075 | 0.6255 | 0.6715 | 0.6915 | 0.7370 | 0.7745 | 0.8340 | 0.9325 | 1.000 |
| $T/℃$ | 80.38 | 80.31 | 80.16 | 80.11 | 80.23 | 80.37 | 80.70 | 81.48 | 82.25 |

试检验此套数据的可靠性。

**解** 等压汽液平衡数据，由于混合热数据未知，采用 Herington 推荐的经验方法检验数据的热力学一致性。

$$\gamma_1 = \frac{p y_1}{p_1^S x_1}, \quad \gamma_2 = \frac{p y_2}{p_2^S x_2}$$

查附录二得出异丙醇、水的 Antoine 常数，求得不同温度下的 $p_i^S$ 值，而后计算 $\gamma_i$ 值，计算结果列在表 5-11。

表 5-11

| $x_1$ | 0.0160 | 0.0570 | 0.100 | 0.1665 | 0.2450 | 0.2980 | 0.3835 | 0.4460 |
|---|---|---|---|---|---|---|---|---|
| $\ln\dfrac{\gamma_1}{\gamma_2}$ | 2.134 | 1.965 | 1.538 | 1.031 | 0.617 | 0.397 | 0.092 | -0.112 |
| $x_1$ | 0.5145 | 0.5590 | 0.6605 | 0.6955 | 0.7650 | 0.8090 | 0.8725 | 0.9535 |
| $\ln\dfrac{\gamma_1}{\gamma_2}$ | -0.286 | -0.389 | -0.616 | -0.684 | -0.814 | -0.874 | -0.973 | -1.060 |

将 $\ln\dfrac{\gamma_1}{\gamma_2}$ 对 $x_1$ 作图。

$$I = \int_0^1 \ln\frac{\gamma_1}{\gamma_2}\mathrm{d}x_1$$
$$= A + B = 0.3777 - 0.3962 = -0.0185$$
$$\Sigma = \int_0^1 \left| \ln\frac{\gamma_1}{\gamma_2}\mathrm{d}x_1 \right|$$
$$= 0.3777 + 0.3962$$
$$= 0.774$$
$$D = \frac{|I|}{\Sigma} \times 100 = \frac{0.0185}{0.774} \times 100 = 2.39$$
$$J = 150 \times \frac{\theta}{T_m} = 150 \times \frac{100 - 80.11}{80.11 + 273.15} = 8.5$$

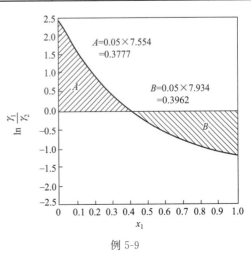

例 5-9

$$D < J \text{ 或 } D - J = 2.39 - 8.5 < 0$$

可认为上述的等压汽液平衡数据符合热力学一致性。

须指出,汽液平衡数据的热力学一致性是判断数据可靠性的必要条件,但不是充分条件。就是说,符合热力学一致性的数据,不一定是正确可靠的。但是不符合热力学一致性的数据一定是不正确和不可信的。

## 5.4 气体在液体中的溶解度

自然界中液体具有溶解气体的能力。现代化工业中,利用气体在液体中溶解度的不同而实现气体产物的分离、工业原料气的净化、废气的治理以及某些生化过程等。

液相中气体的溶解度,此液相可以是单一溶剂,也可为混合溶剂。高压下气体溶解度的计算,由于液相中气体的含量明显增加,需要同时考虑气相与液相的组成,计算方法与汽液平衡趋向一致,常采用状态方程来描述。

### 5.4.1 加压下气体的溶解度

如果将溶质气体与液体溶剂置于密闭的容器中,并使其保持高于气体临界温度的某一温度下,则溶质气体逐渐溶解于液体中,经一段时间后,最终达到饱和,形成气液平衡。此时溶解于液体溶剂中的溶质浓度称为气体在液体中的溶解度。

1803 年,Henry 研究了 $CO_2$、$N_2O$、$O_2$、$N_2$、$H_2S$ 等气体在水中的溶解度,得出众所周知的 Henry 定律

$$p_i = k_{Li} x_i \tag{5-36}$$

式中,$p_i$ 为与液相处于平衡状态的气相中溶质的分压;$x_i$ 为液相中溶质的溶解度,摩尔分数;$k_{Li}$ 为低压下亨利常数,此值与溶质、溶剂的种类以及温度有关。

式(5-36)适用于溶质分压不大,且溶质在溶剂中不发生离解、缔合或化学反应的体系。溶剂可以是纯液体,也可以是液体混合物。

加压下,由于气相不能假定为理想气体,对 Henry 定律的表达式进行修正,即把气相中溶质的分压换成溶质的逸度 $\hat{f}_i$

$$\hat{f}_i = k_i x_i \tag{5-37}$$

式中,$k_i$ 为加压下 Henry 常数,它是与体系的种类、温度、压力有关;$x_i$ 为溶质的溶解度。

式(5-36)与式(5-37)在形式上完全类同,但式(5-37)为 Henry 定律的普遍表达式。

加压下,由于 $k_i$ 与体系的总压有关,即使温度一定,体系中的 $\hat{f}_i$ 对 $x_i$ 的变化不是直线关系。图 5-13 表示 $CO_2$ 在水中的溶解度随压力的变化曲线。

下面讨论 Henry 常数 $k_i$ 与压力的关系。

等温下,利用热力学关系式

$$\left[ \frac{\partial \ln \hat{f}_i}{\partial p} \right]_{T,X} = \frac{\overline{V}_i^L}{RT}$$

式中,$\overline{V}_i^L$ 为 $i$ 组分在液相中的偏摩尔体积。

将亨利常数的定义式 $k_i = \lim\limits_{x_i \to 0} \dfrac{\hat{f}_i}{x_i}$（等温）代入上式,因

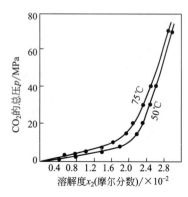

图 5-13　$CO_2$ 对水的溶解度

为当 $x_i \to 0$ 时，溶质 $i$ 在无限稀释溶液中的偏摩尔体积 $\overline{V}_i^\infty = \overline{V}_i^L$，得出

$$\left[\frac{\partial \ln k_i}{\partial p}\right]_T = \frac{\overline{V}_i^\infty}{RT} \quad \text{（等温）} \tag{5-38}$$

积分式(5-38)，而且假设等温等压下，$i$ 组分的逸度正比于 $x_i$，可导出以下的形式

$$\ln k_i = \ln \frac{\hat{f}_i}{x_i} = \ln k_i^{p^r} + \frac{1}{RT} \int_{p^r}^p \overline{V}_i^\infty \, \mathrm{d}p \tag{5-39}$$

式中，$k_i^{p^r}$ 表示在任意参比压力下的 Henry 常数；$\overline{V}_i^\infty$ 为溶质 $i$ 在无限稀释溶液中的偏摩尔体积。

当 $x_i \to 0$ 时，总压可认为是溶剂的饱和蒸气压 $p_{溶剂}^S$，因此，取 $p^r = p_{溶剂}^S$，如果溶液的温度低于溶剂的临界温度，可合理假设 $\overline{V}_i^\infty$ 与压力无关。则式(5-39) 变为

$$\ln \frac{\hat{f}_i}{x_i} = \ln k_i^{p_{溶剂}^S} + \frac{\overline{V}_i^\infty}{RT}(p - p_{溶剂}^S) \tag{5-40}$$

上式称为 Kritchevsky-Kasarnovsky 方程。应用此式需满足两个假设，一是所研究的 $x_i$ 范围内，溶质的活度系数没有明显的变化；二是无限稀释溶液是不可压缩的。因此，式(5-40) 适用于高压下，难溶气体的溶解度计算。

遵循高压下难溶气体溶解度的计算公式。温度一定，用 $\ln \dfrac{\hat{f}_i}{x_i}$ 对体系总压 $p$ 作图成一组直线，直线的截距是 $\ln k_i$ 值，直线的斜率是 $\dfrac{\overline{V}_i}{RT}$，利用溶解度数据可求得液相中溶质的偏摩尔体积 $\overline{V}_i$，反之，若已知温度 $T$ 时液相中溶质的偏摩尔体积 $\overline{V}_i$，及已知低压，温度 $T$ 下的 Henry 常数，便能计算高压下的气体溶解度。见例 5-10。

当体系的状态接近于临界区域，气体在液相中可达到相当大的浓度，上述的亨利定律就不适用。具体计算见 5.4.3 节。

【例 5-10】 试求 75℃、总压为 40MPa 下 $CO_2$ 在水中的溶解度 $x_{CO_2}$。

**解** 查得 75℃时，Henry 常数 $k_{CO_2} = 4043.2$ atm/摩尔分数 $= 409.57$ MPa/摩尔分数，$CO_2$ 在水中偏摩尔体积 $\overline{V}_{CO_2} = 31.4 \text{cm}^3/\text{mol}$。

$$\ln \frac{\hat{f}_{CO_2}}{x_{CO_2}} = \ln k + \frac{p \overline{V}_{CO_2}}{RT} = \ln 409.57 + \frac{31.4 \times (40 - 0.1013)}{8.314 \times (75 + 273.15)}$$

$$= 6.015 + 0.433 = 6.448$$

$$\frac{\hat{f}_{CO_2}}{x_{CO_2}} = 632.1 \text{MPa}$$

求 75℃、40MPa 下 $CO_2$ 的 $\hat{f}_{CO_2}$。由于 $CO_2$ 是纯气体，故 $\hat{f}_{CO_2} = f_{CO_2}$，见第 3 章介绍的方法计算。

采用 RK 方程求得 $\hat{f}_{CO_2} = 16.0$ MPa。

$$x_{CO_2} = \frac{16.0}{632.1} = 0.0253$$

### 5.4.2 气体溶解度与温度的关系

在一定的压力下，大多数气体在液体中溶解度随温度的升高而减小，但也有不少例外，如 $CS_2$ 在苯中的溶解度随温度的升高而增大；$CS_2$ 在环己烷或四氯化碳中的溶解度几乎不随温度而变。目前许多气体的溶解度是在 25℃ 下测定，研究气体溶解度与温度的关系是有实际意

义的。

下面从热力学原理进行推导。

液相中溶质的偏摩尔自由焓应是温度，压力与组成的函数，即 $\overline{G}_1^L = f(T, p, x_1)$。

等压下

$$d\overline{G}_1^L = \left(\frac{\partial \overline{G}_1^L}{\partial T}\right)_{p,x_1} dT + \left(\frac{\partial \overline{G}_1^L}{\partial x_1}\right)_{T,p} dx_1 \tag{5-41}$$

$$\left(\frac{\partial \overline{G}^L}{\partial T}\right)_{p,x_1} = -\overline{S}_1^L \tag{5-42}$$

气体在液体中的溶解度很小，可视为理想溶液，那 $\overline{G}_1^L = G_1^0 + RT\ln x_1$

$$\left(\frac{\partial \overline{G}_1^L}{\partial x_1}\right)_{T,p} = RT\frac{\partial \ln x_1}{\partial x_1} = \frac{RT}{x_1} \tag{5-43}$$

将式(5-42)、式(5-43) 代入式(5-41) 得

$$d\overline{G}_1^L = -\overline{S}_1^L dT + RTd\ln x_1$$

等压下，纯气体的自由焓

$$dG_1^G = -S_1^G dT$$

故

$$d\overline{G}_1^L - dG_1^G = -\overline{S}_1^L dT + S_1^G dT + RTd\ln x_1$$

$$d(\overline{G}_1^L - G_1^G) = -(\overline{S}_1^L - S_1^G)dT + RTd\ln x_1 \tag{5-44}$$

由于非凝性的气体组分与溶剂组分的临界温度相差较大，因而气相中溶剂组分的含量可忽略，故溶质组分在气相中的偏摩尔自由焓近似等于纯气态时的自由焓，即 $\overline{G}_1^G = G_1^G$。

根据气液平衡的条件

$$\overline{G}_1^G = \overline{G}_1^L$$

$$d(\overline{G}_1^L - G_1^G) = 0$$

代入式(5-44)，并整理得

$$\left[\frac{\partial \ln x_1}{\partial \ln T}\right]_p = \frac{\overline{S}_1^L - S_1^G}{R} \tag{5-45}$$

式中，$\overline{S}_1^L$ 为气体组分在溶液中的偏摩尔熵；$S_1^G$ 为纯气体组分的摩尔熵；$x_1$ 为气体组分在溶液中饱和时的摩尔分数。

若已知溶质气体的溶解熵 $(\overline{S}_1^L - S_1^G)$，则由式(5-45) 求出温度对气体溶解度的影响。

实验证明，在不宽的温度范围内，$(\overline{S}_1^L - S_1^G)$ 可视为与温度无关，积分式(5-45)，可得

$$\ln \frac{x_1}{x_1'} = \frac{\overline{S}_1^L - S_1^G}{R}\ln\frac{T_2}{T_1} \tag{5-46}$$

只要有该气体的溶解熵和某一温度下的溶解度数据，就可求得其他温度下的溶解度。此式使用条件是液相中气体溶解度较小的体系，且温度变化范围不大。

**【例 5-11】** 25℃、0.1013MPa 时，$CH_4$ 在甲醇中的溶解度为 $x_1 = 8.695 \times 10^{-4}$ （甲烷的摩尔分数），溶解熵 $\overline{S}_1^L - S_1^G = -12.12J/(mol \cdot K)$。试求 18℃、0.1013MPa 时，$CH_4$ 在甲醇中的溶解度。

**解**

$$\ln \frac{x_1}{x_1'} = \frac{(\overline{S}_1^L - S_1^G)}{R}\ln\frac{T_2}{T_1}$$

$$\ln \frac{x_1}{8.695 \times 10^{-4}} = \frac{-12.12}{8.314}\ln\frac{18 + 273.15}{25 + 273.15} = 0.0346$$

$$x_1 = 8.695 \times 10^{-4}\exp(0.0346) = 9.001 \times 10^{-4}$$

### 5.4.3 状态方程计算气体的溶解度

高压下，气体在液相中的溶解度增加。但用活度系数法计算气体的溶解度，因挥发组分的标准态逸度难以确定，使计算不便。目前较理想的仍是状态方程法。

气相与液相达到平衡时，任何组分 $i$ 在两相中逸度必须相等。由此可建立两相间的 $T$、$p$、$x_i$（液相组成）、$y_i$（气相组成）的关系。

$$\hat{f}_i^G = p y_i \hat{\phi}_i^G ; \quad \hat{f}_i^L = p x_i \hat{\phi}_i^L$$

得出

$$y_i \hat{\phi}_i^G = x_i \hat{\phi}_i^L$$

或

$$K_i = \frac{y_i}{x_i} = \frac{\hat{\phi}_i^L}{\hat{\phi}_i^G} \tag{5-47}$$

式中，$\hat{\phi}_i^G$、$\hat{\phi}_i^L$ 为组分 $i$ 在气、液相中的逸度系数，可采用状态方程计算。

此外，结合气、液相中物料平衡，即

$$\sum x_i = 1$$
$$\sum y_i = 1$$

可进行气体溶解度的计算。工程计算中还常遇到已知 $T$、$p$，求算 $x$、$y$ 的情况。

状态方程计算的步骤如下。

① 选择适用的状态方程和混合规则。

② 确定目标函数，并用优化方法回归求得状态方程的可调参数。

常用的目标函数有逸度相等、压力相等、组分浓度相等以及压力加组分浓度的组合型等。其中常用的目标函数是组分逸度相等，即

$$F = \sum_j^M \sum_i^N (\hat{f}_i^G - \hat{f}_i^L)_j^2$$

式中，$M$ 为实验点数；$N$ 为组分数；$F$ 为目标函数。

用实验数据优化回归可调参数是求解非线性方程组。此工作必须在电子计算机上进行。

③ 得到二元可调参数后，即可进行计算。

图 5-14 表示以 PR 方程为例，计算气体溶解度的框图。

主要计算公式

$$p = \frac{RT}{V-b} - \frac{a(T)}{V(V+b)+b(V-b)}$$

式中，$a$、$b$ 为方程参数。

$$a_m = \sum_i \sum_j x_i x_j a_{ij}, \quad b_m = \sum_i x_i b_i$$

式中，$a_{ij} = (1-k_{ij}) a_{ii}^{\frac{1}{2}} a_{jj}^{\frac{1}{2}}$；$k_{ij}$ 为二元可调参数。

$$\ln \hat{\phi}_i^L = \ln \frac{\hat{f}_i^L}{x_i p} = \frac{b_i}{b_m}(Z-1) + \ln(Z-B) - \frac{A}{2\sqrt{2}B}\left(\frac{2\sum x_j a_{ij}}{a_m} - \frac{b_i}{b_m}\right) \ln\left[\frac{Z+(1+\sqrt{2})B}{Z+(1-\sqrt{2})B}\right]$$

式中，$A = \frac{a_m p}{R^2 T^2}$；$B = \frac{b_m p}{RT}$；$Z = \frac{pV}{RT}$。

如求 $\ln \hat{\phi}_i^G$，只要将上式中 $x_i$ 换成 $y_i$ 即可。

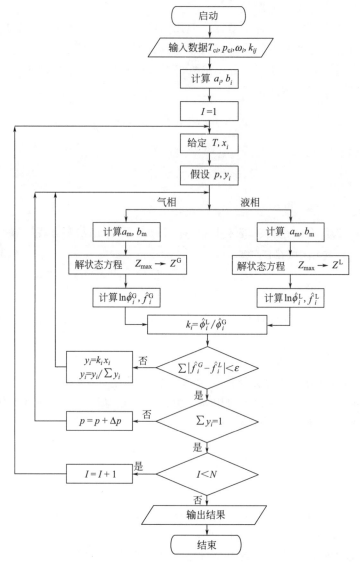

图 5-14 状态方程计算气体溶解度

## 5.5 固体在超临界流体中的溶解度

纯物质的 $p$-$V$-$T$ 图中，高于该物质的临界压力和临界温度的区域为超临界流体区。超临界流体具有独特的性质，即密度接近液体，黏度接近于气体，扩散系数介于液体和气体两者之间。此特性导致超临界流体具有优异的溶解性能和传热效率，使超临界萃取在工业中获得应用，如从咖啡豆中萃取咖啡，从重油馏分中分离沥青，啤酒花的抽提，从玉米油中提取油脂等。

下面介绍高压下固体在超临界流体中溶解度的计算。考虑纯固体（组分 1）与含有组分 1 和组分 2 的蒸气混合物处于固气平衡，由于组分 2 在固相中溶解度很小，可忽略。该体系只有一个组分（组分 1）的相平衡方程。

$$f_1^S = \hat{f}_1^V \tag{5-48}$$

纯固体逸度 $f_1^S$ 的计算采用纯液体的逸度表达式(3-91)，表达式中仅作符号上的改变。

$$f_1^S = p_1^{sat} \phi_1^{sat} \exp\left[ \frac{V_1^S (p - p_1^{sat})}{RT} \right] \tag{5-49}$$

将组分1在气相中逸度系数 $\hat{f}_1^V = p y_1 \hat{\phi}_1^V$ 与式(5-49)代入式(5-48)，整理可得

$$y_1 = \frac{p_1^{sat} \phi_1^{sat}}{p \hat{\phi}_1^V} \exp\left[ \frac{V_1^S (p - p_1^{sat})}{RT} \right] = \frac{p_1^{sat}}{p} F_1 \tag{5-50}$$

其中

$$F_1 \equiv \frac{\phi_1^{sat}}{\hat{\phi}_1^V} \exp\left[ \frac{V_1^S (p - p_1^{sat})}{RT} \right]$$

式中，$p_1^{sat}$ 为温度 $T$ 时，纯固体（组分1）的饱和蒸气压；$V_1^S$ 为纯固体（组分1）的摩尔体积；$\phi_1^{sat}$ 为纯固体（组分1）在 $p_1^{sat}$ 时的逸度系数；$\hat{\phi}_1^V$ 为在超临界流体中组分1的组分逸度系数。

式(5-50)为固体（组分1）在超临界流体中溶解度的计算式。函数 $F_1$ 通过 $\phi_1^{sat}$ 和 $\hat{\phi}_1^V$ 反映气相的非理想性，式中指数项 Poynting 因子显示压力对固体逸度的影响。当压力足够低时，上述两者的影响均可忽略，此情况下，$F_1 \approx 1$，$y_1 = \frac{p_1^{sat}}{p}$。中压和高压下，气相的非理想性显得重要，$\hat{\phi}_1^V$ 通常比 1 小，Poynting 因子不能忽略，因为 $F_1$ 比 1 大得多。根据式(5-50)，它导致固体在高压流体中溶解度快速增大，故 $F_1$ 称为增强因子。

式(5-50)在应用中可进一步简化：①固体的饱和蒸气压 $p_1^{sat}$ 一般很小；②在纯固体的蒸气压下，$\phi_1^{sat}$ 可近似为 1；③由于 $p$ 较大，Poynting 因子中 $p - p_1^{sat} \approx p$，则

$$y_1 = \frac{p_1^{sat}}{p \hat{\phi}_1^V} \exp \frac{V_1^S p}{RT} \tag{5-51}$$

这是适用于工程应用的计算式。式中 $p_1^{sat}$ 和 $V_1^S$ 是纯物质性质，其值可查阅手册或选用合适的状态方程计算。$\hat{\phi}_1^V$ 可选择适用于此混合物的状态方程计算，通常，立方型状态方程如 SRK 方程或 PR 方程对这类计算可获得满意的结果。

溶质为液体物质在超临界流体中溶解度计算与上类同。

## 5.6  液液平衡

化工生产中常遇到液液分离或汽、液、液三相分离的问题，如液液萃取、非均相恒沸精馏等。这需要液液平衡的知识。液液平衡是液体组分相互达到饱和溶解度时液相和液相的平衡，一般出现在与理想溶液有较大正偏差的溶液。本节主要介绍液相分裂的热力学原理以及液液平衡的计算。

### 5.6.1  溶液的相分裂

溶液在什么条件下能保持稳定的单一相，而在什么条件下要产生相分裂，在热力学上是颇感兴趣的问题。如果溶液的非理想性较大，组分同分子间吸引力明显大于异分子间吸引力。在此情况下，当溶液的组成达到某一定范围内，溶液便会出现相分裂现象而形成两个液相。为了阐明此原因，考察二元溶液在给定的温度、压力下溶液的混合自由焓与组成的关系。

图 5-15 表示在给定的 $T$、$p$ 下，溶液的混合自由焓与组成 $x_1$ 的变化曲线。图 5-15 中曲线 I 表示完全互溶的液体混合物，曲线 II 表示在 $x_1'$ 和 $x_1''$ 组成间出现相分裂的液体混合物。

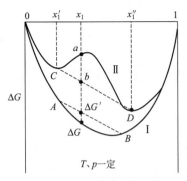

图 5-15 二元溶液的摩尔混合自由焓

根据等温等压条件下，溶液稳定状态是混合自由焓最小的热力学原理来分析曲线 Ⅰ、Ⅱ 情况。

曲线 Ⅰ 在全浓度范围内显示上凹形状，任意取曲线上两点 $A$、$B$ 连成虚直线，那么 $AB$ 线上任一点的纵坐标 $\Delta G'$（假定相分裂形成两液相的混合自由焓）值均大于同一总组成下曲线 Ⅰ 上的 $\Delta G$ 值（形成单一液相的混合自由焓），所以曲线 Ⅰ 表示溶液在任意组成下混合均为互溶。

曲线 Ⅱ 则不同，在曲线 $CaD$ 部分呈上凸形状，表示不稳定范围，其稳定的混合自由焓是沿着虚直线 $CbD$，因为在同一总组成 $x_1$ 下，$b$ 点的混合自由焓比 $a$ 点小，$C$、$D$ 表示平衡组成的双切点，说明在 $C$、$D$ 之间范围内，形成两液相的混合自由焓比形成单一液相的自由焓小，即此范围内混合必引起相的分裂，分离成两液相的组成分别为 $x_1'$ 与 $x_1''$。

由曲线形状的数学条件，得出二元体系单相稳定性判据。

等温等压

$$\frac{\mathrm{d}^2 \Delta G}{\mathrm{d}x_1^2} < 0 \quad \text{相分裂形成两液相} \tag{5-52}$$

反之，等温等压

$$\frac{\mathrm{d}^2 \Delta G}{\mathrm{d}x_1^2} > 0 \quad \text{完全互溶} \tag{5-53}$$

**【例 5-12】** 试证明 Wilson 方程不能适用于液液分层体系。

**解** 二元体系超额自由焓的 Wilson 方程为

$$\frac{G^{\mathrm{E}}}{RT} = -x_1 \ln(x_1 + \Lambda_{12} x_2) - x_2 \ln(x_2 + \Lambda_{21} x_1)$$

而

$$G^{\mathrm{E}} = \Delta G - \Delta G^{\mathrm{id}} \text{ 或} \frac{\Delta G}{RT} = \frac{G^{\mathrm{E}}}{RT} + \frac{\Delta G^{\mathrm{id}}}{RT}$$

因为

$$\frac{\Delta G^{\mathrm{id}}}{RT} = x_1 \ln x_1 + x_2 \ln x_2$$

所以

$$\frac{\Delta G}{RT} = x_1 \ln\left(\frac{x_1}{x_1 + \Lambda_{12} x_2}\right) + x_2 \ln\left(\frac{x_2}{x_2 + \Lambda_{21} x_1}\right) \tag{A}$$

相稳定的条件为 $\left(\frac{\partial^2 \Delta G}{\partial x_1^2}\right)_{T,p} > 0$。

将式（A）对 $x_1$ 取二价偏导数

$$\frac{1}{RT}\left(\frac{\partial^2 \Delta G}{\partial x_1^2}\right)_{T,p} = \frac{\Lambda_{12}^2}{x_1 (x_1 + \Lambda_{12} x_2)^2} + \frac{\Lambda_{21}^2}{x_2 (\Lambda_{21} x_1 + x_2)^2} \tag{B}$$

从式（B）可以看出，只要 $\Lambda_{12}$、$\Lambda_{21}$ 不等于零

则

$$\left[\frac{\partial^2 \Delta G}{\partial x_1^2}\right]_{T,p} > 0$$

所以，Wilson 方程不适用于液液分层体系。

**【例 5-13】** 在某一特定的温度下，二元溶液的超额自由焓表示为 $\frac{G^{\mathrm{E}}}{RT} = B x_1 x_2$，若考虑该二元体系为低压汽液平衡。在 $0 < x_1 < 1$ 的范围内，问 $B$ 为何值时不会发生相分裂？

**解** 等温、等压相分裂的条件

$$\frac{\mathrm{d}^2 \Delta G}{\mathrm{d}x_1^2} < 0 \text{ 或} \frac{\mathrm{d}^2 \left(\frac{\Delta G}{RT}\right)}{\mathrm{d}x_1^2} < 0$$

$$\frac{\Delta G}{RT} = \frac{\Delta G^{\mathrm{id}}}{RT} + \frac{G^{\mathrm{E}}}{RT} = x_1 \ln x_1 + x_2 \ln x_2 + B x_1 x_2$$

$$\frac{\mathrm{d}\left(\dfrac{\Delta G}{RT}\right)}{\mathrm{d}x_1}=\ln x_1-\ln x_2+B(x_2-x_1)$$

$$\frac{\mathrm{d}^2\left(\dfrac{\Delta G}{RT}\right)}{\mathrm{d}x_1^2}=\frac{1}{x_1x_2}-2B$$

相分裂：$\dfrac{1}{x_1x_2}-2B<0$，$\dfrac{1}{x_1x_2}<2B$

当 $x_1$ 由 0 变化到 1 时，$\dfrac{1}{x_1x_2}$ 由 $\infty$ 经最小值 4 而变到 $\infty$。

所以，当 $B>2$ 时，形成相分裂；反之，当 $B<2$ 时不会发生相分裂。

### 5.6.2 液液平衡关系及计算

根据相平衡的判据式(5-3)

$$\begin{cases}\mu_i^\alpha=\mu_i^\beta & (i=1,2,\cdots,N)\\ \text{各相的温度、压力相同}\end{cases}$$

因为

$$\mu_i^\alpha=(\mu_i^\ominus)^\alpha+RT\ln\hat a_i^\alpha=(\mu_i^\ominus)^\alpha+RT\ln(\gamma_ix_i)^\alpha$$

$$\mu_i^\beta=(\mu_i^\ominus)^\beta+RT\ln\hat a_i^\beta=(\mu_i^\ominus)^\beta+RT\ln(\gamma_ix_i)^\beta$$

式中，$(\mu_i^\ominus)^\alpha$、$(\mu_i^\ominus)^\beta$ 为组分 $i$ 在标准态的化学位，相同 $T$、$p$ 下，$(\mu_i^\ominus)^\alpha=(\mu_i^\ominus)^\beta$。
液液平衡的基本关系式为

$$\gamma_i^\alpha x_i^\alpha=\gamma_i^\beta x_i^\beta \quad (i=1,2,\cdots,N) \tag{5-54}$$

式中，$x_i^\alpha$、$x_i^\beta$ 表示处于平衡的 "$\alpha$" 液相与 "$\beta$" 液相中组分 $i$ 的摩尔分数；$\gamma_i^\alpha$、$\gamma_i^\beta$ 表示组分 $i$ 在 "$\alpha$" 液相与 "$\beta$" 液相中的活度系数。

（1）二元液液平衡的计算

给定的 $T$、$p$ 下，求算二元液液平衡的组成 $x_1^\alpha$、$x_2^\alpha$、$x_1^\beta$、$x_2^\beta$ 时，由液液平衡关系式可列出以下四个方程式

$$\begin{cases}\gamma_1^\alpha x_1^\alpha=\gamma_1^\beta x_1^\beta & \text{(5-55a)}\\[2mm] \gamma_2^\alpha x_2^\alpha=\gamma_2^\beta x_2^\beta & \text{(5-55b)}\\[2mm] x_1^\alpha+x_2^\alpha=1 & \text{(5-55c)}\\[2mm] x_1^\beta+x_2^\beta=1 & \text{(5-55d)}\end{cases}$$

液相活度系数 $\gamma_i^\alpha$、$\gamma_i^\beta$ 的计算常用的有 NRTL 方程、UNIQUAC 方程、Van Laar 方程、Margules 方程。活度系数关联式中参数值由二元液液互溶度数据求得。举 NRTL 方程为例给以说明。

NRTL 方程经数学处理，可写成

$$\ln\frac{x_1^\beta}{x_1^\alpha}=\left\{\tau_{21}\left[\frac{G_{21}}{(x_1^\alpha/x_2^\alpha)+G_{21}}\right]^2+\frac{\tau_{12}G_{12}}{[1+(x_1^\alpha/x_2^\alpha)G_{12}]^2}\right\}-$$
$$\left\{\tau_{21}\left[\frac{G_{21}}{(x_1^\beta/x_2^\beta)+G_{21}}\right]^2+\frac{\tau_{12}G_{12}}{[1+(x_1^\beta/x_2^\beta)G_{12}]^2}\right\}$$

$$\ln\frac{x_2^\beta}{x_2^\alpha}=\left\{\tau_{12}\left[\frac{G_{12}}{(x_2^\alpha/x_1^\alpha)+G_{12}}\right]^2+\frac{\tau_{21}G_{21}}{[1+(x_2^\alpha/x_1^\alpha)G_{21}]^2}\right\}-$$
$$\left\{\tau_{12}\left[\frac{G_{12}}{(x_2^\beta/x_1^\beta)+G_{12}}\right]^2+\frac{\tau_{21}G_{21}}{[1+(x_2^\beta/x_1^\beta)G_{21}]^2}\right\}$$

其中

$$G_{12}=\exp(-\alpha_{12}\tau_{12}),G_{21}=\exp(-\alpha_{12}\tau_{21})$$

当 $\alpha_{12}$ 值选定，如有一组液液互溶度数据，用试差法联解两联立方程可求得 $\tau_{12}$、$\tau_{21}$ 值。

（2）三元液液平衡的计算

对三元体系，同样可列出以下关系式

$$\begin{cases} \gamma_1^\alpha x_1^\alpha = \gamma_1^\beta x_1^\beta & \text{(5-56a)} \\ \gamma_2^\alpha x_2^\alpha = \gamma_2^\beta x_2^\beta & \text{(5-56b)} \\ \gamma_3^\alpha x_3^\alpha = \gamma_3^\beta x_3^\beta & \text{(5-56c)} \\ x_1^\alpha + x_2^\alpha + x_3^\alpha = 1 & \text{(5-57a)} \\ x_1^\beta + x_2^\beta + x_3^\beta = 1 & \text{(5-57b)} \end{cases}$$

任一三元液液平衡，共有 8 个变量，即 $x_1^\alpha$、$x_2^\alpha$、$x_3^\alpha$、$x_1^\beta$、$x_2^\beta$、$x_3^\beta$、$T$、$p$。

根据相律，$F = N - \pi + 2 = 3 - 2 + 2 = 3$，如果给定 $T$、$p$ 与某液相中任一组成 $x_i$，那么其余五个变量可联解上述五个方程求得，求解时，各液相中组分的活度系数 $\gamma_i^\alpha$、$\gamma_i^\beta$ 选用合适的液相活度系数关联式计算。

【例 5-14】 25℃时，A、B 二元溶液处于汽液液三相平衡，饱和液相之组成。

$$x_A^\alpha = 0.02, \quad x_B^\alpha = 0.98$$
$$x_A^\beta = 0.98, \quad x_B^\beta = 0.02$$

25℃时，A、B 物质的饱和蒸气压

$$p_A^S = 0.01\text{MPa}, \quad p_B^S = 0.1013\text{MPa}$$

试计算三相共存平衡时的压力与汽相组成。

**解** 取 Lewis-Randall 规则为标准态。

在 α 相中，组分 B 含量接近于 1，$x_B^\alpha = 0.98 \doteq 1$，故 $\gamma_B^\alpha \doteq 1$

在 β 相中，组分 A 含量接近于 1，$x_A^\beta = 0.98 \doteq 1$，故 $\gamma_A^\beta \doteq 1$

在液液平衡中，$\gamma_A^\alpha x_A^\alpha = \gamma_A^\beta x_A^\beta$

$$\gamma_A^\alpha = \frac{x_A^\beta \gamma_A^\beta}{x_A^\alpha} = \frac{0.98 \times 1}{0.02} = 49$$

同理

$$\gamma_B^\beta = \frac{\gamma_B^\alpha x_B^\alpha}{x_B^\beta} = \frac{0.98 \times 1}{0.02} = 49$$

在汽液平衡中：$p y_i = \gamma_i x_i p_i^S$

汽液液三相平衡时压力

$$p = \gamma_A x_A p_A^S + \gamma_B x_B p_B^S = [49 \times 0.02 \times 0.01 + 0.98 \times 1 \times 0.1013] \times 10^3 = 109.1\text{kPa}$$

汽液液三相平衡时的汽相组成

$$y_A = \frac{\gamma_A x_A p_A^S}{p} = \frac{49 \times 0.02 \times 0.01 \times 10^3}{109.1} = 0.0898$$

# *5.7 含盐体系的相平衡

盐对单组分体系热力学性质的影响已被稀溶液的依数性规律所揭示。盐对二元体系的影响要复杂得多，但溶液相平衡中的盐效应现象却已引起人们的兴趣。例如，盐的加入可引起二元体系平衡温度或压力的升高或降低；二元均相溶液中加入非挥发性的盐类能改变汽液平衡的组成，有些体系还能消除恒沸点；对部分互溶的液体混合物，由于盐的加入能引起互溶度的变化等。鉴于相平衡中盐效应的效果，溶盐精馏、加盐萃取精馏、加盐萃取过程在工业中获得应用。

　　由于盐效应机理与内在规律的复杂性，对相平衡中盐效应现象的分析以及含盐体系相平衡的关联方法至今还不够完善。有些观点与方法是从实验结果总结而得，不一定具有普遍的意义。下面从已研究发表的资料中选择部分作简略介绍。

　　(1) 相平衡中盐效应现象的解释

　　汽液平衡中，由于盐与溶剂的相互作用，对平衡温度、压力、汽相组成有本质上的影响，盐的加入使某一溶剂汽相组成增加称为盐对该组分盐析，反之，使汽相组成减小的称为盐对该组分盐溶。从微观上看，盐是极性强的电解质，它的加入往往会离解成正、负离子，根据"相似者相溶"原则，在盐的静电作用下，极性较强、介电常数较小的溶剂分子优先聚集在离子周围，而将另一溶剂分子挤出离子区，从而使前者活度系数减小，后者活度系数增加，产生盐效应。

　　有些研究者认为，盐能与某一溶剂形成一种不稳定的化合物，从而使该溶剂的有效浓度下降，导致平衡点发生移动。

　　Furter认为，盐对溶剂分子的选择性作用，主要来自盐离子或分子对溶液结构的影响，有可能的是盐与溶剂分子形成一种复杂结构，或和在盐离子周围的溶剂分子形成一种团状物，这种作用将同时降低两种溶剂的挥发度，降低程度取决于盐的选择性。除此之外，盐也可促进、破坏或在其他方面影响挥发性溶剂之间的相互作用。

　　众多的研究者根据实验结果提出不同的看法，由于含盐溶液本身结构的复杂性，较难得到一种有效的判别或分析盐效应的规则。

　　(2) 含盐体系汽液平衡数据的关联方法

　　含盐体系汽液平衡数据的计算公式类同无盐体系，具体关联方法较多，下面介绍几种。

　　① Furter模型及其修正式。

　　Furter在对醇-水体系的研究中发现相对挥发度与盐浓度之间有以下关系

$$\ln \frac{\alpha^s}{\alpha^0} = K x_s \tag{5-58}$$

　　式中，$\alpha^s$ 为有盐存在下组分的相对挥发度；$\alpha^0$ 为无盐时组分的相对挥发度；$K$ 为盐效应参数；$x_s$ 为盐的浓度（摩尔分数）。

$$\alpha^0 = \frac{y_2 x_1}{x_2 y_1}, \quad \alpha^s = \frac{y_2^s x_1^s}{y_1^s x_2^s}$$

　　对于一种盐和两种溶剂的体系，在恒定的溶剂比率下，Furter方程反映盐对相对挥发度的影响已被很多实验所证实。

　　修正Furter方程的表达式为

$$\ln \frac{\alpha^s}{\alpha^0} = K_1 x_s + K_2 x_s^2 \tag{5-59}$$

　　式中，$K_1$、$K_2$ 为盐效应参数。

　　Furter模型的优点是同一含盐体系在不同的盐浓度下可有相同的关联参数，这就给盐效应的预测与推算提供了方便。

　　② 优先溶剂化数与NRTL方程相结合。

　　当盐加入二元溶液中，由于盐对两种溶剂的溶解度不同，盐与溶解度大的溶剂优先形成一种溶剂化物。由此可见，形成溶剂化物的溶剂与盐之间的相互作用在体系中占主要地位。因为形成溶剂化物的溶剂已不能再汽化，所以液相中参与汽液平衡的溶剂组成就有变化，其组成的表达式如下。

当盐与第一组分形成溶剂化物时

$$x'_{1a} = \frac{(1-x_3)x'_1 - S_0 x'_1 x_3}{(1-x_3) - S_0 x'_1 x_3} \tag{5-60}$$

当盐与第二组分形成溶剂化物时

$$x'_{1a} = \frac{(1-x_3)x'_1}{(1-x_3) - S_0(1-x'_1)x_3} \tag{5-61}$$

式中，$S_0$ 为盐与纯溶剂形成溶剂化物时溶剂化数；$x'_1$ 为加盐时组分 1 的液相组成，$x'_1 = \dfrac{x_1}{x_1 + x_2}$，而 $x_1 + x_2 + x_3 = 1$；$x_3$ 为盐浓度（摩尔分数）。

NRTL 方程形式见第 4 章介绍。

低压下，汽液平衡的计算公式仍可用

$$\begin{cases} py_i = \gamma_i x_i p_i^{S} & (i = 1, 2, \cdots, N) \\ \sum y_i = 1 \end{cases}$$

③ 电解质体系的局部组成模型。

在电解质溶液中，研究者认为超额自由焓 $G^{E}$ 应由两部分组成：由于离子-离子间的库仑力作用而产生的超额自由焓 $G^{E^*,dh}$；由于电解质溶液中局部组成的相互作用而产生的超额自由焓 $G^{E^*,Lc}$。由此提出下列的 $G^{E}$ 模型。

$$\frac{G^{E}}{RT} = \frac{G^{E^*,dh}}{RT} + \frac{G^{E^*,Lc}}{RT}$$

由上可得（由于公式推导繁琐，在此略去）

$$\ln \gamma_i = \ln \gamma_i^{dh} + \ln \gamma_i^{Lc} \tag{5-62}$$

除此之外，还提出了一些经验关联式以适用于等温或等压汽液平衡的盐效应。在此不作一一介绍。

含盐体系液液平衡数据的关联目前以经验式为主。含盐体系汽液平衡数据的关联，除采用状态方程之外，近几年提出基于分子热力学理论的新热力学模型。

# 5.8　固液平衡

固液平衡主要有溶解平衡与熔化平衡。溶解平衡表示不同化学物质的固相与液相之间的平衡，它是有机物结晶分离的基础。熔化平衡是同种化学物质的熔融与固态之间的平衡。其相关的技术领域是金属及合金、陶瓷等。

根据相平衡的准则，固液平衡的基本关系式为

$$\hat{f}_i^{L} = \hat{f}_i^{S} \quad (i = 1, 2, \cdots, N) \tag{5-63}$$

式中，上标 L 和 S 分别代表液相与固相。

如两相中组分 $i$ 的逸度均用活度系数表示，则得

$$x_i \gamma_i^{L} f_i^{L} = z_i \gamma_i^{S} f_i^{S} \quad (i = 1, 2, \cdots, N) \tag{5-64}$$

式中，$x_i$ 和 $z_i$ 分别为液相和固相中组分 $i$ 的摩尔分数；$f_i^{L}$ 和 $f_i^{S}$ 分别为纯液体和纯固体的逸度。$\gamma_i^{L}$ 和 $\gamma_i^{S}$ 分别为液相和固相中组分 $i$ 的活度系数。

令 $\psi_i \equiv f_i^{S}/f_i^{L}$，代入式(5-64)，得

$$x_i \gamma_i^{L} = z_i \gamma_i^{S} \psi_i \quad (i = 1, 2, \cdots, N) \tag{5-65}$$

下面推导 $\psi_i$ 的计算式，因为纯物质 $i$ 在相同的 $T_{mi}$、$p$ 下，$f_i^{L}(T_{mi}, p) = f_i^{S}(T_{mi}, p)$

$$\psi_i = \frac{f_i^S(T,p)}{f_i^L(T,p)} = \frac{f_i^S(T,p)}{f_i^S(T_{mi},p)} \frac{f_i^S(T_{mi},p)}{f_i^L(T_{mi},p)} \frac{f_i^L(T_{mi},p)}{f_i^L(T,p)} = \frac{f_i^S(T,p)}{f_i^S(T_{mi},p)} \frac{f_i^L(T_{mi},p)}{f_i^L(T,p)} \qquad (5\text{-}66)$$

式中，$T_{mi}$ 是纯组分 $i$ 的熔化温度。

$\psi_i$ 的计算需考虑温度对逸度的影响。利用

$$\left[\frac{\partial \ln f_i}{\partial T}\right]_p = -\frac{H_i^R}{RT^2} = \frac{-(H_i - H_i^{ig})}{RT^2}$$

$$\frac{f_i(T,p)}{f_i(T_{mi},p)} = \exp\int_{T_{mi}}^{T} -\frac{H_i^R}{RT^2}dT \qquad (5\text{-}67)$$

$$-(H_i^{R,S} - H_i^{R,L}) = -[(H_i^S - H_i^{ig}) - (H_i^L - H_i^{ig})] = H_i^L - H_i^S$$

式(5-67) 分别用于固相和液相，利用上面的恒等式并代入式(5-66)，得

$$\psi_i = \exp\int_{T_{mi}}^{T} \frac{H_i^L - H_i^S}{RT^2}dT \qquad (5\text{-}68)$$

利用焓的计算式 $H_i(T) = H_i(T_{mi}) + \int_{T_{mi}}^{T} C_{pi}(T)dT$

$$C_{pi}(T) = C_{pi}(T_{mi}) + \int_{T_{mi}}^{T} \left(\frac{\partial C_{pi}}{\partial T}\right)_p dT$$

代入式(5-68) 积分，再作进一步近似处理，得

$$\psi_i = \exp\left[\frac{\Delta H_i^{SL}}{R}\left(\frac{1}{T_{mi}} - \frac{1}{T}\right)\right] \qquad (5\text{-}69)$$

将式(5-69) 代入式(5-65) 得固液平衡的计算式为

$$\gamma_i^L x_i = z_i \gamma_i^S \exp\left[\frac{\Delta H_i^{SL}}{R}\left(\frac{1}{T_{mi}} - \frac{1}{T}\right)\right] \qquad (5\text{-}70)$$

式中，$\Delta H_i^{SL}$，$T_{mi}$ 分别为组分 $i$ 的熔化焓和熔化温度。

求解固液平衡的计算式(5-70)，需要活度系数 $\gamma_i^L$ 和 $\gamma_i^S$ 与温度及组成的变化表达式，液相活度系数 $\gamma_i^L$ 计算类同前面所述，而固相活度系数 $\gamma_i^S$ 计算更显复杂。下面仅考虑两种极限情况。

（1）假定固、液两相均为理想溶液，即 $\gamma_i^L = 1$，$\gamma_i^S = 1$。对二元系统，式(5-65) 可写成

$$x_1 = z_1 \psi_1 \qquad (5\text{-}71a)$$
$$x_2 = z_2 \psi_2 \qquad (5\text{-}71b)$$

由于 $x_1 + x_2 = 1$，$z_1 + z_2 = 1$。代入上两式，可解得

$$x_1 = \frac{\psi_1(1 - \psi_2)}{\psi_1 - \psi_2} \qquad (5\text{-}72a)$$

$$z_1 = \frac{1 - \psi_2}{\psi_1 - \psi_2} \qquad (5\text{-}72b)$$

分析式(5-69)，当 $T = T_{m1}$ 时，$\psi_1 = 1$，$x_1 = z_1 = 1$

当 $T = T_{m2}$ 时，$\psi_2 = 1$，$x_1 = z_1 = 0$

此类型固液平衡相图见图 5-16，图中上方曲线为凝固线，下方曲线为熔化线。液相区位于凝固线之上，固相区位于熔化线下面。低温下的氮气--氧化碳体系及高温下的铜-镍体系具有这类相图的特征。

此类型的固液平衡行为类似于汽液平衡中 Raoult 定律的情况，但式(5-71) 很少描述实际体系的行为，可作为考察固液平衡的比较标准。

（2）假定液相为理想溶液，$\gamma_i^L = 1$，而固相中组分不互溶，即 $z_i \gamma_i^S = 1$。对二元体系，由式(5-65) 可以写成

$$x_1 = \phi_1 \tag{5-73a}$$

$$x_2 = \phi_2 \tag{5-73b}$$

由式(5-69) 可知，$\phi_1$、$\phi_2$ 仅是温度的函数，因此 $x_1$、$x_2$ 也仅是温度的函数。式(5-73a) 单独适用于组分 1。式(5-73b) 单独适用于组分 2。而式(5-73a) 和式(5-73b) 两式同时适用于最低共熔温度 $T_e$ 时，$\phi_1 + \phi_2 = 1$，$x_1 + x_2 = 1$。

由式(5-73a) 和式(5-69) 得

$$x_1 = \phi_1 = \exp\left[\frac{\Delta H_1^{\mathrm{S,L}}}{R}\left(\frac{1}{T_{m1}} - \frac{1}{T}\right)\right] \tag{5-74a}$$

此方程适用于从 $T = T_{m1}$（即 $x_1 = 1$）到 $T = T_e$（即 $x_1 = x_{1e}$）范围内。

由式(5-73b) 和式(5-69) 得

$$x_1 = 1 - x_2 = 1 - \exp\left[\frac{\Delta H_2^{\mathrm{S,L}}}{R}\left(\frac{1}{T_{m2}} - \frac{1}{T}\right)\right] \tag{5-74b}$$

此方程适用于从 $T = T_{m2}$（即 $x_1 = 0$）到 $T = T_e$（即 $x_1 = x_{1e}$）范围内。

式(5-74a) 和式(5-74b) 两方程同时应用时，可给出最低共熔温度 $T_e$ 以及最低共熔组成 $x_{1e}$。

$$x_{1e} = \exp\left[\frac{\Delta H_1^{\mathrm{S,L}}}{R}\left(\frac{1}{T_{m1}} - \frac{1}{T_e}\right)\right] = 1 - \exp\left[\frac{\Delta H_2^{\mathrm{S,L}}}{R}\left(\frac{1}{T_{m2}} - \frac{1}{T_e}\right)\right] \tag{5-75}$$

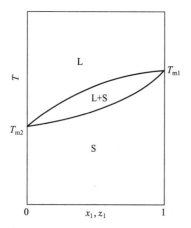

图 5-16　固液两相均为理想溶液的 $T$-$x$-$z$ 图

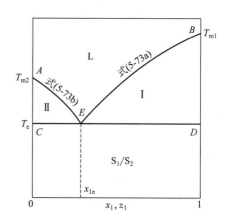

图 5-17　液相为理想溶液，固相不互溶时的 $T$-$x$-$z$ 图

此类型的固液平衡图见图 5-17，图中 $E$ 点（$T_e$，$x_{1e}$）为最低共熔状态，即固固液三相平衡状态，它位于 $CED$ 线上，表示为组成为 $x_{1e}$ 的液相与不互溶的纯固体 1 和纯固体 2 共存。

图 5-17 中曲线 $BE$ 为固体 1 的溶解度曲线，曲线 $AE$ 为固体 2 的溶解度曲线。低于温度 $T_e$ 以下是不互溶两纯固相区。曲线 $AE$ 和 $BE$ 以上为液相区。图 5-17 中 I 和 II 分别是固体 1 和固体 2 与液相的共存区。

## 习　题

5-1　请判别下列叙述的是非

(1) 某二元体系（不形成恒沸混合物），在给定的温度和压力下，达到汽液平衡时，则此平衡体系的汽相混合物的总逸度与液相混合物的总逸度是相等的。

(2) 由组分 A、B 组成的二元体系处于汽液平衡，当体系的 $T$、$p$ 不变时，如果再加入一定量的组分 A，则汽、液平衡相的组成也不会变化。

(3) 形成恒沸混合物的二元体系汽液平衡，在恒沸点，其自由度为 1，等压下 $T$-$x_1$-$y_1$ 表示的相图中，此点处于泡点线与露点线相切。

（4）某溶液的总组成为 $z_i$，对汽相为理想气体、液相为理想溶液体系的泡点压力 $p_b$ 的表达式为 $\sum z_i p_i^S$（$p_i^S$ 为 $i$ 组分的饱和蒸气压）。

（5）混合物的总组成为 $z_i$，遵守 Raoult 定律体系的露点压力 $p_d$ 的表达式 $p_d = \left[ \sum (z_i / p_i^S) \right]^{-1}$（$p_i^S$ 为 $i$ 组分的饱和蒸气压）。

（6）汽液平衡中，汽液平衡比 $K_i = y_i / x_i$，所以 $K_i$ 仅与组成有关。

（7）形成恒沸物的汽液平衡，在恒沸点时，所有各组分的相对挥发度 $\alpha_{ij} = 1$。

（8）将两种纯液体在给定的温度、压力下，混合形成溶液，那么混合自由焓 $\Delta G$ 一定小于零。

5-2　化工设计需要乙醇(1)-环己烷(2)二元体系在 0.1013MPa 下的汽液平衡数据，试问：

（1）进行计算需要查阅哪些基础数据？

（2）写出计算方法，计算公式及上机计算。

5-3　丙酮(1)-甲醇(2)二元溶液的超额自由焓表达式 $\dfrac{\Delta G^E}{RT} = B x_1 x_2$，纯物质的 Antoine 方程

$$\ln p_1^S = 14.39155 - \frac{2795.817}{T + 230.002} \quad p_i^S \text{ 单位 kPa}$$

$$\ln p_2^S = 16.59381 - \frac{3644.297}{T + 239.765} \quad T \text{ 单位 ℃}$$

试求：（1）假如汽相可视为理想气体，$B = 0.75$，温度为 60℃ 下的 $p$-$x_1$-$y_1$ 数据；

（2）汽相可视为理想气体，$B = 0.64$，压力为 75kPa 下的 $T$-$x_1$-$y_1$ 数据。

5-4　实验测得四氯化碳(1)-苯(2)二元体系在 40℃ 时总压力 $p$ 与液相组成 $x_1$ 的数据，见下表

| $x_1$ | 0.1398 | 0.2378 | 0.3735 | 0.4986 | 0.6201 | 0.7585 | 0.8718 |
|---|---|---|---|---|---|---|---|
| $p/\text{kPa}$ | 25.3 | 25.9 | 26.7 | 27.2 | 27.6 | 28.0 | 28.3 |

已知 40℃ 时组分的饱和蒸气压 $p_1^S = 28.437\text{kPa}$，$p_2^S = 24.362\text{kPa}$，液相活度系数关联式采用 $\ln \gamma_1 = B x_2^2$，$\ln \gamma_2 = B x_1^2$ 式中 $B$ 值由给定的实验数据求得，假定该体系为低压汽液平衡，试计算该体系在恒温 40℃ 下的 $y$-$x$ 数据。

5-5　已知甲醇(1)-乙腈(2)体系的 Wilson 方程交互作用能量参数

$$g_{12} - g_{11} = 2111.45\text{J/mol} \quad g_{21} - g_{22} = 823.75\text{J/mol}$$

纯组分的摩尔体积与 Antoine 方程如下

$$V_1 = 40.73\text{cm}^3/\text{mol}, \quad V_2 = 66.30\text{cm}^3/\text{mol}$$

$$\ln p_1^S = 16.5938 - \frac{3644.297}{T + 239.765} \quad p_i^S \text{ 单位 kPa}$$

$$\ln p_2^S = 14.7258 - \frac{3271.241}{T + 241.852} \quad T \text{ 单位 ℃}$$

试求：（1）$x_1 = 0.750$，$T = 70$℃ 时泡点压力与汽相组成；

（2）$y_1 = 0.730$，$T = 70$℃ 时露点压力与液相组成；

（3）$x_1 = 0.790$，$p = 101.3\text{kPa}$ 时泡点温度与汽相组成；

（4）$y_1 = 0.630$，$p = 101.3\text{kPa}$ 时露点温度与液相组成。

5-6　已知乙醇(1)-水(2)体系二元溶液的汽液平衡在 0.1013MPa 下生成恒沸物，恒沸温度为 78.15℃，恒沸组成 $x_1 = 0.8943$。已知组分的 Antoine 方程

$$\ln p_1^S = 16.8967 - \frac{3803.98}{T - 41.68} \quad p_i^S \text{ 单位 kPa}$$

$$\ln p_2^S = 16.2884 - \frac{3816.44}{T - 46.13} \quad T \text{ 单位 K}$$

试求：（1）该体系的 Wilson 方程参数 $\Lambda_{12}$、$\Lambda_{21}$；

（2）假定该体系的 $\Lambda_{12}$、$\Lambda_{21}$ 值可近似看做常数，采用 Wilson 方程计算 0.1013MPa 时 $T$-$x$-$y$ 数据。

5-7　甲醇(1)-水(2)体系在 0.1013MPa 时无限稀释活度系数 $\gamma_1^\infty = 2.455$，$\gamma_2^\infty = 1.675$。当溶液浓度 $x_1 = 0.6$

时的平衡温度为 71.2℃，已知 71.2℃时组分的饱和蒸气压 $p_1^S = 1.30 \times 10^5$ Pa，$p_2^S = 0.328 \times 10^5$ Pa，采用 Van Laar 方程，计算：

(1) 在 0.1013MPa，$x_1 = 0.6$ 时汽相组成 $y_1$、$y_2$ 值。

(2) $x_1 = 0.6$ 时甲醇对水的相对挥发度。

5-8 四氯化碳(1)-乙醇(2)二元体系，在 50℃时无限稀释活度系数 $\gamma_1^\infty = 2.30$，$\gamma_2^\infty = 7.0$，纯组分在 50℃时饱和蒸气压分别为 $p_1^S = 0.0676$MPa，$p_2^S = 0.0176$MPa。提示：活度系数方程自行选定。试判断：

(1) 该二元体系在 50℃时汽液平衡有否形成恒沸物。若有，恒沸组成为多少？

(2) 示意画出该体系在等温下的 $p\text{-}x_1\text{-}y_1$ 图（图中注明泡点线、露点线）及 $y_1\text{-}x_1$ 图。

5-9 已知环己烷(1)-苯酚(2)体系在 144℃的汽液平衡形成恒沸物，恒沸组成为 $x_1 = 0.294$，查得 144℃时此两物质的饱和蒸气压 $p_1^S = 75.20$kPa，$p_2^S = 31.66$kPa。该溶液的超额自由焓表达式为 $\dfrac{G^E}{RT} = Bx_1x_2$，其中 $B$ 仅是温度的函数，求该二元体系在 $x_1 = 0.5$ 时的平衡压力及汽相组成。

5-10 某化工厂设计分离装置，需要低压下广泛温度范围内二元体系汽液平衡数据，但文献中无此数据可查。如果要进行实验测定，请回答：

(1) 为了减少实验工作量，最少要实验测定哪些数据？

(2) 如何运用测得的最少数据，进行计算，以获得该体系在等压（低压）下的汽液平衡关系。

5-11 试用二项截项的维里方程计算丙酮(1)-甲醇(2)体系在 50℃下的加压汽液平衡数据。从资料中查得：

(1) 二元溶液的 $G^E$ 表达式：$G^E = 0.64RTx_1x_2$

(2) 纯物质的 Antoine 方程

$$\ln p_1^S = 14.39155 - \frac{2795.817}{T + 230.002} \quad p_i^S \text{ 单位 kPa}$$

$$\ln p_2^S = 16.59381 - \frac{3644.297}{T + 239.765} \quad T \text{ 单位 ℃}$$

(3) 50℃时物质的第二维里系数

$$B_{11} = -1425 \text{cm}^3/\text{mol}, \quad B_{22} = -1200 \text{cm}^3/\text{mol}, \quad B_{12} = -1030 \text{cm}^3/\text{mol}$$

要求写出计算机计算框图，计算公式，并上机计算。

5-12 请自行选定状态方程计算二元体系的高压汽液平衡，即已知平衡压力 $p$ 与液相组成 $x_i$，计算泡点温度 $T$ 与汽相组成 $y_i$，要求：

(1) 列出计算机计算框图；

(2) 写出所需要哪些基础数据以及计算公式。

5-13 采用 PR 方程计算甲烷 (1)-二甲氧基甲烷(2)体系在 313.4K、$x_1 = 0.315$ 时泡点压力与汽相组成。查得组分的临界参数如下：

| 组分 | $T_c/\text{K}$ | $p_c/\text{MPa}$ | $\omega$ |
|------|------|------|------|
| 甲烷 | 190.6 | 4.60 | 0.008 |
| 二甲氧基甲烷 | 480.6 | 3.95 | 0.286 |

PR 方程的二元相互作用参数 $k_{ij} = 0.0981$

5-14 烃类混合物的摩尔分率组成：$CH_4$，0.10；$C_2H_6$，0.20；$C_3H_8$，0.30；$i\text{-}C_4H_{10}$，0.15；$n\text{-}C_4H_{10}$，0.20；$n\text{-}C_5H_{12}$，0.05。将此混合物引入汽液分离器，分离器的操作压力为 $10.33 \times 10^5$ Pa（10atm），操作温度为 27℃，试计算：

(1) 分离器所得的汽相组成与液相组成；

(2) 分离器中液体量占物料量的摩尔分数为多少。

5-15 含 50%（摩尔分数）甲烷、10%（摩尔分数）乙烷、20%（摩尔分数）丙烷和 20%（摩尔分数）正丁烷的气体混合物在压力保持为 $17.23 \times 10^5$ Pa(17atm) 与温度为 27℃下部分冷凝。试求平衡后气体的含量以及汽相、液相的组成。

5-16 0.1013MPa 压力下正戊烷 (1)-丙酮(2)二元体系汽液平衡的实验结果如下表所示，试检验此套数据是否符合热力学一致性

| $x_1$ | $y_1$ | $T/℃$ | $p_1^S/kPa$ | $p_2^S/kPa$ |
|---|---|---|---|---|
| 0.021 | 0.108 | 49.15 | 156.0 | 80.3 |
| 0.061 | 0.307 | 45.76 | 139.7 | 70.3 |
| 0.134 | 0.475 | 39.58 | 114.7 | 55.1 |
| 0.210 | 0.550 | 36.67 | 103.6 | 49.3 |
| 0.292 | 0.614 | 34.35 | 96.0 | 45.3 |
| 0.405 | 0.664 | 32.85 | 91.3 | 42.5 |
| 0.508 | 0.678 | 33.35 | 90.3 | 42.1 |
| 0.611 | 0.711 | 31.97 | 88.7 | 41.3 |
| 0.728 | 0.739 | 31.93 | 88.0 | 41.0 |
| 0.869 | 0.810 | 32.27 | 89.6 | 41.9 |
| 0.953 | 0.906 | 33.89 | 94.5 | 44.5 |

5-17 用下列方程表示二元溶液在等温等压下的液相活度系数

$$\ln\gamma_1 = A + (B-A)x_1 - Bx_1^2, \quad \ln\gamma_2 = A + (B-A)x_2 - Bx_2^2$$

式中，$A$、$B$ 仅是 $T$、$p$ 的函数；$\gamma_i$ 是基于 Lewis-Randall 规则标准状态的活度系数。试检验以上方程是否符合热力学一致性。

5-18 试证明，在溶质符合亨利定律的范围内，气体（组分 1，溶质）在一个不挥发的液体（组分 2，溶剂）中的溶解度随压力的变化符合以下关系式：

$$\left(\frac{\partial \ln x_1}{\partial p}\right)_T = \frac{V_1^g - \overline{V}_1^\infty}{RT}$$

式中，$x_1$ 是摩尔分数；$\overline{V}_1^\infty$ 是溶质在无限稀释液体中的偏摩尔体积。

5-19 已知 25℃ 时，假想液体 $N_2$ 的逸度为 101325kPa，$N_2$ 在四氯化碳的活度系数可用 $\ln\gamma = 0.526(1-x_2)^2$ 计算。

试计算 25℃ $N_2$ 的分压为 101.325kPa 时，$N_2$ 在液体四氯化碳中的溶解度。

5-20 溶解在液态油中的甲烷，其逸度可由 Henry 定律求得。在 200K、3.04MPa 时，甲烷在液态油中的 Henry 常数 $k_i$ 为 20.265MPa，在相同条件下，与油成平衡的汽相中含有 95%（摩尔分数）的甲烷。已知 200K 时，纯甲烷的第二维里系数 $B$ 为 $-105cm^3/mol$。试作合理假设后，计算 200K、3.04MPa 时甲烷在液相中的溶解度。

5-21 由组分 A、B 组成的二元溶液，给定 $T$、$p$ 下其 $G-x_1$ 曲线如下图表示（即 ABCDE 与 ABC'DE），请回答：

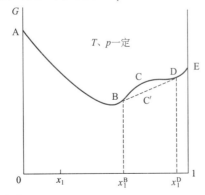

（1）图中标明的点中，哪一点为 $G_2$；

（2）在 $x_1^B$-$x_1^D$ 组成范围内，哪部分曲线代表更稳定的状态，并说明理由；

（3）指出当组成为 $x_1$ 时的 $\Delta G$ 值（以 Lewis-Randall 规则为标准态）；

（4）由（3）题所定的 $\Delta G$ 值是正值还是负值，为什么？

5-22 实验测定异丁醛（1）-水（2）体系在常压、30℃时，液液平衡数据是 $x_1^\alpha = 0.8931$，$x_1^\beta = 0.0150$，其中 α、β 表示共存两液相，试求采用 Van Laar 方程关联式的方程常数 $A$、$B$。

5-23 采用 Van Laar 方程计算异丁醛（1）-糠醛（2）体系在 37.8℃ 和 0.1013MPa 时的液液平衡组成。该体系的 Van Laar 方程常数 $A = 2.62$，$B = 3.02$。

# 6 化工过程的能量分析

本章运用热力学的第一定律和第二定律，应用理想功、损失功、㶲和㶲等概念对化工过程中能量的转换、传递与使用进行热力学分析，评价过程或装置能量利用的有效程度，确定其能量利用的总效率，揭示出能量损失的薄弱环节与原因，为分析、改进工艺与设备，提高能量利用率指明方向。

## 6.1 能量平衡方程及其应用

### 6.1.1 能量守恒与转化

能量守恒与转化定律是自然界的客观规律，自然界的一切物质都具有能量，能量有各种不同的形式，可以从一种形式转化为另一种形式，但总能量是守恒的。

就热力学的观点，功和热是转移中的能量，是不能贮存在体系之内的。体系与环境间由于温差而传递的能量称为热 $Q$。在除温差之外的其他推动力影响下，体系与环境间传递的能量称为功 $W$。因此，热 $Q$ 与功 $W$ 不是状态函数，它们数值的大小与具体的过程途径有关。体系在过程前后的能量变化 $\Delta E$ 应与体系在该过程中传递的热 $Q$ 与功 $W$ 之代数和相等。如 $E_1$、$E_2$ 分别代表体系始、终态的总能量，则

$$\Delta E = E_2 - E_1 = Q + W \tag{6-1}$$

式(6-1)就是热力学第一定律的数学表达式。规定体系吸热为正值，放热为负值；体系得功为正值，对环境做功为负值，正负号表明了能量传递的方向。

### 6.1.2 能量平衡方程

从热力学第一定律可导出普遍条件下适用的能量平衡方程。先对敞开体系，即与环境既有质量又有能量交换的体系进行分析，分析中必须同时考虑质量平衡与能量平衡。

图 6-1 所示为一敞开体系。虚线所包围的区域为研究的体系。流体从截面 1 经过设备流到截面 2。在截面 1 处流体进入设备所具有的状况用下标 1 表示。在该点处假定进入体系的物料为一微分量的质量 $\delta m_1$，流体处于距基准面 $z_1$ 的高度处，其单位质量的物料所具有的总能量为 $E_1$，平均速度为 $u_1$，比容为 $V_1$，压力为 $p_1$，内能为 $U_1$ 等。同样在截面 2 处流体流出设备时所具有的状况用下标 2 表示。

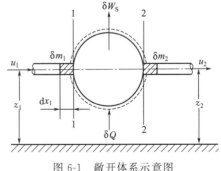

图 6-1 敞开体系示意图

对敞开体系而言，若体系内没有发生化学反应，对体系进行质量恒算，则

$$\delta m_1 = \delta m_2 + \mathrm{d}m_{\text{体系}} \tag{6-2}$$

式中，$\mathrm{d}m_{\text{体系}}$ 为体系积累的质量。

再根据能量守恒原理，则得

进入体系的能量＝离开体系的能量＋体系内积累的能量

写成微分式，则为

$$(E\delta m)_1 + \delta Q = (E\delta m)_2 - \delta W + \mathrm{d}(mE)_{\text{体系}} \tag{6-3}$$

移项后得

$$\mathrm{d}(mE)_{\text{体系}} = \delta Q + \delta W + (E\delta m)_1 - (E\delta m)_2 \tag{6-4}$$

式(6-4)中 $\delta W$ 是体系与环境交换的功，它包括与环境交换的轴功 $\delta W_S$ 和流动功 $\delta W_f$。流动功 $\delta W_f$ 是微分量质量的流体进入体系时环境对流体所做的流动功 $(pV\delta m)_1$ 与微分量质量的流体离开体系时流体对环境所做的流动功 $(pV\delta m)_2$ 之差。所以

$$\delta W = \delta W_S + \delta W_f = \delta W_S + (pV\delta m)_1 - (pV\delta m)_2 \tag{6-5}$$

将式(6-5)代入式(6-4)，得

$$\mathrm{d}(mE)_{\text{体系}} = \delta Q + \delta W_S + (pV\delta m)_1 - (pV\delta m)_2 + (E\delta m)_1 - (E\delta m)_2 \tag{6-6}$$

单位质量的物料的总能量

$$E = U + E_k + E_p = U + \frac{1}{2}u^2 + gZ \tag{6-7}$$

式中，$U$ 为单位质量流体的内能；$E_k$ 为单位质量流体动能，$E_k = \frac{1}{2}u^2$；$E_p$ 为单位质量流体位能，$E_p = gZ$；$g$ 为重力加速度；$Z$ 为位高。

将式(6-7)代入式(6-6)，得

$$\mathrm{d}(mE)_{\text{体系}} = \left(U + pV + \frac{1}{2}u^2 + gZ\right)_1 \delta m_1 - \left(U + pV + \frac{1}{2}u^2 + gZ\right)_2 \delta m_2 + \delta Q + \delta W_S \tag{6-8}$$

因 $H = U + pV$，式(6-8)可写为

$$\mathrm{d}(mE)_{\text{体系}} = \left(H + \frac{u^2}{2} + gZ\right)_1 \delta m_1 - \left(H + \frac{u^2}{2} + gZ\right)_2 \delta m_2 + \delta Q + \delta W_S \tag{6-9}$$

式(6-9)是一个普遍化的能量平衡方程。应用时可视具体条件作进一步简化。

### 6.1.3 能量平衡方程的应用

对一个过程进行能量恒算或能量分析时，应该根据过程的特征，正确而灵活地将能量平衡方程式应用于不同的具体过程。

（1）封闭体系

封闭体系是指体系与环境之间的界面不允许传递物质，而只有能量交换，即 $\delta m_1 = \delta m_2 = 0$，于是能量方程式(6-9)变成

$$\mathrm{d}(mE)_{\text{体系}} = \delta Q + \delta W_S \tag{6-10}$$

封闭系统进行的过程通常都不能引起外部的势能或动能变化，而只能引起内能变化，即 $\mathrm{d}\left(\frac{u^2}{2}\right) = \mathrm{d}(gZ) = 0$，又 $m$ 为常数，式(6-10)中 $\mathrm{d}(mE)_{\text{体系}} = m\mathrm{d}E = m\mathrm{d}U$，所以

$$m\mathrm{d}U = \delta Q + \delta W_S \tag{6-11}$$

又因封闭体系流动功为零，由式(6-5)得 $\delta W = \delta W_S$，于是有

$$m\mathrm{d}U = \delta Q + \delta W$$

对单位质量的体系

$$\mathrm{d}U = \delta Q + \delta W \tag{6-12}$$

（2）稳态流动体系

所谓稳态流动过程是指物料连续地通过设备，进入和流出的质量流率在任何时刻都完全相等，体系中任一点的热力学性质都不随时间而变，体系没有物质及能量的积累，即

$$\mathrm{d}(mE)_{\text{体系}} = 0$$

$$\delta m_1 = \delta m_2 = \delta m$$

于是，将敞开体系的能量方程用于稳流体系，式(6-9)简化为

$$\left(H+\frac{u^2}{2}+gZ\right)_1 \delta m-\left(H+\frac{u^2}{2}+gZ\right)_2 \delta m+\delta Q+\delta W_S=0$$

积分上式，并以 $\delta m$ 相除，得到单位质量的稳流体系的能量方程式

$$\Delta H+\frac{1}{2}\Delta u^2+g\Delta Z=Q+W_S \tag{6-13}$$

或写成

$$\Delta H+\Delta E_k+\Delta E_p=Q+W_S \tag{6-14}$$

式中，$\Delta H$、$\Delta E_k=\Delta\left(\frac{u^2}{2}\right)$、$\Delta E_p=g\Delta Z$、$Q$ 和 $W_S$ 分别为单位质量的稳流体系的焓变、动能变化、位能变化、与环境交换的热量及轴功。

使用以上各式时要注意单位必须一致。在 SI 制中能量的单位为 J。

对于微分流动过程，则

$$dH+udu+gdZ=\delta Q+\delta W_S \tag{6-15}$$

式(6-14) 与式(6-15)是稳定流动体系的能量平衡方程。

化工生产中，绝大多数过程都属于稳流过程，在应用能量方程式时尚可根据具体情况作进一步的简化。现讨论几种常见情况。

① 体系在设备，如流体流经压缩机、膨胀机，进、出口之间的动能变化、位能变化与焓变相比较，其值很小，可略而不计。则式(6-13) 可简化为

$$\Delta H=Q+W_S \tag{6-16}$$

② 当流体流经管道、阀门、换热器与混合器等设备时，体系与环境没有功的交换，$W_S=0$。而且，进、出口动能变化和位能变化也可略而不计。则由式(6-13) 得

$$\Delta H=Q \tag{6-17}$$

式(6-17) 表明体系的焓变等于体系与环境交换的热量。此式是不对环境做功的稳流体系进行热量恒算的基本关系式。

③ 流体经过节流膨胀、绝热反应、绝热混合等绝热过程时体系与环境既无热量交换，也不做功，进、出口的动能变化和位能变化亦可略而不计。则由式(6-13) 得

$$\Delta H=0 \tag{6-18}$$

根据此式可方便地求得绝热过程中体系的温度变化。

④ 机械能平衡方程。由稳态流动体系的能量平衡方程可进一步导得机械能平衡方程。

因 $H=U+pV$，$dH=dU+pdV+Vdp$，将此式代入式(6-15)，得

$$dU+pdV+Vdp+udu+gdZ=\delta Q+\delta W_S$$

假设流动过程为可逆，$dU=\delta Q-pdV$，代入上式，得

$$Vdp+udu+gdZ=\delta W_S$$

对真实流体而言，考虑流体摩擦而引起的机械能损失，需在方程中增加摩擦损失项 $\delta F$，由此得到的方程称为机械能平衡方程

$$\delta W_S=Vdp+udu+gdZ+\delta F \tag{6-19}$$

式(6-19) 在应用于无黏性和不可压缩流体，且流体与环境没有轴功交换时，就得到了著名的 Bernoulli 方程

$$Vdp+udu+gdZ=0 \tag{6-20}$$

此式也可写成

$$\frac{\Delta p}{\rho}+\frac{\Delta u^2}{2}+g\Delta Z=0 \tag{6-21}$$

式中，$\rho$ 是流体密度。

值得说明的是 Bernoulli 方程的提出比热力学第一定律被确认大约还要早 100 年。

⑤ 可压缩性流体急速变速的稳态流动。气体在绝热不做外功的流动过程中，如蒸汽喷射泵及高压蒸汽在汽轮机喷嘴中的喷射，由于气体的密度小，而管道的高度变化也不大，因此位能变化可略而不计，此时 $Q=0$，$\Delta E_p=0$，$W_S=0$，式(6-13) 可简化得到绝热稳定流动方程式

$$\frac{1}{2}\Delta u^2 = -\Delta H \tag{6-22}$$

此式表明，气体在绝热不做轴功的稳定流动过程中，动能的增加等于其焓值的减小。

【例 6-1】 图 6-2 所示的节流式蒸汽量热计用于测量湿蒸汽干度。其原理是当湿蒸汽充分

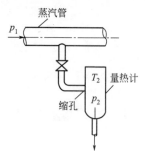

图 6-2 节流式蒸汽量热计

节流后，变为过热蒸汽。测得过热蒸汽的温度，压力后得知过热蒸汽和湿蒸汽的焓值，从而求得湿蒸汽的干度。现有 1.5MPa 的湿蒸汽在量热计中被节流到 0.1MPa 和 403.15K，试求该湿蒸汽的干度。

**解** 该测量过程为节流过程，无功的传递，忽略散热、动能变化和位能的变化。则式(6-13) 简化成式(6-18)，即

$$H_1 = H_2$$

由蒸汽表查得 0.1MPa、403.15K 时过热蒸汽的焓 $H_2 = 2737$kJ/kg，所以 $H_1 = H_2 = 2737$kJ/kg；1.5MPa 时饱和蒸汽的焓 $H_g = 2793$kJ/kg，饱和液体的焓 $H_1 = 845$kJ/kg。

设蒸汽的干度为 $x$，则有 $x_1 H_g + (1-x_1)H_1 = H_1$，经整理得

$$x_1 = \frac{H_1 - H_1}{H_g - H_1} = \frac{2737-845}{2793-845} = 0.9713$$

【例 6-2】 30℃的空气，以 5m/s 的速率流过一垂直安装的热交换器，被加热至 150℃，若换热器进出口管直径相等，忽略空气流过换热器的压降，换热器高度为 3m，空气的恒压平均热容 $\overline{C}_p=1.005$kJ/(kg·K)，试求 50kg 空气从换热器吸收的热量。

**解** 据式(6-13)，单位质量的稳流体系的能量方程式

$$\Delta H + \frac{1}{2}\Delta u^2 + g\Delta Z = Q + W_S$$

设下标 1 表示入口、2 表示出口，则

$$m\Delta H = m\int_1^2 dH = m\int_1^2 \overline{C}_p dT = m\overline{C}_p(T_2 - T_1)$$

$$= 50 \times 1.005 \times (423-303) = 6.03 \times 10^3 \, kJ$$

$$m\frac{1}{2}\Delta u^2 = 50 \times \frac{u_2^2 - u_1^2}{2}$$

若将空气当成理想气体处理，并忽略其压降，则

$$V_1 = V_2 \frac{T_2}{T_1} \qquad u_2 = u_1 \frac{T_2}{T_1}$$

式中，$V$、$u$ 分别为流体的比容与流速。

$$u_2 = 5 \times \frac{423}{303} = 6.98 \text{m/s}$$

$$m\frac{1}{2}\Delta u^2 = 50 \times \frac{[(6.98)^2 - (5)^2]}{2}$$

$$= 5.93 \times 10^2 \text{kg·m/s}^2 \cdot \text{m} = 5.93 \times 10^2 \text{N·m}$$

$$= 0.593 \text{kJ}$$

$$mg\Delta Z = 50 \times 9.81 \times 3 = 1.472 \times 10^3 \, kg \cdot m/s^2 \cdot m$$
$$= 1.472 \times 10^3 \, N \cdot m = 1.472 \, kJ$$

$$mW_S = 0$$

故 50kg 空气从换热器吸收的热量 $Q$ 为

$$Q = 6.03 \times 10^3 + 0.593 + 1.472 = 6.032 \times 10^3 \, kJ$$

计算结果表明空气流经换热器所吸收的热量,主要用于增加空气的焓值,动能与位能的增量可以忽略不计。

## 6.2  熵方程

### 6.2.1  功热间的转化

功可以全部转变为热,而热要全部转变为功必须消耗外部的能量,这已为大量实践所证明。热、功的不等价性是热力学第二定律的一个基本内容。

热量可以经过热机循环而转化为功,图 6-3 为一热机示意图。它由高温热源、热机和低温热源三部分组成。热机的工质从温度为 $T_1$ 的高温热源吸取热量 $Q_1$,热机向外做功 $W$,然后向温度 $T_2$ 的低温热源放出热量 $Q_2$,从而完成循环。根据热力学第一定律,并考虑到由于完成循环后工质回到原来状态内能没有变化,则

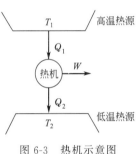

图 6-3  热机示意图

$$Q_1 = -Q_2 - W \tag{6-23}$$

式中,$-Q_2$ 和 $-W$ 均为正值。故上式表明 $Q_1$ 为 $|Q_2|$ 与 $|W|$ 之和。

循环过程产生的功 $W$ 和从高温热源吸收的热量 $Q_1$ 之比称为热机的效率 $\eta$。

$$\eta = \frac{-W}{Q_1} = \frac{Q_1 + Q_2}{Q_1} \tag{6-24}$$

由热力学第二定律知,热机的实际热效率 $\eta < 1$,它的大小和过程的可逆程度有关。如何得到最高的循环效率呢? Carnot 定理回答了这个问题。

Carnot 定理指出:所有工作于等温热源和等温冷源之间的热机,以可逆机效率为最大;所有工作于等温热源和等温冷源之间的可逆机其效率相等,与工作介质无关。

$$\eta_{max} = \frac{-W}{Q_1} = 1 - \frac{T_2}{T_1} \tag{6-25}$$

式中,$T_1$、$T_2$ 分别为高温热源与低温热源的温度,K;工质对环境做功 $W$ 为负,故 $-W$ 为正。

从式(6-25)可知对于可逆热机也只有当低温热源 $T_2$ 接近绝对零度或高温热源 $T_1$ 接近于无穷大时,才能通过循环将热全部转化为功。这是不现实的,所以不能将循环所吸收的热量全部转化为功。由此可以看出,热功间的转化存在着一定的方向性,即功可以自发地全部转化为热,但热不能通过循环全部转化为功。从微观来看,能量转化的方向性决定于质点微观运动的方式。功是质点定向有序运动的结果,如气体分子的定向有序运动推动活塞做膨胀功;而热量却是质点的无序运动。由定向有序运动的方式转化为非定向无序运动,使混乱度增大,总是自发的,因此功能够自发地全部转化为热量。Carnot 循环的热效率代表了热可能变为功的最大百分率,因此 Carnot 循环的热效率是衡量实际循环中热变为功的完善程度的标准。

### 6.2.2  熵与熵增原理

从 Carnot 循环的热效率表达式(6-25)可以导出热力学函数熵的表达式。将式(6-25)整

理后得

$$\frac{Q_1}{T_1} + \frac{Q_2}{T_2} = 0 \tag{6-26}$$

若可逆热机在高温热源只吸收无限小的热量 $\delta Q_1$，而在低温热源只放出无限小的热量 $\delta Q_2$，构成一无限小的可逆循环，此时可得

$$\frac{\delta Q_1}{T_1} + \frac{\delta Q_2}{T_2} = 0 \tag{6-27}$$

由于任何一个可逆过程循环，可以看成由无限多个 Carnot 循环组合而成。因此，只要将式(6-27)沿着某一可逆循环过程作循环积分，就得到此循环的表示式

$$\oint \frac{\delta Q_{可逆}}{T} = 0 \tag{6-28}$$

对于任何不可逆循环

$$\oint \frac{\delta Q_{不可逆}}{T} < 0 \tag{6-29}$$

将式(6-28)与式(6-29)合并，得

$$\oint \frac{\delta Q}{T} \leqslant 0 \tag{6-30}$$

式中，符号 $\oint$ 表示循环过程；$\frac{\delta Q}{T}$ 称为微分过程的热温商。

式(6-30)即为 Clausius 不等式。

由式(6-28)和式(6-29)可分别导得可逆过程的热温商等于熵变及不可逆过程的热温商小于熵变，即

$$dS \geqslant \frac{\delta Q}{T} \tag{6-31}$$

式(6-31)就是热力学第二定律的数学表达式，它给出任何过程的熵变与过程的热温商之间的关系。等号用于可逆过程，而不等号用于不可逆过程。当过程不可逆时，过程的熵变总是大于过程的热温商。

对于孤立体系，$\delta Q = 0$，则式(6-31)变为

$$dS \geqslant 0 \tag{6-32}$$

式(6-32)是熵增原理的表达式。即孤立体系经历一个过程时，总是自发地向熵增大的方向进行，直至熵达到它的最大值，体系达到平衡态。

**【例 6-3】** 有人设计了一种热机，该机从温度为 400K 处吸收 25000J/s 热量，向温度为 200K 处放出 12000J/s 热量，并提供 16000W 的机械功。试问你是否建议投资制造该机器？

**解** 根据热力学第一定律，热机完成一个循环，$\Delta U = 0$，则

$$W = -Q = -(Q_1 + Q_2) = -(25000 - 12000) = -13000\text{J/s}$$

而设计者提出可供

$$W' = -16000\text{J/s}$$

$|W'| > |W|$，违反热力学第一定律。

又根据第二定律，可逆机效率

$$\eta = 1 - \frac{T_2}{T_1} = 1 - \frac{200}{400} = 0.5$$

但设计者提出该机器的效率

$$\eta' = \frac{-W}{Q_1} = \frac{16000}{25000} = 0.64$$

$\eta' > \eta$，违反热力学第二定律。

综上所述，这种热机设计不合理。

**【例 6-4】** 如图 6-4 所示，有人设计一种程序，使 1kg 温度为 373.15K 的饱和水蒸气经过一系列的复杂步骤后，能连续地向 463.15K 的高温贮热器输送 1900kJ 的热量，蒸汽最后在 $1.013 \times 10^5$ Pa、273.15K 时冷凝为水离开装置。假设可以无限制取得 273.15K 的冷却水，试从热力学观点分析该程序是否可能实现？

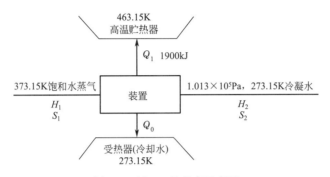

图 6-4　例 6-4 的程序示意图

**解**　对于理论上可能发生的任何程序，它必须符合热力学第一定律及第二定律。

蒸汽通过装置后在 $1.013 \times 10^5$ Pa、273.15K 时冷凝，该蒸汽的热量得到最大限度利用，因为冷凝温度已达环境中可能的最低温度（冷却水温度）。但此蒸汽的热量不可能全部传入高温贮热器，否则违反热力学第二定律（热量由低温传向高温而不引起其他变化）。所以必须有 $Q_0$ 热量传给冷却水，而 $Q_1 = -1900$ kJ。

由题意，蒸汽流动是稳定流动过程，根据热力学第一定律，若忽略蒸汽流动的动能和位能的变化，得

$$\Delta H = Q + W_S$$

因为 $W_S = 0$，所以 $\Delta H = Q$

查水蒸气表得

373.15K 时饱和蒸汽　　　　　$H_1 = 2676.1$ kJ/kg

$$S_1 = 7.3549 \text{kJ/(kg·K)}$$

$1.013 \times 10^5$ Pa，273.15K 冷凝水　$H_2 = 0$

$$S_2 = 0$$

$$Q = H_2 - H_1 = 0 - 2676.1 = -2676.1 \text{kJ/kg}$$

$$Q = Q_1 + Q_0$$

而　　　　　　　$Q_0 = Q - Q_1 = -2676.1 + 1900 = -776.1 \text{kJ/kg}$

再按热力学第二定律对此装置进行校验，该程序的 $\Delta S_{总}$ 是否大于或小于零。

每 1kg 蒸汽通过此装置的熵变为

$$\Delta S_1 = 0 - 7.3549 = -7.3549 \text{kJ/(kg·K)}$$

高温贮热器的熵变为

$$\Delta S_2 = \frac{1900}{463.15} = 4.102 \text{kJ/(kg·K)}$$

低温受热器（冷却水）的熵变为

$$\Delta S_3 = \frac{776.1}{273.15} = 2.841 \text{kJ/(kg} \cdot \text{K)}$$

总熵变 $\Delta S_{\text{总}} = \Delta S_1 + \Delta S_2 + \Delta S_3 = -7.3549 + 4.102 + 2.841 = -0.412 \text{kJ/(kg} \cdot \text{K)} < 0$

所以设计的程序是不可能实现。

因在孤立体系中实际过程需 $\Delta S_{\text{总}} \geqslant 0$，因此，要使上述过程成为可能，必须作以下更改。

设由 1kg 饱和水蒸气传给高温贮热器之最大热量为 $Q_1 \text{kJ/kg}$，则

$$-7.3549 + \frac{Q_1}{463.15} + \frac{2676.1 - Q_1}{273.15} = 0$$

解得

$$Q_1 = 1679.5 \text{kJ/kg}$$

若 1kg 饱和水蒸气传至 463.15K 高温贮热器的热量小于 1679.5kJ/kg，则上述过程是可能实现的。

通过上述例题，说明熵是过程进行方向的判据。孤立体系达到平衡时，熵值最大。因为熵是系统的性质，因此只要系统处于一定的状态，便有一个确定的熵值。与内能相似，熵只能求得其相对值。

从微观角度研究，自然界中存在各种有序性，例如晶体熔化成液体，分子的排列由有序转向无序，随着无序程度的增加，系统的熵值增大，因此熵是分子无序程度的量度。

### 6.2.3 熵平衡

以热力学第一定律为指导，以能量方程式为依据的能量恒算法在分析与解决工程上的问题是十分重要的，它从能量转换的数量关系评价过程和装置在能量利用上的完善性；然而它对于揭示过程不可逆引起的能量损耗，则毫无办法。根据热力学第二定律，能量的传递和转换必须加上一些限制。熵就是用以计算这些限制的。熵平衡就是用来检验过程中熵的变化，它可以精确地衡量过程的能量利用是否合理。

体系经历一个过程后，其能量、质量和体积可以发生变化。同样地，也可以导致熵的变化。类同能量平衡的处理方法，需要建立熵平衡关系式，所不同的是必须把过程不可逆性而引起的熵产生作为输入项考虑进去。

（1）敞开体系熵平衡方程

分析如图 6-5 所示的敞开体系，得

$$熵_{\text{积累}} = 熵_{\text{进入}} - 熵_{\text{离开}} + 熵_{\text{产生}}$$

式中，熵$_{\text{积累}}$是指体系的熵变，是体系由于不稳定流动所积累的；熵$_{\text{产生}}$是体系内部不可逆性引起的熵变；熵$_{\text{进入}}$与熵$_{\text{离开}}$是进入体系与离开体系的熵，分别包含由于质量进、出体系而带入、带出的一部分熵流动 $(m_i S_i)$ 和随 $\delta Q$ 的热流动产生的熵流动。需要指明的是后一部分熵流动只同穿过界面的能量有关，而各种能量流动中，只有热量才能直接联系到熵的流动，与质量流动无关；功的传递不会引起熵的流动，但这并不意味着当有功输入或输出体系时，体系均不会发生熵变，只是说，这种熵变并不是由于功传递的直接结果。

熵平衡方程式可写成

$$\Delta S_{\text{体系}} = \sum_{\text{入}} m_i S_i - \sum_{\text{出}} m_i S_i + \int \frac{\delta Q}{T} + \Delta S_{\text{产生}} \tag{6-33}$$

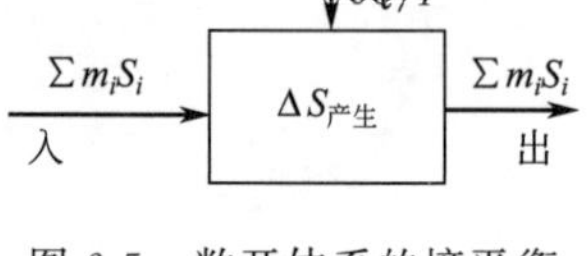

式(6-33) 中 $\int \frac{\delta Q}{T}$ 为热熵流，流入体系为正，离开体系为负。该式适用于任何热力学体系，对于不同体系可进一步简化。

（2）封闭体系熵平衡方程

图 6-5 敞开体系的熵平衡

因系统没有物质的进出，因此也就没有与质量流有关的 $\sum\limits_{入} m_i S_i$ 和 $\sum\limits_{出} m_i S_i$ ，式（6-33）简化为

$$\Delta S_{体系} = \int \frac{\delta Q}{T} + \Delta S_{产生} \tag{6-34}$$

如果是可逆过程，$\Delta S_{产生} = 0$，则

$$\Delta S_{体系} = \int \frac{\delta Q}{T}$$

（3）稳态流动体系熵平衡方程

因体系本身状态不随时间而变，$\Delta S_{体系} = 0$。式（6-33）变为

$$\sum\limits_{入} m_i S_i - \sum\limits_{出} m_i S_i + \int \frac{\delta Q}{T} + \Delta S_{产生} = 0 \tag{6-35}$$

**【例 6-5】** 有人声称发明了一种绝热操作，不需要外功的稳定流动装置，能将 $p = 0.4\text{MPa}$、298K 的空气分离成质量相等的两股流（见图 6-6），一股是 $p_A = 0.1013\text{MPa}$、273K，另一股是 $p_B = 0.1013\text{MPa}$、323K。试问这样的装置可行吗？[假设空气可以视为理想气体，其恒压热容 $C_p = 29.3\text{kJ/(kmol·K)}$]。

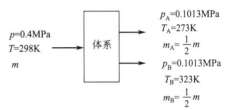

图 6-6 例 6-5 稳流装置示意图

**解** 分析该装置的可行性，从热力学角度必须满足三个原理：质量守恒原理、能量守恒原理和熵增原理。

对稳流装置进行质量恒算

$$(m_A + m_B) - m = (\frac{1}{2}m + \frac{1}{2}m) - m = 0$$

由此可知质量是守恒的。

该装置的能量恒算

据式（6-14），若忽略设备进、出口之间的动能变化和位能变化，则

$$\Delta H = Q + W_S$$

按题意 $Q = 0$，$W_S = 0$，则 $\Delta H = 0$，即

$$\Delta H = m_A C_p T_A + m_B C_p T_B - m C_p T = m C_p \left( \frac{1}{2} T_A + \frac{1}{2} T_B - T \right)$$

$$= m C_p \left( \frac{1}{2} \times 273 + \frac{1}{2} \times 323 - 298 \right) = 0$$

可见，该装置能量平衡也是满足的

最后由式（6-35）计算该装置的熵产生

$$\Delta S_{产生} = m_A S_A + m_B S_B - mS = m_A S_A + m_B S_B - [m_A + m_B]S$$

$$= m_A [S_A - S] + m_B [S_B - S]$$

$$= \frac{1}{2} m \left[ C_p \ln \frac{T_A}{T} + R \ln \frac{p}{p_A} \right] + \frac{1}{2} m \left[ C_p \ln \frac{T_B}{T} + R \ln \frac{p}{p_B} \right]$$

$$= \frac{1}{2} m \left[ C_p \ln \frac{T_A T_B}{T^2} + R \ln \frac{p^2}{p_A p_B} \right]$$

$$= \frac{1}{2} m \times \frac{1}{29} \left[ 29.3 \ln \frac{(273 \times 323)}{(298)^2} + 8.314 \ln \frac{(0.4)^2}{(0.1013)^2} \right]$$

$$= 0.390 m \ \text{kJ/K} > 0$$

根据上述三个方面的计算，可以得到根据热力学原理建立一个发明者所声称的装置是可行的。

## 6.3 理想功、损失功及热力学效率

化工生产中，人们希望合理、充分地利用能量，提高能量利用率，以获得更多的功。本节根据热力学的基本原理，阐述理想功和损失功的概念及其计算，以便评定实际过程中能量利用的完善程度，为提高能量利用效率，改进生产提供一定的依据。

### 6.3.1 理想功

体系从一个状态变到另一状态时，可以通过各种过程来实现。当经历的过程不同时，其所能产生（或所消耗）的功是不同的，一个完全可逆的产功过程可产出最大功；而一个完全可逆的需功过程，仅消耗最小功。

理想功即指体系的状态变化是在一定的环境条件下按完全可逆的过程进行时，理论上可能产生的最大功或者必须消耗的最小功。过程完全可逆是指：① 体系内部一切的变化必须可逆；② 体系只与温度为 $T_0$ 的环境进行可逆的热交换。

因而，理想功是一个理论的极限值，是用来作为实际功的比较标准。下面分别讨论非流动过程与稳态流动过程的理想功。

（1）非流动过程

对于非流动过程，热力学第一定律的表达式为

$$\Delta U = Q + W \tag{6-36}$$

因假定过程是完全可逆，体系所处的环境构成了一个温度为 $T_0$ 的恒温热源。根据热力学第二定律，体系与环境间的传热量 $Q$ 则为

$$Q = T_0 \Delta S \tag{6-37}$$

将式(6-37) 代入式(6-36)，即得

$$W_R = \Delta U - T_0 \Delta S \tag{6-38}$$

式中，$W_R$ 为体系对环境或环境对体系所做的可逆功。它包括可以利用的功及体系对抗大气压力 $p_0$ 所做的膨胀功 $p_0 \Delta V$。后者无法加以利用，没有技术经济价值，在计算理想功时应把这部分功除外；相反，在压缩过程中，接受大气所给的功是很自然的，并不需要为此付出任何代价。因此，非流动过程的理想功为

$$W_{id} = \Delta U - T_0 \Delta S + p_0 \Delta V \tag{6-39}$$

式(6-39) 即为非流动过程理想功的计算式。由式可见，非流动过程的理想功仅与体系变化前后的状态及环境的温度（$T_0$）和压力（$p_0$）有关，而与具体的变化途径无关。

（2）稳态流动过程

热力学第一定律用于稳流过程的表达式为

$$W_S = \Delta H + \frac{1}{2} \Delta u^2 + g \Delta Z - Q \tag{6-13}$$

同样将 $Q = T_0 \Delta S$ 代入，即得稳流过程的理想功 $W_{id}$ 的计算式

$$W_{id} = \Delta H + \frac{1}{2} \Delta u^2 + g \Delta Z - T_0 \Delta S \tag{6-40}$$

在化工过程中，动能变化、位能变化不大，往往可以略而不计，式(6-40) 可简化为

$$W_{id} = \Delta H - T_0 \Delta S \tag{6-41}$$

由式可知，稳流过程的理想功仅决定于体系的初态与终态以及环境的温度 $T_0$，而与具体的变化途径无关。

必须指出，理想功和可逆功并非同一个概念。理想功是可逆有用功，但并不等于可逆功的全部。所假设的可逆过程必须按照与之相应的实际过程发生同样的状态变化来拟定。

【例 6-6】 试计算非流动过程中 1 kmol $N_2$ 从 813K、4.052MPa 变至 373K、1.013MPa 时可能做的理想功。若氮气是稳定流动过程，理想功又为多少？设大气的 $T_0 = 293K$、$p_0 = 0.1013MPa$，$N_2$ 的等压热容 $(C_p)_{N_2} = 27.89 + 4.271 \times 10^{-3} T$ kJ/(kmol·K)。

**解** 据式(6-39)来计算非流动过程中的理想功。

$$W_{id} = \Delta U - T_0 \Delta S + p_0 \Delta V \tag{6-39}$$

$\Delta U$ 值不知道，但 $\Delta U = \Delta H - \Delta(pV)$

所以

$$W_{id} = \Delta H - \Delta(pV) - T_0 \Delta S + p_0 \Delta V$$

设氮气在 813K、4.052MPa 及 373K、1.013MPa 状态下可应用理想气体状态方程，则

$$\Delta H = \int C_p dT = \int_{813}^{373} (27.89 + 4.271 \times 10^{-3} T) dT = -13386 kJ/kmol$$

$$\Delta(pV) = nR(T_2 - T_1) = 1 \times 8.314 \times (373 - 813) = -3658.16 kJ/kmol$$

$$\Delta S = \int \frac{C_p dT}{T} - R\ln\frac{p_2}{p_1} = \int_{813}^{373} \left(\frac{27.89}{T} + 4.271 \times 10^{-3}\right) dT + 8.314\ln 4$$

$$= -21.730 - 1.879 + 11.526 = -12.083 kJ/(kmol·K)$$

$$p_0 \Delta V = p_0 nR\left(\frac{T_2}{p_2} - \frac{T_1}{p_1}\right) = 1.013 \times 1 \times 8.314 \times \left(\frac{373}{10.13} - \frac{813}{40.52}\right) = 141.13 kJ/kmol$$

得

$$W_{id} = -13386 - (-3658.16) - 293(-12.083) + 141.13 = -6046.39 kJ/kmol$$

即为氮气在非流动过程中所能做的最大功为 6046.39kJ/kmol。

氮气在稳定流动过程中的理想功，按式(6-41)代入有关数据进行计算

$$W_{id} = \Delta H - T_0 \Delta S = -13386 - 293(-12.083) = -9845.7 kJ/kmol$$

从计算结果可以看出，该稳流体系每 kmol $N_2$ 所放出的总能量为 $\Delta H = -13386 kJ$，其中可做功的能量为 9845.7kJ，其余的 3540.3kJ 不能做功，排给了温度为 $T_0$ 的环境。因此，对能量用于做功而言，总能量中的 9845.7kJ 是有效的，而 3540.3kJ 则是无效的。

### 6.3.2 损失功

由于实际过程的不可逆性，导致在给定状态变化的不可逆的实际功 $W_{ac}$ 和产生相同状态变化的理想功之间的差值，此差值就称为损失功 $W_L$

$$W_L = W_{ac} - W_{id} \tag{6-42}$$

用式(6-40)代替 $W_{id}$，并用式(6-13)中的实际轴功 $W_S$ 代替 $W_{ac}$。在此，两个方程都是对相同的状态变化来写的，则得

$$W_L = T_0 \Delta S_{体系} - Q \tag{6-43}$$

式中，$Q$ 为体系在实际过程中与温度为 $T_0$ 的环境所交换的热量。由于环境可以视为热容量极大的恒温热源，它并不因为吸入或放出有限的热量而发生变化，所以 $Q$ 虽是实际过程中所交换的热量，对环境来说，可视为可逆热量，$\Delta S_{环境} = -\dfrac{Q}{T_0}$（因环境所吸入或放出的热量，其数值与体系放出或吸入的相等而符号相反），所以

$$-Q = T_0 \Delta S_{环境}$$

代入式(6-43)，得

$$W_L = T_0 \Delta S_{体系} + T_0 \Delta S_{环境} = T_0(\Delta S_{体系} + \Delta S_{环境}) = T_0 \Delta S_{总} \tag{6-44a}$$

按照热力学第二定律，$\Delta S_{总} \geqslant 0$，则

$$W_L \geqslant 0 \qquad (6\text{-}44\text{b})$$

上式表明损失功也是过程可逆与否的标志，当 $W_L = 0$，过程可逆；$W_L > 0$，过程不可逆，过程的不可逆性愈大，则总熵的增加愈大，不能用于做功的能量即损失功也愈大。因此，每个不可逆性都是有其代价的。

### 6.3.3 热力学效率

实际过程的能量利用情况可通过损失功来衡量，也可以用热力学效率 $\eta_T$ 加以评定。

热力学效率 $\eta_T$ 定义为理想功和实际功的比值。

$$\eta_{T(产生功)} = \frac{W_{ac}}{W_{id}} \qquad (6\text{-}45)$$

$$\eta_{T(需要功)} = \frac{W_{id}}{W_{ac}} \qquad (6\text{-}46)$$

从式(6-45)和式(6-46)不难看出，热力学效率 $\eta_T$ 必然小于1，它表示真实过程与可逆过程的差距。对 $W_{id}$、$W_L$ 和 $\eta_T$ 进行计算，搞清在过程的不同部位 $W_L$ 的大小，这是化工过程进行热力学分析的内容，从而指导化工过程的节能改进。

【例 6-7】 试求 0.1013MPa 下 298K 的水变为 273K 的冰时的理想功，设环境的温度分别为 298K 和 248K，过程是稳定流动过程。

**解** 从热力学性质图表查出水在不同状态时的焓值和熵值（不考虑压力的影响）如下表所示。

| 状 态 | 温度/K | 焓/(kJ/kg) | 熵/[kJ/(kg·K)] |
|---|---|---|---|
| $H_2O(l)$ | 298 | 104.8 | 0.3666 |
| $H_2O(s)$ | 273 | $-334.9$ | $-1.2265$ |

① 环境温度为 298K 高于冰点时

$$W_{id} = \Delta H - T_0 \Delta S = (-334.9 - 104.8) - 298(-1.2265 - 0.3666) = 35.04 \text{kJ/kg}$$

即欲使水变为冰，需用冰机，理论上应消耗的最小功为 35.04kJ/kg。

② 环境温度为 248K 低于冰点时

$$W_{id} = \Delta H - T_0 \Delta S = (-334.9 - 104.8) - 248(-1.2265 - 0.3666) = -44.61 \text{kJ/kg}$$

即水变为冰时，不仅不需消耗外功，而且理论上可能回收的最大功为 44.61kJ/kg。

计算结果表明，系统的始、终态相同，但环境温度不同，理想功也不一样。

【例 6-8】 1.57MPa、484℃的过热水蒸气推动透平机做功，并在 0.0687MPa 下排出。此透平机既不绝热也不可逆，输出的轴功相当于可逆绝热膨胀功的85%。由于隔热不好，每1kg 的蒸汽有 7.12kJ 的热量散失于 20℃ 的环境。求此过程的理想功、损失功及热力学效率 $\eta_T$。

**解** 从水蒸气的热力学性质表查得 1.57MPa、484℃时水蒸气的焓、熵值为

$$H_1 = 3428 \text{kJ/kg} \qquad S_1 = 7.488 \text{kJ/(kg·K)}$$

若蒸汽在透平机中做可逆绝热膨胀，则熵值不变，当膨胀到 $p_2 = 0.0678$MPa 时的熵 $S_2' = 7.488 \text{kJ/(kg·K)}$。从蒸汽表查出这时的焓值 $H_2' = 2659 \text{kJ/kg}$，由此得到可逆绝热功

$$W_R = H_2' - H_1 = 2659 - 3428 = -769 \text{kJ/kg}$$

而透平机实际上既不绝热又不可逆，实际输出的轴功为

$$W_S = (-769) \times 0.85 = -653.7 \text{kJ/kg}$$

根据稳流体系热力学第一定律

$$\Delta H = Q + W_S$$

求得实际膨胀终态时的焓值

$$H_2 = H_1 + Q + W_S = 3428 - 7.12 - 653.7 = 2767 \text{kJ/kg}$$

由 $H_2$ 及 $p_2$ 进而查得 $S_2 = 7.76 \text{kJ/(kg·K)}$，因此蒸汽实际上的终态为

$$p_2 = 0.0687 \text{MPa}$$

$$H_2 = 2767 \text{kJ/kg}$$

$$S_2 = 7.76 \text{kJ/(kg·K)}$$

此过程的理想功为

$$W_{id} = \Delta H - T_0 \Delta S = (2767 - 3428) - (20 + 273)(7.76 - 7.488) = -740.7 \text{kJ/kg}$$

损失功为实际功与理想功之差

$$W_L = W_{ac} - W_{id} = -653.7 - (-740.7) = 87 \text{kJ/kg}$$

损失功也可根据总熵变来计算，即

$$W_L = T_0 \Delta S_总 = T_0(\Delta S_{体系} + \Delta S_{环境})$$

而 $\Delta S_{环境} = \dfrac{-Q}{T_0}$，即 $-Q = T_0 \Delta S_{环境}$，代入可得

$$W_L = (20 + 273)(7.76 - 7.488) + 7.12 = 86.82 \text{kJ/kg}$$

热力学效率为

$$\eta_T = \frac{W_{ac}}{W_{id}} = 1 - \frac{W_L}{W_{id}} = \left(1 - \frac{86.82}{740.6}\right) \times 100\% = 88.28\%$$

# 6.4 㶲与㶴

### 6.4.1 㶲与㶴的概念

根据热力学第一定律，对某过程或系统的能量进行衡算，确定能量的数量利用率这是很重要的；然而它不能全面地评价能量的利用情况。例如，流体经过节流，节流前后流体的焓值并未发生变化，但损失了做功能力；又如冷、热两股物流进行热交换时，在理想绝热的情况下，热物流放出的热量等于冷物流接受的热量，冷、热两物流的总能量保持不变，但它们总的做功能力却下降了。大量的实例说明物质具有的能量不仅有数量的大小，而且有品位的高低，即各种不同形式的能量转换为功的能力是不同的。有的能量如电能、机械能能够全部转变为功；有的能量如热能和以热的形式传递的能量却只能够部分地转变为功；而如海水、大气、周围自然环境等的内能和以热量形式输入或输出环境的能量则全部都不可能转变为功。

为了度量能量中的可利用程度或比较在不同状态下可转换为功的能量大小，凯南（Keenen）提出了有效能（available energy）的概念，这一名词还有 availability、utilizable energy、"可用能"、"有效能"名称，我国国标称它为㶲（exergy），并用符号 $E$ 表示。为区别于其他形式的能，本书用 $E_x$ 来表示㶲。

任何体系在一定状态下的㶲是体系与环境作用，从所处的状态达到与环境相平衡的可逆过程中，对外界做的最大有用功称为该体系在该状态下的㶲。也就是体系从该状态变至基态，达到与环境处于完全平衡状态时此过程的理想功；而不能转变为有用功的部分称为㶴。能量由㶲和㶴两个部分组成。

应该强调指出：①理想功就是变化过程按完全可逆进行时所做的功；②在㶲的研究中，选定

环境的状态（$p_0$，$T_0$）作为基态（或称寂态、热力学死态），即将周围环境当作一个具有热力学平衡的庞大系统，这种状态下㶲值为零；③㶲是系统的一种热力学性质。但它和内能、熵、焓等热力学性质不同，系统某个状态的㶲的数值还和所选定的平衡的环境状态有关。

单位能量所含的㶲称为能级 $\Omega$（或㶲浓度）。能级是衡量能量质量的指标，它的大小代表体系能量品质的高低。$\Omega$ 数值为

$$0 \leqslant \Omega \leqslant 1$$

理论上能全部转化为功的能量其能级为 1，如电能、机械能等。完全不能转化为功的能量其能级为零。低级能量的能级大于零小于 1。

### 6.4.2 㶲的计算

化工过程中，常遇到的是稳流物系。因此，下面以稳流物系为例，讨论㶲的计算。

对于稳流物系，由状态 1 变到状态 2，其动能、位能变化可略而不计时，则过程的理想功为

$$W_{id} = (H_2 - H_1) - T_0(S_2 - S_1) \tag{6-41}$$

故当体系由任意状态（$p$，$T$）变至基态（$p_0$，$T_0$）时，则上式的 $W_{id}$ 的负值就是入口状态物流的㶲，所以，稳流系统物流的㶲为

$$E_x = (H - H_0) - T_0(S - S_0) = T_0 \Delta S - \Delta H \tag{6-47}$$

式（6-47）是㶲基本计算公式，它适用于各种物理的、化学的或两者兼而有之的㶲计算。它清楚地表明系统物流㶲的大小取决于系统状态和环境状态（基态）的差异。这种差异可能是物理参数（温度、压力等）不同引起的，也可能是组成（包括物质的化学结构、物态和浓度等）不同而引起。通常把前一种㶲称为物理㶲，后一种称为化学㶲。

当动能和位能变化不能忽略时，物流㶲还应把动能㶲和位能㶲加进去。由于动能和位能都可以全部转化成有效的功，因此这两项的有效能就是其本身。

下面介绍几种常见情况的㶲计算。

（1）功、电能和机械能的㶲

功、电能和机械能全部是㶲，即

$$E_x = W \tag{6-48}$$

（2）热的㶲

温度为 $T$ 的恒温热源的热量 $Q$，其㶲 $E_{xQ}$ 按 Carnot 循环所转化的最大功计算，即

$$E_{xQ} = W_{Carnot} = \left(1 - \frac{T_0}{T}\right)Q \tag{6-49}$$

此式表明热能是一种品位较低的能量，它仅有一部分是㶲。热量 $Q$ 中具有的㶲大小不仅与热量的数量有关，而且与周围环境温度 $T_0$ 及热源温度 $T$ 有关。温度 $T$ 愈接近于环境温度，㶲愈小。

当热量传递是在变温情况下，其㶲计算不能简单地用式（6-49）求得，应按式（6-47）计算。由热力学关系式可知等压变温过程

$$\Delta H = \int_T^{T_0} C_p dT \qquad \Delta S = \int_T^{T_0} \frac{C_p}{T} dT$$

则

$$E_{xQ} = T_0 \Delta S - \Delta H = T_0 \int_T^{T_0} \frac{C_p}{T} dT - \int_T^{T_0} C_p dT$$

$$= \int_{T_0}^T C_p dT - T_0 \int_{T_0}^T \frac{C_p}{T} dT = \int_{T_0}^T \left(1 - \frac{T_0}{T}\right) C_p dT \tag{6-50}$$

式中，$C_p$ 为等压摩尔热容。

该式表示等压过程中体系温度不同于环境温度而对㶲所作出的贡献。

（3）压力㶲

由热力学关系式可知，等温过程时

$$\Delta H = \int_p^{p_0} \left[ V - T\left(\frac{\partial V}{\partial T}\right)_p \right] \mathrm{d}p$$

$$\Delta S = \int_p^{p_0} \left[ -\left(\frac{\partial V}{\partial T}\right)_p \right] \mathrm{d}p$$

$$E_{xp} = T_0 \Delta S - \Delta H = T_0 \int_p^{p_0} \left[ -\left(\frac{\partial V}{\partial T}\right)_p \right] \mathrm{d}p - \int_p^{p_0} \left[ V - T\left(\frac{\partial V}{\partial T}\right)_p \right] \mathrm{d}p$$

$$= \int_{p_0}^{p} \left[ V - (T - T_0)\left(\frac{\partial V}{\partial T}\right)_p \right] \mathrm{d}p \tag{6-51}$$

对于理想气体，$V = \dfrac{RT}{p}$

则每摩尔的㶲

$$E_{xp} = RT_0 \ln \frac{p}{p_0} \tag{6-52}$$

式（6-51）与式（6-52）给出了体系因压力不同于环境时而对㶲所作出的贡献。

（4）化学㶲

处于环境温度和压力下的体系，与环境之间进行物质交换（物理扩散或化学反应），最后达到与环境平衡，此时所做的最大功即为化学㶲。在计算化学㶲时不但要确定环境的温度和压力，而且要指定基准物和浓度。与物理㶲一样，指定基准状态的物理条件是压力为 0.1MPa（1bar），温度为 298.15K（25℃）；化学条件是首先规定大气物质所含元素的基准物，取大气中的对应成分，其组成如表 6-1 所示，即在上述物理条件下的饱和湿空气。表 6-2 列出了国家标准中部分元素的基准物。

表 6-1　环境基准态下的大气组成

| 组　分 | $N_2$ | $O_2$ | Ar | $CO_2$ | Ne | He | $H_2O$ |
|---|---|---|---|---|---|---|---|
| 摩尔分数 | 0.7557 | 0.2034 | 0.0091 | 0.0003 | $1.8 \times 10^{-5}$ | $5.24 \times 10^{-6}$ | 0.0316 |

表 6-2　部分元素的基准物

| 元　素 | 基准物 | 元　素 | 基准物 | 元　素 | 基准物 |
|---|---|---|---|---|---|
| Al | $Al_2O_3$ | Cu | $CuCl_2 \cdot 3Cu(OH)_2$ | Ni | $NiCl_2 \cdot 6H_2O$ |
| Ar | 空气 | Fe | $Fe_2O_3$ | O | 空气 |
| C | $CO_2$ | H | 水（液） | P | $Ca_3(PO_4)_2$ |
| Ca | $CaCO_3$ | Mg | $CaCO_3 \cdot MgCO_3$ | S | $CaSO_4 \cdot 2H_2O$ |
| Cl | NaCl | N | 空气 | Ti | $TiO_2$ |
| Co | $Co \cdot Fe_2O_4$ | Na | $NaNO_3$ | Zn | $Zn(NO_3)_2$ |

值得注意的是，规定每一元素的环境状态带有人为的性质。现在已有不少作者发表了化学㶲数据，但所选环境状态均有所不同，关键是必须保持热力学上的一致性。还需注意，不能以一种物质作为两种元素的环境态，否则无法分别得出每种元素的数据，如规定 NaCl 是 Cl 的环境态，则 Na 的环境态将选择 $NaNO_3$。

化学㶲的计算方法国内外有基准反应法、焓、熵数据法等，一般通过计算系统状态和环境状态的焓差及熵差，然后代入式（6-47）计算化学㶲。限于篇幅本文不作详细介绍。

【例 6-9】　设有压力为 1.013MPa、6.868MPa、8.611MPa 的饱和蒸汽以及 1.013MPa、573K 的过热蒸汽，若这四种蒸汽都经过充分利用，最后排出 0.1013MPa、298K 的冷凝水。

试比较每 1kg 蒸汽的㶲 $E_x$ 和所能放出的热，并就计算结果对蒸汽的合理利用加以讨论。

**解** 由式(6-47)，蒸汽的㶲为

$$E_x = T_0(S_0 - S) - (H_0 - H)$$

由水蒸气热力学性质表查出水和四种蒸汽的焓、熵值，然后根据上述公式计算求出其相应的㶲。蒸汽所能放出的热即为 $\Delta H = H - H_0$

计算结果列于下表

| 项目 | 压力 $p$ /MPa | 温度 $T$ /K | 熵 $S$ /[kJ/ (kg·K)] | $(S-S_0)$ /[kJ/ (kg·K)] | $T_0\Delta S$ /(kJ/kg) | 焓 $H$ /(kJ/kg) | $(H-H_0)$ /(kJ/kg) | $E_x$ /(kJ/kg) | $\dfrac{E_x}{H-H_0}\times100$ /% |
|---|---|---|---|---|---|---|---|---|---|
| 水 | 0.1013 | 298 | 0.367 | — | — | 104.8 | — | — | — |
| 饱和蒸汽 | 1.013 | 453 | 6.582 | 6.215 | 1852 | 2776 | 2671 | 814 | 30.66 |
| 过热蒸汽 | 1.013 | 573 | 7.13 | 6.76 | 2014 | 3053 | 2948 | 934 | 31.68 |
| 饱和蒸汽 | 6.868 | 557.5 | 5.826 | 5.46 | 1627 | 2775 | 2670 | 1043 | 39.06 |
| 饱和蒸汽 | 8.611 | 573 | 5.787 | 5.474 | 1586 | 2783 | 2678 | 1092 | 40.78 |

由计算结果可见：

(a) 压力相同（1.013MPa）时，过热蒸汽的㶲较饱和蒸汽为大，故其做功本领也较大；

(b) 温度相同（573K）时，高压蒸汽的焓值反较低压蒸汽为小，所以通常用低压蒸汽作为工艺加热之用，以减少设备费用；

(c) 温度相同（573K）时，高压蒸汽的㶲较低压蒸汽为大，而且热转化为功的效率也较高（前者为 40.78%，而后者只有 31.68%）。所以，在大型合成氨厂中，温度在 623K 以上的高温热能都用来生产 10.33MPa 的蒸汽（过热温度 753K），作为获得动力的能源，以提高热能的利用率；

(d) 表中所列 557.5K 和 453K 时，饱和蒸汽所能放出的热量基本相等，但高温蒸汽的㶲比低温蒸汽大 $(1043-814)/814\times100\% = 28.13\%$。由此充分说明，盲目地把高温高压蒸汽用作加热就是一种浪费。因此，一般用来供热的大都是 $0.5\sim1.0$MPa 的饱和蒸汽。

### 6.4.3 过程的不可逆性和㶲损失

一切生产实际过程都是不可逆过程，在不可逆过程中存在各种不可逆因素，例如各种传递过程和反应过程都存在着阻力，如流体阻力、热阻、扩散阻力和化学反应阻力等。要使过程以一定的速度进行，就必须克服阻力，保持一定的推动力，必然会造成体系㶲的损失。根据损失功定义，在一定环境温度下，损失功与熵产生成正比，因此过程中熵的产生是能量变质的量度。熵值愈大，烷就愈多，能量不可用性愈大。

根据式(6-47)分别求得体系在始态（$p_1$，$T_1$）和终态（$p_2$，$T_2$）时的㶲 $E_{x1}$ 和 $E_{x2}$，两者之差

$$E_{x2} - E_{x1} = (H_2 - H_1) - T_0(S_2 - S_1) = W_{id}$$

即

$$\Delta E_x = E_{x2} - E_{x1} = W_{id} \qquad (6-53)$$

式中，$\Delta E_x$ 为㶲的变化；$T_0(S_2 - S_1)$ 为炘的变化，其值均取决于体系的始终态。

从式(6-53)可知，体系由状态 1 可逆变化到状态 2 时，过程的理想功等于㶲的变化。当 $\Delta E_x > 0$ 时，体系的变化必需消耗外功，否则不能实现，所消耗的外功最小为 $W_{id}$；当 $\Delta E_x < 0$ 时，体系可对外做功，所做的功最大为 $W_{id}$。

如上所述，在可逆过程中减少的㶲全部用于做功，因此㶲没有损失。但对于不可逆过程，情况则不同。实际所做的功 $W_S$ 总是小于理想功，即小于㶲的减少，所以㶲必然要有损失。将 $W_{id} = W_S + W_L$ 的关系代入式(6-53)，即得

$$\Delta E_x = W_S + W_L = W_S + T_0\Delta S_{总}$$

由此可见，在不可逆过程中，有部分㶲降级变为炻而不做功，其总的㶲的损失就等于损失功 $T_0\Delta S_总$，即

$$E_1 = T_0\Delta S_总 \tag{6-54}$$

式中，$E_1$ 为㶲损失。

下面剖析几个典型化工过程的㶲损失，也就是能量变质问题。

（1）流体输送过程

根据热力学第一定律和第二定律，封闭体系中有

$$dH = TdS + Vdp \tag{6-55}$$

此式同样适用于忽略动能和位能变化的稳流体系。

对于稳流体系，若忽略动能和位能的变化，其能量平衡式为

$$dH = \delta Q + \delta W_S$$

假如体系与环境之间既无热也无功的交换，如在一般管道中的输送，则 $dH=0$，代入式(6-55)得

$$dS_总 = -\frac{V}{T}dp \tag{6-56}$$

式(6-56) 就是稳流体系和环境间没有热、功交换条件下的熵变。因此㶲损失

$$dE_1 = -T_0\frac{V}{T}dp \tag{6-57}$$

从式(6-57)可看出，要降低流动过程的㶲损失，就应当尽量减少流动过程的推动力，也就是减小压力降。这就要力求减少管路上的弯头和缩扩变化，适当加大管径以减小阻力等。但管径加大后，将使费用增加。这是一对矛盾，必须合理选择经济流速，谋求最佳的管径，解决好阻力减小因而能耗减少与投资费用增大的矛盾。

（2）传热过程

图 6-7 表示逆流换热器，取其中微小的一段，在这一小段中，流体 1 和 2 的温度分别为 $T_1$ 和 $T_2$。假设流体的阻力为定值，没有热损失，$T_1 > T_2$，则必有 $\delta Q$ 热量从流体 1 流向流体 2，使流体 1 和流体 2 产生换热熵变 $dS_1$ 和 $dS_2$，则

$$dS_1 = \frac{-\delta Q}{T_1} \qquad dS_2 = \frac{\delta Q}{T_2}$$

物系的总熵变 $dS_总$ 为

$$dS_总 = dS_1 + dS_2 = \frac{-\delta Q}{T_1} + \frac{\delta Q}{T_2} = \delta Q\left(\frac{T_1 - T_2}{T_1 T_2}\right)$$

因温差传热过程而引起的㶲损失

$$dE_1 = T_0\delta Q\left(\frac{T_1 - T_2}{T_1 T_2}\right) \tag{6-58}$$

由式(6-58)可看出，在结构一定的换热器中，当流体的阻力可以视为常数时，传热过程的㶲损失与冷热流体的温差及冷热流体温度的乘积有关。当冷热流体的温度一定时，传热温差愈大，㶲损失愈多；当冷热流体的温差一定时，则㶲损失与冷热流体温度的乘积成反比。因而，在低温工程中，为了减少㶲损失，要注意采用较小的传热温差；而在高温传热的情况下，温差则可取得较大一些，以使换热面积不至过大。

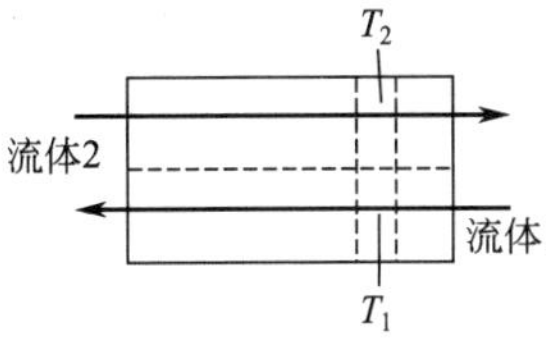

（3）传质过程

传质过程使得体系的组成发生变化，应用变组成体系热力学

图 6-7 逆流换热器示意图

性质间关系式

$$d(nH) = Td(nS) + (nV)dp + \sum(\mu_i dn_i) \qquad (6\text{-}59)$$

式中，$\mu_i$ 为组分 $i$ 的化学位。

发生传质过程的原因是两相的化学位不等。将式(6-59)应用于 $\alpha$、$\beta$ 两相，并假定此两相温度相等，$T_\alpha = T_\beta$，略去压力变化，假定总体系与环境之间既无热也无功的交换，类似传热过程导得熵变公式一样，可得到传质过程中体系不可逆熵增

$$d(nS) = -\sum_{i=1}^{k}\left(\frac{\mu_i^\alpha - \mu_i^\beta}{T}\right)dn_i \qquad (6\text{-}60)$$

式中，上角标 $\alpha$、$\beta$ 为相别；下脚标 $i$ 为组分。

由物理化学可知，组分 $i$ 的化学位 $\mu_i$ 与其在溶液中的活度 $\hat{a}_i$ 的关系为

$$\mu_i = \mu_i^0 + RT\ln\hat{a}_i$$

因此

$$\mu_i^\alpha - \mu_i^\beta = RT\ln\frac{\hat{a}_i^\alpha}{\hat{a}_i^\beta} \qquad (6\text{-}61)$$

将式(6-61)代入式(6-60)，得

$$d(nS) = -\sum_{i=1}^{k}\left(\frac{RT}{T}\ln\frac{\hat{a}_i^\alpha}{\hat{a}_i^\beta}\right)dn_i = -R\sum_{i=1}^{k}\left(\ln\frac{\hat{a}_i^\alpha}{\hat{a}_i^\beta}\right)dn_i \qquad (6\text{-}62)$$

则传质过程中㶲损失

$$E_l = T_0 d(nS) = -RT_0\sum_{i=1}^{k}\left(\ln\frac{\hat{a}_i^\alpha}{\hat{a}_i^\beta}\right)dn_i \qquad (6\text{-}63)$$

从上式可知，传质过程的熵产生及㶲损失随活度差的增大而增大。

**【例 6-10】** 试根据例 6-8，比较可逆绝热膨胀与不可逆非绝热膨胀时，体系与环境的㶲和㶲的变化。

**解** ① 可逆绝热膨胀过程

因可逆绝热膨胀过程为等熵过程，故体系（蒸汽）的熵值不变，$\Delta S_{体系} = 0$。应用 $\Delta E_x = W_{id} = \Delta H - T_0\Delta S$ 关系式，可计算出蒸汽的㶲变化为

$$\Delta E_{x体系} = \Delta H_{蒸汽} - T_0\Delta S_{蒸汽} = H_2' - H_1 = 2659 - 3428 = -769\text{kJ/kg}$$

因过程可逆，环境的㶲增加等于体系对环境所做的理想功 $W_{id}$，即有

$$\Delta E_{x环境} = 769\text{kJ/kg}$$

总㶲变化

$$\Delta E_{x总} = \Delta E_{x体系} + \Delta E_{x环境} = 0$$

即在可逆过程中总的㶲是守恒的。

因为㶲的损失 $E_l = T_0\Delta S_总$，可得总的㶲变化为

$$T_0\Delta S_{体系} + T_0\Delta S_{环境} = 0$$

即在可逆过程中总的㶲也是守恒的。

② 不可逆非绝热膨胀过程

蒸汽的熵变 $\quad \Delta S_{体系} = 7.76 - 7.488 = 0.272\text{kJ/(kg·K)}$

环境的熵变 $\quad \Delta S_{环境} = \dfrac{7.12}{293}\text{kJ/(kg·K)}$

蒸汽的㶲变化为

$$\Delta E_{x体系} = (2767 - 3428) - 293 \times 0.272 = -740.6\text{kJ/kg} = W_{id}$$

环境所获得的实际功就等于环境㶲的增值

$$\Delta E_{x环境} = W_S = 653.7 \text{kJ/kg}$$

总的㶲变化为

$$\Delta E_{x总} = \Delta E_{x体系} + \Delta E_{x环境} = -740.6 + 653.7 = -86.9 \text{kJ/kg}$$

在不可逆过程中，总的㶲损失为 86.9kJ/kg，其值等于损失功。

总的㶲变化为

$$T_0 \Delta S_{体系} + T_0 \Delta S_{环境} = 293 \times 0.272 + 293 \times \frac{7.12}{293} = 86.9 \text{kJ/kg}$$

由于过程不可逆，存在着不可逆因素，使部分㶲降级变成了不能用于做功的㶲。

【例 6-11】 如图 6-8 所示，裂解气在中冷塔中分离，塔的操作压为 3.444MPa，液态烃（由 $C_2$、$C_3$、$C_4$ 等组成）由塔底进入再沸器，其温度为 45℃；经 0.197MPa 的饱和蒸汽加热蒸发回到塔内。已知再沸器中冷凝水为 40℃，大气温度为 20℃，液态烃在 45℃，3.444MPa 下的汽化热为 293kJ/kg，汽化熵为 0.921kJ/(kg·K)，求算加热前后液态烃、水蒸气的㶲变化及损失功。

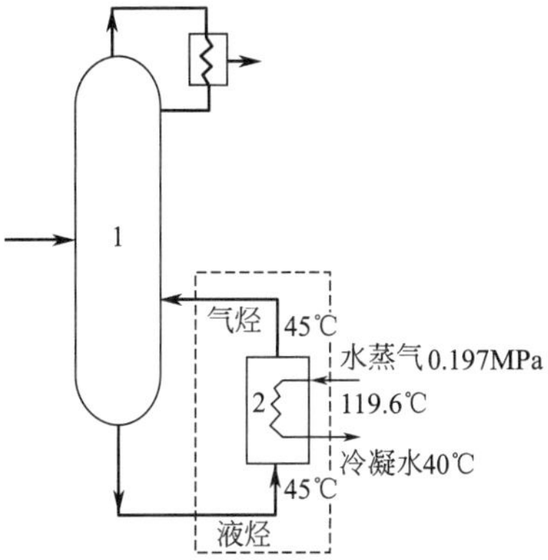

**解** 由水蒸气表查得，0.197MPa 的饱和水蒸气饱和温度为 119.6℃，$H_汽 = 2706$kJ/kg，$S_汽 = 7.133$kJ/(kg·K)。40℃ 的饱和水，$H_水 = 167.4$kJ/kg，$S_水 = 0.572$kJ/(kg·K)。

取 1kg 的水蒸气为计算基准，忽略热损失，每消耗 1kg 水蒸气所蒸发的液态烃则可为

图 6-8 例 6-11 的流程示意图
1—中冷塔；2—再沸器

$$m = \frac{2706 - 167.4}{293} = 8.66 \text{kg}$$

8.66kg 液态烃加热汽化时，其㶲增加

$$\Delta E_{x液烃} = m(\Delta H - T_0 \Delta S) = 8.66[293 - (273 + 20) \times 0.921]$$
$$= 201 \text{kJ}$$

1kg 水蒸气供热后冷凝为水，其㶲降低

$$\Delta E_{x蒸汽} = (H_水 - H_汽) - T_0(S_水 - S_汽)$$
$$= (167.4 - 2706) - (273 + 20)(0.572 - 7.133) = -616 \text{kJ}$$

损失功

$$W_L = T_0 \Delta S_总 = T_0(\Delta S_{液烃} + \Delta S_{蒸汽}) = 293[8.66 \times 0.921 + (0.572 - 7.133)] = 415 \text{kJ}$$

损失功也就是蒸汽加热液态烃时总的㶲损失

$$201 - 616 = -415 \text{kJ}$$

# 6.5 㶲衡算及㶲效率

## 6.5.1 㶲衡算方程

由于任何不可逆过程必引起㶲的损失，因此在建立㶲平衡方程时，与能量衡算并非一样。能量衡算中，输入的各项能量之总和恒等于输出的各项能量之总和；而㶲的输入与输出是否相等，则要看过程是否可逆。对不可逆过程，必附加一项㶲损失。

现以稳流过程为例，介绍㶲的衡算。

稳流过程的㶲衡算示意于图 6-9，图中 $E_{x1}$、$E_{x2}$ 分别为随物流输入、输出的㶲；$\delta Q$ 为物

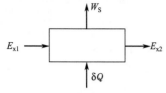

系从环境获得的热量；$W_S$ 为系统对环境所做的功。

图 6-9 稳流体系㶲衡算示意图

对于稳流物系，根据热力学第一定律有

$$H_2 - H_1 = \int_1^2 \delta Q + W_S \tag{A}$$

当物系经历一个过程时，熵产生大于或等于零，因而

$$T_0 \Delta S_{总} \geqslant 0$$

或者

$$T_0 \left[ (S_2 - S_1) - \int_1^2 \frac{\delta Q}{T} \right] \geqslant 0 \tag{B}$$

式（A）与式（B）中，等号表示可逆过程，不等号表示不可逆过程。

式（A）减式（B），得

$$(H_2 - T_0 S_2) - (H_1 - T_0 S_1) \leqslant \int_1^2 \left( 1 - \frac{T_0}{T} \right) \delta Q + W_S$$

$$[T_0(S_0 - S_2) - (H_0 - H_2)] - [T_0(S_0 - S_1) - (H_0 - H_1)] \leqslant \int_1^2 \left( 1 - \frac{T_0}{T} \right) \delta Q + W_S$$

即

$$E_{x2} - E_{x1} \leqslant E_{xQ} + E_{xW}$$

或

$$E_{x1} + E_{xQ} \geqslant E_{x2} - E_{xW} \tag{C}$$

将式（C）写成通式，即为

$$\sum E_{xi}^+ \geqslant \sum E_{xi}^- \tag{6-64}$$

式中，上标"＋"表示输入；上标"－"表示输出；下标 $i$ 表示第 $i$ 股物流或能流；等号表示可逆过程，即㶲守恒；不等号表示不可逆过程，有㶲损失。

如果用 $E_l$ 代表过程中㶲损失，则上式可写成

$$\sum E_{xi}^+ = \sum E_{xi}^- + \sum E_l \tag{6-65}$$

式中，$\sum E_l$ 值为输入系统的㶲与输出系统的㶲之差，可逆过程 $\sum E_l = 0$，不可逆过程 $\sum E_l > 0$，$\sum E_l < 0$ 的过程不可能自发进行。

式（6-65）就是㶲衡算方程。

综上所述，因过程的不可逆性引起的㶲损失可有两种计算方法。一种方法是根据损失功的基本定理，通过计算参与过程的有关体系组成的孤立体系的总熵变，从而求得损失功；另一种方法是通过㶲衡算，来计算过程和装置的损失功。此时需要计算各物流及能流的㶲，然后进行㶲平衡，从而确定㶲的损失。由于熵增法（$E_l = T_0 \Delta S_{总}$）求 $\Delta S_{总}$ 时，对系统的选取是有限制的，所以㶲衡算法较熵增法往往要方便些。

看起来，㶲衡算方程与普通的能量衡算方程颇为相似，但存在着几点实质性的区别。

① 普通能量衡算的依据是热力学第一定律；而㶲衡算的依据是热力学第一定律、第二定律。因此，㶲衡算的结果能更全面、更深刻地反映出过程进行的情况。

② 能量是守恒的，但在一切实际过程中㶲并不守恒，由于过程的不可逆性，使部分㶲转化为炕而损失掉。

③ 普通能量衡算是不同品位能量总量的数量衡算，它只能反映出系统中能量的数量利用情况；而㶲衡算是相同品位能量的数量衡算，它能够反映出系统中能量的质量利用情况。

尽管如此，㶲衡算可以看成是普通能量衡算的发展。在理解和掌握了㶲及其计算之后，注意到两种衡算方法的区别，则在普通能量衡算知识的基础上，可以很容易地掌握㶲衡算方法。

### 6.5.2 㶲效率

要能够确切地衡量能量利用上的完善程度，必须用等价的能量相比较，这就是㶲效率。因

为相同数量的㶲，不论为何种物流、能流所具有，理论上都是同品位、同价值、同数量的能量，它们都是严格的同类项。

㶲效率以热力学第一定律与第二定律为基础，用于确定过程中㶲的利用率。目前使用较多的有下列两种。

（1）普遍㶲（总㶲）效率 $\eta_{E_x}$

$$\eta_{E_x} = \frac{\sum E_x^-}{\sum E_x^+} \tag{6-66}$$

式中，分母 $\sum E_x^+$ 为投入过程或设备的各种物流和能流的㶲之和；分子 $\sum E_x^-$ 为离开过程或设备的各种物流和能流的㶲之和；比值 $\eta_{E_x}$ 就是㶲效率，它是一种最基本的热力学效率，亦称为第二定律效率。

根据㶲衡算式，式(6-66) 可写为

$$\eta_{E_x} = 1 - \frac{\sum E_1}{\sum E_x^+} \tag{6-67}$$

式中，$\dfrac{\sum E_1}{\sum E_x^+}$ 称为不可逆度或损失系数。

如果过程完全可逆，$\sum E_1 = 0$，则 $\eta_{E_x} = 1$；当过程完全不可逆，$\sum E_1 = \sum E_x^+$，则 $\eta_{E_x} = 0$；在通常情况下，过程部分可逆，则 $0 < \eta_{E_x} < 1$。

（2）目的㶲效率 $\eta_{E_x}'$

$$\eta_{E_x}' = \frac{\sum \Delta E_x (\text{获得})}{\sum \Delta E_x (\text{失去})} \tag{6-68}$$

通常说的㶲效率，往往指目的㶲效率。

普遍㶲效率与目的㶲效率具有共同的特点和优点，而又各有自己的含义，应用时依希望说明的问题而选择。它们已广泛地用在化工、深冷、热力等过程的分析中，成为过程热力学分析的一项主要指标。

【例 6-12】 有一逆流式换热器（见图 6-10），利用废气加热空气。$10^5$ Pa 的空气由 20℃ 被加热到 125℃，空气的流量为 1.5kg/s，而 $1.3 \times 10^5$ Pa 的废气从 250℃ 冷却到 95℃。空气的等压热容为 1.04kJ/(kg·K)，废气的等压热容为 0.84kJ/(kg·K)，假定空气与废气通过换热器的压力与动能变化可忽略不计，而且换热器与环境无热量交换，环境状态为 $10^5$ Pa 和 20℃。

试求：① 换热器中不可逆传热的㶲损失；

② 换热器的㶲效率。

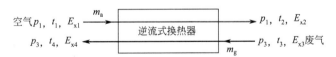

空气 $p_1$, $t_1$, $E_{x1}$ ——$m_a$→ 逆流式换热器 ——→ $p_1$, $t_2$, $E_{x2}$

$p_3$, $t_4$, $E_{x4}$ ←—— ←—— $p_3$, $t_3$, $E_{x3}$ 废气  $m_g$

图 6-10 例 6-12 换热器传热示意图

**解** ① 由换热器的能量平衡求出废气的质量流量 $m_g$。

$$m_a C_{pa}(t_2 - t_1) = m_g C_{pg}(t_3 - t_4)$$
$$1.5 \times 1.04 \times (125 - 20) = m_g \times 0.84 \times (250 - 95)$$
$$m_g = 1.258 \text{kg/s}$$

② 列出换热器的㶲平衡，求得换热器的㶲损失。

空气、废气在换热器内流动可看做稳定流动，则

$$m_a E_{x1} + m_g E_{x3} - m_a E_{x2} - m_g E_{x4} = E_1$$

$$E_1 = m_g(E_{x3} - E_{x4}) - m_a(E_{x2} - E_{x1})$$

$$= m_g[(H_3 - H_4) - T_0(S_3 - S_4)] - m_a[(H_2 - H_1) - T_0(S_2 - S_1)]$$

$$= m_g\left[C_{pg}(t_3 - t_4) - T_0 C_{pg}\ln\frac{T_3}{T_4}\right] - m_a\left[C_{pa}(t_2 - t_1) - T_0 C_{pa}\ln\frac{T_2}{T_1}\right]$$

$$= 1.258\left[0.84 \times (250 - 95) - 293.15 \times 0.84\ln\frac{273.15 + 250}{273.15 + 95}\right] -$$

$$1.5\left[1.04 \times (125 - 20) - 293.15 \times 1.04\ln\frac{273.15 + 125}{273.15 + 20}\right]$$

$$= 54.95 - 23.79 = 31.15\text{kJ/s}$$

或

$$E_1 = T_0\Delta S_{总} = T_0[m_a(S_2 - S_1) + m_g(S_4 - S_3)] = T_0\left[m_a C_{pa}\ln\frac{T_2}{T_1} + m_g C_{pg}\ln\frac{T_4}{T_3}\right]$$

$$= 293.15\left[1.5 \times 1.04\ln\frac{273.15 + 125}{273.15 + 20} + 1.258 \times 0.84 \times \ln\frac{273.15 + 95}{273.15 + 250}\right]$$

$$= 293.15 \times 0.1063 = 31.15\text{kJ/s}$$

③ 换热器的㶲效率。

从上述计算可知，空气所得到的㶲为 23.79kJ/s，废气所耗费的㶲为 54.95kJ/s，故目的㶲效率

$$\eta'_{E_x} = \frac{23.79}{54.95} = 0.433$$

# 6.6 化工过程与系统的㶲分析

用热力学的基本原理来分析和评价过程，称之为过程热力学分析。通过计算过程或装置中各种物流和能流的㶲，作出㶲衡算，从而确定过程或装置的㶲效率，由此评价能量利用情况，揭示㶲损失的原因，指明减少损失，提高热力学完善程度的方向，这种热力学分析方法称为㶲分析法。㶲分析法的一般步骤是：

① 根据需要确定被研究的物系；
② 确定输入及输出各物流、能流的工艺状况及热力学函数；
③ 计算各物流、能流的㶲；
④ 对体系进行㶲衡算，求出㶲损失和㶲效率。

为了把㶲分析的结果直观地表示出来，通常还绘出㶲的能流图，它常与流程图、数据表相配合使用。㶲的能流图的具体画法虽各有不同，但都有共同之点，即用箭头表示㶲流动的方向，以线条间隔的宽窄表示物流或能流的㶲与炻数值的大小（但往往由于数值间相差较大，只能按比例大致地给出）。图 6-11 所示为某物系的㶲流示意图，图中 $E_{x1}$、$E_{x2}$ 为输入的㶲流，$E'_{x1}$、$E'_{x2}$ 为输出的㶲流，$E_{10}$ 为排入环境的物流（或能流）所带走的㶲损失，$\sum E_{1i}$ 则为由于过程的不可逆性引起的㶲损失。

综述本章所介绍的内容可知，化工过程和系统的能量分析法可分为两类、三种热力学分析法，即能量衡算法、熵增法和㶲分析法。现对它们进行概括评述。

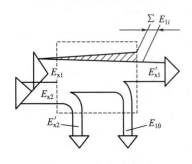

图 6-11 㶲流示意图

首先，两类热力学分析方法的理论依据及评价指标是各不相同的。能量衡算法以热力学第一定律为指导，以能量方程式为依据，从能量转换的数量关系来评价过程和装置在能量利用上的完善性，以热效率作为主要评价指标。而熵增法及㶲分析法则以热力学第二定律以及第一定律、第二定律的结合为指导，以损失功基本方程式和㶲方程为依据，从能量的品位和㶲的利用程度来评价过程和装置在能量利用上的完善性，以损失功和㶲效率作为主要评价指标。

其次，两类热力学分析法所起的作用也是不同的。能量衡算法可以知道能量在数量上的利用率为多少，指出由于散热、废气、废液、废渣排放等而损失的能量以及随工艺物流、能流带走的能量为多少；但它不能揭示过程不可逆而引起的能量损耗。也就是说，热效率的高低不足以说明过程和装置在能量利用上的完善程度因而也就不可能正确指导节能工作。而熵增法及㶲法则不仅可以揭示由于"三废"、散热、散冷等引起的㶲损失以及工艺物流、能流所带走的㶲，而且能够准确地查明不可逆损失以及引起的原因，指出能量利用上的真正薄弱环节和正确的节能方向。

尽管如此，能量衡算法仍十分重要，它是化工工艺设计、设备设计的基础，也是㶲分析法的基础。

第二类分析法中的熵增法及㶲分析法，所得的结果是一致的，但㶲分析法比熵增法更为方便和清晰。近些年来㶲分析法得到了迅速发展，比熵增法应用更为广泛。

**【例 6-13】** 图 6-12 和图 6-13 分别示出了典型蒸汽动力厂的能流图、㶲流图，试比较两类热力学分析法的结果，并提出其节能的主要方向。

**解** 由图 6-12 可见，燃烧炉及锅炉的热效率达 91%，只有 9% 的能量随烟气排出；而透平机及冷凝器的热效率则比较低，有 54% 的能量在冷凝器中损失掉了。而㶲分析则与此相反（如图 6-13 所示），由于燃烧及热交换的不可逆，有 57% 的㶲白白地损失了，再加上烟气带走 2% 的㶲，㶲效率只有 41%。而在冷凝器中，损失的能量虽多，但其㶲很少，因此透平机、冷凝器中损失的㶲仅为 4%。

两种分析方法的结论明显不同。能量衡算法指出能量利用的薄弱环节在冷凝器，节能潜力似乎主要在此；而㶲分析方法指出节能必须主要在燃烧和传热过程的改进上下工夫。显而易见，后一个结论是正确的。

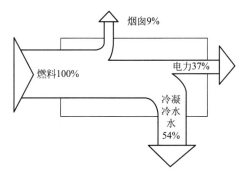

图 6-12　典型蒸汽动力厂能流图

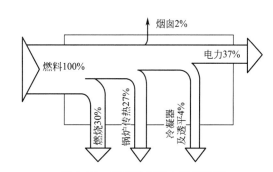

图 6-13　典型蒸汽动力厂㶲流图

**【例 6-14】** 某氨厂的高压蒸汽系统，每小时产生 3.5t 的中压冷凝水。如通过急速闪蒸，由于压力骤然下降，可产生低压蒸汽回收利用，试比较 A、B 两种回收方案的㶲损失。

方案 A：将中压冷凝水先预热锅炉给水，然后在闪蒸器中产生较少量的低压蒸汽，锅炉给水流量为 3.5t/h，预热前、后温度分别为 20℃、80℃。

方案 B：通过闪蒸器产生较多的蒸汽，中压冷凝水为 1.908MPa、210℃。在闪蒸器中急速降压至 0.4756MPa，以产生 0.4756MPa 的低压蒸汽与冷凝水。

假如可忽略过程的热损失，环境的温度为 20℃。A、B 方案流程图示于图 6-14，各状态的状态参数及焓、熵值列于表中。

| 序 号 | 1 | 2 | 3 | 4 | 5 | 6 |
|---|---|---|---|---|---|---|
| 状 态 | 中压冷凝水 | 低压蒸汽 | 低压冷凝水 | 中压过冷水 | 预热前锅炉给水 | 预热后锅炉给水 |
| $t/℃$ | 210 | 150 | 150 | 153.4 | 20 | 80 |
| $p/MPa$ | 1.906 | 0.4756 | 0.4756 | 1.906 | 0.1013 | 0.1013 |
| $H/(kJ/kg)$ | 897.76 | 2746.5 | 632.20 | — | 83.96 | 334.91 |
| $S/[kJ/(kg·K)]$ | 2.4248 | 6.8379 | 1.8418 | — | 0.2966 | 1.0753 |

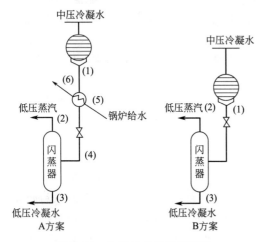

图 6-14　A 与 B 方案的流程图

**解** A 方案

① 求中压冷凝水经预热后的焓值 $H_4$，温度 $t_4$。

取锅炉给水预热器为体系，作能量衡算

$$H_1+H_5=H_4+H_6$$

得

$$H_4=H_1+H_5-H_6$$
$$=897.76+83.96-334.91$$
$$=646.81kJ/kg$$

按 $H_4$ 值反查蒸汽表，得

$$t_4=153.4℃$$

② 低压蒸汽量的计算。

设低压蒸汽量为 $G$ kg/h，取闪蒸器为体系作能量衡算

$$3500H_4=GH_2+(3500-G)H_3$$

得

$$G=\frac{3500\times(H_4-H_3)}{H_2-H_3}=\frac{3500\times(646.81-632.20)}{2746.5-632.20}=24.19kg/h$$

③ 每 kg 中压冷凝水经过锅炉给水预热器及闪蒸器时，体系的熵变和㶲损失

每 kg 锅炉给水从 20℃ 预热到 80℃，其熵变

$$\Delta S_{给水}=S_6-S_5=1.0753-0.2966=0.7787kJ/(kg·K)$$

3500kg、210℃ 的中压冷凝水最终成为 24.19kg、150℃ 的蒸汽和 (3500－24.19)＝3475.81kg、150℃ 的冷凝水，因此，1kg 中压冷凝水经过锅炉给水预热器和闪蒸器的熵变

$$\Delta S_{冷凝水}=\frac{24.19\times6.8379+3475.81\times1.8418-3500\times2.4248}{3500}$$

$$=-0.5485kJ/(kg·K)$$

$$\Delta S_{总}=\Delta S_{给水}+\Delta S_{冷凝水}=0.7787+(-0.5485)=0.2302kJ/(kg·K)$$

㶲损失

$$E_{lA}=T_0\Delta S_{总}=293.15\times0.2302=67.48kJ/kg$$

B 方案

① 低压蒸汽量的计算。

设低压蒸汽量为 $G$ kg/h。取闪蒸器为体系。作能量衡算 $\Delta H=Q+W_S$，对闪蒸过程 $Q=0$，$W_S=0$，所以 $\sum H_入=\sum H_出$，得

$$3500H_1=GH_2+(3500-G)H_3$$

$$G=\frac{3500(H_1-H_3)}{H_2-H_3}=\frac{3500(897.76-632.20)}{2746.5-632.20}=440\text{kg/h}$$

② 1kg 中压冷凝水通过闪蒸器的熵变和㶲损失。

3500kg、210℃冷凝水经过闪蒸后成为 440kg、150℃的蒸汽和（3500−440）=3060kg、150℃冷凝水。因此,1kg 中压冷凝水经过闪蒸器的熵变为

$$\Delta S=\frac{440\times S_2+3060\times S_3-3500\times S_1}{3500}$$

$$=\frac{440\times 6.8379+3060\times 1.8418-3500\times 2.4248}{3500}$$

$$=0.0451\text{kJ/(kg·K)}$$

因为忽略热损失,$\Delta S_{总}=0.0451\text{kJ/(kg·K)}$

㶲损失   $E_{lB}=T_0\Delta S_{总}=293.15\times 0.0451=13.22\text{kJ/kg}$

比较 A、B 方案的㶲损失,$E_{lB}<E_{lA}$,说明 B 方案的能量利用比 A 方案好。

**【例 6-15】** 设有合成氨厂二段炉出口高温转化气余热利用装置,如图 6-15 所示。转化气进入废热锅炉的温度为 1273K,离开时为 653K,其流量为 $5160\text{m}^3/\text{t NH}_3$。降温过程压力变化可忽略。废热锅炉产生 4MPa、703K 的过热蒸汽,蒸汽通过透平做功。离开透平乏汽压力 $p_3$ 为 0.01235MPa,其焓为 2557.0kJ/kg。在有关温度范围内,转化气的平均等压热容为 36kJ/（kmol·K）。乏汽进入冷凝器用 303K 的冷却水冷凝,冷凝水用水泵打入锅炉。进入锅炉的水温为 323K。试分别用能量衡算法和㶲分析法评价其能量利用情况。

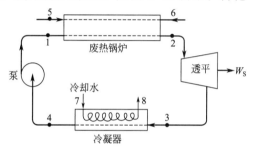

图 6-15  转化气余热利用装置

**解**  以每吨氨为计算基准。为简化计算,忽略体系中有关设备的热损失和驱动水泵所消耗的轴功。

A. 能量衡算法

① 从水蒸气表查得各状态点的有关参数列于表 6-3。

表 6-3  各状态点的有关参数

| 序　号 | 状　态 | 压力/MPa | 温度/K | $H/(\text{kJ/kg})$ | $S/[\text{kJ/(kg·K)}]$ | $E_x/(\text{kJ/kg})$ |
|---|---|---|---|---|---|---|
| 1 | 液态水 | 0.01235 | 323 | 209.3 | 0.7038 | 2.699 |
| 2 | 过热蒸汽 | 4.00000 | 703 | 3283.6 | 6.8694 | 1209 |
| 3 | 湿蒸汽 | 0.01235 | 323 | 2557.0 | 7.9679 | 149.3 |
| 4 | 饱和水 | 0.01235 | 323 | 209.3 | 0.7038 | 2.699 |
| 0 | 基准态水 | 0.10133 | 303 | 125.8 | 0.4369 | 0 |

② 求产气量。

对废热锅炉进行能量衡算,忽略热损失 $Q$,则有

$$\Delta H=Q+W_S$$

因 $Q=0$,$W_S=0$

$$\Delta H=\Delta H_{水}+\Delta H_{转化气}=0$$

$$\Delta H_{转化气}=mC_p(T_6-T_5)=\left(\frac{5160}{22.4}\right)(36)(653-1273)=-5.1416\times 10^6\text{kJ}$$

$$G=\frac{-\Delta H_{转化气}}{H_2-H_1}=\frac{-(-5.1416\times 10^6)}{(3283.6-209.3)}=1672.4\text{kg}$$

水汽化吸热　$Q=\Delta H_水=-\Delta H_{转化气}=5.1416\times10^6\,\text{kJ}$

③ 计算透平做的功 $W_S$。

对透平作能量衡算，忽略热损失，则有

$$W_S=\Delta H_透=G(H_3-H_2)=1672.4(2557.0-3283.6)=-1.2152\times10^6\,\text{kJ}$$

④ 求冷却水吸收的热，即冷却水的焓变，忽略冷凝器的热损失，则

$$\Delta H_{冷却水}=-\Delta H_{冷凝}=-G(H_4-H_3)$$
$$=-1672.4(209.3-2557.0)=3.9263\times10^6\,\text{kJ}$$

式中，$\Delta H_{冷却水}$ 与 $\Delta H_{冷凝}$ 分别为冷却水吸热和乏汽冷凝过程的焓变。

⑤ 计算热效率

$$\eta_T=\frac{W_S}{Q}=\frac{1.2152\times10^6}{5.1416\times10^6}=23.63\%$$

⑥ 能量损失率为

$$\frac{Q-W_S}{Q}=1-23.63\%=76.37\%$$

⑦ 作出转化气余热回收装置能量衡算表 6-4。

**表 6-4　转化气余热回收装置能量衡算**

| 项　目 | 输入/(kJ/$t_{NH_3}$) | % | 输出/(kJ/$t_{NH_3}$) | % |
|---|---|---|---|---|
| 高温气余热 | $5.1416\times10^6$ | 100 | | |
| 透平做功 $W_S$ | | | $1.2152\times10^6$ | 23.63 |
| 冷却水带走热 | | | $3.9263\times10^6$ | 76.37 |
| 合　　计 | $5.1416\times10^6$ | 100 | $5.1415\times10^6$ | 100.00 |

由表 6-4 可知，输入与输出的能量基本相等。在输出的能量中，有 76.37% 的热量被冷却水带走。因而，若单纯地根据能量衡算结果分析，节能的重点在于设法降低这部分排出损耗。但能量衡算法只能反映能的数量损失，不能反映㶲损失，即不可逆损失，因而不能真实的反映能源消耗的根本原因。

B. 㶲分析法

以每吨 $NH_3$ 为计算基准

① 物料与能量衡算同能量衡算法。

② 计算各物流的㶲，取 $p_0=0.10133\text{MPa}$，$T_0=303\text{K}$，计算结果列于表 6-3。计算中，无论是水、水蒸气均按式(6-47)计算物理㶲。转化气降温过程不考虑压降，按下式计算

$$E_x=m[(H-H_0)-T_0(S-S_0)]=m\left[C_p(T-T_0)-T_0C_p\ln\frac{T}{T_0}\right]$$

$$E_{x5}=\frac{5160}{22.4}\left[(36)(1273-303)-(303)(36)\ln\frac{1273}{303}\right]=4.438\times10^6\,\text{kJ}$$

$$E_{x6}=\frac{5160}{22.4}\left[(36)(653-303)-(303)(36)\ln\frac{653}{303}\right]=0.9731\times10^6\,\text{kJ}$$

③ 求总的㶲损失 $\sum E_1$。

取整个装置为体系，忽略各设备散热损失，又冷凝器出口的冷却水所携带的㶲一般不能利用，可以忽略，因此

$$\sum E_1=E_{x5}-E_{x6}+W_S=4.438\times10^6-0.9731\times10^6-1.2152\times10^6=2.250\times10^6\,\text{kJ}$$

④ 求各设备的㶲损失。

（a）对废热锅炉作㶲衡算。

衡算时忽略热损失，又无功交换，$W_S=0$，故

$$E_{1,\text{废}}=E_{x1}-E_{x2}+E_{x5}-E_{x6}=1672.4(2.699-1209)$$
$$+(4.438-0.9731)\times10^6=1.447\times10^6\,\text{kJ}$$

（b）对透平作㶲衡算。

忽略热损失，可得

$$E_{1,\text{透}}=E_{x2}-E_{x3}+W_S=(1672.4)(1209-149.3)-1.2152\times10^6=5.570\times10^5\,\text{kJ}$$

（c）对冷凝器作㶲衡算。

忽略热损失，无轴功

$$E_{1,\text{冷}}=E_{x3}-E_{x4}=(1672.4)(149.3-2.699)=2.452\times10^5\,\text{kJ}$$

⑤ 求整个装置的㶲效率。

$$\eta_{E_x}=\frac{\sum E_x^-}{\sum E_x^+}=\frac{E_{x6}-W_S}{E_{x5}}=\frac{(0.9731+1.2152)\times10^6}{4.438\times10^6}=0.493$$

⑥ 作出转化气余热回收装置㶲衡算表 6-5。

**表 6-5　转化气余热回收装置㶲衡算**

| 项　　目 | | 输　入 | | 输　出 | |
|---|---|---|---|---|---|
| | | 㶲/(kJ/t$_{NH_3}$) | % | 㶲/(kJ/t$_{NH_3}$) | % |
| 进口转化气 | | $4.438\times10^6$ | 100 | — | — |
| 透平做功 | | — | — | $1.2152\times10^6$ | 27.38 |
| 出口转化气 | | — | — | $0.9731\times10^6$ | 21.93 |
| 不可逆损耗 | $E_{1,\text{废}}$ | — | — | $1.447\times10^6$ | 32.61 |
| | $E_{1,\text{透}}$ | — | — | $0.5570\times10^6$ | 12.55 |
| | $E_{1,\text{冷}}$ | — | — | $0.2452\times10^6$ | 5.53 |
| | 小　计 | — | — | $2.249\times10^6$ | 50.69 |
| 总　　和 | | $4.438\times10^6$ | 100 | $4.437\times10^6$ | 100 |

⑦ 各单体设备的普遍㶲（总㶲）效率。

$$\eta_{E_x}=\frac{\sum E_x^-}{\sum E_x^+}$$

废热锅炉

$$\eta_{Ex,\text{废}}=\frac{E_{x6}+E_{x2}}{E_{x5}+E_{x1}}=\frac{0.9731\times10^6+(1672.4)(1209)}{4.438\times10^6+(1672.4)(2.699)}=0.674$$

透平

$$\eta_{Ex,\text{透}}=\frac{E_{x3}-W_S}{E_{x2}}=\frac{(1672.4)(149.3)-(-1.2152\times10^6)}{(1672.4)(1209)}=0.725$$

冷凝器

$$\eta_{Ex,\text{冷}}=\frac{E_{x4}+E_{x8}}{E_{x3}+E_{x7}}=\frac{(1672.4)(2.699)}{(1672.4)(149.3)}=0.0181$$

式中，$E_{x7}$ 与 $E_{x8}$ 分别为冷却水进、出口的㶲值。

$E_{x7}$ 值为零；虽然出口水温大于进口水温（303K），$E_{x8}$ 的值并非为零，但此处之㶲没有利用，属外部损失，因此在㶲效率计算式中将其值视为零。

㶲分析的结果表明，最大的㶲损失在废热锅炉中，而冷凝器的㶲损失是最小的。

从单体设备的㶲效率来看，冷凝器的㶲效率为 1.81%，似乎节能潜力最大，而实际上其㶲的损失仅占总㶲损失的 5.53%。主要的㶲损失在废热锅炉中，节能的主攻方向应设法减小其㶲的损失提高废热锅炉的热力学效率上，即应降低传热的温差，提高蒸汽吸热过程的平均温度。包括提高废热锅炉进水温度，提高蒸汽参数，采用各种改进的 Rankine 循环。

由本例分析可知，能量衡算法只能反映能量损失，不能反映㶲损失，因而不能真实地反映能源消耗的根本原因。单纯能量衡算表明，节能的重点在于回收由冷却水带出的热量。但这些是能级很低的热能，回收利用比较困难。实际上，这部分低位热能是由输入体系的高级能量（㶲）转化而来。过程㶲损失越大，则㶲转化为炕的量也越大，排出体系的低位热能也愈多。所以节能的重点，是要通过各种技术措施，把㶲转化为炕的损失减到最低限度，大大减少排出体系的低位热能，达到节能的目的。

## 习　题

6-1　一个容量为 60m³ 的槽内装有 5MPa、400℃的蒸气，使蒸气经由一阀从槽中释放至大气，直到压力降至 4MPa，若此释放过程为绝热，试求蒸气在槽中的最终温度及排出蒸气的质量。

6-2　有一个使用蒸气压缩机将海水脱盐来制备淡水的装置。若水蒸气稳定流入压缩机，其压力为 0.1MPa，温度为 103.2℃。水蒸气被绝热压缩到 0.14MPa，如果压缩机的效率为 70%，试求：
(1) 压缩机出口处水蒸气的温度；
(2) 压缩 1kg 水蒸气所需要的功。

6-3　压力为 0.7MPa 的饱和蒸汽，稳定流入一台透平机，经透平机绝热可逆膨胀至 0.1MPa。试求透平机输出的轴功是多少？

6-4　有一水平敷设的热交换器，其进、出口的截面积相等，空气进入时的温度、压强和流速分别为 303K、0.103MPa 和 10m/s，离开时的温度和压强为 403K 和 0.102MPa。试计算当空气的质量流量为 80kg/h 时从热交换器吸收多少热量？若热交换器为垂直安装，高 6m，空气自下而上流动，则空气离开热交换器时吸收的热量为多少？已知空气的恒压平均热容为 1.005kJ/(kg·K)。

6-5　将 35kg、温度为 700K 的铸钢件放入 135kg 而温度为 294K 的油中冷却，已知铸钢和油的比热容分别为 $(C_p)_{钢}=0.5$kJ/(kg·K) 和 $(C_p)_{油}=2.5$kJ/(kg·K)，若不计热损失，试求：(1) 铸钢件的熵变；(2) 铸钢件与油的总熵变。

6-6　从动力装置中的冷凝器出来的 313K、$7×10^3$Pa 的水用泵将其压力提高到锅炉的压力 $7×10^6$Pa。如果泵在可逆绝热条件下操作，求所需的功等于多少？水温将升高多少度？

6-7　一个没有移动部分的装置，据介绍可将进料为 25℃、0.4MPa 的压缩空气变成两股等质量速率的空气流。一股为 −20℃、0.1MPa 的冷空气流；另一股热空气流为 70℃、0.1MPa。试问这种装置的设计是否符合热力学第二定律？假设空气是理想气体，$C_p=\dfrac{7}{2}R$。

6-8　试求流动过程中，温度为 813K、压力为 $5×10^6$Pa 的 1kmol 氮所能给出的理想功为多少？取环境温度为 288K，压力为 $1×10^5$Pa，氮的等压热容 $C_p=27.86+4.27×10^{-3}T$ kJ/(kmol·K)。

6-9　用压力为 $1.570×10^6$Pa、温度为 757K 的过热蒸气驱动透平机，乏汽压力为 $6.868×10^4$Pa。透平机膨胀既不绝热也不可逆。已知实际功相当于等熵功的 80%。每 1kg 蒸气通过透平机的散热损失为 7.50kJ。环境温度为 293K。求此过程的理想功、损失功及热力学效率。

6-10　某厂有一输送 90℃热水的管道，由于保温不良，输送至使用单位时水温降至 70℃。试求热水由于散热而引起的㶲损失。设环境温度为 25℃。

6-11　1kg 甲烷气由 27℃、$9.80×10^4$Pa 压缩后冷却至 27℃、$6.666×10^6$Pa，若实际压缩功耗为 1021.6kJ，取 $t_0$ 为 27℃，试求：(1) 冷却器中需移走的热量；(2) 压缩与冷却过程的损耗功；(3) 该过程的理想功；(4) 该过程的热力学效率。

6-12 苯经高温脱氢得联二苯、联三苯和氢。离开反应器时产品温度为 993K，其摩尔分数组成为苯：联二苯：联三苯：氢＝0.62：0.13：0.04：0.21。然后产品通过一逆流换热器，将原料苯从 643K 加热至反应温度 937K。产品与原料（均为气体）流速各为 4500kg/h。试计算每一昼夜换热过程的㶲损失（忽略过程的热损失）。设环境温度为 293K。已知各组分的摩尔热容方程式如下

苯　　　　　　$C_p=0.962+325.5\times10^{-3}\,T$ kJ/(kmol·K)

氢　　　　　　$C_p=28.78+0.276\times10^{-3}\,T$ kJ/(kmol·K)

联二苯　　　　$C_p=-0.837+623.4\times10^{-3}\,T$ kJ/(kmol·K)

联三苯　　　　$C_p=7.28+895.4\times10^{-3}\,T$ kJ/(kmol·K)

6-13 功率为 2.0kW 的泵将 363K 的水从贮水罐送到换热器，水流量为 3.2kg/s，在换热器中以 697.3kJ/s 的速率将水冷却后，送入比第一贮水罐高 20m 的第二贮水罐，求送入第二贮水罐的水温。

6-14 有一逆流式换热器，利用废气加热空气。空气由 $10^5$Pa、293K 被加热到 398K，空气的流量为 1.5kg/s；而废气从 $1.3\times10^5$Pa、523K 冷却到 368K。空气的等压热容为 1.04kJ/(kg·K)，废气的等压热容为 0.84kJ/(kg·K)。假定空气与废气通过换热器的压力与动能变化可忽略不计，而且换热器与环境无热量交换，环境状态为 $10^5$Pa 和 293K。试求：

(1) 换热器中不可逆传热的㶲损失；

(2) 换热器的㶲效率。

6-15 有人设计出一套复杂的产生热的过程，可在高温下产生连续可用的热量。该过程的能量来自于 423K 的饱和蒸汽，当系统流过 1kg 的蒸汽时，将有 1100kJ 的热量生成。已知环境为 300K 的冷水，问最高温度可为多少？

6-16 一个标准的制冷循环用于连续供应 283K 的制冷水，其流率为 25kg/s。该过程如图 6-16 所示。循环制冷剂是水。在状态 1，800Pa 的饱和蒸汽进入绝热压缩机，其效率为等熵操作的 80%，然后被压缩到状态 2 下的 7000Pa，由该状态进入冷凝器。蒸气在状态 3 以压力为 7000Pa 的饱和液出现，在冷凝器中，热量 $Q$ 排放到温度为 300K 的环境。饱和液急骤通过节流阀，减压到 800Pa 的状态 4。余下的液体在蒸发器中蒸发，产生状态点 1 的饱和蒸汽。要制冷的水也通过蒸发器并且与蒸发的制冷剂进行热交换，从其给水温度 300K 冷却到 283K。

试确定压缩机所需的功率，以及排放到环境中去的热流率。并对过程作热力学分析。

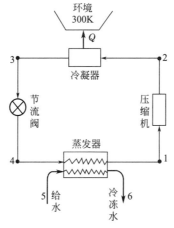

图 6-16　习题 6-16 制冷循环图

6-17 某核电厂的基本操作如图 6-17 所示。空气从点①进入压缩机绝热压缩至点②，点②至点③空气在核反应堆中进行恒压加热。然后，在涡轮中进行绝热膨胀，点④为涡轮出口点。各点状态如下：

点①：$T_1=293$K，$p_1=0.1$MPa

点②：$p_2=0.4$MPa

点③：$T_3=813$K，$p_3=0.4$MPa

点④：$p_4=0.1$MPa

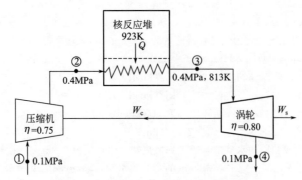

图 6-17　习题 6-17 核电厂装置示意图

驱动压缩机的 $W_c$ 来自涡轮，电厂输出的净功为 $W_s$。压缩机和涡轮的等熵效率分别为 0.75 和 0.8。假定空气为理想气体，其 $C_p = \dfrac{7}{2} R$。核反应堆可视为 923K 的恒温热源。环境温度 $T_0 = 293\text{K}$。试对该系统进行热力学分析，即求出各设备的㶲损失及整个装置的热效率和㶲效率。

# 7 蒸汽动力循环与制冷循环

热能动力装置或制冷机需要连续工作，其工质所经历的是循环过程。蒸汽动力循环就是以水蒸气为工质，将热能连续不断转换成机械能的热力循环。现代化的大型化工厂，蒸汽动力循环被用于为全厂供给动力、供热及供应工艺用的蒸汽。

制冷是获得并保持低于环境温度的操作。制冷循环就是消耗能量而实现热由低温传向高温的逆向循环。习惯上，制冷温度在 $-100℃$ 以上者称为普冷，低于 $-100℃$ 者称为深冷。制冷广泛应用于化工生产中的低温反应、结晶分离、气体液化以及生活中的冰箱、空调、冷库等各个方面。

本章主要介绍这两类循环的工作原理、循环中工质状态的变化、能量转换的计算以及对循环过程进行热力学分析，不涉及设备的具体细节。

## 7.1 蒸汽动力循环

### 7.1.1 Rankine 循环及其热效率

Rankine 循环是最简单的蒸汽动力循环。由锅炉、过热器、汽轮机、冷凝器和水泵组成。该装置的示意图及循环的 $T$-$S$ 图、$H$-$S$ 图表示于图 7-1 中的（a）、（b）、（c）。

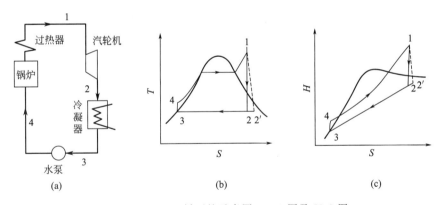

图 7-1　Rankine 循环的示意图、$T$-$S$ 图及 $H$-$S$ 图

图 7-1 中，进锅炉的压缩水 4 在锅炉中等压吸热变为高温高压的过热水蒸气 1，进入汽轮机做绝热膨胀，推动叶轮输出轴功，汽轮机出口蒸汽是处于低压下的湿蒸汽 2（工程上也称乏汽），然后进入冷凝器等压冷凝成饱和水 3，冷凝放出的热量被冷却水冷却，低压饱和水 3 经水泵升压成压缩水 4 又进入锅炉，工质水在蒸汽动力装置中完成一次封闭循环。

Rankine 循环中各个过程经理想化（即忽略工质的流动阻力与温差传热），应用稳定流动过程的能量平衡方程分析如下。

1-2 过程：汽轮机中工质做等熵膨胀（即可逆绝热膨胀），对外做功量

$$W_S = \Delta H = H_2 - H_1 \, kJ/kg（工质）\tag{7-1}$$

2-3 过程：湿蒸汽在冷凝器中等压等温冷凝，工质冷凝的放热量

$$Q_2 = \Delta H = H_3 - H_2 \, \text{kJ/kg（工质）} \tag{7-2}$$

3-4 过程：饱和水在水泵中做可逆绝热压缩，水泵消耗的压缩功

$$W_P = \Delta H = H_4 - H_3 \, \text{kJ/kg（工质）} \tag{7-3a}$$

由于水的不可压缩性，压缩过程中水的容积变化很小，消耗的压缩功亦可按下式计算

$$W_P = \int_{p_3}^{p_4} V \mathrm{d}p = V_{\text{水}}(p_4 - p_3) \tag{7-3b}$$

4-1 过程：锅炉中水等压升温和等压汽化，工质在锅炉中的吸热量

$$Q_1 = \Delta H = H_1 - H_4 \, \text{kJ/kg（工质）} \tag{7-4}$$

评价蒸汽动力循环的经济性指标是热效率与汽耗率。

热效率是锅炉所供给的热量中转化为净功的分率，用符号 $\eta$ 表示

$$\eta = \frac{-(W_S + W_P)}{Q_1} = \frac{(H_1 - H_2) + (H_3 - H_4)}{H_1 - H_4} \tag{7-5a}$$

蒸汽动力循环中，水泵的耗功远小于汽轮机的做功量 $(W_P \ll W_S)$，水泵的耗功常忽略不计，即 $W_P \doteq 0$，则

$$\eta = \frac{-W_S}{Q} = \frac{H_1 - H_2}{H_1 - H_4} \tag{7-5b}$$

汽耗率是蒸汽动力装置中，输出 1kW·h 的净功所消耗的蒸汽量。用 SSC（specific steam consumption）表示

$$\text{SSC} = \frac{3600}{-W_S} \quad \text{kg/(kW·h)} \tag{7-6}$$

显然，热效率越高，汽耗率越低，表明循环越完善。

以上公式进行计算时，所需各状态点的焓值查阅水蒸气表（见附录）或水蒸气的焓熵图。具体确定的方法如下：

状态点 1，由汽轮机进汽压力及温度 $p_1$、$t_1$ 值可查得 $H_1$、$S_1$ 值；

状态点 2，由汽轮机出口压力 $p_2$，而 $S_2 = S_1$，可得 $H_2$、$t_2$；

状态点 3，冷凝器出口压力 $p_3 = p_2$，等压线与饱和液体线的交点，可确定 $H_3$、$S_3$；

状态点 4，$p_4 = p_1$，$S_4 = S_3$；由 $p_4$、$S_4$ 值可确定 $H_4$、$S_4$ 值。

实际上，工质流动中由于存在摩擦、涡流、散热等因素，汽轮机及水泵不可能做等熵膨胀及等熵压缩，水泵消耗的功量对汽轮机的做功量相比而言很小，可忽略不可逆的影响，但对汽轮机需考虑膨胀过程的不可逆性。工程上，通常用等熵效率 $\eta_S$ 来表示。

等熵效率 $\eta_S$ 的定义："对膨胀做功过程，不可逆绝热过程的做功量与可逆绝热过程的做功量之比"。

实际的 Rankine 循环在 $T$-$S$ 图及 $H$-$S$ 图上表示如图 7-1(b)、(c) 中的 $12'341$ 所示。那 $1$-$2'$ 过程中工质的做功量 $-W_{S(\text{不})} = H_1 - H_2'$。

等熵效率

$$\eta_S = \frac{-W_{S(\text{不})}}{-W_{S(\text{可})}} = \frac{H_1 - H_2'}{H_1 - H_2} \tag{7-7}$$

实际 Rankine 循环的热效率

$$\eta = \frac{H_1 - H_2' + (H_3 - H_4)}{H_1 - H_4} \doteq \frac{H_1 - H_2'}{H_1 - H_4} \tag{7-8}$$

【例 7-1】 蒸汽动力装置按 Rankine 循环工作，锅炉压力为 $40 \times 10^5$ Pa，产生 440℃过热水蒸气，汽轮机出口压力为 $0.04 \times 10^5$ Pa，蒸汽流量为 60t/h，试求：

① 过热水蒸气每小时从锅炉吸收的热量；
② 乏汽的湿度以及每小时乏汽在冷凝器放出的热量；
③ 汽轮机做的理论功率与水泵消耗的理论功率；
④ 循环的热效率。

**解** 该循环在 $T\text{-}S$ 图上表示见图 7-2。

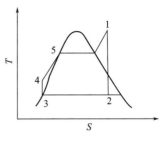

图 7-2 例 7-1 插图

① 根据给定的条件查出各点的参数（查水蒸气表）

1 点（过热水蒸气）

$$p_1=40\times10^5\,\text{Pa} \quad \text{查得} \quad H_1=3307.1\,\text{kJ/kg}$$
$$t_1=440\,℃ \qquad S_1=6.9041\,\text{kJ/(kg·K)}$$

2 点（湿蒸汽）

$$p_2=0.04\times10^5\,\text{Pa} \qquad S_2=S_1=6.9041\,\text{kJ/(kg·K)}$$

查得

$$H_g=2554.4\,\text{kJ/kg} \qquad H_1=121.46\,\text{kJ/kg}$$
$$S_g=8.4746\,\text{kJ/(kg·K)} \qquad S_1=0.4226\,\text{kJ/(kg·K)}$$
$$V_1=1.0040\,\text{cm}^3/\text{g}$$

设 2 点处湿蒸汽的干度为 $x$

$$8.4746x+(1-x)\times0.4226=6.9041$$

解之

$$x=0.805$$
$$H_2=2554.4\times0.805+(1-0.805)\times121.46=2079.98\,\text{kJ/kg}$$

3 点（饱和液体）

$$p_3=0.04\times10^5\,\text{Pa} \qquad H_3=H_1=121.46\,\text{kJ/kg}$$

4 点（未饱和水）

$$\begin{aligned} H_4 &=H_3+W_P=H_3+V_1(p_4-p_3) \\ &=121.46+0.001004\times(40-0.04)\times10^5\times10^{-3} \\ &=125.472\,\text{kJ/kg} \end{aligned}$$

② 计算

过热水蒸气每小时从锅炉吸收的热量

$$Q_1=m(H_1-H_4)=60\times10^3\times(3307.1-125.472)=190.9\times10^6\,\text{kJ/h}$$

乏汽在冷凝器放出的热量

$$Q_2=-m(H_2-H_3)=-60\times10^3\times(2079.98-121.46)=-117.51\times10^6\,\text{kJ/h}$$

乏汽的湿度为 $1-x=1-0.805=0.195$

汽轮机做的理论功率

$$P_T=mW_S=-m(H_1-H_2)=\frac{-60\times10^3}{3600}(3307.1-2079.98)=-20452\,\text{kW}$$

水泵消耗的理论功率

$$N_P=mW_P=m(H_4-H_3)=\frac{60\times10^3}{3600}(125.472-121.46)=66.87\,\text{kW}$$

循环的理论热效率

$$\eta=\frac{-3600\times(P_T+N_P)}{Q_1}=\frac{-3600\times(-20452+66.87)}{190.9\times10^6}=0.384$$

**【例 7-2】** 某核反应动力循环如图 7-3 所示，锅炉从温度为 320℃ 的核反应堆吸入热量 $Q_1$ 产生压力为 7MPa、温度为 360℃ 的过热水蒸气（点 1），过热水蒸气经汽轮机膨胀做功后于 0.008MPa 压力下排出（点 2），乏汽在冷凝器中向环境温度 $t_0=20℃$ 下进行等压放热变为饱和水

（点 3），然后经泵升压后返回锅炉（点 4）完成一次循环。已知汽轮机的额定功率为 $15 \times 10^4 \text{kW}$，汽轮机进行不可逆的绝热膨胀，其等熵效率为 0.75，而水泵可认为可逆绝热压缩，试求：

① 此蒸汽动力循环中蒸汽的质量流量；

② 汽轮机出口乏汽的湿度；

③ 循环的热效率。

**解** ① 作出此蒸汽动力循环的 $T\text{-}S$ 图，见图 7-4。

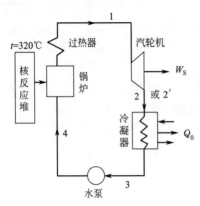
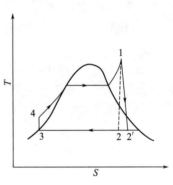

图 7-3 例 7-2 核动力循环示意图    图 7-4 例 7-2 插图

② 根据给定的条件，查水蒸气表确定有关参数。

1 点：$p_1 = 7\text{MPa}$，$t_1 = 360℃$

$$H_1 = \frac{1}{2}(3071.1 - 3019.8) + 3019.8 = 3045.5 \text{kJ/kg}$$

$$S_1 = 6.2801 \text{kJ/(kg · K)}$$

2 点：$p_2 = 0.008\text{MPa}$

$$H_g = 2577.0 \text{kJ/kg}, \quad H_1 = 173.88 \text{kJ/kg}$$

$$S_g = 8.2287 \text{kJ/(kg · K)}, \quad S_1 = 0.5926 \text{kJ/(kg · K)}$$

该动力循环的 $T\text{-}S$ 图中，1-2 过程表示汽轮机的等熵膨胀（即可逆绝热膨胀），膨胀后乏汽的干度为 $x_2$，而 1-2' 过程表示汽轮机的实际膨胀过程（即不可逆绝热膨胀），用等熵效率表示。在此首先计算汽轮机出口乏汽的湿度。假定汽轮机为等熵膨胀

$$S_2 = S_1 = 6.2801 \text{kJ/(kg · K)}$$

则

$$S_2 = S_g x_2 + (1 - x_2) S_1 = 8.2287 x_2 + (1 - x_2) \times 0.5926$$

解之

$$x_2 = 0.7448$$

$$H_2 = H_g x_2 + (1 - x_2) H_1 = 2577.0 \times 0.7488 + (1 - 0.7488) \times 173.88 = 1963.7 \text{kJ/kg}$$

汽轮机进行等熵膨胀所做的理论功 $W_{S(可)}$

$$W_{S(可)} = H_2 - H_1 = 1963.7 - 3045.5 = -1081.8 \text{kJ/kg}$$

根据等熵效率 $\eta_S$ 的定义　　$\eta_S = \dfrac{W_{S(不)}}{W_{S(可)}}$

汽轮机的实际膨胀过程 1-2' 所做的功

$$W_{S(不可)} = W_{S(可)} \eta_S = -1081.8 \times 0.75 = -811.35 \text{kJ/kg}$$

因为

$$W_{S(不可)} = -(H_1 - H_2') = -(3045.5 - H_2') = -811.35 \text{kJ/kg}$$

所以

$$H_2' = 3045.5 - 811.35 = 2234.15 \text{kJ/kg}$$

设汽轮机进行实际膨胀后乏汽的干度为 $x_2'$。

$$H_2' = H_g\, x_2' + (1 - x_2')H_1$$
$$2234.15 = 2577.0\, x_2' + (1 - x_2') \times 173.88$$

解得
$$x_2' = 0.8573$$

汽轮机出口乏汽的湿度为 $1 - 0.8573 = 0.1427$

3 点：取 $p$ 为 $0.008\text{MPa}$ 时饱和水
$$H_3 = 173.88\text{kJ/kg}, \quad S_3 = 0.5926\text{kJ/(kg·K)}$$

4 点：因为水泵做可逆绝热压缩过程
$$S_4 = S_3 = 0.5926\text{kJ/(kg·K)}$$

由 $p_4 = 7\text{MPa}$，$S_4 = 0.5926\text{kJ/(kg·K)}$ 查得 $H_4 = 181.09\text{kJ/kg}$。

水泵所消耗的功为 $W_P = H_4 - H_3 = 181.09 - 173.88 = 7.21\text{kJ/kg}$。

如果水蒸气表上难以查得 $H_4$ 值，水泵消耗的功 $W_P = \int V \mathrm{d}p = V(p_1 - p_2)$ 计算

每 1kg 水蒸气所做的净功
$$W = W_{S(不可)} + W_P = -811.35 + 7.21 = -804.14\text{kJ/kg}$$

循环中蒸汽的质量流量
$$m = \frac{N_P}{-W} = \frac{15 \times 10^4}{804.14} = 186.53\text{kg/s}$$

循环的热效率
$$\eta = \frac{-W}{Q_1} = \frac{804.14}{H_1 - H_4} = \frac{804.14}{3045.5 - 181.09} = 0.281$$

如果汽轮机做等熵膨胀，那循环的理论热效率 $\eta = -\dfrac{W_{S(可)}}{Q_1} = \dfrac{1081.8}{3045.5 - 181.09} = 0.377$。

分析 Rankine 循环可知：如果给定汽轮机的进口蒸汽温度、压力以及汽轮机出口蒸汽的压力，那 Rankine 循环的热效率基本上也就确定了。可见，改变蒸汽的参数可提高循环的热效率。下面分别讨论蒸汽参数对 Rankine 循环热效率的影响。

（1）提高汽轮机的进汽温度及进汽压力

假定汽轮机出口蒸汽压力及进汽压力不变，将进汽的温度从 $T_1$ 提高到 $T_1'$（见图 7-5），显然是提高了循环的平均吸热温度，即提高循环热效率，同时出口蒸汽的湿度也有所降低，$x_2 < x_2'$（$x$ 表示湿蒸汽的干度）。

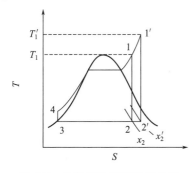 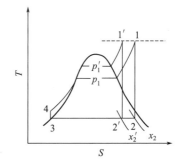

图 7-5 提高进汽温度的 $T$-$S$ 图　　　　图 7-6 提高进汽压力的 $T$-$S$ 图

假定汽轮机出口蒸汽压力及进汽温度不变，将进汽压力由 $p_1$ 提高到 $p_1'$，也能提高循环的平均吸热温度，有利于提高循环热效率，但需指出，单一提高进汽压力，汽轮机出口蒸汽的湿度也随之增加（见图 7-6 中由 $x_2$ 至 $x_2'$），$x_2' < x_2$，这不利汽轮机的操作。然而，提高汽轮机的进汽温度可降低汽轮机出口蒸汽的湿度。所以，为了提高循环的热效率，汽轮机的进汽温度和

进汽压力一般是同时提高的，现代蒸汽动力装置采用的进汽温度、压力在往高参数方向发展。

（2）降低汽轮机出口蒸汽的压力

假定汽轮机进口蒸汽的温度、压力均不变，降低出口蒸汽的压力，结果使循环的平均放热温度下降，而平均吸热温度降低很少（见图 7-7），由于原来损失于冷凝器中的一部分热量（面积 $22'3'32$）变成有用功，因而提高了循环的热效率。但是汽轮机出口蒸汽压力的降低受天然冷源（冷却水或大气）温度的限制，而不能任意地降低。此外，随着出口蒸汽压力地降低，出口蒸汽的湿度也增大，一般汽轮机出口压力不低于 $0.004\text{MPa}$。

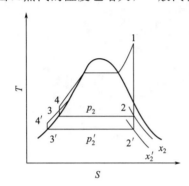

图 7-7　降低出口蒸汽压力的 $T\text{-}S$ 图

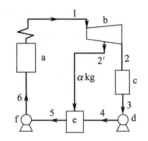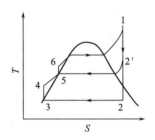

图 7-8　回热循环的装置示意图与 $T\text{-}S$ 图

a—锅炉；b—汽轮机；c—冷凝器；d、f—水泵；e—回热加热器

### 7.1.2　Rankine 循环的改进

上述分析结果表明：提高汽轮机的进汽压力或进汽温度可以提高循环的热效率，但蒸汽参数的改变又受到汽轮机材料及设备操作的限制。因此，对 Rankine 循环的改进，主要考虑对循环中吸热过程的改进以提高循环的平均吸热温度。为此提出蒸汽的再热循环、回热循环以及供给动力与热能相结合的热电循环。下面主要介绍回热循环与热电循环。

（1）回热循环

Rankine 循环热效率不高的原因是供给锅炉的水温低，这不仅降低了蒸汽等压加热过程的平均吸热温度，而且也增加了锅炉内高温烟气和供水之间温差传热所引起的不可逆损失。采用回热措施可有效解决这问题。所谓回热是利用汽轮机中部分蒸汽来加热锅炉供水，使压缩水的低温预热阶段在锅炉外的回热器中进行，从而提高循环中等压加热过程的平均吸热温度。现代化蒸汽动力装置普遍采用抽汽回热循环来提高循环热效率。图 7-8 表示一级抽汽回热循环的装置示意图与 $T\text{-}S$ 图。

回热循环的流程：高压水 6 进入锅炉 a 被加热为过热水蒸气 1，然后进入汽轮机膨胀做功，膨胀到 $p_2'$ 时，抽出部分蒸汽引入到回热器 e，其余的过热水蒸气继续由状态 $2'$ 膨胀到状态 2，再经冷凝器 c 冷凝到饱和水 3，此饱和水用水泵 d 送入回热器 e，在回热器中与从汽轮机抽出的部分蒸汽混合进行能量交换，使水温提高达到状态 5，而后用水泵 f 送入锅炉循环使用。

回热循环中抽气系数的计算可以通过对回热器的能量分析求得。假定进入汽轮机的蒸汽量为 1kg，汽轮机的抽气量为 $\alpha$kg（不考虑散热损失），则可得

$$\alpha(H_2' - H_5) = (1 - \alpha)(H_5 - H_4)$$

解得

$$\alpha = \frac{H_5 - H_4}{H_2' - H_4} \tag{7-9}$$

回热循环的热效率

$$\eta_{\text{回}} = \frac{Q_1 - Q_2}{Q_1} = 1 - \frac{(1 - \alpha)(H_2 - H_3)}{H_1 - H_6} \tag{7-10}$$

式(7-9)、式(7-10)中各状态点的焓值可根据给定的条件查水蒸气表而得。

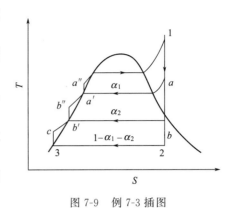

图 7-9  例 7-3 插图

**【例 7-3】**  某蒸汽动力装置采用二级抽汽回热循环，已知进入汽轮机的过热水蒸气的参数 $p_1$ 为 $140\times10^5$Pa，$t_1$ 为 560℃，第一级抽汽压力为 $20\times10^5$Pa，第二级抽汽压力为 $1.5\times10^5$Pa，乏汽压力为 $0.05\times10^5$Pa，试将此回热循环在 T-S 图示意表示，并计算二级抽汽回热循环的热效率与汽耗率。

**解**  二级抽汽回热循环在 T-S 图上表示，见图 7-9。

查水蒸气表得各状态点的参数如下

1 点  $H_1=3486.0$kJ/kg    $S_1=6.5941$kJ/(kg·K)

$a$ 点  $p=20\times10^5$Pa 时    $S_g=6.3409$kJ/(kg·K)

因 $S_a=S_1>S_g$，所以 $a$ 点处于过热水蒸气状态。

当 $p_a=20\times10^5$Pa，$S_a=6.5941$kJ/(kg·K) 时，可内插求得
$$H_a=2929.16\text{kJ/kg}$$

$a'$ 点    $H'_a=908.79$kJ/kg，$V'_a=0.001767$m³/kg

$b$ 点    $p_b=1.5\times10^5$Pa 时，$S_1=1.4336$kJ/(kg·K)
$$S_g=7.2233\text{kJ/(kg·K)}>S_1，而 S_b=S_1$$

所以 $b$ 点处于湿蒸汽状态，设湿蒸汽的干度为 $x_b$
$$x_b S_g+(1-x_b)S_1=S_1$$

$7.2233x_b+(1-x_b)\times1.4336=6.5941$，解之 $x_b=0.8913$

当 $p_b=1.5\times10^5$Pa 时，查得 $H_1=467.11$kJ/kg，$H_g=2693.6$kJ/kg
$$H_b=x_b H_g+(1-x_b)H_1=2693.6\times0.8913+(1-0.8913)\times467.11=2451.58\text{kJ/kg}$$

$b'$ 点    $H'_b=H_1=467.11$kJ/kg，$V'_b=0.0010528$m³/kg

2 点    分析知 2 点处于湿蒸汽状态，设该湿蒸汽的干度为 $x_2$

$p_2=0.05\times10^5$Pa 时，$S_g=8.4025$kJ/(kg·K)，$S_1=0.4718$kJ/(kg·K)，
$$H_g=2560.9\text{kJ/kg}，\qquad H_1=136.49\text{kJ/kg}。$$
$$x_2 S_g+(1-x_2)S_1=S_1$$
$$8.4025x_2+(1-x_2)\times0.4718=6.5941$$

解得                    $x_2=0.7720$
$$H_2=2560.9\times0.7720+(1-0.7720)\times136.49=2008.13\text{kJ/kg}$$

3 点                    $H_3=136.49$kJ/kg，$V_3=0.0010052$m³/kg

$a''$ 点    $H''_a=H'_a+V'_a\Delta p=908.79+0.001767\times(140-20)\times10^2=929.99$kJ/kg

$b''$ 点    $H''_b=H'_b+V'_b\Delta p=467.11+0.0010528\times(20-1.5)\times10^2=469.06$kJ/kg

$c$ 点    $H_c=H_3+V_3\Delta p=136.49+0.0010052\times(1.5-0.5)\times10^5\times10^{-3}=136.59$kJ/kg

第一级抽汽量 $\alpha_1$ 计算
$$\alpha_1=\frac{H'_a-H''_b}{H_a-H''_b}=\frac{908.79-469.06}{2929.16-469.06}=0.1787$$

第二级抽汽量 $\alpha_2$ 计算
$$\alpha_2=(1-\alpha_1)\frac{H'_b-H_c}{H_b-H_c}=(1-0.1787)\frac{467.11-136.59}{2451.58-136.59}=0.1173$$

二级抽汽回热循环的热效率

$$\eta = 1 - \frac{(1-\alpha_1-\alpha_2)(H_2-H_3)}{H_1-H_a''} = 1 - \frac{(1-0.1787-0.1173)(2008.13-136.49)}{3486.0-929.99} = 48.4\%$$

汽耗率

$$SSC = \frac{3600}{-W_S} = \frac{3600}{H_1-\alpha_1 H_a - \alpha_2 H_b - (1-\alpha_1-\alpha_2)H_2}$$

$$= \frac{3600}{3486-0.1787\times2929.16-0.1173\times2451.58-(1-0.1787-0.1173)\times2008.13}$$

$$= 2.85 \text{kg/(kW·h)}$$

（2）热电循环

化工生产中，不仅需要动力，还需要不同品位的热量以满足工艺条件的需求。因此，既提供动力又供给热量的热电循环更适用于化工生产的特点。

热电循环有背压式汽轮机联合供电供热与抽汽式汽轮机联合供电供热两种形式。

背压式汽轮机是排汽压力大于大气压力，排气的参数根据用户的需要来确定。此循环的示意图与 $T\text{-}S$ 图见图 7-10 所示。Rankine 循环以 $12'3'4'1$ 表示，热电循环以 12341 表示。

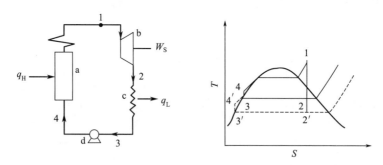

图 7-10　背压式汽轮机联合供电供热循环与 $T\text{-}S$ 图
a—锅炉；b—汽轮机；c—供热；d—水泵

此循环类似于朗肯循环，所不同的是利用汽轮机排汽中冷凝放热量直接供热，所以背压式汽轮机的排汽压力与供热温度相对应。

热电循环的效率通常同时用热效率与能量利用系数来评价。用 $\xi$ 表示

$$\xi = \frac{\text{循环中所做的功量与利用的热量}}{\text{循环中输入的总热量}} = \eta + \frac{q_L}{q_H} \tag{7-11}$$

式中，$\eta$ 为循环的热效率；$q_L$ 为循环中提供的热量；$q_H$ 为循环中输入的总热量。

背压式汽轮机联合供电供热的热电循环中供给动力与供热量是相互牵制，不能单独调节。为了克服这一缺点，可采用抽气式汽轮机的热电循环。图 7-11 表示此循环的示意图与 $T\text{-}S$ 图。

此循环的 $T\text{-}S$ 图与回热循环十分类似，由于控制中间的抽气量以同时满足供电与供热两方面的要求，因此大型化工厂大多采用抽汽式汽轮机的热电循环。

【例 7-4】　某化工厂采用如下的蒸汽动力装置以同时提供动力和热能。见图 7-12。

已知汽轮机入口的蒸汽参数为 3.5MPa，435℃，冷凝器的压力为 0.004MPa，中间抽汽压力 $p'$ 为 0.13MPa，抽汽量为 10kg/s，其中一部分进入加热器，将锅炉给水预热到抽汽压力 $p'$ 下的饱和温度，其余提供给热用户，然后冷凝成饱和水返回锅炉循环使用。已知该装置的供热量是 $50\times10^3$ kJ/h。试求此蒸汽动力装置的热效率与能量利用系数。

**解**　由水蒸气表查得

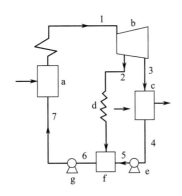
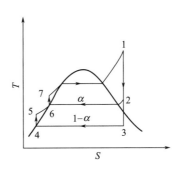

图 7-11　抽气式汽轮机联合供电供热循环及 *T-S* 图
a—锅炉；b—汽轮机；c—冷凝器；d—供热；e、g—水泵；f—混合器

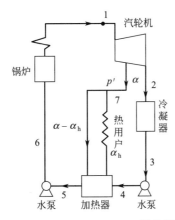
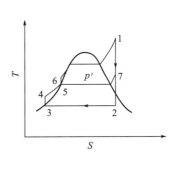

图 7-12　例 7-4 插图

$$H_1 = 3302 \text{kJ/kg}, \ S_1 = 6.9614 \text{kJ/(kg·K)}$$
$$H_7 = 3025 \text{kJ/kg}, \ H_3 = 121.46 \text{kJ/kg}$$
$$H_5 = 812.06 \text{kJ/kg} \quad v_5 = 0.001049 \text{m}^3/\text{kg}$$

求 $H_2$ 值：查得 $p_2 = 0.004 \text{MPa}$ 时，$S_g = 8.4746 \text{kJ/(kg·K)}$，$S_l = 0.4226 \text{kJ/(kg·K)}$
$$S_2 = S_1 = 6.9614 \text{kJ/(kg·K)} < S_g$$

所以状态 2 点处于湿蒸汽区。

由 $S_2 = S_g x + (1-x) S_l$，求得 $x_2 = 0.8121$
$$H_2 = H_g x + (1-x) H_l$$
$$= 2554.4 \times 0.8121 + (1-0.8121) \times 121.46 = 2097.3 \text{kJ/kg}$$

以进入汽轮机的 1kg 蒸汽为计算基准，设总抽汽率为 $\alpha$，其中用于供热为 $\alpha_h$，则进入加热器为 $\alpha - \alpha_h$。对热用户进行能量衡算，可求出 $\alpha_h$ 值
$$Q = \alpha_h m (H_7 - H_5) \text{kJ/s}$$
$$\alpha_h = \frac{50 \times 10^6}{10 \times (3025 - 812.06) \times 3600} = 0.6276$$

对加热器进行能量衡算
$$(\alpha - \alpha_h) H_7 + \alpha_h H_5 + (1-\alpha) H_3 = H_5$$
$$(\alpha - 0.6276) \times 3025 + 0.6276 \times 812.06 + (1-\alpha) \times 121.46 = 812.06$$

解得
$$\alpha = 0.7162$$

汽轮机所做功

$$-W_S = (H_1 - H_7) + (1-\alpha)(H_7 - H_2)$$
$$= (3302 - 3025) + (1 - 0.7162)(3025 - 2097.3) = 540.3 \text{kJ/kg}$$

锅炉供给的热量

$$Q_1 = H_1 - H_6 = H_1 - H_5 - V_{\text{水}} \Delta p$$
$$= 3302 - 812.06 - 0.001049 \times (3.5 - 0.13) \times 10^3 = 2486.4 \text{kJ/kg}$$

蒸汽动力装置的热效率

$$\eta = \frac{-W_S}{Q_1} = \frac{540.3}{2486.4} = 0.217$$

每 1kg 水蒸气供给热用户的热量

$$q_h = \alpha_h (H_7 - H_5)$$
$$= 0.6276 \times (3025 - 812.06) = 1388.8 \text{kJ/kg}$$

蒸汽动力装置的能量利用系数

$$\xi = \frac{-W_S + q_h}{Q_1} = \frac{540.3 + 1388.8}{2486.4} = 0.776$$

## 7.2  节流膨胀与做外功的绝热膨胀

### 7.2.1  节流膨胀

高压流体流经管道中一节流元件（如节流阀、孔板、毛细管等），迅速膨胀到低压的过程称节流膨胀。

因节流过程进行很快，高压流体与外界的热交换可看做绝热 $Q=0$，该过程不对外做功，$W_S = 0$，节流前后流体的位差与速度变化可忽略不计，$\Delta Z = 0$，$\Delta u = 0$，由稳定流动的能量平衡方程得 $\Delta H = 0$，即节流前后流体的焓值不变，这是节流膨胀的特点。

由于节流时存在摩擦阻力损耗，因而节流是不可逆过程，节流后流体的熵值必增加。

流体进行节流膨胀时，由于压力变化而引起的温度变化称为节流效应或 Joule-Thomson 效应。节流膨胀中流体的温度随压力的变化率称微分节流效应系数或 Joule-Thomson 效应系数 $\mu_J$。

$$\mu_J = \left[ \frac{\partial T}{\partial p} \right]_H \tag{7-12}$$

利用热力学关系式

$$\left[ \frac{\partial H}{\partial p} \right]_T = V - T \left[ \frac{\partial V}{\partial T} \right]_p, \quad \left[ \frac{\partial H}{\partial T} \right]_p = C_p$$

$$\mu_J = \left[ \frac{\partial T}{\partial p} \right]_H = \frac{-\left[ \frac{\partial H}{\partial p} \right]_T}{\left[ \frac{\partial H}{\partial T} \right]_p} = \frac{T \left( \frac{\partial V}{\partial T} \right)_p - V}{C_p} \tag{7-13}$$

分析式(7-13)，因为 $\Delta p < 0$，所以：

当 $\mu_J > 0$，$T \left( \frac{\partial V}{\partial T} \right)_p - V > 0$，$\Delta T < 0$，节流后温度降低（冷效应）；

$\mu_J = 0$，$T \left( \frac{\partial V}{\partial T} \right)_p - V = 0$，$\Delta T = 0$，节流后温度不变（零效应）；

$\mu_J < 0$，$T \left( \frac{\partial V}{\partial T} \right)_p - V < 0$，$\Delta T > 0$，节流后温度升高（热效应）。

如果给定实际气体的状态方程，整理求得 $\left[\dfrac{\partial V}{\partial T}\right]_p$，代入式(7-13)，可近似求得 $\mu_J$ 值。

对理想气体，$\left[\dfrac{\partial V}{\partial T}\right]_p = \dfrac{R}{p}$，代入式(7-13)，得 $\mu_J = 0$，即理想气体节流后温度不变。

$\mu_J$ 值也可由实验测定。现分析 Joule-Thomson 实验的结果。若保持初态（高压气体）$p_1$、$T_1$ 不变，而改变节流膨胀后压力 $p_2$，则可测得不同 $p_2$ 下的温度 $T_2$。将所得结果绘于 $T$-$p$ 图上，可得在给定初态（$p_1$、$T_1$）下的等焓线 1-2。同理，可绘得在不同初态下做节流膨胀的等焓线，如图 7-13 所示。

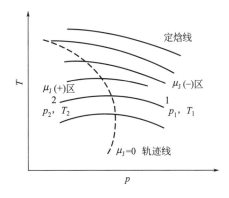

图 7-13 节流效应的 $T$-$p$ 图

等焓线上任一点的斜率值即为 $\mu_J$ 值。对于实际气体，$\mu_J$ 值可为正值、负值或零。$\mu_J = 0$ 的点应处于等焓线上的最高点，也称为转化点，转化点的温度称为转化温度。将一系列转化点连接形成一条转化曲线。图 7-14 表示由实验确定的氮与氢的转化曲线。

转化曲线区域内 $\mu_J > 0$，转化曲线区域外 $\mu_J < 0$。利用转化曲线可以确定节流膨胀后获得低温的操作条件。

大多数气体的转化温度较高，在室温及压力不太高的条件下节流可产生制冷效应，少数气体如氦、氢等的最高转化温度低于室温，见图 7-14。欲使其节流后产生制冷效应，必须在节流前进行预冷。

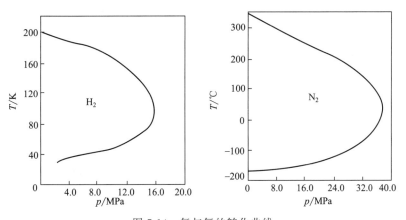

图 7-14 氢与氮的转化曲线

实际节流时，压力变化为一有限值所引起的温度变化 $\Delta T_H$ 称积分节流效应。

$$\Delta T_H = T_2 - T_1 = \int_{p_1}^{p_2} \mu_J \, \mathrm{d}p \tag{7-14}$$

式中，$T_1$、$p_1$ 为节流膨胀前温度、压力；$T_2$、$p_2$ 为节流膨胀后温度、压力。

工程上，积分节流效应 $\Delta T_H$ 值直接利用热力学图求得最为简便，见图 7-15。在 $T$-$S$ 图上根据节流前状态（$p_1$、$T_1$）确定初态点 1，由点 1 作等焓线与节流后 $p_2$ 的等压线的交点 2，点 2 的温度 $T_2$ 即为节流后的温度。

### 7.2.2 做外功的绝热膨胀

气体从高压向低压做绝热膨胀时，若通过膨胀机来实现，则可对外做功，如果过程是可逆的，称为等熵膨胀。此过程的特点是膨胀前后熵值不变，对外做功膨胀后气体温度必降低。

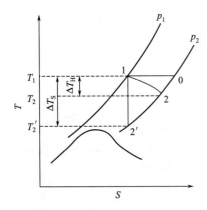

图 7-15　节流效应及等熵膨胀
效应在 $T\text{-}S$ 图上的表示

等熵膨胀时，压力的微小变化所引起的温度变化称微分等熵膨胀效应系数，以 $\mu_S$ 表示。

$$\mu_S = \left[\frac{\partial T}{\partial p}\right]_S \qquad (7\text{-}15)$$

利用热力学关系式

$$-\left(\frac{\partial S}{\partial p}\right)_T = \left(\frac{\partial V}{\partial T}\right)_p, \quad \left(\frac{\partial S}{\partial T}\right)_p = \frac{C_p}{T}$$

$$\mu_S = \left[\frac{\partial T}{\partial p}\right]_S = \frac{-\left(\frac{\partial S}{\partial p}\right)_T}{\left(\frac{\partial S}{\partial T}\right)_p} = \frac{T\left(\frac{\partial V}{\partial T}\right)_p}{C_p} \qquad (7\text{-}16)$$

上式可知，对任何气体，$C_p > 0$，$T > 0$，$\left(\frac{\partial V}{\partial T}\right)_p > 0$，所以 $\mu_S$ 必为正值。这表明："气体进行等熵膨胀时，对外做功，膨胀后气体的温度总是下降，产生制冷效应"。

气体等熵膨胀时，压力变化为一有限值，所引起的温度变化称积分等熵膨胀效应 $\Delta T_S$

$$\Delta T_S = T_2' - T_1 = \int_{p_1}^{p_2} \mu_S \mathrm{d}p \qquad (7\text{-}17)$$

式中，$T_1$、$p_1$ 为气体等熵膨胀前温度、压力；$T_2'$、$p_2$ 为气体等熵膨胀后温度、压力。

如已知气体的状态方程，利用式(7-16)、式(7-17) 可求得 $\Delta T_S$ 值。工程上，积分等熵膨胀效应 $\Delta T_S$ 也可利用 $T\text{-}S$ 图直接查得，见图 7-15 所示。方法是给定状态点 1 （$p_1$、$T_1$），由 1 点作直线与等压线 $p_2$ 的交点即是状态 $2'$，图中可查得 $T_2'$ 值。

实际上，气体做外功的绝热膨胀过程总是存在摩擦、泄漏、冷损等，所以是熵增大的不可逆过程。节流膨胀与做外功的绝热膨胀的比较如下。

① 降温程度：相同初态下，做外功的绝热膨胀比节流膨胀大，且还可回收功。

② 降温条件：节流膨胀是有条件的，对少数气体如 $H_2$、$He$ 等，必须预冷到一定的低温进行节流，才能获得制冷效应。做外功的绝热膨胀后气体的温度总是下降。

③ 设备与操作：节流膨胀采用节流阀，结构简单、操作方便，可用于汽、液两相区的工作，甚至可直接用于液体的节流；而膨胀机结构复杂、投资大，不能用于产生液滴的场合。

两种膨胀由于各具有优、缺点，工程中应用均广泛。通常节流膨胀应用于普冷循环与小型的深冷设备，做外功的绝热膨胀主要用于大、中型的气体液化工艺，由于膨胀机不适用有液体存在的场合，工程上常将两种膨胀结合并用。

【例 7-5】　某类气体适用的状态方程为 $p = \dfrac{RT}{V-b}$，$b$ 是方程常数 （与物质的特性参数有关），试推导 $\mu_J$ 与 $\mu_S$ 的表达式。

**解**　$p = \dfrac{RT}{V-b}$，$V = \dfrac{RT}{p} + b$

因为 $b$ 是方程参数，$\left(\dfrac{\partial V}{\partial T}\right)_p = \dfrac{R}{p}$ 分别代入式(7-13) 或式(7-16) 得

$$\mu_J = \frac{T\left(\dfrac{R}{p}\right) - V}{C_p} = \frac{\dfrac{RT}{p} - \dfrac{RT}{p} - b}{C_p} = -\frac{b}{C_p}$$

$$\mu_S = \frac{T\dfrac{R}{p}}{C_p} = \frac{RT}{pC_p}$$

**【例 7-6】** 压缩机出口的空气状态为 $p_1=9.12MPa$（90atm），$T_1=300K$，如果进行下列两种膨胀，膨胀到 $p_2=0.203MPa$（2atm），

① 节流膨胀；

② 做外功的绝热膨胀，已知膨胀机的等熵效率 $\eta=0.8$。

试求两种膨胀后气体的温度、膨胀机的做功量及膨胀过程的损失功，取环境温度为 25℃。

**解** ① 节流膨胀。

查空气的 $T$-$S$ 图，得

$$p_1=9.12MPa，T_1=300K \text{ 时}，H_1=13012J/mol，S_1=87.03J/(mol \cdot K)$$

由 $H_1$ 的等焓线与 $p_2$ 的等压线交点查得

$T_2=280K$（节流膨胀后温度），$S_2=118.41J/(mol \cdot K)$

② 做外功的绝热膨胀。

若膨胀过程是可逆的，从压缩机出口状态 1 作等熵线与 $p_2$ 等压线的交点得出 $H'_{2S}=7614.88J/mol$，$T'_{2S}=98K$（可逆绝热膨胀后温度）。

可逆绝热膨胀所做功

$$W_R=\Delta H=H'_{2S}-H_1=7614.88-13012=-5397.12J/mol$$

实际是不可逆的绝热膨胀

$$\eta_S=\frac{-W_S}{-W_R}=\frac{H_1-H_2}{H_1-H'_{2S}}=\frac{13012-H_2}{13012-7614.88}=0.8$$

解得

$$H_2=8694.3J/mol$$

由 $H_2$ 与 $p_2$ 值在空气的 $T$-$S$ 图上查得 $T_2=133K$（做外功绝热膨胀后的温度）

膨胀机实际所做功

$$W_S=\eta_S W_R=0.8 \times (-5397.12)=-4317.7J/mol$$

③ 节流膨胀过程的损失功。

$$W_L=T_0\Delta S_{总}=(273+25)\times(118.41-87.03)=9351.2J/mol$$

做外功绝热膨胀的损失功

$$W_L=W_R-W_S=5397.12-4317.7=1079.42J/mol$$

计算结果比较如下：

| 过　　程 | $T_2/K$ | $\Delta T$ | 做功量/(J/mol) | 损失功/(J/mol) |
|---|---|---|---|---|
| 节流膨胀 | 280 | -20 | 0 | 9351.2 |
| 做外功绝热膨胀 | 133 | -167 | 4317.7 | 1079.42 |

# 7.3 制冷循环

热力学第二定律指出，热不能自发地由低温物体传向高温物体。要使这非自发过程成为可能，必须消耗能量。制冷循环就是消耗外功或热能而实现热由低温传向高温的逆向循环。消耗外功的制冷循环，如空气压缩制冷、蒸汽压缩制冷。消耗热能的制冷循环，如吸收式制冷、蒸汽喷射制冷。目前应用最广泛的是蒸汽压缩制冷与吸收式制冷。

## 7.3.1 蒸汽压缩制冷

为了理解制冷原理与分析能量转换效果的完善性。首先介绍逆向 Carnot 循环，也称理想的制冷循环。它由两个等温过程与两个等熵过程组成。图 7-16 示出工作于两相区的逆向 Carnot 循环的装置示意图与 $T$-$S$ 图。

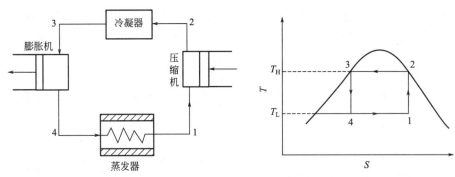

图 7-16　两相区的逆向 Carnot 循环

逆向 Carnot 循环由制冷剂的等熵压缩（1-2 过程）、等温可逆放热（2-3 过程）、等熵膨胀（3-4 过程）、等温可逆吸热（4-1 过程）组成。$T_H$ 为高温物体的温度，$T_L$ 为低温物体的温度。

由于逆向 Carnot 循环是一可逆循环，借助于 $T$-$S$ 图，可得出

循环的放热量
$$q_2 = T_H(S_3 - S_2) = -T_H(S_1 - S_4) \tag{7-18}$$

循环的吸热量
$$q_0 = T_L(S_1 - S_4) \tag{7-19}$$

制冷剂完成一次循环后，本身又回到初始状态，即制冷剂的 $\Delta u = 0$，$\Delta H = 0$。制冷剂等熵压缩所消耗的功 $W_S$ 由稳流体系的热力学第一定律得出

$$W_S = -\sum q = -(q_2 + q_0) = (T_H - T_L)(S_1 - S_4) \tag{7-20}$$

评价蒸汽压缩制冷循环的技术经济指标用制冷系数 $\varepsilon$ 表示。$\varepsilon$ 的定义为制冷装置提供的单位制冷量 $q_0$ 与压缩单位质量制冷剂所消耗的功量 $W_S$ 之比。

$$\varepsilon = \frac{q_0}{W_S} \tag{7-21}$$

逆向 Carnot 循环的制冷系数

$$\varepsilon_C = \frac{q_0}{W_S} = \frac{T_L(S_1 - S_4)}{(T_H - T_L)(S_1 - S_4)} = \frac{T_L}{T_H - T_L} \tag{7-22}$$

由此可见：①制冷循环中，高温物体的放热量总是大于低温物体的吸热量，两者之差等于压缩机消耗的能量所转换的热量；②逆向 Carnot 循环的制冷系数仅取决于高温物体和低温物体的温度 $T_H$、$T_L$，与制冷剂的性质无关。在相同温度区间工作的制冷循环，制冷系数以逆向 Carnot 循环为最大。虽然逆向 Carnot 循环难以实现，但它可作为实际制冷循环热力学性能完善程度的比较标准。

（1）单级蒸汽压缩制冷

单级蒸汽压缩制冷是由压缩机、冷凝器、节流阀、蒸发器组成。图 7-17 表示单级蒸汽压缩制冷循环的示意图、$T$-$S$ 图、$\ln p$-$H$ 图。

蒸汽压缩制冷中的蒸发器置于低温空间。循环中，采用低沸点物质作为制冷剂，利用制冷剂在蒸发器内等温等压汽化吸热（即低温吸热）及在冷凝器内等压冷却、冷凝放热（即高温放热）的相变性质，实现高温放热、低温吸热的过程。由于汽化潜热较大，制冷效果完善。

循环由下列过程组成。

① 1-2 为可逆绝热压缩过程。

制冷剂在蒸发器中吸收的热量，要在较高的压力（冷凝温度）下排放，必须采用压缩机提高制冷剂的压力。制冷剂进入压缩机是饱和蒸汽或过热蒸气（因湿蒸汽中液滴易损坏压缩机的部件）。可逆绝热压缩过程在 $T$-$S$ 图、$\ln p$-$H$ 图上以等熵线表示。

② 2-3-4 过程为等压冷却、冷凝过程。

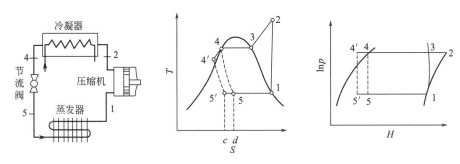

图 7-17　单级蒸汽压缩制冷的示意图、$T\text{-}S$ 图、$\ln p\text{-}H$ 图

压缩后过热蒸气 2 在冷凝器中冷却、冷凝，将热量传向周围环境，制冷剂本身冷凝为饱和液体 4。

③ 4-5 过程为节流膨胀过程。

节流阀是降低并调节制冷剂的压力，制冷剂（饱和液体 4）经节流膨胀降温降压，由于节流膨胀是等焓过程，即 $H_4 = H_5$，节流后的制冷剂为湿蒸汽状态 5。

④ 5-1 过程为等压等温蒸发过程。

湿蒸汽 5 在蒸发器中汽化吸热，使低温空间获得并维持低温温度。制冷剂本身由湿蒸汽 5 变为饱和蒸汽 1，再进入压缩机，从而完成一次循环。

蒸汽压缩制冷循环的基本计算。

① 单位制冷量 $q_0$。$q_0$ 定义为在给定的制冷操作条件下，单位质量的制冷剂在一次循环中所获得的冷量。对蒸发器，应用稳定流动过程的能量平衡方程，忽略流动中流体的位能变化、动能变化、无轴功输出，得出

$$q_0 = H_1 - H_4 \quad \text{kJ/kg} \tag{7-23}$$

② 制冷装置的制冷能力 $Q_0$。$Q_0$ 定义为在给定的制冷操作条件下，制冷剂每小时从低温空间吸取的热量（kJ/h）。

③ 制冷剂每小时的循环量。

$$m = \frac{Q_0}{q_0} \quad \text{kg/h} \tag{7-24}$$

④ 冷凝器的放热量。

$$Q_2 = \Delta H = H_4 - H_2 \quad \text{kJ/kg} \tag{7-25}$$

⑤ 压缩机消耗的功（单位质量制冷剂）。

$$W_S = H_2 - H_1 \quad \text{kJ/kg} \tag{7-26}$$

压缩机消耗的功率

$$P_T = m W_S \quad \text{kJ/h} = \frac{m W_S}{3600} \quad \text{kW} \tag{7-27}$$

⑥ 制冷系数。

$$\varepsilon = \frac{q_0}{W_S} = \frac{H_1 - H_4}{H_2 - H_1} \tag{7-28}$$

工程上，为了提高制冷系数，常采用过冷措施，即处于状态 4 的饱和液体在给定的冷凝压力下再度冷却为未饱和液体 $4'$，未饱和液体仍经节流膨胀，在 $T\text{-}S$ 图或 $\ln p\text{-}H$ 图上表示为 $1234 4' 5' 1$ 循环，与未过冷的 $12341$ 循环比较，单位质量制冷剂的耗功量相同，但单位制冷量增加即 $H_1 - H_5' > H_1 - H_5$，所以，制冷系数增大。

进行制冷计算时，应先确定制冷剂及制冷循环的工作参数（蒸发温度、冷凝温度，如有过

冷，应告之过冷温度）。蒸发温度取决于被冷体系的温度，冷凝温度决定于冷却介质（大气或冷却水等）的温度，同时考虑必要的传热温差。由给定的工作参数，可在制冷剂的热力学图表上找出相应的状态点，查得或计算各状态点的焓值，而后代入相应的计算公式。

值得指出，利用制冷剂的压焓图（$\ln p\text{-}H$ 图）来分析、计算制冷循环最为方便。因为蒸发及冷凝过程均是等压过程，在 $\ln p\text{-}H$ 图上用水平直线表示，节流膨胀是等焓过程，用垂直线表示。而且，制冷量 $q_0$、放热量 $Q_2$ 及耗功量 $W_S$ 可用相应的水平距离来表示，非常直观。

蒸汽压缩制冷循环的性能与制冷剂的热力学性质密切有关。制冷剂的选择具备以下要求。

① 大气压力下沸点低。低沸点不仅能获得低的制冷温度，而且在一定的制冷温度下，使蒸发压力高于大气压力，防止空气进入制冷装置。

② 常温下的冷凝压力应尽量低，以降低对冷凝器的耐压与密封的要求。

③ 汽化潜热大，减小制冷剂的循环量，缩小压缩机的尺寸。

④ 具有较高的临界温度与较低的凝固温度，使大部分的放热过程在两相区内进行。

⑤ 具有化学稳定性、不易燃、不分解、无腐蚀性。

常用的制冷剂有氨、氟氯烃、二氧化碳、乙烷、乙烯等。需指出，已发现氟氯烃中的 $R_{11}$、$R_{12}$、$R_{113}$、$R_{114}$、$R_{115}$ 制冷剂对大气中臭氧层有严重的破坏作用。为了保护环境，在 1987 年的蒙特利尔会议上，起草制定保护臭氧层的协议，提出限制生产这五种氟氯烃物质的进程，因而开发、研制无污染的替代物已受到世界各国的关注与重视。

**【例 7-7】** 某蒸汽压缩制冷装置，采用氨作制冷剂，制冷能力为 $10^5\,\text{kJ/h}$，蒸发温度为 $-15\,℃$，冷凝温度为 $30\,℃$，设压缩机做可逆绝热压缩，试求：

① 制冷剂每小时的循环量；

② 压缩机消耗的功率及处理的蒸汽量；

③ 冷凝器的放热量；

④ 节流后制冷剂中蒸汽的含量；

⑤ 循环的制冷系数；

⑥ 相同温度区间内，逆向 Carnot 循环的制冷系数。

**解** ① 作出此循环的 $\ln p\text{-}H$ 图、$T\text{-}S$ 图（图 7-18），由附录查出各状态点的焓值。

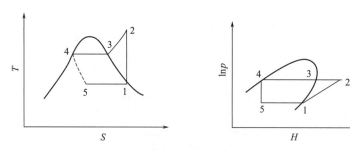

图 7-18 例 7-7 插图

状态点 1：蒸发温度为 $-15\,℃$ 时，制冷剂为饱和蒸汽的焓值、熵值及比容。

$$H_1 = 1664\,\text{kJ/kg}$$
$$S_1 = 9.021\,\text{kJ/(kg·K)}$$
$$V_1 = 0.508\,\text{m}^3/\text{kg}$$

状态点 2：由氨的饱和蒸气压表查得冷凝温度 $30\,℃$ 时相应的冷凝压力为 $1.17\,\text{MPa}$，在氨的 $p\text{-}H$ 图上，找出 1 点位置，沿定熵线与 $p_2 = 1.17\,\text{MPa}$ 的等压线的交点，图上直接查得

$$H_2 = 1880\,\text{kJ/kg}$$

状态点4：从氨的饱和蒸气压表查得30℃时饱和液体的焓值

$$H_4 = 560.53 \text{kJ/kg}$$

状态点5：$H_5 = H_4 = 560.53 \text{kJ/kg}$

② 计算。制冷剂的循环量

$$m = \frac{Q_0}{H_1 - H_4} = \frac{10^5}{1664 - 560.53} = 90.62 \text{kg/h}$$

压缩机每小时处理的制冷剂蒸汽量

$$V = V_1 m = 0.508 \times 90.62 = 46.04 \text{m}^3/\text{h}$$

压缩机消耗的功率

$$P_T = \frac{m(H_2 - H_1)}{3600} = \frac{90.62 \times (1880 - 1664)}{3600} = 5.44 \text{kW}$$

冷凝器的放热量

$$Q_2 = m(H_2 - H_4) = 90.62 \times (1880 - 560.53) = 11.96 \times 10^4 \text{kJ/h}$$

设节流后制冷剂中蒸汽含量为 $x$。

$H = H_1(1-x) + xH_g$，由氨的饱和蒸气压表查得 $-15$℃ 时 $H_g = 1664 \text{kJ/kg}$，$H_1 = 349.89 \text{kJ/kg}$，而 $H = 560.53 \text{kJ/kg}$，代入上式得节流后制冷剂中蒸汽的含量。

$x = 0.16$

循环的制冷系数

$$\varepsilon = \frac{q_0}{W_S} = \frac{H_1 - H_5}{H_2 - H_1} = \frac{1664 - 560.53}{1880 - 1664} = 5.10$$

相同温度区间内，逆向 Carnot 循环的制冷系数

$$\varepsilon = \frac{T_L}{T_H - T_L} = \frac{273 - 15}{30 - (-15)} = 5.7$$

**【例 7-8】** 以 $R_{22}$ 为制冷剂的制冷装置，循环的工作条件如下：冷凝温度为 20℃，过冷度 $\Delta t = 5$℃，蒸发温度为 $-20$℃，进入压缩机是饱和蒸汽。试求此循环的单位制冷量、每 1kg 制冷剂的耗功量以及制冷系数，并与无过冷（其他工作条件相同）进行比较。

**解** 此制冷循环在制冷剂的热力学图上表示见图 7-19。

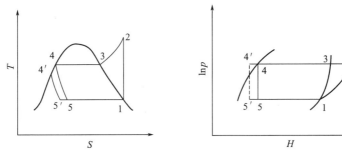

图 7-19 例 7-8 插图

从 $R_{22}$ 制冷剂的热力学图表查得

$$H_1 = 621.7 \text{kJ/kg}$$
$$H_2 = 653.1 \text{kJ/kg}$$
$$H_4 = 443.8 \text{kJ/kg}$$
$$H_4' = 438.7 \text{kJ/kg}$$

制冷循环中无过冷，单位制冷量

$$q_0 = H_1 - H_4 = 621.7 - 443.8 = 177.9 \text{kJ/kg}$$

每 1kg 制冷剂所消耗的功

$$W_S = H_2 - H_1 = 653.1 - 621.7 = 31.4 \text{kJ/kg}$$

制冷系数

$$\varepsilon = \frac{q_0}{W_S} = \frac{177.9}{31.4} = 5.67$$

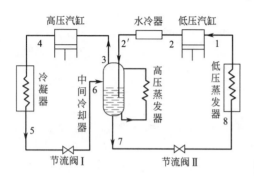

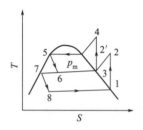

图 7-20 两级压缩制冷的示意图与 $T$-$S$ 图

制冷循环中冷凝液又过冷 5℃，单位制冷量

$$q_0 = 621.7 - 438.7$$
$$= 183 \text{kJ/kg}$$

每 1kg 制冷剂消耗的功量同无过冷情况

制冷系数　　$\varepsilon = \dfrac{183}{31.4} = 5.83$

（2）多级压缩制冷

单级蒸汽压缩制冷中，当冷凝温度给定，如果需要较低的蒸发温度，那么制冷剂的蒸发压力必须相应降低，这要增大压缩机的压缩比，引起压缩机功耗增加、排气温度提高等不利情况，为了获得较低的制冷温度，提出多级压缩制冷循环。图 7-20 所示为两级压缩制冷的示意图及 $T$-$S$ 图。

其工作循环如下：状态 1 表示低压汽缸吸入的饱和蒸汽，压缩至中间压力 $p_m$，排出的过热蒸气被水冷器冷却到状态 2′，再进入中间冷却器，放出热量达到中间压力 $p_m$ 下的饱和温度；进入高压汽缸的蒸汽 3 由以下几部分组成：由低压汽缸来的蒸汽、由高压蒸发器产生的蒸汽、中间冷却器内制冷剂所蒸发的蒸汽。此混合蒸汽进入高压汽缸被压缩到状态 4，进入冷凝器被冷凝成液态 5，液态制冷剂经节流阀 I 膨胀至湿蒸汽 6 进入中间冷却器；中间冷却器中液体一部分进入高压蒸发器制冷，另一部分液态制冷剂 7 经节流阀 II 膨胀至湿蒸汽 8 进入低压蒸发器制冷，由此产生低压蒸汽，完成一次循环。两级压缩制冷中，由高压蒸发器和低压蒸发器提供两种不同的制冷温度。

多级压缩制冷可提供多种不同温度下的制冷量，正适合化工生产中需要各种温度下的冷量。例如，乙烯厂对烃类混合物的提纯与分离需要在不同的温度下进行，采用丙烯作制冷剂的三级压缩制冷可提供 3℃、−24℃、−40℃级的冷量，如用乙烯作制冷剂的三级压缩制冷则可提供 −55℃、−75℃、−101.4℃级的冷量。

（3）复叠式制冷

采用单一制冷剂的多级压缩制冷将受到蒸发压力过低以及制冷剂凝固温度的限制，例如氨的凝固点为 −77.7℃。为了能获得更低的制冷温度，工程上常采用复叠式制冷。

复叠式制冷的特点是采用两种以上的制冷剂各自构成独立的单级蒸汽压缩制冷，低温级制冷循环中蒸发器与更低温度级制冷循环的冷凝器组合在一起，称为蒸发冷凝器，通过蒸发冷凝器实现多个单级蒸汽压缩制冷的串联操作。图 7-21 表示双级复叠式制冷循环示意图、$T$-$S$ 图。

图 7-21 中 1-2-3-4 为低温级制冷循环，5-6-7-8 为更低温度级制冷循环。1-2-3-4 制冷循环中的蒸发器又是 5-6-7-8 制冷循环中的冷凝器，即蒸发冷凝器。其作用是利用低温级制冷循环中制冷剂的蒸发供冷来冷凝更低温度级制冷循环中压缩机排气。复叠式制冷中只有 5-6-7-8 制

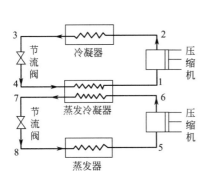
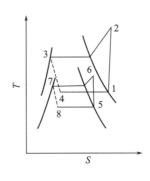

图 7-21　双级复叠式制冷循环示意图与 $T$-$S$ 图

冷循环中的蒸发器才提供冷量。

石油裂解气的深冷分离中广泛采用氨-乙烯复叠式制冷的工艺流程。它是以氨作为低温级制冷中制冷剂，更低温度级制冷剂为乙烯，节流膨胀后的乙烯在蒸发器中可提供－100℃的低温冷量。

### 7.3.2　吸收式制冷

吸收式制冷是消耗热能而实现制冷目的。选用的工质是混合溶液，如氨水溶液、水溴化锂溶液等。氨水溶液中氨是制冷剂、水是吸收剂，水溴化锂溶液中水是制冷剂、溴化锂是吸收剂。

图 7-22 表示吸收式制冷装置的示意图，图中虚线包围部分由吸收器、解吸器、溶液泵、换热器及节流阀所组成，它替代了蒸汽压缩制冷装置中的压缩机。除此之外，其他的组成部分与蒸汽压缩制冷相同。

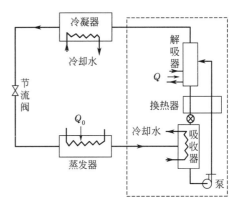

图 7-22　吸收式制冷装置的示意图

工质的循环如下：从蒸发器出来的氨蒸气进入吸收器，在吸收器中被稀氨水吸收（吸收器用冷却水冷却，维持低温，有利于吸收），吸收器出来的浓氨水和解吸器来的稀氨水在换热器进行热交换（热量充分利用），降温后的稀氨水进入吸收器以吸氨，提高温度的浓氨水进入解吸器；由于解吸器处于较高压力，吸收器出来的浓氨水循环到解吸器必须用泵输送，浓氨水在解吸器中被外部热源（加热介质可利用蒸汽或其他废热）加热蒸出氨蒸气，氨蒸气进入冷凝器冷凝成液氨，然后经节流膨胀，以汽液混合物的状态进入蒸发器蒸发吸热，如此完成一次制冷循环。

吸收式制冷中，利用制冷剂在低温下被吸收剂吸收以及较高温度下从吸收剂中解吸的过程来代替蒸汽压缩制冷中的压缩过程，即消耗热能代替消耗机械能实现制冷的目的。解吸器的压力由冷凝器中制冷剂的冷凝温度决定，吸收器的压力由蒸发器中制冷剂的蒸发温度决定。根据解吸器和吸收器所给定的温度、压力条件，从氨水的蒸气压-浓度的数据确定氨水溶液的浓度。吸收式制冷装置中通过溶液泵及节流阀的调节，使解吸器中氨水溶液的浓度保持不变。

吸收式制冷装置的技术经济指标用热能利用系数 $\xi$ 表示

$$\xi = \frac{Q_0}{Q} \qquad (7\text{-}29)$$

式中，$Q_0$ 为吸收式制冷的制冷量；$Q$ 为热源供给的热量。

吸收式制冷的优点有：① 利用低品位的热能以及工业生产中的余热或废热；② 装置中无

昂贵的压缩机，设备成本低廉。其缺点是热能利用系数低，装置体积较庞大。

以水、溴化锂溶液为工质的吸收式制冷，制冷温度不能低于0℃，通常用于大型的空调系统或提供生产工艺用的低温冷却水。近年来开发太阳能的利用，吸收式制冷中也可利用太阳的辐射热作为解吸器的热源，因此，夏天可利用火热的太阳来造就凉爽的工作环境。

### 7.3.3 热泵及其应用

化工生产中排放的低温废汽、废水中含有大量的余热，只是它们的温度偏低，难以直接利用。能否将这种余热、甚至自然环境介质（如空气、江水等）中蕴藏的能量给以利用呢？根据热力学第二定律，热量由低温区传向高温区必须要付出代价。热泵是消耗机械功，完成热量从低温区传向高温区并维持高于环境温度的设备。热泵的工作原理，循环过程类同制冷装置。所不同的是工作目的与操作的温度范围不同，制冷装置的工作目的是制冷，操作的温度范围是环境温度与低于环境温度的制冷空间温度。热泵的工作目的是供热，即从自然环境或低温余热中吸取热量并将它传送到需要的高温空间。操作的温度范围是环境温度（或低温空间温度）与高于环境温度的供热空间温度。热泵的供热量 $Q$ 正是低温区被吸取的热量 $Q_0$ 与消耗的机械功 $W_S$ 之和，从而有效地利用低品位的热能。

热泵循环的性能指标用热泵供热系数 $\varepsilon_{HP}$ 表示，即消耗单位功量所得到的供热量。

$$\varepsilon_{HP} = \frac{Q}{W_S} = \frac{Q_0 + W_S}{W_S} \qquad (7\text{-}30)$$

式中，$Q$ 为热泵的供热量，kJ/kg；$W_S$ 为热泵消耗的功量，kJ/kg。

热泵是一种比较合理的供热装置。经过合理的设计，使装置系统能在不同的温差范围内使用，热泵又可成为制冷装置。因此，用户可使用同一装置在夏季作为制冷机用于空调、冬季作为热泵用于供热。

工业热泵用于生产过程是废热的回收。目前，国内外将热泵应用化工生产有热泵蒸馏、热泵蒸发等。例如，石油气裂解深冷分离中应用的热泵是将制冷系统和精馏相结合。冷冻剂被压缩后，用于精馏塔内再沸器中作为加热介质，冷冻剂本身被冷凝，然后将此液态冷冻剂用泵送至塔顶蒸汽冷凝器蒸发，吸收热量，使塔顶蒸汽冷凝，冷冻剂蒸汽重新再去压缩循环使用。

## *7.4 深冷循环

深冷循环也称气体液化循环，适用于低沸点的气体，如氮、氧、氢、空气、石油气、天然气等的液化。深冷循环不同于上节论述的制冷循环。深冷循环中，利用气体的节流膨胀与做外功的绝热膨胀来获得低温与冷量，气体既起制冷剂作用而本身又被液化作为产品，因此是不闭合的逆向循环。

本节以基本的深冷循环（Linde 循环与 Claude 循环）为例说明深冷装置的工作原理以及基本计算。

### 7.4.1 Linde 循环

Linde 循环是简单的深冷循环，1895 年德国工程师 Linde 首先应用此法液化空气。该循环的流程与 $T\text{-}S$ 图表示在图 7-23。

Linde 循环由压缩机Ⅰ、冷却器Ⅱ、换热器Ⅲ、节流阀Ⅳ与汽液分离器Ⅴ组成。

常温 $T_1$、常压 $p_1$ 的气体（点 1）经压缩机Ⅰ多级压缩到 $p_2$，进入冷却器Ⅱ被水冷却至常温 $T_1$（点 2），上述过程在 $T\text{-}S$ 图上用等温线 1-2 线简化表示，状态 2 高压气体进入换热器Ⅲ中被节流至常压 $p_1$ 的未液化气体冷却到温度 $T_3$（点 3），然后经节流阀Ⅳ节流至常压 $p_1$（点 4）进入汽液分离器Ⅴ，节流后产生的液体（点 0）自汽液分离器导出作为液化产品，未液化

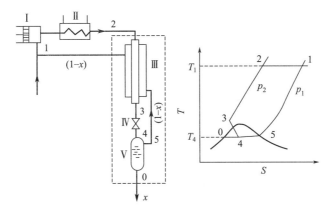

图 7-23 Linde 循环的流程图与 T-S 图

气体（点 5）进入换热器Ⅲ预冷高压气体后返回压缩机，如此反复循环。

深冷循环的基本计算主要是液化量，制冷量与消耗的压缩功。

（1）气体的液化量

利用能量平衡方程求得。取换热器、节流阀、汽液分离器为研究的体系，设体系与环境无热量的交换，$Q=0$，又无轴功输出 $W_S=0$，忽略流体进、出体系的动能和位能的变化，则得体系的 $\Delta H=0$。

以 1kg 低压气体为基准，设液化量为 $x$kg，返回未液化气体量为 $(1-x)$kg。

$$H_2 = xH_0 + (1-x)H_1$$

理论液化量 $$x = \frac{H_1 - H_2}{H_1 - H_0} \qquad (7\text{-}31)$$

式中，$H_1$、$H_2$、$H_0$ 分别表示状态点 1、2、0 处的焓值，查该气体的热力学图表可得。

（2）理论制冷量

表示理想的 Linde 循环，在稳定操作下，液化此 $x$kg 气体需取出的热量。

$$q_0 = x(H_1 - H_0) = H_1 - H_2 \qquad (7\text{-}32)$$

（3）压缩机消耗的理论功 $W_R$

如果按理想气体的可逆等温压缩考虑，消耗的理论功

$$W_R = RT_1 \ln \frac{p_2}{p_1} \qquad (7\text{-}33)$$

以上分析的是理想 Linde 循环，实际循环中存在许多不可逆损失。主要有：压缩过程的不可逆损失；换热器中不完全热交换损失 $q_2$；深冷装置绝热不完全，环境介质热量传给低温设备而引起的冷量损失 $q_3$。

同样取换热器、节流阀、汽液分离器为体系，通过能量平衡可得

$$H_2 + q_3 = xH_0 + (1-x)H_1 - q_2$$

实际液化量 $$x = \frac{H_1 - H_2 - q_2 - q_3}{H_1 - H_0} \qquad (7\text{-}34)$$

实际制冷量 $$q_0 = H_1 - H_2 - q_2 - q_3 \qquad (7\text{-}35)$$

为了简便压缩机实际消耗的功量计算，由式（7-33）计算的理论功除以等温压缩效率 $\eta_T$，即

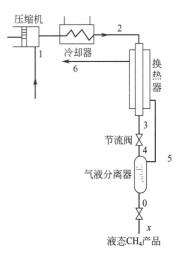

图 7-24 例 7-9 插图

$$W_S = \frac{W_R}{\eta_T} = \frac{RT_1}{\eta_T} \ln \frac{p_2}{p_1} \tag{7-36}$$

**【例 7-9】** 甲烷在 Linde 循环中被液化，见图 7-24 所示。甲烷以 $1.03 \times 10^5$ Pa、300K 的初态进入压缩机，压缩到 $70 \times 10^5$ Pa，然后再冷却到 300K，产品是 $1.03 \times 10^5$ Pa 的饱和液态，未液化的甲烷（压力为 $1.03 \times 10^5$ Pa）又返回换热器被加热到 297℃ 再循环使用。

假定环境漏入换热器的热量为 5.81kJ（以 1kg 的甲烷进料为基准），忽略漏入其他设备的热量。压缩机的等熵效率为 0.75，试计算：循环的液化量与压缩机消耗的功。

**解** 以 1kg 甲烷为计算基准。

① 根据甲烷的热力学图表，查出各状态点参数，列于下表。

| 状态点 | 状态 | $T$/K | $p$/Pa | $H$/(kJ/kg) | $S$/[kJ/(kg·K)] |
|---|---|---|---|---|---|
| 1 | 过热蒸气 | 300 | $1.03 \times 10^5$ | 955 | 7.08 |
| 2 | 过热蒸气 | 300 | $70 \times 10^5$ | 890 | 4.72 |
| 3 | 流体 | 205 | $70 \times 10^5$ | 519 | 3.24 |
| 4 | 湿蒸气 | 110 | $1.03 \times 10^5$ | 519 | 4.64 |
| 5 | 饱和蒸气 | 110 | $1.03 \times 10^5$ | 552 | 4.94 |
| 0 | 饱和液体 | 110 | $1.03 \times 10^5$ | 41.2 | 0.368 |
| 6 | 过热蒸气 | 300 | $1.03 \times 10^5$ | 955 | 7.08 |

② 甲烷的液化量。

$$x = \frac{H_1 - H_2 - q_2 - q_3}{H_1 - H_0} = \frac{955 - 890 - 5.81 - 0}{955 - 41.2} = 0.0648 \text{kg 液体/kg 气体}$$

③ 压缩机消耗的功量 $W_S$。

压缩可视为不可逆绝热压缩，可逆绝热压缩所消耗的功 $W_R$，等熵效率 $\eta_S = \dfrac{W_R}{W_S}$。

查甲烷的热力学图表得出

$W_R = 1714 - 955 = 759 \text{kJ/kg}$（1714kJ/kg 值是自状态点 1 作等熵线与 $p_2$ 等压线交点的焓）

$$W_S = \frac{W_R}{\eta_S} = \frac{759}{0.75} = 1012 \text{kJ/kg}$$

### 7.4.2 Claude 循环

1902 年法国的 Claude 首先采用带有膨胀机的深冷循环，由于膨胀机操作中不允许气体含有液滴，另外低温操作中装置的润滑问题不易解决，为此，Claude 循环中膨胀机与节流阀联合采用。Claude 循环的流程示意图与 $T$-$S$ 图列于图 7-25。

此循环由压缩机 Ⅰ、第一换热器 Ⅱ、第二换热器 Ⅲ、膨胀机 Ⅳ、第三换热器 Ⅴ、节流阀 Ⅵ、气液分离器 Ⅶ组成。

温度 $T_1$、压力 $p_1$ 的 1kg 气体（点 1）进压缩机 Ⅰ，等温压缩至 $p_2$（点 2），高压气体经换热器 Ⅱ进行等压冷却，冷至状态点 3 后，分为两部分：其中一部分为 $(1-M)$kg 气体通过膨胀机 Ⅳ绝热膨胀至 $p_1$（点 4），对外做功；另一部分 $M$kg 的高压气体继续通过换热器 Ⅲ、Ⅴ进一步等压冷却，冷至状态点 6，进入节流阀进行节流膨胀，节流后产生 $x$kg 液体（点 9）自气液分离器 Ⅶ导出作为产品。未液化的 $(M-x)$kg 气体（点 8）出换热器 Ⅴ后与来自膨胀机的低压气体汇合，汇合后的 $(1-x)$kg 气体进换热器 Ⅲ、Ⅱ冷却高压气体而本身被加热回复到初态，再循环使用。

Claude 循环的液化量、制冷量及压缩机消耗功的计算如下。

取换热器 Ⅱ、Ⅲ、Ⅴ及气液分离器 Ⅶ为体系进行能量平衡可计算液化量及制冷量。

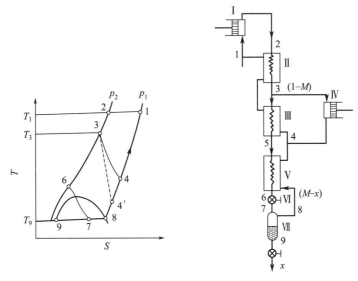

图 7-25  Claude 循环的流程示意图与 $T$-$S$ 图

设体系中换热器不完全热交换损失为 $q_2$，体系中冷量损失为 $q_3$。

$$H_2+(1-M)H_4+q_2+q_3=xH_9+(1-x)H_1+(1-M)H_3$$

整理上式得出液化量

$$x=\frac{(H_1-H_2)+(1-M)(H_3-H_4)-q_2-q_3}{H_1-H_9} \tag{7-37}$$

制冷量

$$q_0=(H_1-H_2)+(1-M)(H_3-H_4)-q_2-q_3 \tag{7-38}$$

将式(7-38)与式(7-35)比较，Claude 循环的制冷量比 Linde 循环增加了 $(1-M)(H_3-H_4)$。

Claude 循环消耗功等于压缩机消耗功与膨胀机回收功之差。若压缩机的等温压缩效率为 $\eta_T$，膨胀机的机械效率为 $\eta_m$，则实际循环的功耗为

$$W_{ac}=\frac{RT_1}{\eta_T}\ln\frac{p_2}{p_1}-\eta_m(1-M)(H_3-H_4) \tag{7-39}$$

【例 7-10】 Claude 循环中，将 25℃、$10^5$ Pa 的氮气等温可逆压缩到 $50\times10^5$ Pa，氮气再通过换热器，被冷却至 0℃，换热器的出口总气量的 60% 被分流，并通过膨胀机绝热膨胀至 $10^5$ Pa，若膨胀机的等熵效率为 0.75，所有换热器无热交换损失，$q_2=0$，体系无冷量损失，$q_3=0$，试计算：

① 该循环的液化量（kg 液体/kg 气体）；

② 液化单位质量气体所需的净功。

**解**  由给定条件在氮的 $T$-$S$ 图上查得数据如下。

| 状  态 | $T$/K | $p$/Pa | $H$/(kJ/kg) | $S$/[kJ/(kg·K)] |
|---|---|---|---|---|
| 1 | 298 | $10^5$ | 460 | 4.414 |
| 2 | 298 | $50\times10^5$ | 450 | 3.222 |
| 3 | 273 | $50\times10^5$ | 422 | 3.123 |
| 4′ | — | $10^5$ | 239 | 3.123 |
| 9 | 饱和温度 | $10^5$ | 29.4 | — |

对膨胀做功，等熵效率定义为在相同的压力范围，膨胀机做实际膨胀后气体的焓降与做等

熵膨胀的气体焓降之比，即

$$\eta_S = \frac{H_3 - H_4}{H_3 - H_4'}$$

$$H_4 = H_3 - \eta_S(H_3 - H_4') = 422 - 0.75 \times (422 - 239) = 285 \text{kJ/kg}$$

氮气的液化量

$$x = \frac{(H_1 - H_2) + (1 - M)(H_3 - H_4)}{H_1 - H_9} = \frac{(460 - 450) + 0.6(422 - 285)}{460 - 29.4}$$

$$= 0.214 \text{kg 液体/kg 气体}。$$

液化单位质量气体所需净功（题意 $\eta_T = 1$，$\eta_m = 1$）

$$W_x = \frac{1}{x}\left[\frac{RT_1}{\eta_T}\ln\frac{p_2}{p_1} - \eta_m(1 - M)(H_3 - H_4)\right]$$

$$= \frac{1}{0.214}\left[\frac{8.314 \times 298}{28}\ln\frac{50}{1} - 0.6 \times (422 - 285)\right]$$

$$= 1233 \text{kJ/kg}$$

## 习 题

7-1 请判别下列各题叙述的是非

(1) 蒸汽动力循环中，汽轮机入口蒸汽参数为 $p_1 = 3\text{MPa}$，$t_1 = 620℃$，经绝热不可逆膨胀到 0.1MPa，此时焓值为 2831.8kJ/kg，经计算后求得该汽轮机的等熵效率为 0.92。

(2) 分级抽汽回热循环的热效率高于 Rankine 循环，而汽耗率小于 Rankine 循环。

(3) 绝热节流的温度效应可用 Joule-Thomson 系数 $\mu_J$ 来表征。实际气体节流后，温度可能升高、降低或不变。

(4) 理想气体经节流膨胀后，一般温度会下降。

(5) 实际气体经绝热节流膨胀后，其终态与初态的参数值变化是 $\Delta p < 0$，$\Delta S < 0$，$\Delta H = 0$。

(6) 逆 Carnot 循环中，冷凝器的排热温度与蒸发器的吸热温度差越大，则此制冷循环的制冷系数越小。

(7) 某制冷剂在指定的温度下，若压力低于该温度下的饱和压力，则此制冷剂所处状态为过热蒸气。

(8) 在相同的操作条件下，热泵的供热系数 $\xi$ 比蒸汽压缩制冷装置的制冷系数 $\varepsilon$ 大。

7-2 (1) 试求 $20 \times 10^5 \text{Pa}$ 的饱和蒸汽膨胀到终压为 $0.5 \times 10^5 \text{Pa}$ 的 Rankine 循环热效率，并与相同温度范围内工作的 Carnot 循环的热效率相比较。

(2) 在相同温度范围内，Carnot 循环的热效率最高，为什么蒸汽动力循环不采用 Carnot 循环？

7-3 某蒸汽动力装置以 Rankine 循环运行，进入汽轮机的蒸汽参数为 $p_1 = 6\text{MPa}$，$t_1 = 540℃$，汽轮机出口的排汽压力 $p_2 = 0.008\text{MPa}$，如果忽略过程的不可逆损失，试求：

(1) 汽轮机出口排汽中的干度；

(2) 该循环所做的净功；

(3) 循环的汽耗率；

(4) 循环的热效率。

7-4 Rankine 循环中，如果加热锅炉产生的过热水蒸气的参数分别为 3.5MPa、440℃ 与 8.0MPa、500℃ 两种情况，汽轮机排汽压力均为 0.006MPa。试计算这两种情况的循环热效率、汽耗率及汽轮机排出废气的干度。计算结果说明什么问题？

7-5 蒸汽动力循环的流程图如图 7-26 所示。

已知锅炉产生的蒸汽压力 $p_1$ 为 6MPa，温度 $t_1$ 为 500℃，该蒸汽经节流阀做绝热膨胀后压力降至 5MPa，然后进入汽轮机做可逆绝热膨胀到排汽压力 $p_2$ 为 0.005MPa，试求：

(1) 在 $T$-$S$ 图、$H$-$S$ 图上定性画出此循环的示意图，并用箭头表示

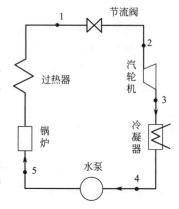

图 7-26 蒸汽动力循环的流程图

流向；

(2) 每 1kg 蒸汽在汽轮机中的做功量以及汽轮机入口温度；

(3) 如略去水泵的耗功，循环的热效率是多少？

7-6 某蒸汽动力装置采用一级抽汽回热循环工作，已知汽轮机入口处蒸汽参数为 $p_1 = 3.5\text{MPa}$，$t_1 = 440℃$，排汽压力 $p_2 = 0.005\text{MPa}$，抽汽压力 $p_a = 0.5\text{MPa}$，采用混合式回热加热器。试分别计算 Rankine 循环及采用一级抽汽回热循环的汽轮机做功量、循环的热效率及汽耗率。

7-7 25℃时，氢的状态方程式可表示为 $pV = RT + 6.4 \times 10^4 p$，问在 25℃、30MPa 时，将氢气通过节流膨胀后，气体的温度是上升还是下降？

7-8 试分析单级蒸汽压缩制冷循环中，当蒸发温度 $T_0$ 或冷凝温度 $T_K$ 分别变化时，引起制冷性能（指制冷量、功耗、制冷系数）将如何变化？

7-9 某蒸汽压缩制冷循环，要保持冷冻室温度为 $-20℃$，每小时需将 $41.9 \times 10^5 \text{kJ/h}$ 的热量排给 15℃ 的环境（大气），试求：(1) 此循环的最大制冷系数；(2) 压缩机最小耗功量。

7-10 氨蒸气压缩制冷装置中，蒸发器的温度为 $-20℃$，冷凝器温度为 40℃。已知压缩机出口的焓为 1960kJ/kg。试求：

(1) 画出此制冷循环的 $T\text{-}S$ 图、$\ln p\text{-}H$ 图；

(2) 此循环的制冷量、消耗的功及制冷系数；

(3) 如用膨胀机代替节流阀，求循环的制冷系数。

7-11 某化工厂采用蒸汽压缩制冷装置，将溶剂油从 21℃ 冷却到 4℃，溶剂油的比热容为 1.8kJ/(kg·K)，流率为 7560kg/h，此制冷循环采用氨作制冷剂，操作参数是：蒸发温度 0℃，冷凝温度 32℃，压缩机为绝热压缩，其等熵效率为 0.8。试求：

(1) 将此制冷循环在 $T\text{-}S$ 图上示意表示；

(2) 计算循环中氨的流量、冷凝器放出的热量及制冷系数〔注：告之压缩机（等熵压缩）出口氨的焓为 1818.3kJ/kg〕。

7-12 蒸汽压缩制冷装置采用 $R_{12}$ 作制冷剂，冷凝温度为 30℃，蒸发温度为 $-20℃$，节流膨胀前液体制冷剂温度为 25℃，蒸发器出口处蒸汽的过热温度为 5℃，制冷剂的循环量为 100kg/h，试求：

(1) 此制冷循环示意表示在 $T\text{-}S$ 图及 $\ln p\text{-}H$ 图上；

(2) 制冷装置的制冷能力和制冷系数；

(3) 相同温度条件下逆向 Carnot 循环的制冷系数。

7-13 (1) 试分析制冷循环与热泵循环之间异同点。

(2) 某热泵功率为 8kW，从温度为 $-10℃$ 的室外环境向用户供热。用户要求供热温度为 80℃，假设热泵按逆 Carnot 循环运行，求供热量及热泵从周围环境取得的热量。

7-14 一次节流的 Linde 循环液化空气，空气的温度为 30℃，压力为 $1 \times 10^2 \text{kPa}$，若压缩机压缩到最终压力为 $200 \times 10^2 \text{kPa}$，设压缩机的等温压缩效率为 0.59。试计算以下两种情况下的液化量与液化 1kg 空气所消耗的功。

(1) 理想操作（不计温度损失及冷量损失）。

(2) 实际操作。换热器热端温差 $\Delta T = 5\text{K}$，冷量损失 $q_3 = 5.77\text{kJ/kg}$ 加工气体。

7-15 采用 Claude 循环使空气液化，压缩机消耗的功率为 110kW，将 0.1013MPa、25℃ 空气等温压缩到 3.55MPa，被处理的空气有 80% 送入膨胀机。空气进入膨胀机前的温度为 $-110℃$，不完全热交换器的传热温差为 5℃。由于绝热不良而引起的冷损为 3344kJ/h，假定膨胀机回收的功为理论焓值的一半，压缩机的等温压缩效率 $\eta_T = 0.59$，问此液化装置每小时能制取多少千克的液态空气。

# 8  高分子体系的热力学性质

高分子化合物在迅速发展的新材料科学中占有重要地位。本章将结合高分子体系的特点，首先讨论高分子体系的热力学模型；进而讨论高分子溶解过程，高分子溶液的性质及相平衡；高分子膜和高分子凝胶的特点及应用；最后简要介绍聚合反应过程的热力学特征。

## 8.1  高分子化合物的特点

高分子化合物与小分子物质相比有如下的特点：

① 高分子化合物通常由数目巨大（$10^3 \sim 10^5$ 数量级）的结构单元聚合而成，且由于聚合反应过程的统计特性，在相对分子质量、单元键合顺序、共聚物的组成及序列结构等方面都存在不均一性；

② 高分子化合物可以只含有同种结构单元（均聚物），也可以包含几种结构单元（共聚物）；分子链的几何形态可以是线形，也可以是分支或网状结构，分子链之间存在很强的相互作用；

③ 高分子链具有内旋转自由度，可以使分子链弯曲而具有柔性；由于分子热运动，分子链形状不断改变，形成许多不同的空间构型；

④ 高分子化合物的聚集态有晶态、非晶态、液晶态等，还可以通过物理混合和共聚改性的方法形成多相结构。

正是这些特点，使高分子体系的热力学性质呈现许多特有的复杂规律。

## 8.2  高分子溶液的热力学模型

### 8.2.1  Flory-Huggins 晶格模型理论

描述高分子体系性质，首先需要一个能基本反映高分子体系特点的热力学模型，Flory-Huggins 理论是众多热力学模型中影响最大、应用最广的突出代表。

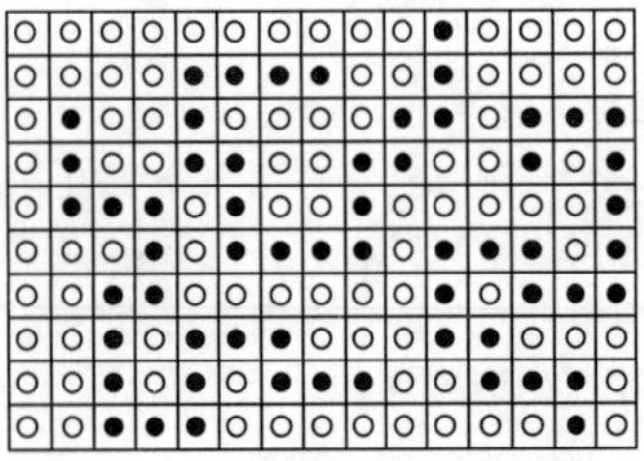

图 8-1  高分子溶液的晶格模型
○溶剂分子 ；● 高分子的一个链节

Flory-Huggins 的晶格模型基于以下假设。

① 高分子溶液中，分子的排列构象与晶体一样，是晶格紧密堆砌。每个溶剂分子占一个格子，一个高分子链占 $m$ 个格子（见图 8-1）。$m$ 为高分子与溶剂分子的体积比，即高分子由 $m$ 个链节组成，每个链节的体积与溶剂分子的体积相等。$m$ 也可看做是聚合度。

② 所有高分子具有相同的聚合度；高分子链形成的所有构象具有相同的能量。

③ 溶液中高分子链节均匀分布，即链节占有任一格子的概率相等。

从晶格模型出发，可推导高分子溶液混合熵、混合焓和混合自由焓的表达式。

（1）高分子溶液的混合熵

根据统计力学可知体系的熵与体系微观状态数 $\Omega$ 有如下关系

$$S = k\ln\Omega \tag{8-1}$$

式中，$k$ 为 Boltzmann 常数。

$N_1$ 个溶剂分子与 $N_2$ 个高分子混合相当于将它们放入晶体格子模型中。格子总数目为 $N$，$N = N_1 + mN_2$，$m$ 为每个高分子所含链节数。$N_1$ 个溶剂分子和 $N_2$ 个高分子在 $N$ 个晶格中不同的排列方法总数就是该体系的微观状态数。

首先考虑第一个高分子放入格子的方法。因混合前格子是空的，第一个链节的放法当然有 $N$ 种。设与第一链节相邻的格子数为 $Z$（$Z$ 称为配位数，与格子类型有关。图 8-1 所示平面格子，$Z = 4$；若为立方格子，$Z = 6$），则第二链节的放法为 $Z$，第三链节的放法为 $(Z-1)$，因此第一个高分子的总放法 $\Omega_1$ 为

$$\Omega_1 = NZ\,(Z-1)^{m-2} \tag{8-2}$$

设已将 $j$ 个高分子放入格子中，剩下的空格数为 $N-mj$。第 $j+1$ 个高分子的第一个链节可以放在 $N-mj$ 个空格中的任意一个格子内，而第二个链节只能放在第一个链节相邻的空格内。但有可能早先放入的高分子链节已占据了第一链节相邻的格子，根据溶液中高分子链节均匀分布的假定，第一链节相邻的空格数为 $Z\left(\dfrac{N-mj-1}{N}\right)$，因此第二个链节的放法为 $Z\left(\dfrac{N-mj-1}{N}\right)$。与第二个链节相邻的格子中，有一个已被第一个链节所占，所以第三个链节的放法为 $(Z-1)\left(\dfrac{N-mj-2}{N}\right)$。以后各链节的放法依次类推，最终得到第 $j+1$ 个高分子在 $N-mj$ 个空格内的放法为

$$\Omega_{j+1} = Z(Z-1)^{m-2}(N-mj)\left(\frac{N-mj-1}{N}\right)\left(\frac{N-mj-2}{N}\right)\cdots\left(\frac{N-mj-m+1}{N}\right) \tag{8-3}$$

若假定 $Z$ 近似等于 $Z-1$，则上式可写成

$$\Omega_{j+1} = \left(\frac{Z-1}{N}\right)^{m-1}\frac{(N-mj)!}{(N-mj-m)!} \tag{8-4}$$

$N_2$ 个高分子在 $N$ 个格子中放置方法的总数为

$$\Omega = \frac{1}{N_2!}\left(\frac{Z-1}{N}\right)^{N_2(m-1)}\frac{N!}{(N-mN_2)!} \tag{8-5}$$

式中除以 $N_2!$ 是因为 $N_2$ 个高分子是相同的，当它们互换位置时不产生新的放置方法。同理，溶剂分子也都相同，放入余下的 $N_1$ 个空格时，只有一种放法。因此式（8-5）所表示的 $\Omega$ 就是溶液总的微观状态数。溶液的熵值 $S_s$ 为

$$S_s = k\ln\Omega = k\left[N_2(m-1)\ln\left(\frac{Z-1}{N}\right) + \ln N! - \ln N_2! - \ln(N-mN_2)!\right]$$

利用 Stirling 公式，简化上式得

$$S_s = -k\left[N_1 \ln\frac{N_1}{N} + N_2 \ln\frac{N_2}{N} - N_2(m-1)\ln\frac{Z-1}{e}\right] \tag{8-6}$$

高分子溶液混合熵 $\Delta S_m$ 是高分子溶液的熵 $S_s$ 与混合前高分子解取向状态熵 $S_{N_2}$ 和纯溶剂熵 $S_{N_1}$ 之和的差值

$$\Delta S_m = S_s - (S_{N_2} + S_{N_1}) \tag{8-7}$$

纯溶剂只有一个微观状态，所以溶剂状态熵 $S_{N_1} = 0$。高分子混合前要经过解取向，解取向状态熵可应用式（8-6）推导出。因混合前 $N_1 = 0$，$N = mN_2$，所以

$$S_{N_2} = -k\left[N_2 \ln\frac{1}{m} - N_2(m-1)\ln\frac{Z-1}{e}\right] \tag{8-8}$$

将式(8-6)、式(8-8)及 $S_{N_1}=0$ 代入式(8-7)整理得

$$\Delta S_m = -k\left[N_1 ln\frac{N_1}{N} + N_2 ln\frac{mN_2}{N}\right]$$
$$= -k\left[N_1 \ln\Phi_1 + N_2 \ln\Phi_2\right] \tag{8-9}$$

式中，$\Phi_1$ 和 $\Phi_2$ 分别表示溶剂和高分子在溶液中的体积分数。

$$\Phi_1 = \frac{N_1}{N_1+mN_2}, \quad \Phi_2 = \frac{mN_2}{N_1+mN_2}$$

如果用物质的量代替分子数 $N$，式(8-9)变为

$$\Delta S_m = -R(n_1\ln\Phi_1 + n_2\ln\Phi_2) \tag{8-10}$$

上式是由 Flory-Huggins 晶格模型推导得到的高分子溶液混合熵的表达式。与第4章介绍的理想溶液混合熵表达式 $\Delta S_m^{id} = -R\sum n_i\ln x_i$ 相比，形式相似，所不同的是以体积分数 $\Phi_i$ 代替了摩尔分数 $x_i$。若溶质分子与溶剂分子体积相等，即链节数 $m=1$，则两式就完全一样了。然而，高分子链的体积远远大于溶剂分子的体积，因此式(8-10)计算得到的 $\Delta S_m$ 要比 $\Delta S_m^{id}$ 大得多；但是高分子链相互联结，一个高分子在溶液中起不到 $m$ 个小分子的作用，因此由式(8-10)得到的 $\Delta S_m$ 又要小于 $mN_2$ 个小分子与 $N_1$ 个溶剂分子混合时的熵变。

对于多分散性的高分子溶液，其混合熵为

$$\Delta S_m = -k\left(N_1\ln\Phi_1 + \sum_{i=2}N_{2,i}\ln\Phi_{2,i}\right) \tag{8-11}$$

式中，$N_{2,i}$ 和 $\Phi_{2,i}$ 分别是第 $i$ 种聚合度的高分子数和体积分数。

【例 8-1】 1g 相对分子质量为 $10^6$ 的聚合物与 40g 相对分子质量为 40 的溶剂混合成高分子溶液，若聚合物与溶剂的摩尔体积之比为 $10^4$，试求：

① 以"小分子理想溶液"混合时的 $\Delta S_m = ?$

② 以"高分子溶液"混合时的 $\Delta S_m = ?$

**解** ① 溶剂物质的量 $n_1 = 40/40 = 1$

溶质物质的量 $n_2 = 1/10^6 = 10^{-6}$

溶剂摩尔分数 $x_1 = 1/(1+10^{-6}) \doteq 1$

溶质摩尔分数 $x_2 = 10^{-6}/(1+10^{-6}) \doteq 10^{-6}$

据理想溶液混合熵计算公式得

$$\Delta S_m = -R(n_1\ln x_1 + n_2\ln x_2)$$
$$= -8.314\times10^{-6}\times\ln10^{-6}$$
$$= 1.15\times10^{-4}J/K$$

② 溶剂体积分数 $\Phi_1 = 1/(1+10^4) \doteq 10^{-4}$

溶质体积分数 $\Phi_2 = 10^4/(1+10^4) \doteq 1$

据式(8-10)有

$$\Delta S_m = -R(n_1\ln\Phi_1 + n_2\ln\Phi_2)$$
$$= -8.314\times1\times\ln10^{-4} = 76.57J/K$$

高分子链节均匀分布的假定对浓溶液比较合理，对稀溶液并不适用。因为稀溶液中，高分子链节相互牵连，$m$ 个链节的高分子不可能达到 $m$ 个独立小分子与溶剂分子均匀混合的程度。因此式(8-10)只适用高分子浓溶液。

(2) 高分子溶液的混合焓

为简化起见，用晶格模型推导高分子溶液混合焓 $\Delta H_m$ 时，只考虑最相邻分子的相互作用能。若溶剂分子间相互作用能为 $\varepsilon_{11}$，高分子链节间作用能为 $\varepsilon_{22}$，溶剂分子与链节间作用能为 $\varepsilon_{12}$，当形成一个溶剂分子与链节对时，能量的变化为

$$\Delta\varepsilon_{12} = \varepsilon_{12} - \frac{1}{2}(\varepsilon_{11} + \varepsilon_{22})$$

如果混合后溶液中有 $P_{12}$ 个溶剂分子-链节对，且混合时没有体积变化，则混合前后总能量变化为

$$\Delta H_m = P_{12}\Delta\varepsilon_{12} \tag{8-12}$$

根据晶格模型理论，$N_1$ 个溶剂分子与 $N_2$ 个具有 $m$ 链节的高分子混合形成溶剂分子-链节的总对数 $P_{12} = ZN\Phi_1\Phi_2$，因此高分子溶液的混合焓为

$$\Delta H_m = ZN\Phi_1\Phi_2\Delta\varepsilon_{12} \tag{8-13}$$

若令

$$\chi = Z\Delta\varepsilon_{12}/kT$$

则

$$\Delta H_m = kT\chi N\Phi_1\Phi_2$$
$$= kT\chi N_1\Phi_2 = RT\chi n_1\Phi_2 \tag{8-14}$$

式中，$\chi$ 称 Huggins 参数，是一无量纲量；$\chi kT$ 的物理意义是一个溶剂分子放在纯高分子中的作用能与在纯溶剂中分子间作用能之差。

（3）高分子溶液的混合自由焓和化学位

高分子溶液的混合自由焓为

$$\Delta G_m = \Delta H_m - T\Delta S_m$$

将式（8-10）和式（8-14）代入，得

$$\Delta G_m = RT(n_1\ln\Phi_1 + n_2\ln\Phi_2 + \chi n_1\Phi_2) \tag{8-15}$$

溶液中溶剂化学位的变化为

$$\Delta\mu_1 = \left[\frac{\partial\Delta G_m}{\partial n_1}\right]_{T,p,n_2} = RT\left[\ln\Phi_1 + \left(1 - \frac{1}{m}\right)\Phi_2 + \chi\Phi_2^2\right] \tag{8-16}$$

因此溶剂的活度和相应的活度系数分别为

$$\ln a_1 = \Delta\mu_1/RT = \ln(1-\Phi_2) + \left(1 - \frac{1}{m}\right)\Phi_2 + \chi\Phi_2^2 \tag{8-17}$$

$$\ln\gamma_1 = \ln\left[1 - \left(1 - \frac{1}{m}\right)\Phi_2\right] + \left(1 - \frac{1}{m}\right)\Phi_2 + \chi\Phi_2^2 \tag{8-18}$$

溶液中溶质化学位的变化为

$$\Delta\mu_2 = \left[\frac{\partial\Delta G_m}{\partial n_2}\right]_{T,p,n_1} = RT[\ln\Phi_2 + (1-m)\Phi_1 + m\chi\Phi_1^2] \tag{8-19}$$

同样可由此得到溶质的活度和活度系数

$$\ln a_2 = \ln(1-\Phi_1) + (1-m)\Phi_1 + m\chi\Phi_1^2 \tag{8-20}$$

$$\ln\gamma_2 = \ln[1 - (1-m)\Phi_1] + (1-m)\Phi_1 + m\chi\Phi_1^2 \tag{8-21}$$

高分子溶液的蒸气压一般较低，根据式（8-17）可得

$$\ln p_1/p_0 = \ln a_1 = \ln(1-\Phi_2) + \left(1 - \frac{1}{m}\right)\Phi_2 + \chi\Phi_2^2$$

上式表明从高分子溶液蒸气压 $p_1$ 和纯溶剂蒸气压 $p_0$ 的实验数据可计算 Huggins 参数 $\chi$。$\chi$ 应与高分子溶液的浓度无关。但实验结果与晶格模型理论有偏差。只有个别体系，如天然橡胶-苯溶液的 $\chi$ 值与 $\Phi_2$ 无关，一般的高分子溶液 $\chi$ 都随溶液的组成而变化。此结果可以从图8-2的实验数据得到证实。

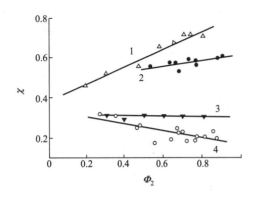

图 8-2　χ与溶液浓度的关系

1—聚二甲基硅氧烷-苯体系；

2—聚苯乙烯-丁酮体系；

3—天然橡胶-苯体系；

4—聚苯乙烯-甲苯体系

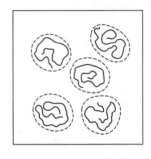

图 8-3　稀溶液中高
分子的位形

晶格模型理论所得热力学表达式比较简单，仅能粗略地描述高分子溶液的性质。对其不足之处，以后的研究者提出了许多修正意见。

### 8.2.2　高分子稀溶液理论

晶格模型理论对高分子稀溶液有很大偏差，主要是稀溶液中，被溶剂化的高分子"链节云"密度不连续（如图 8-3 所示），均匀分布的假设已不适用。Flory 等对此进行修正，建立了高分子稀溶液理论。

（1）Flory温度（$\theta$ 温度）

Flory 等认为高分子稀溶液中高分子链节密度的不连续性是晶格模型的主要缺陷，但在高分子线团的内部，晶格理论仍是适用的。因此，稀溶液的超额偏摩尔自由焓可用下式计算

$$\Delta \overline{G}_1^{\mathrm{E}} = RT(\kappa_1 - \psi_1)\Phi_2^2 \tag{8-22}$$

式中，$\kappa_1$、$\psi_1$ 分别是焓参数和熵参数，它们的定义为

$$\Delta \overline{H}_1^{\mathrm{E}} = RT\kappa_1 \Phi_2^2 \tag{8-23}$$

$$\Delta \overline{S}_1^{\mathrm{E}} = R\psi_1 \Phi_2^2 \tag{8-24}$$

式中，$\Delta \overline{H}_1^{\mathrm{E}}$、$\Delta \overline{S}_1^{\mathrm{E}}$ 分别是超额偏摩尔混合焓和超额偏摩尔混合熵。

式(8-22) 表明，高分子溶液与理想溶液的偏离是由两部分因素构成的。一部分是相互作用能不等引起的溶液超额偏摩尔混合焓；另一部分是由于溶剂分子与高分子链节的作用远大于高分子链间的相互作用，使高分子链在溶液中扩张，造成许多高分子链构象不能实现而引起的溶液超额偏摩尔混合熵。

将晶格模型结果直接用于稀溶液，假定 $\Phi_2 \ll 1$，有

$$\ln\Phi_1 = \ln(1 - \Phi_2) \doteq -\Phi_2 - \frac{1}{2}\Phi_2^2 - \cdots$$

略去高次项，代入式(8-16) 得稀溶液条件下溶剂的化学位变化

$$\Delta\mu_1 = RT\left[-\frac{\Phi_2}{m} - \left(\frac{1}{2} - \chi\right)\Phi_2^2\right] \tag{8-25}$$

对于很稀的理想溶液，有

$$\Delta\mu_1^{id} = \left[\frac{\partial \Delta G_m^{id}}{\partial n_1}\right]_{T,p,n_2} = RT\ln x_1 \doteq -RT x_2$$

$$=-RT\frac{N_2}{N_1+N_2}\doteq-RT\frac{N_2}{N_1}$$

式(8-25) 右边第一项

$$-RT\frac{\Phi_2}{m}=-\frac{RT}{m}\frac{mN_2}{N_1+mN_2}$$

$$=-RT\frac{N_2}{N_1+mN_2}$$

$$\doteq-RT\frac{N_2}{N_1}$$

可见这一项相当于理想溶液化学位变化，而式(8-25) 右边第二项则相当于非理想部分，即溶剂超额化学位 $\Delta\mu_1^E$

$$\Delta\mu_1^E=-RT\left(\frac{1}{2}-\chi\right)\Phi_2^2 \tag{8-26}$$

超额化学位就是超额偏摩尔自由焓，比较式(8-22) 和式(8-26) 可以得到

$$\chi-\frac{1}{2}=\kappa_1-\psi_1 \tag{8-27}$$

为了使用方便，引入一新的参数——θ 温度，也称 *Flory* 温度，即

$$\theta=\kappa_1 T/\psi_1 \tag{8-28}$$

因此式(8-26) 也可写成

$$\Delta\mu_1^E=RT\psi_1(\theta/T-1)\Phi_2^2 \tag{8-29}$$

相应的稀溶液中溶剂的活度系数为

$$ln\gamma_1=\psi_1(\theta/T-1)\Phi_2^2 \tag{8-30}$$

当温度 $T=\theta$ 时，溶剂超额化学位 $\Delta\mu_1^E=0$，$\gamma_1=1$，高分子溶液与理想溶液的偏差消失。可应用有关理想溶液的定律来描述高分子溶液的热力学性质，因此 θ 是一个重要的特征温度。但是当 $T=\theta$ 时，溶液的偏摩尔混合焓 $\Delta\overline{H}_m$ 和偏摩尔混合熵 $\Delta\overline{S}_m$ 都不是理想的，只是两者的效应相互抵消而已，溶液并不是真正的理想溶液。

满足 $\Delta\mu_1^E=0$ 的条件称为 θ 条件，或 θ 状态。此状态下的溶剂为 θ 溶剂，温度为 θ 温度。θ 溶剂和 θ 温度相互依存，对某种高分子化合物选定溶剂后，可改变温度达到 θ 条件，或选定某一温度后改变溶剂来满足 θ 条件。表 8-1 是某些高分子化合物的 θ 溶剂和 θ 温度。

**表 8-1  高分子化合物的 θ 溶剂和 θ 温度**

| 高分子化合物 | θ 溶 剂 | θ 温度/℃ | 高分子化合物 | θ 溶 剂 | θ 温度/℃ |
|---|---|---|---|---|---|
| 聚乙烯 | 联苯 | 125 | 甲酯(无规) | 苯/正己烷(70/30) | 20 |
|  | 正己烷 | 133 | 聚醋酸乙烯(无规) | 丁酮/异丙醇(73.2/26.8) | 25 |
|  | 二苯醚 | 161.4 |  | 3-庚酮 | 29 |
| 聚丙烯(等规) | 二苯醚 | 145～146.2 | 聚乙烯醇 | 水 | 97 |
| 聚丙烯(无规) | 氯仿/正丙醇(77.1/22.9) | 25 | 聚异丁烯 | 环己酮/丁酮(63.2/36.8) | 25 |
|  | 环己酮 | 34 |  | 苯 | 24 |
| 聚氯乙烯 | 苯甲醇 | 155.4 | 聚丁二烯 | 己烷/庚烷(50/50) | 5 |
| 聚苯乙烯(无规) | 环己烷 | 35 | 聚异戊二烯 | 丁酮 | 25 |
|  | 甲苯/甲醇(20/80) | 25 | 聚二甲基硅氧烷 | 乙酸乙酯 | 18 |
|  | 苯/正己烷(39/61) | 20 |  | 甲苯/环己醇(66/34) | 25 |
| 聚甲基丙烯酸 | 丙酮/乙醇(47.7/52.3) | 25 | 聚碳酸酯 | 氯仿 | 20 |

（2）Flory-Krigbaum 稀溶液理论

Flory 和 Krigbaum 在建立稀溶液理论时，认为稀溶液中高分子"链节云"在整个溶液范围内分布不均匀，链节在"链节云"内部分布也不均匀，并且还提出一个主要的假设，每个高分子都有一个排斥体积 $v$，即图 8-3 中虚线包围的区域，其他高分子不能进入这一体积。对于

总体积为 $V$、高分子数为 $N_2$ 的溶液，第一个高分子可在 $V$ 中任意放置，而第二个高分子放置位置只能在 $V-v$ 中选择，第 $j$ 个则只能在 $V-(j-1)v$ 中选择，因此总的排列方法数 $\Omega$ 应为

$$\Omega = C\prod_{j=1}^{N_2}[V-(j-1)v] = CV^{N_2}\prod_{j=1}^{N_2}\left[1-\frac{(j-1)v}{V}\right] \tag{8-31}$$

式中，$C$ 为常数。

非极性高分子溶液，溶解过程的热效应很小，且可认为混合过程体积不变，相应的混合自由熵为

$$\Delta G_m = -T\Delta S_m = -kT\ln\Omega$$

$$= -kT\{N_2\ln V + \sum_{j=1}^{N_2}\ln[1-(j-1)v/V]\} + C' \tag{8-32}$$

稀溶液，$(j-1)v/V \ll 1$，将上式中 ln 项展开并略去高次项得

$$\Delta G_m = -kT[N_2\ln V - (v/V)\sum_{j=1}^{N_2}(j-1)] + C'$$

$$= -kT(N_2\ln V - N_2^2 v/2V) + C' \tag{8-33}$$

稀溶液中溶质的活度系数可由上式导得。

本小节讨论的晶格模型和稀溶液理论能较好地描述非极性高分子和非极性溶剂构成的稀溶液的热力学性质，也为高分子化合物相对分子质量测定和溶剂选择提供理论依据。但这些理论没有考虑到分子间可能的极性或氢键作用，没有考虑到溶解过程中体积变化对混合焓、混合熵的影响，因此应用时存在一定的局限性。

## 8.3　高分子化合物的溶解

### 8.3.1　溶解过程特点

高分子化合物相对分子质量大且具有多分散性，分子的几何形状有线形、分支和网状等，聚集态又有晶态和非晶态之分，因此高分子化合物的溶解过程比小分子固体物质的溶解要复杂得多。

首先，高分子化合物的溶解过程比较缓慢。因为高分子的某个链节被溶剂化后，仍不能自由进入溶剂，只有当所有链节被溶剂化后，才能作为一个整体从固体表面进入溶剂；又由于高分子化合物相对分子质量大，扩散速度慢，要达到与溶剂均匀混合的状态需要较长时间。因此，高分子化合物溶解通常需要十几小时，有的甚至需要几天、几周。

其次，高分子化合物在溶解前都有一个溶胀阶段。正是由于固体表面上的高分子溶解过程缓慢，扩散速度较快的溶剂分子在高分子整体还未迁移到溶剂之前，有充分时间扩散进入高分子化合物分子链间的空隙中，使高分子化合物体积胀大。此现象称为高分子化合物的"溶胀"。如果高分子化合物是线性分子，则随着溶剂化作用，所有的高分子链都逐渐解离，扩散进入溶剂，与溶剂分子达到均匀混合，即高分子化合物被溶解，也称为无限溶胀。如果高分子化合物是网状结构分子，由于分子间存在化学交联键，溶胀到一定体积后，体积不再变化，更不能被溶解。此时进出高分子化合物的溶剂分子数量相等，达到溶胀平衡，称为有限溶胀。有限溶胀可增加高分子化合物的柔性、弹性，改善机械性能。高分子化合物的交联程度决定了溶胀度的大小。交联度高，溶胀度小；反之，交联度低，溶胀度大。利用溶胀平衡可测量高分子化合物的交联度。

同样条件下，高分子化合物的溶解度与相对分子质量有关。分子间作用力随相对分子质量增加而增大，相对分子质量越大，溶解就越困难。利用高分子化合物溶解度对相对分子质量的依赖性，可将高分子化合物按分子的大小进行分离。

高分子化合物的聚集态也影响到溶解度。非晶态高分子堆砌松散，分子间相互作用较弱，溶剂分子容易渗透进入高分子化合物内部。晶态高分子结构规整，排列紧密，分子间作用力大，溶剂分子难以渗入内部。因此后者的溶解比前者要困难得多。非极性的晶态高分子在室温很难溶解，只有升温至熔点附近，转变为非晶态结构后才能溶解。

### 8.3.2 溶解过程热力学分析

高分子化合物溶解过程是溶质分子（高分子）与溶剂分子相互混合的过程，这个过程进行的条件是恒温恒压下，混合自由焓 $\Delta G_m < 0$，即

$$\Delta G_m = \Delta H_m - T\Delta S_m < 0 \tag{8-34}$$

式中，$\Delta H_m$、$\Delta S_m$ 分别为混合焓和混合熵；$T$ 为溶解温度。

$\Delta H_m$ 实质上反映高分子离开本体进入溶剂的难易程度，由高分子与溶剂分子相互作用决定。$\Delta S_m$ 反映高分子与溶剂分子的混合程度，主要指混合前后分子链构象的变化。因为溶解过程中，分子排列趋向混乱，熵的变化是增加的，即 $\Delta S_m > 0$，因此溶解的可能性取决于混合焓 $\Delta H_m$ 的正负与大小。

极性高分子化合物在极性溶剂中，高分子与溶剂分子相互作用强烈，溶解时放热，即 $\Delta H_m < 0$，其结果是体系的 $\Delta G_m < 0$，溶解过程能够进行。非极性高分子化合物，溶解过程一般是吸热的，即 $\Delta H_m > 0$，故只有在 $\Delta H_m < T|\Delta S_m|$ 时，才能满足式（8-34）的溶解条件。

Hildebrand 研究非极性分子溶解过程，得出计算混合焓的半经验公式

$$\Delta H_m = V\Phi_1\Phi_2[(\Delta E_1/V_1)^{1/2} - (\Delta E_2/V_2)^{1/2}]^2 \tag{8-35}$$

式中，$V_1$、$V_2$ 为溶剂、溶质的摩尔体积；$V$ 为溶液总体积，$V = n_1V_1 + n_2V_2$，$n_1$、$n_2$ 是溶剂、溶质的物质的量；$\Phi_1$、$\Phi_2$ 为溶剂、溶质的体积分数，$\Phi_i = n_iV_i/V$；$\Delta E_1$、$\Delta E_2$ 为溶剂、溶质的摩尔内聚能，其定义是消除 1mol 物质全部分子间作用力时内能的增加量。

实际使用中，多用溶解度参数 $\delta_i$ 代替内聚能密度。溶解度参数的定义是

$$\delta_i = (\Delta E_i/V_i)^{1/2} \tag{8-36}$$

$\delta_i$ 的单位是 $(J/m^3)^{1/2}$。Hildebrand 的混合焓公式可写成

$$\Delta H_m = V\Phi_1\Phi_2(\delta_1 - \delta_2)^2 \tag{8-37}$$

非极性高分子化合物溶解于溶剂过程的混合焓可借助于上式计算。小分子化合物的溶解度参数值用该化合物的汽化热计算

$$\delta^2 = (\Delta H_V - RT)/V \tag{8-38}$$

但高分子化合物不到汽化就分解了，没有汽化热；故高分子化合物的溶解度参数需用间接方法测定。当高分子化合物的溶解度参数与溶剂的溶解度参数越接近，溶解倾向越大，溶液的黏度也越大。通常将黏度最大的溶液所用溶剂的溶解度参数作为高分子化合物的溶解度参数。表 8-2、表 8-3 分别列出了常用溶剂和高分子化合物的溶解度参数。

此外，高分子化合物的溶解度参数还可以从重复单元中各基团的摩尔引力常数 $F$ 值来估算

$$\delta = \rho\sum_i F_i/M_0 \tag{8-39}$$

式中，$\sum_i F_i$ 为基团的摩尔引力常数总和；$\rho$ 为高分子化合物密度；$M_0$ 为重复单元的相对分子质量。

**表 8-2　常用溶剂的溶解度参数**

| 溶　剂 | $\delta/(\mathrm{J/cm^3})^{1/2}$ | 溶　剂 | $\delta/(\mathrm{J/cm^3})^{1/2}$ | 溶　剂 | $\delta/(\mathrm{J/cm^3})^{1/2}$ |
|---|---|---|---|---|---|
| 正己烷 | 14.9 | 四氯乙烯 | 19.2 | 正丙醇 | 24.3 |
| 正庚烷 | 15.2 | 苯 | 18.7 | 环己醇 | 23.3 |
| 环己烷 | 16.8 | 甲苯 | 18.2 | 乙二醇 | 32.1 |
| 二氯甲烷 | 19.8 | 间二甲苯 | 18.0 | 丙三醇 | 33.7 |
| 三氯甲烷 | 19.0 | 乙苯 | 18.0 | 苯酚 | 29.6 |
| 四氯化碳 | 17.6 | 氯苯 | 19.4 | 间甲酚 | 27.2 |
| 氯乙烷 | 17.4 | 硝基苯 | 20.4 | 二乙醚 | 15.1 |
| 1,2-二氯乙烷 | 20.0 | 十氢萘 | 18.4 | 乙醛 | 20.0 |
| 四氯乙烷 | 20.2～20.6 | 甲醇 | 29.6 | 丙酮 | 20.4 |
| 苯乙烯 | 17.7 | 乙醇 | 26.0 | 丁酮-2 | 19.0 |
| 环己酮 | 20.2 | 丙烯酸甲酯 | 18.2 | 丙烯腈 | 21.4 |
| 甲酸 | 27.6 | 二甲基甲酰胺 | 24.7 | 二硫化碳 | 20.4 |
| 乙酸 | 25.8 | 甲酰胺 | 36.4 | 二甲基亚砜 | 27.4 |
| 乙酸乙酯 | 18.6 | 苯胺 | 22.1 | 吡啶 | 21.9 |
| 乙酸丁酯 | 17.5 | 乙腈 | 24.1 | 水 | 47.4 |
| 乙酸戊酯 | 17.4 | 丙腈 | 21.9 | | |

**表 8-3　高分子化合物溶解度参数**

| 高分子化合物 | $\delta/(\mathrm{J/cm^3})^{1/2}$ | 高分子化合物 | $\delta/(\mathrm{J/cm^3})^{1/2}$ |
|---|---|---|---|
| 聚乙烯 | 16.2～16.6 | 聚异戊二烯 | 15.7～16.4 |
| 聚丙烯 | 16.8～18.8 | 聚氯丁二烯 | 16.8～19.2 |
| 聚异丁烯 | 16.5 | 尼龙 66 | 27.8 |
| 聚苯乙烯 | 17.6～19.0 | 聚氨酯 | 20.4 |
| 聚氯乙烯 | 19.2～19.8 | 聚对苯二甲酸乙二酯 | 21.9 |
| 聚四氟乙烯 | 12.7 | 聚碳酸酯 | 20.3 |
| 聚乙烯醇 | 26.4～29.6 | 聚二甲基硅氧烷 | 14.9～15.5 |
| 聚醋酸乙烯酯 | 19.2 | 聚丁二烯/丙烯腈共聚物 | |
| 聚甲基丙烯酸甲酯 | 18.4～19.4 | 82/18 | 17.8 |
| 聚丙烯酸甲酯 | 20.0～20.6 | 75/25～70/30 | 18.9～20.2 |
| 聚丙烯腈 | 26.0～31.5 | 聚丁二烯/苯乙烯共聚物 | |
| 聚甲基丙烯腈 | 21.9 | 85/15～87/13 | 16.6～17.4 |
| 聚丁二烯 | 16.6～17.6 | 75/25～72/28 | 16.6～17.6 |

各基团的摩尔引力常数 $F$ 值列于表 8-4。

**表 8-4　摩尔引力常数 $F$**　　　　　　　　　$(\mathrm{J \cdot cm^3})^{1/2}/\mathrm{mol}$

| 基　团 | $F$ | 基　团 | $F$ | 基　团 | $F$ |
|---|---|---|---|---|---|
| —CH₃ | 303.2 | ＼C=O／ | 537.7 | Cl₂ | 700.7 |
| —CH₂— | 268.9 | | | —Cl 伯 | 419.3 |
| ＼CH— | 175.8 | —CHO | 598.2 | —Cl 仲 | 425.9 |
| ＼C／ | 65.4 | (CO)₂O | 1159.8 | —Cl 芳香族 | 329.2 |
| | | —OH 芳香族 | 349.6 | | |
| =CH₂ | 258.6 | —OH→ | 461.6 | —F | 84.4 |
| —CH= | 248.6 | —H 聚酸 | —103.2 | 共轭 | 47.6 |
| ＼C= | 172.8 | —NH₂ | 463.3 | 顺式 | —14.5 |
| —CH= 芳香族 | 239.4 | —NH— | 368.0 | 反式 | —27.6 |
| ＼C= 芳香族 | 200.6 | —N= | 124.9 | 六元环 | —47.8 |
| —O—醚,缩醛 | 235.1 | —C≡N | 725.0 | 邻位取代 | 19.8 |
| —O—环氧化物 | 360.2 | —NCO | 733.4 | 间位取代 | 13.5 |
| —COO— | 667.7 | —S— | 428.1 | 对位取代 | 82.4 |

**【例 8-2】** 已知尼龙 66 的密度 $\rho = 1.24$，试用基团摩尔引力常数估算尼龙 66 的溶解度参数。

**解** 尼龙 66（聚己二酸己二胺）的重复单元为 $\pm NH(CH_2)_6 NHOC(CH_2)_4 CO \mp$，其中有基团—$CH_2$—10 个，—$NH$—2 个，$\diagdown C=O$ 2 个，查表 8-4 得 $F_i$ 的值并求和得

$$\sum F_i = 268.9 \times 10 + 368.0 \times 2 + 537.7 \times 3 = 5038.1$$

重复单元的相对分子质量 $M_0 = 226$，因此尼龙 66 的溶解度参数为

$$\delta = \rho \sum F_i / M_0 = 1.24 \times 5038.1 / 226 = 27.6 \ (J/cm^3)^{1/2}$$

计算结果与表 8-3 所列数据 $27.8 (J/cm^3)^{1/2}$ 相吻合。

### 8.3.3 溶剂的选择和评价

溶剂溶解高分子化合物的能力不仅取决于溶剂本身的性质，还与高分子化合物的特性有关。高分子化合物是极性还是非极性，是交联还是未交联，是结晶态还是非晶态，以及相对分子质量的大小等，都是选择溶剂时需要考虑的因素。以下是根据实践经验和理论分析得到的高分子化合物溶剂选择的一般规律。

（1）极性相似原则

极性大的高分子化合物溶于极性大的溶剂。如极性很强的聚丙烯腈可溶于二甲基甲酰胺，尼龙 6 和尼龙 66 可溶于甲酚和甲酸。极性小的高分子化合物溶于极性小的溶剂。如弱极性的丁苯橡胶、天然橡胶可溶于苯、甲苯和石油醚等非极性溶剂中。"相似相溶"，高分子化合物与溶剂的极性越接近，就越容易互溶。

（2）溶剂化原则

极性高分子化合物的溶胀和溶解过程实质上是高分子链上的极性基团与极性溶剂的静电引力作用使高分子化合物溶剂化的过程。溶剂化可认为是广义的酸碱中和反应。广义酸是带有正电荷的亲电子体，广义碱是带负电荷的亲核体。高分子化合物和溶剂中常见的亲电和亲核基团，按其强弱顺序排列如下。

亲电基团：—$SO_3H$，—$COOH$，—$C_6H_4OH$，=$CHCN$，=$CHNO_2$，—$CH_2Cl$，=$CHCl$。

亲核基团：—$CH_2NH_2$，—$C_6H_4NH_2$，—$CON(CH_3)_2$，—$CONH$—，≡$PO_4$，—$CH_2COCH_2$—，—$CH_2COOCH_2$—，—$CH_2OCH_2$—。

含亲电基团的高分子化合物能溶于含亲核基团的溶剂中；反之，含亲核基团的高分子化合物能溶于含亲电基团的溶剂中。如硝酸纤维素含亲电基团—$ONO_2$，故可溶于丙酮、樟脑及醇醚混合溶剂；醋酸纤维素含有亲核基团—$OOC$—$CH_3$，可溶于二氯甲烷和三氯甲烷中。上述两序列中后几个基团的亲电性或亲核性较弱，含这些基团的化合物溶解时不需要很强的溶剂化，可溶于含亲电或亲核基团的多种溶剂。如聚氯乙烯可溶于环己酮，也可溶于硝基苯。若高分子化合物含有序列前面的基团，由于亲电或亲核性很强，应选择含有相反系列中最前几个基团的化合物作溶剂。如尼龙 6 和尼龙 66 含酰胺基团，易溶于含羧基的甲酸或间甲酚；聚丙烯腈含氰基，易溶于二甲基甲酰胺。

（3）溶解度参数相近原则

对于非极性高分子化合物和溶剂体系，从式(8-37)可知其混合焓 $\Delta H_m$ 总是正的。高分子化合物和溶剂的溶解度参数越接近，$\Delta H_m$ 值越小，越能满足 $\Delta G_m < 0$ 的溶解条件。一般是 $|\delta_1 - \delta_2| \leqslant 3.4 \sim 4.0 (J/cm^3)^{1/2}$ 时，高分子化合物能溶于所选溶剂，否则不能溶解。晶态高分子化合物溶解时，必须升温破坏晶格后，才能用溶解度参数估算溶解性。

在选择溶剂时，除使用单一溶剂外，还可使用混合溶剂。混合溶剂的选择和配制，可用溶解度参数为依据。混合溶剂的溶解度参数近似估算如下

$$\delta_m = \sum \Phi_i \delta_i \tag{8-40}$$

若高分子化合物的溶解度参数与混合溶剂的 $\delta_m$ 相近，则可溶于该混合溶剂中。例如将丙酮（$\delta = 20.4$）和环己酮（$\delta = 16.8$）按一定的比例配成混合溶剂，对聚苯乙烯（$\delta = 17.6 \sim 19.0$）具有良好的溶解性。

（4）Huggins 参数判断原则

从溶解过程的本质考虑，反映高分子化合物-溶剂相互作用的 Huggins 参数 $\chi$ 也可作为判断溶剂溶解能力的依据。

从式（8-25）看出，当高分子化合物-溶剂体系的 $\chi < \frac{1}{2}$ 时，溶剂的化学位变化 $\Delta\mu_1$ 值更加小于零，高分子化合物溶解的倾向增大，溶剂为良溶剂。$\chi$ 比 $\frac{1}{2}$ 小得越多，则溶解能力越强。当 $\chi > \frac{1}{2}$ 时，$\Delta\mu_1$ 值增大，高分子化合物一般不溶解，溶剂为不良溶剂。因此可根据 $\chi$ 值偏离 $\frac{1}{2}$ 的大小来选择合适的溶剂。表 8-5 列出了某些高分子化合物-溶剂体系的 $\chi$ 值。

**表 8-5　高分子化合物-溶剂体系的 $\chi$ 值**

| 高分子化合物 | 溶　剂 | 温度/℃ | $\chi$ | 高分子化合物 | 溶　剂 | 温度/℃ | $\chi$ |
|---|---|---|---|---|---|---|---|
| 聚氯乙烯 | 磷酸三丁酯 | 53 | $-0.65$ | 硝化纤维素 | 醋酸戊酯 | 25 | 0.02 |
| | 四氢呋喃 | 27 | 0.14 | | 丙酮 | 25 | 0.27 |
| | 环己烷 | 30 | 0.24 | 氯丁橡胶 | 甲苯 | 30 | 0.38 |
| | 二氧六环 | 30 | 0.50 | 天然橡胶 | 四氯甲烷 | 15～20 | 0.28 |
| | 丙酮 | 27 | 0.63 | | 环己烷 | 15～25 | 0.33 |
| | 丁醇 | 53 | 1.74 | | 苯 | 25 | 0.44 |
| 聚苯乙烯 | 甲苯 | 27 | 0.44 | | 二硫化碳 | 25 | 0.49 |
| | 月桂酸乙酯 | 25 | 0.47 | | | | |
| 聚异丁烯 | 环己烷 | 25 | 0.43 | | | | |
| | 苯 | 25 | 0.50 | | | | |

由于高分子化合物溶剂选择尚没有成熟的理论，以上介绍的原则不论是定性的还是定量的，都可能存在例外，应用时应相互补充，综合考虑。

# 8.4　高分子体系的相平衡

有机高分子材料的生产、加工过程中涉及许多高分子溶液、均相或多相高分子共混物的相平衡知识。高分子化合物的相对分子质量大，共聚物分子中单体有不同分布，混合物中分子可取不同位形等特点，使高分子体系的相行为除了一般共性外，还呈现一些特有的规律。

## 8.4.1　高分子溶液的渗透压

用只能透过溶剂分子的半透膜把容器隔成两部分，两边分别放入溶剂和溶液。由于纯溶剂的化学位与溶液中溶剂的化学位不等，溶剂分子会通过半透膜进入溶液，使溶液的液面升高。当两部分液面的高度差达到某一定值时，溶剂不再进入溶液，达到平衡状态，这时液面高度差产生的压力差称为溶液的渗透压，记作 $\pi$。

以 $\mu_1$ 和 $p_1$ 表示溶液中溶剂的化学位和蒸气压，以 $\mu_1^0$ 和 $p_1^0$ 表示纯溶剂的化学位和蒸气压，则有

$$\mu_1 = \mu_1^\ominus(g) + RT\ln p_1$$
$$\mu_1^0 = \mu_1^\ominus(g) + RT\ln p_1^0$$

由于 $p_1^0 > p_1$，因此纯溶剂相有较高的化学位，溶剂自发向溶液相渗透。渗透过程将进行到两相的化学位相等为止，即

$$\mu_1^0(T, p) = \mu_1(T, p+\pi) \tag{8-41}$$

这是两相达到热力学平衡的条件。因为

$$\mu_1(T,p+\pi)=\mu_1(T,p)+\left(\frac{\partial\mu_1}{\partial p}\right)_T\pi$$

$$=\mu_1(T,p)+\pi\overline{V}_1$$

由此可得

$$\Delta\mu_1=\mu_1^0(T,p)-\mu_1(T,p)=-\pi\overline{V}_1$$

或

$$\pi=-\frac{1}{\overline{V}_1}\Delta\mu_1=-\frac{1}{\overline{V}_1}\left(\frac{\partial\Delta G_m}{\partial n_1}\right)_{T,p,n_2}=-\left(\frac{\partial\Delta G_m}{\partial V}\right)_{T,p,N_2} \tag{8-42}$$

式中，$\overline{V}_1$ 是溶剂的偏摩尔体积。

小分子稀溶液接近理想溶液，服从 Roult 定律 $p_i=p_i^0x_i$，则由式(8-42)推得表示理想溶液渗透压的 Van't Hoff 方程

$$\pi/c=RT/M \tag{8-43}$$

式中，$c$ 为溶液质量浓度；$M$ 为溶质相对分子质量。

高分子溶液一般不是理想溶液。高分子溶液的渗透压不符合 Van't Hoff 方程，而通常采用多项 Virial 展开式表示

$$\pi/c=RT(1/M+A_2c+A_3c^2+\cdots) \tag{8-44}$$

式中，$A_2$，$A_3$ ……依次是第二、第三……渗透压 Virial 系数，它们反映了高分子溶液与理想溶液的偏离。

按 Flory-Huggins 晶格模型理论，高分子溶液中溶剂的化学位变化为

$$\Delta\mu_1=RT\left[\ln\Phi_1+\left(1-\frac{1}{m}\right)\Phi_2+\chi\Phi_2^2\right]$$

将该式代入式(8-42)得高分子溶液渗透压

$$\pi=-\frac{RT}{\overline{V}_1}\left[\ln(1-\Phi_2)+\left(1-\frac{1}{m}\right)\Phi_2+\chi\Phi_2^2\right] \tag{8-45}$$

在稀溶液中，$\overline{V}_1\approx V_1$，$\Phi_2\ll1$，将 $\ln(1-\Phi_2)$ 展开并略去高次项可得

$$\pi=RT\left[\frac{c}{M}+\left(\frac{1}{2}-\chi\right)\frac{\Phi_2^2}{V_1}+\frac{\Phi_2^3}{3V_1}\right] \tag{8-46}$$

若注意到 $\Phi_2=c/\rho_2$，$\rho_2$ 为高分子的密度，上式可改写为

$$\pi/c=RT\left[\frac{1}{M}+\left(\frac{1}{2}-\chi\right)\frac{c}{V_1\rho_2^2}+\frac{c^2}{3V_1\rho_2^3}\right] \tag{8-47}$$

与式(8-44)比较得第二渗透压 Virial 系数

$$A_2=\left(\frac{1}{2}-\chi\right)\Big/(V_1\rho_2^2) \tag{8-48}$$

若与式(8-27)、式(8-28)相结合，$A_2$ 还可表示为

$$A_2=\psi_1(1-\theta/T)/(V_1\rho_2^2) \tag{8-49}$$

上两式表明第二渗透压 Virial 系数与 $\chi$ 一样表征了高分子的远程相互作用，即高分子链节之间及高分子链节与溶剂分子之间的相互作用。在良好溶剂中，$\chi<1/2$，$A_2$ 为正值。加入不良溶剂或降低温度时，$A_2$ 的数值逐渐减少，当 $\chi=1/2$ 时，$A_2=0$，高分子链节间由于溶剂化及排斥体积效应所表现的斥力刚好与链节间的引力相互抵消，高分子溶液行为符合理想溶液行为。如果继续加入不良溶剂或降低温度，高分子就会从溶液中沉淀出来。

忽略 Virial 展开式(8-44)第三项后的高次项得

$$\pi/c=RT(1/M+A_2c) \tag{8-50}$$

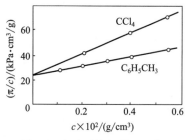

图 8-4 马来胶在甲苯和四氯
化碳中 $\pi/c$ 随 $c$ 的变化

因此在一定温度下，以 $\pi/c$ 对 $c$ 作图应是一条直线（图 8-4）。由直线外推到 $c=0$ 时的截距可确定高分子的相对分子质量，由直线的斜率可确定第二渗透压 Virial 系数 $A_2$。

在一些高分子-溶剂体系，尤其是浓度 $c$ 不很低时，$\pi/c$ 对 $c$ 作图不呈线性，而是一条上翘的曲线，这时仅用二项式是不够的，还须考虑第三项的影响，即

$$\pi/c = RT\ (1/M + A_2 c + A_3 c^2)$$
$$= \frac{RT}{M}\ (1 + \Gamma_2 c + \Gamma_3 c^2) \tag{8-51}$$

式中，$\Gamma_2 = A_2 M$；$\Gamma_3 = A_3 M$。

理论上可证明 $\Gamma_2 = g\Gamma_3$，且 $g$ 可近似看成一个常数。多种不同体系的实验数据表明 $g = 0.25$ 时，理论与实验符合得很好。因此式（8-51）可写成

$$(\pi/c)^{1/2} = (RT/M)^{1/2}(1 + \Gamma_2 c/2) \tag{8-52}$$

以 $(\pi/c)^{1/2}$ 对 $c$ 作图，在一定浓度范围内可得线性关系，其截距为 $(RT/M)^{1/2}$，斜率为 $(RT/M)^{1/2}(\Gamma_2/2)$，从而可求得相对分子质量和第二、第三渗透压 Virial 系数。

**【例 8-3】** 298K 时聚苯乙烯-甲苯溶液的渗透压测定结果如下：

| $c/(\text{kg/m}^3)$ | 1.55 | 2.65 | 2.93 | 3.80 | 5.38 | 7.80 | 8.68 |
|---|---|---|---|---|---|---|---|
| $\pi/\text{Pa}$ | 15.68 | 27.44 | 32.34 | 46.06 | 75.46 | 132.3 | 156.8 |

试求聚苯乙烯的平均相对分子质量和该溶液体系的 $A_2$ 和 $\chi$。已知甲苯的摩尔体积 $V_0 = 1.069 \times 10^{-4}\,\text{m}^3/\text{mol}$，聚苯乙烯的密度 $\rho_2 = 1080\text{kg/m}^3$。

**解** 式（8-52）是关于 $c$ 的一次函数式，现采用数值计算方法，将实验数据作一元线性回归，得一次项系数

$$(RT/M)^{1/2}(\Gamma_2/2) = \frac{\sum\limits_{i=1}^{n}(c_i - \bar{c})(\pi_i - \bar{\pi})}{\sum\limits_{i=1}^{n}(c_i - \bar{c})^2} = 0.15936 \tag{A}$$

及常数项

$$(RT/M)^{1/2} = \bar{\pi} - (RT/M)^{1/2}(\Gamma_2/2)\bar{c} = 2.87056 \tag{B}$$

式中，$c_i$、$\pi_i$ 为实验数据；$\bar{c}$、$\bar{\pi}$ 为实验数据的平均值；$n$ 为实验数据点数。

聚苯乙烯的平均相对分子质量

$$M = \frac{RT}{(2.87056)^2} = \frac{8.314 \times 10^3 \times 298}{(2.87056)^2} \doteq 3.01 \times 10^5\ \ (\text{g/mol})$$

将式（B）代入式（A）得

$$\Gamma_2 = 2 \times \frac{0.15936}{2.87056} = 0.1110\ \ (\text{m}^3/\text{kg})$$

因此第二渗透压 Virial 系数为

$$A_2 = \frac{10^3 \Gamma_2}{M} = \frac{0.1110 \times 10^3}{3.01 \times 10^5} = 3.69 \times 10^{-4}\ \ (\text{m}^3 \cdot \text{mol/kg}^2)$$

由式（8-48）解得

$$\chi = \frac{1}{2} - A_2 V_0 \rho_2^2 = \frac{1}{2} - 3.69 \times 10^{-4} \times 1.069 \times 10^{-4} \times 1080^2$$

$$\doteq \frac{1}{2} - 0.046 = 0.454$$

此外，线性回归的相关系数 $r = 0.995$，表明实验数据 $(\pi/c)^{1/2}$ 与 $c$ 之间比较好地符合线性关系。

## 8.4.2 高分子溶液的相分裂

由高分子化合物和溶剂组成的二元体系，像小分子溶液一样，在一定温度、压力下，溶液稳定的条件是

$$\frac{\partial^2 \Delta G_m}{\partial \Phi_2^2} > 0 \tag{8-53}$$

图 8-5 是高分子溶液 $\Delta G_m$ 与 $\Phi_2$ 的关系示意图，图中温度 $T_1$ 时 $\Delta G_m$ 随 $\Phi_2$ 变化曲线有两个极小值、一个极大值，曲线因此有两个拐点。过曲线可作一条公切线 $AB$，切点的组成分别为 $\Phi_2'$ 和 $\Phi_2''$。根据溶液稳定的条件可知，组成在 $\Phi_2'$ 和 $\Phi_2''$ 之间的溶液是不稳定的，都将分裂成平衡的两相。浓度较小的相称稀相，浓度较大的相称浓相或沉淀相，其平衡组成即是 $\Phi_2'$ 和 $\Phi_2''$。

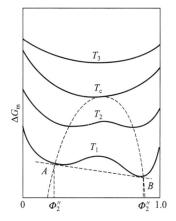

随着温度升高，两切点不断接近（图 8-5 中的虚线表示切点的轨迹）。在 $T_c$ 时，汇合成一点，此时两共存相消失成为均匀的一相。$T_c$ 称为临界共溶温度，联结各切点的曲线称浊点线。浊点线包围的区域内，溶液分成两相；其他区域，溶液呈均相。有的体系，如聚乙烯-二异丁基酮等体系，临界共溶温度 $T_c$ 在浊点线的上端，$T_c$ 称上临界共溶温度；有的体系，如甲基丙烯腈-丁酮等体系，$T_c$ 则在浊点线下端，称下临界共溶温度。

图 8-5 $\Delta G_m$ 与 $\Phi_2$ 的关系示意图

在临界状态时，$\Delta G_m$-$\Phi_2$ 曲线上的极值点和拐点趋于一点，函数的二阶导数和三阶导数应为零，即

$$\frac{\partial^2 \Delta G_m}{\partial \Phi_2^2} = 0, \quad \frac{\partial^3 \Delta G_m}{\partial \Phi_2^3} = 0$$

将从晶格模型理论得到的式(8-16) 代入上两式可解得相分裂的临界条件为

$$\Phi_{2,c} = \frac{1}{1 + \sqrt{m}} \tag{8-54}$$

$$\chi_c = \frac{1}{2m}(1 + \sqrt{m})^2 \tag{8-55}$$

式中，下标 c 表示临界状态。

联立式(8-27) 和式(8-28)，得

$$\psi_1(1 - \theta/T) = 1/2 - \chi \tag{8-56}$$

在临界条件下，$\chi$ 满足式(8-55)，因此两式合并有

$$\frac{1}{T_c} = \frac{1}{\theta}\left[1 + \frac{1}{\psi_1}\left(\frac{1}{\sqrt{m}} + \frac{1}{2m}\right)\right] \tag{8-57}$$

由上式可知 $1/T_c$ 与 $(1/\sqrt{m} + 1/2m)$ 呈线性关系，以 $1/T_c$ 对 $(1/\sqrt{m} + 1/2m)$ 作图，外推至 $m \to \infty$，可得该体系的临界特征温度 $\theta_c$，且相应 $\chi$ 值为 $1/2$。

高分子化合物相对分子质量通常具有多分散性，只有把不同相对分子质量的高分子化合物看成一个组分，高分子溶液才能作为准二元体系处理。二元体系达到相平衡时应满足

$$\mu_1' = \mu_1'', \quad \mu_m' = \mu_m''$$

式中，下标 m 表示聚合度为 $m$ 的高分子化合物。

若以 $\overline{m}$ 表示平均聚合度，则有

$$\Delta\mu_1 = RT\left[\ln\Phi_1 + \left(1 - \frac{1}{\overline{m}}\right)\Phi_2 + \chi\Phi_2^2\right] \tag{8-58}$$

$$\Delta\mu_m = RT\left[\ln\Phi_m + (1-m) + \left(1 - \frac{1}{\overline{m}}\right)m\Phi_2 + m\chi\Phi_1^2\right] \tag{8-59}$$

显然，若相对分子质量是均一的，即 $m = \overline{m}$，$\Phi_2 = \Phi_m$，则上两式就还原为式(8-16) 和式(8-19)。将式 (8-58)、式(8-59) 代入相平衡关系式联立解得

$$\ln\frac{\Phi_m''}{\Phi_m'} = m\left[2\chi(\Phi_1' - \Phi_1'') + \ln\frac{\Phi_1''}{\Phi_1'}\right] \tag{8-60}$$

令

$$\sigma = 2\chi(\Phi_1' - \Phi_1'') + \ln\frac{\Phi_1''}{\Phi_1'}$$

则

$$\Phi_m''/\Phi_m' = e^{\sigma m} \tag{8-61}$$

对于指定的相分裂条件，$\sigma$ 为一常数。上式表明高分子溶液中，不同相对分子质量级分的高分子化合物在浓相与稀相的浓度比随聚合度增大而呈指数上升。若两相平衡时，稀相和浓相的体积分别为 $V'$ 和 $V''$，其比值 $R = V''/V'$，则高分子化合物在两相的质量比为

$$\frac{w_m''}{w_m'} = \frac{\Phi_m'' V''\rho_2}{\Phi_m' V'\rho_2} = Re^{\sigma m} \tag{8-62}$$

在稀相和浓相所占的质量分数为

$$f_m' = \frac{w_m'}{w_m' + w_m''} = \frac{1}{1 + Re^{\sigma m}} \tag{8-63a}$$

$$f_m'' = \frac{w_m''}{w_m' + w_m''} = \frac{Re^{\sigma m}}{1 + Re^{\sigma m}} \tag{8-63b}$$

上式表明了高分子化合物在两相中的分配情况，是高分子溶液分级和两相分离的基础。

由式(8-57) 知道相对分子质量大的级分临界共溶温度高，相对分子质量小的级分临界共溶温度低。因此对指定的高分子溶液体系，温度降至共溶温度以下时，聚合度大的分子首先进入浓相而从溶液中分离；逐步降低温度，可依次分离出相对分子质量由大到小的各个级分。这个过程称为高分子化合物的降温分级。

由式(8-55) 知 $\chi$ 随聚合度增加而降低。因此利用 $\chi$ 对聚合度的依赖关系，在一定温度下，向高分子溶液加入沉淀剂，使体系的 $\chi$ 值逐步增加，从而使溶液中的高分子化合物按相对分子质量大小顺序逐一从溶液中分离。这一过程称为高分子化合物的沉淀分级。

### *8.4.3  高分子化合物的共混

共混高分子化合物也是一种溶液，其相容性同样可用溶液热力学理论进行分析。假设 A、B 两种高分子化合物分别含有 $m_A$ 和 $m_B$ 个链节，根据晶格模型理论，混合时体系的热力学函数为

$$\Delta S_m = -R\left[n_A\ln\Phi_A + n_B\ln\Phi_B\right]$$

$$\Delta H_m = RT\chi m_A n_A\Phi_B = RT\chi m_B n_B\Phi_A$$

$$\Delta G_m = RT(n_A\ln\Phi_A + n_B\ln\Phi_B + \chi m_B n_B\Phi_A)$$

$$= RT(n_A\ln\Phi_A + n_B\ln\Phi_B + \chi m_A n_A\Phi_B)$$

对多数高分子化合物共混体系，$\Delta G_m$ 是正值，为热力学不相容体系。对 $\Delta G_m$ 小于零的共混体系，$\Delta G_m$ 与 $\Phi_A$ （或 $\Phi_B$）有类似图 8-5 所示的关系，存在一个临界共溶温度，或者存在一

个临界值 $\chi_c$。当 $\chi$ 小于 $\chi_c$ 时，两种高分子化合物可按任意比例混溶。当 $\chi$ 大于 $\chi_c$ 时，体系分为两相，两相呈现不同的组成。据溶液稳态准则，由 $\Delta G_m$ 表达式求得临界条件为

$$\Phi_{A,c} = \frac{\sqrt{m_B}}{\sqrt{m_A} + \sqrt{m_B}}, \quad \Phi_{B,c} = \frac{\sqrt{m_A}}{\sqrt{m_A} + \sqrt{m_B}}$$

$$\chi_c = \frac{1}{2}\left(\frac{1}{\sqrt{m_A}} + \frac{1}{\sqrt{m_B}}\right)^2$$

因为 $m$ 值很大，只有 $\chi$ 很小的共混体系才有可能满足热力学相容条件。共混高分子化合物的 $\chi$ 是温度函数，并在某一温度出现极小值，即随温度升高或降低都可能使 $\chi$ 增大，直至达到上临界共溶温度或下临界共溶温度。因此高分子化合物共混体系的相容性有一定的温度范围。研究表明，存在下临界共溶温度是高分子共混体系较为普遍的现象。

共混是改变高分子化合物性质、获得具有指定性能的材料的有效手段。该方法比合成新的高分子化合物要省力得多，在工业上有重要的实用价值。对共混高分子化合物相容性的研究有助于深入了解共混材料的结构和物理性质，促进新型材料的开发和应用。

# 8.5 高分子膜和凝胶

膜可以看成是两流体相之间具有透过选择性的屏障。以膜为核心部件的膜过程是一种新型的分离技术，与精馏、吸收、萃取等传统分离工艺相比，具有能耗低、操作条件温和、可连续分离、易于放大等优点。根据结构和分离原理，膜可以分为三大类：多孔膜、无孔膜和载体膜。多孔膜有固定孔，利用孔的大小可高选择性地分离流体相中分子体积尺寸不同的组分，主要用于微滤和超滤。无孔膜利用溶解度或扩散系数的差异实现体积大致相同的分子的分离，其选择性和渗透性取决于膜材料的本征性质，多用于全蒸发、蒸汽渗透、气体分离和透析。载体膜的选择渗透性取决于载体分子的专一性，而不受膜本身的影响。载体有两种情况，一种是固定在膜的母体上，一种是溶于液体可在膜的孔内迁移。载体膜的功能一定程度上类似细胞膜。

凝胶是一种通过共价键、氢键或范德华力等相互作用交联构成的三维网状高分子化合物。按交联方式，凝胶可分为物理凝胶和化学凝胶；按接触的介质，凝胶可分为有机凝胶、水凝胶和气凝胶/干凝胶。凝胶与周围液体（纯溶剂或溶液）接触时会发生溶胀而不被溶解，形成的非均相体系包含：流体相，由凝胶本身和进入凝胶的流体组成的凝胶-流体相。这样的体系具有两个特点：①凝胶的网状结构对渗透进入的溶质分子有选择性，适合的分子能进入，其他的分子则不能，因此凝胶具有类似膜的选择渗透的分离作用；②凝胶体系存在可逆的一级相变。1984 年 Hirokawa 等[1]首次报道了非离子型聚 N-异丙基丙烯酰胺（PNIPAM）凝胶-纯水体系受温度变化影响，在 33.2℃附近出现可逆相变、体积变化达百倍以上的现象。对于高分子链节上含有相当于弱酸（如羧基—COOH）性基团或弱碱（如氨基—NH_2）性基团的离子型凝胶体系，改变周围溶液的 pH 值使微电荷密度发生变化，同样可导致凝胶体系的相变。凝胶体系能对外界条件（如温度、pH 值、溶液组成、离子浓度等）微小变化作出敏感响应，发生剧烈相变的特点，使其成为一种良好的功能性材料，在农业灌溉、食品加工、医药卫生、石油开采等领域获得广泛应用。

本节将介绍与无孔膜分离技术和凝胶体系相变行为有关的热力学基础知识。

## 8.5.1 无孔膜

工业中使用的无孔膜大多数是复合膜，由无孔高分子化合物薄层和多孔的支撑层组成。前

---

❶ Hirokawa Y，Tanaka T. J Chem Phye，1984，81：6379.

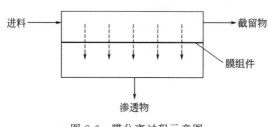

图 8-6　膜分离过程示意图

者起主要的分离作用，后者对分离过程通常没有或很少有影响，只是在膜分离单元中提供机械稳定性。

对于二元混合物无孔膜的分离机理如图8-6所示。要分离的混合物沿膜的进料侧流动，两组分以不同速率渗透并通过膜进入另一侧。在与进料同侧离开的截留物中优先渗透的组分减少，而膜另一侧收集的渗透物中优先渗透的组分富集。

流体通过无孔膜的传递过程通常用溶解-扩散模型描述，即

$$\text{渗透率}(P) = \text{溶解度系数}(S) \times \text{扩散系数}(D)$$

具体的传递过程可分为如下三步。

① 进料混合物（气体或液体）被膜吸收，每个组分 $i$ 在进料侧和膜之间的相界面达到热力学溶胀平衡。

② 据 Fick's 扩散第一定律，吸收组分从进料侧扩散通过膜到达渗透侧。

③ 吸收组分在膜和渗透侧的相界面解吸，且每个组分 $i$ 在相界面达到解吸平衡。

任何组分 $i$ 渗透通过膜的推动力是该物质沿着透过膜方向的化学位梯度。若进料为液体混合物，在相界面达到溶胀平衡时有

$$\mu_i^{\mathrm{L}} = \mu_i^{\mathrm{M}} \tag{8-64}$$

且

$$\mu_i^{\mathrm{L}} = \mu_i^{\ominus \mathrm{L}} + RT\ln(\gamma_i^{\mathrm{L}} x_i^{\mathrm{L}}) \tag{8-65a}$$

$$\mu_i^{\mathrm{M}} = \mu_i^{\ominus \mathrm{M}} + RT\ln(\gamma_i^{\mathrm{M}} x_i^{\mathrm{M}}) \tag{8-65b}$$

式中，上角标 L、M 分别表示液相和膜相。

因组分 $i$ 在液相和膜相的标准态 $\mu_i^{\ominus \mathrm{L}}$ 和 $\mu_i^{\ominus \mathrm{M}}$ 是相同的，因此有

$$\gamma_i^{\mathrm{L}} x_i^{\mathrm{L}} = \gamma_i^{\mathrm{M}} x_i^{\mathrm{M}} \tag{8-66}$$

若膜相中摩尔分率 $x_i^{\mathrm{M}}$ 用物质的量的浓度 $c_i^{\mathrm{M}}$ 代替，上式可改写为

$$\gamma_i^{\mathrm{L}} x_i^{\mathrm{L}} = \gamma_i^{c,\mathrm{M}} c_i^{\mathrm{M}} \tag{8-67}$$

即

$$c_i^{\mathrm{M}} = \frac{\gamma_i^{\mathrm{L}}}{\gamma_i^{c,\mathrm{M}}} x_i^{\mathrm{L}} = S_i^{\mathrm{L}} x_i^{\mathrm{L}} \tag{8-68}$$

式中，$S_i^{\mathrm{L}} = \gamma_i^{\mathrm{L}} / \gamma_i^{c,\mathrm{M}}$，为组分 $i$ 的液相溶解度系数。

若进料为气体混合物时，同理可得

$$c_i^{\mathrm{M}} = S_i^{\mathrm{G}} p_i \tag{8-69}$$

式中，$p_i$ 是组分 $i$ 在气相的分压；$S_i^{\mathrm{G}}$ 为组分 $i$ 的气相溶解度系数。

$$S_i^{\mathrm{G}} = \frac{\phi_i^{\mathrm{G}}}{\gamma_i^{c,\mathrm{M}}} \exp\left(\frac{\mu_i^{\ominus \mathrm{G}} - \mu_i^{\ominus \mathrm{M}}}{RT}\right) \tag{8-70}$$

式中，$\phi_i^{\mathrm{G}}$ 是组分 $i$ 在气相的逸度系数。

溶解度系数 $S_i$ 表示了平衡条件下组分 $i$ 被膜吸收的量。气体在无孔膜中的溶解度很低，可用 Henry 定律描述；有机蒸气和液体不符合理想行为，可由式(8-66)结合相关活度系数方程计算。

由 Fick's 定律可知，组分 $i$ 的透过膜的通量为

$$J_i = \frac{D_i}{\delta_{\mathrm{M}}} (c_i^{\mathrm{F,M}} - c_i^{\mathrm{P,M}}) \tag{8-71}$$

式中，$D_i$ 为扩散系数，表示渗透物通过膜的速率快慢，取决于渗透物的几何形状及与膜的相互作用；$\delta_{\mathrm{M}}$ 为高分子无孔膜的厚度，不包括支撑层的厚度；$c_i^{\mathrm{F,M}}$、$c_i^{\mathrm{P,M}}$ 分别是组分 $i$ 在进

料侧和渗透侧膜界面的浓度。

一般假定 $D_i$ 是与浓度无关的常数，但对于相互作用不能忽略的体系，需要取膜两侧浓度下的两个不同扩散系数的平均值。

全蒸发过程的进料侧为液体混合物，渗透侧为气体混合物，将式(8-68)、式(8-69)代入式(8-71)得组分 $i$ 的渗透通量

$$J_i = \frac{D_i}{\delta_M}(S_i^L x_i^L - S_i^G p_i) \tag{8-72}$$

一般渗透侧压力较低，在稳态下有

$$y_i = \frac{J_i}{\sum J_i} = \frac{p_i}{\sum p_i} \tag{8-73}$$

应用于二元体系可得

$$y_1 = \frac{p_1}{p_1 + p_2} = \frac{D_1(S_1^L x_1^L - S_1^G p_1)}{D_1(S_1^L x_1^L - S_1^G p_1) + D_2(S_2^L x_2^L - S_2^G p_2)} \tag{8-74}$$

若渗透侧在抽真空条件下压力可近似认为零，则上式可简化为

$$y_1 = \frac{D_1 S_1^L x_1^L}{D_1 S_1^L x_1^L + D_2 S_2^L x_2^L} \tag{8-75}$$

二元混合物通过膜的分离效果可用分离因子 $\alpha$ 衡量

$$\alpha \equiv \frac{x_1^L / y_1}{x_2^L / y_2} \tag{8-76}$$

显然，当 $\alpha = 1$ 时，膜过程无分离作用；$\alpha < 1$ 时，组分 1 在渗透侧被富集；$\alpha > 1$ 时，组分 2 在渗透侧被富集。将式(8-75)代入式(8-76)，整理后可得

$$\alpha = \frac{D_2 S_2^L}{D_1 S_1^L} = \frac{P_2}{P_1} \tag{8-77}$$

表明当渗透侧压力低到可忽略时，分离因子即为两组分渗透率之比。

气体分离过程的膜两侧均为气体，通过膜的通量为

$$J_i = \frac{D_i}{\delta_M}(S_i^{F,G} p_i^F - S_i^{P,G} p_i^P) \tag{8-78}$$

式中，上角标 F、P 分别指进料侧和渗透侧。

因压力对 $\phi_i^G$ 有较大影响，由式(8-70)可知，气相溶解度系数 $S^G$ 与压力有关。但气体分离过程，膜两侧的压力一般不高，往往假设 $S_i^{F,G} \approx S_i^{P,G} = S_i^G$，则上式可简化为

$$J_i = \frac{D_i S_i^G}{\delta_M}(p_i^F - p_i^P) \tag{8-79}$$

对于 $p_i^P \ll p_i^F$ 的情况，渗透侧组成可由下式计算

$$y_i = \frac{D_i S_i^G p_i^F}{\sum D_i S_i^G p_i^F} \tag{8-80}$$

**【例 8-4】** 计算氧气和氮气通过 $5\mu m$ 厚的硅橡胶膜的通量、分离因子和渗透侧氧气的浓度。进料为 101.3kPa、20℃ 的空气，渗透侧抽真空（$p^P = 0$），有关物性数据如下：

$$S_{O_2} = 1.1 \times 10^{-6} \, cm^3/(cm^3 \cdot Pa), \quad D_{O_2} = 1.6 \times 10^{-10} \, m^2/s$$

$$S_{N_2} = 0.7 \times 10^{-6} \, cm^3/(cm^3 \cdot Pa), \quad D_{N_2} = 0.9 \times 10^{-10} \, m^2/s$$

**解：** 空气组成可近似认为 $y_{O_2} = 0.21$，$y_{N_2} = 0.79$，因此

$$p_{O_2}^F = 0.21 \times 101.3 = 21.273kPa, \quad p_{N_2}^F = 0.79 \times 101.3 = 80.027kPa$$

据题意可知 $p_{O_2}^P = p_{N_2}^P = p^P = 0$，则由式(8-79)得

$$J_{O_2} = \frac{D_{O_2} S_{O_2}}{\delta_M} = (p_{O_2}^F - p_{O_2}^P) = \frac{1.6 \times 10^{-10} \times 1.1 \times 10^{-6}}{5 \times 10^{-6}}(21.273 \times 10^3 - 0) = 7.488 \times 10^{-7}\,\text{m/s}$$

$$J_{N_2} = \frac{D_{N_2} S_{N_2}}{\delta_M} = (p_{N_2}^F - p_{N_2}^P) = \frac{0.9 \times 10^{-10} \times 0.7 \times 10^{-6}}{5 \times 10^{-6}}(80.027 \times 10^3 - 0) = 1.008 \times 10^{-6}\,\text{m/s}$$

由式(8-77)得分离因子

$$\alpha = \frac{D_{N_2} S_{N_2}}{D_{O_2} S_{O_2}} = \frac{0.9 \times 10^{-10} \times 0.7 \times 10^{-6}}{1.6 \times 10^{-10} \times 1.1 \times 10_1^{-6}} = 0.3580$$

由式(8-80)得

$$y_{O_2} = \frac{D_{O_2} S_{O_2} p_{O_2}^F}{D_{O_2} S_{O_2} p_{O_2}^F + D_{N_2} S_{N_2} p_{N_2}^F} = \frac{1}{1 + \alpha p_{N_2}^F / p_{O_2}^F} = \frac{1}{1 + 0.3580 \times 80.027/21.273} = 0.4262$$

表明经膜的分离作用，渗透相中氧气的浓度增加了一倍多。

### 8.5.2 高分子凝胶

由于凝胶体系相变特性在实际应用中有着重要意义，众多研究者提出了描述凝胶相变的计算模型，MECthem（multi-effect-coupling thermal-stimulus）[1] 模型即是其中之一。该模型可较好地模拟离子型水凝胶在温度影响下的溶胀平衡。

基于 Flory 平均场理论，带离子基团的凝胶溶胀时总的自由焓变化 $\Delta G_{gel}$ 包含混合、弹性形变和离子三部分贡献，即

$$\Delta G_{gel} = \Delta G_{mix} + \Delta G_{elas} + \Delta G_{ion} \tag{8-81}$$

将 $\Delta G_{gel}$ 对溶剂分子数 $N_1$ 求导可得凝胶中溶剂的化学位

$$\Delta\mu_{gel} = \left(\frac{\partial \Delta G_{gel}}{\partial N_1}\right)_{T,p,N_2} = \Delta\mu_{mix} + \Delta\mu_{elas} + \Delta\mu_{ion} \tag{8-82}$$

当凝胶体系处于溶胀平衡时，溶剂在凝胶内、外的化学位相等，即

$$\Delta\mu_{mix} + \Delta\mu_{elas} + \Delta\mu_{ion} - \Delta\mu_{ion}^* = 0 \tag{8-83}$$

式中，$\Delta\mu_{ion}^*$ 是凝胶外部溶液中溶剂的化学位。

混合过程中溶剂分子间的接触转变为溶剂分子与凝胶高分子间的接触，由此产生的化学位变化为

$$\Delta\mu_{mix} = kT\nu^{-1}(\Phi_2 + \ln(1 - \Phi_2) + \chi\Phi_2^2) \tag{8-84}$$

式中，$k$ 是 Boltzmann 常数；$\nu$ 是溶剂的摩尔体积；$\Phi_2$ 是溶胀平衡时高分子网络的体积分数；$\chi$ 是溶剂-高分子间的相互作用参数。

对于 $\Phi_2$ 较大的凝胶体系，在高于下临界共溶温度（LCST）下发生的相变，则 $\chi$ 可由下式计算

$$\chi = D(T)B(\Phi) \tag{8-85}$$

Hino 和 Prausnits[2] 及 Bae 等人[3]分别提出了计算函数 $D(T)$ 和 $B(\Phi)$ 的表达式

$$B(\Phi) = (1 - b\Phi_2)^{-1} \tag{8-86}$$

$$D(T) = \frac{z}{2}\left[\frac{\xi - 2\xi_{12}}{RT} - 2\ln\frac{1 + s_{12}}{1 + s_{12}\exp(\xi_{12}/RT)}\right] \tag{8-87}$$

式中，$b$ 是经验参数；$z$ 是晶格配位数（$z=6$）；$\xi$ 是相互作用能；$\xi_{12}$ 是链节之间特殊相互作用能（如氢键）与非特殊相互作用能的差值；$s_{12}$ 是非特殊与特殊相互作用间并度的比值。

弹性形变引起的化学位变化由 Flory[4] 提出的仿射模型（affine model）计算

---

[1] Hua Li. Smart Hydrogel Modelling. Singapore：2009.

[2] Hino T，Prausnits J M. Polymer，1998，39：3279.

[3] Bae Y C，et al. J Appl Polym Sci，1993，47：1193.

[4] Flory P J. Principles of Polymer Chemistry. New York：Cornell Univ Press，1953.

$$\Delta\mu_{\mathrm{elas}} = kT\upsilon_{\mathrm{e}}\big[(\Phi_2/\Phi_2^0)^{1/3} - (\Phi_2/2\Phi_2^0)\big] \tag{8-88}$$

式中，$\upsilon_{\mathrm{e}}$ 为有效交联密度；$\Phi_2^0$ 是制备凝胶溶液时高分子化合物的初始体积分数；$\Phi_2^0/\Phi_2$ 为溶胀比。

离子浓度对化学位的贡献通常由凝胶内、外可移动离子的浓度差确定，即

$$\Delta\mu_{\mathrm{ion}} - \Delta\mu_{\mathrm{ion}}^* = -kT\sum_{j=1}^{N}(c_j - c_j^*) \tag{8-89}$$

式中，$N$ 是可移动离子的种类数；$c_j$ 和 $c_j^*$ 分别是凝胶内和周围溶剂中离子 $j$ 的浓度。

将式(8-83)、式(8-87) 和式(8-88) 代入式(8-82) 可得凝胶体系达溶胀平衡时应满足的关系式，即

$$\nu^{-1}(\Phi_2 + \ln(1-\Phi_2) + \chi\Phi_2^2) + \upsilon_{\mathrm{e}}\big[(\Phi_2/\Phi_2^0)^{1/3} - (\Phi_2/2\Phi_2^0)\big] - \sum_{i=1}^{N}(c_j - c_j^*) = 0 \tag{8-90}$$

对于凝胶-纯水体系，外部可移动离子为零，上式可简化为

$$\nu^{-1}(\Phi_2 + \ln(1-\Phi_2) + \chi\Phi_2^2) + \upsilon_{\mathrm{e}}\big[(\Phi_2/\Phi_2^0)^{1/3} - (\Phi_2/2\Phi_2^0)\big] - c_{\mathrm{f}}^0\Phi_2/2\Phi_2^0 = 0 \tag{8-91}$$

式中，$c_{\mathrm{f}}^0$ 是参考态（$\Phi_2 = \Phi_2^0$）时，高分子链节上固定的电荷密度。

可移动离子 $c_j$ 浓度的变化与凝胶体系电势 $\Psi$ 作用下离子移动、扩散有关。当凝胶体系处于溶胀平衡时，$c_j$ 与 $\Psi$ 的关系服从稳态 Nernst-Planck 方程(8-92) 和 Poisson 方程(8-93)。

$$D_j\nabla^2 c_j + \frac{FD_j z_j}{RT}(\nabla c_j\nabla\Psi + c_j\nabla^2\Psi) = 0 \quad (j=1,2,\cdots,N) \tag{8-92}$$

$$\nabla^2\Psi = -\frac{F}{\varepsilon_0\varepsilon}\Big(z_{\mathrm{f}}c_{\mathrm{f}} + \sum_{j=1}^{N}(z_j c_j)\Big) \tag{8-93}$$

式中，$F$ 为 Faraday 常数；$D_j$ 为扩散系数；$z_j$ 为可移动 $j$ 离子的价数；$z_{\mathrm{f}}$ 为固定电荷的价数；$c_{\mathrm{f}}$ 为固定电荷的密度；$\varepsilon_0$ 为真空下的介电常数；$\varepsilon$ 为介质的相对介电常数。

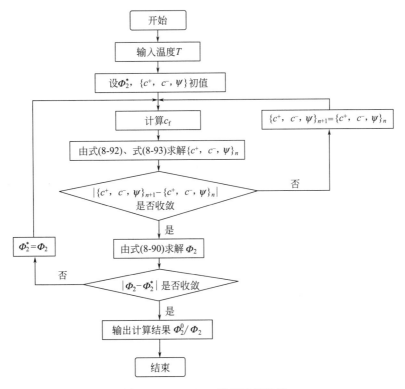

图 8-7  MECthem 模型计算框图

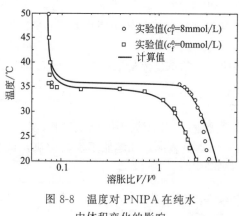

图 8-8　温度对 PNIPA 在纯水
中体积变化的影响

离子型凝胶受温度影响发生相变的模拟计算，需要联合求解溶胀平衡关系式（8-90）和 Nernst-Planck 方程（8-92）及 Poisson 方程（8-93）。因为前者为超越方程，后者为偏微分方程组，故模拟计算是一数值求解过程。计算框图见图 8-7。计算时，一般假定热溶胀期间，附着在网状高分子链上的固定电荷均匀分布且总量不变，即达溶胀平衡时有：$c_f = c_f^0 \Phi_2 / \Phi_2^0$。由模拟计算可得到凝胶的溶胀比 $V/V^0$（$= \Phi_2^0 / \Phi_2$）随温度的变化规律，预测凝胶体系的体积相变。

图 8-8 显示了 MECthem 模型计算值与实验值的比较。实验使用的材料为聚 $N$-异丙基丙烯胺（poly $N$-isopropylamine，PNIPA）水凝胶❶。图 8-8 中 $c_f^0 = 0$mmol/L，表示在凝胶制备过程中没有加入含离子基团的单体；$c_f^0 = 8$mmol/L，表示在共聚过程中加入了含离子基团的丙烯钠（sodium acrylate），其浓度为 8mmol/L（总浓度为 700mmol/L）。从图 8-8 中可以看出模拟计算值与实验值吻合良好。非离子型凝胶体系约在 34.3℃经历了连续相变；而离子型凝胶体系则在 35.6℃出现不连续的相变，溶胀比高达数十倍之多。由此可见，附着在高分子网链上的固定电荷增大了凝胶的溶胀量。

## 8.6　聚合反应的热力学特征

聚合反应是指不饱和小分子化合物转变为高分子聚合物的化学过程。从理论上讲，含任何不饱和键的化合物都可能通过双键（或重键）打开彼此连接为聚合物，但事实并非如此。例如，在高于65℃（常压）下不能获得 $\alpha$-甲基苯乙烯的聚合物；在聚醛、聚酮的系列中没有聚丙酮等。那么，什么样的单体具有聚合能力？什么样的条件下单体才能转变为高相对分子质量的聚合物呢？这需要通过聚合反应过程的热力学分析来回答。热力学将通过聚合过程中能量的变化，判断和预测单体聚合的可能性、单体发生聚合的条件（如温度、压力、浓度）以及单体转化为聚合物的限度（极限转化率）。

### 8.6.1　聚合反应可能性的判断准则

聚合反应体系反应前后的自由焓变化

$$\Delta G = G_p - G_m \tag{8-94}$$

式中，下标 p 指聚合物；m 指单体。

若聚合物的 $G_p$ 小于原始单体的 $G_m$ 时，有 $\Delta G < 0$，则聚合反应可自发进行。反之，若 $\Delta G > 0$，聚合反应不能自发进行，而解聚反应能自发进行。若 $\Delta G = 0$ 时，体系处于平衡状态，既无聚合趋势也无解聚趋势。

据自由焓定义

$$\Delta G = G_p - G_m = (H_p - H_m) - T(S_p - S_m) = \Delta H - T\Delta S \tag{8-95}$$

式中，$H_p$、$S_p$ 分别是聚合物的焓、熵；$H_m$、$S_m$ 分别是单体的焓、熵。

式（8-95）中第一项是焓变化项，聚合反应一般为放热反应，$\Delta H$ 为负值，有利于聚合反

---

❶　Hirotsu S，et al. J Phys Soc of Japan，1987，56：233.

应进行。第二项是熵变化项，小分子单体转化为聚合物分子的链节，受到约束，无序减少，熵值减小，$\Delta S$ 总为负值，不利于聚合。因此，聚合反应能否进行，取决于焓项和熵项的竞争。焓项 $\Delta H$ 值随温度变化很小，而温度对以（$-T\Delta S$）形式出现的熵项影响较大。因此对于给定的单体来说（$\Delta H$ 和 $\Delta S$ 为定值），温度就成了确定 $\Delta G$ 值符号的关键因素。在温度较低时，焓项占优势，$\Delta G$ 为负值，聚合可以进行。随着温度升高，熵项的影响超过焓项，$\Delta G$ 变化为正值，此时聚合反应不能进行。

$\Delta G$ 值可利用 $\Delta H$ 和 $\Delta S$ 的数据计算，在计算时应注意如下两点。

① 文献和手册上给出的通常是标准状态（1atm，298K）下的 $\Delta H^{\ominus}$ 和 $\Delta S^{\ominus}$ 数据，若考察的体系不处于标准状态，则需考虑温度对 $\Delta H$ 和 $\Delta S$ 的影响；如果聚合过程无相变，温度每升高 10K，$\Delta H^{\ominus}$ 约增加 $-0.084$kJ/mol，$\Delta S^{\ominus}$ 约增加 $-0.25$J/mol。

② 参与聚合反应的单体和反应生成的聚合物可能有多种状态（见表 8-6），不同状态有不同焓值和熵值。因此计算聚合过程焓变和熵变时应包括相变所涉及的焓变和熵变。例如气相乙烯转变为结晶态固体聚乙烯的自由焓变化为

$$\Delta G_{gc'} = \Delta H_{gc'} + T\Delta S_{gc'}$$

**表 8-6　表征聚合-解聚平衡的热力学变量说明**

| 单体状态 | 聚合物状态 | 符号 | 单体状态 | 聚合物状态 | 符号 |
|---|---|---|---|---|---|
| 气体 | 气体（通常是假想状态） | gg | 液体 | 晶体 | lc' |
| 气体 | 无定形固体或液体 | gc | 液体 | 在单体中的溶液 | ls |
| 气体 | 晶体 | gc' | 溶液 | 溶液 | ss |
| 液体 | 无定形固体或液体 | lc | 溶液 | 不溶于单体和溶剂的无定形或液态聚合物 | sc |

而计算 $\Delta H_{gc'}$ 和 $\Delta S_{gc'}$ 应包括相变引起的热效应和熵变

$$\Delta H_{gc'} = \Delta H_{gg} + \Delta H_l + \Delta H_{c'}$$
$$\Delta S_{gc'} = \Delta S_{gg} + \Delta S_l + \Delta S_{c'}$$

式中，下标 gg 表示气相乙烯转化为气态聚乙烯（假想态）时的焓变、熵变，下标 l、c' 分别表示气态聚乙烯液化、液态聚乙烯结晶时的焓变和熵变。

### 8.6.2　聚合上限温度

对指定的体系，在某一温度时有 $\Delta G=0$，体系在此温度下即处于聚合-解聚的平衡状态。这一温度称为聚合上限温度，记作 $T_C$。聚合上限温度可由式(8-95)计算

$$T_C = \Delta H / \Delta S \tag{8-96}$$

式中，$\Delta H$、$\Delta S$ 是每个单体单元的焓变和熵变，当聚合物链很长时，它们与聚合热和聚合熵变相同。

显然，体系温度低于 $T_C$ 时发生聚合，高于 $T_C$ 时发生解聚。

任何聚合反应，当温度达到 $T_C$ 时，单体与聚合链成平衡，即链增长速度等于解聚速度

$$k_p[M_n^*][M] = k_d[M_{n+1}^*] \tag{8-97}$$

式中，$k_p$ 和 $k_d$ 分别是链增长反应和解聚反应的速率常数；$[M_n^*]$、$[M_{n+1}^*]$ 是链增长活性中心的浓度；$[M]$ 是单体浓度，mol/L。

如果链足够长，则 $[M_n^*] \doteq [M_{n+1}^*]$，即有 $k_p[M]=k_d$。因此反应平衡常数为

$$K = \frac{k_p}{k_d} = \frac{1}{[M]_e} \tag{8-98}$$

式中，$[M]_e$ 是平衡时单体的浓度。

如果聚合物溶液是理想溶液，据平衡常数的定义，反应的标准自由焓变化为

$$\Delta G^{\ominus} = -RT\ln K = RT\ln[M]_e \tag{8-99}$$

平衡时 $T = T_C$，结合 $\Delta G^\ominus = \Delta H^\ominus - T\Delta S^\ominus$ 可得

$$T_C = \frac{\Delta H^\ominus}{\Delta S^\ominus + R\ln[M]_e} \tag{8-100}$$

或者写为

$$\ln[M]_e = \frac{\Delta H^\ominus}{RT_C} - \frac{\Delta S^\ominus}{R} \tag{8-101}$$

上两式均反映了 $T_C$ 和 $[M]_e$ 之间的函数关系。由此不仅可知道某一单体在什么温度下才能发生聚合反应，而且还可知道聚合反应的限度。在一定温度下达到聚合终点时体系将残留一定量的单体，其浓度即为 $[M]_e$。当单体浓度低于 $[M]_e$ 时聚合反应不再进行。根据这一关系，可以预测聚合反应的最高转化率 $x_m$

$$x_m = \frac{[M]_0 - [M]_e}{[M]_0} \times 100\% \tag{8-102}$$

式中，$[M]_0$ 是单体的起始浓度。

聚合上限温度 $T_C$ 除了与 $[M]_e$ 有对应关系外，还受到压力的影响。对于纯单体，压力影响可用下式表示

$$d(\ln T_C)/dp = \Delta V/\Delta H \tag{8-103}$$

式中，$\Delta V$ 是聚合时的体积变化。

通常情况下 $\Delta V$ 和 $\Delta H$ 都是负值，这表明随着压力增大 $T_C$ 将升高。

因此，从热力学的角度分析，低温高压有利于单体聚合。但是这样的结论仅仅从反应始、终态能量变化考虑，没有涉及活性中心的性质和各基元反应的细节。要确切地判断和预测聚合的有利条件及聚合物的结构，需要针对聚合反应的类型、活性中心的电子状态、溶剂的性质、单体的结构等，分别考察各基元反应的能量变化。此外还需要进行动力学方面的研究，以选择控制聚合速度、聚合物相对分子质量和结构的适当条件。这些内容将在有关的专业课中介绍。

### *8.6.3 聚合焓和聚合熵

（1）聚合焓

聚合焓，即聚合热（$\Delta H = -Q_p$），是非常重要的热力学参数，它不仅可以粗略判断单体聚合的可能性，而且是工程上计算传热和温度控制的依据。

聚合焓来自单体与聚合物能量之差。$\Delta H_p = \Delta U_p + p\Delta V$，若反应的体积变化可以忽略时，$\Delta H_p \doteq \Delta U_p$，即焓的变化等于内能的变化。因此能量之差主要来自三个方面。

① 双键断裂。聚合过程常伴以单体中双键打开形成聚合物中的单键。双键比单键有较高的能量，因而 $\pi$ 键转化为 $\sigma$ 键总是造成能量降低。打开一个 C=C 双键需要能量为 611.1kJ/mol，形成两个 C—C 单键放出的能量为 $-353.64 \times 2 = -707.28$kJ/mol，总的键能差即为聚合焓 $\Delta H$

$$\Delta H = -707.28 + 611.1 = -96.18\text{kJ/mol}$$

表 8-7 列举了各种不饱和键聚合时键能的变化情况。从表 8-7 中所列的键能预期值看，含 C=C、C=S、S=O 的烯类、硫酮类、砜类等单体，$\Delta H$ 均为负值，对聚合有利。而含 C=O、C=N 的醛、酮及异氰类等单体，$\Delta H$ 为正值，聚合不能进行。但实测的 $\Delta H$ 值表明，除丙酮尚未最后确定外，醛类如甲醛、甲基丙烯醛和三氯乙醛等的 $\Delta H$ 均为负值，可以聚合。这表明用键能数据计算聚合焓并据此判断单体聚合的可能性不够准确。特别当键能差额较小时，甚至会导致方向性错误。相比之下，用燃烧热计算聚合反应的热效应比较准确可靠。

表 8-7　聚合时键能的变化

| 键　　能/(kJ/mol) | 键能改变对 $\Delta H$ 的贡献/(kJ/mol) | 键　　能/(kJ/mol) | 键能改变对 $\Delta H$ 的贡献/(kJ/mol) |
|---|---|---|---|
| C=C(611.1)变为—C—C—(353.64) | $-96.18$ | C≡N（892.92)变为—C=N—(617.4) | $-33.18$ |
| C=O(739.2)变为—C—O—(359.1) | $+21.0$ | C=S(537.6)变为—C—S—(273.0) | $-8.4$ |
| C=N(617.4)变为—C—N—(305.76) | $+5.88$ | S=O(436.8)变为—S—O—(233.1) | $-29.4$ |

② 共振、共轭和超共轭（以下简称共振）。共振可以降低分子的内能。单体中的共振使自身能量变低，是使 $-\Delta H$ 变小的因素；而聚合物中的共振将使聚合物能量变低，是使 $-\Delta H$ 变大的因素。究竟聚合焓增加还是降低，必须比较单体和聚合物中，谁的共振强。如果单体中的共振占优势，会使聚合焓变小；反之，如果聚合物中的共振占优势，聚合焓将变大。例如，炔烃或腈类，单体中无共振效应，但其分子中的三键打开并聚合时，聚合物中将形成 $\displaystyle \big(\!\!-CH=CH-\!\!\big)_n$ 或 $\displaystyle \big(\!\!-CR=N-\!\!\big)_n$ 这样的共轭双键，这就增加了单体的聚合性能。据推算，$n\mathrm{CH\equiv CH}\rightarrow \big(\!\!-CH=CH-\!\!\big)_n$ 的 $\Delta H_{gg}=-193.2\mathrm{kJ/mol}$，$n\mathrm{RC\equiv N}\rightarrow \big(\!\!-CR=N-\!\!\big)_n$ 的 $\Delta H_{gg}=-420\mathrm{kJ/mol}$。又例如 $\alpha$-甲基苯乙烯具有苯环共振和甲基超共轭，使单体稳定，聚合焓仅为 $\Delta H_{gg}=-34\mathrm{kJ/mol}$。

③ 空间张力。空间张力使分子内能提高，张力越大，能量越高。空间障碍是造成空间张力的根本原因。成环或开环也将改变空间张力。比较在单体和聚合物中，谁的空间张力更强烈，可判断聚合焓增加还是降低。若单体中的空间张力更强烈些，则使聚合焓变大；反之，则使聚合焓变小。通常，聚合物中的空间障碍大，造成的张力占优势，总是使聚合焓变小。

除上述三种主要因素外，氢键和溶剂化作用、单体乳化热或聚合物的润湿热等也会对聚合焓产生影响，聚合焓的大小往往是几种因素共同影响的结果。

（2）聚合熵

体系的熵是该体系统计概率或无序程度的度量。在聚合反应过程中，对体系混乱程度作出贡献的有单体和聚合物的平动熵 $(S_t)$、外转动熵 $(S_r)$、内转动熵 $(S_{ir})$ 和振动熵 $(S_v)$。总熵变与各类熵变之间有近似的加和性。对单体来说，平动熵、外转动熵在总熵中占主要部分；对聚合物来说，有 $S_{ir}+S_v\gg S_t+S_r$，$S_t+S_r$ 可以忽略。表 8-8 列出了几种烯烃的各类熵值及聚合物熵变。

表 8-8　烯烃类聚合熵 $\Delta S_{gg}$　　　　　　　　J/(mol·K)

| 物质 | 单　体 | | | | | | 聚合物 | $-\Delta S_{gg}$ |
|---|---|---|---|---|---|---|---|---|
| | 相对分子质量 | $S_t$ | $S_r$ | $S_{ir}$ | $S_v$ | $S_g^0$ | $S_g^0=S_v+S_{ir}$ | |
| 乙　烯 | 28.05 | 150.8 | 66.8 | 0 | 2.5 | 220.1 | 77.3 | 142.8 |
| 异丁烯 | 56.10 | 159.6 | 97.0 | 38.2 | — | 294.8 | 122.6 | 172.2 |
| 苯乙烯 | 104.14 | 167.2 | 117.2 | 19.7 | 42.4 | 346.5 | 197.4 | 149.1 |

表 8-8 中数据表明聚合时外转动熵的损失几乎抵消了所增加的振动熵和内转动熵，所以 $-\Delta S_{gg}$ 值十分接近单体的平动熵。这是一个普遍的现象，对多数单体来说，聚合过程的熵变近似等于它的平动熵。

单体聚合为聚合物后，单体分子变为聚合物分子的链节，平动受到限制，导致平动熵减少，因此聚合熵总是负值。表 8-8 中数据还表明单体的平动熵受单体相对分子质量和单体结构的影响较小，一般认为聚合熵是一个与单体结构无关的热力学函数。例如苯乙烯聚合成固体聚苯乙烯，$-\Delta S^{\ominus}=105\mathrm{J/(mol\cdot K)}$，而 $\alpha$-甲基苯乙烯聚合为固体聚 $\alpha$-甲基苯乙烯，$-\Delta S^{\ominus}=109.2\mathrm{J/(mol\cdot K)}$。对烯类单体来说，聚合熵大都在 $105\sim126\mathrm{J/(mol\cdot K)}$。

聚合熵的改变与聚合前后摩尔体积的变化关系，经验地符合下述线性关系

$$\Delta S = 105 \pm \frac{1}{2} R \ln(V_1/V_2) \tag{8-104}$$

式中，$V_1$ 为单体体积；$V_2$ 为聚合物单元体积。

从理论上看，由单体变成聚合物的熵变还应考虑聚合物相对分子质量的多分散性、聚合物结晶的不完全性以及聚合物分子构象等因素，但研究结果表明，这些因素的影响都不大。

（3）$\Delta H$ 和 $\Delta S$ 的测定

聚合焓和聚合熵的实验测定方法大都基于单体-聚合物链的热力学平衡关系。由式(8-101)可知，平衡时单体浓度和上限温度的关系为

$$\ln[M]_e = \frac{\Delta H}{RT_C} - \frac{\Delta S}{R}$$

因此在几个不同 $T_C$ 下测定相应的 $[M]_e$ 值，然后将实验数据 $\ln[M]_e$ 对 $1/T_C$ 作图得一直线，由直线的斜率和截距便可求得 $\Delta H$ 和 $\Delta S$。表 8-9 列出了实验测得的某些单体的聚合焓、聚合熵及聚合自由焓。

**表 8-9　某些单体的聚合 $\Delta H$、$\Delta S$ 和 $\Delta G$**

| 单　　体 | 标准状态 | $-\Delta H^\ominus/$(kJ/mol) | $-\Delta S^\ominus/$[J/(mol·K)] | $-\Delta G^\ominus/$(kJ/mol) | 温度/℃ |
|---|---|---|---|---|---|
| 乙烯 | gg | 92.95 | 142.36 | 50.66 | 25 |
|  | lc | 108.44 | 173.76 | 56.52 | 25 |
| 丙烯 | gg | 86.67 | 167.06 | 36.85 | 25 |
|  | lc | 104.26 | 205.16 | 43.13 | 25 |
| 1-丁烯 | gg | 79.97 | 166.64 | 30.15 | 25 |
|  | lc | 86.67 | 124.77 | 53.59 | −8 |
| 异丁烯 | lc | 54.01 | 120.59 | 18.00 | 25 |
| 丁二烯 | lc | 73.69 | 85.83 | 48.15 | 25 |
| 异戊二烯 | lc | 74.95 | 101.33 | 44.80 | 25 |
| 苯乙烯 | gg | 75.78 | 148.64 | 31.40 | 25 |
|  | lc | 69.92 | 101.33 | 38.52 | 25 |
| α-甲基苯乙烯 | gg | 33.91 | 146.55 | −9.63 | 25 |
|  | lc | 35.17 | 103.84 | 4.19 | 25 |
| 四氟乙烯 | lc | 154.92 | 112.21 | 121.42 | 25 |
| 偏氯乙烯 | lc | 60.29 | 88.64 | 42.71 | −73 |
| 乙酸乙烯酯 | lc | 88.76 | 109.70 | 56.11 | 25 |
| 甲基丙烯酸甲酯 | lc | 55.27 | 117.24 | 20.10 | 25 |
| 甲基丙烯酸乙酯 | lc | 57.78 | 124.35 | 20.52 | 25 |
| 甲醛 | gc | 55.27 | 175.02 | 2.93 | 25 |
| 甲基丙烯醛 | lc | 65.32 | — | — | 74.5 |
| 丙烯腈 | lc | 72.44 | — | — | 76.8 |

# 习　题

8-1　293K 时配制 0.1L 天然橡胶的苯溶液。已知天然橡胶重 0.001kg，密度 991kg/m³，相对分子质量 $2 \times 10^5$。假定无体积效应，试计算：

（1）溶液的浓度 $c$(kg/L)；

（2）溶质的物质的量和摩尔分数；

（3）溶质和溶剂的体积分数。

8-2 某高分子溶液由相对分子质量 $M_2 = 10^6$、聚合度 $= 10^4$ 的溶质和相对分子质量 $M_1 = 100$ 的溶剂组成，构成 1%（质量分数）的溶液 1kg，试计算：

（1）此溶液的混合熵 $\Delta S_m$；

（2）依照理想溶液计算的混合熵 $\Delta S_m^{id}$；

（3）若把高分子切成 $10^4$ 个单体小分子，并假定此小分子与溶剂构成理想溶液时的混合熵 $\Delta S_m'$；

（4）由上述三种计算结果可得出什么结论？为什么？

8-3 等体积的丁腈橡胶与丁腈形成 1L 溶液时，求该过程的混合焓 $\Delta H_m$。已知丁腈橡胶、丁腈的溶解度参数分别为 $19.18 J^{1/2}/cm^{3/2}$ 和 $24.15 J^{1/2}/cm^{3/2}$。

8-4 已知基团引力常数分别为

| 基团 | 引力常数/[$J^{1/2}/(cm^{3/2} \cdot mol)$] | 基团 | 引力常数/[$J^{1/2}/(cm^{3/2} \cdot mol)$] |
|---|---|---|---|
| —CH₃ | 436 | ＼CH— ／ | 57 |
| —CH₂— | 271 | —COO— | 632 |

求聚乙酸乙烯酯的溶解度参数。聚合物的密度 $\rho = 1.25 \times 10^3 kg/cm^3$。

8-5 用磷酸三苯酯（$\delta_1 = 19.6 J^{1/2}/cm^{3/2}$）做 PVC（$\delta_2 = 19.4 J^{1/2}/cm^{3/2}$）的增塑剂，为了加强它们的相容性，须加入一种稀释剂（$\delta_1' = 16.3 J^{1/2}/cm^{3/2}$，相对分子质量 350）。试问这种稀释剂加入量是多少最合适？

8-6 在 308K 聚苯乙烯-环己烷的 $\theta$ 溶剂中，溶液浓度为 $c = 7.36 \times 10^{-3} kg/L$，测得其渗透压 $\pi = 24.3Pa$，试根据 Flory-Huggins 溶液理论，求此溶液的 $A_2$、$\chi$ 及聚苯乙烯的 $\delta_2$ 和 $M$。已知环己烷的 $\delta_1 = 16.7 J^{1/2}/cm^{3/2}$，$V_1 = 108 cm^3/mol$。

8-7 从 $\theta$ 溶剂中的渗透压数据知道，某高分子化合物的相对分子质量是 $10^4$，试求 300K、浓度为 $1.17 kg/m^3$ 的溶液的渗透压是多少？

8-8 37℃时测得某蛋白质水溶液的渗透压数据如下：

| $c/(g/L)$ | 4.25 | 5.50 | 6.75 | 8.25 | 10.25 | 11.00 | 12.75 | 14.25 | 15.25 |
|---|---|---|---|---|---|---|---|---|---|
| $\pi/Pa$ | 261.0 | 352.9 | 442.5 | 552.2 | 693.1 | 759.0 | 888.5 | 1002.9 | 1083.8 |

试计算该蛋白质的平均相对分子质量及该溶液系统的第二渗透压 Virial 系数 $A_2$。

8-9 聚异丁烯-环己烷系统于 298K 时，测得不同浓度下的渗透压数据如下：

| $c/(kg/m^3)$ | 5.1 | 7.6 | 10.0 | 10.2 | 15.0 | 20.0 | 20.4 |
|---|---|---|---|---|---|---|---|
| $\pi/Pa$ | 67.6 | 141.1 | 251.2 | 251.9 | 561.5 | 1037 | 1060 |

（1）试用 $\pi/c$-$c$ 和 $(\pi/c)^{1/2}$-$c$ 两种方法作图，分别求出聚异丁烯相对分子质量，并说明哪种方法较好；

（2）计算第二、第三渗透压 Virial 系数 $A_2$、$A_3$。

8-10 当高分子交联度不高、$\Phi_2$ 很小时，定义溶胀比 $Q = 1/\Phi_2$，利用 Flory-Huggins 理论和橡胶弹性理论可得如下近似式：

$$\frac{\overline{M}_C}{\rho_2 \overline{V}_2} \left( \frac{1}{2} - \chi \right) = Q^{5/3}$$

现有天然橡胶样品在 298K 溶于正癸烷溶剂。达溶胀平衡时，体积溶胀比为 4.0，已知 $\chi = 0.42$，溶剂摩尔体积 $V_1 = 195.8 \times 10^{-6} m^3/mol$，天然橡胶密度 $\rho_2 = 0.91 \times 10^3 kg/m^3$。试计算该样品中交联点的平均相对分子质量 $\overline{M}_C$。

8-11 有 A、B 两种高分子化合物，300K 时分别溶于同一种溶剂中，测得其溶液渗透压数据如下：

| A | $c/(kg/cm^3)$ | 0.320 | 0.660 | 1.000 | 1.400 | 1.900 |
| | $\pi/Pa$ | 6.86 | 17.84 | 30.38 | 52.92 | 91.14 |
| B | $c(kg/cm^3)$ | 0.400 | 0.900 | 1.400 | 1.800 | |
| | $\pi/Pa$ | 15.68 | 43.51 | 87.71 | 127.50 | |

（1）求出 A、B 两种高分子化合物的相对分子质量及两溶液的 $A_2$；

（2）若取 25% 质量分数的 A、75% 质量分数的 B 相混合，试估计混合物的相对分子质量 $\overline{M}$。

8-12 试计算丁二烯在 27℃、77℃、127℃时的平衡单体浓度。已知丁二烯的 $-\Delta H^0 = 73kJ/mol$，$\Delta S^0 = 89J/(mol \cdot K)$。

# 9 界面吸附

两相的接触面称为（相）界面。随两相的性质不同，界面可分为气液、气固、液液、液固和固固界面。涉及气相的气液、气固界面通常又称为表面。界面是物体的一个特殊部分，由于受到来自两相不同的作用力，在界面上存在一些与体相不同的物理现象，如界面张力、毛细现象、润湿、吸附、界面电现象等。这些现象不仅与催化、洗涤、乳化、脱色、防水、研磨等技术紧密相关，在化工、纺织、制药、食品加工、石油开采等工业领域得到广泛应用，而且在以光电、材料和生物科学为代表的高新技术的发展中有着重要作用。本章将在简要介绍界面现象的基础上，着重讨论物理吸附的规律和研究吸附平衡的热力学方法。

## 9.1 界面热力学基础

### 9.1.1 界面张力和界面自由焓

界面上的分子与体相内部的分子所处的环境不同，分子间的相互作用也不相同。以气液界面为例，液体内部的分子，周围分子对它的作用力是相等的，彼此可以相互抵消，分子所受合力为零。处于表面层位置的分子，周围分子作用力范围上部在气相中，下部在液相中。由于气相分子密度和相互作用比液相小得多，所以界面分子受到的合力不等于零，而是指向液体内部。一般来说，界面上的分子受到一个垂直于界面、指向体相内部的合力，使其有被拉入体相内部的倾向。这种倾向在宏观上表现出有一个与界面平行，并力图使界面收缩的张力。单位长度上的张力称为界面张力，用符号 $\sigma$ 表示，单位 N/m。习惯上将气液、气固界面张力称为该液体和固体的表面张力。

界面上的分子受到指向体相内部的引力，若想增大界面面积，把内部的分子移动到界面上去，则需要外界克服这个引力做功。因此，界面张力还可以从能量的角度出发定义为增加单位表面积所消耗的可逆功。

$$\sigma = -\mathrm{d}W_\mathrm{R}/\mathrm{d}A_\mathrm{S} \tag{9-1}$$

式中，$W_\mathrm{R}$ 为可逆功；$A_\mathrm{S}$ 为相界面面积。

在等温等压下，定组成封闭体系所得上述非体积功，其值等于体系自由焓的增加，即

$$\mathrm{d}G = -\mathrm{d}W_\mathrm{R}$$

合并上两式得

$$\mathrm{d}G = \sigma \mathrm{d}A_\mathrm{S} \tag{9-2}$$

或

$$\sigma = \left(\frac{\partial G}{\partial A_\mathrm{S}}\right)_{T,p} \tag{9-3}$$

所以界面张力又称（比）界面自由焓，记作 $G^{(\sigma)}$，单位 J/m²。界面张力与界面自由焓是对同一事物分别从力学和热力学角度提出的物理量，具有不同的物理意义，但数学上是等效的，量纲也相同（J/m² = N·m/m² = N/m）。

### 9.1.2 界面热力学函数

任何界面都不是一个单纯的几何面，而是两体相间的过渡区域，一般有几个分子的厚度，称为界面相。通常热力学讨论的体系往往忽略界面部分，而界面热力学研究的着眼点恰恰是界

面，因此选定的热力学体系应是由界面相和相邻两体相构成的不均匀的多相体系。与一般体系相比，界面热力学体系增加了强度变量 $\sigma$（界面张力）和广度变量 $A_S$（界面面积）；在热力学变化过程中，多了一种能量传递形式——界面功 $\sigma dA_S$。所以，热力学第一定律、第二定律用于界面热力学体系时表示为

$$dU = TdS - pdV + \sigma dA_S + \sum \mu_i dn_i \tag{9-4}$$

$$dH = TdS + Vdp + \sigma dA_S + \sum \mu_i dn_i \tag{9-5}$$

$$dA = -SdT - pdV + \sigma dA_S + \sum \mu_i dn_i \tag{9-6}$$

$$dG = -SdT + Vdp + \sigma dA_S + \sum \mu_i dn_i \tag{9-7}$$

由上述表达式不难得到

$$\sigma = \left(\frac{\partial U}{\partial A_S}\right)_{S,V,n_i} = \left(\frac{\partial H}{\partial A_S}\right)_{S,p,n_i} = \left(\frac{\partial A}{\partial A_S}\right)_{T,V,n_i} = \left(\frac{\partial G}{\partial A_S}\right)_{T,p,n_i} \tag{9-8}$$

即界面张力可进一步理解为不同条件下增加单位界面面积时体系的内能增量、焓增量、自由能增量或自由焓增量。

前几章介绍的热力学关系式同样适用于界面体系的热力学函数 $G^{(\sigma)}$ 或 $\sigma$，例如

$$G^{(\sigma)} = \sigma = H^{(\sigma)} - TS^{(\sigma)} \tag{9-9}$$

$$\left(\frac{\partial G^{(\sigma)}}{\partial T}\right)_p = \left(\frac{\partial \sigma}{\partial T}\right)_p = -S^{(\sigma)} \tag{9-10}$$

对于液体来说，体积变化可忽略，故 $U^{(\sigma)} = H^{(\sigma)}$，由式（9-9）和式（9-10）可得

$$U^{(\sigma)} = H^{(\sigma)} = \sigma - T\left(\frac{\partial \sigma}{\partial T}\right)_p \tag{9-11}$$

上述诸式中，$S^{(\sigma)} = \left(\frac{\partial S}{\partial A_S}\right)_{T,p}$ 是界面熵，$H^{(\sigma)} = \left(\frac{\partial H}{\partial A_S}\right)_{T,p}$ 是界面焓，$U^{(\sigma)} = \left(\frac{\partial U}{\partial A_S}\right)_{T,p}$ 是界面内能。

式（9-10）表明从界面张力的温度系数 $\left(\frac{\partial \sigma}{\partial T}\right)_p$ 可以得到界面熵值。已知一般液体的界面张力温度系数为负值，故界面熵为正值，即等温等压下一般液体的界面扩展是熵增过程。

式（9-11）的右方第一项代表扩展单位界面积的可逆功；第二项代表（比）界面热 $q^{(\sigma)}$，其物理意义由下式可见。在可逆过程条件下

$$\delta Q = TdS = TS^{(\sigma)} dA_S$$

所以

$$\frac{\delta Q}{dA_S} = TS^{(\sigma)} = -T\left(\frac{\partial \sigma}{\partial T}\right)_p = q^{(\sigma)} \tag{9-12}$$

即表示若过程绝热可逆，扩大单位面积，体系将由于界面热而发生冷却效应；如欲保持原来的温度，则必须吸收相当于 $q^{(\sigma)}$ 的热量。若已知 $\sigma$ 及其温度系数，可由式（9-11）计算 $H^{(\sigma)}$ 或 $U^{(\sigma)}$。

【**例 9-1**】 已知液态铁在 1535℃ 时的界面张力为 1880mN/m，界面张力温度系数为 $-0.43\text{mN/(m·K)}$，求它的界面焓 $H^{(\sigma)}$。

**解** 由式（9-11）得

$$H^{(\sigma)} = \sigma - T\left(\frac{\partial \sigma}{\partial T}\right)_p = 1880 - (1535 + 273)(-0.43) = 2657.4\text{mJ/m}^2$$

### 9.1.3 界面自由焓对液体性质的影响

（1）弯曲液面上的附加压力

液面的弯曲特性常用曲率 $1/R$ 表示。过曲面上任意点 $O$ 的一对正交法平面截该曲面得两

条曲线 $P_1P_2$、$Q_1Q_2$，曲线 $P_1P_2$、$Q_1Q_2$ 的曲率 $1/R_1$ 和 $1/R_2$ 的平均
值即为曲面在 $O$ 点的曲率（见图 9-1）。

$$1/R = (1/R_1 + 1/R_2)/2 \tag{9-13}$$

$R_1$ 和 $R_2$ 称为曲面在此点的主半径。球面的两主半径相等，其曲率就
等于球半径的倒数。曲率可以是正值，也可以是负值。通常，凸液面
的曲率为正值，凹液面的曲率为负值。

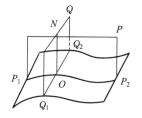

图 9-1  曲面的曲率

由于液体存在界面张力，液体界面常常呈弯曲状，由此对液体的
性质产生重要影响。其表现之一便是弯曲液面两侧的压力不相等。此
压力差值与液体的界面张力及液面的曲率有关。

设在一等温等容箱中有一界面张力为 $\sigma$ 的液滴可逆地发生如下变化：液滴改变体积 $dV_1$，
气相体积改变 $dV_g$，相应气液界面面积改变 $dA_S$。根据热力学原理，此过程体系的自由能不
变，即

$$dA = -p_g dV_g - p_1 dV_1 + \sigma dA_S = 0 \tag{9-14}$$

由于 $dV_1 = -dV_g$，因此

$$\Delta p = p_1 - p_g = \sigma \left( \frac{dA_S}{dV} \right) \tag{9-15}$$

若液滴呈半径为 $R$ 的球形，则有

$$\frac{dA_S}{dV} = \frac{d(4\pi R^2)}{d\left( \frac{4}{3}\pi R^3 \right)} = \frac{2}{R}$$

于是

$$\Delta p = \frac{2\sigma}{R} \tag{9-16}$$

这就是著名的 Laplace 公式，它表明弯曲液面将产生一附加压力。当液面是凸形时，$\Delta p$ 为正
值，液体内部压力大于外压；液面是凹形时，$\Delta p$ 为负值，液体内部压力小于外压；平液面
时，$R_1$、$R_2$ 为无穷大，$\Delta p = 0$，液面两侧压力相等。Laplace 公式同样适用于固体表面。

（2）弯曲液面上的蒸气压

在一定温度下液体有一定的饱和蒸气压。但如果把液体分散成小液滴，那么小液滴的饱和
蒸气压将与平面液体不同。

小液滴因液面弯曲而在界面两侧产生压力差 $\Delta p$，在等温下把 1mol 水平液面的液体转变
成半径为 $r$ 的球形小液滴，体系自由焓的变化为

$$\Delta G = V \Delta p = V \frac{2\sigma}{r} = \frac{2\sigma M}{\rho r} \tag{9-17}$$

式中，$V$ 为液体摩尔体积；$M$ 为液体分子的相对分子质量；$\rho$ 为液体密度。

此处自由焓变化即是小液滴化学位 $\mu_r$ 与平面液体化学位 $\mu$ 之差，$\Delta G = \mu_r - \mu$。

设小液滴的蒸气压为 $p_r$，平面液体正常饱和蒸气压为 $p_0$，并假定气相可视为理想气体，
则达气液平衡时，小液滴的化学位是 $\mu_r = \mu_0 + RT\ln p_r$，平面液体的化学位是 $\mu = \mu_0 +
RT\ln p_0$。因此

$$\Delta G = \mu_r - \mu = RT\ln \frac{p_r}{p_0} \tag{9-18}$$

由式(9-17) 和式(9-18) 可得

$$\ln \frac{p_r}{p_0} = \frac{2\sigma M}{RT\rho r} \tag{9-19}$$

这就是著名的 Kelvin 公式。此公式表明液滴半径越小，与之平衡的蒸气压力越大。除液滴外，

固体或气体的微小颗粒（晶粒或气泡）都有同样的特点。小粒晶体蒸气压增大，固体粉末熔点降低，气泡沸点升高等，微小颗粒的这些性质在亚稳状态和新相生成方面有重大作用。

（3）毛细现象

若液体能很好润湿毛细管壁，管内的液面呈凹面。由 Laplace 方程可知凹液面下方液相压力比同样高度的平面液体中的压力低，故液体将被压入毛细管内，直到管内上升液柱产生的静压$(\rho_1 - \rho_g)gh$与凹液面两侧压力差 $\Delta p$ 相等为止。若 $\rho_1$ 为液体密度，$\rho_g$ 为液体上方的气体密度。此时有

$$-\Delta p = -\frac{2\sigma}{R} = (\rho_1 - \rho_g)gh$$

液体在毛细管中上升高度为

$$h = -\frac{2\sigma}{(\rho_1 - \rho_g)gR} \tag{9-20}$$

式中，$R$ 为凹液面的曲率半径，它与毛细管半径 $r$ 的关系为

$$R = -\frac{r}{\cos\theta} \tag{9-21}$$

式中，$\theta$ 为液面与管壁所成夹角（润湿角）。

于是式(9-20) 改写成

$$h = \frac{2\sigma\cos\theta}{(\rho_1 - \rho_g)gr} \tag{9-22}$$

若液体不润湿管壁（$\theta > 90°$），则管内液体呈凸面。因凸液面下方液相压力比上方气相压力大，为保持平衡，管内液柱下降，下降深度 $h$ 同样可用式(9-22) 计算。

### 9.1.4 界面的吸附量

物质在界面上富集的现象称为吸附。描述吸附现象的基本物理量是界面吸附量。吸附量为界面相浓度与主体相浓度之差。定义界面相的方法有两种：一是 Guggenheim 等人发展的界面相法；另一是 Gibbs 相界面法。

以溶剂和溶质组成的溶液为例，界面相法将均匀的 α 相和 β 相间的全部过渡区定义为界面相(σ)［见图 9-2(a)］。相界面法将溶液相和它的蒸气相组成的体系等效为由两个均匀的体相和一个没有厚度的界面构成的体系。图 9-2(a) 中的虚线 $SS'$ 代表 Gibbs 界面的位置。

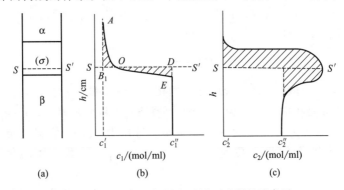

图 9-2　界面相、相界面及界面过剩量示意图

界面相法定义界面溶质的吸附量为

$$\Gamma_{2(1)} = \frac{1}{A_S}\left(n_2^{(\sigma)} - \frac{n_2}{n_1}n_1^{(\sigma)}\right) \tag{9-23}$$

式中，$A_S$ 为界面面积；$n_1$、$n_2$ 为溶剂和溶质在溶液中的物质的量；$n_1^{(\sigma)}$、$n_2^{(\sigma)}$ 为二者在

界面相的物质的量。

式(9-23) 的右边第一项表示单位面积界面相所含的溶质的量，第二项表示单位面积界面相所含溶剂在溶液中时所拥有的溶质的量，吸附量 $\Gamma_{2(1)}$ 即为这二者之差。

Gibbs 相界面法按下式计算相界面中溶剂和溶质的物质的量

$$n_1^{(\sigma)} = n_1 - (V^\alpha c_1^\alpha + V^\beta c_1^\beta) \tag{9-24}$$

$$n_2^{(\sigma)} = n_2 - (V^\alpha c_2^\alpha + V^\beta c_2^\beta) \tag{9-25}$$

式中，$n_i$ 为体系中 $i$ 组分中的物质的量；$c_i^\alpha$、$c_i^\beta$ 分别为各组分在两体相 $\alpha$、$\beta$ 中的物质的量浓度；$V^\alpha$、$V^\beta$ 为 $\alpha$、$\beta$ 相的体积。

上两式中 $V^\alpha c_i^\alpha + V^\beta c_i^\beta$ 是没有吸附作用时 $i$ 组分的数量，把它从总量 $n_i$ 中减去即得吸附量或过剩量。因此这种单位面积吸附量 $\Gamma_i = n_i^{(\sigma)}/A_S$ 又称为界面过剩量。

由于 $\Gamma_i$ 的大小与界面 $SS'$ 的位置有关，$SS'$ 面上下移动时，$V^\alpha$ 和 $V^\beta$ 将改变，$\Gamma_i$ 也会随之变化。为消除这一不确定性，将式(9-24) 和式(9-25) 联立，并将总体积 $V = V^\alpha + V^\beta$ 代入可解得

$$n_2^{(\sigma)} - n_1^{(\sigma)} \frac{c_2^\alpha - c_2^\beta}{c_1^\alpha - c_1^\beta} = (n_2 - V c_2^\alpha) - (n_1 - V c_1^\alpha) \frac{c_2^\alpha - c_2^\beta}{c_1^\alpha - c_1^\beta} \tag{9-26}$$

式(9-26) 右边已不含 $V^\alpha$ 和 $V^\beta$，表示不再与 $SS'$ 的位置选择有关，因此 Gibbs 定义溶质的相对单位面积吸附量为

$$\Gamma_{2(1)} = \Gamma_2 - \Gamma_1 \frac{c_2^\alpha - c_2^\beta}{c_1^\alpha - c_1^\beta} \tag{9-27}$$

因为 $SS'$ 位置与 $\Gamma_{2(1)}$ 无关，可任意选择，为计算方便，通常按溶剂无界面过剩的条件来确定 $SS'$ 的位置，即选择 $SS'$ 的位置使 $n_1^{(\sigma)} = 0$ 或 $\Gamma_1 = 0$。此时溶质的吸附量为

$$\Gamma_{2(1)} = \Gamma_2(\Gamma_1 = 0) = \frac{n_2^{(\sigma)}}{A_S}(\Gamma_1 = 0) \tag{9-28}$$

图 9-2(b)、(c) 对此给出了形象的图示。

式(9-23) 和式(9-28) 都表示了界面上溶质的相对吸附量，实质上是一致的。

### 9.1.5 体系存在界面时的平衡判据

由体相 $\alpha$、$\beta$ 和界面相 ($\sigma$) 组成的体系的总内能为

$$dU = dU^\alpha + dU^\beta + dU^{(\sigma)} \tag{9-29}$$

据式(9-4)，各相的内能可分别写成

$$dU^\alpha = T^\alpha dS^\alpha - p^\alpha dV^\alpha + \sum \mu_i^\alpha dn_i^\alpha$$

$$dU^\beta = T^\beta dS^\beta - p^\beta dV^\beta + \sum \mu_i^\beta dn_i^\beta$$

当达到平衡时，体系与外界无功、热交换，可视为孤立体系，即有

$$dU = 0$$

$$\delta W = -p^\alpha dV^\alpha - p^\beta dV^\beta - p^{(\sigma)} dV^{(\sigma)} + \sigma dA_S = 0$$

在平衡条件下，体系内部各相间极微量的质、能传递过程是可逆的，因此满足

$$dS = dS^\alpha + dS^\beta + dS^{(\sigma)} = 0$$

并且遵守质量守恒原理

$$dn_i = dn_i^\alpha + dn_i^\beta + dn_i^{(\sigma)} = 0$$

将上述关系式代入式(9-29)，经整理得

$$(T^\beta - T^\alpha) dS^\beta + (T^{(\sigma)} - T^\alpha) dS^{(\sigma)} - (p^\beta - p^\alpha) dV^\beta - (p^{(\sigma)} - p^\alpha) dV^{(\sigma)}$$

$$+ \sigma dA_S + \sum [(\mu_i^\beta - \mu_i^\alpha) dn_i^\beta + (\mu_i^{(\sigma)} - \mu_i^\alpha) dn_i^{(\sigma)}] = 0 \tag{9-30}$$

在式(9-30)中，$dS^\beta$、$dS^{(\sigma)}$、$dn_i^\beta$、$dn_i^\sigma$ 都是独立变量，$dV^\beta$、$dV^{(\sigma)}$ 和 $dA_S$ 由于界面存在曲率而有一定的关联。为了满足任意条件下式(9-30)都成立，则必有以下关系

$$\mu_i^\alpha = \mu_i^\beta = \mu_i^{(\sigma)} \tag{9-31}$$

$$T^\alpha = T^\beta = T^{(\sigma)} \tag{9-32}$$

$$-(p^\beta - p^\alpha)dV^\beta - (p^{(\sigma)} - p^\alpha)dV^{(\sigma)} + \sigma dA_S = 0 \tag{9-33}$$

式(9-31)~式(9-33)就是存在界面相时的平衡判据。采用 Gibbs 相界方法，$V^{(\sigma)} = 0$，式(9-33)可简化为

$$p^\beta - p^\alpha = \sigma \frac{dA_S}{dV^\beta} \tag{9-34}$$

若相界面是一平面，$dA_S/dV^\beta = 0$，则

$$p^\beta = p^\alpha$$

若相界面是半径为 $r$ 的球面，$dA_S/dV^\beta = 2/r$，则

$$p^\beta - p^\alpha = 2\sigma/r$$

由此可见，平衡时每一组分在各相的化学位相等，各相的温度相等，而界面两侧的压力符合 Laplace 方程。

### 9.1.6 界面化学位

对于无其他有用功的一般热力学体系，组分 $i$ 的化学位定义为

$$\mu_i = (\partial G/\partial n_i)_{T,p,n_j} \tag{9-35}$$

其意义实际上是摩尔化学有用功。界面相除了化学有用功外，还存在界面功。因此，根据式(9-7)，有

$$dG^{(\sigma)} = -S^{(\sigma)}dT^{(\sigma)} + V^{(\sigma)}dp^{(\sigma)} + \sigma dA_S + \sum \mu_i^{(\sigma)}dn_i^{(\sigma)}$$

界面化学位 $\mu_i^S$ 的定义为

$$\mu_i^S = (\partial G^{(\sigma)}/\partial n_i^{(\sigma)})_{T,p,n_j} = \mu_i^{(\sigma)} + \sigma \overline{A}_i \tag{9-36}$$

式中，$\overline{A}_i = (\partial A_S/\partial n_i^{(\sigma)})_{T,p,\sigma,n_j}$，是组分 $i$ 的偏摩尔界面面积。

注意不要将 $\mu_i^S$ 和 $\mu_i^{(\sigma)}$ 两个量相混淆，前者是界面相中组分 $i$ 的界面化学位，有 $G^{(\sigma)} = \sum n_i^{(\sigma)}\mu_i^S$；后者是界面相中组分 $i$ 的化学位。

溶液主体相中组分化学位与组成的关系是

$$\mu_i = \mu_i^\ominus + RT\ln a_i \tag{9-37}$$

同理可写出界面化学位与界面相组成的关系是

$$\mu_i^S = \mu_i^{S\ominus} + RT\ln a_i^{(\sigma)} \tag{9-38}$$

式中，$\mu_i^{S\ominus}$ 为标准状态下组分 $i$ 的界面化学位。

按式(9-36)可表示为

$$\mu_i^{S\ominus} = \mu_i^{\ominus(\sigma)} + \sigma^\ominus \overline{A}_i^\ominus \tag{9-39}$$

将式(9-38)和式(9-39)代入式(9-36)，得

$$\mu_i^{(\sigma)} = \mu_i^{\ominus(\sigma)} + RT\ln a_i^{(\sigma)} + \sigma^\ominus \overline{A}_i^\ominus - \sigma \overline{A}_i \tag{9-40}$$

与式(9-37)比较，显然可见界面相中组分 $i$ 的化学位中还包含了界面功的贡献。式(9-40)将界面相中组分的化学位与界面相其他物理化学性质联系起来，这对计算界面相的各种热力学性质是很有用的。

## 9.2 溶液界面吸附

上一小节在确定包含界面的热力学体系的同时，定义了溶液界面吸附量。本小节将对溶液

界面吸附量与溶液界面张力和溶液体相浓度的关系作进一步讨论。

### 9.2.1　Gibbs 吸附公式

由界面相组分 $i$ 的界面化学位定义可知

$$G^{(\sigma)} = \sum n_i^{(\sigma)} \mu_i^{\mathrm{S}} = \sum n_i^{(\sigma)} (\mu_i^{(\sigma)} + \sigma \overline{A}_i)$$
$$= \sum n_i^{(\sigma)} \mu_i^{(\sigma)} + \sigma A_{\mathrm{S}} \qquad (9\text{-}41)$$

将上式微分得

$$\mathrm{d}G^{(\sigma)} = \sum \mu_i^{(\sigma)} \mathrm{d}n_i^{(\sigma)} + \sum n_i^{(\sigma)} \mathrm{d}\mu_i^{(\sigma)} + A_{\mathrm{S}} \mathrm{d}\sigma + \sigma \mathrm{d}A_{\mathrm{S}} \qquad (9\text{-}42)$$

在等温等压条件下，界面相热力学基本方程(9-7) 可简化为

$$\mathrm{d}G^{(\sigma)} = \sigma \mathrm{d}A_{\mathrm{S}} + \sum \mu_i^{(\sigma)} \mathrm{d}n_i^{(\sigma)} \qquad (9\text{-}43)$$

比较式(9-42) 和式(9-43) 得

$$A_{\mathrm{S}} \mathrm{d}\sigma + \sum n_i^{(\sigma)} \mathrm{d}\mu_i^{(\sigma)} = 0 \qquad (9\text{-}44)$$

若两边同除以相界面积 $A_{\mathrm{S}}$，则上式变为

$$-\mathrm{d}\sigma = \sum \frac{n_i^{(\sigma)}}{A_{\mathrm{S}}} \mathrm{d}\mu_i^{(\sigma)} = \sum \Gamma_i \mathrm{d}\mu_i^{(\sigma)} \qquad (9\text{-}45)$$

这是 Gibbs 吸附公式的原型，实际上也是界面相的 Gibbs-Duhem 方程。由于达到吸附平衡时，$\mu_i^{(\sigma)} = \mu_i^{\alpha} = \mu_i^{\beta}$，而 $\mu_i^{\alpha}$、$\mu_i^{\beta}$ 是温度、压力和体相组成的函数，因此 Gibbs 吸附公式表达了界面相浓度、界面张力与温度、压力及体相组成的关系。采用 Gibbs 相界面方法，式(9-45) 可改写为

$$-\mathrm{d}\sigma = \sum_{i=2}^{N} \Gamma_{i(1)} \mathrm{d}\mu_i^{(\sigma)} \qquad (9\text{-}46)$$

式中，$\Gamma_{i(1)}$ 是界面相中以组分 1 为基准的 $i$ 组分相对吸附量。

对于二组分体系，则

$$-\mathrm{d}\sigma = \Gamma_{2(1)} \mathrm{d}\mu_2^{(\sigma)} \qquad (9\text{-}47)$$

在等温条件下，将 $\mu_2^{(\sigma)} = \mu_2^{\alpha} = \mu_2^{\ominus} + RT \ln a_2^{\alpha}$ 代入，可得

$$-\mathrm{d}\sigma = \Gamma_{2(1)} RT \mathrm{d}\ln a_2^{\alpha}$$

或

$$\Gamma_{2(1)} = -\frac{1}{RT} \left( \frac{\mathrm{d}\sigma}{\mathrm{d}\ln a_2^{\alpha}} \right)_T \qquad (9\text{-}48)$$

如果可以用浓度代替活度，则

$$\Gamma_{2(1)} = -\frac{1}{RT} \left( \frac{\mathrm{d}\sigma}{\mathrm{d}\ln c_2^{\alpha}} \right)_T = -\frac{c_2^{\alpha}}{RT} \left( \frac{\mathrm{d}\sigma}{\mathrm{d}c_2^{\alpha}} \right)_T \qquad (9\text{-}49)$$

式(9-48) 和式(9-49) 称为 Gibbs 吸附公式。由公式可知，只要测定 $\sigma$ 随体相浓度变化数据，就可求得溶质在界面的吸附量 $\Gamma_{2(1)}$。

Gibbs 吸附公式在推导时未作特别限制，因此除适用于气液界面外，对气固、液固、液液等界面原则上也可使用。

**【例 9-2】** 25℃时十二烷基苯磺酸钠水溶液的细流落入比液流稍细的圆形孔中，厚度为 $5 \times 10^{-4} \mathrm{cm}$ 的液流表层被刮下。收集此液并分析，得知其浓度为 $7.5 \times 10^{-6} \mathrm{mol/L}$。已知原液流浓度为 $5.5 \times 10^{-6} \mathrm{mol/L}$，$\mathrm{d}\sigma/\mathrm{d}c = -4.2 \times 10^3 (\mathrm{mN/m})/(\mathrm{mol/L})$。请用这些数据验证 Gibbs 吸附公式。

**解**　实验吸附量

$$\Gamma_{2(1)} = (7.5 \times 10^{-6} - 5.5 \times 10^{-6}) \times 10^3 \times 5 \times 10^{-4} \times 10^{-2} = 1.0 \times 10^{-8} \mathrm{mol/m^2}$$

由 Gibbs 吸附公式计算的吸附量

$$\Gamma_{2(1)} = -\frac{5.5 \times 10^{-6} \times 10^3}{8.314 \times 293.15} (-4.2 \times 10^3 \times 10^{-6}) = 9.32 \times 10^{-9} \mathrm{mol/m^2}$$

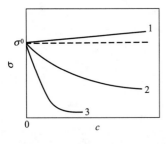

图 9-3　溶液界面张力曲线

两者相比基本一致，表明 Gibbs 吸附公式具有较好的准确性。

### 9.2.2　溶液的界面张力

溶液的界面张力不但与溶剂有关，而且与溶质性质和浓度有关。在一定温度下，溶液界面张力随液相浓度变化关系可归纳为三种不同类型的曲线，如图 9-3 所示。其中曲线 1 显示了无机盐水溶液 $\sigma$-$c$ 关系。界面张力随浓度增加而缓慢上升，大致成直线关系。表明无机盐比水更不亲气相，在界面为负吸附。曲线 2 是低相对分子质量有机物水溶液的 $\sigma$-$c$ 关系，界面张力随浓度增加而逐步降低。表明有机物在界面富集，产生正吸附，使界面张力降低。曲线 3 是表面活性剂水溶液的 $\sigma$-$c$ 关系。界面张力在浓度很低时急剧下降，很快达到最低点，此后 $\sigma$ 的变化趋于平缓。溶质使溶剂界面张力降低的性质叫表面活性，可用 $-(\mathrm{d}\sigma/\mathrm{d}c)_{c\to0}$ 的值来描述。此值大于零的溶质具有表面活性，是表面活性物质；反之为非表面活性物质。

上述曲线称为界面张力等温线，对于二组分体系，可用如下的经验数学式表示

$$\sigma=\sigma^0+kc \tag{9-50}$$

$$\sigma=\sigma^0[1-b\ln(c/a+1)] \tag{9-51}$$

线性关系式(9-50) 适用曲线 1 及曲线 2、曲线 3 极稀浓度区，式中 $c$ 为溶液浓度，$k$ 为常数。式(9-51) 是由 Szyszkowski 首先提出的经验式，它适用于曲线 2 和曲线 3 达到最低点前的浓度区，式中 $a$、$b$ 是经验常数。

溶液的界面张力是重要的物性，除了用上述经验式计算外，还可利用界面化学位和界面相 Gibbs-Duheim 方程进行关联或预测。

### 9.2.3　溶液界面吸附等温线和吸附等温式

在一定温度下，将溶液界面的吸附量对体相浓度（或分压）作图，所得曲线称为吸附等温线。具体做法是：在一定温度下测定不同浓度溶液的界面张力，作 $\sigma$-$c$ 曲线（见图 9-4；沿 $\sigma$-$c$ 曲线求出各浓度点处曲线的斜率 $\mathrm{d}\sigma/\mathrm{d}c$，然后代入 Gibbs 吸附公式(9-49) 计算出该浓度下的吸附量 $\Gamma_{2(1)}$，将吸附量对浓度作图即得吸附等温线，见图 9-5。

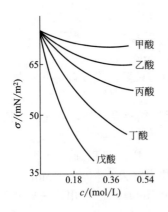

图 9-4　有机水溶液 $\sigma$-$c$ 曲线

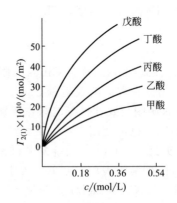

图 9-5　有机水溶液吸附等温线

溶液在浓度很低时，界面张力与浓度成线性关系，有

$$\frac{\mathrm{d}\sigma}{\mathrm{d}c}=k \tag{9-52}$$

浓度稍大时，界面张力随浓度的变化关系偏离线性，需采用 Szyszkowski 经验式(9-51)，即

$$\frac{\mathrm{d}\sigma}{\mathrm{d}c} = -\frac{\sigma^0 b}{c+a} \tag{9-53}$$

上两式分别与 Gibbs 吸附公式结合得到描述吸附量与体相浓度（或分压）关系的吸附等温式，即

$$\Gamma_{2(1)} = -\frac{k}{RT}c \tag{9-54}$$

和

$$\Gamma_{2(1)} = \frac{\sigma^0 b}{RT}\frac{c}{c+a} \tag{9-55}$$

当浓度很小时，$c \ll a$，令 $k = -\frac{\sigma^0 b}{a}$，则式(9-55) 还原为式(9-54)。如果溶液浓度很大，$c \gg a$，则式(9-55) 变为

$$\Gamma_{2(1)} = \frac{\sigma^0 b}{RT} = \Gamma_{m,2} \tag{9-56}$$

该式表明随浓度增大，吸附量将趋向一极限值。这一极限吸附量称为饱和吸附量 $\Gamma_m$。令 $\theta = \Gamma/\Gamma_m$，$\theta$ 反映了界面吸附的饱和程度，称为吸附饱和度，也称为覆盖度。结合式(9-55) 和式(9-56)可得

$$\theta = \frac{\Gamma}{\Gamma_m} = \frac{k'c}{1+k'c} \tag{9-57}$$

式中，$k' = 1/a$。

### 9.2.4 溶液界面吸附层状态方程

将溶剂和含表面活性物质的溶液分别注入容器的两侧，中间用一可移动的浮片和隔膜隔开。由于表面活性物质吸附于界面，使溶液界面张力 $\sigma$ 大大低于纯溶剂的界面张力 $\sigma^0$，因此浮片必然受到从溶液指向纯溶剂的压力。单位长度上的这种压力称界面压或铺展压，记作 $\pi$。

$$\pi = \sigma^0 - \sigma \tag{9-58}$$

界面压使溶剂的界面收缩，而使溶液的界面更为铺展。

对于非常稀的溶液，由式(9-50) 可知界面压与溶液浓度成正比，即

$$\pi = \sigma^0 - \sigma = -kc$$

上式对浓度微分得 $\mathrm{d}\sigma/\mathrm{d}c = k = -\pi/c$，将此关系代入 Gibbs 吸附公式，有

$$\Gamma = -\frac{c}{RT}\frac{\mathrm{d}\sigma}{\mathrm{d}c} = \frac{\pi}{RT}$$

或

$$\pi = \Gamma RT \tag{9-59}$$

式中，$\Gamma$ 是单位界面上吸附的溶质的物质的量。

假定 $A_m$ 为 1mol 吸附分子所占的界面面积，则 $A_m = 1/\Gamma$，式(9-59) 可改写为

$$\pi A_m = RT \tag{9-60}$$

此式与理想气体状态方程 $pV = RT$ 相似，只是界面压 $\pi$ 代替了气体压力 $p$，摩尔界面面积 $A_m$ 代替了气体摩尔体积 $V$。这说明，稀溶液中溶质在界面层的运动状态和理想气体类似，不同之处仅在于理想气体分子运动于三维空间，而界面层分子运动于二维平面。因此式(9-60) 叫做二维理想气体状态方程。符合此方程的界面吸附膜叫做理想气体膜。

进一步研究发现，浓溶液的界面状态与实际气体也有相似之处。以 $\frac{\pi A_m}{RT}$ 对 $\pi$ 作图，可得类似气体压缩因子图的变化曲线。图 9-6 绘制了几个直链脂肪酸水溶液的 $\frac{\pi A_m}{RT}$-$\pi$ 曲线，图中最下方的曲线是 0℃时 $CO_2$ 气体的压缩因子 $Z$ 对压力 $p$ 的曲线，可资对照。

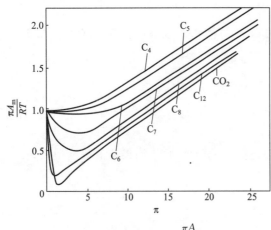

图 9-6　直链脂肪酸水溶液 $\dfrac{\pi A_m}{RT}$-$\pi$ 图

从图 9-6 中看出，浓度较大、界面压较高时，$\dfrac{\pi A_m}{RT}$-$\pi$ 曲线大体呈线性，可表示为

$$\frac{\pi A_m}{RT} = a + b\pi$$

或写成

$$\pi(A_m - bRT) = aRT$$

在吸附层中，吸附分子间存在侧向吸引或排斥的相互作用。排斥作用限制吸附分子排列的紧密程度，导致吸附量在溶液浓度大时趋向极限值。$bRT$ 值可认为是一摩尔溶质分子所占界面的极限面积，称为协面积 $A_0$，即 $A_0 = bRT$。它包括分子本身的截面积和相互间斥力使其他分子不能进入的区域。$a$ 是与吸附分子侧向引力有关的常数。因此浓溶液中二维状态方程近似表达式为

$$\pi(A_m - A_0) = aRT \tag{9-61}$$

由 Szyszkowski 经验式和 Gibbs 吸附公式也可以导出一般条件下吸附层的状态方程，即

$$\pi = -RT\Gamma_m \ln(1 - \Gamma/\Gamma_m) \tag{9-62}$$

该方程同样反映了吸附分子间的相互作用。

　　**【例 9-3】**　将某种蛋白质在 20℃下溶于水，使界面张力下降 $2.8 \times 10^{-2}$ mN/m，已知界面上每平方米蛋白质单分子膜含蛋白质 $7.5 \times 10^{-6}$ g。试求该蛋白质的相对分子质量。

　　**解**　因蛋白质分子膜很稀，可以近似看做理想气体膜，故采用式(9-60)。

$$\pi A_m = RT$$

因摩尔吸附面积 $A_m = A_S/n^{(\sigma)} = MA_S/m$，其中 $A_S$ 是相界面面积，$m$ 是实际吸附质量，$M$ 是蛋白质相对分子质量。因此

$$M = \frac{mRT}{\pi A_S} = \frac{7.5 \times 10^{-6} \times 8.314 \times 293.15}{2.8 \times 10^{-2} \times 10^{-3} \times 1} = 6.53 \times 10^2 \, \text{g/mol}$$

该蛋白质的相对分子质量为 $6.53 \times 10^2$ g。

# 9.3　气固吸附

　　气固界面的重要特性是固体对气体的吸附作用。固体界面上的原子或分子与液体界面分子相似，受到的力是不平衡的，因此也有界面张力和界面自由焓。任何界面都有自发降低界面能的倾向；由于固体原子或分子不能自由移动，固体界面难以收缩，只能通过降低界面张力来降低界面能，这就是固体界面产生吸附作用的根本原因。

　　以固体表面质点和吸附分子间作用力的性质区分，吸附作用大致可分为物理吸附和化学吸附两种类型。物理吸附是分子间力（van der Waals 力）作用结果，它相当于气体分子在固体表面上凝聚。常用于脱水、脱气、气体净化与分离等。化学吸附实质上是一种化学反应，它是发生多相催化反应的前提，在多种学科中有广泛应用。

### 9.3.1　气固吸附曲线

　　吸附曲线主要反映固体吸附气体时，吸附量与温度、压力的关系。在一定温度下，改变气体压力测定该压力下的平衡吸附量，作 $\Gamma$-$p$ 曲线，此曲线称为吸附等温线（图 9-7）。同理，

压力恒定下吸附量随温度的变化曲线称为吸附等压线（图9-8）。吸附量恒定下，压力随温度的变化曲线称为吸附等量线（图9-9）。三类吸附曲线是相互联系的，其中任一类曲线都可以用来描述吸附作用规律，实际工作中使用最多的是吸附等温线。

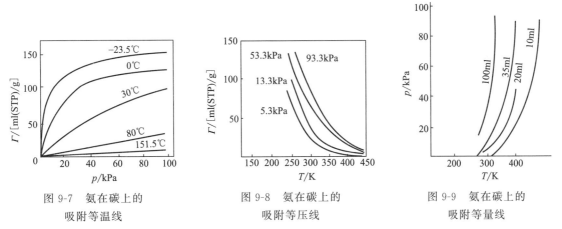

图 9-7  氨在碳上的　　　　　　图 9-8  氨在碳上的　　　　　　图 9-9  氨在碳上的
吸附等温线　　　　　　　　　吸附等压线　　　　　　　　　吸附等量线

不同吸附体系的吸附等温线形状很不一样，常见的吸附等温线可分为五种基本类型，见图9-10。图9-10中纵坐标是吸附量，用单位质量吸附剂（固体）上吸附气体体积（标准状态）表示；横坐标是相对压力 $p/p_0$，$p_0$ 是气体在吸附温度时的饱和蒸气压，$p$ 是吸附平衡时气体的压力。

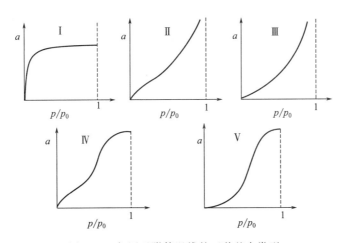

图 9-10  气固吸附等温线的五种基本类型

图9-10中第Ⅰ类等温线表示单分子层吸附，达到一定相对压力后，吸附量趋于饱和。对于微孔吸附剂意味着将微孔填充满。等温线Ⅱ、Ⅲ表示非孔或大孔径吸附剂上的吸附。反映多层吸附或毛细孔凝结，吸附量可认为不受限制。等温线Ⅳ、Ⅴ表示孔性吸附剂（不是微孔或不全是微孔）上的吸附，吸附层受孔大小限制。当相对压力趋向1时，吸附量近于将各种孔填满所需吸附质的量。从吸附等温线可了解吸附剂和吸附质之间相互作用强弱、吸附剂表面性质以及孔大小、形状和孔径分布等信息。

### 9.3.2　气固吸附等温方程

由于吸附等温线的复杂形状和多种形式，至今还没有一个简单的定量理论能根据吸附剂和吸附质的已知物理化学常数来预测吸附等温线。但是，目前从动力学、热力学或势能理论出发建立的理论模型——吸附等温方程，结合有限的实验数据，已能较好地用于纯物质吸附计算，以及混合物吸附量和界面相组成的计算。

通过动力学途径可推导以下的吸附等温方程。

(1) Langmuir 单分子层吸附等温式

$$\theta = \frac{bp}{1+bp} \tag{9-63}$$

式中，$b$ 是常数；$p$ 是吸附平衡时气相压力；$\theta$ 是吸附分子在固体表面的覆盖率。

若以 $V$ 表示平衡吸附量，$V_m$ 表示单层饱和吸附量，则 $\theta = V/V_m$，Langmuir 方程可写成另一形式

$$V = \frac{V_m bp}{1+bp} \tag{9-64}$$

(2) Freundlich 吸附等温式

$$\Gamma = kp^{1/n} \tag{9-65}$$

式中，$\Gamma$ 是气体吸附量；$p$ 是气体平衡压力；$k$、$n$ 在一定温度下对指定体系而言是常数。一般来说，式(9-65) 适用的 $\theta$ 范围比 Langmuir 等温式要大一些。

(3) BET 多分子层吸附等温式

$$\frac{V}{V_m} = \frac{cp}{(p_0-p)[1+(c-1)p/p_0]} \tag{9-66}$$

或者

$$\frac{p}{V(p_0-p)} = \frac{1}{V_m c} + \frac{c-1}{V_m c}\frac{p}{p_0} \tag{9-67}$$

这是 BET 两常数公式。以 $\dfrac{p}{V(p_0-p)}$ 对 $\dfrac{p}{p_0}$ 作图可得一直线，由直线截距和斜率可求得两常数 $V_m$ 和 $c$。

当吸附发生在一个有限空间，吸附剂表面只能吸附 $n$ 层而不可能达无限层，此时可得三常数的 BET 方程

$$\frac{V}{V_m} = \frac{cx}{1-x}\frac{1-(n-1)x^n+nx^{n+1}}{1+(c-1)x-cx^{n+1}} \tag{9-68}$$

式中，$x = p/p_0$。

以下将借助热力学原理，从界面状态方程出发推导相应的吸附等温方程。

被吸附的气体在固体表面上若形成二维理想气体膜，则有

$$\pi A_m = RT$$

微分上式得

$$A_m d\pi = -RT d\ln A_m \tag{9-69}$$

根据界面压定义 $\pi = \sigma_0 - \sigma$，Gibbs 吸附公式可表示为

$$d\pi = -d\sigma = RT\Gamma d\ln a^\alpha = RT\Gamma d\ln f^\alpha/p^{\ominus} \tag{9-70}$$

式中，$f^\alpha$ 是体相逸度；$p^{\ominus}$ 为标准态时的压力。

考虑到 $A_m = 1/\Gamma$，$\theta = \Gamma/\Gamma_m$，联立式(9-69) 和式(9-70) 得

$$d\ln\theta = d\ln(f^\alpha/p^{\ominus})$$

将上式积分得

$$\theta = kf^\alpha \quad \text{或} \quad f^\alpha = K_H^{(\sigma)}\theta \tag{9-71}$$

如果压力很低，$f^\alpha = p$，则有

$$\theta = kp \quad \text{或} \quad p = K_H^{(\sigma)}\theta \tag{9-72}$$

式(9-71) 和式(9-72) 是气体吸附的 Henry 定律或 Henry 吸附等温式。$K_H^{(\sigma)} = 1/k$ 是界面相的

Henry 系数。各种吸附等温式在压力或浓度趋于零时，都应符合 Henry 定律。

大多数情况下，吸附气体不能看做二维理想气体，而应作实际气体处理，即符合

$$\pi(A_m - A_0) = aRT$$

方程中包含了吸附分子真实占有面积和侧向引力作用的二项校正因素。现在分别讨论考虑其中一项的情况。

① 忽略侧向引力作用，$a=1$。二维真实气体方程简化为

$$\pi(A_m - A_0) = RT$$

微分上式并与式(9-70)结合可得

$$kp = \frac{\theta}{1-\theta}\exp\left(\frac{\theta}{1-\theta}\right) \tag{9-73}$$

此式称 Volmer 吸附等温式。当 $\theta$ 很小时，$\exp\left(\frac{\theta}{1-\theta}\right) \doteq 1$，则上式即为 Langmuir 单分子吸附层等温式。

② 忽略吸附分子吸附所占面积，$A_0=0$。二维真实气体方程简化为

$$\pi A_m = aRT$$

将状态方程与 Gibbs 吸附公式结合有

$$-a\mathrm{dln}A_m = \mathrm{dln}p$$

积分后得

$$-\ln A_m = \frac{1}{a}\ln p + k'$$

因为 $\Gamma = 1/A_m$，代入上式得

$$\Gamma = kp^{1/a}$$

这就是 Freundlich 吸附等温式。

除上述二维状态方程外，还可采用其他 van der Waals 型、Virial 型的二维状态方程来导出相应的吸附等温式。这些方程列于表 9-1。

**表 9-1  界面状态方程及相应的吸附等温式**

| 界面状态方程 | 相应的吸附等温式 |
|---|---|
| $\pi A_m = RT$ | $\ln kp = \ln\theta$ |
| $\pi(A_m - A_0) = RT$ | $\ln kp = \theta/(1-\theta) + \ln[\theta/(1-\theta)]$ |
| $(\pi + a/A_m^2)(A_m - A_0) = RT$ | $\ln kp = \theta/(1-\theta) + \ln[\theta/(1-\theta)] - c\theta$ |
| $(\pi + a/A_m^3)(A_m - A_0) = RT$ | $\ln kp = \theta/(1-\theta) + \ln[\theta/(1-\theta)] - c\theta^2$ |
| $(\pi + a/A_m^3)(A_m - A_0/A_m) = RT$ | $\ln kp = 1/(1-\theta) + \frac{1}{2}\ln[\theta/(1-\theta)] - c\theta$ |
|  | $c = 2a/A_0RT$ |
| $\pi A_m = RT + \alpha\pi - \beta\pi^2$ | $\ln kp = \phi^2/2\omega + (\phi+1)[(\phi-1)^2 + 2\omega]^{1/2}/2\omega$ |
|  | $\quad -\ln\{(\phi-1) + [(\phi-1)^2 + 2\omega]^{1/2}\}$ |
|  | $\phi = 1/\theta, \omega = 2\beta RT/\alpha^2$ |

### *9.3.3  混合气体吸附平衡

混合气体在固体表面吸附时，吸附量和界面相组成不仅与温度、压力有关，而且随气相组成的变化而变化。下面介绍计算混合气体吸附平衡的两种方法。

（1）混合气体吸附的 Langmuir 等温式

在一定温度下，两种或两种以上的气体分子在固体表面达到吸附平衡时，利用类似单组分吸附的方法可推导得到混合气体吸附的 Langmuir 等温式。

$$\theta_i = \frac{b_i p_i}{1 + \sum b_j p_j} \tag{9-74}$$

对于 A、B 两组分混合气体，上式展开为

$$\theta_A = \frac{b_A p_A}{1 + b_A p_A + b_B p_B}, \quad \theta_B = \frac{b_B p_B}{1 + b_A p_A + b_B p_B} \tag{9-75}$$

式中，$\theta_A$、$\theta_B$ 为气体 A、B 占据的界面分数；$p_A$、$p_B$ 为气体 A、B 在气相的分压；$b_A$、$b_B$ 为气体 A、B 在固体表面的吸附常数。

若以吸附量 $V_A$、$V_B$ 表示，则有

$$V_A = \frac{V_{m,A} b_A p_A}{1 + b_A p_A + b_B p_B}, \quad V_B = \frac{V_{m,B} b_B p_B}{1 + b_A p_A + b_B p_B} \tag{9-76}$$

式中，$V_{m,A}$、$V_{m,B}$ 分别为 A、B 分子单独存在时的单层饱和吸附量。

由式（9-75）或式（9-76）可知，两种气体混合吸附时，将互相制约。一种气体分压增加将减少另一种气体的吸附。如果两种气体的吸附常数 $b$ 值相差很大，$b$ 值小的气体的存在对 $b$ 值大的气体的吸附影响不大；而 $b$ 值大的气体的存在可使 $b$ 值小的气体的吸附量大大降低。

（2）界面状态方程法

据相平衡原理，气固吸附达到平衡时，界面相逸度与体相逸度相等，$\hat{f}_i^{(\sigma)} = \hat{f}_i^{\alpha}$。据第 4 章内容可知，界面相 $i$ 组分的逸度定义为

$$\mu_i^{(\sigma)} = \mu_i^{\ominus}(g) + RT\ln(\hat{f}_i^{(\sigma)}/p^{\ominus}) \tag{9-77}$$

但是为了与二维界面状态方程一致，Hoory 和 Prausnitz 按下式定义了 $i$ 组分的二维界面逸度

$$\mu_i^{(\sigma)} = \mu_{i,HP}^{\ominus(\sigma)} + RT\ln(\hat{f}_{i,HP}^{(\sigma)}/\pi^{\ominus}) \tag{9-78}$$

式中取服从 Henry 定律的界面为标准态，$\pi^{\ominus}$ 和 $\mu_{i,HP}^{\ominus(\sigma)}$ 分别为标准状态下的界面压和组分 $i$ 的化学位。$\hat{f}_{i,HP}^{(\sigma)}$ 为二维界面逸度，其物理意义为有效的界面压。

因为 $\theta_i = \Gamma_i/\Gamma_{m,i}$，对纯组分有 $\Gamma_i = \Gamma = 1/A_m$，并且对应 Henry 定律的界面状态方程为 $\pi A_m = RT$，因此据式（9-71），$\hat{f}_i^{\alpha} = K_{H,i}^{(\sigma)}\theta_i$，可得对应于标准状态的体相逸度

$$\hat{f}_i^{\alpha}(标准状态) = K_{H,i}^{(\sigma)}(\Gamma_i/\Gamma_{m,i}) = \frac{K_{H,i}^{(\sigma)}\pi^{\ominus}}{\Gamma_{m,i}RT} \tag{9-79}$$

以及相应的标准态下界面相的化学位

$$\begin{aligned}
\mu_{i,HP}^{\ominus(\sigma)} &= \mu_i^{\ominus}(g) + RT\ln[\hat{f}_i^{\alpha}(标准状态)/p^{\ominus}] \\
&= \mu_i^{\ominus}(g) + RT\ln\left(\frac{K_{H,i}^{(\sigma)}\pi^{\ominus}}{p^{\ominus}\Gamma_{m,i}RT}\right)
\end{aligned} \tag{9-80}$$

将上式代入式（9-78）得

$$\mu_i^{(\sigma)} = \mu_i^{\ominus}(g) + RT\ln\left(\frac{K_{H,i}^{(\sigma)}\hat{f}_{i,HP}^{(\sigma)}}{p^{\ominus}\Gamma_{m,i}RT}\right) \tag{9-81}$$

与式（9-77）比较可得出常规逸度与二维界面逸度之间的关系，即

$$\hat{f}_i^{(\sigma)} = \frac{\hat{f}_{i,HP}^{(\sigma)}K_{H,i}^{(\sigma)}}{\Gamma_{m,i}RT} \tag{9-82}$$

当达到吸附平衡时，相平衡关系式

$$\hat{f}_i^{\alpha} = \hat{f}_i^{(\sigma)} = \frac{\hat{f}_{i,HP}^{(\sigma)}K_{H,i}^{(\sigma)}}{\Gamma_{m,i}RT} \tag{9-83}$$

便可用来进行混合气的吸附平衡计算。上式中的 $\hat{f}_{i,HP}^{(\sigma)}$ 可模仿第 4 章混合物中组分逸度计算的

方法，通过下面类似的关系式计算得到

$$RT\ln\frac{\hat{f}_{i,\mathrm{HP}}^{(\sigma)}}{\pi x_i^{(\sigma)}} = \int_{A_\mathrm{S}}^\infty \left[ \left(\frac{\partial\pi}{\partial n_i^{(\sigma)}}\right)_{T,A_\mathrm{S},n_j} - \frac{RT}{A_\mathrm{S}} \right]\mathrm{d}A_\mathrm{S} - RT\ln\frac{\pi A_\mathrm{S}}{RT} \tag{9-84}$$

式中，$A_\mathrm{S}$ 指固体吸附剂的总表面面积。

如果采用 van der Waals 型界面状态方程

$$(\pi + a/A_\mathrm{m}^2)(A_\mathrm{m} - b) = RT \tag{9-85}$$

以及混合规则

$$a = \sum\sum x_i^{(\sigma)} x_j^{(\sigma)} a_{ij} \qquad 其中\ a_{ij} = (a_{ii}a_{jj})^{1/2}$$

$$b = \sum x_i^{(\sigma)} b_i$$

则由式（9-84）可得

$$\ln\hat{f}_{i,\mathrm{HP}}^{(\sigma)} = \ln\frac{x_i^{(\sigma)}RT}{A_\mathrm{m}-b} + \frac{b_i}{A_\mathrm{m}-b} - \frac{2\sum\limits_j a_{ij}x_j^{(\sigma)}}{A_\mathrm{m}RT} \tag{9-86}$$

对于二组分体系，将式（9-86）代入式（9-83）可写出两个方程。在给定 $T$、$p$ 和体相组成 $x_i^\alpha$ 的条件下，解方程组得 $A_\mathrm{m}$ 和 $x_i^{(\sigma)}$，从而求得总吸附量 $n^{(\sigma)} = A_\mathrm{S}/A_\mathrm{m}$ 以及每一组分的吸附量 $n_i^{(\sigma)} = n^{(\sigma)}x_i^{(\sigma)}$，或单位面积吸附量 $\Gamma_i = n_i^{(\sigma)}/A_\mathrm{S}$。并可作出类似气液平衡的 $x$-$y$ 图（$x$ 为界面相组成，$y$ 为气相组成）。图 9-11 是乙烯(1)-乙炔(2)二组分混合气体在 25℃、1atm（1atm=0.1013MPa）下分别在活性炭和硅胶上的吸附平衡关系。该图清晰地反映出吸附剂的选择性，活性炭能较好地吸附乙烯，而硅胶能优先吸附乙炔。

在吸附平衡计算中，$\Gamma_{\mathrm{m},i}$ 为纯气体单分子层饱和吸附量，需独立测定。纯组分 $K_{\mathrm{H},i}^{(\sigma)}$、$a_i$、$b_i$ 可由界面状态方程（9-86）相应的吸附等温式求得。具体步骤为：将表 9-1 中第三行右边的吸附等温式重排得

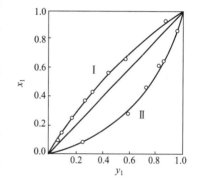

图 9-11　乙烯(1)-乙炔(2)
体系吸附平衡关系
Ⅰ—活性炭；Ⅱ—硅胶

$$\ln p - \ln\frac{\theta}{1-\theta} - \frac{\theta}{1-\theta} = -\ln k - \frac{2a}{bRT}\theta$$

利用纯物质实验数据，将 $\ln p - \ln[\theta/(1-\theta)] - \theta/(1-\theta)$ 对 $\theta$ 作图得一直线，据直线的斜率和截距求得 $k$ 和 $a/b$ 值。$K_\mathrm{H}^{(\sigma)} = 1/k$；结合 $b = A_0$ 可进一步求得 $a$、$b$。

### *9.3.4　吸附热

在等温等压条件下，吸附过程总是自发进行的，故界面自由焓变化 $\Delta G < 0$；气体分子被固体表面吸附，由原来三维空间上运动转变为在二维空间上运动，自由度减小，故 $\Delta S < 0$。据热力学公式 $\Delta G = \Delta H - T\Delta S$，必然有吸附过程的 $\Delta H < 0$，即气体在固体表面发生的等温吸附总是放热过程。

吸附热分为积分吸附热和微分吸附热。

在等温、等容和恒定吸附剂表面积时，吸附 $n$ mol 气体放出的热量为积分吸附热，即

$$q_i = \left(\frac{\Delta U}{n}\right)_{T,V,A_\mathrm{S}} \tag{9-87}$$

它反映了吸附过程中一个比较长的时间内热量变化的平均结果。

在等温、等容和恒定吸附剂表面积时，吸附剂再吸附少量气体所产生的热效应为微分吸附热，即

$$q_d = \left(\frac{\partial \Delta U}{\partial n}\right)_{T,V,A_S} = \left(\frac{\partial \Delta U}{\partial \theta}\right)_{T,V,A_S} \tag{9-88}$$

它反映了吸附过程中某一瞬间的热量变化。由于固体表面不均匀性,吸附热随表面覆盖度 $\theta$ 的不同而变化,因此在任一瞬间的 $q_d$ 都不相同。积分吸附热实际上是各种不同覆盖度下微分吸附热的平均值。

物理吸附可看做是气体在固体表面的凝聚过程。如果过程可逆,则吸附热相当于汽化热。平衡温度、压力与相变热的关系应符合 Clausius-clapeyron 方程,即

$$q_n = \Delta H = -RT\left(\frac{\partial \ln p}{\partial T}\right)_{\Gamma,A_S} \tag{9-89}$$

由于推导时应用了吸附量不变的条件,因此 $q_n$ 称为等量吸附热,它也是一种微分吸附热。

吸附热的大小直接反映吸附剂和被吸附分子之间的作用力性质。它不仅与温度有关,还随吸附量变化,这一点和汽化热有显著差别。

# *9.4 液固吸附

## 9.4.1 液固界面吸附特点

由于固体表面分子对液体分子的作用力大于液体分子间的作用力,因此液固两相接触时,液体分子将向液固界面密集,这种现象即为液固吸附。如果液体是多组分的溶液,其各组分与固体表面的吸附能力不同,使得它们在界面的吸附量不同,从而吸附发生后液相浓度也将改变。描述液固吸附规律的吸附理论不如气固吸附那样完整,至今仍处于初步探索阶段,这与液固界面吸附的复杂性有关。

气固吸附时,固体表面有被吸附分子覆盖的部分,也有尚无吸附分子的“空白”部分;而液固吸附时,固体全部表面总是被溶液中各组分的分子所覆盖,吸附分子可以是溶质分子,也可以是溶剂分子。液相中,分子间距离小,相互作用力比气体分子间作用力大得多。溶质、溶剂在固体表面的竞争吸附就是溶质、溶剂和吸附剂三者之间相互作用的综合结果。这无疑造成液固吸附规律的复杂性。因此,现有的液固吸附等温线的定量描述大多带有经验性。

从吸附速度看,气体扩散速度快,气体吸附平衡时间较短。液固吸附时,受到分子间作用和相对分子质量的影响,吸附质分子在溶液中的扩散速度比气体中的要慢很多,再加上固体表面总有一层膜,吸附分子必须通过这层膜才能被吸附,因此到达平衡往往需要较长时间。对于多孔性固体,还需考虑孔内扩散的因素,吸附速度就更慢了。

与气固吸附相比,液固吸附的吸附量测定却较为简单。将定量固体吸附剂与一定量已知浓度的溶液充分接触,达到吸附平衡后测定溶液浓度,便可计算出溶液中某种组分在单位质量吸附上的吸附量,即

$$\Gamma_i = \frac{V(c_{0,i} - c_i)}{m} \tag{9-90}$$

式中,$m$ 为吸附剂质量,g;$V$ 为溶液体积;$c_{0,i}$、$c_i$ 分别为初始浓度和平衡浓度。

这种计算忽略了溶剂和其他组分吸附的影响,所以通常称为表观吸附量。在稀溶液中表观吸附量与真实吸附量近似相等;在浓溶液中,必须同时考虑溶质和溶剂的吸附。

## 9.4.2 浓溶液的液固吸附

在浓溶液中,溶质和溶剂的概念是相对的,描述溶质和溶剂同时吸附的方法有复合吸附等温线和单个吸附等温线。

(1)复合吸附等温线

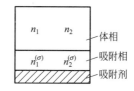

图 9-12　固体自浓溶液吸附示意图

二组分浓溶液的液固吸附示意图见图 9-12。吸附前，溶液中含 $n_1^0$ mol 的 1 物质和 $n_2^0$ mol 的 2 物质。其摩尔分数为 $x_1^0$ 和 $x_2^0$。溶液中加入 $m$ g 吸附剂。吸附平衡后，各组分在体相的量为 $n_1$ 和 $n_2$，在 1g 固体表面上的吸附量为 $n_1^{(\sigma)}$ 和 $n_2^{(\sigma)}$。吸附前后各组分物质的量的变化有如下关系

$$n_1^0 = n_1 + m n_1^{(\sigma)} \tag{9-91}$$

$$n_2^0 = n_2 + m n_2^{(\sigma)} \tag{9-92}$$

以 $x_1$、$x_2$ 表示溶液体相摩尔分数，则有 $n_1/n_2 = x_1/x_2$，将其代入上两式，整理得

$$n_1^0 x_2 = n_2 x_1 + m n_1^{(\sigma)} x_2 \tag{9-93}$$

$$n_2^0 x_1 = n_1 x_2 + m n_2^{(\sigma)} x_1 \tag{9-94}$$

以式(9-93) 减去式(9-94) 得

$$m(n_1^{(\sigma)} x_2 - n_2^{(\sigma)} x_1) = n_1^0 x_2 - n_2^0 x_1 = n_1^0(1-x_1) - (n^0 - n_1^0)x_1 = n_1^0 - n^0 x_1$$
$$= n^0 x_1^0 - n^0 x_1 = n^0(x_1^0 - x_1)$$

即

$$\frac{n^0 \Delta x_1}{m} = n_1^{(\sigma)} x_2 - n_2^{(\sigma)} x_1 = n_1^{(\sigma)} - (n_1^{(\sigma)} + n_2^{(\sigma)})x_1 \tag{9-95}$$

式中，$\Delta x_1 = x_1^0 - x_1$，表示吸附前后液相中组分 1 的摩尔分数变化。

据实验数据，以 $n^0 \Delta x_1/m$ 对 $x_1$ 作图便是组分 1 的复合吸附等温线。当 $x_1^0 > x_1$，$n^0 x_1/m$ 是正值，表示组分 1 是正吸附；当 $x_1^0 < x_1$，则组分 1 是负吸附。纯液体 $x_1^0 = x_1 = 1$，$n^0 \Delta x_1/m = 0$，即没有吸附。显然，$n^0 \Delta x_1/m$ 就是式(9-90)定义的表观吸附量，它与真实吸附量 $n_1^{(\sigma)}$ 是不同的，而是 $n_1^{(\sigma)}$ 与按体相摩尔分数 $x_1$ 计算的吸附量之差，即是表面过剩量。

复合吸附等温线常见有 U 形和 S 形两种类型。若二组分混合溶液是理想溶液，且吸附剂表面是均匀的，其吸附等温线往往是 U 形的，如图 9-13 是水软铝石从苯-环己烷中吸附苯的 U 形复合吸附等温线。

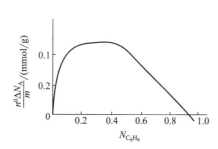 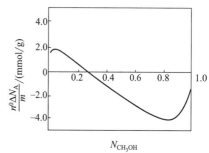

图 9-13　水软铝石从苯(1)-环己烷(2) 中吸附苯的 U 形复合吸附等温线

图 9-14　木炭从甲醇(1)-苯(2)中 吸附甲醇的 S 形复合吸附等温线

对于非理想溶液和不均匀表面常得 S 形等温线。图 9-14 是木炭从甲醇-苯中吸附甲醇的结果。当甲醇浓度小时，甲醇表现为正吸附；当甲醇浓度大时，甲醇表现为负吸附；甲醇浓度为中间某一值时，甲醇表现为不吸附，整条曲线呈 S 形。

（2）单个吸附等温线

对浓溶液除了知道复合吸附等温线外，还有必要知道组分各自的单个吸附等温线，即一定温度下，$n_i^{(\sigma)}$ 随体相组成 $x_i$ 的变化曲线。

式（9-95）包含了 $n_1^{(\sigma)}$ 和 $n_2^{(\sigma)}$，但一个方程无法求出 $n_1^{(\sigma)}$ 和 $n_2^{(\sigma)}$，因此还需建立一个新方程。若假设：① 吸附剂从溶液中和从纯蒸气中的吸附量相同；② 固体表面上的吸附是单分子层的。则可以得

$$A_S = n_1^{(\sigma)} A_{m,1} + n_2^{(\sigma)} A_{m,2} \tag{9-96}$$

式中，$A_S$ 是吸附剂的比表面积；$A_{m,i}$ 是吸附 1mol 组分 $i$ 所占的表面积。

用实验可测定 1g 吸附剂在组分 1 或组分 2 纯饱和蒸气中的单分子层吸附量 $n_1^{*(\sigma)}$ 和 $n_2^{*(\sigma)}$，据假设有

$$A_S = n_1^{*(\sigma)} A_{m,1} , A_S = n_2^{*(\sigma)} A_{m,2}$$

式（9-96）中代入上述关系则变为

$$n_1^{(\sigma)} / n_1^{*(\sigma)} + n_2^{(\sigma)} / n_2^{*(\sigma)} = 1 \tag{9-97}$$

联立式（9-95）和式（9-97）可求出 $n_1^{(\sigma)}$ 和 $n_2^{(\sigma)}$，它们与一定的 $x_1$、$x_2$ 值对应。将一系列 $x_1$、$x_2$ 值与对应的 $n_1^{(\sigma)}$ 和 $n_2^{(\sigma)}$ 值分别作图，即可得各自的吸附等温线。图 9-15 是苯-乙醇在木炭上吸附的复合吸附等温线（a）和利用上述方法得到的单个吸附等温线（b）。

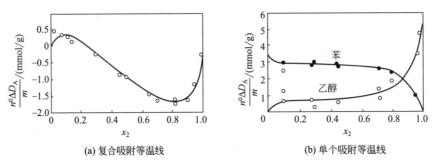

(a) 复合吸附等温线　　　　　　　(b) 单个吸附等温线

图 9-15　苯-乙醇二元溶液在木炭上的吸附

### 9.4.3　稀溶液的液固吸附

稀溶液中的液固吸附现象和气相吸附有类似之处，可借用 Langmuir、Freundlich 和 BET 等吸附等温式来处理液相吸附结果。只是公式中的压力 $p$ 需改为浓度 $c$，相对压力 $p/p_0$ 改为相对浓度 $c/c_0$（$c_0$ 为饱和溶液浓度）。因为这些公式是"借用"的，公式中的常数物理意义不很明确，故只能算是经验公式。

对于二维理想溶液，溶剂和溶质分子在固体表面占有同样大小的面积，可得与气相吸附的 Langmuir 相似的吸附等温式，即

$$\theta = \frac{bc}{1+bc} \tag{9-98}$$

对于不均匀固体表面，$b$ 不是常数，而是随覆盖度而变化。从而可得类似 Freundlich 的吸附等温式，即

$$\theta = kc^{1/n} \tag{9-99}$$

多分子层吸附的特点是低浓度时溶质吸附量不大；随浓度增大，吸附量略有增加；当接近饱和浓度时，吸附量显著增加。等温线呈 S 形，可用类似 BET 吸附等温式表示，即

$$\frac{V}{V_{\mathrm{m}}}=\frac{BC}{(c_0-c)\left[1+(B-1)c/c_0\right]} \tag{9-100}$$

式中，$B$ 是常数；$V$ 是平衡吸附量；$V_{\mathrm{m}}$ 是饱和吸附量。

**【例 9-4】** 炭从溶液中吸附某溶质可用 Langmuir 方程处理。已知极限吸附量 $n_{\mathrm{m}}^{(\sigma)}=4.2\mathrm{mmol/g}$，吸附常数 $b=2.8\mathrm{ml/mmol}$。若将 5g 炭加入浓度为 0.2mol/L 的 200ml 含此溶质的溶液中，求吸附平衡时的溶液浓度。

**解** 据 Langmuir 公式知每克炭吸附溶质量

$$n^{(\sigma)}=n_{\mathrm{m}}^{(\sigma)}bc/(1+bc)$$

5g 炭的总吸附量

$$mn^{(\sigma)}=mn_{\mathrm{m}}^{(\sigma)}bc/(1+bc)$$

吸附前后溶质的量不变，即

$$0.2\times0.2=mn_{\mathrm{m}}^{(\sigma)}bc/(1+bc)+0.2c$$

代入已知数据得

$$0.04=\frac{5\times4.2\times10^{-3}\times2.8c}{1+2.8c}+0.2c$$

整理后得

$$2.8c^2+0.734c-0.2=0$$

解方程得

$$c=0.167\mathrm{mol/L}$$

即每克炭吸附溶质的量为

$$0.2(0.2-0.167)/5=1.32\times10^{-3}\mathrm{mol/g}$$

## 习 题

9-1 20℃时把半径为 0.5mm 的水滴分散成半径为 $1\times10^{-4}$mm 的小水滴，问(1)比表面积增加了多少倍？(2)完成该变化，环境至少须做多少功？

9-2 用半径为 0.1cm 的毛细管，以毛细管高度法测定某液体的界面张力，测得平衡时上升高度为 1.54cm。已知此液体密度及气相密度分别为 1.0008g/cm³ 和 0.003g/cm³。试计算此液体的界面张力。

9-3 21.5℃时，$\beta$-苯丙基酸水溶液的界面张力 $\sigma$ 随浓度 $c$ 变化的数据如下：

| $c/(\mathrm{g/kg})$ | 0.5026 | 0.9617 | 1.5007 | 1.7506 | 2.3515 | 3.0024 | 4.1146 | 6.1291 |
|---|---|---|---|---|---|---|---|---|
| $\sigma/(\mathrm{mN/m})$ | 69.00 | 66.49 | 63.63 | 61.32 | 59.25 | 56.14 | 52.46 | 47.24 |

试求当溶液浓度为 1.75g/kg 时，$\beta$-苯丙基酸在界面的吸附量。

9-4 20℃时，某有机酸水溶液的界面张力可以表示为 $\sigma=\sigma^0-a\ln(1+bc)$，式中 $\sigma^0$ 为纯水界面张力，$c$ 为溶液浓度，$a$、$b$ 为常数。试求：
(1) 溶液中有机酸界面吸附量与浓度间的关系式；
(2) 当 $c=0.2\mathrm{mol/L}$ 时，界面的吸附量。

9-5 20℃时酚的水溶液界面张力如下：

| $c/(\mathrm{mol/L})$ | 0.05 | 0.127 | 0.263 | 0.496 |
|---|---|---|---|---|
| $\sigma/(\mathrm{mN/m})$ | 67.33 | 60.10 | 51.53 | 44.97 |

试用 Gibbs 吸附式求出浓度为 0.3mol/L、0.05mol/L 的溶液中酚的界面吸附量，以及一个酚分子占有的面积。

9-6 20℃时正十二烷 $C_{12}H_{26}$ 的密度为 0.751g/cm³。若分子的横截面积为 0.207nm²，求：

（1）分子的长度；

（2）两相邻碳原子之间的距离。

9-7 在 25℃的月桂酸水溶液界面上，界面压为 $1 \times 10^{-4}$ N/m，每个月桂酸分子的面积为 31nm$^2$。假定界面膜是二维空间的理想气体膜，试计算气体常数，并将计算结果与三维空间气体常数比较。

9-8 18℃时测得胰岛素在水面上的界面压与浓度的关系如下：

| $\pi/(mN/m)$ | 0.005 | 0.010 | 0.015 | 0.020 | 0.028 | 0.050 | 0.062 | 0.080 |
|---|---|---|---|---|---|---|---|---|
| $c/(mg/m^2)$ | 0.07 | 0.13 | 0.16 | 0.20 | 0.23 | 0.30 | 0.31 | 0.34 |

试计算胰岛素的相对分子质量。

9-9 493K 时测定氧在某催化剂上的吸附作用，当平衡压为 0.1013MPa 及 1.013MPa 时，每克催化剂吸附氧的量（已换算成标准状况）分别为 2.5mL 和 4.2mL。设吸附作用符合 Langmuir 公式，计算氧的吸附量为饱和值的一半，平衡压力是多少？

9-10 293K 时活性炭对苯蒸气的吸附数据如下：

| $p/Pa$ | 10.00 | 50.00 | 100.00 | 500.00 | 1000.00 |
|---|---|---|---|---|---|
| 吸附量/(g/g 活性炭) | 0.190 | 0.234 | 0.254 | 0.308 | 0.335 |

（1）证明上述系统符合 BET 等温式。已知 293K 时苯的饱和蒸气压＝10.0kPa。

（2）每个吸附苯分子占面积 0.44nm$^2$，求 1g 活性炭的表面积。

9-11 在 25℃下，对在 0.01mol/cm$^3$ 盐水溶液上扩展的血红蛋白膜，测定其界面压力数据如下：

| 面积/(m$^2$/mg) | 5.0 | 6.0 | 7.5 | 10.0 |
|---|---|---|---|---|
| 界面压/(mN/m) | 0.160 | 0.105 | 0.060 | 0.035 |

试求血红蛋白的相对分子质量，并与沉降法测得的值 68000 进行比较。

# 10　化学反应平衡

通过化学反应将廉价易得的原料转变成价值更大的产品，这是化工生产的重要任务。在组织生产时，化学工程师必须对化学反应在一定的温度、压力和组成的条件下，能否向得到产品的方向进行、进行的限度怎样、影响反应限度的条件如何等问题具有明确的了解。因为这些问题对工艺设计、生产条件的选定以及经济核算等都是必不可少的。

本章将运用热力学定律来讨论化学平衡、平衡常数的测定和计算以及温度、压力及反应物的比率对平衡转化率的影响。

本章中不讨论反应速率问题，反应速率的问题是化学动力学研究的对象。

## 10.1　化学反应平衡基础

### 10.1.1　反应计量学和反应进度

当没有发生核裂变时，化学反应中的元素是守恒的，整个体系的物质也是守恒的。

化学反应式可表示为下述的通式

$$|\nu_1|A_1 + |\nu_2|A_2 + \cdots \Longrightarrow |\nu_3|A_3 + |\nu_4|A_4 + \cdots \tag{10-1}$$

式中，$|\nu_i|$ 为化学计量系数；$A_i$ 代表化学式。

不管反应的真正方向如何，通常把反应式左边的组分叫做反应物，而把右边的组分叫做生成物。$\nu_i$ 的符号规定为：反应物的 $\nu_i$ 取为负值，生成物的 $\nu_i$ 取为正值。对如下反应

$$N_2 + 3H_2 \Longrightarrow 2NH_3$$

其计量系数为

$$\nu_{N_2} = -1 \qquad \nu_{H_2} = -3 \qquad \nu_{NH_3} = 2$$

当反应进行时，各参加反应的物质的物质的量变化，严格地按各计量系数的比例关系进行，将此原理应用于微分反应时，则式(10-1) 有

$$\frac{dn_2}{\nu_2} = \frac{dn_1}{\nu_1} \qquad \frac{dn_3}{\nu_3} = \frac{dn_1}{\nu_1} \qquad 等$$

由此可见有

$$\frac{dn_1}{\nu_1} = \frac{dn_2}{\nu_2} = \frac{dn_3}{\nu_3} = \frac{dn_4}{\nu_4} = \cdots$$

这就是说，凡参加反应的各种物质，反应了的物质的量对其计量系数的比值都相等。令此比值为 $d\varepsilon$，其定义由下列方程式表示

$$\frac{dn_1}{\nu_1} = \frac{dn_2}{\nu_2} = \frac{dn_3}{\nu_3} = \frac{dn_4}{\nu_4} = \cdots = d\varepsilon \tag{10-2}$$

因此，化学物质的物质的量的微分变化 $dn_i$ 和 $d\varepsilon$ 间的普遍关系为

$$dn_i = \nu_i d\varepsilon \quad (i = 1, 2, \cdots, N) \tag{10-3}$$

式中，变量 $\varepsilon$ 称为反应进度，也称为反应坐标或反应程度，它表示化学反应已经发生的程度。

由式(10-3) 可见，$dn_i$ 是反应变化的物质的量，所以 $\nu_i d\varepsilon$ 乘积也应是物质的量，$\nu_i$ 的单位为 mol 时，则另一个量 $\varepsilon$ 就应该是无单位的纯数值。当 $\Delta\varepsilon = 1$，意味着反应已进行到这样的程

度，即每个反应物已有 $\nu_i$ mol 消耗掉，而每个产物已有 $\nu_i$ mol 生成，这就是反应进度的物理意义。每个反应之前，系统在初态时 $\varepsilon$ 为零，$n_i = n_{i0}$，则反应达一定程度时，得

$$\int_{n_{i0}}^{n_i} dn_i = \nu_i \int_0^\varepsilon d\varepsilon$$

据此可计算平衡转化率、平衡产率等。

**【例 10-1】** 一系统发生下列反应

$$CH_4 + H_2O \Longrightarrow CO + 3H_2$$

假定各物质的初始含量是 1mol $CH_4$、2mol $H_2O$、1mol CO 和 5mol $H_2$。试求出物质的量 $n_i$ 和摩尔分数 $y_i$ 对 $\varepsilon$ 的函数表达式。

**解** 对于所给的反应，式(10-2) 写成

$$\frac{dn_{CH_4}}{-1} = \frac{dn_{H_2O}}{-1} = \frac{dn_{CO}}{1} = \frac{dn_{H_2}}{3} = d\varepsilon$$

对四个 $\varepsilon$ 与 $n_i$ 的方程式进行积分，$\varepsilon$ 的积分限由初态的零积分到另一状态的 $\varepsilon$，得下述四个积分式

$$\int_1^{n_{CH_4}} dn_{CH_4} = -\int_0^\varepsilon d\varepsilon \qquad\qquad \int_2^{n_{H_2O}} dn_{H_2O} = -\int_0^\varepsilon d\varepsilon$$

$$\int_1^{n_{CO}} dn_{CO} = \int_0^\varepsilon d\varepsilon \qquad\qquad \int_5^{n_{H_2}} dn_{H_2} = 3\int_0^\varepsilon d\varepsilon$$

由这些积分式得出下述方程式

$$n_{CH_4} = 1 - \varepsilon \qquad\qquad y_{CH_4} = \frac{1-\varepsilon}{9+2\varepsilon}$$

$$n_{H_2O} = 2 - \varepsilon \qquad\qquad y_{H_2O} = \frac{2-\varepsilon}{9+2\varepsilon}$$

$$n_{CO} = 1 + \varepsilon \qquad\qquad y_{CO} = \frac{1+\varepsilon}{9+2\varepsilon}$$

$$\frac{n_{H_2} = 5 + 3\varepsilon}{\sum n_i = 9 + 2\varepsilon} \qquad\qquad y_{H_2} = \frac{5+3\varepsilon}{9+2\varepsilon}$$

$y_i$ 表示反应进度为 $\varepsilon$ 时混合物中组分 $i$ 的摩尔分数，$y_i = n_i / \sum n_i$。这就表示体系的组成是独立变数 $\varepsilon$ 的函数。

当有两个或两个以上的独立反应同时进行时，每个反应的反应度 $\varepsilon_j$ 与每个反应 $j$ 有关，若有 $r$ 个独立反应，用 $\nu_{i,j}$ 代表第 $j$ 个反应的第 $i$ 个物质的化学计量系数。其中 $j = 1, 2, \cdots, r$ 表示反应；$i = 1, 2, \cdots, N$ 表示化学物种。由于物质 $i$ 的物质的量 $n_i$，因为有若干反应数而可能改变，其一般式与式(10-3) 相似，包含一总和

$$dn_i = \sum_j \nu_{i,j} d\varepsilon_j \quad (i = 1, 2, \cdots, N) \tag{10-4}$$

**【例 10-2】** 设一体系，下述两个反应同时发生

$$CH_4 + H_2O \Longrightarrow CO + 3H_2 \tag{1}$$

$$CH_4 + 2H_2O \Longrightarrow CO_2 + 4H_2 \tag{2}$$

式中编号 (1) 和 (2) 表示式(10-4) 中的 $j$。如果各物质的初始量为 3mol $CH_4$、5mol $H_2O$，而 CO、$CO_2$ 和 $H_2$ 的初始量为零。试确定 $n_i$ 和 $y_i$ 对 $\varepsilon_1$ 和 $\varepsilon_2$ 的函数表达式。

**解** 化学计量系数 $\nu_{i,j}$ 排列如下

| $j$ \ $i$ | $CH_4$ | $H_2O$ | CO | $CO_2$ | $H_2$ |
|---|---|---|---|---|---|
| 1 | $-1$ | $-1$ | 1 | 0 | 3 |
| 2 | $-1$ | $-2$ | 0 | 1 | 4 |

由式(10-2) 可得到

$$\frac{dn_{CH_4}}{-1} = \frac{dn_{H_2O}}{-1} = \frac{dn_{CO}}{1} = \frac{dn_{H_2}}{3} = d\varepsilon_1$$

$$\frac{dn_{CH_4}}{-1} = \frac{dn_{H_2O}}{-2} = \frac{dn_{CO_2}}{1} = \frac{dn_{H_2}}{4} = d\varepsilon_2$$

将式(10-4) 应用于每一物种，积分后得

$$\int_3^{n_{CH_4}} dn_{CH_4} = -\int_0^{\varepsilon_1} d\varepsilon_1 - \int_0^{\varepsilon_2} d\varepsilon_2$$

$$\int_5^{n_{H_2O}} dn_{H_2O} = -\int_0^{\varepsilon_1} d\varepsilon_1 - 2\int_0^{\varepsilon_2} d\varepsilon_2$$

$$\int_0^{n_{CO}} dn_{CO} = \int_0^{\varepsilon_1} d\varepsilon_1$$

$$\int_0^{n_{CO_2}} dn_{CO_2} = \int_0^{\varepsilon_2} d\varepsilon_2$$

$$\int_0^{n_{H_2}} dn_{H_2} = 3\int_0^{\varepsilon_1} d\varepsilon_1 + 4\int_0^{\varepsilon_2} d\varepsilon_2$$

解 $n_i$，这些方程式变成

$$n_{CH_4} = 3 - \varepsilon_1 - \varepsilon_2 \qquad\qquad y_{CH_4} = \frac{3 - \varepsilon_1 - \varepsilon_2}{8 + 2\varepsilon_1 + 2\varepsilon_2}$$

$$n_{H_2O} = 5 - \varepsilon_1 - 2\varepsilon_2 \qquad\qquad y_{H_2O} = \frac{5 - \varepsilon_1 - 2\varepsilon_2}{8 + 2\varepsilon_1 + 2\varepsilon_2}$$

$$n_{CO} = \varepsilon_1 \qquad\qquad y_{CO} = \frac{\varepsilon_1}{8 + 2\varepsilon_1 + 2\varepsilon_2}$$

$$n_{CO_2} = \varepsilon_2 \qquad\qquad y_{CO_2} = \frac{\varepsilon_2}{8 + 2\varepsilon_1 + 2\varepsilon_2}$$

$$\frac{n_{H_2} = 3\varepsilon_1 + 4\varepsilon_2}{\sum n_i = 8 + 2\varepsilon_1 + 2\varepsilon_2} \qquad\qquad y_{H_2} = \frac{3\varepsilon_1 + 4\varepsilon_2}{8 + 2\varepsilon_1 + 2\varepsilon_2}$$

由此可见，该体系各组成是两个独立变数 $\varepsilon_1$ 和 $\varepsilon_2$ 的函数。

### 10.1.2 化学反应平衡的判据

化学反应的方向和平衡的判据为

$$(\Delta G)_{T,p} \leqslant 0 \tag{10-5}$$

式(10-5) 表明在等温、等压条件下，若自由焓变化小于零，则过程能自动进行；而自由焓变化等于零时，则反应达平衡。这可由图 10-1 说明，该图表示只有一个化学反应的体系，纵坐标代表体系的自由焓 $G_t$，而横坐标代表反应度 $\varepsilon$，温度和压力是固定的。当达到平衡时，$G_t$ 有一最小值，该点满足

$$\left(\frac{\partial G_t}{\partial \varepsilon}\right)_{T,p} = 0 \tag{10-6}$$

对应的反应进度 $\varepsilon_e$ 就是平衡时的反应进度 $\varepsilon_e$。

### 10.1.3 标准自由焓变化与平衡常数

单相多组分体系自由焓的表达式为

$$dG_t = -S_t dT + V_t dp + \sum \mu_i dn_i \tag{10-7}$$

式中，热力学函数 $G$、$S$ 和 $V$ 的下标 t 表示容量性质的总值（total），与 1mol 或者单位质量的值以示区别。

如果在封闭体系中由于单一的化学反应而发生 $n_i$ 的变化，

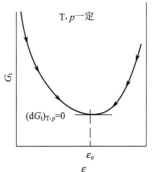

图 10-1　总自由焓与
反应进度的关系

那么由式(10-3)，每个 $\mathrm{d}n_i$ 用乘积 $\nu_i\mathrm{d}\varepsilon$ 代替，式(10-7) 于是变成

$$\mathrm{d}G_\mathrm{t} = -S_\mathrm{t}\mathrm{d}T + V_\mathrm{t}\mathrm{d}p + \sum(\nu_i\mu_i)\mathrm{d}\varepsilon \qquad (10\text{-}8)$$

由此可知在等温、等压下

$$\sum(\nu_i\mu_i) = \left(\frac{\partial G_\mathrm{t}}{\partial \varepsilon}\right)_{T,p} \qquad (10\text{-}9)$$

$\sum(\nu_i\mu_i)$ 代表了系统的自由焓随反应进度的变化率。式(10-6) 与式(10-9) 联立，得

$$\sum\nu_i\mu_i = 0 \qquad (10\text{-}10)$$

因为混合物中组分 $i$ 的化学位 $\mu_i = \overline{G}_i$，由

$$\mu_i = G_i^\ominus + RT\ln \hat{a}_i \qquad (10\text{-}11)$$

式中，$\hat{a}_i$ 为活度，由定义知 $\hat{a}_i = \dfrac{\hat{f}_i}{f_i^\ominus}$；上角标"$\ominus$"表示为标准态的值，这里取纯组分 $i$ 在系统的温度和一固定压力下的状态作为标准态（这与相平衡中所讲的标准态，压力取系统的压力是不相同的）。

联立式(10-10) 和式(10-11)，消去 $\mu_i$，得

$$\sum\nu_i(G_i^\ominus + RT\ln \hat{a}_i) = 0$$

或

$$\sum\nu_i G_i^\ominus + RT\sum\ln(\hat{a}_i)^{\nu_i} = 0$$

或

$$\ln\prod(\hat{a}_i)^{\nu_i} = -\frac{\sum\nu_i G_i^\ominus}{RT} \qquad (10\text{-}12)$$

式中，$\prod$ 代表所有物质 $i$ 的乘积。

式(10-12) 写成指数形式

$$\prod(\hat{a}_i)^{\nu_i} = \exp\frac{-\sum\nu_i G_i^\ominus}{RT} \equiv K \qquad (10\text{-}13)$$

式中，$K$ 称为平衡常数，式(10-13) 给 $K$ 下了定义。

由于 $G_i^\ominus$ 为在某固定压力下组分 $i$ 在标准状态时的性质，仅和温度有关。因此，平衡常数 $K$ 亦仅是温度的函数。将式(10-12) 写成

$$-RT\ln K = \sum\nu_i G_i^\ominus \equiv \Delta G^\ominus \qquad (10\text{-}14)$$

最后项 $\Delta G^\ominus$ 称为反应的标准自由焓变化，是 $\sum\nu_i G_i^\ominus$ 的一种习惯表示。

$\Delta G^\ominus$ 和 $\Delta G$ 是有区别的，$\Delta G^\ominus$ 用来估算化学反应的平衡常数，而 $\Delta G$ 用来判断反应的方向。当化学反应达到平衡时，$\Delta G$ 必须为零，而 $\Delta G^\ominus$ 一般不等于零，两者不能混淆。

式(10-13) 中的活度把所研究的平衡态与组分的标准态关联起来。标准态是任意的，但必须在平衡温度 $T$ 下。虽然没有必要对所有的组分都取相同的标准态，但是对给定的组分，$G_i^\ominus$ 的标准态必须与 $f_i^\ominus$（$\hat{a}_i = \hat{f}_i/f_i^\ominus$）的标准态相同。

### 10.1.4 平衡常数的计算

计算平衡组成的关键是要知道平衡常数 $K$ 的值，获得 $K$ 值的方法有两种。

第一种是实验测定法。即直接测定在一定条件下反应达到平衡时各组分的成分，从而由式(10-13) 直接计算出 $K$ 值。

第二种方法是根据式(10-14) 由基本热数据间接算出 $K$ 值。

下面介绍由基本热数据估算 $K$ 值的方法。

反应标准性质 $M^\ominus$ 的变化可以写成

$$\Delta M^\ominus = \sum\nu_i M_i^\ominus$$

式中，生成物的 $\nu_i$ 为正，反应物的 $\nu_i$ 为负。标准反应热的变化 $\Delta M^{\ominus}$ 即指 $\Delta H^{\ominus}$；标准反应热容变化则指 $\Delta C_p^{\ominus}$；标准反应熵变指 $\Delta S^{\ominus}$。对于已知反应而言，这些量均仅为温度的函数，它们互相之间的关系类似于前面已讨论的热力学函数之间的关系，如标准反应热变化和标准自由焓变化之间的关系为

$$\Delta G^{\ominus} = \Delta H^{\ominus} - T\Delta S^{\ominus}$$

① 从标准生成自由焓数据来估算。

过程的 $\Delta G^{\ominus}$ 是由始末状态决定，与过程的途径无关，因此任何一化学反应的标准生成自由焓变化等于生成物的标准生成自由焓之和减去反应物的标准生成自由焓之和。

$$\Delta G^{\ominus} = \sum_{i=1}^{n} \alpha_i (\Delta G_i^{\ominus})_f - \sum_{j=1}^{m} \beta_j (\Delta G_j^{\ominus})_f \qquad (10\text{-}15)$$

式中，$\alpha_i$ 为生成物中 $i$ 组分的物质的量；$\beta_j$ 为反应物中 $j$ 组分的物质的量；$(\Delta G_i^{\ominus})_f$ 为 $i$ 组分在温度 $T$ 时的标准生成自由焓；$(\Delta G_j^{\ominus})_f$ 为 $j$ 组分在温度 $T$ 时的标准生成自由焓。

大部分化合物的 $\Delta G_f^{\ominus}$ 在手册中均可查到，因此基本上可以求出任何一个化学反应的 $\Delta G^{\ominus}$。应当注意，式(10-15) 中所有的 $\Delta G_f^{\ominus}$ 必须是在同一温度的值。

② 从标准反应热和标准反应熵来估算。

根据式(10-14)

$$RT\ln K = -\Delta G^{\ominus} = -\Delta H^{\ominus} + T\Delta S^{\ominus} \qquad (10\text{-}16)$$

类似于式(10-15) 可以写出 $\Delta H^{\ominus}$ 与 $\Delta S^{\ominus}$

$$\Delta H^{\ominus} = \sum_{i=1}^{n} \alpha_i (\Delta H_i^{\ominus})_f - \sum_{j=1}^{m} \beta_j (\Delta H_j^{\ominus})_f \qquad (10\text{-}17)$$

式中，$\Delta H^{\ominus}$ 是温度 $T$ 时化学反应的标准焓变，即反应热；$\Delta H_f^{\ominus}$ 是组分的生成热。

$$\Delta S^{\ominus} = \sum_{i=1}^{n} \alpha_i (S_i^{\ominus}) - \sum_{j=1}^{m} \beta_j (S_j^{\ominus}) \qquad (10\text{-}18)$$

式中，$\Delta S^{\ominus}$ 为温度 $T$ 时化学反应的标准熵变；$S_i^{\ominus}$ 为生成物在温度 $T$ 和标准状态下的绝对熵；$S_j^{\ominus}$ 为反应物在温度 $T$ 和标准状态下的绝对熵。

根据热力学第三定律，在绝对零度时，纯的、具有完整晶体的物质的熵等于零，这给出了计算熵的一个基准。

【例 10-3】 试计算 298K 时下述反应的平衡常数

$$C_2H_4(g) + H_2O(l) \Longrightarrow C_2H_5OH(l) \qquad (A)$$

并规定各组分的标准状态如下表所列

| 组　分 | 规定的标准状态 |
| --- | --- |
| $C_2H_4(g)$ | 纯气体 0.1013MPa，298K |
| $H_2O(l)$ | 纯液体 0.1013MPa，298K |
| $C_2H_5OH(l)$ | 纯液体 0.1013MPa，298K |

**解** 文献中常常不能直接查到液体的标准生成自由焓。从文献中查出 298K 时的标准生成热的数据如下：

| 组　分 | 状　态 | 298K 下的标准生成热/(J/mol) |
| --- | --- | --- |
| $C_2H_4$ | 气 | 52321 |
| $H_2O$ | 气 | -242000 |
| $C_2H_5OH$ | 气 | -235938 |

由于反应中的 $H_2O$ 和 $C_2H_5OH$ 都是液态，上述数据不适于计算要求。为此将反应式（A）分为下述三个反应式表示

$$C_2H_4(g) + H_2O(g) \Longrightarrow C_2H_5OH(g) \tag{B}$$

$$H_2O(l) \Longrightarrow H_2O(g) \tag{C}$$

$$C_2H_5OH(g) \Longrightarrow C_2H_5OH(l) \tag{D}$$

即反应（B）+（C）+（D）=（A），其中反应（B）的 $\Delta H^\ominus$ 可由如下已知的文献数据求出

$$(\Delta H^\ominus)_B = (-235938) - 52321 - (-242000) = -46259 \text{J/mol}$$

而反应（C）及（D）的 $\Delta H^\ominus$ 由定义可知分别等于标准状态下的汽化潜热及冷凝潜热，故亦可由文献中查得。

$(\Delta H^\ominus)_C$ 等于纯水在 298K、0.1013MPa 下的汽化潜热

$$(\Delta H^\ominus)_C = 43964 \text{J/mol}$$

$(\Delta H^\ominus)_D$ 等于纯乙醇在 298K、0.1013MPa 下的冷凝潜热

$$(\Delta H^\ominus)_D = -41870 \text{J/mol}$$

故反应（A）的 $\Delta H^\ominus$ 可计算如下

$$(\Delta H^\ominus)_A = (\Delta H^\ominus)_B + (\Delta H^\ominus)_C + (\Delta H^\ominus)_D$$
$$= (-46259) + 43964 + (-41870) = -44165 \text{J/mol}$$

现计算反应（A）的 $\Delta S^\ominus$。

从文献中查得 298K 时各组分的绝对熵值如下：

| 组　　分 | $S^\ominus_{298}/[\text{J}/(\text{mol} \cdot \text{K})]$ | 组　　分 | $S^\ominus_{298}/[\text{J}/(\text{mol} \cdot \text{K})]$ |
|---|---|---|---|
| $H_2O(l)$ | 69.990 | $C_2H_5OH(l)$ | 160.781 |
| $C_2H_4(g)$ | 219.608 | | |

所以

$$(\Delta S^\ominus)_A = 160.781 - 219.608 - 69.990 = -128.817 \text{J}/(\text{mol} \cdot \text{K})$$

将 $(\Delta H^\ominus)_A$ 和 $(\Delta S^\ominus)_A$ 值代入式（10-16），得

$$(\Delta G^\ominus)_A = -44165 - 298 \times (-128.817) = -5777 \text{J/mol}$$

$$\ln K = -\frac{(\Delta G^\ominus)_A}{RT} = \frac{5777}{8.314 \times 298} = 2.33$$

$$K = 10.3$$

### 10.1.5 温度对平衡常数的影响

由于标准态的温度是平衡混合物的温度，因此反应的标准热力学性质的变化，如 $\Delta G^\ominus$ 和 $\Delta H^\ominus$ 是随平衡温度而变化。

由于

$$\Delta S^\ominus = -\frac{\text{d}(\Delta G^\ominus)}{\text{d}T}$$

$$\Delta G^\ominus = \Delta H^\ominus - T\Delta S^\ominus$$

将上两式联立，消去 $\Delta S^\ominus$，得

$$\frac{\Delta H^\ominus}{T} - \frac{\Delta G^\ominus}{T} = -\frac{\text{d}(\Delta G^\ominus)}{\text{d}T}$$

整理后得

$$\Delta H^\ominus = -RT^2 \frac{\text{d}(\Delta G^\ominus/RT)}{\text{d}T}$$

由式（10-14）知

$$\frac{\Delta G^\ominus}{RT} = -\ln K$$

所以
$$\frac{\mathrm{d}\ln K}{\mathrm{d}T}=\frac{\Delta H^{\ominus}}{RT^2}\qquad(10\text{-}19)$$

式(10-19) 称为 Van't Hoff 等压方程式，它给出温度对平衡常数的影响。由此可见，当 $\Delta H^{\ominus}$ 为负值，即为放热反应时，平衡常数随温度升高而降低；而当 $\Delta H^{\ominus}$ 为正值，即吸热反应时，平衡常数将随温度的升高而增加。

如果标准焓变化（反应热）$\Delta H^{\ominus}$ 在给定的温度区间内可作为常数，也就是假设它不随温度变化而为定值，则式(10-19) 很容易积分得

$$\ln\frac{K}{K_1}=-\frac{\Delta H^{\ominus}}{R}\left(\frac{1}{T}-\frac{1}{T_1}\right)\qquad(10\text{-}20)$$

这是一个近似式。在温度范围不大的情况下，可由已知 $T_1$ 的平衡常数 $K_1$ 的条件，求出 $T$ 时的 $K$ 值。如果将其表示在 $\ln K$ 对 $1/T$ 的坐标图上，式(10-20) 应表现出直线关系。

图 10-2 示出一些常见反应的 $\ln K$ 对 $1/T$ 的关系，由图 10-2 可见，它们都表现出近似直线的关系。根据此图可以很方便而又相当准确地来外推或内插平衡常数。

若已知标准反应热与温度的函数关系，则式(10-19) 可精确地进行积分，得

$$\ln K = \int \frac{\Delta H^{\ominus}}{RT^2}\mathrm{d}T + I\qquad(10\text{-}21)$$

式中，$I$ 是积分常数。

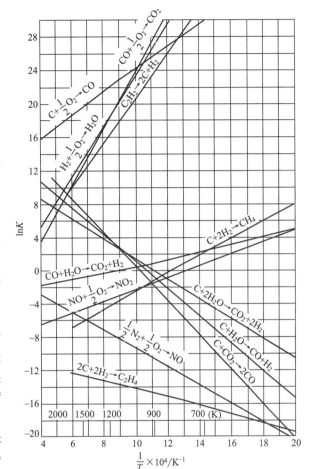

图 10-2　某些常见反应的平衡
常数与温度的函数关系

若将各组分的热容 $(C_p^{\ominus})_i$ 表示成 $T$ 的指数级数
$$(C_p^{\ominus})_i=\alpha_i+\beta_i T+\gamma_i T^2$$

则
$$\Delta H^{\ominus} = \Delta H_0^{\ominus} + \int \Delta C_p^{\ominus}\mathrm{d}T = \Delta H_0^{\ominus} + \int (\Delta\alpha + \Delta\beta T + \Delta\gamma T^2)\mathrm{d}T$$
$$= \Delta H_0^{\ominus} + \Delta\alpha T + \frac{\Delta\beta T^2}{2} + \frac{\Delta\gamma T^3}{3}\qquad(10\text{-}22)$$

如果已知在某一温度，例如 298.15K 时的标准反应热，此方程中的常数 $\Delta H_0^{\ominus}$ 是很容易确定的。然后将式(10-22) 代入式(10-21)，积分结果为

$$\ln K=-\frac{\Delta H_0^{\ominus}}{RT}+\frac{\Delta\alpha}{R}\ln T+\frac{\Delta\beta}{2R}T+\frac{\Delta\gamma}{6R}T^2+I\qquad(10\text{-}23)$$

式中，积分常数 $I$ 可由已知的某个温度下的平衡常数求得。

由于
$$\Delta G^{\ominus}=-RT\ln K$$

将式(10-23) 乘以 $(-RT)$，得

$$\Delta G^{\ominus}=\Delta H_0^{\ominus}-\Delta\alpha T\ln T-\frac{\Delta\beta}{2}T^2-\frac{\Delta\gamma}{6}T^3-IRT\qquad(10\text{-}24)$$

若已知反应热、生成物和反应物的热容数据以及一个温度 $T$ 时的 $\Delta G^{\ominus}$ 值，则根据式（10-24）就可推求在另一温度时的 $\Delta G^{\ominus}$ 值。

## 10.2 平衡常数与平衡组成间的关系

为了分析和设计工业反应装置，需要计算平衡转化率和平衡产率。它们的定义为

$$平衡转化率 = \frac{平衡时消耗了的反应物的摩尔数}{在加料中的反应物的摩尔数}$$

$$平衡产率 = \frac{平衡时转化成产物的摩尔数}{平衡时消耗了的反应物的摩尔数}$$

由此可见，建立平衡浓度或平衡分压与化学反应平衡常数间的关系是至关重要的。下面予以讨论。

### 10.2.1 气相反应

式（10-13）表示了反应的平衡常数与活度的关系

$$K = \prod (\hat{a}_i)^{\nu_i}$$

式中，$\hat{a}_i = \hat{f}_i / f_i^{\ominus}$，在气相反应时，取温度为反应温度；压力用巴（bar）表示时，标准状态压力为 1bar，若用标准大气压（atm）表示时，标准状态压力为 1atm，在此条件下的纯组分 $i$ 的理想气体作为标准态。由于理想气体的逸度等于压力，则对气相反应的每个组分 $f_i^{\ominus} = 1$bar，或 $f_i^{\ominus} = 1$atm，此时式（10-13）简化为

$$K = \prod (\hat{a}_i)^{\nu_i} = \prod (\hat{f}_i)^{\nu_i} = K_f \tag{10-25}$$

要注意当 $f_i^{\ominus} = 1$bar 时，逸度 $\hat{f}_i$ 必须以 bar 为单位；$f_i^{\ominus} = 1$atm 时，逸度 $\hat{f}_i$ 必须以 atm 为单位，则得 $K$ 是无量纲的。由于 $K$ 只是温度的函数，可见 $K_f$ 也只是温度的函数。

如果将式 $\hat{f}_i = \hat{\phi}_i y_i p$ 代入式（10-25）中，则得

$$K_f = \prod (\hat{\phi}_i y_i p)^{\nu_i} \tag{10-26}$$

式中，$y_i$ 为平衡混合物中组分 $i$ 的摩尔分数；$\hat{\phi}_i$ 为组分 $i$ 的逸度系数；$p$ 为平衡压力。

当平衡混合物是理想溶液时，则每个 $\hat{\phi}_i$ 变为纯组分 $i$ 在 $T$ 与 $p$ 时的逸度系数 $\phi_i$，这样式（10-26）变成

$$K_f = \prod (\phi_i y_i p)^{\nu_i} \tag{10-27}$$

由于 $\phi_i$ 与组成无关，只要一旦确定了平衡温度与压力，则可由普遍化关系式求出 $\phi_i$ 值。

当压力足够低或温度足够高时，平衡混合物实际上表现为理想气体。这种情况下，$\hat{\phi}_i = 1$，则式（10-26）简化为

$$K_f = \prod (y_i p)^{\nu_i} \tag{10-28}$$

式（10-28）可写成

$$K_f = \prod (y_i p)^{\nu_i} = \prod (p_i)^{\nu_i} = K_p \tag{10-29}$$

式（10-28）也可写成

$$K_f p^{-\nu} = \prod (y_i)^{\nu_i} = K_y \tag{10-30}$$

式中，$\nu = \sum \nu_i$。

显然，式（10-28）仅适用于理想气体的反应，但由此可得出某些普遍合理的近似结论。对照式（10-29）与式（10-30）可知

$$K_y = K_p p^{-\nu} \tag{10-31}$$

对理想气体反应来说，$K_p$ 只是温度的函数，与压力和组成无关；而 $K_y$ 则除与温度有关外，与压力也有关系。

式(10-26) 也可写成

$$K_f = \prod (\hat{\phi}_i y_i p)^{\nu_i} = \prod (\hat{\phi}_i)^{\nu_i} (p_i)^{\nu_i} = K_\phi K_p \tag{10-32}$$

若已知反应的 $K_f$，就可由式(10-26) 计算出体系的平衡组成。下面举例说明之。

**【例 10-4】** 试计算 427℃ 和 30.39MPa 下合成氨反应的平衡组成。已知反应物为 75% $H_2$ 和 25% $N_2$（摩尔分数），该反应的 $K_f$ 文献值为 0.0091，其中各组分的标准状态均为 1atm（0.1013MPa）。

**解** 合成氨反应为

$$\frac{1}{2}N_2 + \frac{3}{2}H_2 \Longrightarrow NH_3$$

假定反应混合物为理想的气体溶液，则算出各组分的逸度系数 $\phi_i$ 如下：

| 气　体 | $H_2$ | $N_2$ | $NH_3$ |
|---|---|---|---|
| $\phi_i$ | 1.10 | 1.15 | 0.90 |

由此得到

$$K_\phi = \frac{0.90}{(1.15)^{1/2}(1.10)^{3/2}} = 0.72$$

现求出反应前后各组分的物质的量及总物质的量。

$$\frac{1}{2}N_2 \quad + \quad \frac{3}{2}H_2 \Longrightarrow NH_3$$

反应前 $\qquad\qquad \dfrac{1}{2} \qquad\quad \dfrac{3}{2} \qquad\quad 0$

反应后 $\qquad \left(\dfrac{1}{2} - \dfrac{1}{2}\alpha\right) \quad \left(\dfrac{3}{2} - \dfrac{3}{2}\alpha\right) \quad \alpha$

反应后的总物质的量为

$$\left(\frac{1}{2} - \frac{1}{2}\alpha\right) + \left(\frac{3}{2} - \frac{3}{2}\alpha\right) + \alpha = 2 - \alpha$$

因此，各组分的摩尔分数为

$$y_{NH_3} = \frac{\alpha}{2-\alpha} \qquad y_{N_2} = \frac{\frac{1}{2}(1-\alpha)}{2-\alpha} \qquad y_{H_2} = \frac{\frac{3}{2}(1-\alpha)}{2-\alpha}$$

此反应中 $\nu_{N_2} = -\dfrac{1}{2} \quad \nu_{H_2} = -\dfrac{3}{2} \quad \nu_{NH_3} = 1$

将上述各项代入式(10-32) 中，得

$$0.0091 = 0.72 \left[\frac{\alpha}{\left(\frac{1}{2} - \frac{1}{2}\alpha\right)^{1/2}\left(\frac{3}{2} - \frac{3}{2}\alpha\right)^{3/2}}\right]\left[\frac{30.39}{(0.1013)(2-\alpha)}\right]^{\left(1-\frac{1}{2}-\frac{3}{2}\right)}$$

试差法求得 $\alpha = 0.589$，故平衡组成如下

$$y_{NH_3} = \frac{0.589}{2 - 0.589} = 41.6\%$$

$$y_{N_2} = \frac{\frac{1}{2} - \frac{0.589}{2}}{2 - 0.589} = 14.6\%$$

$$y_{H_2} = \frac{\frac{3}{2} - \left(\frac{3}{2}\right)(0.589)}{2 - 0.589} = 43.8\%$$

**【例 10-5】** 乙烯气相水合制乙醇的反应式为

$$C_2H_4(g) + H_2O(g) \Longrightarrow C_2H_5OH(g)$$

反应温度和压力分别为 523K 和 3.45MPa，已知 $K_f = 8.15 \times 10^{-3}$，试求初始水蒸气对乙烯的比值分别为 1 和 7 时，乙烯的平衡转化率。

**解** 该反应的平衡常数表达式理应采用式(10-26)，这就需要计算组分逸度系数。为简化起见，假设反应混合物为理想溶液，这样组分逸度系数就可用纯物质的逸度系数来代替，平衡常数公式采用式(10-27)。

此反应中 $\sum \nu_i = -1$，所以

$$\frac{\phi_{C_2H_5OH} y_{C_2H_5OH}}{(\phi_{C_2H_4} y_{C_2H_4})(\phi_{H_2O} y_{H_2O})} = 8.15 \times 10^{-3} \times p \tag{A}$$

式中，$p$ 的单位为 atm（1atm=0.1013MPa）。

$\phi_i$ 计算可按下式进行

$$\ln\phi_i = \frac{p_{r_i}}{T_{r_i}}(B^0 + \omega_i B^1)$$

$$B^0 = 0.083 - \frac{0.422}{T_{r_i}^{1.6}} \qquad\qquad B^1 = 0.139 - \frac{0.172}{T_{r_i}^{4.2}}$$

计算结果示于下表：

| 物　质 | $T_c/K$ | $p_c/MPa$ | $\omega_i$ | $T_{r_i}$ | $p_{r_i}$ | $B^0$ | $B^1$ | $\phi_i$ |
|---|---|---|---|---|---|---|---|---|
| $C_2H_4$ | 282.4 | 5.035 | 0.086 | 1.85 | 0.684 | −0.075 | 0.126 | 0.98 |
| $H_2O$ | 647.1 | 22.04 | 0.348 | 0.81 | 0.156 | −0.510 | −0.282 | 0.89 |
| $C_2H_5OH$ | 516.2 | 6.382 | 0.635 | 1.01 | 0.540 | −0.330 | −0.024 | 0.83 |

将各 $\phi_i$ 和 $p$ 的值代入式(A)，得

$$\frac{y_{C_2H_5OH}}{(y_{C_2H_4})(y_{H_2O})} = \frac{(0.98)(0.89)(3.45)}{(0.83)(0.1013)} \times 8.15 \times 10^{-3} = 0.292 \tag{B}$$

对于乙烯水合反应有

$$\frac{dn_{C_2H_4}}{-1} = \frac{dn_{H_2O}}{-1} = \frac{dn_{C_2H_5OH}}{1} = d\varepsilon \tag{C}$$

现以 1mol 的乙烯作为计算基准。

① 当水蒸气和乙烯之比为 1:1 时，则由初态到平衡态积分式(C)，得

$$n_{C_2H_4} = 1 - \varepsilon \qquad\qquad y_{C_2H_4} = \frac{1-\varepsilon}{2-\varepsilon}$$

$$n_{H_2O} = 1 - \varepsilon \qquad\qquad y_{H_2O} = \frac{1-\varepsilon}{2-\varepsilon}$$

$$\underline{\quad n_{C_2H_5OH} = \varepsilon \qquad\qquad\qquad y_{C_2H_5OH} = \frac{\varepsilon}{2-\varepsilon} \quad}$$

$$\sum n_i = 2 - \varepsilon$$

代入式(B)，得到

$$\frac{\varepsilon(2-\varepsilon)}{(1-\varepsilon)^2} = 0.291$$

化简为

$$1.291\varepsilon^2 - 2.582\varepsilon + 0.291 = 0$$

解得 $\qquad\qquad\qquad\varepsilon=0.120$

即乙烯的平衡转化率为 12%。

② 当水蒸气和乙烯之比为 7 : 1 时，则由初态到平衡态积分式(C)，得

$$n_{C_2H_4}=1-\varepsilon \qquad\qquad y_{C_2H_4}=\frac{1-\varepsilon}{8-\varepsilon}$$

$$n_{H_2O}=7-\varepsilon \qquad\qquad y_{H_2O}=\frac{7-\varepsilon}{8-\varepsilon}$$

$$n_{C_2H_5OH}=\varepsilon \qquad\qquad y_{C_2H_5OH}=\frac{\varepsilon}{8-\varepsilon}$$

$$\overline{\qquad\qquad \sum n_i=8-\varepsilon \qquad\qquad}$$

代入式(B)，得到

$$\frac{\varepsilon(8-\varepsilon)}{(7-\varepsilon)(1-\varepsilon)}=0.291$$

化简为 $\qquad\qquad 1.291\varepsilon^2-10.328\varepsilon+2.037=0$

解得 $\qquad\qquad\qquad \varepsilon=0.202$

即乙烯的平衡转化率为 20.2%。

比较①与②结果，可以看出当增加水蒸气的用量时，乙烯的平衡转化率提高。由于乙烯的成本高，提高水蒸气用量来增加乙烯的平衡转化率，粗分析经济上是合算的，但引起了乙醇的出口浓度降低、气体处理量增大等问题。如何确定合适的反应物比例？应结合生产工艺进行全面分析才能确定。

### 10.2.2　均相液相反应

对于固体和液体，通常的标准态为纯固体或液体在系统的温度而压力在 1bar（$10^5$Pa）或 1atm（0.1013MPa）[●]。在平衡计算中必须使用式(10-13)这个普遍式。

$$K=\prod(\hat{a}_i)^{\nu_i} \qquad\qquad (10\text{-}13)$$

由于

$$\hat{a}_i=\frac{\hat{f}_i}{f_i^{\ominus}}$$

式中，$f_i^{\ominus}$ 为纯液体 $i$ 在系统的温度而压力在 1bar 时的逸度。

根据活度系数定义

$$\hat{f}_i=x_i\gamma_i f_i$$

式中，$f_i$ 是在平衡的温度和压力条件下纯液体 $i$ 的逸度。

所以 $\qquad\qquad \hat{a}_i=\frac{x_i\gamma_i f_i}{f_i^{\ominus}}=\gamma_i x_i\left(\frac{f_i}{f_i^{\ominus}}\right)$

由 $\qquad\qquad \mathrm{dln}f_i=\frac{V_i}{RT}\mathrm{d}p \qquad\qquad (恒温)$

从标准态压力 1bar 积分至 $p$（单位为 bar），并考虑到液体的 $V_i$ 随压力的变化很小，得

$$\ln\frac{f_i}{f_i^{\ominus}}\approx\frac{V_i(p-1)}{RT}$$

或 $\qquad\qquad \frac{f_i}{f_i^{\ominus}}\approx\exp\frac{V_i(p-1)}{RT} \qquad\qquad (10\text{-}33)$

---

[●] 对于液体及固体，其差值不显著。

式(10-13) 可写成

$$K=\left[\prod(x_i\gamma_i)^{\nu_i}\right]\exp\left[\frac{(p-1)}{RT}\sum(\nu_iV_i)\right] \tag{10-34}$$

除了高压之外，指数项接近1，可被省略。在此情况下

$$K=\prod(x_i\gamma_i)^{\nu_i} \tag{10-35}$$

应用式(10-35) 需确定活度系数，可利用 Wilson 等活度系数方程或 UNIFAC 方法来计算，并且可以通过复杂的迭代计算程序由式(10-35) 求出组成。

如果平衡混合物是理想溶液，则所有的 $\gamma_i$ 都为1，则式(10-35) 变为

$$K=\prod x_i^{\nu_i} \tag{10-36}$$

这种简单的关系被称为质量作用定律。由于反应的液体往往形成非理想溶液，所以用式(10-36)计算在许多场合下误差较大。但在分解、异构、聚合诸反应中还是有其应用的场合。

对于高浓度的组分，尤其是对 $x_i$ 接近于1的组分来说，Lewis-Randall 定则常是适用的。因此，上述组分的 $\hat{a}_i$ 接近于 $x_i$，近似地可写为 $\hat{a}_i=x_i$。

对于在水溶液中以低浓度存在的组元，则广泛采用另一种方法，因为此时 $\hat{a}_i$ 不再近似地和 $x_i$ 相等。采用假想的标准态，即该溶液的标准态服从 Henry 定律，溶质的浓度一直到其质量摩尔浓度为1时，都服从 Henry 定律。若用质量摩尔浓度和逸度表达 Henry 定律，则

$$\hat{f}_i=k_im_i \tag{10-37}$$

式中，$k$ 为 Henry 常数；$m$ 为质量摩尔浓度。

此式适用于组分浓度接近于零的条件。图 10-3 示出了溶质的假想标准态，图中的实线表示组分 $i$ 的逸度 $\hat{f}_i$ 和质量摩尔浓度 $m_i$ 的关系；虚线是通过原点的该曲线的切线，它代表在质量摩尔浓度远小于1时服从 Henry 定律，而现在假设1质量摩尔浓度都服从 Henry 定律，就可按此来计算溶质的性质。此假想态通常作为溶质一个方便的标准态。

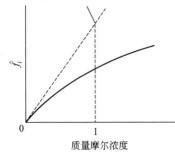

图 10-3 稀水溶液的标准态

标准态的逸度为

$$f_i^{\ominus}=k_im_i^{\ominus}=k_i(1)=k_i$$

由此可知，对浓度很小的组分，当它服从 Henry 定律，则其逸度可写为

$$\hat{f}_i=k_im_i=f_i^{\ominus}m_i$$

故

$$\hat{a}_i=\frac{\hat{f}_i}{f_i^{\ominus}}=m_i \tag{10-38}$$

选择上述标准态的优点在于当溶质服从 Henry 定律时，使活度和浓度间呈现出一个十分简单的关系。在实际应用中，组分的浓度是不宜延伸到1质量摩尔浓度的地方，因为在通常情况下，溶质已不再服从 Henry 定律了。

【例 10-6】 在 373K 及大气压力下，乙酸按照如下反应酯化制得乙酸乙酯。

$$CH_3COOH(l)+C_2H_5OH(l)\longrightarrow CH_3COOC_2H_5(l)+H_2O(l)$$

设乙酸、乙醇的初始量均为1mol，298K 时的有关数据如下：

| 物　　质 | 乙　酸 | 乙　醇 | 乙酸乙酯 | 水 |
|---|---|---|---|---|
| $\Delta H_f^{\ominus}/(\text{J/mol})$ | −484500 | −277690 | −463250 | −285830 |
| $\Delta G_f^{\ominus}/(\text{J/mol})$ | −389900 | −174780 | −318280 | −237129 |

试计算平衡时反应混合物中乙酸乙酯的摩尔分数。

**解** 该反应的 $\Delta H_{298}^{\ominus}$ 及 $\Delta G_{298}^{\ominus}$ 为

$$\Delta H_{298}^{\ominus} = -463250 - 285830 + 484500 + 277690 = 13110 \text{J}$$

$$\Delta G_{298}^{\ominus} = -318280 - 237129 + 389900 + 174780 = 9271 \text{J}$$

由式(10-14)

$$\ln K_{298} = \frac{-\Delta G_{298}^{\ominus}}{RT} = \frac{-9271}{(8.314)(298.15)} = -3.740$$

$$K_{298} = 0.0238$$

假定温度由 298.15K 至 373.15K 内，该反应的标准焓变化不随温度变化而为定值，则由式(10-20)得

$$\ln \frac{K_{373}}{K_{298}} = \frac{-\Delta H_{298}^{\ominus}}{R}\left(\frac{1}{373.15} - \frac{1}{298.15}\right) = \frac{-13110}{8.314}\left(\frac{1}{373.15} - \frac{1}{298.15}\right) = 1.0630$$

$$K_{373} = (0.0238)(e^{1.0630}) = (0.0238)(2.895) = 0.0689$$

假定该反应混合物为理想溶液，可运用式(10-36)，得

$$K = \prod x_i^{\nu_i} = \frac{x_{CH_3COOC_2H_5} \, x_{H_2O}}{x_{CH_3COOH} x_{C_2H_5OH}} \tag{A}$$

由反应式可知

$$\nu_{CH_3COOH} = -1 \qquad\qquad \nu_{C_2H_5OH} = -1$$

$$\nu_{CH_3COOC_2H_5} = 1 \qquad\qquad \nu_{H_2O} = 1$$

则有

$$\frac{dn_{CH_3COOH}}{-1} = \frac{dn_{C_2H_5OH}}{-1} = \frac{dn_{CH_3COOC_2H_5}}{1} = \frac{dn_{H_2O}}{1} = d\varepsilon$$

将上式从初始状态（$\varepsilon = 0$ 时，$n_{CH_3COOH} = 1$，$n_{C_2H_5OH} = 1$，$n_{CH_3COOC_2H_5} = n_{H_2O} = 0$）积分到最终状态，得

$$n_{CH_3COOH} = 1 - \varepsilon \qquad\qquad x_{CH_3COOH} = \frac{1-\varepsilon}{2}$$

$$n_{C_2H_5OH} = 1 - \varepsilon \qquad\qquad x_{C_2H_5OH} = \frac{1-\varepsilon}{2}$$

$$n_{CH_3COOC_2H_5} = \varepsilon \qquad\qquad x_{CH_3COOC_2H_5} = \frac{\varepsilon}{2}$$

$$\underline{\qquad n_{H_2O} = \varepsilon \qquad\qquad\qquad x_{H_2O} = \frac{\varepsilon}{2} \qquad}$$

$$\sum n_i = 2$$

将上述各值代入式(A)

$$K = \left(\frac{\varepsilon}{1-\varepsilon}\right)^2 = 0.0689$$

由此可得

$$\varepsilon = 0.208$$

$$x_{CH_3COOC_2H_5} = \frac{\varepsilon}{2} = \frac{0.208}{2} = 0.104$$

此结果与实验测得平衡时乙酸乙酯的摩尔分数 0.33 相比较，偏差较大，表明计算中假设为理想溶液不合理。

## 10.3　工艺参数对化学平衡组成的影响

与相平衡一样，化学反应平衡也是动态平衡。温度、压力及浓度等各种工艺参数改变时，组分的化学位就会发生相应变化，原来的平衡被破坏，直到新的平衡建立为止。为了合理利用原料，提高产率，找出最佳的操作条件，应用热力学的观点来讨论这些因素的影响是十分必要的。现以气相反应为例进行讨论，在讨论每一因素的影响时都假定其他因素不变。

### 10.3.1　温度的影响

由于反应进度 $\varepsilon$ 是度量反应进行程度的变量，因而讨论温度对平衡组成的影响，只要讨论温度对平衡反应进度 $\varepsilon_e$ 的影响即可。

通过推导可得下式

$$\left(\frac{\partial \varepsilon_e}{\partial T}\right)_p = \left(\frac{K_y}{RT^2}\frac{\partial \varepsilon_e}{\partial K_y}\right)\Delta H^{\ominus} \tag{10-39}$$

式(10-39)中 $K_y$、$R$、$T$ 总是正值，$\partial \varepsilon_e / \partial K_y$ 也总是正值，所以 $(\partial \varepsilon_e / \partial T)_p$ 的符号决定于 $\Delta H^{\ominus}$。在给定的温度下，$\Delta H^{\ominus}$ 是正值，即标准态反应为吸热时，则平衡反应度 $\varepsilon_e$ 随温度升高而增加；如果 $\Delta H^{\ominus}$ 为负值，即标准态反应为放热时，则平衡反应度 $\varepsilon_e$ 将随温度升高而降低。

此结论与温度对平衡常数的影响是一致的。

### 10.3.2　压力的影响

由一系列的推导可得

$$\left(\frac{\partial \varepsilon_e}{\partial p}\right)_T = \left[\frac{K_y}{p}\frac{\mathrm{d}\varepsilon_e}{\mathrm{d}K_y}\right](-\nu) \tag{10-40}$$

同理，式(10-40) 中的方括号也总是正值，所以 $(\partial \varepsilon_e / \partial p)_T$ 的符号取决于 $\nu$。$\nu = \sum \nu_i$，如果 $\nu$ 为负值，即体积缩小的反应，则在温度不变的条件下，$\varepsilon_e$ 随压力的增加而增加；如果 $\nu$ 为正值，即体积增加的反应，则 $\varepsilon_e$ 随压力的增加而降低。

### 10.3.3　惰性气体的影响

设化学反应为

$$a\mathrm{A} + b\mathrm{B} \Longleftrightarrow l\mathrm{L} + m\mathrm{M}$$

并假设此反应体系为理想气体，且含有惰性组分。在一定的温度和压力下，达到平衡时，体系中各组分的物质的量分别为 $n_A$、$n_B$、$n_L$、$n_M$ 和 $n_I$。$n_I$ 为惰性气体的物质的量。

由式(10-29)知，对理想气体

$$K_f = K_p$$

$$K_p = \frac{\left(\dfrac{n_L}{n_A + n_B + n_L + n_M + n_I}p\right)^l \left(\dfrac{n_M}{n_A + n_B + n_L + n_M + n_I}p\right)^m}{\left(\dfrac{n_A}{n_A + n_B + n_L + n_M + n_I}p\right)^a \left(\dfrac{n_B}{n_A + n_B + n_L + n_M + n_I}p\right)^b}$$

$$= \frac{n_L^l n_M^m}{n_A^a n_B^b}\left(\frac{p}{n_A + n_B + n_L + n_M + n_I}\right)^\nu = K_n \left(\frac{p}{n_A + n_B + n_L + n_M + n_I}\right)^\nu$$

式中，$\nu = (l+m) - (a+b)$。

经整理后得到

$$K_n = K_p \left( \frac{p}{n_A + n_B + n_L + n_M + n_I} \right)^{-\nu} \tag{10-41}$$

对于理想气体，当温度一定时，$K_p$ 一定；压力是固定的。现在就 $n_A$、$n_B$、$n_L$ 和 $n_M$ 一定时，$n_I$ 对 $K_n$ 的影响作讨论。

① 当 $\nu > 0$ 时，即体积增大的反应。$n_I$ 增大，式(10-41) 中括号项增大。即增加 $n_I$ 能增大产物的平衡组成；反之，$n_I$ 减小将降低产物的平衡组成。

② 当 $\nu < 0$ 时，即体积缩小反应，$n_I$ 增大，括号项减小，$K_p$ 不变，所以 $K_n$ 也减小，即增加 $n_I$ 要降低产物的平衡组成；反之，降低 $n_I$，将增大产物的平衡组成。

对于非理想气体体系，惰性气体对平衡组成的影响趋势也是相同的。

### 10.3.4 反应物组成的影响

要使反应得到的产物产率最大，初始混合物就应该按化学反应的计量系数进行配比。如果某种反应物的供应或其他原因受到限制，增加其他的反应物的初始浓度，就会增加产物的量和反应的完善程度。

**【例 10-7】** 水煤气变换反应

$$CO(g) + H_2O(g) \longrightarrow CO_2(g) + H_2(g)$$

试求下述不同条件下该反应的平衡反应度。假设反应混合物为理想气体。

① $H_2O$ 和 CO 的初始量均为 1mol，温度为 1100K，压力 0.1MPa；

② $H_2O$、CO 和 $CO_2$ 的初始量均为 1mol，其余条件与①相同；

③ 温度为 1650K，其余条件与①相同；

④ 压力为 1MPa，其余条件与①相同；

⑤ 反应物中还有 2mol $N_2$，其余条件与①相同。

**解** ① 反应温度为 1100K 时，$\frac{1}{T} \times 10^4 = 9.09$，查图 10-2，该反应的 $\ln K = 0$，得 $K = 1$。

$$\nu = \sum \nu_i = -1 - 1 + 1 + 1 = 0$$

由式(10-30)，可得

$$\frac{y_{CO_2} y_{H_2}}{y_{CO} y_{H_2O}} = K p^{-\nu} = K \times 1 = 1 \tag{A}$$

水煤气变换反应有

$$\frac{dn_{CO}}{-1} = \frac{dn_{H_2O}}{-1} = \frac{dn_{CO_2}}{1} = \frac{dn_{H_2}}{1} = d\varepsilon$$

由初态到平衡态积分上式，得

$$n_{CO} = 1 - \varepsilon \qquad\qquad y_{CO} = \frac{1-\varepsilon}{2}$$

$$n_{H_2O} = 1 - \varepsilon \qquad\qquad y_{H_2O} = \frac{1-\varepsilon}{2}$$

$$n_{CO_2} = \varepsilon \qquad\qquad y_{CO_2} = \frac{\varepsilon}{2}$$

$$n_{H_2} = \varepsilon \qquad\qquad y_{H_2} = \frac{\varepsilon}{2}$$

$$\overline{\qquad\qquad\qquad}$$

$$\sum n_i = 2$$

将上述各值代入式(A) 可得

$$\frac{\varepsilon^2}{(1-\varepsilon)^2} = 1 \qquad\qquad\qquad \varepsilon = 0.5$$

② 在此情况中，平衡的摩尔分数为

$$y_{CO}=\frac{1-\varepsilon}{3} \qquad\qquad y_{H_2O}=\frac{1-\varepsilon}{3}$$

$$y_{CO_2}=\frac{1+\varepsilon}{3} \qquad\qquad y_{H_2}=\frac{\varepsilon}{3}$$

式 (A) 变成

$$\frac{\varepsilon(1+\varepsilon)}{(1-\varepsilon)^2}=1 \qquad\qquad \varepsilon=0.333$$

③ 当反应温度为 1650K 时，$\frac{1}{T}\times10^4=6.06$，查图 10-2，该反应的 $\ln K=-1.15$，得 $K=0.316$。

式 (A) 变成

$$\frac{\varepsilon^2}{(1-\varepsilon)^2}=0.316 \qquad\qquad \varepsilon=0.36$$

与①相比 $\varepsilon$ 减少，这是由于该反应为放热反应，平衡反应度 $\varepsilon$ 随温度升高而降低。

④ 由于 $\nu=0$，增加压力对理想气体反应没有影响，所以 $\varepsilon$ 仍为 0.5。

⑤ $N_2$ 为惰性气体，不参与反应，用作稀释剂。在此情况中，平衡的摩尔分数为

$$y_{CO}=\frac{1-\varepsilon}{4} \qquad\qquad y_{H_2O}=\frac{1-\varepsilon}{4}$$

$$y_{CO_2}=\frac{\varepsilon}{4} \qquad\qquad y_{H_2O}=\frac{\varepsilon}{4}$$

将上述各值代入式 (A)，经简化后的式 (A) 与①相同，$\varepsilon$ 仍为 0.5。

$$\frac{\varepsilon^2}{(1-\varepsilon)^2}=1 \qquad\qquad \varepsilon=0.5$$

## 10.4   反应系统的相律和 Duhem 理论

对于含有 $\pi$ 个相和 $N$ 个化学组分的非反应系统，其自由度数为

$$F=2-\pi+N$$

应用于发生化学反应的系统，它必须加以修正。两种情况下的相律变数是相同的，即压力、温度和每个相的 $N-1$ 个摩尔分数。其总变量数为 $2+(N-1)\pi$，相平衡方程数目为 $(\pi-1)N$。但是，式 (10-10) 为每个独立反应提供了一个平衡时必须满足的补充关系式。因为 $\mu_i$ 是压力、温度以及相组成的函数，式 (10-10) 代表了相平衡变量关联的关系式。如果系统里有 $r$ 个独立反应达成平衡，那么就有 $(\pi-1)N+r$ 个关联相律变数的独立方程式。取变量数与方程数的差，得

$$F=2+(N-1)\pi-(\pi-1)N-r$$

或

$$F=2-\pi+N-r \tag{10-42}$$

此式是反应系统相律的基本方程式。

关联相律变数的方程式是相平衡和化学反应平衡方程式。但是在某些情况下，系统必须加以某些特殊的限制。如果由于特殊限制所产生的补充方程数为 $S$，那么式 (10-42) 必须加以修改。于是相律更普遍的形式是

$$F=2-\pi+N-r-S \tag{10-43}$$

使用式 (10-42) 和式 (10-43) 中的问题是如何确定独立化学反应的个数。

所谓独立反应就是不能由其他反应的线性组合导出来的反应。那么，如何确定独立化学反

应的个数呢？判断的方法有原子守恒判断法及矩阵判别法。

（1）原子守恒判断法

一个化学反应方程式也就是原子数目守恒的一种表达式。这个守恒的事实也可以用代数方程来表示，用代数的术语，独立反应数就是这些方程中独立变量的数目。

独立化学反应个数的确定，可以按如下过程进行：① 写出系统中每个化合物由组分元素生成的化学方程式；② 将这些方程式联立，消去系统中不以单质存在的那些元素。

系统的做法是选择一个方程式与方程组中的另一个方程联立，以便消去一个特定的元素，然后与其他的方程联立，消去其他的元素。

**【例 10-8】** 试确定下列各个体系的自由度数 $F$。

① 两个互溶而不反应的物质，处于汽液平衡，并形成共沸混合物；

② $CaCO_3$ 部分分解的体系；

③ $NH_4Cl$ 部分分解的体系；

④ 由 $CO$、$CO_2$、$H_2$、$H_2O$ 和 $CH_4$ 所组成，并处于化学平衡的气相体系。

**解** ① 系统由两相、两个不反应的物质所组成；又必须为共沸混合物 $x_1 = y_1$，这是一个特殊限制。由式(10-43) 得

$$F = 2 - \pi + N - r - S = 2 - 2 + 2 - 0 - 1 = 1$$

② 此系统只有一个化学反应

$$CaCO_3(s) \longrightarrow CaO(s) + CO_2(g)$$

$r = 1$。有三个化学物质及三个相（固相 $CaCO_3$、固相 $CaO$ 及气相 $CO_2$）。也许会考虑到该系统是按特殊方法即分解 $CaCO_3$ 来构成，这是一个外加的特别的限制条件。但并非如此，因为按此条件不能写出关联相律变量的方程式。所以

$$F = 2 - \pi + N - r - S = 2 - 3 + 3 - 1 - 0 = 1$$

只有一个自由度。这是 $CaCO_3$ 在定温时只有一个固定分解压力的理由。

③ $NH_4Cl$ 部分分解的化学反应为

$$NH_4Cl(s) \longrightarrow NH_3(g) + HCl(g)$$

有三个组分，但是只有两个相（固相 $NH_4Cl$ 和 $NH_3$ 与 $HCl$ 的气体混合物）。系统有一个特殊限制条件即 $NH_4Cl$ 分解，生成的气相 $NH_3$ 和 $HCl$ 必须是等分子的。因此，能够写出一个关联相律变量的特殊方程 $y_{NH_3} = y_{HCl} = 0.5$。应用式(10-43) 得出

$$F = 2 - \pi + N - r - S = 2 - 2 + 3 - 1 - 1 = 1$$

本系统只有一个自由度，结果和②相同。实际上也是这样，$NH_4Cl$ 在给定温度下有一个给定的分解压力。

④ 该系统含五种物质，都处于气相。没有特殊的限制。只有独立反应数 $r$ 有待确定。四个化合物的生成反应为

$$C + \frac{1}{2}O_2 \longrightarrow CO \tag{A}$$

$$C + O_2 \longrightarrow CO_2 \tag{B}$$

$$H_2 + \frac{1}{2}O_2 \longrightarrow H_2O \tag{C}$$

$$C + 2H_2 \longrightarrow CH_4 \tag{D}$$

消去不存在于系统中的元素 $C$ 与 $O_2$，得到两个方程式。消去的方法如下所述。

首先，将式(B) 与式(A) 联立，然后将式(B) 与式(D) 联立，从这组方程中消去 $C$。

式(B) 和式(A) 联立

$$CO + \frac{1}{2}O_2 \longrightarrow CO_2 \tag{E}$$

式(B) 和式(D) 联立 $\qquad$ $CH_4+O_2 \longrightarrow 2H_2+CO_2$ $\qquad$ (F)

式(C)、式(E) 和式(F) 构成一组新的方程组，将式(C) 依次与式(E) 和式(F) 联立消去 $O_2$。

式(C) 和式(E) 联立 $\qquad$ $CO_2+H_2 \longrightarrow CO+H_2O$ $\qquad$ (G)

式(C) 和式(F) 联立 $\qquad$ $CH_4+2H_2O \longrightarrow CO_2+4H_2$ $\qquad$ (H)

式(G) 与式(H) 是独立方程式，表明 $r=2$。若采用不同的消去步骤，其结果是一样的，只有两个独立的方程式。

应用式(10-43)，得

$$F=2-\pi+N-r-S=2-1+5-2-0=4$$

此结果说明，在这五个化学物质的平衡混合物中，只要没有其他任意的规定，可以自由规定四个相律变量，例如 $T$、$p$ 以及两个摩尔分数。换言之，在此不能再有其他的特殊限制，如像系统由给定 $CH_4$ 与 $H_2O$ 的量所组成这样一些规定。这将由物料平衡加入一个特殊的限制，而自由度将减少到 2。

(2) 矩阵判别法

对于只有单一化学反应体系的化学反应条件为

$$\sum_i \nu_i A_i = 0 \tag{10-44}$$

对于同时有 $r$ 个化学反应的体系平衡时，各反应都应达到平衡，满足下述条件

$$\sum_i \nu_{i,j} A_i = 0 \qquad (j=1,2\cdots,r) \tag{10-45}$$

为了与矩阵的写法一致，将式(10-45) 的下标次序交换，成为

$$\sum_i \nu_{j,i} A_i = 0 \qquad (j=1,2,\cdots,r)$$

式中，$j$ 是反应的标号；$A_i$ 是反应混合物中组分的标号；$\nu_{j,i}$ 是在第 $j$ 个反应中 $i$ 组分的化学计量系数。

下面介绍用 Gauss 消元法求反应方程组的独立反应数。将化学反应方程组的化学计量系数排成矩阵

$$\begin{bmatrix} \nu_{11} & \nu_{12} & \nu_{13} & \cdots & \nu_{1N} \\ \nu_{21} & \nu_{22} & \nu_{23} & \cdots & \nu_{2N} \\ \vdots & & & & \\ \nu_{r1} & \nu_{r2} & \nu_{r3} & \cdots & \nu_{rN} \end{bmatrix}$$

将第一行用 $\nu_{11}$ 除，得到

$$\begin{bmatrix} 1 & \nu_{12}/\nu_{11} & \nu_{13}/\nu_{11} & \cdots & \nu_{1N}/\nu_{11} \\ \nu_{21} & \nu_{22} & \nu_{23} & \cdots & \nu_{2N} \\ \vdots & & & & \\ \nu_{r1} & \nu_{r2} & \nu_{r3} & \cdots & \nu_{rN} \end{bmatrix}$$

再将第二行减去 $\nu_{21}$ 乘上第一行，从第三行减去 $\nu_{31}$ 乘上第一行，依次类推，从而使第一列除 $(1,1)$ 位外都变为零，则

$$\begin{bmatrix} 1 & \nu_{12}/\nu_{11} & \nu_{13}/\nu_{11} & \cdots & \nu_{1N}/\nu_{11} \\ 0 & b_{22} & b_{23} & \cdots & b_{2N} \\ \vdots & & & & \\ 0 & b_{r2} & b_{r3} & \cdots & b_{rN} \end{bmatrix}$$

式中，$b_{ji}=\nu_{ji}-\nu_{j1}\dfrac{\nu_{1i}}{\nu_{11}}$，$2 \leqslant i \leqslant N$，$2 \leqslant j \leqslant r$。

若 (2,2) 位非零，则按上述方法进行消元，将第二行除以 $b_{22}$，使第二列中在 (2,2) 以下诸元都变为零，依次进行下去直到矩阵的主对角线 ($i=j$ 处) 上最后一行或列的元为止。若在消元过程中对角线上的某一元已为零，则把对角线已为零的列与其他的列对换，以使对角线上的元为非零。当进行到主对角线上最后一行的元时，则主对角线以下各元皆为零。在对角线上的诸元将是 1 或零。凡是含 1 的诸行将是独立反应数。

**【例 10-9】** 在氨催化氧化为 NO 的反应体系中，有下述一组反应发生

$$4NH_3 + 5O_2 = 4NO + 6H_2O \tag{A}$$

$$4NH_3 + 3O_2 = 2N_2 + 6H_2O \tag{B}$$

$$4NH_3 + 6NO = 5N_2 + 6H_2O \tag{C}$$

$$2NO + O_2 = 2NO_2 \tag{D}$$

$$2NO = N_2 + O_2 \tag{E}$$

$$N_2 + 2O_2 = 2NO_2 \tag{F}$$

试确定此体系的独立反应数，并写出表达此体系的主要反应。

**解** 设各物质的代号为

$$A_1 = NH_3 \quad A_2 = O_2 \quad A_3 = NO \quad A_4 = H_2O$$

$$A_5 = N_2 \quad A_6 = NO_2$$

上述反应方程组的化学计量系数矩阵为

$$\begin{bmatrix} -4 & -5 & 4 & 6 & 0 & 0 \\ -4 & -3 & 0 & 6 & 2 & 0 \\ -4 & 0 & -6 & 6 & 5 & 0 \\ 0 & -1 & -2 & 0 & 0 & 2 \\ 0 & 1 & -2 & 0 & 1 & 0 \\ 0 & -2 & 0 & 0 & -1 & 2 \end{bmatrix}$$

将第一行用 $(-4)$ 除，并设法使第一列除 $(1,1)$ 位外的诸元都为零，得

$$\begin{bmatrix} 1 & \dfrac{5}{4} & -1 & -1\dfrac{1}{2} & 0 & 0 \\ 0 & 2 & -4 & 0 & 2 & 0 \\ 0 & 5 & -10 & 0 & 5 & 0 \\ 0 & -1 & -2 & 0 & 0 & 2 \\ 0 & 1 & -2 & 0 & 1 & 0 \\ 0 & -2 & 0 & 0 & -1 & 2 \end{bmatrix}$$

这就得到了第一个主对角线上非零元。用第二行主对角线上的元素除第二行，使第二列 (2,2) 位以下各元皆为零，得

$$\begin{bmatrix} 1 & \dfrac{5}{4} & -1 & -1\dfrac{1}{2} & 0 & 0 \\ 0 & 1 & -2 & 0 & 1 & 0 \\ 0 & 0 & 0 & 0 & 0 & 0 \\ 0 & 0 & -4 & 0 & 1 & 2 \\ 0 & 0 & 0 & 0 & 0 & 0 \\ 0 & 0 & -4 & 0 & 1 & 2 \end{bmatrix}$$

现遇到第三行主对角线上元为零，而且第三行所有各元均为零，无法使对角线上第三行元变成非零。往下进行到第四行，对角线上元也是零。但第四行上第三列和第五列元素非零，因而需将第三列与第四列交换，得

$$\begin{bmatrix} 1 & \dfrac{5}{4} & -1\dfrac{1}{2} & -1 & 0 & 0 \\ 0 & 1 & 0 & -2 & 1 & 0 \\ 0 & 0 & 0 & 0 & 0 & 0 \\ 0 & 0 & 0 & -4 & 1 & 2 \\ 0 & 0 & 0 & 0 & 0 & 0 \\ 0 & 0 & 0 & -4 & 1 & 2 \end{bmatrix}$$

用（−4）除第四行并使（4,4）位以下各元素为零，得

$$\begin{bmatrix} 1 & \dfrac{5}{4} & -1\dfrac{1}{2} & -1 & 0 & 0 \\ 0 & 1 & 0 & -2 & 1 & 0 \\ 0 & 0 & 0 & 0 & 0 & 0 \\ 0 & 0 & 0 & 1 & -\dfrac{1}{4} & -\dfrac{1}{2} \\ 0 & 0 & 0 & 0 & 0 & 0 \\ 0 & 0 & 0 & 0 & 0 & 0 \end{bmatrix}$$

该矩阵在对角线以下各元都为零，而对角线上各元非零即为 1，完成了消元的手续。由于对角线上只有三个非零元，所以此体系有三个独立反应。在矩阵中，1、2 和 4 行对角线元为非零，则独立反应数为

$$4NH_3 + 5O_2 \Longrightarrow 4NO + 6H_2O \qquad\qquad j=1$$
$$4NH_3 + 3O_2 \Longrightarrow 2N_2 + 6H_2O \qquad\qquad j=2$$
$$2NO + O_2 \Longrightarrow 2NO_2 \qquad\qquad j=4$$

Duhem 理论认为，具有一定质量的各化学组分的任何闭合系统，当任意两个独立变量指定以后，该系统的平衡状态就完全确定（强度性质和广度性质），这个理论对非反应系统来说是正确的，它表明完全确定系统状态的独立变量数和关联这些变量的独立方程数之差为

$$[2 + (N-1)\pi + \pi] - [(\pi-1)N + N] = 2$$

如果有化学反应发生，那么，必须引进表示每个独立反应的反应度 $\varepsilon_j$ 的新变量，以便列出物料平衡方程式；而且，对每个独立反应可以写出一个新的平衡关系式。所以，当化学反应平衡叠加在相平衡上时，出现了 $r$ 个新变量，也可写出 $r$ 个新方程式，而变量数和方程数之差不变。Duhem 理论对非反应系统和平衡的反应系统都适用。

根据 Duhem 理论，当温度与压力固定时，即可求出已知初始组成系统的化学反应平衡组成。

# 10.5 复杂体系的化学反应平衡

### 10.5.1 复杂反应体系的处理

实际的反应体系常常是由若干个反应所构成，其中有的反应是希望发生的，有的反应是不希望的副反应。为此必须统筹考虑体系中可能发生的各种反应，才能进一步解决所希望的反应是否可能进行的问题。

解决复杂反应体系中化学平衡的问题，虽然计算比较繁琐，但其基本原理和单一化学反应平衡体系相同，只不过在处理步骤上比较复杂。现介绍处理方法上的一般原则。

（1）列出体系中可能发生的各个反应

（2）选择出与平衡组成有关的主要反应

选择主要反应应该遵照下述原则。

（a）平衡常数值极小的反应可以忽略。

（b）在特定的反应条件下（如温度、压力、初始组成），有些反应进行的速度极慢，反应进行的程度极小，则它们在实际上可以忽略。

因此，不仅要从化学热力学角度上来考虑，同时还得从化学动力学方面来考虑，这样才能全面分析问题。

（c）独立反应的挑选。

若某一反应是另外几个反应综合的结果，则该反应不是独立反应。在给定的复杂反应体系中如有 $N$ 个物质，它们由 $m$ 种原子所组成（构成元素者除外），则独立反应数 $r$ 为 $N-m$。应该指出，对某一反应体系来说，根据不同的消去方法，可以有不止一个完整的独立反应组，但独立反应的数目却是不变的。至于哪些反应是独立的，可用矩阵判别法来解决。

现在举例说明，在甲烷转化反应系统中设想可能包括下列反应，并已知它们在 600℃ 时的平衡常数

| | | |
|---|---|---|
| ① | $CH_4 + H_2O \longrightarrow CO + 3H_2$ | $K_1 = 0.573$ |
| ② | $CO + H_2O \longrightarrow CO_2 + H_2$ | $K_2 = 2.2$ |
| ③ | $CH_4 + 2H_2O \longrightarrow CO_2 + 4H_2$ | $K_3 = 1.26$ |
| ④ | $CO \longrightarrow C + \frac{1}{2}O_2$ | $K_4 = 1.49 \times 10^{-12}$ |
| ⑤ | $CO_2 \longrightarrow C + O_2$ | $K_5 = 1.08 \times 10^{-23}$ |
| ⑥ | $CO_2 \longrightarrow CO + \frac{1}{2}O_2$ | $K_6 = 4.95 \times 10^{-13}$ |
| ⑦ | $H_2O \longrightarrow H_2 + \frac{1}{2}O_2$ | $K_7 = 1.12 \times 10^{-12}$ |
| ⑧ | $2CH_4 \longrightarrow C_2H_6 + H_2$ | $K_8 = 5.51 \times 10^{-5}$ |
| ⑨ | $CH_4 \longrightarrow C + 2H_2$ | $K_9 = 2.13$ |
| ⑩ | $C + H_2O \longrightarrow CO + H_2$ | $K_{10} = 0.269$ |
| ⑪ | $2CO \longrightarrow CO_2 + C$ | $K_{11} = 8.14$ |

该体系中虽然反应很多，但反应④～⑧平衡常数很小，可以忽略；另外反应⑨～⑪虽均有相当大的平衡常数，但如系统中水蒸气大量过剩时，它们是无法和反应①～③竞争的，在这种情况下，反应⑨～⑪的平衡转化率是可以忽略的。因而在该条件下研究平衡组成就只需考虑反应①～③。

分析反应①～③中只有两个反应是独立的（因 $K_1 \times K_2 = K_3$），所以在计算中只需考虑两个反应，例如①及②。在实际中，如有碳沉积时，还应考虑有碳参加的另一反应，例如反应⑨。

（3）进行平衡计算

## 10.5.2　等温复杂反应的化学平衡

（1）平衡常数法

首先列出必须考虑的独立反应的平衡方程式。每一个独立反应都对应一个平衡常数，则式(10-13)将变成

$$K_j = \prod \hat{a}_i^{\nu_{i,j}} \tag{10-46}$$

式中，$j$ 表示第 $j$ 个反应。

对于气相反应，式(10-46)变成

$$K_j = \prod \hat{f}_i^{\nu_{i,j}} \tag{10-47}$$

如果平衡混合物是理想气体，则可以写成

$$K_j p^{-\nu_j} = \prod y_i^{\nu_{i,j}} \tag{10-48}$$

对 $r$ 个独立反应有 $r$ 个平衡常数，每个独立反应对应一个反应进度。借助于 $r$ 个 $\varepsilon_j$ 消去 $y_i$，方程组联立，求解 $r$ 个反应进度，从而求出平衡组成。计算方法用下例加以说明。

**【例 10-10】** 将水蒸气和空气通入汽化炉煤层（设为纯碳），产生含有 $H_2$、$CO$、$O_2$、$H_2O$、$CO_2$ 和 $N_2$ 的气流。如果汽化炉中的进料组成为 1mol 的水蒸气和 2.38mol 的空气，试计算气体压力 $p = 2.026$MPa 而温度分别为 1000K、1100K、1200K、1300K、1400K 和 1500K 时气体产物的平衡组成。已知下述数据：

| T/K | $\Delta G_f^{\ominus}$/(J/mol) | | | $\Delta H_f^{\ominus}$/(J/mol) | | |
|---|---|---|---|---|---|---|
| | $H_2O$ | $CO$ | $CO_2$ | $H_2O$ | $CO$ | $CO_2$ |
| 1000 | −192723 | −200338 | −396113 | −248004 | −112063 | −394828 |
| 1100 | −187164 | −209141 | −396238 | −248611 | −112662 | −395037 |
| 1200 | −181551 | −217877 | −396335 | −249147 | −113282 | −395238 |
| 1300 | −175904 | −226571 | −396418 | −249628 | −113935 | −395447 |
| 1400 | −170215 | −235207 | −396481 | −250047 | −114596 | −395640 |
| 1500 | −164497 | −243797 | −396531 | −250423 | −115270 | −395837 |

**解** 进入煤层的气流含有 1mol 水蒸气和 2.38mol 空气，则空气中含有的氧和氮分别为：

$$0.21 \times 2.38 = 0.5 \text{mol} \quad O_2$$

$$0.79 \times 2.38 = 1.88 \text{mol} \quad N_2$$

处于平衡态的物质种类有 $C$、$H_2$、$O_2$、$N_2$、$H_2O$、$CO$ 和 $CO_2$ 共七种。用矩阵判断法知该体系的独立反应数为 3。这些独立反应是

$$H_2 + \frac{1}{2}O_2 \longrightarrow H_2O \tag{1}$$

$$C + \frac{1}{2}O_2 \longrightarrow CO \tag{2}$$

$$C + O_2 \longrightarrow CO_2 \tag{3}$$

除了碳以纯固相存在外，其他组分都在气相中存在。

纯碳的活度为

$$\hat{a}_c = a_c = \frac{f_c}{f_c^{\ominus}}$$

由式（10-33）知

$$\frac{f_c}{f_c^{\ominus}} \approx \exp \frac{V_c(p-1)}{RT}$$

除非当 $p$ 很大，否则上述的指数值是很小的。所以，压力 2.026MPa 时，$a_c$ 的近似值为

$$a_c = \frac{f_c}{f_c^{\ominus}} \approx 1$$

因此可以从平衡常数表达式中略去固体碳的活度项。若假设余下的组分都服从理想气体定律，则将式（10-48）用于反应（1）到反应（3），得

$$K_1 = \frac{y_{H_2O}}{y_{O_2}^{\frac{1}{2}} y_{H_2}} p^{-1/2}$$

$$K_2 = \frac{y_{CO}}{y_{O_2}^{\frac{1}{2}}} p^{\frac{1}{2}}$$

$$K_3 = \frac{y_{CO_2}}{y_{O_2}}$$

分别用 $\varepsilon_1$、$\varepsilon_2$、$\varepsilon_3$ 表示三个反应的反应进度，将式(10-4) 应用于每个组分，得

$$dn_{H_2} = -d\varepsilon_1 \qquad\qquad dn_{CO_2} = d\varepsilon_3$$

$$dn_{CO} = d\varepsilon_2 \qquad\qquad dn_{N_2} = 0$$

$$dn_{O_2} = -\frac{1}{2}d\varepsilon_1 - \frac{1}{2}d\varepsilon_2 - d\varepsilon_3$$

$$dn_{H_2O} = d\varepsilon_1$$

将上述方程式从初态（$\varepsilon_1 = \varepsilon_2 = \varepsilon_3 = 0$ 和 $n_{H_2} = n_{CO} = n_{CO_2} = 0$，$n_{H_2O} = 1$，$n_{O_2} = 0.5$ 和 $n_{N_2} = 1.88$）到最终的平衡态进行积分，得

$$n_{H_2} = -\varepsilon_1 \qquad\qquad y_{H_2} = \frac{-\varepsilon_1}{n}$$

$$n_{CO} = \varepsilon_2 \qquad\qquad y_{CO} = \frac{\varepsilon_2}{n}$$

$$n_{O_2} = 0.5 - \frac{1}{2}\varepsilon_1 - \frac{1}{2}\varepsilon_2 - \varepsilon_3 \qquad\qquad y_{O_2} = \frac{1 - \varepsilon_1 - \varepsilon_2 - 2\varepsilon_3}{2n}$$

$$n_{H_2O} = 1 + \varepsilon_1 \qquad\qquad y_{H_2O} = \frac{1 + \varepsilon_1}{n}$$

$$n_{CO_2} = \varepsilon_3 \qquad\qquad y_{CO_2} = \frac{\varepsilon_3}{n}$$

$$n_{N_2} = 1.88 \qquad\qquad y_{N_2} = \frac{1.88}{n}$$

$$\rule{6cm}{0.4pt}$$

$$n = 3.38 + \frac{\varepsilon_2 - \varepsilon_1}{2}$$

$\varepsilon_j$ 都表示平衡值。为简化，$\varepsilon$ 的下标 e 被省略。

将各组分的 $y_i$ 值代入平衡常数式中，得下面三个方程

$$K_1 = \frac{(1 + \varepsilon_1)(2n)^{\frac{1}{2}} p^{-\frac{1}{2}}}{(1 - \varepsilon_1 - \varepsilon_2 - 2\varepsilon_3)^{\frac{1}{2}}(-\varepsilon_1)}$$

$$K_2 = \frac{\sqrt{2}\varepsilon_2 p^{\frac{1}{2}}}{(1 - \varepsilon_1 - \varepsilon_2 - 2\varepsilon_3)^{\frac{1}{2}} n^{\frac{1}{2}}}$$

$$K_3 = \frac{2\varepsilon_3}{1 - \varepsilon_1 - \varepsilon_2 - 2\varepsilon_3}$$

联立求解 $\varepsilon_1$、$\varepsilon_2$ 和 $\varepsilon_3$ 是麻烦的，应设法加以简化。注意到每个反应的生成自由焓 $\Delta G^\ominus$ 是很大的负值，所以每个 $K$ 都是很大的正数。例如，在 1500K 时

$$\ln K_1 = \frac{-\Delta G_1^\ominus}{RT} = \frac{164497}{8.314 \times 1500} = 13.2 \qquad\qquad K_1 \sim 10^6$$

$$\ln K_2 = \frac{-\Delta G_2^\ominus}{RT} = \frac{243797}{8.314 \times 1500} = 19.6 \qquad\qquad K_2 \sim 10^8$$

$$\ln K_3 = \frac{-\Delta G_3^\ominus}{RT} = \frac{396531}{8.314 \times 1500} = 31.8 \qquad\qquad K_3 \sim 10^{14}$$

$K$ 的值如此大说明平衡常数式的分母（$1 - \varepsilon_1 - \varepsilon_2 - 2\varepsilon_3$）这个量接近于零。意即平衡混合物中

氧的摩尔分数很小，故可假设

$$1-\varepsilon_1-\varepsilon_2-2\varepsilon_3=0 \tag{A}$$

联立 $K_j$ 式，以便消去这个很小的量。结果得到下面两个方程式

$$\frac{K_1}{K_2}=\frac{(1+\varepsilon_1)n}{-\varepsilon_1\varepsilon_2 p}=\frac{(1+\varepsilon_1)}{-\varepsilon_1\varepsilon_2 p}\left(3.38+\frac{\varepsilon_2-\varepsilon_1}{2}\right) \tag{B}$$

$$\frac{K_1 K_2}{K_3}=\frac{(1+\varepsilon_1)\varepsilon_2}{-\varepsilon_1\varepsilon_3} \tag{C}$$

将式(A)～(C)改写成

$$\varepsilon_1+\varepsilon_2+2\varepsilon_3=1 \tag{D}$$

$$\varepsilon_2=\frac{6.76-\varepsilon_1}{\dfrac{2K_1(-\varepsilon_1)p}{K_2(1+\varepsilon_1)}-1} \tag{E}$$

$$\varepsilon_3=\frac{K_3(1+\varepsilon_1)\varepsilon_2}{K_1 K_2(-\varepsilon_1)} \tag{F}$$

按下述程序根据已知的 $K_j$ 值解出上述三个变数：

(a) 假设一个 $\varepsilon_1$ 值（是负值）；

(b) 由式(E) 解出 $\varepsilon_2$；

(c) 由式(F) 解出 $\varepsilon_3$；

(d) 将得到的 $\varepsilon_1$、$\varepsilon_2$ 和 $\varepsilon_3$ 代入式(D) 中；

(e) 如果满足式(D)，则表明得到的 $\varepsilon_1$、$\varepsilon_2$ 和 $\varepsilon_3$ 是正确的。如果不符合式(D)，则要重新假定 $\varepsilon_1$ 值，并重复进行计算，直到满意为止。

根据给定的数据由式(10-14) 求出 $K_1/K_2$ 和 $K_3/(K_1 K_2)$ 的值。

$$\ln\frac{K_1}{K_2}=\ln K_1-\ln K_2=\frac{-\Delta G_1^{\ominus}+\Delta G_2^{\ominus}}{RT}$$

$$\ln\frac{K_3}{K_1 K_2}=\ln K_3-\ln K_1-\ln K_2=\frac{-\Delta G_3^{\ominus}+\Delta G_1^{\ominus}+\Delta G_2^{\ominus}}{RT}$$

当温度为 1500K 时

$$\ln\frac{K_1}{K_2}=\frac{164497-243797}{8.314\times1500}=-6.359$$

$$\frac{K_1}{K_2}=1.731\times10^{-3}$$

$$\ln\frac{K_3}{K_1 K_2}=\frac{396531-164497-243797}{8.314\times1500}=-0.9432$$

$$\frac{K_3}{K_1 K_2}=0.3895$$

在 $p=2.026\text{MPa}=20.26\text{bar}$ 时，式(E) 和式(F) 变成

$$\varepsilon_2=\frac{6.76-\varepsilon_1}{0.06944\left(\dfrac{-\varepsilon_1}{1+\varepsilon_1}\right)-1}$$

$$\varepsilon_3=\frac{0.3895(1+\varepsilon_1)\varepsilon_2}{-\varepsilon_1}$$

设 $\varepsilon_1=-0.529$，则得到

$$\varepsilon_2=0.429 \qquad \varepsilon_3=0.550$$

将其代入式(D)，得

$$-0.529+0.429+2\times0.550=1.000$$

说明此解是合理的。对每个温度进行同样的计算，得到结果列于下表：

| $T/K$ | $K_1/K_2$ | $K_3/(K_1K_2)$ | $\varepsilon_1$ | $\varepsilon_2$ | $\varepsilon_3$ |
|---|---|---|---|---|---|
| 1000 | 0.4003 | 1.4432 | $-0.529$ | 0.429 | 0.550 |
| 1100 | 0.09054 | 0.9927 | $-0.711$ | 0.947 | 0.382 |
| 1200 | 0.02627 | 0.7335 | $-0.854$ | 1.483 | 0.185 |
| 1300 | 0.009225 | 0.5711 | $-0.935$ | 1.793 | 0.071 |
| 1400 | 0.003768 | 0.4640 | $-0.970$ | 1.916 | 0.027 |
| 1500 | 0.001736 | 0.3895 | $-0.986$ | 1.964 | 0.011 |

各组分在平衡混合物中的摩尔分数 $y_i$ 根据前面所给的公式计算。例如，在1500K，得

$$n=3.38+\frac{\varepsilon_2-\varepsilon_1}{2}=3.38+\frac{1.964+0.986}{2}=4.855$$

$$y_{H_2}=\frac{-\varepsilon_1}{n}=\frac{0.986}{4.855}=0.203$$

$$y_{CO}=\frac{\varepsilon_2}{n}=\frac{1.964}{4.855}=0.405$$

其他组分 $y_i$ 的计算与此相似，其计算结果列于下表，并示于图10-4。

| $T/K$ | $y_{H_2}$ | $y_{CO}$ | $y_{H_2O}$ | $y_{CO_2}$ | $y_{N_2}$ |
|---|---|---|---|---|---|
| 1000 | 0.137 | 0.111 | 0.122 | 0.143 | 0.487 |
| 1100 | 0.169 | 0.225 | 0.069 | 0.091 | 0.446 |
| 1200 | 0.188 | 0.326 | 0.032 | 0.041 | 0.413 |
| 1300 | 0.197 | 0.378 | 0.014 | 0.015 | 0.396 |
| 1400 | 0.201 | 0.397 | 0.006 | 0.006 | 0.390 |
| 1500 | 0.203 | 0.405 | 0.003 | 0.002 | 0.387 |

通过本例说明用平衡常数法计算多个反应的平衡时，求解方程复杂，而且不易标准化得出供电子计算机求解的普遍化程序。下边再介绍另外一种求解的方法。

（2）总自由焓极值法

该法的依据是当体系达到平衡时，总自由焓有一极小值。

对单相体系，在定温定压条件下总自由焓应满足

$$(G_t)_{T,p}=G(n_1,n_2,n_3,\cdots,n_N)$$

目的是在一定的温度和压力下求出一组 $n_i$ 使 $G_t$ 为极小，并须符合物料平衡的条件。这种问题的标准解法是根据条件极值的Lagrange待定乘子法。现以气相反应为例介绍求解方法。

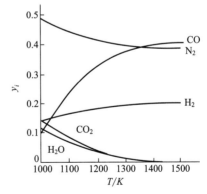

图 10-4 汽化炉生成气的平衡
组成随温度的变化

① 列出物料平衡式

虽然在封闭的反应体系中分子数不守恒，但各元素的总原子数要守恒。用下标 $k$ 表示各种不同的原子。$A_k$ 表示体系中存在的第 $k$ 元素原子的总数，这可由体系的初始组成来确定。$a_{ik}$ 代表在物质 $i$ 中的 $k$ 原子数。则每种 $k$ 的物料衡算式可写成

$$\sum n_i a_{ik}=A_k \tag{10-49}$$

或

$$\sum n_i a_{ik}-A_k=0 \qquad (k=1,2,\cdots,W)$$

② 对每种元素都引进 Lagrange 待定乘子 $\lambda_k$，即把物料平衡式乘以 $\lambda_k$

$$\lambda_k \left( \sum_i n_i a_{ik} - A_k \right) = 0 \quad (k = 1, 2, \cdots, W)$$

将所有元素 $k$ 的物料平衡式求和，得

$$\sum_k \lambda_k \left( \sum_i n_i a_{ik} - A_k \right) = 0$$

③ 将上式加上 $G_t$，得到一个新的函数 $F$，于是

$$F = G_t + \sum_k \lambda_k \left( \sum_i n_i a_{ik} - A_k \right)$$

由于等式右边第二项为零，所以此新函数 $F$ 与 $G_t$ 是相等的。但 $F$ 和 $G_t$ 对于 $n_i$ 的偏导数是不同的，因为函数 $F$ 要受到物料平衡的限制。

④ 当 $F$ 对于 $n_i$ 的偏导数为零时，$F$ 和 $G_t$ 的值为最小。因此

$$\left( \frac{\partial F}{\partial n_i} \right)_{T,p,n_j} = \left( \frac{\partial G_t}{\partial n_i} \right)_{T,p,n_j} + \sum_k \lambda_k a_{ik} = 0$$

由于

$$\left( \frac{\partial G_t}{\partial n_i} \right)_{T,p,n_j} = \mu_i$$

因此前式可写成

$$\mu_i + \sum_k \lambda_k a_{ik} = 0 \quad (i = 1, 2, \cdots, N) \tag{10-50}$$

但是，根据式(10-11) 化学位为

$$\mu_i = G_i^\ominus + RT \ln \hat{a}_i$$

对于气相反应，标准态为 1bar（$10^5$Pa）或 1atm（0.1013MPa）下的理想气体，上式变成

$$\mu_i = G_i^\ominus + RT \ln \hat{f}_i$$

如果令所有元素在标准态时的 $G_i^\ominus$ 为零，那么对于化合物 $G_i^\ominus = \Delta G_{fi}^\ominus$，即为组分 $i$ 的标准生成自由焓变化。加之，$\hat{f}_i = x_i \hat{\phi}_i p$，代入后，$\mu_i$ 的方程式变成

$$\mu_i = \Delta G_{fi}^\ominus + RT \ln(x_i \hat{\phi}_i p)$$

将此式与式(10-50)联立，得

$$\Delta G_{fi}^\ominus + RT \ln(x_i \hat{\phi}_i p) + \sum_k \lambda_k a_{ik} = 0 \quad (i = 1, 2, \cdots, N) \tag{10-51}$$

如果组分 $i$ 是元素，则 $\Delta G_{fi}^\ominus$ 为零。压力 $p$ 的单位必须为 bar 或 atm。

$N$ 个化学组分就有 $N$ 个平衡方程式［式(10-51)］；$W$ 个元素就有 $W$ 个物料平衡方程式［式(10-49)］，总共有 $N+W$ 个方程式。$N$ 个关于 $n_i$ 的未知数和 $W$ 个关于 $\lambda_k$ 的未知数，共有 $N+W$ 个未知数。故可以解出各未知数。

前面讨论时假定 $\hat{\phi}_i$ 为已知，如果是理想气体则 $\hat{\phi}_i$ 为 1，如果是理想溶液则 $\hat{\phi}_i = \phi_i$。对于真实气体，$\hat{\phi}_i$ 是 $x_i$ 的函数，而 $x_i$ 是待定的。因此要用迭代法，可先假定 $\hat{\phi}_i$ 等于 1，解此方程组得到一组初始 $x_i$；对于低压或高温，这个结果通常是可行的。当不能满足时，可利用已经算得的 $x_i$ 值代入一个状态方程，算出新的更接近正确值的 $\hat{\phi}_i$ 值以供式(10-51) 使用，然后可以确定一组新的 $x_i$ 值。这样重复进行直到前后两次所得的 $x_i$ 值没有明显的变化为止。所有的计算都在计算机上进行。

【例 10-11】 试计算 1000K 和 0.1013MPa 时 $CH_4$、$H_2O$、$CO$、$CO_2$ 和 $H_2$ 体系的平衡组成。已知反应前含有 2mol 的 $CH_4$ 和 3mol 的 $H_2O$，1000K 时各物质的 $\Delta G_f^\ominus$ 值为

$$\Delta G_{fCH_4}^\ominus = 19297 \text{J/mol}$$

$$\Delta G^{\ominus}_{fH_2O} = -192682J/mol$$

$$\Delta G^{\ominus}_{fCO} = -200677J/mol$$

$$\Delta G^{\ominus}_{fCO_2} = -396037J/mol$$

**解** $A_k$ 值由初始物质的系数来决定，$a_{ik}$ 值由化学分子式来决定。如下表所示：

| 物质 $i$ | 元 素 $k$ | | |
|---|---|---|---|
| | 碳 | 氧 | 氢 |
| | $A_k$＝体系中 $k$ 的原子数 | | |
| | $A_C = 2$ | $A_O = 3$ | $A_H = 14$ |
| | $a_{ik}$＝每个 $i$ 分子中 $k$ 的原子数 | | |
| $CH_4$ | $a_{CH_4,C} = 1$ | $a_{CH_4,O} = 0$ | $a_{CH_4,H} = 4$ |
| $H_2O$ | $a_{H_2O,C} = 0$ | $a_{H_2O,O} = 1$ | $a_{H_2O,H} = 2$ |
| $CO$ | $a_{CO,C} = 1$ | $a_{CO,O} = 1$ | $a_{CO,H} = 0$ |
| $CO_2$ | $a_{CO_2,C} = 1$ | $a_{CO_2,O} = 2$ | $a_{CO_2,H} = 0$ |
| $H_2$ | $a_{H_2,C} = 0$ | $a_{H_2,O} = 0$ | $a_{H_2,H} = 2$ |

在 0.1013MPa 和 1000K 的条件下，可假定气体为理想气体，则 $\hat{\phi}_i$ 都为 1。因为 $p = 0.1013MPa = 1atm$，式(10-51) 可以写成

$$\frac{\Delta G^{\ominus}_{fi}}{RT} + \ln \frac{n_i}{\sum n_i} + \sum \frac{\lambda_k}{RT} a_{ik} = 0$$

有 5 个组分，可有五个相应的方程式

$$CH_4: \quad \frac{19297}{RT} + \ln \frac{n_{CH_4}}{\sum n_i} + \frac{\lambda_C}{RT} + \frac{4\lambda_H}{RT} = 0$$

$$H_2O: \quad \frac{-192682}{RT} + \ln \frac{n_{H_2O}}{\sum n_i} + \frac{2\lambda_H}{RT} + \frac{\lambda_O}{RT} = 0$$

$$CO: \quad \frac{-200677}{RT} + \ln \frac{n_{CO}}{\sum n_i} + \frac{\lambda_C}{RT} + \frac{\lambda_O}{RT} = 0$$

$$CO_2: \quad \frac{-396037}{RT} + \ln \frac{n_{CO_2}}{\sum n_i} + \frac{\lambda_C}{RT} + \frac{2\lambda_O}{RT} = 0$$

$$H_2: \quad \ln \frac{n_{H_2}}{\sum n_i} + \frac{2\lambda_H}{RT} = 0$$

三个物料平衡方程式 [式(10-49)] 为

C: $$n_{CH_4} + n_{CO} + n_{CO_2} = 2$$

H: $$4n_{CH_4} + 2n_{H_2O} + 2n_{H_2} = 14$$

O: $$n_{H_2O} + n_{CO} + 2n_{CO_2} = 3$$

并且

$$\sum n_i = n_{CH_4} + n_{H_2O} + n_{CO} + n_{CO_2} + n_{H_2}$$

$RT = 8314J/mol$，用计算机联立求解此八个方程式，得到下述结果（$x_i = n_i / \sum n_i$）

$$x_{CH_4} = 0.0199 \qquad \frac{\lambda_C}{RT} = 0.797$$

$$x_{H_2O} = 0.0995$$

$$x_{CO} = 0.1753 \qquad\qquad \frac{\lambda_O}{RT} = 25.1$$

$$x_{CO_2} = 0.0359$$

$$x_{H_2} = 0.6694 \qquad\qquad \frac{\lambda_H}{RT} = 0.201$$

$$\overline{\qquad\qquad\qquad}$$

$$\sum x_i = 1.0000$$

此处，$\dfrac{\lambda_k}{RT}$ 的值是没有意义的，列出来是为了使结果完整。

### 10.5.3 绝热反应的化学平衡

上面所讨论的都是恒温反应。欲使温度不变，必须及时地取出或供给适当的热量，这在工业上则很难实现。因而，工业上许多重要的化学反应是在绝热的条件下进行的，反应器的温度是一个未知数。不知道反应器的出口温度，将无法确定化学反应平衡常数 $K$ 值（计算 $K$ 值的温度必须是反应器的气流出口温度），因此也就不能计算出口的组成。

下面讨论对绝热放热反应过程平衡组成的计算方法。

设讨论的反应系统为稳定流动的恒压系统，其动能和势能的变化可以忽略，于是能量平衡式可写成

$$\Delta H = Q - W \tag{10-52}$$

如果该系统与环境既无热的交换，也无功的交换，则 $Q = W = 0$，上式即变成

$$\Delta H = 0 \tag{10-53}$$

现在应当找出反应物料流的总焓变化与反应进度和出口温度关系的表达式。由于状态函数与过程的途径无关，所以可假定一个反应机理进行计算。

设将反应器如图 10-5 所示那样分成为两个部分，反应物进入第一部分，在这里进行等温反应得到生成物。在反应器的第二部分，生成物吸收（或者放出）反应器第一部分中的一部分热量，而组成保持不变（假设物料离开第一段的组成就是最终产物的组成）。

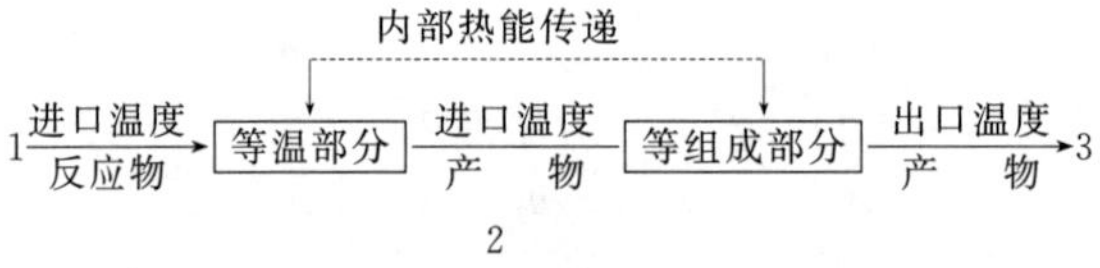

图 10-5　两段绝热反应器

反应器前后物料的总焓变 $\Delta H_{1\text{-}3}$ 可以表示为

$$\Delta H_{1\text{-}3} = \Delta H_{1\text{-}2} + \Delta H_{2\text{-}3} \tag{10-54}$$

式中的焓 $H$ 为

$$H = \sum_i n_i \overline{H}_i$$

如果假设反应混合物是理想混合物，则在第一部分产生的焓变化就是由于化学反应的结果产生的。组分 1 的每摩尔反应热为 $(\Delta H_{反应})_{T_1}$（在进口温度 $T_1$ 下计算）。如果设组分 1 有 $x\,mol$ 起反应，则反应的总焓变为

$$\Delta H_{1\text{-}2} = x(\Delta H_{反应})_{T_1} \tag{10-55}$$

在反应器第二部分的温度变化是在恒压和恒组成的条件下发生的，各个组分的焓变可由 $C_p$ 的积分来计算

$$(H_i)_3 - (H_i)_2 = \int_{T_2}^{T_3} (C_p)_i \mathrm{d}T$$

总焓变为

$$H_3 - H_2 = \sum (n_i)_{出口} \int_{T_1 = T_2}^{T_3} (C_p)_i dT \tag{10-56}$$

或者

$$H_3 - H_2 = \int_{T_1}^{T_3} (C_{p总})_{出口} dT \tag{10-57}$$

式中，$(C_{p总})_{出口} = \sum (n_i)_{出口} (C_p)_i$，为生成物的总热容。

将式(10-55)和式(10-57)代入式(10-54)，得

$$\Delta H_{1-3} = x(\Delta H_{反应})_{T_1} + \int_{T_1}^{T_3} (C_{p总})_{出口} dT \tag{10-58}$$

将式(10-58)代入总能量平衡式，得

$$0 = x(\Delta H_{反应})_{T_1} + \int_{T_1}^{T_3} (C_{p总})_{出口} dT \tag{10-59}$$

根据式(10-59)，如果已知温度 $T_1$ 下的 $\Delta H_{反应}$、转化率 $x$ 以及 $(C_p)_i$ 与温度 $T$ 的函数关系，则解此方程就可以求得出口温度 $T_3$。

但是，工程上的问题常常需要同时解平衡组成和最终温度，举例如下。

【**例 10-12**】 氢气在以纯氧为氧化介质的火炬中燃烧。氢气和氧气均在 298K 下进入火炬。设按化学反应计量供应氧气，忽略其他副反应。试计算绝热火焰温度。已知数据如下表，其中 $C_p$ 的单位为 J/(mol·K)。

| $C_p$ | O$_2$ | $25.736 + 12.985 \times 10^{-3} T$ |
|---|---|---|
| $C_p$ | H$_2$ | $29.080 - 0.502 \times 10^{-3} T$ |
| $C_p$ | H$_2$O | $30.374 + 9.586 \times 10^{-3} T$ |

反应

$$H_2 + \frac{1}{2} O_2 = H_2O(蒸汽)$$

$$(\Delta H_{反应}^{\ominus})_{298} = -241.95 \text{kJ/mol}$$

对所有组分皆取 0.1013MPa（1atm）的纯气态作为标准态，298K 时的 $K = 1.0 \times 10^{40}$。

**解** 取 1mol 进反应器的 H$_2$ 作为计算基准，设 $x$ mol H$_2$ 起了反应。进料和出料的组成示于下表：

| 物 料 | 进 料 量 | 出 料 量 | 出 料 组 成 |
|---|---|---|---|
| O$_2$ | 0.5 | $0.5(1-x)$ | $(1-x)/(3-x)$ |
| H$_2$ | 1 | $1-x$ | $(1-x)/(1.5-0.5x)$ |
| H$_2$O | 0 | $x$ | $x/(1.5-0.5x)$ |
| 总 计 | 1.5 | $1.5 - 0.5x$ | 1.0 |

计算标准态反应热 $(\Delta H^{\ominus})_T$

$$(\Delta H^{\ominus})_T = (\Delta H^{\ominus})_{298} + \int_{298}^{T} \Delta C_{p总} dT = -241950 +$$

$$\int_{298}^{T} [(30.374 + 9.586 \times 10^{-3} T) - (29.08 - 0.502 \times 10^{-3} T) -$$

$$0.5(25.736 + 12.985 \times 10^{-3} T)] dT \text{ J/mol}$$

于是

$$(\Delta H^{\ominus})_T = \left[ -241950 + \int_{298}^{T} (-11.5 + 3.60 \times 10^{-3} T) dT \right]$$

$$= [-241950 - 11.5(T - 298) + 1.80 \times 10^{-3} (T^2 - 298^2)] \text{ J/mol}$$

积分整理得到

$$(\Delta H^{\ominus})_T = (-245300 - 11.5T + 1.80 \times 10^{-3} T^2) \text{ J/mol}$$

因为

$$R\ln \frac{K_{T_2}}{K_{T_1}} = \int_{T_1}^{T_2} \frac{(\Delta H^{\ominus})_T}{T^2} dT$$

所以

$$R\ln \frac{K_T}{K_{298}} = \int_{298}^{T} \left( \frac{-245300}{T^2} - \frac{11.5}{T} + 1.80 \times 10^{-3} \right) dT$$

即

$$R\ln \frac{K_T}{1.0 \times 10^{40}} = \left[ -245300 \frac{(T-298)}{298T} - 11.5\ln \frac{T}{298} + 1.80 \times 10^{-3}(T-298) \right]$$

出口温度 $T$ 与 $H_2$ 的平衡转化率 $x$ 的关联式为

$$\int_{298}^{T} (C_{p总})_{出口} dT = -x(\Delta H_{反应})_{298}$$

式中，$(C_{p总})_{出口}$ 也与平衡组成有关。

以活度 $\hat{a}_i$ 表示的平衡常数 $K_a$ 为

$$K_a = \frac{\hat{a}_{H_2O}}{\hat{a}_{H_2}(\hat{a}_{O_2})^{1/2}}$$

根据题设，标准态选定为 0.1013MPa（1atm），在此条件下各组分的纯蒸气可视为理想气体，因此上式简化为

$$K_a = \frac{y_{H_2O}}{y_{H_2}(y_{O_2})^{1/2}} = \frac{x/(1.5-0.5x)}{\left( \frac{1-x}{1.5-0.5x} \right)\left( \frac{1-x}{3-x} \right)^{1/2}}$$

或者

$$K_a = \frac{x(3-x)^{0.5}}{(1-x)^{1.5}} \tag{A}$$

但是 $K_a$ 通过下式与出口温度相关联

$$R\ln \frac{(K_a)_T}{1 \times 10^{40}} = \left[ -245300 \frac{T-298}{298T} - 11.5\ln \frac{T}{298} + 1.80 \times 10^{-3}(T-298) \right]$$

或者

$$\lg(K_a)_T = 40 - 43.0\left( 1 - \frac{298}{T} \right) - 0.602\ln \frac{T}{298} + 9.4 \times 10^{-5}(T-298) \tag{B}$$

而 $T$ 和 $x$ 通过下式相关联

$$\int_{298}^{T} (C_{p总})_{出口} dT = -x(\Delta H_{反应})_{298} = -x(-241950)$$

其中

$$(C_{p总})_{出口} = 0.5(1-x)(C_p)_{O_2} + (1-x)(C_p)_{H_2} + x(C_p)_{H_2O}$$

或

$$(C_{p总})_{出口} = \frac{1-x}{2}(25.736 + 12.985 \times 10^{-3} T) + (1-x)(29.080 - 0.502 \times 10^{-3} T) + x(30.374 + 9.586 \times 10^{-3} T)$$

因此

$$(C_{p总})_{出口} = [41.94 - 11.60x + T(5.99 \times 10^{-3} + 3.64x)] \quad \text{J/(mol·K)}$$

将 $(C_{p总})_{出口}$ 代入能量平衡式中，得

$$\int_{298}^{T} [41.94 - 11.60x + T(5.99 \times 10^{-3} + 3.64 \times 10^{-3}x)] dT = 241950x$$

或

$$241950x=(41.94-11.60x)(T-298)+(2.995\times10^{-3}+1.82\times10^{-3}x)(T^2-298^2)$$

除以 298 并经整理后得

$$194x=(10.02-2.77x)\left(\frac{T}{298}-1\right)+(0.213+0.130x)\left[\left(\frac{T}{298}\right)^2-1\right] \tag{C}$$

由 （A）、（B）和（C）三个方程式解出 $K_a$、$x$ 和 $T$ 三个未知数。但由于这些方程式的高度非线性，所以解这些方程式需要用试差法。先假设最终温度 $T$，分别代入式（B）、式（C）直接计算 $(K_a)_T$ 和 $x$；然后用算得的 $x$ 值由式（A）计算 $K_a$，当两个 $K$ 值一致时，计算完毕。

开始计算时，设为完全燃烧，假设温度为 3500K，由式（C）解出 $x$ 与温度的关系，即

$$x\left\{194-2.77\left(\frac{T}{298}-1\right)-0.130\left[\left(\frac{T}{298}\right)^2-1\right]\right\}=\left(\frac{T}{298}-1\right)\left[10.02+0.213\left(\frac{T}{298}+1\right)\right]$$

或

$$x=\frac{[(T/298)-1]\{10.02+0.213[(T/298)+1]\}}{194-[(T/298)-1]\{2.77+0.130[(T/298)+1]\}}$$

将 $T=3500$K 代入上式，得

$$x=\frac{(10.75)(10.02+2.72)}{194-(10.75)(2.77+1.66)}=\frac{137}{156.6}=0.875$$

把上述所求得的 $x$ 值代入式（A），得

$$K_a=\frac{(0.875)(3.0-0.875)^{0.5}}{(1-0.875)^{1.5}}=\frac{(0.875)(1.456)}{0.044}=29.1$$

另一方面，将所设 $T$ 值代入式（B），计算 $(K_a)_T$，得

$$\lg(K_a)_T=40-43.0\left(1-\frac{298}{3500}\right)-0.602\ln\frac{3500}{298}+9.4\times10^{-5}(3500-298)$$
$$=-0.60$$
$$(K_a)_T=0.250$$

比较两个 $K$ 值，说明开始所设的温度太高。依次进行试差，直至两个 $K$ 值的差小于允许的误差范围。计算结果列于下表：

| $T/K$ | $x$ | $(K_a)_T$ | $K_a$ | $T/K$ | $x$ | $(K_a)_T$ | $K_a$ |
|---|---|---|---|---|---|---|---|
| 3500 | 0.875 | 0.250 | 29.1 | 2730 | 0.620 | 4.00 | 4.10 |
| 2900 | 0.712 | 1.43 | 12.9 | 2700 | 0.615 | 4.46 | 4.00 |

由上表可知 2730K 的 $(K_a)_T$、$K_a$ 值已接近。最终结果为 $T=2725$K，$H_2$ 的消耗量为 62％。

必须注意，本例题的计算是在简化的条件下进行的，忽略了副反应。有时候，系统的副反应十分明显，对平衡性质产生控制性的影响，这时就必须考虑其副反应。

还应该注意到，没有完全的绝热反应。因而在实际的工程计算中，在总能量平衡式中必须考虑热损失这一项。

## 习 题

10-1 对于下述气相反应

$$2H_2S(g)+3O_2(g)\longrightarrow2H_2O(g)+2SO_2(g)$$

设各物质的初始含量 $H_2S$ 为 2mol，$O_2$ 为 4mol，而 $H_2O$ 和 $SO_2$ 的初始含量为零。试导出各物质的量

$n_i$ 和摩尔分数 $y_i$ 对反应度 $\varepsilon$ 的函数表达式。

10-2 设一体系，下述两个反应同时发生：

$$C_2H_4(g)+\frac{1}{2}O_2(g) \longrightarrow C_2H_4O(g) \tag{1}$$

$$C_2H_4(g)+3O_2(g) \longrightarrow 2CO_2(g)+2H_2O(g) \tag{2}$$

如果各物质的初始量为 5mol $C_2H_4$ 和 2mol $O_2$，而 $C_2H_4O$、$CO_2$ 和 $H_2O$ 的初始量为零。试用反应度 $\varepsilon_1$ 和 $\varepsilon_2$ 来表示反应中各组成的摩尔分数。

10-3 试计算在 700K 和 30.39MPa 下合成氨反应的平衡组成。已知反应物为 75% $H_2$ 和 25% $N_2$（均为摩尔分数），反应混合物可假定为理想的气体溶液，反应的平衡常数为 0.0091。

10-4 在 35℃和 $1.01×10^5$Pa 压力下，平衡时 $N_2O_4$ 分解为 $NO_2$ 的分数为 0.27，试计算：

(1) 该气相反应的平衡常数 $K$；

(2) 在 25~45℃温度范围内的平均反应热。已知 25℃和 45℃时，$N_2O_4$ 分解的平衡常数分别为 0.141 和 0.664。

10-5 下列反应达平衡时

$$2NO+O_2 \longrightarrow 2NO_2 \qquad \Delta H^{\ominus}=-Q_p$$

试问若(1) 增加 $O_2$ 的压力；

(2) 减少 $NO_2$ 的压力；

(3) 升高温度；

(4) 加入催化剂。

平衡是否破坏？反应向何方移动？

10-6 有一化学反应系统，在气相中含有 $NH_3$、$NO$、$NO_2$、$O_2$ 和 $H_2O$，试求该体系的独立化学反应数和自由度数。

10-7 乙苯脱氢反应式为

$$C_6H_5C_2H_5(g) \Longrightarrow C_6H_5-CH=CH_2(g)+H_2(g)$$

当反应温度 873K、压力为常压时，该反应的 $K_p=0.224$。已知乙苯的流量是 6.67kg/min，水蒸气流量是 10kg/min。试计算乙苯的平衡转化率。并与不加水蒸气的平衡转化率比较。

10-8 试运用 Guass 消元法确定化学反应体系：

$$C_2H_6 \Longrightarrow C_2H_4+H_2 \tag{1}$$

$$C_2H_4 \Longrightarrow C_2H_2+H_2 \tag{2}$$

$$C_2H_2 \Longrightarrow 2C+H_2 \tag{3}$$

$$C_2H_4 \Longrightarrow 2C+2H_2 \tag{4}$$

$$C_2H_6 \Longrightarrow 2C+3H_2 \tag{5}$$

的独立反应数，并写出表达此体系的主要反应。

10-9 氧化银分解的反应式为

$$Ag_2O \longrightarrow 2Ag+\frac{1}{2}O_2(g)$$

试求 $Ag_2O$ 在 200℃时的分解压力。已知该反应在 298K 时 $\Delta H^{\ominus}$ 为 29100J/mol，$\Delta G^{\ominus}$ 为 9337J/mol。各物质的热容与温度的关系如下：

| | |
|---|---|
| $Ag_2O$ | $C_p=58.07+37.26×10^{-3}T$ |
| $Ag$ | $C_p=23.45+6.28×10^{-3}T$ |
| $O_2$ | $C_p=27.22+4.19×10^{-3}T$ |

式中，$T$ 的单位为 K；$C_p$ 单位是 J/(mol·K)。

10-10 A、B 为互溶的液体，在液相中发生同分异构作用

$$A \longrightarrow B$$

若已知反应的 $\Delta G^{\ominus}_{298}=-1000$J/mol，液体混合物的超额自由焓模型为

$$\frac{G^E}{RT}=0.3x_A(1-x_A)$$

试求混合物在 298K 时的平衡组成，若将溶液视为理想溶液，则产生的偏差有多大？

10-11 流量为 1mol/min 的氢气和理论的空气量 [含 21%（摩尔分数）$O_2$ 和 79%（摩尔分数）$N_2$] 在一个绝热反应器内经过燃烧完全变成水蒸气。氢气和空气在 0.1013MPa 和 27℃下作为理想气体进入反应器，而反应产物在 0.1013MPa 和某一较高的温度下作为理想气体混合物离开反应器。试求该产物温度。该反应为

$$H_2(g) + \frac{1}{2}O_2(g) \longrightarrow H_2O(g)$$

27℃时 $\Delta H^{\ominus} = -242014$J/mol，$(C_p)_{H_2O} = 30.02 + 0.01072T$，$(C_p)_{N_2} = 27.88 + 0.00427T$，$C_p$ 和 $T$ 的单位分别为 J/(mol·K) 和 K。

# *11  化工物性数据估算

本章将扼要介绍纯物质基本物性常数的估算方法。

## 11.1  基本物性常数估算

### 11.1.1  临界参数的估算

物质的临界性质是指物质处于临界态时的特性，反映其特性的常数有临界温度、临界压力、临界体积和临界压缩因子等。在临界状态下汽相和液相的差别消失，不存在分界面，伴随有一些特殊的现象，如乳光现象等。在临界温度以上，不管施加多大的压力，都不能使气体液化。

临界性质是物质非常重要的特性，它们在 $p$-$V$-$T$ 关系的研究及其他各种物性的计算中具有重要的意义。由于其测定难度较高，而且许多物质在高温下发生聚合或分解，至今具有临界参数值的物质不足 600 种。附录二中列出了 81 种化合物的临界数据，其数值大部分来自实验数据。当缺乏实测数据或难以实测的情况下，则采用估算。

估算纯物质临界参数的方法有几十种，基团法为最通用和可靠的方法。下面介绍常用的基团贡献估算方法。

（1）Lydersen 法

$$T_c = T_b [0.567 + \sum \Delta T - \sum (\Delta T)^2]^{-1} \tag{11-1}$$

$$p_c = M(0.34 + \sum \Delta p)^{-2} \tag{11-2}$$

$$V_c = 40 + \sum \Delta V \tag{11-3}$$

式中，$T$、$p$、$V$ 的单位分别为 K、atm、$cm^3/mol$；$\Delta T$、$\Delta p$、$\Delta V$ 为基团贡献值，见表 11-1。

使用上述公式时，需有相对分子质量 $M$ 和常压沸点 $T_b$ 的数据。用该法估算所得的误差为：$T_c$ 一般小于 2%，对相对分子质量＞100 的非极性物质可达 5%，对多个官能极性基团分子，例如乙二醇等误差不确定；$p_c$ 误差是 $T_c$ 误差的两倍；$V_c$ 误差与 $p_c$ 误差相仿或许更大些。

（2）Ambrose 法

$$T_c = T_b [1 + (1.242 + \sum \Delta T)^{-1}] \tag{11-4}$$

$$p_c = M(0.339 + \sum \Delta p)^{-2} \tag{11-5}$$

$$V_c = 40 + \sum \Delta V \tag{11-6}$$

式中，$T$、$p$、$V$ 的单位分别为 K、bar、$cm^3/mol$；$\Delta$ 为基团贡献值；$M$ 和 $T_b$ 分别为相对分子质量及常压沸点。

此方法比 Lydersen 法有所改进，指出脂肪族有机氟化物的 $T_c$、$p_c$ 不能用氟元素简单相加处理，而要作为—$CF_3$、—$CF_2$ 等基团；但用该法计算支链烃及各种醇时过于繁琐。

（3）Joback 法

$$T_c = T_b [0.584 + 0.965 \sum \Delta T_c - (\sum \Delta T_c)^2]^{-1} \tag{11-7a}$$

$$p_c = (0.113 + 0.0032 n_A - \sum \Delta p_c)^{-2} \tag{11-7b}$$

$$V_c = 17.5 + \sum \Delta V_c \tag{11-7c}$$

式中，$T$、$p$、$V$ 的单位分别为 K、bar、$cm^3/mol$；$\Delta T_c$、$\Delta p_c$、$\Delta V_c$ 为基团贡献值，见表 11-2；$n_A$ 为分子中原子数；$T_b$ 为正常沸点。

该法在实验数据、统计方法及基团划分上对 Lydersen 法作了改进。

表 11-1  Lydersen 法的基团贡献值[①]

| 基团 | $\Delta T$ | $\Delta p$ | $\Delta V$ | 基团 | $\Delta T$ | $\Delta p$ | $\Delta V$ |
|---|---|---|---|---|---|---|---|
| **非环** | | | | **含氧** | | | |
| —CH₃ | 0.020 | 0.227 | 55 | —OH(醇) | 0.082 | 0.06 | (18) |
| —CH₂ | 0.020 | 0.227 | 55 | —OH(酚) | 0.031 | (−0.02) | (3) |
| —CH | 0.012 | 0.210 | 51 | —O—(非环) | 0.021 | 0.16 | 20 |
| —C— | 0.00 | 0.210 | 41 | —O—(环) | (0.014) | (0.12) | (8) |
| =CH₂ | 0.018 | 0.198 | 45 | —C=O(非环) | 0.040 | 0.29 | 60 |
| =CH | 0.018 | 0.198 | 45 | —C=O(环) | (0.033) | (0.2) | (50) |
| =C— | 0.0 | 0.198 | 36 | HC=O(醛) | 0.048 | 0.33 | 73 |
| =C= | 0.0 | 0.198 | 36 | —COOH(酸) | 0.085 | (0.4) | 80 |
| ≡CH | 0.005 | 0.153 | (36) | —COO—(酯) | 0.047 | 0.47 | 80 |
| ≡C— | 0.005 | 0.153 | (36) | =O(除上述) | (0.02) | (0.12) | (11) |
| **环** | | | | **含氮** | | | |
| —CH₂— | 0.013 | 0.184 | 44.5 | —NH₂ | 0.031 | 0.095 | 28 |
| —CH | 0.012 | 0.192 | 46 | —NH(非环) | 0.031 | 0.135 | (37) |
| —C— | (−0.007) | (0.154) | (31) | —NH(环) | (0.024) | (0.09) | (27) |
| =CH | 0.011 | 0.154 | 37 | —N—(非环) | 0.014 | 0.17 | (42) |
| =C— | 0.011 | 0.154 | 36 | —N—(环) | (0.007) | (0.13) | (32) |
| =C= | 0.011 | 0.154 | 36 | —CN | (0.060) | (0.36) | (80) |
| | | | | —NO₂ | (0.055) | (0.42) | (78) |
| **卤素** | | | | **含硫** | | | |
| —F | 0.018 | 0.224 | 18 | —SH | 0.015 | 0.27 | 55 |
| —Cl | 0.017 | 0.320 | 49 | —S—(非环) | 0.015 | 0.27 | 55 |
| —Br | 0.010 | (0.50) | (70) | —S—(环) | (0.008) | (0.24) | (45) |
| —I | 0.012 | (0.83) | (95) | =S | (0.003) | (0.24) | (47) |
| | | | | **其他** | | | |
| | | | | —Si— | 0.03 | (0.54) | |
| | | | | —B— | (0.03) | | |

① 对 H 无增量。表中所有空出的键都与氢以外的原子连接。括号内的数值是根据很少数的可靠实验值得出的。

表 11-2  Joback 法的基团贡献值

| 基团 | $\Delta T_c$ | $\Delta p_c$ | $\Delta V_c$ | $\Delta T_b$ | $\Delta T_f$ |
|---|---|---|---|---|---|
| **非环增量** | | | | | |
| —CH₃ | 0.0141 | −0.0012 | 65 | 23.58 | −5.10 |

| 基　团 | $\Delta T_c$ | $\Delta p_c$ | $\Delta V_c$ | $\Delta T_b$ | $\Delta T_f$ |
|---|---|---|---|---|---|
| **非环增量** | | | | | |
| ＼CH₂ | 0.0189 | 0 | 56 | 22.88 | 11.27 |
| ＼CH— ／ | 0.0164 | 0.0020 | 41 | 21.74 | 12.64 |
| ＼C／ | 0.0067 | 0.0043 | 27 | 18.25 | 46.43 |
| =CH₂ | 0.0113 | −0.0028 | 56 | 18.18 | −4.32 |
| =CH— | 0.0129 | −0.0006 | 46 | 24.96 | 8.73 |
| =C／ ＼ | 0.0117 | 0.0011 | 38 | 24.14 | 11.14 |
| =C= | 0.0026 | 0.0028 | 36 | 26.15 | 17.78 |
| ≡CH | 0.0027 | −0.0008 | 46 | 9.20 | −11.18 |
| ≡C— | 0.0020 | 0.0016 | 37 | 27.38 | 64.32 |
| **环增量** | | | | | |
| —CH₂— | 0.0100 | 0.0025 | 48 | 27.15 | 7.75 |
| ＼CH— | 0.0122 | 0.0004 | 38 | 21.78 | 19.88 |
| ＼C／ | 0.0042 | 0.0061 | 27 | 21.32 | 60.15 |
| =CH | 0.0082 | 0.0011 | 41 | 26.73 | 8.13 |
| =C＼ | 0.0143 | 0.0008 | 32 | 31.01 | 37.02 |
| **卤增量** | | | | | |
| —F | 0.0111 | −0.0057 | 27 | −0.03 | −15.78 |
| —Cl | 0.0105 | −0.0049 | 58 | 38.13 | 13.55 |
| —Br | 0.0133 | 0.0057 | 71 | 66.86 | 43.43 |
| —I | 0.0068 | −0.0034 | 97 | 93.84 | 41.69 |
| **氧增量** | | | | | |
| —OH(醇) | 0.0741 | 0.0112 | 28 | 92.88 | 44.45 |
| —OH(酚) | 0.0240 | 0.0184 | −25 | 76.34 | 82.83 |
| —O—(非环) | 0.0168 | 0.0015 | 18 | 22.42 | 22.23 |
| —O—(环) | 0.0098 | 0.0048 | 13 | 31.22 | 23.05 |
| ＼C=O(非环) ／ | 0.0380 | 0.0031 | 62 | 76.75 | 61.20 |
| ＼C=O(环) ／ | 0.0284 | 0.0028 | 55 | 94.97 | 75.97 |
| O=CH—(醛) | 0.0379 | 0.0030 | 82 | 72.24 | 36.90 |
| —COOH(酸) | 0.0791 | 0.0077 | 89 | 169.09 | 155.50 |
| —COO—(酯) | 0.0481 | 0.0005 | 82 | 81.10 | 53.60 |
| =O(以上之外的) | 0.0143 | 0.0101 | 36 | −10.50 | 2.08 |
| **氮增量** | | | | | |
| —NH₂ | 0.0243 | 0.0109 | 38 | 73.23 | 66.89 |
| ＼NH(非环) | 0.0295 | 0.0077 | 35 | 50.17 | 52.66 |
| ＼NH(环) ／ | 0.0130 | 0.0114 | 29 | 52.82 | 101.51 |
| ＼N—(非环) ／ | 0.0169 | 0.0074 | 9 | 11.74 | 48.84 |

续表

| 基　团 | $\Delta T_c$ | $\Delta p_c$ | $\Delta V_c$ | $\Delta T_b$ | $\Delta T_f$ |
|---|---|---|---|---|---|
| 氮增量 | | | | | |
| —N==(非环) | 0.0255 | −0.0099 | — | 74.60 | — |
| —N==(环) | 0.0085 | 0.0076 | 34 | 57.55 | 68.40 |
| —CN | 0.0496 | −0.0101 | 91 | 125.66 | 59.89 |
| —NO₂ | 0.0437 | 0.0064 | 91 | 152.54 | 127.24 |
| 硫增量 | | | | | |
| —SH | 0.0031 | 0.0084 | 63 | 63.56 | 20.09 |
| —S—(非环) | 0.0119 | 0.0049 | 54 | 68.78 | 34.40 |
| —S—(环) | 0.0019 | 0.0051 | 38 | 52.10 | 79.93 |

（4）MXXC 法

$$T_c = T_b(0.573430 + 1.07746\sum\Delta T_i - 1.78632\sum\Delta T_i^2)^{-1} \qquad (11\text{-}8a)$$

$$p_c = 0.101325\ln T_b(0.047290 + 0.28903\sum\Delta p_i - 0.051180\sum\Delta p_i^2)^{-1} \qquad (11\text{-}8b)$$

$$V_c = 28.89746 + 14.75246\sum\Delta V_i + 6.038530(\sum\Delta V_i)^{-1} \qquad (11\text{-}8c)$$

式中，$T$、$p$、$V$ 的单位分别为 K、MPa、$cm^3/mol$；$\Delta T_i$、$\Delta p_i$、$\Delta V_i$ 为基团贡献值，见文献❶。

（5）C-G 法

$$T_c = 181.728\ln(\sum n_i\Delta T_{ci} + \sum n_j\Delta T_{cj}) \qquad (11\text{-}9a)$$

$$p_c = 1.3705 + (0.100220 + \sum n_i\Delta p_{ci} + \sum n_j\Delta p_{cj})^{-2} \qquad (11\text{-}9b)$$

$$V_c = -4.350 + (\sum n_i\Delta V_{ci} + \sum n_j\Delta V_{cj}) \qquad (11\text{-}9c)$$

式中，$T$、$p$、$V$ 的单位分别为 K、bar、$cm^3/mol$；$\Delta T_{ci}$、$\Delta p_{ci}$、$\Delta V_{ci}$ 是一级基团贡献值；$\Delta T_{cj}$、$\Delta p_{cj}$、$\Delta V_{cj}$ 是二级基团贡献值，其值见附录九。

该法在考虑到一级基团（一般基团）的影响下，又增加二级基团（邻近基团）的交互作用的影响，其估算精度有明显提高。对 285 个实验点处理 $T_c$，若只用一级基团时其平均误差为 1.62%，加上二级基团后误差为 0.85%；对 269 个实验点处理 $p_c$ 时，平均误差分别为 3.72% 和 2.89%；用 251 个实验点处理 $V_c$ 时，平均误差分别为 2.04% 和 1.42%。

应用上述几种方法估算临界参数的误差见表 11-3。除这几种估算方法外，还有如用改进的 Nokay 法求烃类的 $T_c$，Riedel 法和 Veter 基团贡献法求 $V_c$ 等，本文不再介绍。

表 11-3　临界参数估算平均百分误差

| 方　法 | $T_c$ | $p_c$ | $V_c^{①}$ | $T_c$ | $p_c$ | $V_c^{②}$ | $T_c$ | $p_c$ | $V_c^{③}$ |
|---|---|---|---|---|---|---|---|---|---|
| Lydersen | 1.27 | 6.03 | 3.38 | | | | | | |
| Ambrose | 0.77 | 4.35 | 2.88 | 0.7 | 4.6 | 2.8 | | | |
| Joback | | | | 0.8 | 5.2 | 2.3 | | | |
| MXXC | 0.75 | 2.72 | 2.50 | | | | | | |
| C-G | | | | | | | 0.85 | 2.89 | 1.42 |

① Ma Peisheng，Xu Ming，Xu Wen，Zhang Jianhou. J Chem Ind Eng（China），1990，5：235.

② Reid R C，Prausnitz J M，Poling B E. The Properties of Gases and Liquids. 4th ed. New York：McGraw-Hill，1987：21-22.

③ Constantinou L，Gani R. AICHE J. 1994，40（10）：1697-1710.

【例 11-1】　使用 Lydersen 法计算五氟甲苯的临界性质。已知 $T_b = 390.65K$，$M = 182.1$，

---

❶　马沛生等编著. 石油化工基础数据手册. 续编. 北京：化学工业出版社，1993.

$T_c$、$p_c$ 的实验值分别为 566K、3.121MPa（30.8atm）。

**解** 该物质由 6 个 $=\overset{|}{C}-$ 环、1 个—$CH_3$ 和 5 个—F 基团组成，由表 11-1 查得

$$\sum \Delta T = (6)(0.011) + (1)(0.020) + (5)(0.018) = 0.176$$

$$\sum \Delta p = (6)(0.154) + (1)(0.227) + (5)(0.224) = 2.271$$

$$\sum \Delta V = (6)(36) + (1)(55) + (5)(18) = 361$$

代入式(11-1)～式(11-3)，得

$$T_c = (390.65)[0.567 + 0.176 - (0.176)^2]^{-1} = 549K$$

$$误差为 \frac{549 - 566}{566} \times 100\% = 3\%$$

$$p_c = 182.1(0.34 + 2.271)^{-2} = 26.7atm = 2.706MPa$$

$$误差为 \frac{2.706 - 3.121}{3.121} \times 100\% = 13.3\%$$

$$V_c = 40 + 361 = 401cm^3/mol$$

**【例 11-2】** 试用 Joback 法计算甲基异丙基酮（$C_5H_{10}O$）的临界温度、压力、体积。已知 $T_b = 367.5K$，$M = 86.13$，$T_c$、$p_c$、$V_c$ 的实验值分别为 553.4K、38.5bar、310cm³/mol。

**解** 该物质由 3 个—$CH_3$、1 个 $\overset{\diagdown}{\underset{\diagup}{C}}H-$ 和 1 个 $C=O$ 基团组成，由表 11-2 查得

$$\sum \Delta T_c = (3)(0.0141) + (1)(0.0164) + (1)(0.0380) = 0.0967$$

$$\sum \Delta p_c = (3)(-0.0012) + (1)(0.0020) + (1)(0.0031) = 0.0015$$

$$\sum \Delta V_c = (3)(65) + (1)(41) + (1)(62) = 298$$

$$n_A = 16 \qquad T_b = 367.5K \qquad M = 86.13$$

代入式(11-7)～式(11-9)，得

$$T_c = (367.5)[0.584 + (0.965)(0.0967) - (0.0967)^2]^{-1} = 550.2K$$

$$误差 = \frac{550.2 - 553.4}{553.4} \times 100\% = -0.6\%$$

$$p_c = [0.113 + (0.0032)(16) - 0.0015]^{-2} = 37.8bar$$

$$误差 = \frac{37.8 - 38.5}{38.5} \times 100\% = -1.8\%$$

$$V_c = 17.5 + 298 = 315.5cm^3/mol$$

$$误差 = \frac{315.5 - 310}{310} \times 100\% = 1.8\%$$

### 11.1.2 正常沸点的估算

正常沸点是指压力在 1atm（0.1013MPa）下物质的沸点。附录二中列出了常用物质的正常沸点。下面介绍正常沸点的几种估算方法。

（1）相对分子质量法

物质的沸点与相对分子质量有关。通常同系物中相对分子质量越大，则沸点越高。下式系烃类相对分子质量与沸点的经验关系式，该式适用于碳原子在 4～17 间的化合物，误差较大。

$$\lg T_b = 1.929(\lg M)^{0.4134} \tag{11-10}$$

式中，$T_b$ 为沸点，K；$M$ 为相对分子质量。

（2）Watson 法

$$T_b = \frac{\theta}{V_b^{0.18}} \exp\left(\frac{2.77}{\theta} V_b^{0.18} - 2.94\right) \tag{11-11}$$

式中，$V_b$ 为在沸点温度 $T_b$ 下饱和液体的摩尔体积，$cm^3/mol$；$\theta$ 值由下式求得

$$\theta = 0.567 + \sum \Delta T - \left(\sum \Delta T\right)^2$$

式中，$\Delta T$ 值见表 11-1。

（3）有机物估算法

$$T_b = b\left[0.567 + \sum \Delta T - \left(\sum \Delta T\right)^2\right] p_c^a \tag{11-12}$$

式中，$T_b$、$p_c$ 的单位分别为 K、atm；$a$、$b$ 值见表 11-4 和表 11-5；基团贡献值 $\Delta T$ 见表 11-1。

表 11-4 式（11-12）中常数 a 值

| 结 构 | 醇 类 | 酚 类 | 腈 类 | 羟酸类 | 其 他 类 |
|---|---|---|---|---|---|
| $a$ | 0.65 | 0.665 | 0.68 | 0.685 | 0.8 |

表 11-5 式（11-12）中常数 b 值

| 基 团 | $b$ | 基 团 | $b$ | 基 团 | $b$ |
|---|---|---|---|---|---|
| C | 1.02 | Br | 9.38 | C=S 键 | 2.50 |
| H | 1.95 | I | 10.95 | S=O 键 | 2.50 |
| O | 3.00 | OH | 23.1 | C=C 键 | 5.59 |
| N | 2.45 | （包括 O 及 H） | | N≡N 键 | 2.68 |
| S | 6.70 | C=O 键 | 2.5 | 五元环或六元环 | −0.14 |
| F | 3.63 | —C≡N 键 | 29.1 | 该栏未包括元素本身的 $b$ 值，应另加 | |
| Cl | 7.45 | C=C 键 | 2.50 | | |

（4）Joback 法

该法适用性比上述三种方法更为广泛，所用估算式如下

$$T_b = 198 + \sum \Delta T_b \tag{11-13}$$

式中，$T_b$ 为正常沸点，K；$\sum \Delta T_b$ 为各种基团贡献值之和，其值见表 11-2。

Reid 等使用该法对 438 个有机物进行计算，其平均绝对误差是 12.9K，相对误差绝对平均值是 3.6%。

（5）C-G 法

$$T_b = 204.359\ln\left(\sum n_i \Delta T_{bi} + \sum n_j \Delta T_{bj}\right) \tag{11-14}$$

式中，$T_b$ 的单位是 K；$\Delta T_{bi}$、$\Delta T_{bj}$ 分别是一级基团、二级基团贡献值，其值见附录九。

该法对 392 个数据进行考核，当只考虑一级基团贡献，平均误差为 2.04%；若一级基团、二级基团同时考虑时，平均误差为 1.42%。

【例 11-3】（1）已知 1-乙氧基丙烷（$C_5H_{12}O$）的 $p_c = 3.253MPa$（32.1atm），试求其正常沸点 $T_b$。实验值为 335K；

（2）试估算 3-甲基-1-丁硫醇的正常沸点。实验值为 393K。

**解** （1）该物质由 2 个—$CH_3$、3 个—$CH_2$—和 1 个—O—基团组成，由表 11-1 查得

$$\sum \Delta T = (2)(0.020) + (3)(0.020) + (1)(0.021) = 0.121$$

由表 11-4 和表 11-5 查得

$$a = 0.8$$

$$b = 5C + 12H + O = (5)(1.02) + (12)(1.95) + 3.00 = 31.5$$

据式(11-12)

$$T_b = b[0.567 + \sum \Delta T - (\sum \Delta T)^2]p_c^a$$
$$= 31.5[0.567 + 0.121 - (0.121)^2](32.1)^{0.8} = 339K$$
$$误差 = \frac{339 - 335}{335} \times 100\% = 1.2\%$$

(2) 该物质由 2 个—$CH_3$、2 个 $\diagdown CH_2 \diagup$、1 个 $\diagdown CH— \diagup$ 和 1 个—SH 基团组成,由表 11-2 查得

$$\sum \Delta T_b = (2)(23.58) + (2)(22.88) + (1)(21.74) + (1)(63.56) = 178.2$$

据式(11-13)

$$T_b = 198 + \sum \Delta T_b = 198 + 178.2 = 376.2K$$
$$误差 = \frac{376.2 - 393}{393} \times 100\% = -4.3\%$$

正常沸点的估算除用相对分子质量法、Watson 法、有机物估算法、Joback 法和 C-G 法外,还可用由 Kinney 从结构式推算沸点得出的沸点数(B. P. N)法,本节不作介绍。

### 11.1.3 熔点与凝固点的估算

物质的熔点和凝固点是液体与晶体在自身蒸气压下液固相平衡的温度。由晶体经加热至液体其平衡温度是熔点($T_m$);由液体经冷却至晶体其平衡温度是凝固点($T_f$)。对纯物质而言,熔点与凝固点应该相同。实际上,由于所测试剂存在一定的杂质,因而实测的 $T_m$ 常不同于 $T_f$,二者有一定的差异,但差异通常很小。在测定中,有些方法气相存在着空气,此时自身蒸气压低于相应的压力,由于压力对 $T_m$(或 $T_f$)的影响极小,所以工程上通常不区分有无外压存在下的 $T_m$(或 $T_f$)。

$T_m$(或 $T_f$)是物质的重要物性。由于易测、所需试样量少、且压力对其影响小,所以人们选择它作为鉴定物质的重要手段。随着精细化工的日益发展,它常被作为考核与确定新工艺路线的依据,如有机物异构体的分离。

大部分化合物的 $T_m$(或 $T_f$)数据比较充分,附录二中列出了常用物质的正常凝固点。但有部分物质在固、液转化时处于玻璃态,无明确的 $T_m$ 值;还有的物质在熔点前就已发生分解,而不存在熔点。

$T_m$(或 $T_f$)值与构成物质的基团品种、数量及基团所处的位置有关,因此估算困难,误差大。估算方法有两类:一类是利用其他物性计算 $T_f$;二是用基团贡献法。本节就 Joback (1984 年)的简单基团贡献法和 C-G(1994 年)两水平基团贡献法作一介绍。

(1) Joback 法

$$T_f = 122 + \sum \Delta T_f \tag{11-15}$$

式中,$T_f$ 的单位为 K;$\sum \Delta T_f$ 为各种基团贡献值之和,其值见表 11-2。

该法的平均绝对误差为 23K,平均百分绝对误差为 11%。

(2) C-G 法

$$T_m = 102.425\ln(\sum n_i \Delta T_{mi} + \sum n_j \Delta T_{mj}) \tag{11-16}$$

式中,$T_m$ 的单位为 K;$\Delta T_{mi}$、$\Delta T_{mj}$ 分别是一级基团、二级基团贡献值,其值见附录九。

当只考虑一级基团贡献,平均误差为 8.90%;若一级基团、二级基团同时考虑时,平均误差为 7.32%。该法因考虑到一般基团(一级基团)的影响下,又增加邻近基团(二级基团)的交互作用的影响,因此估算精度明显提高。

近年来，人工神经网络（ANN）在化学化工方面的应用已取得了较好的成果。人工神经网络有极强的自学习、自适应和模式识别的能力；而基团贡献法表征分子具有简单易用、不需或少用其他附加参数。神经网络的高度非线性功能能很好地表现各个基团之间的相互作用。基于基团贡献神经网络集成法来估算有机物的常压凝固点，对 207 个样本估算的绝对平均相对误差为 8.62%[❶]。由此可知，采用人工神经网络技术在估算有机化合物的物性上具有广泛的应用前景。

**【例 11-4】** 试用 Joback 法及表 11-2 的基团贡献值估算 2-溴丁烷的正常凝固点。实验值为 161K。

**解** 该物质由 2 个—CH$_3$、1 个 $\diagdown$CH$_2\diagup$、1 个 $\diagdown$CH—和 1 个—Br 基团组成，由表 11-2查得

$$\sum \Delta T_f = (2)(-5.10) + (1)(11.27) + (1)(12.64) + (1)(43.43) = 57.1$$

据式(11-15)

$$T_f = 122 + \sum \Delta T_f = 122 + 57.1 = 179.1K$$

$$误差 = \frac{179.1 - 161}{161} \times 100\% = 11.2\%$$

### 11.1.4 偏心因子的估算

偏心因子 $\omega$ 的定义在第二章中已作介绍

$$\omega = -\lg(p_r^S)_{T_r=0.7} - 1.00 \tag{2-45}$$

式中，$p_r^S$ 是指 $T_r = 0.7$ 时物质的对比饱和蒸气压。

在热力学计算中 $\omega$ 常作为三参数或多参数对应状态法中的第三参数，用作对分子形状和极性复杂性的度量，表示分子的偏心程度或非球形程度，球形非极性分子气体的 $\omega$ 值为零，随着分子结构的复杂程度和极性的增加 $\omega$ 亦增加。偏心因子的关联式只限用于正常流体，对于 $H_2$、He、Ne 或强极性及氢键流体，则不可使用偏心因子的关联式。

$\omega$ 值一般小于 1，大部分在 0～0.4 之间。附录二列出了常用物质的 $\omega$ 值，这些数值多数是根据 $T_c$、$p_c$ 的准确的实验值或计算值及 $T_r = 0.7$ 时的蒸气压数据而得。

当查不到 $\omega$ 值时，可以用下述方法估算。

（1）Edmister 法

$$\omega = \frac{3}{7} \frac{\theta}{1-\theta} \lg p_c - 1 \tag{11-17}$$

式中，$p_c$ 为临界压力，atm；$\theta = T_b/T_c$；$T_b$ 为正常沸点，K；$T_c$ 为临界温度，K。

（2）Lee-Kesler 法

$$\omega = \frac{\alpha}{\beta} \tag{11-18}$$

$$\alpha = -\ln p_c - 5.97214 + 6.09648\theta^{-1} + 1.28862\ln\theta - 0.169347\theta^6$$

$$\beta = 15.2518 - 15.6875\theta^{-1} - 13.4721\ln\theta + 0.43577\theta^6$$

式中，$p_c$ 的单位及 $\theta$ 的定义均与式(11-17) 相同。

（3）从临界压缩因子 $Z_c$ 求 $\omega$

$$Z_c = 0.291 - 0.080\omega \tag{11-19}$$

该式简单，但不可靠。

$\omega$ 的估算除上述几种方法外，还可从 Riedel 因子 $\alpha_c$、Nath 法和 Watanasirl 等方法求得 $\omega$，

---

❶ He Yijun, Gao Hua, Chen Zhongxiu. J Chem Ind Eng (China)，2004，55（7）：1124-1130.

本节不作介绍。

【例 11-5】 试分别用 Edmister 和 Lee-Kesler 式计算乙苯的偏心因子。文献值为 0.301。

**解** 从附录二查出 $T_b = 409.3K$ $\quad T_c = 617.1K$ $\quad p_c = 3.607MPa$ (35.6atm)

$$\theta = \frac{T_b}{T_c} = \frac{409.3}{617.1} = 0.663$$

据 Edmister 式

$$\omega = \frac{3}{7} \frac{0.663}{1-0.663} \lg 35.6 - 1 = 0.308$$

若用 Lee-Kesler 式

$$\alpha = -\ln 35.6 - 5.97214 + (6.09648)(0.663)^{-1} +$$
$$1.28862\ln 0.663 - (0.169347)(0.663)^6 = -0.848$$
$$\beta = 15.2518 - (15.6875)(0.663)^{-1} - 13.4721\ln 0.663 + (0.43577)(0.663)^6 = -2.84$$

$$\omega = \frac{\alpha}{\beta} = \frac{-0.848}{-2.84} = 0.299$$

计算值与文献值比较，Edmister 法与 Lee-Kesler 法估算的误差分别为 2.3%、0.66%。

## 11.2 流体蒸气压的估算

蒸气压是物质的基础热力学数据，化工工程计算中十分重要，故本节介绍纯组分液体蒸气压的一些估算方法。

(1) Clausius-Clapeyron 方程

$$\frac{dp}{dT} = \frac{\Delta H_V}{T\Delta V_V} = \frac{\Delta H_V}{(RT^2/p)\Delta Z_V} \tag{11-20}$$

或

$$\frac{d\ln p}{d(1/T)} = -\frac{\Delta H_V}{R\Delta Z_V} \tag{11-21}$$

式中，$p$ 为蒸气压；$\Delta H_V$ 为蒸发潜热；$\Delta Z_V$ 为饱和蒸汽压缩因子与饱和液体压缩因子之差。

该方程是一个十分重要的方程，大部分蒸气压方程是从此式积分得出的。

(2) Clapeyron 方程

若假定式(11-21)中 $\frac{\Delta H_V}{R\Delta Z_V}$ 为与温度无关的常数，积分式(11-21)，并令积分常数为 $A$，则得 Clapeyron 方程

$$\ln p = A - \frac{B}{T} \tag{11-22}$$

式中，$B = \frac{\Delta H_V}{R\Delta Z_V}$。

使用正常沸点 $p = 1atm = 1.01325bar$、$T = T_b$ 和临界点 $p = p_c$、$T = T_c$ 的条件来确定式中的常数 $A$ 和 $B$，得两参数的蒸气压对比态关联式

$$\ln p_r = h\left(1 - \frac{1}{T_r}\right) \tag{11-23}$$

$$h = T_{br} \frac{\ln(p_c/1.01325)}{1 - T_{br}} \tag{11-24}$$

式中，$p_c$ 单位为 bar。

(3) 三参数关联式

三参数关联式中比较成功的是 Pitzer 展开式，其表达式为

$$\ln p_r = f^{(0)}(T_r) + \omega f^{(1)}(T_r) \tag{11-25}$$

式中，$f^{(0)}$、$f^{(1)}$ 已被制成数据表，Lee 和 Kesler 将 $f^{(0)}$、$f^{(1)}$ 表示成如下的解析式

$$f^{(0)} = 5.92714 - \frac{6.09648}{T_r} - 1.28862\ln T_r + 0.169347 T_r^6 \tag{11-26}$$

$$f^{(1)} = 15.2518 - \frac{15.6875}{T_r} - 13.4721\ln T_r + 0.43577 T_r^6 \tag{11-27}$$

偏心因子 $\omega$ 可从附录二中查得，但如缺乏数据而需要计算时，用式(11-18) 为好。

在正常沸点和临界温度之间，式(11-25) 的误差通常为 $1\%\sim2\%$；而在正常沸点以下，误差为百分之几。

（4）Antoine 方程

Antoine 对式(11-22) 提出简单的改进

$$\ln p = A - \frac{B}{T+C} \tag{11-28}$$

式中，$p$ 为蒸气压，bar；$T$ 为绝对温度，K。

当 $C=0$ 时，式(11-28) 变为 Clapeyron 方程。式中常数 $A$、$B$ 和 $C$ 为 Antoine 常数，其值可由不同温度下的蒸气压数据回归而求得，从附录二中可以查到常用物质的 Antoine 常数，但在使用时要注意所标明的适用温度范围。

（5）Gomcz-Thodos 方程

$$\ln p_r = \beta\left(\frac{1}{T_r^m} - 1\right) + \gamma(T_r^7 - 1) \tag{11-29}$$

$$\gamma = ah + b\beta \tag{11-29a}$$

$$a = \frac{1 - 1/T_{br}}{T_{br}^7 - 1} \tag{11-29b}$$

$$b = \frac{1 - 1/T_{br}^m}{T_{br}^7 - 1} \tag{11-29c}$$

$h$ 用式(11-24) 计算，不同种类化合物的 $m$、$\beta$、$\gamma$ 的求取方法不同，对非极性化合物

$$\beta = -4.26700 - \frac{221.79}{h^{2.5}\exp(0.0384 h^{2.5})} + \frac{3.8126}{\exp(2272.44/h^3)} + \Delta^* \tag{11-29d}$$

$$m = 0.78425\exp(0.089315 h) - \frac{8.5217}{\exp(0.74826 h)} \tag{11-29e}$$

式中，$\Delta^*$ 除 $He(\Delta^* = 0.41815)$、$H_2(\Delta^* = 0.19904)$ 和 $Ne(\Delta^* = 0.02319)$ 外，其他物质 $\Delta^* = 0$。

对非氢键型极性化合物（包括 $NH_3$ 和 $CH_3COOH$）

$$m = 0.466 T_c^{0.166} \tag{11-29f}$$

$$\gamma = 0.08594\exp(7.462\times10^{-4} T_c) \tag{11-29g}$$

对氢键型化合物（水和醇）

$$m = 0.0052 M^{0.29} T_c^{0.72} \tag{11-29h}$$

$$\gamma = \frac{2.464}{M}\exp(9.8\times10^{-6} M T_c) \tag{11-29i}$$

式中，$M$ 为物质的相对分子质量。

对这两类极性化合物，$\beta$ 由式(11-29a) 求得。

即

$$\beta = \frac{\gamma}{b} - \frac{ah}{b} \tag{11-29j}$$

（6） Riedel 方程

$$\ln p = A + \frac{B}{T} + C\ln T + DT^6 \tag{11-30}$$

写成对应态方程得

$$\ln p_r = A^+ - \frac{B^+}{T_r} + C^+ \ln T_r + D^+ T_r^6 \tag{11-31}$$

其中

$$A^+ = -35Q \tag{11-31a}$$

$$B^+ = -36Q \tag{11-31b}$$

$$C^+ = 42Q + \alpha_c \tag{11-31c}$$

$$D^+ = -Q \tag{11-31d}$$

$$Q = 0.0838(3.758 - \alpha_c) \tag{11-31e}$$

$$\alpha_c = \frac{0.315\psi_b + \ln p_c}{0.0838\psi_b - \ln T_{br}} \tag{11-31f}$$

$$\psi_b = -35 + \frac{36}{T_{br}} + 42\ln T_{br} - T_{br}^6 \tag{11-31g}$$

（7） Riedel-Plank-Miller 方程

其原型与式（11-30）的 Riedel 方程非常相似。

$$\ln p = A + \frac{B}{T} + CT + DT^3 \tag{11-32}$$

写成对应态方程得

$$\ln p_r = -\frac{G}{T_r}[1 - T_r^2 + k(3 + T_r)(1 - T_r)^3] \tag{11-33}$$

其中

$$G = 0.4835 + 0.4605h \tag{11-33a}$$

$$h = T_{br}\frac{\ln(p_c/1.01325)}{1 - T_{br}} \tag{11-24}$$

$$k = \frac{h/G - (1 + T_{br})}{(3 + T_{br})(1 - T_{br})^2} \tag{11-33b}$$

使用该方程所需要的物性数据是 $T_c$、$p_c$ 与 $T_b$，可在附录二中查到。

计算蒸气压的方程很多，如 Thek-Stiel 式、Vetere 式、Frost-Kalkwarf-Thodos 式等，本书不再作介绍。前面所述的几个方程，其计算精度相近，平均误差接近 2%，计算中需要临界参数与正常沸点。若临界参数未知，而又难以估算时可采用基团贡献法，如 UNIFAC 法。鉴于同类物质有一定的规律，近年来，有人提出用两种参照物质的方法，但该法对 $\omega$ 值要求很高，且选用不同的参照物质或参照物质的蒸气压求取的方法不同，则其计算结果将不同。

**【例 11-6】** 使用式（11-23）和式（11-25）计算 347.2K 和 460K 时乙苯的蒸气压。实验值分别是 0.0133MPa 和 0.3325MPa。

**解** 从附录二查得

$$T_b = 409.3K \qquad T_c = 617.1K \qquad p_c = 36.07bar \qquad \omega = 0.301$$

使用式（11-23），先由 $T_{br} = 409.3/617.1 = 0.663$ 及式（11-24）确定 $h$

$$h = 0.663\frac{\ln(36.07/1.01325)}{1 - 0.663} = 7.028$$

因此

$$\ln p_r = 7.028(1 - T_r^{-1})$$

使用式（11-25），而 $\omega = 0.301$

则

$$\ln p_r = f^{(0)}(T_r) + 0.301f^{(1)}(T_r)$$

两种方法计算结果如下：

| $T/K$ | $T_r$ | $p_实$/MPa | 式 (11-23) | | 式 (11-25) | |
|---|---|---|---|---|---|---|
| | | | $p_计$/MPa | 误差/% | $p_计$/MPa | 误差/% |
| 347.2 | 0.563 | 0.0133 | 0.0154 | 16 | 0.0131 | −1.5 |
| 460 | 0.745 | 0.3325 | 0.3254 | −2.1 | 0.3342 | 0.5 |

其中

$$误差 = \frac{p_计 - p_实}{p_实} \times 100\%$$

**【例 11-7】**　使用 Antoine 方程计算 293.15K 时丙烯腈的蒸气压。实验值是 0.117bar。

**解**　从附录二查得丙烯腈的 Antoine 方程常数

$$A = 9.3051 \qquad B = 2782.21 \qquad C = -51.15$$

$$\ln p = 9.3051 - \frac{2782.21}{293.15 - 51.15} = -2.192$$

$$p = 0.112\text{bar}$$

$$误差 = \frac{0.112 - 0.117}{0.117} \times 100\% = -4.3\%$$

**【例 11-8】**　使用 Gomez-Thodos 方程计算 450K 时异丙醇的蒸气压。实验值是 16.16bar。

**解**　从附录二查得异丙醇

$$M = 60.096 \qquad T_b = 355.4\text{K} \qquad T_c = 508.3\text{K} \qquad p_c = 47.6\text{bar}$$

$$T_{br} = \frac{T_b}{T_c} = \frac{355.4}{508.3} = 0.699$$

由式(11-24) 得

$$h = 0.699 \frac{\ln(47.6/1.01325)}{1 - 0.699} = 8.940$$

由式(11-29h) 和式(11-29i) 得

$$m = 0.0052(60.096)^{0.29}(508.3)^{0.72} = 1.515$$

$$\gamma = \frac{2.464}{60.096} \exp[(9.8 \times 10^{-6})(60.096)(508.3)] = 0.0553$$

由式(11-29b)、式(11-29c) 和式(11-29j) 得

$$a = \frac{1 - 1/0.699}{(0.699)^7 - 1} = 0.469$$

$$b = \frac{1 - 1/(0.699)^{1.515}}{(0.699)^7 - 1} = 0.784$$

$$\beta = 0.0553/0.784 - \frac{(0.469)(8.940)}{0.784} = -5.278$$

所求蒸气压温度为 450K 时，$T_r = 450/508.3 = 0.885$，将上述计算所得参数值代入式(11-29) 求得

$$\ln p_r = -5.278\left[\frac{1}{(0.885)^{1.515}} - 1\right] + (0.0553)[(0.885)^7 - 1] = -1.105$$

$$p = 47.6\exp(-1.105) = 15.77\text{bar}$$

$$误差 = \frac{15.77 - 16.16}{16.16} \times 100\% = -2.4\%$$

# 11.3　热化学性质估算

### 11.3.1　气体热容的估算

热容数据常用的是定压热容 $C_p$ 与定容热容 $C_V$。由于难以做到定容，因此定容热容比较

难以实测，并且在实用中总是用到定压热容，因而本节只介绍 $C_p$ 的求算。知道 $C_p$ 后，根据下列热力学的关系式即可换算成 $C_V$。

$$C_p - C_V = T\left(\frac{\partial p}{\partial T}\right)_V \left(\frac{\partial V}{\partial T}\right)_p = -T\left(\frac{\partial V}{\partial T}\right)_p^2 \left(\frac{\partial p}{\partial V}\right)_T \tag{11-34}$$

（1）理想气体的热容

① $C_p^{ig}$-$T$ 关联式

$$C_p^{ig} = A + BT + CT^2 + DT^3 \tag{11-35}$$

关联式中常数 $A$、$B$、$C$ 和 $D$ 可在手册中查得，若查不到时，可根据实测的 $C_p$-$T$ 数据回归而得或从光谱数据应用统计力学方法计算得到。

马沛生等用最小二乘法由电子计算机算出 435 种物质的式(11-35) 四常数的关联结果，平均误差为 0.160%。

② 基团贡献法 当缺乏实测数据时，可利用基团贡献法根据基团的种类数目、键来求取 $C_p^{ig}$。表 11-6 列出了各种键在 25℃（298K）下对 $C_p^{ig}$ 的增量。将表 11-6 中各种键的 $C_p^{ig}$ 值相加即得纯物质在 298K 时的 $C_p^{ig}$ 值。

$$C_{p298}^{ig} = \sum_{i=1}^{n} C_{pi}^{ig} \quad \text{J/(mol·K)} \tag{11-36}$$

基于基团贡献概念的估算方法很多，如 Rihani-Doraiswamy（RD）、Joback、Benson、Thinh 和许志宏等方法，有关这些本节不作介绍。

**表 11-6 298K 下各种键的 $C_p^{ig}$ 增量** J/(mol·K)

| 键 | $C_p^{ig}$ | 键 | $C_p^{ig}$ | 键 | $C_p^{ig}$ |
|---|---|---|---|---|---|
| C—H | 7.29 | C—F | 13.98 | F—CO | 23.9 |
| C—C | 8.29 | C—Cl | 19.43 | Cl—CO | 30.1 |
| (—C=C—)H | 10.9 | C—Br | 21.52 | C—N | 8.8 |
| (—C=C—)C | 10.9 | C—I | 23.20 | N—H | 9.6 |
| 苯环—H | 12.6 | C—O | 11.3 | C—S | 14.2 |
| 苯环—C | 18.8 | O—O | 20.5 | S—H | 13.4 |
| (—C=C—)F | 19.3 | O—H | 11.3 | S—S | 22.6 |
| (—C=C—)Cl | 23.9 | O—Cl | 23.0 | C—D | 8.63 |
| (—C=C—)Br | 26.4 | C—CO | 15.5 | O—D | 13.0 |
| (—C=C—)I | 28.1 | O—CO | 9.2 | | |

（2）真实气体热容

在同一温度和组成下，实际气体的热容与理想气体的热容有如下关系

$$C_p = C_p^{ig} + \Delta C_p \tag{11-37}$$

式中，$\Delta C_p$ 为剩余热容，其值由恒压和恒组成下熵差的偏微商确定。

$$\Delta C_p = \frac{\partial}{\partial T}(H - H^{ig})_{p,\text{组成}}$$

亦可由图 11-1 普遍化热容差图查得。

据 Lee-Kesler 法 $\quad C_p - C_p^{ig} = \Delta C_p = (\Delta C_p)^{(0)} + \omega(\Delta C_p)^{(1)} \tag{11-38}$

式中，简单流体贡献$(\Delta C_p)^{(0)}$、余项函数$(\Delta C_p)^{(1)}$ 分别列于表 11-7 及表 11-8。

表 11-7 简单流体 $\left(\dfrac{C_p - C_p^{ig}}{R}\right)^{(0)}$ 值

| $T_r$ | $p_r$ 0.010 | 0.050 | 0.100 | 0.200 | 0.400 | 0.600 | 0.800 | 1.000 | 1.200 | 1.500 | 2.000 | 3.000 | 5.000 | 7.000 | 10.000 |
|---|---|---|---|---|---|---|---|---|---|---|---|---|---|---|---|
| 0.30 | 2.805 | 2.807 | 2.809 | 2.814 | 2.830 | 2.842 | 2.854 | 2.866 | 2.878 | 2.896 | 2.927 | 2.989 | 3.122 | 3.257 | 3.466 |
| 0.35 | 2.808 | 2.810 | 2.812 | 2.815 | 2.823 | 2.835 | 2.844 | 2.853 | 2.861 | 2.875 | 2.897 | 2.944 | 3.042 | 3.145 | 3.313 |
| 0.40 | 2.925 | 2.926 | 2.928 | 2.933 | 2.935 | 2.940 | 2.945 | 2.951 | 2.956 | 2.965 | 2.979 | 3.014 | 3.085 | 3.164 | 3.293 |
| 0.45 | 2.989 | 2.990 | 2.990 | 2.991 | 2.993 | 2.995 | 2.997 | 2.999 | 3.002 | 3.006 | 3.014 | 3.032 | 3.079 | 3.135 | 3.232 |
| 0.50 | 3.006 | 3.005 | 3.004 | 3.003 | 3.001 | 3.000 | 2.998 | 2.997 | 2.996 | 2.995 | 2.995 | 2.999 | 3.019 | 3.054 | 3.122 |
| 0.55 | 0.118 | 3.002 | 3.000 | 2.997 | 2.990 | 2.984 | 2.978 | 2.973 | 2.968 | 2.961 | 2.951 | 2.938 | 2.934 | 2.947 | 2.988 |
| 0.60 | 0.089 | 3.009 | 3.006 | 2.999 | 2.986 | 2.974 | 2.963 | 2.952 | 2.942 | 2.927 | 2.907 | 2.874 | 2.840 | 2.831 | 2.847 |
| 0.65 | 0.069 | 0.387 | 3.047 | 3.036 | 3.014 | 2.993 | 2.973 | 2.955 | 2.938 | 2.914 | 2.878 | 2.822 | 2.753 | 2.720 | 2.709 |
| 0.70 | 0.054 | 0.298 | 0.687 | 3.138 | 3.099 | 3.065 | 3.033 | 3.003 | 2.975 | 2.937 | 2.881 | 2.792 | 2.681 | 2.621 | 2.582 |
| 0.75 | 0.044 | 0.236 | 0.526 | 3.351 | 3.284 | 3.225 | 3.171 | 3.122 | 3.076 | 3.015 | 2.928 | 2.795 | 2.629 | 2.537 | 2.469 |
| 0.80 | 0.036 | 0.191 | 0.415 | 1.032 | 3.647 | 3.537 | 3.440 | 3.354 | 3.277 | 3.176 | 3.038 | 2.838 | 2.601 | 2.473 | 2.373 |
| 0.85 | 0.030 | 0.157 | 0.336 | 0.794 | 4.404 | 3.158 | 3.957 | 3.790 | 3.647 | 3.470 | 3.240 | 2.931 | 2.599 | 2.427 | 2.292 |
| 0.90 | 0.025 | 0.131 | 0.277 | 0.633 | 1.858 | 5.679 | 5.095 | 4.677 | 4.359 | 4.000 | 3.585 | 3.096 | 2.626 | 2.399 | 2.227 |
| 0.93 | 0.023 | 0.118 | 0.249 | 0.560 | 1.538 | 4.208 | 6.720 | 5.766 | 5.149 | 4.533 | 3.902 | 3.236 | 2.657 | 2.392 | 2.195 |
| 0.95 | 0.021 | 0.111 | 0.232 | 0.518 | 1.375 | 3.341 | 9.316 | 7.127 | 6.010 | 5.050 | 4.180 | 3.351 | 2.684 | 2.391 | 2.175 |
| 0.97 | 0.020 | 0.104 | 0.217 | 0.480 | 1.240 | 2.778 | 9.585 | 10.011 | 7.451 | 5.785 | 4.531 | 3.486 | 2.716 | 2.393 | 2.159 |
| 0.98 | 0.019 | 0.101 | 0.210 | 0.463 | 1.181 | 2.563 | 7.350 | 13.270 | 8.611 | 6.279 | 4.743 | 3.560 | 2.733 | 2.395 | 2.151 |
| 0.99 | 0.019 | 0.098 | 0.204 | 0.447 | 1.126 | 2.378 | 6.038 | 21.948 | 10.362 | 6.897 | 4.983 | 3.641 | 2.752 | 2.398 | 2.144 |
| 1.00 | 0.018 | 0.095 | 0.197 | 0.431 | 1.076 | 2.218 | 5.156 | ****** | 13.281 | 7.686 | 5.255 | 3.729 | 2.773 | 2.401 | 2.138 |
| 1.01 | 0.018 | 0.092 | 0.191 | 0.417 | 1.029 | 2.076 | 4.516 | 22.295 | 18.967 | 8.708 | 5.569 | 3.821 | 2.794 | 2.405 | 2.131 |
| 1.02 | 0.017 | 0.089 | 0.185 | 0.403 | 0.986 | 1.951 | 4.025 | 13.184 | 31.353 | 10.062 | 5.923 | 3.920 | 2.816 | 2.408 | 2.125 |
| 1.05 | 0.016 | 0.082 | 0.169 | 0.365 | 0.872 | 1.648 | 3.047 | 6.458 | 20.234 | 16.457 | 7.296 | 4.259 | 2.891 | 2.425 | 2.110 |
| 1.10 | 0.014 | 0.071 | 0.147 | 0.313 | 0.724 | 1.297 | 2.168 | 3.649 | 6.510 | 13.256 | 9.787 | 4.927 | 3.033 | 2.462 | 2.093 |
| 1.15 | 0.012 | 0.063 | 0.128 | 0.271 | 0.612 | 1.058 | 1.670 | 2.553 | 3.885 | 6.985 | 9.094 | 5.535 | 3.186 | 2.508 | 2.083 |
| 1.20 | 0.011 | 0.055 | 0.113 | 0.237 | 0.525 | 0.885 | 1.345 | 1.951 | 2.758 | 4.430 | 6.911 | 5.710 | 3.326 | 2.555 | 2.079 |
| 1.30 | 0.009 | 0.044 | 0.089 | 0.185 | 0.400 | 0.651 | 0.946 | 1.297 | 1.711 | 2.458 | 3.850 | 4.793 | 3.452 | 2.628 | 2.077 |
| 1.40 | 0.007 | 0.036 | 0.072 | 0.149 | 0.315 | 0.502 | 0.711 | 0.946 | 1.208 | 1.650 | 2.462 | 3.573 | 3.282 | 2.626 | 2.068 |
| 1.50 | 0.006 | 0.029 | 0.060 | 0.122 | 0.255 | 0.399 | 0.557 | 0.728 | 0.912 | 1.211 | 1.747 | 2.647 | 2.917 | 2.525 | 2.038 |
| 1.60 | 0.005 | 0.025 | 0.050 | 0.101 | 0.210 | 0.326 | 0.449 | 0.580 | 0.719 | 0.938 | 1.321 | 2.016 | 2.508 | 2.347 | 1.978 |
| 1.70 | 0.004 | 0.021 | 0.042 | 0.086 | 0.176 | 0.271 | 0.371 | 0.475 | 0.583 | 0.752 | 1.043 | 1.586 | 2.128 | 2.130 | 1.889 |
| 1.80 | 0.004 | 0.018 | 0.036 | 0.073 | 0.150 | 0.229 | 0.311 | 0.397 | 0.484 | 0.619 | 0.848 | 1.282 | 1.805 | 1.907 | 1.778 |
| 1.90 | 0.003 | 0.016 | 0.031 | 0.063 | 0.129 | 0.196 | 0.265 | 0.336 | 0.409 | 0.519 | 0.706 | 1.060 | 1.538 | 1.696 | 1.656 |
| 2.00 | 0.003 | 0.014 | 0.027 | 0.055 | 0.112 | 0.170 | 0.229 | 0.289 | 0.350 | 0.443 | 0.598 | 0.893 | 1.320 | 1.505 | 1.531 |
| 2.20 | 0.002 | 0.011 | 0.021 | 0.043 | 0.086 | 0.131 | 0.175 | 0.220 | 0.265 | 0.334 | 0.446 | 0.661 | 0.998 | 1.191 | 1.292 |
| 2.40 | 0.002 | 0.009 | 0.017 | 0.034 | 0.069 | 0.104 | 0.138 | 0.173 | 0.208 | 0.261 | 0.347 | 0.510 | 0.779 | 0.956 | 1.086 |
| 2.60 | 0.001 | 0.007 | 0.014 | 0.028 | 0.056 | 0.084 | 0.112 | 0.140 | 0.168 | 0.210 | 0.278 | 0.407 | 0.624 | 0.780 | 0.917 |
| 2.80 | 0.001 | 0.006 | 0.012 | 0.023 | 0.046 | 0.070 | 0.093 | 0.116 | 0.138 | 0.172 | 0.227 | 0.332 | 0.512 | 0.647 | 0.779 |
| 3.00 | 0.001 | 0.005 | 0.010 | 0.020 | 0.039 | 0.058 | 0.078 | 0.097 | 0.116 | 0.144 | 0.190 | 0.277 | 0.427 | 0.545 | 0.668 |
| 3.50 | 0.001 | 0.004 | 0.007 | 0.013 | 0.027 | 0.040 | 0.053 | 0.066 | 0.079 | 0.098 | 0.128 | 0.187 | 0.289 | 0.374 | 0.472 |
| 4.00 | 0.000 | 0.002 | 0.005 | 0.010 | 0.019 | 0.029 | 0.038 | 0.048 | 0.057 | 0.071 | 0.093 | 0.135 | 0.209 | 0.272 | 0.350 |

表 11-8 余项函数 $\left(\dfrac{C_p - C_p^{ig}}{R}\right)^{(1)}$ 值

| $T_r$ | $p_r$ | | | | | | | | | | | | | | |
|---|---|---|---|---|---|---|---|---|---|---|---|---|---|---|---|
| | 0.010 | 0.050 | 0.100 | 0.200 | 0.400 | 0.600 | 0.800 | 1.000 | 1.200 | 1.500 | 2.000 | 3.000 | 5.000 | 7.000 | 10.000 |
| 0.30 | 8.462 | 8.445 | 8.424 | 8.381 | 8.281 | 8.192 | 8.102 | 8.011 | 7.920 | 7.785 | 7.558 | 7.103 | 6.270 | 5.372 | 4.020 |
| 0.35 | 9.775 | 9.762 | 9.746 | 9.713 | 9.646 | 9.568 | 9.499 | 9.430 | 9.360 | 9.256 | 9.080 | 8.728 | 8.013 | 7.290 | 6.285 |
| 0.40 | 11.494 | 11.484 | 11.471 | 11.438 | 11.394 | 11.343 | 11.291 | 11.240 | 11.188 | 11.110 | 10.980 | 10.709 | 10.170 | 9.625 | 8.803 |
| 0.45 | 12.651 | 12.643 | 12.633 | 12.613 | 12.573 | 12.532 | 12.492 | 12.451 | 12.400 | 12.347 | 12.243 | 12.029 | 11.592 | 11.183 | 10.533 |
| 0.50 | 13.111 | 13.106 | 13.099 | 13.084 | 13.055 | 13.025 | 12.995 | 12.964 | 12.933 | 12.886 | 12.805 | 12.639 | 12.288 | 11.946 | 11.419 |
| 0.55 | 0.511 | 13.035 | 13.030 | 13.021 | 13.002 | 12.981 | 12.961 | 12.939 | 12.917 | 12.882 | 12.823 | 12.695 | 12.407 | 12.103 | 11.673 |
| 0.60 | 0.345 | 12.679 | 12.675 | 12.668 | 12.653 | 12.637 | 12.620 | 12.589 | 12.574 | 12.550 | 12.506 | 12.407 | 12.165 | 11.905 | 11.526 |
| 0.65 | 0.242 | 1.518 | 12.148 | 12.145 | 12.137 | 12.128 | 12.117 | 12.105 | 12.092 | 12.060 | 12.026 | 11.943 | 11.728 | 11.494 | 11.141 |
| 0.70 | 0.174 | 1.026 | 2.698 | 11.557 | 11.564 | 11.563 | 11.559 | 11.553 | 11.536 | 11.524 | 11.495 | 11.416 | 11.208 | 10.985 | 10.661 |
| 0.75 | 0.129 | 0.726 | 1.747 | 10.967 | 10.995 | 11.011 | 11.019 | 11.024 | 11.022 | 11.013 | 10.986 | 10.898 | 10.677 | 10.448 | 10.132 |
| 0.80 | 0.097 | 0.532 | 1.212 | 3.511 | 10.490 | 10.536 | 10.566 | 10.583 | 10.590 | 10.587 | 10.556 | 10.446 | 10.176 | 9.917 | 9.591 |
| 0.85 | 0.075 | 0.399 | 0.879 | 2.247 | 9.999 | 10.153 | 10.245 | 10.297 | 10.321 | 10.324 | 10.278 | 10.111 | 9.740 | 9.433 | 9.075 |
| 0.90 | 0.058 | 0.306 | 0.658 | 1.563 | 5.486 | 9.793 | 10.180 | 10.349 | 10.409 | 10.401 | 10.279 | 9.940 | 9.389 | 8.999 | 8.592 |
| 0.93 | 0.050 | 0.263 | 0.560 | 1.289 | 3.890 | 9.389 | 10.285 | 10.769 | 10.875 | 10.801 | 10.523 | 9.965 | 9.225 | 8.766 | 8.322 |
| 0.95 | 0.046 | 0.239 | 0.505 | 1.142 | 3.215 | **** | 9.993 | 11.420 | 11.607 | 11.387 | 10.865 | 10.055 | 9.136 | 8.621 | 8.152 |
| 0.97 | 0.042 | 0.217 | 0.456 | 1.018 | 2.712 | 6.588 | **** | 13.001 | **** | 12.498 | 11.445 | 10.215 | 9.061 | 8.485 | 7.986 |
| 0.98 | 0.040 | 0.207 | 0.434 | 0.962 | 2.506 | 5.711 | **** | **** | **** | **** | 11.856 | 10.323 | 9.037 | 8.420 | 7.905 |
| 0.99 | 0.038 | 0.198 | 0.414 | 0.911 | 2.324 | 5.027 | **** | **** | **** | **** | 12.388 | 10.457 | 9.011 | 8.359 | 7.826 |
| 1.00 | 0.037 | 0.189 | 0.394 | 0.863 | 2.162 | 4.477 | **** | **** | **** | **** | 13.081 | 10.617 | 8.990 | 8.293 | 7.747 |
| 1.01 | 0.035 | 0.181 | 0.376 | 0.819 | 2.016 | 4.026 | 8.437 | **** | **** | **** | **** | 10.805 | 8.973 | 8.236 | 7.670 |
| 1.02 | 0.034 | 0.173 | 0.359 | 0.778 | 1.884 | 3.648 | 7.044 | **** | **** | **** | **** | 11.024 | 8.960 | 8.182 | 7.595 |
| 1.05 | 0.030 | 0.152 | 0.313 | 0.669 | 1.559 | 2.812 | 4.679 | 7.173 | 2.277 | **** | **** | 11.852 | 8.939 | 8.018 | 7.377 |
| 1.10 | 0.024 | 0.123 | 0.252 | 0.528 | 1.174 | 1.968 | 2.919 | 3.877 | 4.002 | 3.927 | 7.716 | 12.812 | 8.933 | 7.759 | 7.031 |
| 1.15 | 0.020 | 0.101 | 0.205 | 0.424 | 0.910 | 1.460 | 2.048 | 2.587 | 2.844 | 2.236 | 2.965 | 9.494 | 8.849 | 7.504 | 6.702 |
| 1.20 | 0.016 | 0.083 | 0.168 | 0.345 | 0.722 | 1.123 | 1.527 | 1.881 | 2.095 | 1.962 | 2.095 | 6.500 | 8.508 | 7.206 | 6.384 |
| 1.30 | 0.012 | 0.058 | 0.116 | 0.235 | 0.476 | 0.715 | 0.938 | 1.129 | 1.264 | 1.327 | 1.288 | 3.855 | 6.758 | 6.365 | 5.735 |
| 1.40 | 0.008 | 0.042 | 0.083 | 0.166 | 0.329 | 0.484 | 0.624 | 0.743 | 0.833 | 0.904 | 0.905 | 1.652 | 4.524 | 5.193 | 5.035 |
| 1.50 | 0.006 | 0.030 | 0.061 | 0.120 | 0.235 | 0.342 | 0.437 | 0.517 | 0.580 | 0.639 | 0.666 | 0.907 | 2.823 | 3.944 | 4.289 |
| 1.60 | 0.005 | 0.023 | 0.045 | 0.089 | 0.173 | 0.249 | 0.317 | 0.374 | 0.419 | 0.466 | 0.499 | 0.601 | 1.755 | 2.871 | 3.545 |
| 1.70 | 0.003 | 0.017 | 0.034 | 0.068 | 0.130 | 0.187 | 0.236 | 0.278 | 0.312 | 0.349 | 0.380 | 0.439 | 1.129 | 2.060 | 2.867 |
| 1.80 | 0.003 | 0.013 | 0.027 | 0.052 | 0.100 | 0.143 | 0.180 | 0.212 | 0.238 | 0.267 | 0.296 | 0.337 | 0.764 | 1.483 | 2.287 |
| 1.90 | 0.002 | 0.011 | 0.021 | 0.041 | 0.078 | 0.111 | 0.140 | 0.164 | 0.185 | 0.209 | 0.234 | 0.267 | 0.545 | 1.085 | 1.817 |
| 2.00 | 0.002 | 0.008 | 0.017 | 0.032 | 0.062 | 0.088 | 0.110 | 0.130 | 0.146 | 0.166 | 0.187 | 0.217 | 0.407 | 0.812 | 1.446 |
| 2.20 | 0.001 | 0.005 | 0.011 | 0.021 | 0.040 | 0.057 | 0.072 | 0.085 | 0.096 | 0.110 | 0.126 | 0.150 | 0.256 | 0.492 | 0.941 |
| 2.40 | 0.001 | 0.004 | 0.007 | 0.014 | 0.028 | 0.039 | 0.049 | 0.058 | 0.066 | 0.076 | 0.089 | 0.109 | 0.180 | 0.329 | 0.644 |
| 2.60 | 0.001 | 0.003 | 0.005 | 0.010 | 0.020 | 0.028 | 0.035 | 0.042 | 0.048 | 0.056 | 0.066 | 0.084 | 0.137 | 0.239 | 0.466 |
| 2.80 | 0.000 | 0.002 | 0.004 | 0.008 | 0.014 | 0.021 | 0.026 | 0.031 | 0.036 | 0.042 | 0.051 | 0.067 | 0.110 | 0.153 | 0.356 |
| 3.00 | 0.000 | 0.001 | 0.003 | 0.006 | 0.011 | 0.016 | 0.020 | 0.024 | 0.028 | 0.033 | 0.041 | 0.055 | 0.092 | 0.108 | 0.285 |
| 3.50 | 0.000 | 0.001 | 0.002 | 0.003 | 0.006 | 0.009 | 0.012 | 0.015 | 0.017 | 0.021 | 0.026 | 0.038 | 0.067 | 0.085 | 0.190 |
| 4.00 | 0.000 | 0.001 | 0.001 | 0.002 | 0.004 | 0.006 | 0.008 | 0.010 | 0.012 | 0.015 | 0.019 | 0.029 | 0.054 | 0.067 | 0.146 |

若将式(11-38)及表11-7、表11-8用于混合物时应使用 Lee-Kesler 所推荐的混合规则来求取虚拟临界参数。

**【例 11-9】** 试计算在 373K 和 10.13MPa（100atm）下 $CO_2$ 气体的热容。已知 $CO_2$ 理想气体在 373K 时的 $C_p^{ig}$ 值为 40.60J/(mol·K)[9.7cal/(mol·K)]。

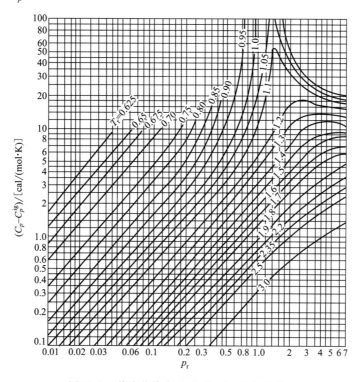

图 11-1　普遍化热容差图（1cal＝4.1840J）

**解**　从附录二查得

$$T_c = 304.2K \qquad p_c = 7.376MPa = 72.8atm$$

所以

$$T_r = \frac{373}{304.2} = 1.23 \qquad p_r = \frac{101.3}{7.376} = 1.37$$

从图 11-1 查得当 $T_r = 1.23$、$p_r = 1.37$ 时

$$C_p - C_p^{ig} = 8.5cal/(mol·K)$$

则得

$$C_p = 8.5 + 9.7 = 18.2cal/(mol·K) = 76.2J/(mol·K)$$

### 11.3.2　液体热容的估算

液体在使用中有三种热容：$C_{pL}$、$C_{\sigma L}$ 以及 $C_{satL}$。$C_{pL}$ 表示为恒压下随温度变化的焓变化；$C_{\sigma L}$ 表示为在饱和液体状态下随温度变化的焓变化；$C_{satL}$ 表示在温度变化的情况下为保持饱和液体状态所需的能量。三种热容之间的关系可用下式来表示

$$C_{\sigma L} = \frac{dH_{\sigma L}}{dT} = C_{pL} + \left[ V_{\sigma L} - T\left(\frac{\partial V}{\partial T}\right)_p \right]\left(\frac{dp}{dT}\right)_{\sigma L} = C_{satL} + V_{\sigma L}\left(\frac{dp}{dT}\right)_{\sigma L} \tag{11-39}$$

式中，下标 σL 表示饱和液态。

在通常情况下，实测的饱和液体热容是 $C_{satL}$，而推算求得的是 $C_{pL}$ 或 $C_{\sigma L}$。以下两近似式，可用于 $C_{pL}$、$C_{\sigma L}$、$C_{satL}$ 间的换算。

$$\frac{C_{pL} - C_{\sigma L}}{R} = \exp(20.1T_r - 17.9) \tag{11-40}$$

$$\frac{C_{\sigma L}-C_{satL}}{R}=\exp(8.655T_r-8.385) \tag{11-41}$$

它们适用于 $T_r<0.99$。在 $T_r<0.8$ 时，可认为 $C_{\sigma L}$、$C_{pL}$ 和 $C_{satL}$ 在数值上是相同的。

$C_{pL}$ 或 $C_{\sigma L}$ 的推算方法有：基团贡献法，如 Chueh-Swanson、Shaw、Missenard 法等；对应状态法，如 Rowlinson-Bondi、Sternling-Brown、Yuan-Stiel 法等；一些其他估算方法，如 Watson 法。本节介绍 Chueh-Swanson 法及 Rowlinson-Bondi 法。

(1) Chueh-Swanson 基团贡献法

该法用来求取 20℃下的定压热容 $C_{pL}$，精度较好，在绝大部分情况下误差不超过 2%～3%。

$$C_{pL}=\sum \Delta C_{pL} \tag{11-42}$$

表 11-9 列出了 20℃下各基团对液体的摩尔热容贡献值。

**表 11-9　Chueh-Swanson 基团贡献值**（20℃）　　　　J/(mol·K)

| 基　团 | 贡献值[①] | 基　团 | 贡献值[①] |
|---|---|---|---|
| 烷 | | 氧 | |
| —CH₃ | 36.8 | —O— | 35 |
| —CH₂— | 30.4 | ＞C=O | 53.0 |
| ＞CH— | 21.0 | H—C=O | 53.0 |
| ＞C＜ | 7.36 | —C(O)—OH | 79.9 |
| 烯 | | —C(O)—O— | 60.7 |
| =CH₂ | 21.8 | —CH₂OH | 73.2 |
| =C—H | 21.3 | —CHOH | 76.1 |
| =C＜ | 15.9 | —COH | 111.3 |
| 炔 | | —OH | 44.8 |
| —C≡H | 24.7 | —ONO₂ | 119.2 |
| —C≡ | 24.7 | 硫 | |
| 环 | | —SH | 44.8 |
| —CH— | 18 | —S— | 33 |
| —C=或—C— | 12 | 卤素 | |
| —CH= | 22 | —F | 17 |
| —CH₂— | 26 | —Cl(第一或第二个碳上) | 36 |
| 氮 | | —Cl(第三或第四个碳上) | 25 |
| H—N—H | 58.6 | —Br | 38 |
| —N—H | 43.9 | —I | 36 |
| —N— | 31 | 氢 | |
| —N=(环中) | 19 | —H(在甲酸、甲酸酯、HCN 等上) | 15 |
| —C≡N | 58.2 | | |

① 如果一个碳的基团通过单键与另一碳基团相连，同时该基团又通过双键或叁键与第三个基团相连（例如 R—R′=R″），则另加 18.8。如果一个碳基团多次以上述方式与另两个碳基团相连，则每次另加 18.8。

下列情况例外：

a. —CH₃ 基团、环状结构中的碳基团虽符合上述情况但不另加；

b. —CH₂— 基团符合上述情况另加 10.5。

但是，如果—CH₂—多次以上述方式与另两个碳基团相连，则第一次另加 10.5，以后每次另加 18.8（参见例 11-7）。

（2）Rowlinson-Bondi 对应状态法

该法由 Rowlinson 提出并由 Bondi 修改，其形式为

$$\frac{C_{pL}-C_p^{ig}}{R}=1.45+0.45(1-T_r)^{-1}+0.25\omega[17.11+25.2(1-T_r)^{1/3}T_r^{-1}+1.742(1-T_r)^{-1}]$$

$$(11-43)$$

【**例 11-10**】　使用 Chueh-Swanson 基团贡献法计算 20℃ 的 1,4-戊二烯液体热容。已知 20℃ 的文献值 $C_{pL}$ 为 147J/(mol·K)。

**解**　据表 11-9 及注释得

$$C_{pL}=(2)(21.8)+(2)(21.3)+30.4+10.5+18.8=146J/(mol·K)$$

误差为 0.68%。

【**例 11-11**】　使用 Rowlinson-Bondi 对应状态法计算顺 2-丁烯液体在 349.8K 下的热容。已知 $C_{\sigma L}$ 的文献值是 152.7J/(mol·K)，$C_p^{ig}$ 为 91.00J/(mol·K)。

**解**　由附录二查得顺 2-丁烯

$$T_c=435.6K \qquad\qquad \omega=0.202$$

则

$$T_r=\frac{T}{T_c}=\frac{349.8}{435.6}=0.803$$

据式（11-43），有

$$\frac{C_{pL}-C_p^{ig}}{R}-1.45+(0.45)(1-0.803)^{-1}+(0.25)(0.202)$$

$$[17.11+25.2(1-0.803)^{1/3}(0.803)^{-1}+1.742(1-0.803)^{-1}]$$

$$=5.97$$

得

$$C_{pL}=5.97R+C_p^{ig}=5.97R+91 \ J/(mol·K)$$

由式（11-40），有

$$\frac{C_{pL}-C_{\sigma L}}{R}=\exp(20.1T_r-17.9)=\exp[(20.1)(0.803)-17.9]$$

$$=0.172$$

$$C_{\sigma L}=C_{pL}-0.172R=8.314(5.97-0.172)+91$$

$$=139.2 \ J/(mol·K)$$

误差为 -8.8%。

### 11.3.3　蒸发热（焓）的估算

蒸发热也称蒸发焓，用 $\Delta H_V$ 表示，它是在相同温度下饱和蒸气的焓与饱和液体焓的差。

蒸发热由两部分构成，即

$$\Delta H_V=\Delta U_V+p(V_g-V_1)=\Delta U_V+RT(Z_g-Z_1)$$

$$=\Delta U_V+RT\Delta Z_V \qquad\qquad (11-44)$$

式中，$\Delta U_V$ 是蒸发内能，由于液体分子间存在吸引力，逸出的分子能量高于平均能量，因此留在液体内的分子平均能量将降低，为了保持温度不变，就必须加入能量，这就是蒸发内能；$p(V_g-V_1)$ 是蒸发过程中对气相所做的功，这是由于在蒸发中，如果压力保持不变，蒸气体积将增加。

Clausius-Clapeyron 方程将 $\Delta H_V$ 与蒸气压-温度曲线的斜率关联了起来，因此，$\Delta H_V$ 的许多计算方法都与它有关。其他方法则以对比状态定律为基础。下面介绍蒸发热的一些计算方法。

（1）由 Clausius-Clapeyron 方程和实验蒸气压数据计算 $\Delta H_V$

式(11-20)可直接用来从蒸气压数据得到 $\mathrm{d}p/\mathrm{d}T$，从而求出 $\Delta H_V$。例如，使用 Douglass-Avakina 微分法是比较方便的。该法将相同温度间隔下的蒸气压数据列成表，以便于计算。具体计算方程为

$$\Delta H_V = T\Delta V_V \left( \frac{397\sum np}{1512\delta_T} - \frac{7\sum n^3 p}{216\delta_T} \right) \tag{11-45}$$

式中，$n$ 为整数，取点的数目（$-3\sim+3$）；$\delta_T$ 为温度间隔；$p$ 为各点的蒸气压，mmHg（$1\mathrm{mmHg}=133.322\mathrm{Pa}$）；$\Delta H_V$ 为七个点的中点，即 $n=0$ 处对应温度下的蒸发热。

（2）Watson 式

$$\Delta H_{V2} = \Delta H_{V1} \left( \frac{1-T_{r2}}{1-T_{r1}} \right)^n \tag{11-46}$$

式中，$\Delta H_{V1}$ 是某温度 $T_1$ 的已知蒸发焓，对应的对比温度为 $T_{r1}$；$\Delta H_{V2}$ 是所求温度 $T_2$（对比温度 $T_{r2}$）下的未知蒸发焓；$n$ 值一般为 0.375 或 0.38，Silverberg 和 Wenzel 提出 $n$ 随物质而变取不同值，在 44 个流体中，$n$ 最小值为 0.237（仲氢），最大值为 0.589（乙醛），平均为 0.378，Watson 将 $n$ 定为 0.38，通常可满足工程计算的需要。

（3）由蒸气压方程计算 $\Delta H_V$

将式(11-20)写成对比形式

$$\mathrm{d}(\ln p_r) = \frac{-\Delta H_V}{RT_c\Delta Z_V}\mathrm{d}\left( \frac{1}{T_r} \right) \tag{11-47}$$

定义无量纲群 $\psi$ 为

$$\psi \equiv \frac{\Delta H_V}{RT_c\Delta Z_V} = \frac{-\mathrm{d}(\ln p_r)}{\mathrm{d}(1/T_r)} \tag{11-48}$$

对前面所讨论的各种蒸气压方程进行微分，可得 $\psi$ 的各种表达式，从而可以用来计算 $\Delta H_V$。各种方程的 $\psi$ 的表达式列于表 11-10，使用时要注意各种参数的定义与原蒸气压方程一致。

**表 11-10 从各种蒸气压方程得到的 $\psi$ 值**

| 蒸气压方程 | $\psi = \dfrac{\Delta H_V}{RT_c\Delta Z_V}$ | |
|---|---|---|
| Clapeyron，式(11-22) | $h$ | (11-24) |
| Lee-Kesler，式(11-25) | $6.09648 - 1.28862T_r + 1.016T_r^7 + \omega(15.6875 - 13.4721T_r + 2.615T_r^7)$ | (11-49) |
| Antoine，式(11-28) | $\dfrac{B}{T_c}\left( \dfrac{T_r}{T_r+C/T_c} \right)^2$ | (11-50) |
| Gomez-Thodos，式(11-29) | $7\gamma T_r^6 - \dfrac{\beta m}{T_r^{m-1}}$ | (11-51) |
| Riedel，式(11-31) | $B^+ + C^+ T_r + 6D^+ T_r^7$ | (11-52) |
| Riedel-Plank-Miller，式(11-33) | $G[1+T_r^2+3k(1-T_r^2)^2]$ | (11-53) |

（4）对应状态法计算 $\Delta H_V$

使用式(11-24)、式(11-49)～式(11-53)计算 $\Delta H_V$ 时需使用 $T_c$、$p_c$ 和 $\omega$ 值，因此也是对应状态法。Pitzer 等提出，与计算压缩因子相类似，$\Delta H_V$ 也可以用 $T$、$T_r$ 和 $\omega$ 以一个展开式相关联。即

$$\frac{\Delta H_V}{T} = \Delta S_V^{(0)} + \omega\Delta S_V^{(1)} \tag{11-54}$$

式中，$\Delta S_V^{(0)}$ 和 $\Delta S_V^{(1)}$ 以熵单位表示，例如 $\mathrm{J/(mol \cdot K)}$，它们仅为 $T_r$ 的函数。

该式乘以 $T_r/R$，得

$$\frac{\Delta H_V}{RT_c} = \frac{T_r}{R}(\Delta S_V^{(0)} + \omega \Delta S_V^{(1)}) \quad (11\text{-}55)$$

因此，$\dfrac{\Delta H_V}{RT_c}$ 仅是 $\omega$ 和 $T_r$ 的函数。Pitzer 等将 $\Delta S_V^{(0)}$ 函数和 $\Delta S_V^{(1)}$ 函数作成表，Carruth 和 Kobayashi 又将这种表的范围扩大到较低的对比温度，根据这些表作出了图 11-2。对于近似计算，在 $0.6 < T_r \leqslant 1.0$ 范围内，关联的解析表达式可写为

$$\frac{\Delta H_V}{RT_c} = 7.08(1-T_r)^{0.354} + 10.95\omega(1-T_r)^{0.456}$$

$$(11\text{-}56)$$

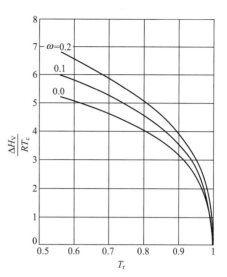

图 11-2  Pitzer 等蒸发焓关联图

【例 11-12】 已知水的蒸汽压数据如下，试计算 303K 时的蒸发热 $\Delta H_V$。实验值是 43752J/mol（10452cal/mol）。

**解** 按 Douglass-Avakian 微分法，取温度间隔为 5K，在 $T = 288$K 时，$n = -3$，$p = 1705$Pa（12.79mmHg）；在 $T = 293$K 时，$n = -2$，$p = 2338$Pa（17.54mmHg）；……；在 $T = 318$K 时，$n = +3$，$p = 9582$Pa（71.88mmHg）。

所以 $\qquad\qquad \sum np = 36160\text{Pa} \qquad \sum n^3 p = 255432\text{Pa}$

又 $\qquad\qquad T\Delta V_V = \dfrac{\Delta Z_V RT^2}{p}$

| 温度/K | 288 | 293 | 298 | 303 | 308 | 313 | 318 |
|---|---|---|---|---|---|---|---|
| 蒸汽压/Pa | 1705 | 2338 | 3167 | 4242 | 5623 | 7374 | 9582 |
| 蒸汽压/mmHg | (12.79) | (17.54) | (23.76) | (31.82) | (42.18) | (55.32) | (71.88) |

作近似计算，取 $\Delta Z_V = 1$

则 $\qquad\qquad T\Delta V_V = \dfrac{RT^2}{p}$

将上式代入式(11-45)，得

$$\Delta H_V = \frac{RT^2}{p}\left(\frac{397\sum np}{1512\delta_T} - \frac{7\sum n^3 p}{216\delta_T}\right)$$

$$= \frac{(8.314)(303)^2}{4242}(1899 - 1656) = 43725\text{J/mol}$$

$$误差 = \frac{43725 - 43752}{43752} \times 100\% = -0.07\%$$

【例 11-13】 用 Pitzer 等的对应状态法分别求算 444.2K 的正辛烷、321K 的丙醛的蒸发焓。文献值分别为 30365J/mol 和 28280J/mol。

**解** 计算结果列于下表，其中 $\dfrac{\Delta H_V}{RT_c}$ 据式(11-56) 计算，式中 $R = 8.314\text{J/(mol·K)}$。

| 物　质 | $T_c$/K | $\omega$ | $T$/K | $T_r$ | $\dfrac{\Delta H_V}{RT_c}$ | $\Delta H_V$/ (J/mol) | 误差/% |
|---|---|---|---|---|---|---|---|
| 正辛烷 | 568.6 | 0.394 | 444.2 | 0.781 | 6.294 | 29754 | -2.0 |
| 丙醛 | 496.0 | 0.313 | 321.0 | 0.647 | 7.008 | 28900 | 2.2 |

（5）正常沸点下的蒸发热计算

前面介绍的计算蒸发热的方法都可以用来计算正常沸点下的 $\Delta H_V$，此时 $T=T_b$，$p=$ 1atm＝1.01325bar＝0.101325MPa。下面将介绍几个特殊的计算方法。

① Giacalone 方程。

$$\Delta H_{Vb}=RT_c\Delta Z_{Vb}\left(T_{br}\frac{\ln(p_c/1.01325)}{1-T_{br}}\right) \qquad (11-57)$$

式中，$\Delta Z_{Vb}=1$。

该方程的误差一般为偏高百分之几，为了得到较高精度，最好采用下面介绍的其他修正式。

② Riedel 法。

$$\Delta H_{Vb}=1.093RT_c\left[T_{br}\frac{\ln p_c-1.013}{0.930-T_{br}}\right] \qquad (11-58)$$

该式的误差几乎都小于 $2\%$。

③ Chen 法。

该法采用式（11-55）及 Pitzer 等提出的蒸气压关联的相似表示式，将偏心因子从式中消去，得出 $\Delta H_V$、$p_r$ 和 $T_r$ 的关系式，当用于正常沸点时

$$\Delta H_{Vb}=RT_cT_{br}\frac{3.978T_{br}-3.958+1.555\ln p_c}{1.07-T_{br}} \qquad (11-59)$$

通过对 169 种物质的检验，该式的平均误差为 $2.1\%$。

④ Vetere 法。

$$\Delta H_{Vb}=RT_cT_{br}\frac{0.4343\ln p_c-0.69431+0.89584T_{br}}{0.37691-0.37306T_{br}+0.15075p_c^{-1}T_{br}^{-2}} \qquad (11-60)$$

该式精度较高，误差通常小于 $2\%$。

以上诸式中 $T$ 的单位为 K；$p$ 的单位为 bar。

表 11-11 列出了上述四种方法的计算误差，供参考。

**表 11-11　$\Delta H_{Vb}$ 计算值与实验值的比较**

| 化合物类型 | 平　均　绝　对　误　差/% | | | | |
|---|---|---|---|---|---|
| | 化合物数目 | Giacalone 式 | Riedel 式 | Chen 式 | Vetere 式 |
| 饱和烃 | 22 | 2.9 | 0.9 | 0.4 | 0.4 |
| 不饱和烃 | 8 | 2.4 | 1.4 | 1.2 | 1.2 |
| 环烷烃和芳香烃 | 12 | 1.1 | 1.3 | 1.2 | 1.1 |
| 醇 | 7 | 3.6 | 4.0 | 4.0 | 3.8 |
| 卤化物 | 10 | 1.3 | 1.6 | 1.5 | 1.5 |
| 无机卤化物 | 4 | 0.6 | 1.4 | 1.4 | 0.9 |
| 有机氮、硫化合物 | 10 | 1.6 | 1.7 | 1.7 | 1.9 |
| 无机氮、硫化合物 | 4 | 3.0 | 2.7 | 2.7 | 2.1 |
| 惰性气体 | 5 | 8.4 | 2.1 | 2.2 | 2.5 |
| 氧化物 | 6 | 6.9 | 4.4 | 4.9 | 4.6 |
| 其他极性化合物 | 6 | 2.2 | 1.5 | 1.8 | 1.6 |
| 总　计 | 94 | 2.8 | 1.8 | 1.7 | 1.6 |

【**例 11-14**】　试计算丙醛在正常沸点下的蒸发热（焓）。实验值为 28280J/mol。

**解**　由附录二查得

$$T_b=321K \qquad T_c=496K \qquad p_c=47.6bar$$

因此

$$T_{br}=T_b/T_c=321/496=0.647$$

Giacalone 法：

用式(11-57)，并设 $\Delta Z_{Vb} = 1.0$

$$\Delta H_{Vb} = (8.314)(496)\left[0.647\frac{\ln(47.6/1.01325)}{1-0.647}\right] = 29100\text{J/mol}$$

$$误差 = \frac{29100-28280}{28280}\times100\% = 2.9\%$$

Riedel 法：

用式(11-58)

$$\Delta H_{Vb} = (1.093)(8.314)(496)\left[0.647\frac{(\ln47.6-1.013)}{0.930-0.647}\right] = 29370\text{J/mol}$$

$$误差 = \frac{29370-28280}{28280}\times100\% = 3.8\%$$

Chen 法：

用式(11-59)

$$\Delta H_{Vb} = \frac{(8.314)(496)(0.647)[(3.978)(0.647)-3.958+1.555\ln47.6]}{1.07-0.647}$$

$$= 29160\text{J/mol}$$

$$误差 = \frac{29160-28280}{28280}\times100\% = 3.1\%$$

Vetere 法：

用式(11-60)

$$\Delta H_{Vb} = (8.314)(496)(0.647)\frac{0.4343\ln47.6-0.69431+(0.89584)(0.647)}{0.37691-(0.37306)(0.647)+(0.15075)(47.6)^{-1}(0.647)^{-2}}$$

$$= 29140\text{J/mol}$$

$$误差 = \frac{29140-28280}{28280}\times100\% = 3.0\%$$

正常沸点下 $\Delta H_V$ 的计算除上面介绍的四种方法外，还可用 Procopio 和 Su 方程式、Trouton 法、列线图法等。

## 11.4　数据的评估

化工数据量很大，如美国化学文摘每年收集 100 多万篇化学、化工文献中约有 10 万篇文献提供了数据。由于测定方法、技术的不同，参数控制精度、原料纯度、所使用的温标或相对原子质量的不同均会引起数据值的差异，如甲烷的临界数据测定文献值约有 30 多套。因此，必须遵循一定的规则对数据进行评估，才能得到较为可靠的推荐值。

评估数据遵循的主要规则如下。

① 选用经典的实验方法获得的数据。同时要注意有些物性项目在不同条件下有不同的经典方法，例如不同压力下蒸气压的适宜测定方法差异很大。

② 采用近期的实验（或评选）数据。通常，新的数据意味着新的测定方法、技术及设备，有着更高的物料纯度。

③ 宜采用经过评估的数据；善于使用数据手册或综述性数据文献；优先使用高知名度的测定者或实验室的数据。

④ 注意实验测定、分析方法的可靠性及精度，实验数据的重复性及作者公布的测定误差。

⑤ 注意了解实验测定目的，一般不宜采用为其他目的而附带测定的数据。

对于每一类化工数据在使用以上评估规则时还需要具体化，但基本原则是相似的。如马沛生等[❶]为了准确地表达临界数据的可靠性和一致性，按测定重复次数、互相一致性和测定年代给推荐值一个质量码（QC）。质量码分为 8 级：aa、a、b、c、d、e、f、g。当临界参数进行过 6 次以上测定，其中至少有 2～3 次是近十几年测定的，测定结果很一致，$T_c$ 相差在 0.7K 以内，$p_c$ 相差在 0.05MPa 以内，$d_c$ 在 0.006g/cm³ 以内，其数据的质量码为 aa 级，例如甲烷的临界数据推荐值是 aa 级数据。

## 习 题

11-1 试用 Joback 法估算乙苯的临界参数。已知实验值 $T_b = 409.3K$，$T_c = 617.10K$，$p_c = 3.607MPa$，$V_c = 374cm^3/mol$。

11-2 试用 C-G（Constantinou-Gani）基团法估算正丁醇的临界性质。已知 $T_c$、$p_c$ 及 $V_c$ 的实验值分别为 563.05K、44.23bar 和 275.0cm³/mol。

11-3 试用相对分子质量法计算 2,2-二甲基戊烷的正常沸点。已知实验值为 352.4K。

11-4 试用 Joback 法估算 2,4-二甲基苯酚的正常凝固点和正常沸点。文献值分别为 298K 及 484.1K。

11-5 分别用 Edmister 和 Lee-Kesler 方程计算正辛烷的偏心因子。已知由实验的蒸气压数据计算的 $\omega$ 值为 0.394。

11-6 试用 Antoine 方程计算呋喃在 36.28℃时的蒸气压。文献值为 1.20798bar。

11-7 使用 Riedel-Plank-Miller 方程计算 347.2K 和 460K 时乙苯的蒸气压。实验值分别是 0.0133MPa 和 0.3325MPa。

11-8 使用 Chueh-Swanson 基团贡献法计算 293.15K 下的 1,4-戊二烯液体定压热容 $C_{pL}$。已知 293.15K 下 $C_{pL}$ 的文献值为 147J/(mol·K)。

11-9 用 Pitzer 等的对应状态法分别求算 171℃的正辛烷、48℃的丙醛的蒸发焓。文献值分别为 30365J/mol 和 28280J/mol。

---

❶ 马沛生，张东明，陈效宁. 石油化工，1995，24(4)：233。

# 主要符号表

| | | | | | | |
|---|---|---|---|---|---|---|
| $A$ | 自由能 | J/mol | $N$ | 功率 | J/s | |
| $A$ | 截面积 | $m^2$ | $N_a$ | Avogadro 常数 | $6.02252 \times$ $10^{23}/mol$ | |
| $A_S$ | 界面面积 | $m^2$ | | | | |
| $A_2, A_3$ | 高分子溶液第二、第三渗透 压 Virial 系数 | $m^3/mol$, $(m^3/mol)^2$ | $n$ | 物质的量 | | |
| | | | $n$ | 质点数目 | | |
| $a_i$ | 纯组分 $i$ 的活度 | | $p$ | 压力 | MPa | |
| $\hat{a_i}$ | 混合物中组分 $i$ 的活度 | | $p_i$ | 组分 $i$ 分压 | MPa | |
| $B$ | 第二 Virial 系数 | $m^3/mol$ | $Q$ | 热量 | J/mol | |
| $C$ | 第三 Virial 系数 | $(m^3/mol)^2$ | $Q_0$ | 制冷能力 | kJ/mol | |
| $c$ | 体积摩尔浓度 | $mol/m^3$ | $q_0$ | 单位制冷能力 | kJ/mol | |
| $C_p$ | 等压热容 | $J/(mol \cdot K)$ | $R$ | 通用气体常数 | $8.314J/(mol \cdot K)$ | |
| $C_V$ | 等容热容 | $J/(mol \cdot K)$ | $r$ | 独立反应数 | | |
| $E$ | 能量 | J | $r$ | 增加比 | | |
| $E_k$ | 动能 | J/mol | $r$ | 毛细管半径 | m | |
| $E_l$ | 㶲损失 | J/mol | $S$ | 熵 | $J/(mol \cdot K)$ | |
| $E_p$ | 位能 | J/mol | $T$ | 绝对温度 | K | |
| $E_x$ | 㶲 | J/mol | $t$ | 温度 | ℃ | |
| $F$ | 自由度 | | $U$ | 内能 | J/mol | |
| $F$ | 力 | N | $u$ | 速度 | m/s | |
| $f$ | 混合物的逸度 | MPa | $V$ | 摩尔体积 | $m^3/mol$ | |
| $f_i$ | 纯组分 $i$ 的逸度 | MPa | $v$ | 排斥体积 | $m^3$ | |
| $\hat{f_i}$ | 混合物中组分 $i$ 的逸度 | MPa | $W$ | 功 | J | |
| $G$ | 自由焓 | J/mol | $W_{ac}$ | 实际功 | J | |
| $\Delta G^\ominus$ | 标准自由焓变化 | J/mol | $W_f$ | 流动功 | J | |
| $\Delta G_f^\ominus$ | 标准生成自由焓变化 | J/mol | $W_{id}$ | 理想功 | J | |
| $g$ | 重力加速度 | $m/s^2$ | $W_L$ | 损失功 | J | |
| $H$ | 焓 | J/mol | $W_R$ | 可逆功 | J | |
| $\Delta H^\ominus$ | 标准焓变化 | J/mol | $W_S$ | 轴功 | J | |
| $\Delta H_f^\ominus$ | 标准生成热 | J/mol | $x$ | 干度 | | |
| $K$ | 汽液平衡比 | | $x$ | 气体的液化量 | | |
| $K$ | 化学反应平衡常数 | | $x_i$ | 液相中组分 $i$ 的摩尔分数 | | |
| $k$ | 绝热指数 | | $y_i$ | 汽(气)相中组分 $i$ 的摩尔分数 | | |
| $k$ | Boltzmann 常数 | $1.38049 \times$ $10^{-23} J/K$ | $Z$ | 压缩因子 | | |
| | | | $Z$ | 配位数 | | |
| $k$ | Henry 常数 | | $Z$ | 基准面以上的高度 | m | |
| $M$ | 相对分子质量 | kg/mol | $\alpha$ | 相对挥发度 | | |
| $m$ | 质量 | kg | $\alpha$ | 线膨胀系数 | | |
| $m$ | 高分子链节数 | | $\beta$ | 体积膨胀系数 | | |
| $N$ | 组分数 | | $\gamma_i$ | 组分 $i$ 的活度系数 | | |
| $N$ | 分子个数 | | | | | |

| | | | |
|---|---|---|---|
| $\Delta$ | 差值符号；混合过程和反应过程热力学性质的变化 | $\Gamma_i$ | 单位面积吸附量 | mol/m² |
| | | $\Gamma_{i(1)}$ | 相对单位面积吸附量 | mol/m² |
| $\delta$ | 溶解度参数 | $(\mathrm{J/cm^3})^{1/2}$ | $\Omega$ | 热力学几率 |
| $\varepsilon$ | 能量参数 | | $\omega$ | 偏心因子 |
| $\varepsilon$ | 制冷系数 | | **上标** | |
| $\varepsilon$ | 反应度 | | ig | 理想气体状态 |
| $\eta$ | 效率 | | $\ominus$ | 标准态 |
| $\theta$ | Flory 温度 | K | $\infty$ | 无限稀释 |
| $\theta$ | 界面覆盖率 | | ac | 实际状态 |
| $\mu$ | 化学位 | J/mol | E | 超额性质 |
| $\mu_\mathrm{J}$ | 微分节流效应系数 | | id | 理想溶液 |
| $\mu_\mathrm{S}$ | 微分等熵膨胀效应系数 | | L | 液相 |
| $\nu_i$ | 物质 $i$ 的化学计量系数 | | R | 剩余性质 |
| $\xi$ | 热能利用系数 | | S | 饱和状态 |
| $\pi$ | 渗透压 | MPa | V | 气相，汽相 |
| $\pi$ | 铺展压（界面压） | N/m | **下标** | |
| $\pi$ | 相数 | | 0 | 环境状态 |
| $\rho$ | 密度 | kg/m³ | c | 临界性质 |
| $\sigma$ | 界面张力 | N/m | $i$、$j$、$k$ | 混合物中组分 |
| $\tau$ | 时间 | s | g | 气体 |
| $\phi$ | 混合物的逸度系数 | | l | 液体 |
| $\phi_i$ | 组分 $i$ 的体积分数；纯组分 $i$ 的逸度系数 | | m | 混合物 |
| | | r | 对比性质 |
| $\hat{\phi}_i$ | 混合物中组分 $i$ 的逸度系数 | | t | 广度性质总值 |
| $\chi$ | Huggins 参数 | | | |

# 附　　录

## 附录一　单位换算表

长度　　1m＝100cm＝3.28084ft＝39.3701 in

　　　　1ft＝12in＝0.3048m

面积　　$1m^2＝1×10^4 cm^2＝10.7639ft^2＝1550.00in^2$

　　　　$1ft^2＝144in^2＝0.0929030m^2＝929.030cm^2$

体积　　$1m^3＝1×10^6 cm^3＝1×10^3 dm^3＝35.3147ft^3＝264.172gal$

　　　　$1ft^3＝1728in^3＝0.0283168m^3＝28.3168dm^3$

密度　　$1g·cm^{-3}＝1×10^3 kg·m^{-3}＝62.4280 lb·ft^{-3}＝0.0361273 lb·in^{-3}$

　　　　$1 lb·in^{-3}＝1728 lb·ft^{-3}＝27.6799g·cm^{-3}$

质量　　$1kg＝1×10^3 g＝0.001ton＝2.20462 lb$

　　　　1 lb＝0.453592kg＝453.592g

　力　　$1N＝1kg·m·s^{-2}＝1×10^5 dyn＝0.224809 lbf$

压力　　$1bar＝1×10^5 Pa＝1×10^5 kg·m^{-1}·s^{-2}＝1×10^5 N·m^{-2}$

　　　　　＝0.986923atm＝750.061mmHg＝14.5038psia

　　　　1atm＝760mmHg＝101.325kPa＝14.6960psia

能量　　$1J＝1kg·m^2·s^{-2}＝1N·m＝1W·s＝1×10^7 dyn·cm＝1×10^7 erg＝0.238846cal$

功率　　$1kW＝1×10^3 W＝1×10^3 kg·m^2·s^{-3}＝1×10^3 J·s^{-1}$

温度　　K＝℃＋273.15　　　　　$℃＝\dfrac{5}{9}(℉－32)$

　　　　°R＝℉＋459.67　　　　1K＝1.8 °R

## 附录二　81 种化合物的物性数据表

$T_b$　　　　　正常沸点，K

$T_f$　　　　　正常凝固点，K

$T_c$　　　　　临界温度，K

$p_c$　　　　　临界压力，MPa

$V_c$　　　　　临界体积，$cm^3/mol$

$Z_c$　　　　　临界压缩因子

$\omega$　　　　　偏心因子

$\left.\begin{array}{l} \text{ANTA} \\ \text{ANTB} \\ \text{ANTC} \end{array}\right\}$ Antoine 蒸气压方程系数

　　　　　　　$\ln p_{vp}＝A－\dfrac{B}{T+C}$

　　　　　　　$p_{vp}$，bar$(10^5 Pa)$；$T$，K

$\left.\begin{array}{l} \text{TMX} \\ \text{TMN} \end{array}\right\}$ Antoine 蒸气压方程适用的温度范围，K

| 化合物 | $T_b$ | $T_f$ | $T_c$ | $p_c$ | $V_c$ | $Z_c$ | $\omega$ | ANTA | ANTB | ANTC | TMX | TMN |
|---|---|---|---|---|---|---|---|---|---|---|---|---|
| 烷烃 | | | | | | | | | | | | |
| 甲烷 | 111.7 | 90.7 | 190.6 | 4.600 | 99 | 0.288 | 0.008 | 8.6041 | 597.84 | −7.16 | 120 | 93 |
| 乙烷 | 184.5 | 89.9 | 305.4 | 4.884 | 148 | 0.285 | 0.098 | 9.0435 | 1511.42 | −17.16 | 199 | 130 |
| 丙烷 | 231.1 | 85.5 | 369.8 | 4.246 | 203 | 0.281 | 0.152 | 9.1058 | 1872.46 | −25.16 | 249 | 164 |
| 正丁烷 | 272.7 | 134.8 | 425.2 | 3.800 | 255 | 0.274 | 0.193 | 9.0580 | 2154.90 | −34.42 | 290 | 195 |
| 异丁烷 | 261.3 | 113.6 | 408.1 | 3.648 | 263 | 0.283 | 0.176 | 8.9179 | 2032.73 | −33.15 | 280 | 187 |
| 正戊烷 | 309.2 | 143.4 | 469.6 | 3.374 | 304 | 0.262 | 0.251 | 9.2131 | 2477.07 | −39.94 | 330 | 220 |
| 异戊烷 | 301.0 | 113.3 | 460.4 | 3.384 | 306 | 0.271 | 0.227 | 9.0136 | 2348.67 | −40.05 | 322 | 216 |
| 新戊烷 | 282.6 | 256.6 | 433.8 | 3.202 | 303 | 0.269 | 0.197 | 8.5867 | 2034.15 | −45.37 | 305 | 260 |
| 正己烷 | 341.9 | 177.6 | 507.4 | 2.969 | 370 | 0.260 | 0.296 | 9.2164 | 2697.55 | −48.78 | 370 | 245 |
| 正庚烷 | 371.6 | 182.6 | 540.2 | 2.736 | 432 | 0.263 | 0.351 | 9.2535 | 2911.32 | −56.51 | 400 | 270 |
| 正辛烷 | 398.8 | 216.4 | 568.8 | 2.482 | 492 | 0.259 | 0.394 | 9.3224 | 3120.29 | −63.63 | 425 | 292 |
| 单烯烃 | | | | | | | | | | | | |
| 乙烯 | 169.4 | 104.0 | 282.4 | 5.036 | 129 | 0.276 | 0.085 | 8.9166 | 1347.01 | −18.15 | 182 | 120 |
| 丙烯 | 225.4 | 87.9 | 365.0 | 4.620 | 181 | 0.275 | 0.148 | 9.0825 | 1807.53 | −26.15 | 240 | 160 |
| 1-丁烯 | 266.9 | 87.8 | 419.6 | 4.023 | 240 | 0.277 | 0.187 | 9.1362 | 2132.42 | −33.15 | 295 | 190 |
| 顺 2-丁烯 | 276.9 | 134.3 | 435.6 | 4.205 | 234 | 0.272 | 0.202 | 9.1969 | 2210.71 | −36.15 | 305 | 200 |
| 反 2-丁烯 | 274.0 | 167.6 | 428.6 | 4.104 | 238 | 0.274 | 0.214 | 9.1975 | 2212.32 | −33.15 | 300 | 200 |
| 1-戊烯 | 303.1 | 107.9 | 464.7 | 4.053 | 300 | 0.31 | 0.245 | 9.1444 | 2405.96 | −39.63 | 325 | 220 |
| 顺 2-戊烯 | 310.1 | 121.8 | 476 | 3.648 | 300 | 0.28 | 0.240 | 9.2049 | 2459.05 | −42.56 | 330 | 220 |
| 反 2-戊烯 | 309.5 | 132.9 | 475 | 3.658 | 300 | 0.28 | 0.237 | 9.2809 | 2495.97 | −40.18 | 330 | 220 |
| 其他有机化合物 | | | | | | | | | | | | |
| 醋酸 | 391.1 | 289.8 | 594.4 | 5.786 | 171 | 0.200 | 0.454 | 10.1878 | 3405.57 | −56.34 | 430 | 290 |
| 丙酮 | 329.4 | 178.2 | 508.1 | 4.701 | 209 | 0.232 | 0.309 | 10.0311 | 2940.46 | −35.93 | 350 | 241 |
| 乙腈 | 354.8 | 229.3 | 548 | 4.833 | 173 | 0.184 | 0.321 | 9.6672 | 2945.47 | −49.15 | 390 | 260 |
| 乙炔 | 189.2 | 192.4 | 308.3 | 6.140 | 113 | 0.271 | 0.184 | 9.7279 | 1637.14 | −19.77 | 202 | 194 |
| 丙炔 | 250.0 | 170.5 | 402.4 | 5.624 | 164 | 0.276 | 0.218 | 9.0025 | 1850.66 | −44.07 | 267 | 183 |
| 1,3-丁二烯 | 268.7 | 164.3 | 425 | 4.327 | 221 | 0.270 | 0.195 | 9.1525 | 2142.66 | −34.30 | 290 | 215 |
| 异戊二烯 | 307.2 | 127.2 | 484 | 3.850 | 276 | 0.264 | 0.164 | 9.2346 | 2467.40 | −39.64 | 330 | 250 |
| 环戊烷 | 322.4 | 179.3 | 511.6 | 4.509 | 260 | 0.276 | 0.192 | 9.2372 | 2588.48 | −41.79 | 345 | 230 |
| 环己烷 | 353.9 | 279.7 | 553.4 | 4.073 | 308 | 0.273 | 0.213 | 9.1325 | 2766.63 | −50.50 | 380 | 280 |
| 二氯二氟甲烷 (R-12) | 243.4 | 115.4 | 385.0 | 4.124 | 217 | 0.280 | 0.176 | — | — | — | — | — |
| 三氯氟甲烷 (R-11) | 297.0 | 162.0 | 471.2 | 4.408 | 248 | 0.279 | 0.188 | 9.2314 | 2401.61 | −36.3 | 300 | 240 |
| 三氯三氟乙烷 (R-113) | 320.7 | 238.2 | 487.2 | 3.415 | 304 | 0.256 | 0.252 | 9.2222 | 2532.61 | −45.67 | 360 | 250 |
| 二乙醚 | 307.7 | 156.9 | 466.7 | 3.638 | 280 | 0.262 | 0.281 | 9.4626 | 2511.29 | −41.95 | 340 | 225 |
| 甲醇 | 337.8 | 175.5 | 512.6 | 8.096 | 118 | 0.224 | 0.559 | 11.9673 | 3626.55 | −34.29 | 364 | 257 |
| 乙醇 | 351.5 | 159.1 | 516.2 | 6.383 | 167 | 0.248 | 0.635 | 12.2917 | 3803.98 | −41.68 | 369 | 270 |
| 正丙醇 | 370.4 | 146.9 | 536.7 | 5.168 | 218.5 | 0.253 | 0.624 | 10.9237 | 3166.38 | −80.15 | 400 | 285 |
| 其他有机化合物 | | | | | | | | | | | | |
| 异丙醇 | 355.4 | 184.7 | 508.3 | 4.762 | 220 | 0.248 | — | 12.0727 | 3640.20 | −53.54 | 374 | 273 |
| 环氧乙烷 | 283.5 | 161 | 469 | 7.194 | 140 | 0.258 | 0.200 | 10.1198 | 2567.61 | −29.01 | 310 | 200 |

续表

| 化合物 | $T_b$ | $T_f$ | $T_c$ | $p_c$ | $V_c$ | $Z_c$ | $\omega$ | ANTA | ANTB | ANTC | TMX | TMN |
|---|---|---|---|---|---|---|---|---|---|---|---|---|
| 氯甲烷 | 248.9 | 175.4 | 416.3 | 6.677 | 139 | 0.268 | 0.156 | 9.4850 | 2077.97 | −29.55 | 266 | 180 |
| 甲乙酮 | 352.8 | 186.5 | 535.6 | 4.154 | 267 | 0.249 | 0.329 | 9.9784 | 3150.42 | −36.65 | 376 | 257 |
| 苯 | 353.3 | 278.7 | 562.1 | 4.894 | 259 | 0.271 | 0.212 | 9.2806 | 2788.51 | −52.36 | 377 | 280 |
| 氯苯 | 404.9 | 227.6 | 632.4 | 4.519 | 308 | 0.265 | 0.249 | 9.4474 | 3295.12 | −55.60 | 420 | 320 |
| 甲苯 | 383.8 | 178 | 591.7 | 4.114 | 316 | 0.264 | 0.257 | 9.3935 | 3096.52 | −53.67 | 410 | 280 |
| 邻二甲苯 | 417.6 | 248.0 | 630.2 | 3.729 | 369 | 0.263 | 0.314 | 9.4954 | 3395.57 | −59.46 | 445 | 305 |
| 间二甲苯 | 412.3 | 225.3 | 617.0 | 3.546 | 376 | 0.260 | 0.331 | 9.5188 | 3366.99 | −58.04 | 440 | 300 |
| 对二甲苯 | 411.5 | 286.4 | 616.2 | 3.516 | 379 | 0.260 | 0.324 | 9.4761 | 3346.65 | −57.84 | 440 | 300 |
| 乙苯 | 409.3 | 178.2 | 617.1 | 3.607 | 374 | 0.263 | 0.301 | 9.3993 | 3279.47 | −59.95 | 450 | 300 |
| 苯乙烯 | 418.3 | 242.5 | 647 | 3.992 | — | — | 0.257 | 9.3991 | 3328.57 | −63.72 | 460 | 305 |
| 苯乙酮 | 474.9 | 292.8 | 701 | 3.850 | 376 | 0.250 | 0.420 | 9.6182 | 3781.07 | −81.15 | 520 | 350 |
| 氯乙烯 | 259.8 | 119.4 | 429.7 | 5.603 | 169 | 0.265 | 0.122 | 8.3399 | 1803.84 | −43.15 | 290 | 185 |
| 三氯甲烷 | 334.3 | 209.6 | 536.4 | 5.472 | 239 | 0.293 | 0.216 | 9.3530 | 2696.79 | −46.16 | 370 | 260 |
| 四氯化碳 | 349.7 | 250 | 556.4 | 4.560 | 276 | 0.272 | 0.194 | 9.2540 | 2808.19 | −45.99 | 374 | 253 |
| 甲醛 | 254 | 156 | 408 | 6.586 | — | — | 0.253 | 9.8573 | 2204.13 | −30.15 | 271 | 185 |
| 乙醛 | 293.6 | 150.2 | 461 | 5.573 | 154 | 0.22 | 0.303 | 9.6279 | 2465.15 | −37.15 | 320 | 210 |
| 甲酸乙酯 | 327.4 | 193.8 | 508.4 | 4.742 | 229 | 0.257 | 0.283 | 9.5409 | 2603.30 | −54.15 | 360 | 240 |
| 乙酸甲酯 | 330.1 | 175 | 506.8 | 4.691 | 228 | 0.254 | 0.324 | 9.5093 | 2601.92 | −56.15 | 360 | 245 |
| 单质气体 | | | | | | | | | | | | |
| 氩 | 87.3 | 83.8 | 150.8 | 4.874 | 74.9 | 0.291 | −0.004 | 8.6128 | 700.51 | −5.84 | 94 | 81 |
| 溴 | 331.9 | 266.0 | 584 | 10.34 | 127 | 0.270 | 0.132 | 9.2239 | 2582.32 | −51.56 | 354 | 259 |
| 氯 | 238.7 | 172.2 | 417 | 7.701 | 124 | 0.275 | 0.073 | 9.3408 | 1978.32 | −27.01 | 264 | 172 |
| 氦 | 4.21 | | 5.19 | 0.227 | 57.3 | 0.301 | −0.387 | 5.6312 | 33.7329 | 1.79 | 4.3 | 3.7 |
| 氢 | 20.4 | 14.0 | 33.2 | 1.297 | 65.0 | 0.305 | −0.22 | 7.0131 | 164.90 | 3.19 | 25 | 14 |
| 氟 | 119.8 | 115.8 | 209.4 | 5.502 | 91.2 | 0.288 | −0.002 | 8.6475 | 958.75 | −8.71 | 129 | 113 |
| 氖 | 27.0 | 24.5 | 44.4 | 2.756 | 41.7 | 0.311 | 0.00 | 7.3897 | 180.47 | −2.61 | 29 | 24 |
| 氮 | 77.4 | 63.3 | 126.2 | 3.394 | 89.5 | 0.290 | 0.040 | 8.3340 | 588.72 | −6.60 | 90 | 54 |
| 氧 | 90.2 | 54.4 | 154.6 | 5.046 | 73.4 | 0.288 | 0.021 | 8.7873 | 734.55 | −6.45 | 100 | 63 |
| 氙 | 165.0 | 161.3 | 289.7 | 5.836 | 118 | 0.286 | 0.002 | 8.6756 | 1303.92 | −14.50 | 178 | 158 |
| 其他无机化合物 | | | | | | | | | | | | |
| 氨 | 239.7 | 195.4 | 405.6 | 11.28 | 72.5 | 0.242 | 0.250 | 10.3279 | 2132.50 | −32.98 | 261 | 179 |
| 二氧化碳 | 194.7 | 216.6 | 304.2 | 7.376 | 94.0 | 0.274 | 0.225 | 15.9696 | 3103.39 | −0.16 | 204 | 154 |
| 二硫化碳 | 319.4 | 161.3 | 552 | 7.903 | 170 | 0.293 | 0.115 | 9.3642 | 2690.85 | −31.62 | 342 | 228 |
| 一氧化碳 | 81.7 | 68.1 | 132.9 | 3.496 | 93.1 | 0.295 | 0.049 | 7.7484 | 538.22 | −13.15 | 108 | 63 |
| 其他无机化合物 | | | | | | | | | | | | |
| 肼 | 386.7 | 274.7 | 653 | 14.69 | 96.1 | 0.260 | 0.328 | 11.3697 | 3877.65 | −45.15 | 343 | 288 |
| 氯化氢 | 188.1 | 159.0 | 324.6 | 8.309 | 81.0 | 0.249 | 0.12 | 9.8838 | 1714.25 | −14.45 | 200 | 137 |
| 氰化氢 | 298.9 | 259.9 | 456.8 | 5.390 | 139 | 0.197 | 0.407 | 9.8936 | 2585.80 | −37.15 | 330 | 234 |
| 硫化氢 | 212.8 | 187.6 | 373.2 | 8.937 | 98.5 | 0.284 | 0.100 | 9.4838 | 1768.69 | −26.06 | 230 | 190 |
| 氟化氢 | 292.7 | 190 | 461 | 6.485 | 69.0 | 0.12 | 0.372 | 11.0756 | 3404.49 | 15.06 | 313 | 206 |
| 一氧化氮 | 121.4 | 109.5 | 180 | 6.485 | 58 | 0.25 | 0.607 | 13.5112 | 1572.52 | −4.88 | 140 | 95 |
| 一氧化二氮 | 184.7 | 182.3 | 309.6 | 7.245 | 97.4 | 0.274 | 0.160 | 9.5069 | 1506.49 | −25.99 | 200 | 144 |
| 硫 | 717.8 | | 1313.0 | 18.21 | 158.0 | 0.264 | 0.262 | | — | — | — | — |
| 二氧化硫 | 263 | 197.7 | 430.8 | 7.883 | 122 | 0.268 | 0.251 | 10.1478 | 2302.35 | −35.97 | 280 | 195 |
| 三氧化硫 | 318 | 290 | 491.0 | 8.207 | 130 | 0.26 | 0.41 | 14.2201 | 3995.70 | −36.66 | 332 | 290 |
| 水 | 373.2 | 273.2 | 647.3 | 22.05 | 56.0 | 0.229 | 0.344 | 11.6834 | 3816.44 | −46.13 | 441 | 284 |

# 附录三 流体热力学性质的普遍化数据

### 表 A1 $Z^0$ 值

| $T_r$ | $p_r$ | | | | | | | | | | | | | | |
|---|---|---|---|---|---|---|---|---|---|---|---|---|---|---|---|
| | 0.010 | 0.050 | 0.100 | 0.200 | 0.400 | 0.600 | 0.800 | 1.000 | 1.200 | 1.500 | 2.000 | 3.000 | 5.000 | 7.000 | 10.000 |
| 0.30 | 0.0029 | 0.0145 | 0.0290 | 0.0579 | 0.1158 | 0.1737 | 0.2315 | 0.2892 | 0.3470 | 0.4335 | 0.5775 | 0.8648 | 1.4366. | 2.0048 | 2.8507 |
| 0.35 | 0.0026 | 0.0130 | 0.0261 | 0.0522 | 0.1043 | 0.1564 | 0.2084 | 0.2604 | 0.3123 | 0.3901 | 0.5195 | 0.7775 | 1.2902 | 1.7987 | 2.5539 |
| 0.40 | 0.0024 | 0.0119 | 0.0239 | 0.0477 | 0.0953 | 0.1429 | 0.1904 | 0.2379 | 0.2853 | 0.3563 | 0.4744 | 0.7095 | 1.1758 | 1.6373 | 2.3211 |
| 0.45 | 0.0022 | 0.0110 | 0.0221 | 0.0442 | 0.0882 | 0.1322 | 0.1762 | 0.2200 | 0.2638 | 0.3294 | 0.4384 | 0.6551 | 1.0841 | 1.5077 | 2.1338 |
| 0.50 | 0.0021 | 0.0103 | 0.0207 | 0.0413 | 0.0825 | 0.1236 | 0.1647 | 0.2056 | 0.2465 | 0.3077 | 0.4092 | 0.6110 | 1.0094 | 1.4017 | 1.9801 |
| 0.55 | 0.9804 | 0.0098 | 0.0195 | 0.0390 | 0.0778 | 0.1166 | 0.1553 | 0.1939 | 0.2323 | 0.2899 | 0.3853 | 0.5747 | 0.9475 | 1.3137 | 1.8520 |
| 0.60 | 0.9849 | 0.0093 | 0.0186 | 0.0371 | 0.0741 | 0.1109 | 0.1476 | 0.1842 | 0.2207 | 0.2753 | 0.3657 | 0.5446 | 0.8959 | 1.2398 | 1.7440 |
| 0.65 | 0.9881 | 0.9377 | 0.0178 | 0.0356 | 0.0710 | 0.1063 | 0.1415 | 0.1765 | 0.2113 | 0.2634 | 0.3495 | 0.5197 | 0.8526 | 1.1773 | 1.6519 |
| 0.70 | 0.9904 | 0.9504 | 0.8958 | 0.0344 | 0.0687 | 0.1027 | 0.1.366 | 0.1703 | 0.2038 | 0.2538 | 0.3364 | 0.4991 | 0.8161 | 1.1241 | 1.5729 |
| 0.75 | 0.9922 | 0.9598 | 0.9165 | 0.0336 | 0.0670 | 0.1001 | 0.1330 | 0.1656 | 0.1981 | 0.2464 | 0.3260 | 0.4823 | 0.7854 | 1.0787 | 1.5047 |
| 0.80 | 0.9935 | 0.9669 | 0.9319 | 0.8539 | 0.0661 | 0.0985 | 0.1307 | 0.1626 | 0.1942 | 0.2411 | 0.3182 | 0.4690 | 0.7598 | 1.0400 | 1.4456 |
| 0.85 | 0.9946 | 0.9725 | 0.9436 | 0.8810 | 0.0661 | 0.0983 | 0.1301 | 0.1614 | 0.1924 | 0.2382 | 0.3132 | 0.4591 | 0.7388 | 1.0071 | 1.3943 |
| 0.90 | 0.9954 | 0.9768 | 0.9528 | 0.9015 | 0.7800 | 0.1006 | 0.1321 | 0.1630 | 0.1935 | 0.2383 | 0.3114 | 0.4527 | 0.7220 | 0.9793 | 1.3496 |
| 0.93 | 0.9959 | 0.9790 | 0.9573 | 0.9115 | 0.8059 | 0.6635 | 0.1359 | 0.1664 | 0.1963 | 0.2405 | 0.3122 | 0.4507 | 0.7138 | 0.9648 | 1.3257 |
| 0.95 | 0.9961 | 0.9803 | 0.9600 | 0.9174 | 0.8206 | 0.6967 | 0.1410 | 0.1705 | 0.1998 | 0.2432 | 0.3138 | 0.4501 | 0.7092 | 0.9561 | 1.3108 |
| 0.97 | 0.9963 | 0.9815 | 0.9625 | 0.9227 | 0.8338 | 0.7240 | 0.5580 | 0.1779 | 0.2055 | 0.2474 | 0.3164 | 0.4504 | 0.7052 | 0.9480 | 1.2968 |
| 0.98 | 0.9965 | 0.9821 | 0.9637 | 0.9253 | 0.8398 | 0.7360 | 0.5887 | 0.1844 | 0.2097 | 0.2503 | 0.3182 | 0.4508 | 0.7035 | 0.9442 | 1.2901 |
| 0.99 | 0.9966 | 0.9826 | 0.9648 | 0.9277 | 0.8455 | 0.7471 | 0.6138 | 0.1959 | 0.2154 | 0.2538 | 0.3204 | 0.4514 | 0.7018 | 0.9406 | 1.2835 |
| 1.00 | 0.9967 | 0.9832 | 0.9659 | 0.9300 | 0.8509 | 0.7574 | 0.6353 | 0.2919 | 0.2237 | 0.2583 | 0.3229 | 0.4522 | 0.7004 | 0.9372 | 1.2772 |
| 1.01 | 0.9968 | 0.9837 | 0.9669 | 0.9322 | 0.8561 | 0.7671 | 0.6542 | 0.4648 | 0.2370 | 0.2640 | 0.3260 | 0.4533 | 0.6991 | 0.9339 | 1.2710 |
| 1.02 | 0.9969 | 0.9842 | 0.9679 | 0.9343 | 0.8610 | 0.7761 | 0.6710 | 0.5146 | 0.2629 | 0.2715 | 0.3297 | 0.4547 | 0.6980 | 0.9307 | 1.2650 |
| 1.05 | 0.9971 | 0.9855 | 0.9707 | 0.9401 | 0.8743 | 0.8002 | 0.7130 | 0.6026 | 0.4437 | 0.3131 | 0.3452 | 0.4604 | 0.6956 | 0.9222 | 1.2481 |
| 1.10 | 0.9975 | 0.9874 | 0.9747 | 0.9485 | 0.8930 | 0.8323 | 0.7649 | 0.6880 | 0.5984 | 0.4580 | 0.3953 | 0.4770 | 0.6950 | 0.9110 | 1.2232 |
| 1.15 | 0.9978 | 0.9891 | 0.9780 | 0.9554 | 0.9081 | 0.8576 | 0.8032 | 0.7443 | 0.6803 | 0.5798 | 0.4760 | 0.5042 | 0.6987 | 0.9033 | 1.2021 |
| 1.20 | 0.9981 | 0.9904 | 0.9808 | 0.9611 | 0.9205 | 0.8779 | 0.8330 | 0.7858 | 0.7363 | 0.6605 | 0.5605 | 0.5425 | 0.7069 | 0.8990 | 1.1844 |

续表

| $T_r$ | $p_r$ | | | | | | | | | | | | | | |
|---|---|---|---|---|---|---|---|---|---|---|---|---|---|---|---|
| | 0.010 | 0.050 | 0.100 | 0.200 | 0.400 | 0.600 | 0.800 | 1.000 | 1.200 | 1.500 | 2.000 | 3.000 | 5.000 | 7.000 | 10.000 |
| 1.30 | 0.9985 | 0.9926 | 0.9852 | 0.9702 | 0.9396 | 0.9083 | 0.8764 | 0.8438 | 0.8111 | 0.7624 | 0.6908 | 0.6344 | 0.7358 | 0.8998 | 1.1580 |
| 1.40 | 0.9988 | 0.9942 | 0.9884 | 0.9768 | 0.9534 | 0.9298 | 0.9062 | 0.8827 | 0.8595 | 0.8256 | 0.7753 | 0.7202 | 0.7761 | 0.9112 | 1.1419 |
| 1.50 | 0.9991 | 0.9954 | 0.9909 | 0.9818 | 0.9636 | 0.9456 | 0.9278 | 0.9103 | 0.8933 | 0.8689 | 0.8328 | 0.7887 | 0.8200 | 0.9297 | 1.1339 |
| 1.60 | 0.9993 | 0.9964 | 0.9928 | 0.9856 | 0.9714 | 0.9575 | 0.9439 | 0.9308 | 0.9180 | 0.9000 | 0.8738 | 0.8410 | 0.8617 | 0.9518 | 1.1320 |
| 1.70 | 0.9994 | 0.9971 | 0.9943 | 0.9886 | 0.9775 | 0.9667 | 0.9563 | 0.9463 | 0.9367 | 0.9234 | 0.9043 | 0.8809 | 0.8984 | 0.9745 | 1.1343 |
| 1.80 | 0.9995 | 0.9977 | 0.9955 | 0.9910 | 0.9823 | 0.9739 | 0.9659 | 0.9583 | 0.9511 | 0.9413 | 0.9275 | 0.9118 | 0.9297 | 0.9961 | 1.1391 |
| 1.90 | 0.9996 | 0.9982 | 0.9964 | 0.9929 | 0.9861 | 0.9796 | 0.9735 | 0.9678 | 0.9624 | 0.9552 | 0.9456 | 0.9359 | 0.9557 | 1.0157 | 1.1452 |
| 2.00 | 0.9997 | 0.9986 | 0.9972 | 0.9944 | 0.9892 | 0.9842 | 0.9796 | 0.9754 | 0.9715 | 0.9664 | 0.9599 | 0.9550 | 0.9772 | 1.0328 | 1.1516 |
| 2.20 | 0.9998 | 0.9992 | 0.9983 | 0.9967 | 0.9937 | 0.9910 | 0.9886 | 0.9865 | 0.9847 | 0.9826 | 0.9806 | 0.9827 | 1.0094 | 1.0600 | 1.1635 |
| 2.40 | 0.9999 | 0.9996 | 0.9991 | 0.9983 | 0.9969 | 0.9957 | 0.9948 | 0.9941 | 0.9936 | 0.9935 | 0.9945 | 1.0011 | 1.0313 | 1.0793 | 1.1728 |
| 2.60 | 1.0000 | 0.9998 | 0.9997 | 0.9994 | 0.9991 | 0.9990 | 0.9990 | 0.9993 | 0.9998 | 1.0010 | 1.0040 | 1.0137 | 1.0463 | 1.0926 | 1.1792 |
| 2.80 | 1.0000 | 1.0000 | 1.0001 | 1.0002 | 1.0007 | 1.0013 | 1.0021 | 1.0031 | 1.0042 | 1.0063 | 1.0106 | 1.0223 | 1.0565 | 1.1016 | 1.1830 |
| 3.00 | 1.0000 | 1.0002 | 1.0004 | 1.0008 | 1.0018 | 1.0030 | 1.0043 | 1.0057 | 1.0074 | 1.0101 | 1.0153 | 1.0284 | 1.0635 | 1.1075 | 1.1848 |
| 3.50 | 1.0001 | 1.0004 | 1.0008 | 1.0017 | 1.0035 | 1.0055 | 1.0075 | 1.0097 | 1.0120 | 1.0156 | 1.0221 | 1.0368 | 1.0723 | 1.1138 | 1.1834 |
| 4.00 | 1.0001 | 1.0005 | 1.0010 | 1.0021 | 1.0043 | 1.0066 | 1.0090 | 1.0115 | 1.0140 | 1.0179 | 1.0249 | 1.0401 | 1.0747 | 1.1136 | 1.1773 |

表 A2　$Z^I$ 值

| $T_r$ | $p_r$ | | | | | | | | | | | | | | |
|---|---|---|---|---|---|---|---|---|---|---|---|---|---|---|---|
| | 0.010 | 0.050 | 0.100 | 0.200 | 0.400 | 0.600 | 0.800 | 1.000 | 1.200 | 1.500 | 2.000 | 3.000 | 5.000 | 7.000 | 10.000 |
| 0.30 | -0.0008 | -0.0040 | -0.0081 | -0.0161 | -0.0323 | -0.0484 | -0.0645 | -0.0806 | -0.0966 | -0.1207 | -0.1608 | -0.2407 | -0.3996 | -0.5572 | -0.7915 |
| 0.35 | -0.0009 | -0.0046 | -0.0093 | -0.0185 | -0.0370 | -0.0554 | -0.0738 | -0.0921 | -0.1105 | -0.1379 | -0.1834 | -0.2738 | -0.4523 | -0.6279 | -0.8863 |
| 0.40 | -0.0010 | -0.0048 | -0.0095 | -0.0190 | -0.0380 | -0.0570 | -0.0758 | -0.0946 | -0.1134 | -0.1414 | -0.1879 | -0.2799 | -0.4603 | -0.6365 | -0.8936 |
| 0.45 | -0.0009 | -0.0047 | -0.0094 | -0.0187 | -0.0374 | -0.0560 | -0.0745 | -0.0929 | -0.1113 | -0.1387 | -0.1840 | -0.2734 | -0.4475 | -0.6162 | -0.8606 |
| 0.50 | -0.0009 | -0.0045 | -0.0090 | -0.0181 | -0.0360 | -0.0539 | -0.0716 | -0.0893 | -0.1069 | -0.1330 | -0.1762 | -0.2611 | -0.4253 | -0.5831 | -0.8099 |
| 0.55 | -0.0314 | -0.0043 | -0.0086 | -0.0172 | -0.0343 | -0.0513 | -0.0682 | -0.0849 | -0.1015 | -0.1263 | -0.1669 | -0.2465 | -0.3991 | -0.5446 | -0.7521 |
| 0.60 | -0.0205 | -0.0041 | -0.0082 | -0.0164 | -0.0326 | -0.0487 | -0.0646 | -0.0803 | -0.0960 | -0.1192 | -0.1572 | -0.2312 | -0.3718 | -0.5047 | -0.6929 |
| 0.65 | -0.0137 | -0.0772 | -0.0078 | -0.0156 | -0.0309 | -0.0461 | -0.0611 | -0.0759 | -0.0906 | -0.1123 | -0.1476 | -0.2160 | -0.3447 | -0.4653 | -0.6346 |
| 0.70 | -0.0093 | -0.0507 | -0.1161 | -0.0148 | -0.0294 | -0.0438 | -0.0579 | -0.0718 | -0.0855 | -0.1057 | -0.1385 | -0.2013 | -0.3184 | -0.4270 | -0.5785 |
| 0.75 | -0.0064 | -0.0339 | -0.0744 | -0.0143 | -0.0282 | -0.0417 | -0.0550 | -0.0681 | -0.0808 | -0.0996 | -0.1298 | -0.1872 | -0.2929 | -0.3901 | -0.5250 |

续表

| $T_r$ | $p_r$ | | | | | | | | | | | | | | |
|---|---|---|---|---|---|---|---|---|---|---|---|---|---|---|---|
| | 0.010 | 0.050 | 0.100 | 0.200 | 0.400 | 0.600 | 0.800 | 1.000 | 1.200 | 1.500 | 2.000 | 3.000 | 5.000 | 7.000 | 10.000 |
| 0.80 | -0.0044 | -0.0228 | -0.0487 | -0.1160 | -0.0272 | -0.0401 | -0.0526 | -0.0648 | -0.0767 | -0.0940 | -0.1217 | -0.1736 | -0.2682 | -0.3545 | -0.4740 |
| 0.85 | -0.0029 | -0.0152 | -0.0319 | -0.0715 | -0.0268 | -0.0391 | -0.0509 | -0.0622 | -0.0731 | -0.0888 | -0.1138 | -0.1602 | -0.2439 | -0.3201 | -0.4254 |
| 0.90 | -0.0019 | -0.0099 | -0.0205 | -0.0442 | -0.1118 | -0.0396 | -0.0503 | -0.0604 | -0.0701 | -0.0840 | -0.1059 | -0.1463 | -0.2195 | -0.2862 | -0.3788 |
| 0.93 | -0.0015 | -0.0075 | -0.0154 | -0.0326 | -0.0763 | -0.1662 | -0.0514 | -0.0602 | -0.0687 | -0.0810 | -0.1007 | -0.1374 | -0.2045 | -0.2661 | -0.3516 |
| 0.95 | -0.0012 | -0.0062 | -0.0126 | -0.0262 | -0.0589 | -0.1110 | -0.0540 | -0.0607 | -0.0678 | -0.0788 | -0.0967 | -0.1310 | -0.1943 | -0.2526 | -0.3339 |
| 0.97 | -0.0010 | -0.0050 | -0.0101 | -0.0208 | -0.0450 | -0.0770 | -0.1647 | -0.0623 | -0.0669 | -0.0759 | -0.0921 | -0.1240 | -0.1837 | -0.2391 | -0.3163 |
| 0.98 | -0.0009 | -0.0044 | -0.0090 | -0.0184 | -0.0390 | -0.0641 | -0.1100 | -0.0641 | -0.0661 | -0.0740 | -0.0893 | -0.1202 | -0.1783 | -0.2322 | -0.3075 |
| 0.99 | -0.0008 | -0.0039 | -0.0079 | -0.0161 | -0.0335 | -0.0531 | -0.0796 | -0.0680 | -0.0646 | -0.0715 | -0.0861 | -0.1162 | -0.1728 | -0.2254 | -0.2989 |
| 1.00 | -0.0007 | -0.0034 | -0.0069 | -0.0140 | -0.0285 | -0.0435 | -0.0588 | -0.0792 | -0.0609 | -0.0678 | -0.0824 | -0.1118 | -0.1672 | -0.2185 | -0.2902 |
| 1.01 | -0.0006 | -0.0030 | -0.0060 | -0.0120 | -0.0240 | -0.0351 | -0.0429 | -0.0223 | -0.0473 | -0.0621 | -0.0778 | -0.1072 | -0.1615 | -0.2116 | -0.2816 |
| 1.02 | -0.0005 | -0.0026 | -0.0051 | -0.0102 | -0.0198 | -0.0277 | -0.0303 | -0.0062 | 0.0227 | -0.0524 | -0.0722 | -0.1021 | -0.1556 | -0.2047 | -0.2731 |
| 1.05 | -0.0003 | -0.0015 | -0.0029 | -0.0054 | -0.0092 | -0.0097 | -0.0032 | 0.0220 | 0.1059 | 0.0451 | -0.0432 | -0.0838 | -0.1370 | -0.1835 | -0.2476 |
| 1.10 | 0.0000 | 0.0000 | 0.0001 | 0.0007 | 0.0038 | 0.0106 | 0.0236 | 0.0476 | 0.0897 | 0.1630 | 0.0698 | -0.0373 | -0.1021 | -0.1469 | -0.2056 |
| 1.15 | 0.0002 | 0.0011 | 0.0023 | 0.0052 | 0.0127 | 0.0237 | 0.0396 | 0.0625 | 0.0943 | 0.1548 | 0.1667 | 0.0332 | -0.0611 | -0.1084 | -0.1642 |
| 1.20 | 0.0004 | 0.0019 | 0.0040 | 0.0084 | 0.0190 | 0.0326 | 0.0499 | 0.0719 | 0.0991 | 0.1477 | 0.1990 | 0.1095 | -0.0141 | -0.0678 | -0.1231 |
| 1.30 | 0.0006 | 0.0030 | 0.0061 | 0.0125 | 0.0267 | 0.0429 | 0.0612 | 0.0819 | 0.1048 | 0.1420 | 0.1991 | 0.2079 | 0.0875 | -0.0176 | -0.0423 |
| 1.40 | 0.0007 | 0.0036 | 0.0072 | 0.0147 | 0.0306 | 0.0477 | 0.0661 | 0.0857 | 0.1063 | 0.1383 | 0.1894 | 0.2397 | 0.1737 | 0.1008 | 0.0350 |
| 1.50 | 0.0008 | 0.0039 | 0.0078 | 0.0158 | 0.0323 | 0.0497 | 0.0677 | 0.0864 | 0.1055 | 0.1345 | 0.1806 | 0.2433 | 0.2309 | 0.1717 | 0.1058 |
| 1.60 | 0.0008 | 0.0040 | 0.0080 | 0.0162 | 0.0330 | 0.0501 | 0.0677 | 0.0855 | 0.1035 | 0.1303 | 0.1729 | 0.2381 | 0.2631 | 0.2255 | 0.1673 |
| 1.70 | 0.0008 | 0.0040 | 0.0081 | 0.0163 | 0.0329 | 0.0497 | 0.0667 | 0.0838 | 0.1008 | 0.1259 | 0.1658 | 0.2305 | 0.2788 | 0.2628 | 0.2179 |
| 1.80 | 0.0008 | 0.0040 | 0.0081 | 0.0162 | 0.0325 | 0.0488 | 0.0652 | 0.0816 | 0.0978 | 0.1216 | 0.1593 | 0.2224 | 0.2846 | 0.2871 | 0.2576 |
| 1.90 | 0.0008 | 0.0040 | 0.0079 | 0.0159 | 0.0318 | 0.0477 | 0.0635 | 0.0792 | 0.0947 | 0.1173 | 0.1532 | 0.2144 | 0.2848 | 0.3017 | 0.2876 |
| 2.00 | 0.0008 | 0.0039 | 0.0078 | 0.0155 | 0.0310 | 0.0464 | 0.0617 | 0.0767 | 0.0916 | 0.1133 | 0.1476 | 0.2069 | 0.2820 | 0.3097 | 0.3096 |
| 2.20 | 0.0007 | 0.0037 | 0.0074 | 0.0147 | 0.0293 | 0.0437 | 0.0580 | 0.0719 | 0.0857 | 0.1057 | 0.1374 | 0.1932 | 0.2720 | 0.3135 | 0.3355 |
| 2.40 | 0.0007 | 0.0035 | 0.0070 | 0.0139 | 0.0276 | 0.0411 | 0.0544 | 0.0675 | 0.0803 | 0.0989 | 0.1285 | 0.1812 | 0.2602 | 0.3089 | 0.3459 |
| 2.60 | 0.0007 | 0.0033 | 0.0066 | 0.0131 | 0.0260 | 0.0387 | 0.0512 | 0.0634 | 0.0754 | 0.0929 | 0.1207 | 0.1706 | 0.2484 | 0.3009 | 0.3475 |
| 2.80 | 0.0006 | 0.0031 | 0.0062 | 0.0124 | 0.0245 | 0.0365 | 0.0483 | 0.0598 | 0.0711 | 0.0876 | 0.1138 | 0.1613 | 0.2372 | 0.2915 | 0.3443 |
| 3.00 | 0.0006 | 0.0029 | 0.0059 | 0.0117 | 0.0232 | 0.0345 | 0.0456 | 0.0565 | 0.0672 | 0.0828 | 0.1076 | 0.1529 | 0.2268 | 0.2817 | 0.3385 |
| 3.50 | 0.0005 | 0.0026 | 0.0052 | 0.0103 | 0.0204 | 0.0303 | 0.0401 | 0.0497 | 0.0591 | 0.0728 | 0.0949 | 0.1356 | 0.2042 | 0.2584 | 0.3194 |
| 4.00 | 0.0005 | 0.0023 | 0.0046 | 0.0091 | 0.0182 | 0.0270 | 0.0357 | 0.0443 | 0.0527 | 0.0651 | 0.0849 | 0.1219 | 0.1857 | 0.2378 | 0.2994 |

表 B1　$-\dfrac{(H-H^{ig})^0}{RT_c} = -\dfrac{(H^R)^0}{RT_c}$ 值

| $T_r$ | $p_r$ | | | | | | | | | | | | | | |
| --- | --- | --- | --- | --- | --- | --- | --- | --- | --- | --- | --- | --- | --- | --- | --- |
| | 0.010 | 0.050 | 0.100 | 0.200 | 0.400 | 0.600 | 0.800 | 1.000 | 1.200 | 1.500 | 2.000 | 3.000 | 5.000 | 7.000 | 10.000 |
| 0.30 | 6.045 | 6.043 | 6.040 | 6.034 | 6.022 | 6.011 | 5.999 | 5.987 | 5.975 | 5.957 | 5.927 | 5.868 | 5.748 | 5.628 | 5.446 |
| 0.35 | 5.906 | 5.904 | 5.901 | 5.895 | 5.882 | 5.870 | 5.858 | 5.845 | 5.833 | 5.814 | 5.783 | 5.721 | 5.595 | 5.469 | 5.278 |
| 0.40 | 5.763 | 5.761 | 5.757 | 5.751 | 5.738 | 5.726 | 5.713 | 5.700 | 5.687 | 5.668 | 5.636 | 5.572 | 5.442 | 5.311 | 5.113 |
| 0.45 | 5.615 | 5.612 | 5.609 | 5.603 | 5.590 | 5.577 | 5.564 | 5.551 | 5.538 | 5.519 | 5.486 | 5.420 | 5.288 | 5.154 | 4.950 |
| 0.50 | 5.465 | 5.462 | 5.459 | 5.453 | 5.440 | 5.427 | 5.414 | 5.401 | 5.388 | 5.369 | 5.336 | 5.270 | 5.135 | 4.999 | 4.791 |
| 0.55 | 0.032 | 5.312 | 5.309 | 5.303 | 5.290 | 5.277 | 5.265 | 5.252 | 5.239 | 5.220 | 5.187 | 5.121 | 4.986 | 4.849 | 4.638 |
| 0.60 | 0.027 | 5.162 | 5.159 | 5.153 | 5.141 | 5.129 | 5.116 | 5.104 | 5.091 | 5.073 | 5.041 | 4.976 | 4.842 | 4.704 | 4.492 |
| 0.65 | 0.023 | 0.118 | 5.008 | 5.002 | 4.991 | 4.980 | 4.968 | 4.956 | 4.945 | 4.927 | 4.896 | 4.833 | 4.702 | 4.565 | 4.353 |
| 0.70 | 0.020 | 0.101 | 0.213 | 4.848 | 4.839 | 4.828 | 4.818 | 4.808 | 4.797 | 4.781 | 4.752 | 4.693 | 4.566 | 4.432 | 4.221 |
| 0.75 | 0.017 | 0.088 | 0.183 | 4.687 | 4.679 | 4.672 | 4.664 | 4.655 | 4.646 | 4.632 | 4.607 | 4.554 | 4.434 | 4.303 | 4.095 |
| 0.80 | 0.015 | 0.078 | 0.160 | 0.345 | 4.507 | 4.504 | 4.499 | 4.494 | 4.488 | 4.478 | 4.459 | 4.413 | 4.303 | 4.178 | 3.974 |
| 0.85 | 0.014 | 0.069 | 0.141 | 0.300 | 4.308 | 4.313 | 4.316 | 4.316 | 4.316 | 4.312 | 4.302 | 4.269 | 4.173 | 4.056 | 3.857 |
| 0.90 | 0.012 | 0.062 | 0.126 | 0.264 | 0.596 | 4.074 | 4.094 | 4.108 | 4.118 | 4.127 | 4.132 | 4.119 | 4.043 | 3.935 | 3.744 |
| 0.93 | 0.011 | 0.058 | .0.118 | 0.246 | 0.545 | 0.960 | 3.920 | 3.953 | 3.976 | 4.000 | 4.020 | 4.024 | 3.963 | 3.863 | 3.678 |
| 0.95 | 0.011 | 0.056 | 0.113 | 0.235 | 0.516 | 0.885 | 3.763 | 3.825 | 3.865 | 3.904 | 3.939 | 3.958 | 3.910 | 3.815 | 3.634 |
| 0.97 | 0.011 | 0.054 | 0.109 | 0.225 | 0.490 | 0.824 | 1.356 | 3.658 | 3.732 | 3.796 | 3.853 | 3.890 | 3.856 | 3.767 | 3.591 |
| 0.98 | 0.010 | 0.053 | 0.107 | 0.221 | 0.478 | 0.797 | 1.273 | 3.544 | 3.652 | 3.736 | 3.806 | 3.854 | 3.829 | 3.743 | 3.569 |
| 0.99 | 0.010 | 0.052 | 0.105 | 0.216 | 0.466 | 0.773 | 1.206 | 3.376 | 3.558 | 3.670 | 3.758 | 3.818 | 3.801 | 3.719 | 3.548 |
| 1.00 | 0.010 | 0.051 | 0.103 | 0.212 | 0.455 | 0.750 | 1.151 | 2.573 | 3.441 | 3.598 | 3.706 | 3.782 | 3.774 | 3.695 | 3.526 |
| 1.01 | 0.010 | 0.050 | 0.101 | 0.208 | 0.445 | 0.728 | 1.102 | 1.796 | 3.283 | 3.516 | 3.652 | 3.744 | 3.746 | 3.671 | 3.505 |
| 1.02 | 0.010 | 0.049 | 0.099 | 0.203 | 0.434 | 0.708 | 1.060 | 1.627 | 3.039 | 3.422 | 3.595 | 3.705 | 3.718 | 3.647 | 3.484 |
| 1.05 | 0.009 | 0.046 | 0.094 | 0.192 | 0.407 | 0.654 | 0.955 | 1.359 | 2.034 | 3.030 | 3.398 | 3.583 | 3.632 | 3.575 | 3.420 |
| 1.10 | 0.008 | 0.042 | 0.086 | 0.175 | 0.367 | 0.581 | 0.827 | 1.120 | 1.487 | 2.203 | 2.965 | 3.353 | 3.484 | 3.453 | 3.315 |
| 1.15 | 0.008 | 0.039 | 0.079 | 0.160 | 0.334 | 0.523 | 0.732 | 0.968 | 1.239 | 1.719 | 2.479 | 3.091 | 3.329 | 3.329 | 3.211 |
| 1.20 | 0.007 | 0.036 | 0.073 | 0.148 | 0.305 | 0.474 | 0.657 | 0.857 | 1.076 | 1.443 | 2.079 | 2.807 | 3.166 | 3.202 | 3.107 |

续表

$p_r$

| $T_r$ | 0.010 | 0.050 | 0.100 | 0.200 | 0.400 | 0.600 | 0.800 | 1.000 | 1.200 | 1.500 | 2.000 | 3.000 | 5.000 | 7.000 | 10.000 |
|---|---|---|---|---|---|---|---|---|---|---|---|---|---|---|---|
| 1.30 | 0.006 | 0.031 | 0.063 | 0.127 | 0.259 | 0.399 | 0.545 | 0.698 | 0.860 | 1.116 | 1.560 | 2.274 | 2.825 | 2.942 | 2.899 |
| 1.40 | 0.005 | 0.027 | 0.055 | 0.110 | 0.224 | 0.341 | 0.463 | 0.588 | 0.716 | 0.915 | 1.253 | 1.857 | 2.486 | 2.679 | 2.692 |
| 1.50 | 0.005 | 0.024 | 0.048 | 0.097 | 0.196 | 0.297 | 0.400 | 0.505 | 0.611 | 0.774 | 1.046 | 1.549 | 2.175 | 2.421 | 2.486 |
| 1.60 | 0.004 | 0.021 | 0.043 | 0.086 | 0.173 | 0.261 | 0.350 | 0.440 | 0.531 | 0.667 | 0.894 | 1.318 | 1.904 | 2.177 | 2.285 |
| 1.70 | 0.004 | 0.019 | 0.038 | 0.076 | 0.153 | 0.231 | 0.309 | 0.387 | 0.466 | 0.583 | 0.777 | 1.139 | 1.672 | 1.953 | 2.091 |
| 1.80 | 0.003 | 0.017 | 0.034 | 0.068 | 0.137 | 0.206 | 0.275 | 0.344 | 0.413 | 0.515 | 0.683 | 0.996 | 1.476 | 1.751 | 1.908 |
| 1.90 | 0.003 | 0.015 | 0.031 | 0.062 | 0.123 | 0.185 | 0.246 | 0.307 | 0.368 | 0.458 | 0.606 | 0.880 | 1.309 | 1.571 | 1.736 |
| 2.00 | 0.003 | 0.014 | 0.028 | 0.056 | 0.111 | 0.167 | 0.222 | 0.276 | 0.330 | 0.411 | 0.541 | 0.782 | 1.167 | 1.411 | 1.577 |
| 2.20 | 0.002 | 0.012 | 0.023 | 0.046 | 0.092 | 0.137 | 0.182 | 0.226 | 0.269 | 0.334 | 0.437 | 0.629 | 0.937 | 1.143 | 1.295 |
| 2.40 | 0.002 | 0.010 | 0.019 | 0.038 | 0.076 | 0.114 | 0.150 | 0.187 | 0.222 | 0.275 | 0.359 | 0.513 | 0.761 | 0.929 | 1.058 |
| 2.60 | 0.002 | 0.008 | 0.016 | 0.032 | 0.064 | 0.095 | 0.125 | 0.155 | 0.185 | 0.228 | 0.297 | 0.422 | 0.621 | 0.756 | 0.858 |
| 2.80 | 0.001 | 0.007 | 0.014 | 0.027 | 0.054 | 0.080 | 0.105 | 0.130 | 0.154 | 0.190 | 0.246 | 0.348 | 0.508 | 0.614 | 0.689 |
| 3.00 | 0.001 | 0.006 | 0.011 | 0.023 | 0.045 | 0.067 | 0.088 | 0.109 | 0.129 | 0.159 | 0.205 | 0.288 | 0.415 | 0.495 | 0.545 |
| 3.50 | 0.001 | 0.004 | 0.007 | 0.015 | 0.029 | 0.043 | 0.056 | 0.069 | 0.081 | 0.099 | 0.127 | 0.174 | 0.239 | 0.270 | 0.264 |
| 4.00 | 0.000 | 0.002 | 0.005 | 0.009 | 0.017 | 0.026 | 0.033 | 0.041 | 0.048 | 0.058 | 0.072 | 0.095 | 0.116 | 0.110 | 0.061 |

表 B2  $-\dfrac{(H-H^{ig})^1}{RT_c}=-\dfrac{(H^R)^1}{RT_c}$ 值

$p_r$

| $T_r$ | 0.010 | 0.050 | 0.100 | 0.200 | 0.400 | 0.600 | 0.800 | 1.000 | 1.200 | 1.500 | 2.000 | 3.000 | 5.000 | 7.000 | 10.000 |
|---|---|---|---|---|---|---|---|---|---|---|---|---|---|---|---|
| 0.30 | 11.101 | 11.100 | 11.098 | 11.095 | 11.088 | 11.081 | 11.074 | 11.067 | 11.061 | 11.051 | 11.034 | 11.001 | 10.936 | 10.873 | 10.782 |
| 0.35 | 10.652 | 10.651 | 10.651 | 10.649 | 10.646 | 10.643 | 10.640 | 10.637 | 10.634 | 10.630 | 10.623 | 10.610 | 10.584 | 10.561 | 10.529 |
| 0.40 | 10.120 | 10.120 | 10.120 | 10.120 | 10.120 | 10.120 | 10.120 | 10.120 | 10.120 | 10.120 | 10.121 | 10.122 | 10.127 | 10.135 | 10.150 |
| 0.45 | 9.513 | 9.514 | 9.514 | 9.515 | 9.518 | 9.520 | 9.522 | 9.525 | 9.527 | 9.531 | 9.537 | 9.550 | 9.579 | 9.611 | 9.663 |
| 0.50 | 8.867 | 8.868 | 8.869 | 8.871 | 8.875 | 8.879 | 8.883 | 8.887 | 8.891 | 8.897 | 8.908 | 8.931 | 8.979 | 9.030 | 9.111 |
| 0.55 | 0.080 | 8.213 | 8.214 | 8.216 | 8.222 | 8.227 | 8.232 | 8.238 | 8.243 | 8.252 | 8.266 | 8.296 | 8.359 | 8.426 | 8.531 |
| 0.60 | 0.059 | 7.568 | 7.570 | 7.573 | 7.579 | 7.585 | 7.592 | 7.598 | 7.605 | 7.615 | 7.632 | 7.668 | 7.744 | 7.825 | 7.950 |
| 0.65 | 0.045 | 0.247 | 6.949 | 6.952 | 6.959 | 6.966 | 6.973 | 6.980 | 6.987 | 6.999 | 7.018 | 7.059 | 7.147 | 7.239 | 7.383 |
| 0.70 | 0.034 | 0.185 | 0.415 | 6.360 | 6.366 | 6.373 | 6.381 | 6.388 | 6.396 | 6.408 | 6.430 | 6.475 | 6.573 | 6.677 | 6.837 |
| 0.75 | 0.027 | 0.142 | 0.306 | 5.796 | 5.803 | 5.809 | 5.816 | 5.824 | 5.832 | 5.845 | 5.868 | 5.918 | 6.027 | 6.141 | 6.317 |

续表

| $T_r$ | $p_r$ | | | | | | | | | | | | | | |
|---|---|---|---|---|---|---|---|---|---|---|---|---|---|---|---|
| | 0.010 | 0.050 | 0.100 | 0.200 | 0.400 | 0.600 | 0.800 | 1.000 | 1.200 | 1.500 | 2.000 | 3.000 | 5.000 | 7.000 | 10.000 |
| 0.80 | 0.021 | 0.110 | 0.234 | 0.542 | 5.266 | 5.271 | 5.277 | 5.285 | 5.292 | 5.306 | 5.330 | 5.384 | 5.506 | 5.632 | 5.824 |
| 0.85 | 0.017 | 0.087 | 0.182 | 0.401 | 4.753 | 4.754 | 4.758 | 4.763 | 4.771 | 4.784 | 4.810 | 4.871 | 5.008 | 5.149 | 5.358 |
| 0.90 | 0.014 | 0.070 | 0.144 | 0.308 | 0.751 | 4.254 | 4.248 | 4.249 | 4.255 | 4.268 | 4.298 | 4.371 | 4.530 | 4.688 | 4.916 |
| 0.93 | 0.012 | 0.061 | 0.126 | 0.265 | 0.612 | 1.236 | 3.941 | 3.934 | 3.937 | 3.951 | 3.987 | 4.073 | 4.251 | 4.422 | 4.662 |
| 0.95 | 0.011 | 0.056 | 0.115 | 0.241 | 0.542 | 0.994 | 3.737 | 3.713 | 3.713 | 3.730 | 3.773 | 3.873 | 4.068 | 4.248 | 4.498 |
| 0.97 | 0.010 | 0.052 | 0.105 | 0.219 | 0.483 | 0.837 | 1.616 | 3.471 | 3.467 | 3.492 | 3.551 | 3.670 | 3.886 | 4.077 | 4.336 |
| 0.98 | 0.010 | 0.050 | 0.101 | 0.209 | 0.457 | 0.776 | 1.324 | 3.332 | 3.327 | 3.363 | 3.434 | 3.568 | 3.795 | 3.992 | 4.257 |
| 0.99 | 0.009 | 0.048 | 0.097 | 0.200 | 0.433 | 0.722 | 1.154 | 3.164 | 3.164 | 3.222 | 3.313 | 3.464 | 3.705 | 3.908 | 4.178 |
| 1.00 | 0.009 | 0.046 | 0.093 | 0.191 | 0.410 | 0.675 | 1.034 | 2.385 | 2.952 | 3.065 | 3.186 | 3.358 | 3.615 | 3.825 | 4.100 |
| 1.01 | 0.009 | 0.044 | 0.089 | 0.183 | 0.389 | 0.632 | 0.940 | 1.375 | 2.595 | 2.880 | 3.051 | 3.251 | 3.525 | 3.743 | 4.023 |
| 1.02 | 0.008 | 0.042 | 0.085 | 0.175 | 0.370 | 0.594 | 0.863 | 1.180 | 1.723 | 2.650 | 2.906 | 3.142 | 3.435 | 3.660 | 3.947 |
| 1.05 | 0.007 | 0.037 | 0.075 | 0.153 | 0.318 | 0.498 | 0.691 | 0.877 | 0.878 | 1.496 | 2.381 | 2.800 | 3.167 | 3.418 | 3.722 |
| 1.10 | 0.006 | 0.030 | 0.061 | 0.123 | 0.251 | 0.381 | 0.507 | 0.617 | 0.673 | 0.617 | 1.261 | 2.167 | 2.720 | 3.023 | 3.362 |
| 1.15 | 0.005 | 0.025 | 0.050 | 0.099 | 0.199 | 0.296 | 0.385 | 0.459 | 0.503 | 0.487 | 0.604 | 1.497 | 2.275 | 2.641 | 3.019 |
| 1.20 | 0.004 | 0.020 | 0.040 | 0.080 | 0.158 | 0.232 | 0.297 | 0.349 | 0.381 | 0.381 | 0.361 | 0.934 | 1.840 | 2.273 | 2.692 |
| 1.30 | 0.003 | 0.013 | 0.026 | 0.052 | 0.100 | 0.142 | 0.177 | 0.203 | 0.218 | 0.218 | 0.178 | 0.300 | 1.066 | 1.592 | 2.086 |
| 1.40 | 0.002 | 0.008 | 0.016 | 0.032 | 0.060 | 0.083 | 0.100 | 0.111 | 0.115 | 0.108 | 0.070 | 0.044 | 0.504 | 1.012 | 1.547 |
| 1.50 | 0.001 | 0.005 | 0.009 | 0.018 | 0.032 | 0.042 | 0.048 | 0.049 | 0.046 | 0.032 | -0.008 | -0.078 | 0.142 | 0.556 | 1.080 |
| 1.60 | 0.000 | 0.002 | 0.004 | 0.007 | 0.012 | 0.013 | 0.011 | 0.005 | -0.004 | -0.023 | -0.065 | -0.151 | -0.082 | 0.217 | 0.689 |
| 1.70 | 0.000 | 0.000 | 0.000 | -0.000 | -0.003 | -0.009 | -0.017 | -0.027 | -0.040 | -0.063 | -0.109 | -0.202 | -0.223 | -0.028 | 0.369 |
| 1.80 | -0.000 | -0.001 | -0.003 | -0.006 | -0.015 | -0.025 | -0.037 | -0.051 | -0.067 | -0.094 | -0.143 | -0.241 | -0.317 | -0.203 | 0.112 |
| 1.90 | -0.001 | -0.003 | -0.005 | -0.011 | -0.023 | -0.037 | -0.053 | -0.070 | -0.088 | -0.117 | -0.169 | -0.271 | -0.381 | -0.330 | -0.092 |
| 2.00 | -0.001 | -0.004 | -0.007 | -0.015 | -0.030 | -0.047 | -0.065 | -0.085 | -0.105 | -0.136 | -0.190 | -0.295 | -0.428 | -0.424 | -0.255 |
| 2.20 | -0.001 | -0.005 | -0.010 | -0.020 | -0.040 | -0.062 | -0.083 | -0.106 | -0.128 | -0.163 | -0.221 | -0.331 | -0.493 | -0.551 | -0.489 |
| 2.40 | -0.001 | -0.006 | -0.012 | -0.023 | -0.047 | -0.071 | -0.095 | -0.120 | -0.144 | -0.181 | -0.242 | -0.357 | -0.535 | -0.631 | -0.645 |
| 2.60 | -0.001 | -0.006 | -0.013 | -0.026 | -0.052 | -0.078 | -0.104 | -0.130 | -0.156 | -0.194 | -0.257 | -0.376 | -0.567 | -0.687 | -0.754 |
| 2.80 | -0.001 | -0.007 | -0.014 | -0.027 | -0.055 | -0.082 | -0.110 | -0.137 | -0.164 | -0.204 | -0.269 | -0.391 | -0.591 | -0.729 | -0.836 |
| 3.00 | -0.001 | -0.007 | -0.014 | -0.029 | -0.058 | -0.086 | -0.114 | -0.142 | -0.170 | -0.211 | -0.278 | -0.403 | -0.611 | -0.763 | -0.899 |
| 3.50 | -0.002 | -0.008 | -0.016 | -0.031 | -0.062 | -0.092 | -0.122 | -0.152 | -0.181 | -0.224 | -0.294 | -0.425 | -0.650 | -0.827 | -1.015 |
| 4.00 | -0.002 | -0.008 | -0.016 | -0.032 | -0.064 | -0.096 | -0.127 | -0.158 | -0.188 | -0.233 | -0.306 | -0.442 | -0.680 | -0.874 | -1.097 |

表 C1 $-\dfrac{(S-S_{P_0=P}^{ig})^0}{R} = -\dfrac{(S^R)^0}{R}$ 值

$p_r$

| $T_r$ | 0.010 | 0.050 | 0.100 | 0.200 | 0.400 | 0.600 | 0.800 | 1.000 | 1.200 | 1.500 | 2.000 | 3.000 | 5.000 | 7.000 | 10.000 |
|---|---|---|---|---|---|---|---|---|---|---|---|---|---|---|---|
| 0.30 | 11.613 | 10.008 | 9.319 | 8.635 | 7.961 | 7.574 | 7.304 | 7.099 | 6.935 | 6.740 | 6.497 | 6.182 | 5.847 | 5.683 | 5.578 |
| 0.35 | 11.185 | 9.579 | 8.890 | 8.205 | 7.529 | 7.140 | 6.869 | 6.663 | 6.497 | 6.299 | 6.052 | 5.728 | 5.376 | 5.194 | 5.060 |
| 0.40 | 10.802 | 9.196 | 8.506 | 7.821 | 7.144 | 6.755 | 6.483 | 6.275 | 6.109 | 5.909 | 5.660 | 5.330 | 4.967 | 4.772 | 4.619 |
| 0.45 | 10.453 | 8.847 | 8.158 | 7.472 | 6.795 | 6.405 | 6.132 | 5.924 | 5.757 | 5.557 | 5.306 | 4.974 | 4.603 | 4.401 | 4.234 |
| 0.50 | 10.137 | 8.531 | 7.842 | 7.156 | 6.479 | 6.089 | 5.816 | 5.608 | 5.441 | 5.240 | 4.989 | 4.656 | 4.282 | 4.074 | 3.899 |
| 0.55 | 0.038 | 8.245 | 7.555 | 6.870 | 6.193 | 5.803 | 5.531 | 5.324 | 5.157 | 4.956 | 4.706 | 4.373 | 3.998 | 3.788 | 3.607 |
| 0.60 | 0.029 | 7.983 | 7.294 | 6.610 | 5.933 | 5.544 | 5.273 | 5.066 | 4.900 | 4.700 | 4.451 | 4.120 | 3.747 | 3.537 | 3.353 |
| 0.65 | 0.023 | 0.122 | 7.052 | 6.368 | 5.694 | 5.306 | 5.036 | 4.830 | 4.665 | 4.467 | 4.220 | 3.892 | 3.523 | 3.315 | 3.131 |
| 0.70 | 0.018 | 0.096 | 0.206 | 6.140 | 5.467 | 5.082 | 4.814 | 4.610 | 4.446 | 4.250 | 4.007 | 3.684 | 3.322 | 3.117 | 2.935 |
| 0.75 | 0.015 | 0.078 | 0.164 | 5.917 | 5.248 | 4.866 | 4.600 | 4.399 | 4.238 | 4.046 | 3.807 | 3.491 | 3.138 | 2.939 | 2.761 |
| 0.80 | 0.013 | 0.064 | 0.134 | 0.294 | 5.026 | 4.649 | 4.388 | 4.191 | 4.034 | 3.846 | 3.615 | 3.310 | 2.970 | 2.777 | 2.605 |
| 0.85 | 0.011 | 0.054 | 0.111 | 0.239 | 4.785 | 4.418 | 4.166 | 3.976 | 3.825 | 3.646 | 3.425 | 3.135 | 2.812 | 2.629 | 2.463 |
| 0.90 | 0.009 | 0.046 | 0.094 | 0.199 | 0.463 | 4.145 | 3.912 | 3.738 | 3.599 | 3.434 | 3.231 | 2.964 | 2.663 | 2.491 | 2.334 |
| 0.93 | 0.008 | 0.042 | 0.085 | 0.179 | 0.408 | 0.750 | 3.723 | 3.569 | 3.444 | 3.295 | 3.108 | 2.860 | 2.577 | 2.412 | 2.262 |
| 0.95 | 0.008 | 0.039 | 0.080 | 0.168 | 0.377 | 0.671 | 3.556 | 3.433 | 3.326 | 3.193 | 3.023 | 2.790 | 2.520 | 2.361 | 2.215 |
| 0.97 | 0.007 | 0.037 | 0.075 | 0.157 | 0.350 | 0.607 | 1.056 | 4.191 | 3.188 | 3.081 | 2.932 | 2.719 | 2.463 | 2.312 | 2.170 |
| 0.98 | 0.007 | 0.036 | 0.073 | 0.153 | 0.337 | 0.580 | 0.971 | 3.976 | 3.106 | 3.019 | 2.884 | 2.682 | 2.436 | 2.287 | 2.148 |
| 0.99 | 0.007 | 0.035 | 0.071 | 0.148 | 0.326 | 0.555 | 0.903 | 2.972 | 3.010 | 2.953 | 2.835 | 2.646 | 2.408 | 2.263 | 2.126 |
| 1.00 | 0.007 | 0.034 | 0.069 | 0.144 | 0.315 | 0.532 | 0.847 | 2.167 | 2.893 | 2.879 | 2.784 | 2.609 | 2.380 | 2.239 | 2.105 |
| 1.01 | 0.007 | 0.033 | 0.067 | 0.139 | 0.304 | 0.510 | 0.799 | 1.391 | 2.736 | 2.798 | 2.730 | 2.571 | 2.352 | 2.215 | 2.083 |
| 1.02 | 0.006 | 0.032 | 0.065 | 0.135 | 0.294 | 0.491 | 0.757 | 1.225 | 2.495 | 2.706 | 2.673 | 2.533 | 2.325 | 2.191 | 2.062 |
| 1.05 | 0.006 | 0.030 | 0.060 | 0.124 | 0.267 | 0.439 | 0.656 | 0.965 | 1.523 | 2.328 | 2.483 | 2.415 | 2.242 | 2.121 | 2.001 |
| 1.10 | 0.005 | 0.026 | 0.053 | 0.108 | 0.230 | 0.371 | 0.537 | 0.742 | 1.012 | 1.557 | 2.081 | 2.202 | 2.104 | 2.007 | 1.903 |
| 1.15 | 0.005 | 0.023 | 0.047 | 0.096 | 0.201 | 0.319 | 0.452 | 0.607 | 0.790 | 1.126 | 1.649 | 1.968 | 1.966 | 1.897 | 1.810 |
| 1.20 | 0.004 | 0.021 | 0.042 | 0.085 | 0.177 | 0.277 | 0.389 | 0.512 | 0.651 | 0.890 | 1.308 | 1.727 | 1.827 | 1.789 | 1.722 |
| 1.30 | 0.003 | 0.017 | 0.033 | 0.068 | 0.140 | 0.217 | 0.298 | 0.385 | 0.478 | 0.628 | 0.891 | 1.299 | 1.554 | 1.581 | 1.556 |
| 1.40 | 0.003 | 0.014 | 0.027 | 0.056 | 0.114 | 0.174 | 0.237 | 0.303 | 0.372 | 0.478 | 0.663 | 0.990 | 1.303 | 1.386 | 1.402 |
| 1.50 | 0.002 | 0.011 | 0.023 | 0.046 | 0.094 | 0.143 | 0.194 | 0.246 | 0.299 | 0.381 | 0.520 | 0.777 | 1.088 | 1.208 | 1.260 |
| 1.60 | 0.002 | 0.010 | 0.019 | 0.039 | 0.079 | 0.120 | 0.162 | 0.204 | 0.247 | 0.312 | 0.421 | 0.628 | 0.913 | 1.050 | 1.130 |
| 1.70 | 0.002 | 0.008 | 0.017 | 0.033 | 0.067 | 0.102 | 0.137 | 0.172 | 0.208 | 0.261 | 0.350 | 0.519 | 0.773 | 0.915 | 1.013 |

续表

| $T_r$ | $p_r$ | | | | | | | | | | | | | | |
|---|---|---|---|---|---|---|---|---|---|---|---|---|---|---|---|
| | 0.010 | 0.050 | 0.100 | 0.200 | 0.400 | 0.600 | 0.800 | 1.000 | 1.200 | 1.500 | 2.000 | 3.000 | 5.000 | 7.000 | 10.000 |
| 1.80 | 0.001 | 0.007 | 0.014 | 0.029 | 0.058 | 0.088 | 0.117 | 0.147 | 0.177 | 0.222 | 0.296 | 0.438 | 0.661 | 0.799 | 0.908 |
| 1.90 | 0.001 | 0.006 | 0.013 | 0.025 | 0.051 | 0.076 | 0.102 | 0.127 | 0.153 | 0.191 | 0.255 | 0.375 | 0.570 | 0.702 | 0.815 |
| 2.00 | 0.001 | 0.006 | 0.011 | 0.022 | 0.044 | 0.067 | 0.089 | 0.111 | 0.134 | 0.167 | 0.221 | 0.325 | 0.497 | 0.620 | 0.733 |
| 2.20 | 0.001 | 0.004 | 0.009 | 0.018 | 0.035 | 0.053 | 0.070 | 0.087 | 0.105 | 0.130 | 0.172 | 0.251 | 0.388 | 0.492 | 0.599 |
| 2.40 | 0.001 | 0.004 | 0.007 | 0.014 | 0.028 | 0.042 | 0.056 | 0.070 | 0.084 | 0.104 | 0.138 | 0.201 | 0.311 | 0.399 | 0.496 |
| 2.60 | 0.001 | 0.003 | 0.005 | 0.012 | 0.023 | 0.035 | 0.046 | 0.058 | 0.069 | 0.086 | 0.113 | 0.164 | 0.255 | 0.329 | 0.416 |
| 2.80 | 0.000 | 0.002 | 0.005 | 0.010 | 0.020 | 0.029 | 0.039 | 0.048 | 0.058 | 0.072 | 0.094 | 0.137 | 0.213 | 0.277 | 0.353 |
| 3.00 | 0.000 | 0.002 | 0.004 | 0.008 | 0.017 | 0.025 | 0.033 | 0.041 | 0.049 | 0.061 | 0.080 | 0.116 | 0.181 | 0.236 | 0.303 |
| 3.50 | 0.000 | 0.001 | 0.003 | 0.006 | 0.012 | 0.017 | 0.023 | 0.029 | 0.034 | 0.042 | 0.056 | 0.081 | 0.126 | 0.166 | 0.216 |
| 4.00 | 0.000 | 0.001 | 0.002 | 0.004 | 0.009 | 0.013 | 0.017 | 0.021 | 0.025 | 0.031 | 0.041 | 0.059 | 0.093 | 0.123 | 0.162 |

表 C2　　$\dfrac{(S - S^{ig}_{p_0=p})^1}{R} = -\dfrac{(S^R)^1}{R}$ 值

| $T_r$ | $p_r$ | | | | | | | | | | | | | | |
|---|---|---|---|---|---|---|---|---|---|---|---|---|---|---|---|
| | 0.010 | 0.050 | 0.100 | 0.200 | 0.400 | 0.600 | 0.800 | 1.000 | 1.200 | 1.500 | 2.000 | 3.000 | 5.000 | 7.000 | 10.000 |
| 0.30 | 16.790 | 16.783 | 16.773 | 16.753 | 16.714 | 16.675 | 16.637 | 16.598 | 16.559 | 16.501 | 16.405 | 16.214 | 15.838 | 15.469 | 14.927 |
| 0.35 | 15.408 | 15.402 | 15.395 | 15.382 | 15.355 | 15.328 | 15.301 | 15.274 | 15.248 | 15.208 | 15.142 | 15.012 | 14.757 | 14.511 | 14.154 |
| 0.40 | 13.989 | 13.985 | 13.980 | 13.971 | 13.951 | 13.932 | 13.914 | 13.895 | 13.876 | 13.848 | 13.803 | 13.713 | 13.540 | 13.376 | 13.144 |
| 0.45 | 12.562 | 12.559 | 12.556 | 12.549 | 12.535 | 12.521 | 12.508 | 12.494 | 12.481 | 12.462 | 12.429 | 12.367 | 12.251 | 12.144 | 11.998 |
| 0.50 | 11.201 | 11.198 | 11.196 | 11.191 | 11.181 | 11.171 | 11.161 | 11.151 | 11.142 | 11.128 | 11.105 | 11.063 | 10.986 | 10.920 | 10.836 |
| 0.55 | 0.115 | 0.116 | 9.947 | 9.943 | 9.936 | 9.928 | 9.921 | 9.914 | 9.907 | 9.897 | 9.881 | 9.853 | 9.806 | 9.770 | 9.732 |
| 0.60 | 0.078 | 0.088 | 8.827 | 8.82 | 8.817 | 8.811 | 8.806 | 8.800 | 8.795 | 8.788 | 8.777 | 8.759 | 8.735 | 8.723 | 8.720 |
| 0.65 | 0.055 | 0.309 | 7.832 | 7.829 | 7.824 | 7.819 | 7.815 | 7.810 | 7.807 | 7.801 | 7.794 | 7.784 | 7.778 | 7.785 | 7.811 |
| 0.70 | 0.040 | 0.216 | 0.491 | 6.951 | 6.946 | 6.941 | 6.937 | 6.933 | 6.930 | 6.926 | 6.922 | 6.919 | 6.928 | 6.952 | 7.002 |
| 0.75 | 0.029 | 0.156 | 0.340 | 6.173 | 6.167 | 6.162 | 6.158 | 6.155 | 6.152 | 6.149 | 6.146 | 6.149 | 6.174 | 6.213 | 6.285 |
| 0.80 | 0.022 | 0.116 | 0.246 | 0.578 | 5.474 | 5.467 | 5.462 | 5.458 | 5.455 | 5.452 | 5.452 | 5.461 | 5.501 | 5.555 | 5.648 |
| 0.85 | 0.017 | 0.088 | 0.183 | 0.408 | 4.853 | 4.841 | 4.832 | 4.826 | 4.822 | 4.820 | 4.822 | 4.839 | 4.898 | 4.969 | 5.083 |
| 0.90 | 0.013 | 0.068 | 0.140 | 0.301 | 0.744 | 4.269 | 4.250 | 4.238 | 4.232 | 4.230 | 4.236 | 4.267 | 4.351 | 4.442 | 4.578 |
| 0.93 | 0.011 | 0.058 | 0.120 | 0.254 | 0.593 | 1.219 | 3.914 | 3.893 | 3.885 | 3.883 | 3.896 | 3.941 | 4.046 | 4.151 | 4.300 |
| 0.95 | 0.010 | 0.053 | 0.109 | 0.228 | 0.517 | 0.961 | 3.697 | 3.658 | 3.647 | 3.648 | 3.669 | 3.728 | 3.851 | 3.966 | 4.125 |

| $T_r$ | 0.010 | 0.050 | 0.100 | 0.200 | 0.400 | 0.600 | 0.800 | 1.000 | 1.200 | 1.500 | 2.000 | 3.000 | 5.000 | 7.000 | 10.000 |
|------|------|------|------|------|------|------|------|------|------|------|------|------|------|------|------|
| | | | | | | | | | | | | | | | $p_r$ |
| 0.97 | 0.010 | 0.048 | 0.099 | 0.206 | 0.456 | 0.797 | 1.570 | 3.406 | 3.391 | 3.401 | 3.437 | 3.517 | 3.661 | 3.788 | 3.957 |
| 0.98 | 0.009 | 0.046 | 0.094 | 0.196 | 0.429 | 0.734 | 1.270 | 3.264 | 3.247 | 3.268 | 3.318 | 3.412 | 3.569 | 3.701 | 3.875 |
| 0.99 | 0.009 | 0.044 | 0.090 | 0.186 | 0.405 | 0.680 | 1.058 | 3.093 | 3.082 | 3.126 | 3.195 | 3.306 | 3.477 | 3.616 | 3.795 |
| 1.00 | 0.008 | 0.042 | 0.086 | 0.177 | 0.382 | 0.632 | 0.977 | 2.313 | 2.868 | 2.967 | 3.067 | 3.200 | 3.387 | 3.532 | 3.717 |
| 1.01 | 0.008 | 0.040 | 0.082 | 0.169 | 0.361 | 0.590 | 0.883 | 1.306 | 2.513 | 2.784 | 2.933 | 3.094 | 3.297 | 3.450 | 3.640 |
| 1.02 | 0.008 | 0.039 | 0.078 | 0.161 | 0.342 | 0.552 | 0.807 | 1.113 | 1.655 | 2.557 | 2.790 | 2.986 | 3.209 | 3.369 | 3.565 |
| 1.05 | 0.007 | 0.034 | 0.069 | 0.140 | 0.292 | 0.460 | 0.642 | 0.820 | 0.831 | 1.443 | 2.283 | 2.655 | 2.949 | 3.134 | 3.348 |
| 1.10 | 0.005 | 0.028 | 0.055 | 0.112 | 0.229 | 0.350 | 0.470 | 0.577 | 0.640 | 0.618 | 1.241 | 2.067 | 2.534 | 2.767 | 3.013 |
| 1.15 | 0.005 | 0.023 | 0.045 | 0.091 | 0.183 | 0.275 | 0.361 | 0.437 | 0.489 | 0.502 | 0.654 | 1.471 | 2.138 | 2.428 | 2.708 |
| 1.20 | 0.004 | 0.019 | 0.037 | 0.075 | 0.149 | 0.220 | 0.286 | 0.343 | 0.385 | 0.412 | 0.447 | 0.991 | 1.767 | 2.115 | 2.430 |
| 1.30 | 0.003 | 0.013 | 0.026 | 0.052 | 0.102 | 0.148 | 0.190 | 0.226 | 0.254 | 0.282 | 0.300 | 0.481 | 1.147 | 1.569 | 1.944 |
| 1.40 | 0.002 | 0.010 | 0.019 | 0.037 | 0.072 | 0.104 | 0.133 | 0.158 | 0.178 | 0.200 | 0.220 | 0.290 | 0.730 | 1.138 | 1.544 |
| 1.50 | 0.001 | 0.007 | 0.014 | 0.027 | 0.053 | 0.076 | 0.097 | 0.115 | 0.130 | 0.147 | 0.166 | 0.206 | 0.479 | 0.823 | 1.222 |
| 1.60 | 0.001 | 0.005 | 0.011 | 0.021 | 0.040 | 0.057 | 0.073 | 0.086 | 0.098 | 0.112 | 0.129 | 0.159 | 0.334 | 0.604 | 0.969 |
| 1.70 | 0.001 | 0.004 | 0.008 | 0.016 | 0.031 | 0.044 | 0.056 | 0.067 | 0.076 | 0.087 | 0.102 | 0.127 | 0.248 | 0.456 | 0.775 |
| 1.80 | 0.001 | 0.003 | 0.006 | 0.013 | 0.024 | 0.035 | 0.044 | 0.053 | 0.060 | 0.070 | 0.083 | 0.105 | 0.195 | 0.355 | 0.628 |
| 1.90 | 0.001 | 0.003 | 0.005 | 0.010 | 0.019 | 0.028 | 0.036 | 0.043 | 0.049 | 0.057 | 0.069 | 0.089 | 0.160 | 0.286 | 0.518 |
| 2.00 | 0.000 | 0.002 | 0.004 | 0.008 | 0.016 | 0.023 | 0.029 | 0.035 | 0.040 | 0.048 | 0.058 | 0.077 | 0.136 | 0.238 | 0.434 |
| 2.20 | 0.000 | 0.001 | 0.003 | 0.006 | 0.011 | 0.016 | 0.021 | 0.025 | 0.029 | 0.035 | 0.043 | 0.060 | 0.105 | 0.178 | 0.322 |
| 2.40 | 0.000 | 0.001 | 0.002 | 0.004 | 0.008 | 0.012 | 0.015 | 0.019 | 0.022 | 0.027 | 0.034 | 0.048 | 0.086 | 0.142 | 0.254 |
| 2.60 | 0.000 | 0.001 | 0.002 | 0.003 | 0.006 | 0.009 | 0.012 | 0.015 | 0.018 | 0.021 | 0.028 | 0.041 | 0.074 | 0.120 | 0.210 |
| 2.80 | 0.000 | 0.001 | 0.001 | 0.003 | 0.005 | 0.008 | 0.010 | 0.012 | 0.014 | 0.018 | 0.023 | 0.035 | 0.065 | 0.104 | 0.180 |
| 3.00 | 0.000 | 0.001 | 0.001 | 0.002 | 0.004 | 0.006 | 0.008 | 0.010 | 0.012 | 0.015 | 0.020 | 0.031 | 0.058 | 0.093 | 0.158 |
| 3.50 | 0.000 | 0.000 | 0.001 | 0.001 | 0.003 | 0.004 | 0.006 | 0.007 | 0.009 | 0.011 | 0.015 | 0.024 | 0.046 | 0.073 | 0.122 |
| 4.00 | 0.000 | 0.000 | 0.001 | 0.001 | 0.002 | 0.003 | 0.005 | 0.006 | 0.007 | 0.009 | 0.012 | 0.020 | 0.038 | 0.060 | 0.100 |

表 D1　$\left[\lg\left(\dfrac{f}{p}\right)\right]^{0}=(\lg\phi)^{0}$ 值

| $T_r$ | $p_r$ | | | | | | | | | | | | | | |
|---|---|---|---|---|---|---|---|---|---|---|---|---|---|---|---|
| | 0.010 | 0.050 | 0.100 | 0.200 | 0.400 | 0.600 | 0.800 | 1.000 | 1.200 | 1.500 | 2.000 | 3.000 | 5.000 | 7.000 | 10.000 |
| 0.30 | -3.708 | -4.402 | -4.697 | -4.985 | -5.261 | -5.412 | -5.512 | -5.584 | -5.638 | -5.697 | -5.759 | -5.810 | -5.782 | -5.679 | -5.462 |
| 0.35 | -2.472 | -3.166 | -3.461 | -3.751 | -4.029 | -4.183 | -4.285 | -4.359 | -4.416 | -4.479 | -4.548 | -4.611 | -4.608 | -4.531 | -4.352 |
| 0.40 | -1.566 | -2.261 | -2.557 | -2.847 | -3.128 | -3.283 | -3.387 | -3.464 | -3.522 | -3.588 | -3.661 | -3.735 | -3.752 | -3.694 | -3.545 |
| 0.45 | -0.879 | -1.574 | -1.871 | -2.162 | -2.444 | -2.601 | -2.707 | -2.784 | -2.845 | -2.913 | -2.990 | -3.071 | -3.104 | -3.062 | -2.938 |
| 0.50 | -0.344 | -1.040 | -1.336 | -1.628 | -1.911 | -2.070 | -2.177 | -2.256 | -2.317 | -2.387 | -2.468 | -2.555 | -2.601 | -2.572 | -2.468 |
| 0.55 | -0.008 | -0.614 | -0.911 | -1.204 | -1.488 | -1.647 | -1.755 | -1.835 | -1.897 | -1.969 | -2.052 | -2.145 | -2.201 | -2.183 | -2.095 |
| 0.60 | -0.007 | -0.269 | -0.566 | -0.859 | -1.144 | -1.304 | -1.413 | -1.494 | -1.557 | -1.630 | -1.715 | -1.812 | -1.878 | -1.869 | -1.795 |
| 0.65 | -0.005 | -0.026 | -0.283 | -0.577 | -0.862 | -1.023 | -1.132 | -1.214 | -1.278 | -1.352 | -1.439 | -1.539 | -1.612 | -1.611 | -1.549 |
| 0.70 | -0.004 | -0.021 | -0.043 | -0.341 | -0.627 | -0.789 | -0.899 | -0.981 | -1.045 | -1.120 | -1.208 | -1.312 | -1.391 | -1.396 | -1.344 |
| 0.75 | -0.003 | -0.017 | -0.035 | -0.144 | -0.430 | -0.592 | -0.703 | -0.785 | -0.850 | -0.925 | -1.015 | -1.121 | -1.204 | -1.215 | -1.172 |
| 0.80 | -0.003 | -0.014 | -0.029 | -0.059 | -0.264 | -0.426 | -0.537 | -0.619 | -0.684 | -0.760 | -0.851 | -0.958 | -1.046 | -1.062 | -1.026 |
| 0.85 | -0.002 | -0.012 | -0.024 | -0.049 | -0.123 | -0.285 | -0.396 | -0.479 | -0.544 | -0.620 | -0.711 | -0.820 | -0.911 | -0.930 | -0.901 |
| 0.90 | -0.002 | -0.010 | -0.020 | -0.041 | -0.086 | -0.166 | -0.276 | -0.359 | -0.424 | -0.500 | -0.591 | -0.700 | -0.794 | -0.817 | -0.793 |
| 0.93 | -0.002 | -0.009 | -0.018 | -0.037 | -0.077 | -0.122 | -0.214 | -0.296 | -0.361 | -0.437 | -0.527 | -0.637 | -0.732 | -0.756 | -0.735 |
| 0.95 | -0.002 | -0.008 | -0.017 | -0.035 | -0.072 | -0.113 | -0.176 | -0.258 | -0.322 | -0.398 | -0.488 | -0.598 | -0.693 | -0.719 | -0.699 |
| 0.97 | -0.002 | -0.008 | -0.016 | -0.033 | -0.067 | -0.105 | -0.148 | -0.223 | -0.287 | -0.362 | -0.452 | -0.561 | -0.657 | -0.683 | -0.665 |
| 0.98 | -0.002 | -0.008 | -0.016 | -0.032 | -0.065 | -0.101 | -0.142 | -0.206 | -0.270 | -0.344 | -0.434 | -0.543 | -0.639 | -0.666 | -0.649 |
| 0.99 | -0.001 | -0.007 | -0.015 | -0.031 | -0.063 | -0.098 | -0.137 | -0.191 | -0.254 | -0.328 | -0.417 | -0.526 | -0.622 | -0.649 | -0.633 |
| 1.00 | -0.001 | -0.007 | -0.015 | -0.030 | -0.061 | -0.095 | -0.132 | -0.176 | -0.238 | -0.312 | -0.401 | -0.509 | -0.605 | -0.633 | -0.617 |
| 1.01 | -0.001 | -0.007 | -0.014 | -0.029 | -0.059 | -0.091 | -0.127 | -0.168 | -0.224 | -0.297 | -0.385 | -0.493 | -0.589 | -0.617 | -0.602 |
| 1.02 | -0.001 | -0.007 | -0.014 | -0.028 | -0.057 | -0.088 | -0.122 | -0.161 | -0.210 | -0.282 | -0.370 | -0.477 | -0.573 | -0.601 | -0.588 |
| 1.05 | -0.001 | -0.006 | -0.013 | -0.025 | -0.052 | -0.080 | -0.110 | -0.143 | -0.180 | -0.242 | -0.327 | -0.433 | -0.529 | -0.557 | -0.546 |
| 1.10 | -0.001 | -0.005 | -0.011 | -0.022 | -0.045 | -0.069 | -0.093 | -0.120 | -0.148 | -0.193 | -0.267 | -0.368 | -0.462 | -0.491 | -0.482 |
| 1.15 | -0.001 | -0.005 | -0.009 | -0.019 | -0.039 | -0.059 | -0.080 | -0.102 | -0.125 | -0.160 | -0.220 | -0.312 | -0.403 | -0.433 | -0.426 |
| 1.20 | -0.001 | -0.004 | -0.008 | -0.017 | -0.034 | -0.051 | -0.069 | -0.088 | -0.106 | -0.135 | -0.184 | -0.266 | -0.352 | -0.382 | -0.377 |

续表

| $T_r$ | 0.010 | 0.050 | 0.100 | 0.200 | 0.400 | 0.600 | 0.800 | 1.000 | 1.200 | 1.500 | 2.000 | 3.000 | 5.000 | 7.000 | 10.000 |
|---|---|---|---|---|---|---|---|---|---|---|---|---|---|---|---|
| 1.30 | -0.001 | -0.003 | -0.006 | -0.013 | -0.026 | -0.039 | -0.052 | -0.066 | -0.080 | -0.100 | -0.134 | -0.195 | -0.269 | -0.296 | -0.293 |
| 1.40 | -0.001 | -0.003 | -0.005 | -0.010 | -0.020 | -0.030 | -0.040 | -0.051 | -0.061 | -0.076 | -0.101 | -0.146 | -0.205 | -0.229 | -0.226 |
| 1.50 | -0.000 | -0.002 | -0.004 | -0.008 | -0.016 | -0.024 | -0.032 | -0.039 | -0.047 | -0.059 | -0.077 | -0.111 | -0.157 | -0.176 | -0.173 |
| 1.60 | -0.000 | -0.002 | -0.003 | -0.006 | -0.012 | -0.019 | -0.025 | -0.031 | -0.037 | -0.046 | -0.060 | -0.085 | -0.120 | -0.135 | -0.129 |
| 1.70 | -0.000 | -0.001 | -0.002 | -0.005 | -0.010 | -0.015 | -0.020 | -0.024 | -0.029 | -0.036 | -0.046 | -0.065 | -0.092 | -0.102 | -0.094 |
| 1.80 | -0.000 | -0.001 | -0.002 | -0.004 | -0.008 | -0.012 | -0.015 | -0.019 | -0.023 | -0.028 | -0.036 | -0.050 | -0.069 | -0.075 | -0.066 |
| 1.90 | -0.000 | -0.001 | -0.002 | -0.003 | -0.006 | -0.009 | -0.012 | -0.015 | -0.018 | -0.022 | -0.028 | -0.038 | -0.052 | -0.054 | -0.043 |
| 2.00 | -0.000 | -0.001 | -0.001 | -0.002 | -0.005 | -0.007 | -0.009 | -0.012 | -0.014 | -0.017 | -0.021 | -0.029 | -0.037 | -0.037 | -0.024 |
| 2.20 | -0.000 | -0.000 | -0.001 | -0.001 | -0.003 | -0.004 | -0.005 | -0.007 | -0.008 | -0.009 | -0.012 | -0.015 | -0.017 | -0.012 | -0.004 |
| 2.40 | -0.000 | -0.000 | -0.000 | -0.001 | -0.001 | -0.002 | -0.003 | -0.003 | -0.004 | -0.004 | -0.005 | -0.006 | -0.003 | -0.005 | 0.024 |
| 2.60 | -0.000 | -0.000 | -0.000 | -0.000 | -0.000 | -0.001 | -0.001 | -0.001 | -0.001 | -0.001 | -0.001 | 0.001 | 0.007 | 0.017 | 0.037 |
| 2.80 | 0.000 | 0.000 | 0.000 | 0.000 | 0.000 | 0.000 | 0.001 | 0.001 | 0.001 | 0.002 | 0.003 | 0.005 | 0.014 | 0.025 | 0.046 |
| 3.00 | 0.000 | 0.000 | 0.000 | 0.000 | 0.001 | 0.001 | 0.002 | 0.002 | 0.003 | 0.003 | 0.005 | 0.009 | 0.018 | 0.031 | 0.053 |
| 3.50 | 0.000 | 0.000 | 0.000 | 0.001 | 0.001 | 0.002 | 0.003 | 0.004 | 0.005 | 0.006 | 0.008 | 0.013 | 0.025 | 0.038 | 0.061 |
| 4.00 | 0.000 | 0.000 | 0.000 | 0.001 | 0.002 | 0.003 | 0.004 | 0.005 | 0.006 | 0.007 | 0.010 | 0.016 | 0.028 | 0.041 | 0.064 |

表 D2　$\left[\lg\left(\dfrac{f}{p}\right)\right]^1 = (\lg\varphi)^1$ 值

| $T_r$ | 0.010 | 0.050 | 0.100 | 0.200 | 0.400 | 0.600 | 0.800 | 1.000 | 1.200 | 1.500 | 2.000 | 3.000 | 5.000 | 7.000 | 10.000 |
|---|---|---|---|---|---|---|---|---|---|---|---|---|---|---|---|
| 0.30 | -8.779 | -8.780 | -8.782 | -8.785 | -8.792 | -8.799 | -8.806 | -8.813 | -8.820 | -8.831 | -8.846 | -8.883 | -8.953 | -9.022 | -9.126 |
| 0.35 | -6.526 | -6.528 | -6.530 | -6.534 | -6.542 | -6.550 | -6.558 | -6.566 | -6.574 | -6.586 | -6.606 | -6.645 | -6.724 | -6.802 | -6.919 |
| 0.40 | -4.912 | -4.914 | -4.916 | -4.920 | -4.928 | -4.936 | -4.945 | -4.953 | -4.961 | -4.973 | -4.994 | -5.034 | -5.115 | -5.194 | -5.312 |
| 0.45 | -3.726 | -3.727 | -3.729 | -3.734 | -3.742 | -3.750 | -3.758 | -3.766 | -3.774 | -3.786 | -3.806 | -3.846 | -3.924 | -4.001 | -4.115 |
| 0.50 | -2.838 | -2.839 | -2.841 | -2.845 | -2.853 | -2.861 | -2.868 | -2.876 | -2.884 | -2.896 | -2.915 | -2.953 | -3.027 | -3.101 | -3.208 |
| 0.55 | -0.013 | -2.164 | -2.166 | -2.170 | -2.177 | -2.184 | -2.192 | -2.199 | -2.207 | -2.218 | -2.236 | -2.272 | -2.342 | -2.411 | -2.510 |
| 0.60 | -0.009 | -1.644 | -1.646 | -1.650 | -1.657 | -1.664 | -1.671 | -1.678 | -1.685 | -1.695 | -1.712 | -1.746 | -1.812 | -1.875 | -1.967 |
| 0.65 | -0.006 | -0.031 | -1.241 | -1.245 | -1.252 | -1.258 | -1.265 | -1.272 | -1.278 | -1.288 | -1.304 | -1.336 | -1.397 | -1.456 | -1.540 |
| 0.70 | -0.004 | -0.021 | -0.044 | -0.927 | -0.933 | -0.940 | -0.946 | -0.952 | -0.959 | -0.968 | -0.983 | -1.013 | -1.069 | -1.123 | -1.201 |
| 0.75 | -0.003 | -0.014 | -0.030 | -0.675 | -0.682 | -0.688 | -0.694 | -0.700 | -0.705 | -0.714 | -0.728 | -0.756 | -0.809 | -0.858 | -0.929 |

续表

| $T_r$ | \multicolumn{15}{c}{$p_r$} |
| --- | --- | --- | --- | --- | --- | --- | --- | --- | --- | --- | --- | --- | --- | --- | --- |
| | 0.010 | 0.050 | 0.100 | 0.200 | 0.400 | 0.600 | 0.800 | 1.000 | 1.200 | 1.500 | 2.000 | 3.000 | 5.000 | 7.000 | 10.000 |
| 0.80 | −0.002 | −0.010 | −0.020 | −0.043 | −0.481 | −0.487 | −0.493 | −0.498 | −0.504 | −0.512 | −0.526 | −0.551 | −0.600 | −0.645 | −0.709 |
| 0.85 | −0.001 | −0.006 | −0.013 | −0.028 | −0.321 | −0.327 | −0.332 | −0.338 | −0.343 | −0.351 | −0.364 | −0.388 | −0.432 | −0.473 | −0.530 |
| 0.90 | −0.001 | −0.004 | −0.009 | −0.018 | −0.039 | −0.199 | −0.204 | −0.210 | −0.215 | −0.222 | −0.234 | −0.256 | −0.296 | −0.333 | −0.384 |
| 0.93 | −0.001 | −0.003 | −0.007 | −0.013 | −0.029 | −0.048 | −0.141 | −0.146 | −0.151 | −0.158 | −0.170 | −0.191 | −0.228 | −0.262 | −0.310 |
| 0.95 | −0.001 | −0.003 | −0.005 | −0.011 | −0.023 | −0.037 | −0.103 | −0.108 | −0.114 | −0.121 | −0.132 | −0.151 | −0.187 | −0.219 | −0.265 |
| 0.97 | −0.000 | −0.002 | −0.004 | −0.009 | −0.018 | −0.029 | −0.042 | −0.075 | −0.080 | −0.087 | −0.097 | −0.116 | −0.150 | −0.180 | −0.223 |
| 0.98 | −0.000 | −0.002 | −0.004 | −0.008 | −0.016 | −0.025 | −0.035 | −0.059 | −0.064 | −0.071 | −0.081 | −0.099 | −0.132 | −0.162 | −0.203 |
| 0.99 | −0.000 | −0.002 | −0.003 | −0.007 | −0.014 | −0.021 | −0.030 | −0.044 | −0.050 | −0.056 | −0.066 | −0.084 | −0.115 | −0.144 | −0.184 |
| 1.00 | −0.000 | −0.001 | −0.003 | −0.006 | −0.012 | −0.018 | −0.025 | −0.031 | −0.036 | −0.042 | −0.052 | −0.069 | −0.099 | −0.127 | −0.166 |
| 1.01 | −0.000 | −0.001 | −0.003 | −0.005 | −0.010 | −0.016 | −0.021 | −0.024 | −0.024 | −0.030 | −0.038 | −0.054 | −0.084 | −0.111 | −0.149 |
| 1.02 | −0.000 | −0.001 | −0.002 | −0.004 | −0.009 | −0.013 | −0.017 | −0.019 | −0.015 | −0.018 | −0.026 | −0.041 | −0.069 | −0.095 | −0.132 |
| 1.05 | −0.000 | −0.001 | −0.001 | −0.002 | −0.005 | −0.006 | −0.007 | −0.007 | −0.002 | 0.008 | 0.007 | −0.005 | −0.029 | −0.052 | −0.085 |
| 1.10 | −0.000 | −0.000 | 0.000 | 0.000 | 0.001 | 0.002 | 0.004 | 0.007 | 0.012 | 0.025 | 0.041 | 0.042 | 0.026 | 0.008 | −0.019 |
| 1.15 | 0.000 | 0.000 | 0.001 | 0.002 | 0.005 | 0.008 | 0.011 | 0.016 | 0.022 | 0.034 | 0.056 | 0.074 | 0.069 | 0.057 | 0.036 |
| 1.20 | 0.000 | 0.001 | 0.002 | 0.003 | 0.007 | 0.012 | 0.017 | 0.023 | 0.029 | 0.041 | 0.064 | 0.093 | 0.102 | 0.096 | 0.081 |
| 1.30 | 0.000 | 0.001 | 0.003 | 0.005 | 0.011 | 0.017 | 0.023 | 0.030 | 0.038 | 0.049 | 0.071 | 0.109 | 0.142 | 0.150 | 0.148 |
| 1.40 | 0.000 | 0.002 | 0.003 | 0.006 | 0.013 | 0.020 | 0.027 | 0.034 | 0.041 | 0.053 | 0.074 | 0.112 | 0.161 | 0.181 | 0.191 |
| 1.50 | 0.000 | 0.002 | 0.003 | 0.007 | 0.014 | 0.021 | 0.028 | 0.036 | 0.043 | 0.055 | 0.074 | 0.112 | 0.167 | 0.197 | 0.218 |
| 1.60 | 0.000 | 0.002 | 0.003 | 0.007 | 0.014 | 0.021 | 0.029 | 0.036 | 0.043 | 0.055 | 0.074 | 0.110 | 0.167 | 0.204 | 0.234 |
| 1.70 | 0.000 | 0.002 | 0.004 | 0.007 | 0.014 | 0.021 | 0.029 | 0.036 | 0.043 | 0.054 | 0.072 | 0.107 | 0.165 | 0.205 | 0.242 |
| 1.80 | 0.000 | 0.002 | 0.003 | 0.007 | 0.014 | 0.021 | 0.028 | 0.035 | 0.042 | 0.053 | 0.070 | 0.104 | 0.161 | 0.203 | 0.246 |
| 1.90 | 0.000 | 0.002 | 0.003 | 0.007 | 0.014 | 0.021 | 0.028 | 0.034 | 0.041 | 0.052 | 0.068 | 0.101 | 0.157 | 0.200 | 0.246 |
| 2.00 | 0.000 | 0.002 | 0.003 | 0.007 | 0.013 | 0.020 | 0.027 | 0.034 | 0.040 | 0.050 | 0.066 | 0.097 | 0.152 | 0.196 | 0.244 |
| 2.20 | 0.000 | 0.002 | 0.003 | 0.006 | 0.013 | 0.019 | 0.025 | 0.032 | 0.038 | 0.047 | 0.062 | 0.091 | 0.143 | 0.186 | 0.236 |
| 2.40 | 0.000 | 0.002 | 0.003 | 0.006 | 0.012 | 0.018 | 0.024 | 0.030 | 0.036 | 0.044 | 0.058 | 0.086 | 0.134 | 0.176 | 0.227 |
| 2.60 | 0.000 | 0.001 | 0.003 | 0.006 | 0.011 | 0.017 | 0.023 | 0.028 | 0.034 | 0.042 | 0.055 | 0.080 | 0.127 | 0.167 | 0.217 |
| 2.80 | 0.000 | 0.001 | 0.003 | 0.005 | 0.011 | 0.016 | 0.021 | 0.027 | 0.032 | 0.039 | 0.052 | 0.076 | 0.120 | 0.158 | 0.208 |
| 3.00 | 0.000 | 0.001 | 0.003 | 0.005 | 0.010 | 0.015 | 0.020 | 0.025 | 0.030 | 0.037 | 0.049 | 0.072 | 0.114 | 0.151 | 0.199 |
| 3.50 | 0.000 | 0.001 | 0.002 | 0.004 | 0.009 | 0.013 | 0.018 | 0.022 | 0.026 | 0.033 | 0.043 | 0.063 | 0.101 | 0.134 | 0.179 |
| 4.00 | 0.000 | 0.001 | 0.002 | 0.004 | 0.008 | 0.012 | 0.016 | 0.020 | 0.023 | 0.029 | 0.038 | 0.057 | 0.090 | 0.121 | 0.163 |

# 附录四　水蒸气表

**表 A　饱和水及饱和蒸汽表**（按温度排列）$[v$，$cm^3/g$；$U$，$kJ/kg$；$H$，$kJ/kg$；$S$，$kJ/(kg \cdot K)]$

| 温度 $T$ /℃ | 压力 $p \times 10^{-5}/Pa$ | 比　容 | | 内　能 | | 焓 | | | 熵 | |
|---|---|---|---|---|---|---|---|---|---|---|
| | | 饱和液体 $v_f$ | 饱和蒸汽 $v_g$ | 饱和液体 $U_f$ | 饱和蒸汽 $U_g$ | 饱和液体 $H_f$ | 潜　热 $H_{fg}$ | 饱和蒸汽 $H_g$ | 饱和液体 $S_f$ | 饱和蒸汽 $S_g$ |
| 0 | 0.00611 | 1.0002 | 206278 | −0.03 | 2375.4 | −0.02 | 2501.4 | 2501.3 | 0.0001 | 9.1565 |
| 5 | 0.00872 | 1.0001 | 147120 | 20.97 | 2382.3 | 20.98 | 2489.6 | 2510.6 | 0.0761 | 9.0257 |
| 10 | 0.01228 | 1.0004 | 106379 | 42.00 | 2389.2 | 42.01 | 2477.7 | 2519.8 | 0.1510 | 8.9008 |
| 15 | 0.01705 | 1.0009 | 77926 | 62.99 | 2396.1 | 62.99 | 2465.9 | 2528.9 | 0.2245 | 8.7814 |
| 20 | 0.02339 | 1.0018 | 57791 | 83.95 | 2402.9 | 83.96 | 2454.1 | 2538.1 | 0.2966 | 8.6672 |
| 25 | 0.08169 | 1.0029 | 43360 | 104.88 | 2409.8 | 104.89 | 2442.3 | 2547.2 | 0.3674 | 8.5580 |
| 30 | 0.04246 | 1.0043 | 32894 | 125.78 | 2416.6 | 125.79 | 2430.5 | 2556.3 | 0.4369 | 8.4533 |
| 35 | 0.05628 | 1.0060 | 25216 | 146.67 | 2423.4 | 146.68 | 2418.6 | 2565.3 | 0.5053 | 8.3531 |
| 40 | 0.07384 | 1.0078 | 19523 | 167.56 | 2430.1 | 167.57 | 2406.7 | 2574.3 | 0.5725 | 8.2570 |
| 45 | 0.09593 | 1.0099 | 15258 | 188.44 | 2436.8 | 188.45 | 2394.8 | 2583.2 | 0.6387 | 8.1648 |
| 50 | 0.1235 | 1.0121 | 12032 | 209.32 | 2443.5 | 209.33 | 2382.7 | 2592.1 | 0.7038 | 8.0763 |
| 55 | 0.1576 | 1.0146 | 9568 | 230.21 | 2450.1 | 230.23 | 2370.7 | 2600.9 | 0.7679 | 7.9913 |
| 60 | 0.1994 | 1.0172 | 7671 | 251.11 | 2456.6 | 251.13 | 2358.5 | 2609.6 | 0.8312 | 7.9096 |
| 65 | 0.2503 | 1.0199 | 6197 | 272.02 | 2463.1 | 272.06 | 2346.2 | 2618.3 | 0.8935 | 7.8310 |
| 70 | 0.3119 | 1.0228 | 5042 | 292.95 | 2469.6 | 292.98 | 2333.8 | 2626.8 | 0.9549 | 7.7553 |
| 75 | 0.3858 | 1.0259 | 4131 | 313.90 | 2475.9 | 313.93 | 2321.4 | 2635.3 | 1.0155 | 7.6824 |
| 80 | 0.4739 | 1.0291 | 3407 | 334.86 | 2482.2 | 334.91 | 2308.8 | 2643.7 | 1.0753 | 7.6122 |
| 85 | 0.5783 | 1.0325 | 2828 | 355.84 | 2488.4 | 355.90 | 2296.0 | 2651.9 | 1.1343 | 7.5445 |
| 90 | 0.7014 | 1.0360 | 2361 | 376.85 | 2494.5 | 376.92 | 2283.2 | 2660.1 | 1.1925 | 7.4791 |
| 95 | 0.8455 | 1.0397 | 1982 | 397.88 | 2500.6 | 397.96 | 2270.2 | 2668.1 | 1.2500 | 7.4159 |
| 100 | 1.014 | 1.0435 | 1673.0 | 418.94 | 2506.5 | 419.04 | 2257.0 | 2676.1 | 1.3069 | 7.3549 |
| 110 | 1.433 | 1.0516 | 1210.0 | 461.14 | 2518.1 | 461.30 | 2230.2 | 2691.5 | 1.4185 | 7.2387 |
| 120 | 1.985 | 1.0603 | 891.9 | 503.50 | 2529.3 | 503.71 | 2202.6 | 2706.3 | 1.5276 | 7.1296 |
| 130 | 2.701 | 1.0697 | 668.5 | 546.02 | 2539.9 | 546.31 | 2174.2 | 2720.5 | 1.6344 | 7.0269 |
| 140 | 3.613 | 1.0797 | 508.9 | 588.74 | 2550.0 | 589.13 | 2144.7 | 2733.9 | 1.7391 | 6.9299 |
| 150 | 4.758 | 1.0905 | 392.8 | 631.68 | 2559.5 | 632.20 | 2114.3 | 2746.5 | 1.8418 | 6.8379 |
| 160 | 6.178 | 1.1020 | 307.1 | 674.86 | 2568.4 | 675.55 | 2082.6 | 2758.1 | 1.9427 | 6.7502 |
| 170 | 7.917 | 1.1143 | 242.8 | 718.33 | 2576.5 | 719.21 | 2049.5 | 2768.7 | 2.0419 | 6.6663 |
| 180 | 10.02 | 1.1274 | 194.1 | 762.09 | 2583.7 | 763.22 | 2015.0 | 2778.2 | 2.1396 | 6.5857 |
| 190 | 12.54 | 1.1414 | 156.5 | 806.19 | 2590.0 | 807.62 | 1978.8 | 2786.4 | 2.2359 | 6.5079 |
| 200 | 15.54 | 1.1565 | 127.4 | 850.65 | 2595.3 | 852.45 | 1940.7 | 2793.2 | 2.3309 | 6.4323 |
| 210 | 19.06 | 1.1726 | 104.4 | 895.53 | 2599.5 | 897.76 | 1900.7 | 2798.5 | 2.4248 | 6.3585 |
| 220 | 23.18 | 1.1900 | 86.19 | 940.87 | 2602.4 | 943.62 | 1858.5 | 2802.1 | 2.5178 | 6.2861 |
| 230 | 27.95 | 1.2088 | 71.58 | 986.74 | 2603.9 | 990.12 | 1813.8 | 2804.0 | 2.6099 | 6.2146 |
| 240 | 33.44 | 1.2291 | 59.76 | 1033.2 | 2604.0 | 1037.3 | 1766.5 | 2803.8 | 2.7015 | 6.1437 |
| 250 | 39.73 | 1.2512 | 50.13 | 1080.4 | 2602.4 | 1085.4 | 1716.2 | 2801.5 | 2.7927 | 6.0730 |
| 260 | 46.88 | 1.2755 | 42.21 | 1128.4 | 2599.0 | 1134.4 | 1662.5 | 2796.9 | 2.8838 | 6.0019 |
| 270 | 54.99 | 1.3023 | 35.64 | 1177.4 | 2593.7 | 1184.5 | 1605.2 | 2789.7 | 2.9751 | 5.9301 |
| 280 | 64.12 | 1.3321 | 30.17 | 1227.5 | 2586.1 | 1236.0 | 1543.6 | 2779.6 | 3.0668 | 5.8571 |
| 290 | 74.36 | 1.3656 | 25.57 | 1278.9 | 2576.0 | 1289.1 | 1477.1 | 2766.2 | 3.1594 | 5.7821 |
| 300 | 85.81 | 1.4036 | 21.67 | 1332.0 | 2563.0 | 1344.0 | 1404.9 | 2749.0 | 3.2534 | 5.7045 |
| 320 | 112.7 | 1.4988 | 15.49 | 1444.6 | 2525.5 | 1461.5 | 1238.6 | 2700.1 | 3.4480 | 5.5362 |
| 340 | 145.9 | 1.6379 | 10.80 | 1570.3 | 2464.6 | 1594.2 | 1027.9 | 2622.0 | 3.6594 | 5.3357 |
| 360 | 186.5 | 1.8925 | 6.945 | 1725.2 | 2351.5 | 1760.5 | 720.5 | 2481.0 | 3.9147 | 5.0526 |
| 374.14 | 220.9 | 3.155 | 3.155 | 2029.6 | 2029.6 | 2099.3 | 0 | 2099.3 | 4.4298 | 4.4298 |

**表 B　饱和水和饱和蒸汽表**（按压力排列）[$v$，cm³/g；$U$，kJ/kg；$H$，kJ/kg；$S$，kJ/(kg·K)]

| 压力 $p×$ 10⁻⁵/Pa | 温度 $T$ /℃ | 比　容 | | 内　能 | | 焓 | | | 熵 | |
|---|---|---|---|---|---|---|---|---|---|---|
| | | 饱和液体 $v_f$ | 饱和蒸汽 $v_g$ | 饱和液体 $U_f$ | 饱和蒸汽 $U_g$ | 饱和液体 $H_f$ | 潜　热 $H_{fg}$ | 饱和蒸汽 $H_g$ | 饱和液体 $S_f$ | 饱和蒸汽 $S_g$ |
| 0.040 | 28.96 | 1.0040 | 34800 | 121.45 | 2415.2 | 121.46 | 2432.9 | 2554.4 | 0.4226 | 8.4746 |
| 0.060 | 36.16 | 1.0064 | 23739 | 151.53 | 2425.0 | 151.53 | 2415.9 | 2567.4 | 0.5210 | 8.3304 |
| 0.080 | 41.51 | 1.0084 | 18103 | 173.87 | 2432.2 | 173.88 | 2403.1 | 2577.0 | 0.5926 | 8.2287 |
| 0.10 | 45.81 | 1.0102 | 14674 | 191.82 | 2437.9 | 191.83 | 2392.8 | 2584.7 | 0.6493 | 8.1502 |
| 0.20 | 60.06 | 1.0172 | 7649.0 | 251.38 | 2456.7 | 251.40 | 2358.3 | 2609.7 | 0.8320 | 7.9085 |
| 0.30 | 69.10 | 1.0223 | 5229.0 | 289.20 | 2468.4 | 289.23 | 2336.1 | 2625.3 | 0.9439 | 7.7686 |
| 0.40 | 75.87 | 1.0265 | 3993.0 | 317.53 | 2477.0 | 317.58 | 2319.2 | 2636.8 | 1.0259 | 7.6700 |
| 0.50 | 81.33 | 1.0300 | 3240.0 | 340.44 | 2483.9 | 340.49 | 2305.4 | 2645.9 | 1.0910 | 7.5939 |
| 0.60 | 85.94 | 1.0331 | 2732.0 | 359.79 | 2489.6 | 359.86 | 2293.6 | 2653.5 | 1.1453 | 7.5320 |
| 0.70 | 89.95 | 1.0360 | 2365.0 | 376.63 | 2494.5 | 376.70 | 2283.3 | 2660.0 | 1.1919 | 7.4797 |
| 0.80 | 93.50 | 1.0380 | 2087.0 | 391.58 | 2498.8 | 391.66 | 2274.1 | 2665.8 | 1.2329 | 7.4346 |
| 0.90 | 96.71 | 1.0410 | 1869.0 | 405.06 | 2502.6 | 405.15 | 2265.7 | 2670.9 | 1.2695 | 7.3949 |
| 1.00 | 99.63 | 1.0432 | 1694.0 | 417.36 | 2506.1 | 417.46 | 2258.0 | 2675.5 | 1.3026 | 7.3594 |
| 1.50 | 111.4 | 1.0528 | 1159.0 | 466.94 | 2519.7 | 467.11 | 2226.5 | 2693.6 | 1.4336 | 7.2233 |
| 2.00 | 120.2 | 1.0605 | 885.7 | 504.49 | 2529.5 | 504.70 | 2201.9 | 2706.7 | 1.5301 | 7.1271 |
| 2.50 | 127.4 | 1.0672 | 718.7 | 535.10 | 2537.2 | 535.37 | 2181.5 | 2716.9 | 1.6072 | 7.0527 |
| 3.00 | 133.6 | 1.0732 | 605.8 | 561.15 | 2543.6 | 561.47 | 2163.8 | 2725.3 | 1.6718 | 6.9919 |
| 3.50 | 138.9 | 1.0786 | 524.3 | 583.95 | 2548.9 | 584.33 | 2148.1 | 2732.4 | 1.7275 | 6.9405 |
| 4.00 | 143.6 | 1.0836 | 462.5 | 604.31 | 2553.6 | 604.74 | 2133.8 | 2738.6 | 1.7766 | 6.8959 |
| 4.50 | 147.9 | 1.0882 | 414.0 | 622.77 | 2557.6 | 623.25 | 2120.7 | 2743.9 | 1.8207 | 6.8565 |
| 5.00 | 151.9 | 1.0926 | 374.9 | 639.68 | 2561.2 | 640.23 | 2108.5 | 2748.7 | 1.8607 | 6.8213 |
| 6.00 | 158.9 | 1.1006 | 315.7 | 669.90 | 2567.4 | 670.56 | 2086.3 | 2756.8 | 1.9312 | 6.7600 |
| 7.00 | 165.0 | 1.1080 | 272.9 | 696.44 | 2572.5 | 697.22 | 2066.3 | 2763.5 | 1.9922 | 6.7080 |
| 8.00 | 170.4 | 1.1148 | 240.4 | 720.22 | 2576.8 | 721.11 | 2048.0 | 2769.1 | 2.0462 | 6.6628 |
| 9.00 | 175.4 | 1.1212 | 215.0 | 741.83 | 2580.5 | 742.83 | 2031.1 | 2773.9 | 2.0946 | 6.6226 |
| 10.0 | 179.9 | 1.1273 | 194.4 | 761.68 | 2583.6 | 762.81 | 2015.3 | 2778.1 | 2.1387 | 6.5863 |
| 15.0 | 198.3 | 1.1539 | 131.8 | 843.16 | 2594.5 | 844.89 | 1947.3 | 2792.2 | 2.3150 | 6.4448 |
| 20.0 | 212.4 | 1.1767 | 99.63 | 906.44 | 2600.3 | 908.79 | 1890.7 | 2799.5 | 2.4474 | 6.3409 |
| 25.0 | 224.0 | 1.1973 | 79.98 | 959.11 | 2603.1 | 962.11 | 1841.0 | 2803.1 | 2.5547 | 6.2575 |
| 30.0 | 233.9 | 1.2165 | 66.68 | 1004.8 | 2604.1 | 1008.4 | 1795.7 | 2804.2 | 2.6457 | 6.1869 |
| 35.0 | 242.6 | 1.2347 | 57.07 | 1045.4 | 2603.7 | 1049.8 | 1753.7 | 2803.4 | 2.7253 | 6.1253 |
| 40.0 | 250.4 | 1.2522 | 49.78 | 1082.3 | 2602.3 | 1087.3 | 1714.1 | 2801.4 | 2.7964 | 6.0701 |
| 45.0 | 257.5 | 1.2692 | 44.06 | 1116.2 | 2600.1 | 1121.9 | 1676.4 | 2798.3 | 2.8610 | 6.0199 |
| 50.0 | 264.0 | 1.2859 | 39.44 | 1147.8 | 2597.1 | 1154.2 | 1640.1 | 2794.3 | 2.9202 | 5.9734 |
| 60.0 | 275.6 | 1.3187 | 32.44 | 1205.4 | 2589.7 | 1213.4 | 1571.0 | 2784.3 | 3.0267 | 5.8892 |
| 70.0 | 285.9 | 1.3513 | 27.37 | 1257.6 | 2580.5 | 1267.0 | 1505.1 | 2772.1 | 3.1211 | 5.8133 |
| 80.0 | 295.1 | 1.3842 | 23.52 | 1305.6 | 2569.8 | 1316.6 | 1441.3 | 2758.0 | 3.2068 | 5.7432 |
| 90.0 | 303.4 | 1.4178 | 20.48 | 1350.5 | 2557.8 | 1363.3 | 1378.9 | 2742.1 | 3.2858 | 5.6772 |
| 100.0 | 311.1 | 1.4524 | 18.03 | 1393.0 | 2544.4 | 1407.6 | 1317.1 | 2724.7 | 3.3596 | 5.6141 |
| 110.0 | 318.2 | 1.4886 | 15.99 | 1433.7 | 2529.8 | 1450.1 | 1255.5 | 2705.6 | 3.4295 | 5.5527 |
| 120.0 | 324.8 | 1.5267 | 14.26 | 1473.0 | 2513.7 | 1491.3 | 1193.6 | 2684.9 | 3.4962 | 5.4924 |
| 130.0 | 330.9 | 1.5671 | 12.78 | 1511.1 | 2496.1 | 1531.5 | 1130.7 | 2662.2 | 3.5606 | 5.4323 |
| 140.0 | 336.8 | 1.6107 | 11.49 | 1548.6 | 2476.8 | 1571.1 | 1066.5 | 2637.6 | 3.6232 | 5.3717 |
| 150.0 | 342.2 | 1.6581 | 10.34 | 1585.6 | 2455.5 | 1610.5 | 1000.0 | 2610.5 | 3.6848 | 5.3098 |
| 160.0 | 347.4 | 1.7107 | 9.306 | 1622.7 | 2431.7 | 1650.1 | 930.6 | 2580.6 | 3.7461 | 5.2455 |
| 170.0 | 352.4 | 1.7702 | 8.364 | 1660.2 | 2405.0 | 1690.3 | 856.9 | 2547.2 | 3.8079 | 5.1777 |
| 180.0 | 357.1 | 1.8397 | 7.489 | 1698.9 | 2374.3 | 1732.0 | 777.1 | 2509.1 | 3.8715 | 5.1044 |
| 190.0 | 361.5 | 1.9243 | 6.657 | 1739.9 | 2338.1 | 1776.5 | 688.0 | 2464.5 | 3.9388 | 5.0228 |
| 200.0 | 365.8 | 2.036 | 5.834 | 1785.6 | 2293.0 | 1826.3 | 583.4 | 2409.7 | 4.0139 | 4.9269 |
| 220.9 | 374.1 | 3.155 | 3.155 | 2029.6 | 2029.6 | 2099.3 | 0 | 2099.3 | 4.4298 | 4.4298 |

**表C 过热水蒸气表** [$v$，$cm^3/g$；$U$，kJ/kg；$H$，kJ/kg；$S$，kJ/(kg·K)]

| 温度/℃ | $v$ | $U$ | $H$ | $S$ | $v$ | $U$ | $H$ | $S$ |
|---|---|---|---|---|---|---|---|---|
| | $0.06\times10^5$Pa(36.16℃) | | | | $0.35\times10^5$Pa(72.69℃) | | | |
| 饱和蒸汽 | 23739 | 2425.0 | 2546.4 | 8.3304 | 4526.0 | 2473.0 | 2631.4 | 7.7153 |
| 80 | 27132 | 2487.3 | 2650.1 | 8.5804 | 4625.0 | 2483.7 | 2645.6 | 7.7564 |
| 120 | 30219 | 2544.7 | 2726.0 | 8.7840 | 5163.0 | 2542.4 | 2723.1 | 7.9644 |
| 160 | 33302 | 2602.7 | 2802.5 | 8.9693 | 5696.0 | 2601.2 | 2800.6 | 8.1519 |
| 200 | 36383 | 2661.4 | 2879.7 | 9.1398 | 6228.0 | 2660.4 | 2878.4 | 8.3237 |
| 240 | 39462 | 2721.0 | 2957.8 | 9.2982 | 6758.0 | 2720.3 | 2956.8 | 8.4828 |
| 280 | 42540 | 2781.5 | 3036.8 | 9.4464 | 7287.0 | 2780.9 | 3036.0 | 8.6314 |
| 320 | 45618 | 2843.0 | 3116.7 | 9.5859 | 7815.0 | 2842.5 | 3116.1 | 8.7712 |
| 360 | 48696 | 2905.5 | 3197.7 | 9.7180 | 8344.0 | 2905.1 | 3197.1 | 8.9034 |
| 400 | 51774 | 2969.0 | 3279.6 | 9.8435 | 8872.0 | 2968.6 | 3279.2 | 9.0291 |
| 440 | 54851 | 3033.5 | 3362.6 | 9.9633 | 9400.0 | 3033.2 | 3362.2 | 9.1490 |
| 500 | 59467 | 3132.3 | 3489.1 | 10.134 | 10192.0 | 3132.1 | 3488.8 | 9.3194 |
| | $0.70\times10^5$Pa(89.95℃) | | | | $1.0\times10^5$Pa(99.63℃) | | | |
| 饱和蒸汽 | 2365.0 | 2494.5 | 2660.0 | 7.4797 | 1694.0 | 2506.1 | 2675.5 | 7.3594 |
| 100 | 2434.0 | 2509.7 | 2680.0 | 7.5341 | 1696.0 | 2506.7 | 2676.2 | 7.3614 |
| 120 | 2571.0 | 2539.7 | 2719.6 | 7.6375 | 1793.0 | 2537.3 | 2716.6 | 7.4668 |
| 160 | 2841.0 | 2599.4 | 2798.2 | 7.8279 | 1984.0 | 2597.8 | 2796.2 | 7.6597 |
| 200 | 3108.0 | 2659.1 | 2876.7 | 8.0012 | 2172.0 | 2658.1 | 2875.3 | 7.8343 |
| 240 | 3374.0 | 2719.3 | 2955.5 | 8.1611 | 2359.0 | 2718.5 | 2954.5 | 7.9949 |
| 280 | 3640.0 | 2780.2 | 3035.0 | 8.3162 | 2546.0 | 2779.6 | 3034.2 | 8.1445 |
| 320 | 3905.0 | 2842.0 | 3115.3 | 8.4504 | 2732.0 | 2841.5 | 3114.6 | 8.2849 |
| 360 | 4170.0 | 2904.6 | 3196.5 | 8.5828 | 2917.0 | 2904.2 | 3195.9 | 8.4175 |
| 400 | 4434.0 | 2968.2 | 3278.6 | 8.7086 | 3103.0 | 2967.9 | 3278.2 | 8.5435 |
| 440 | 4698.0 | 3032.9 | 3361.8 | 8.8286 | 3288.0 | 3032.0 | 3361.4 | 8.6636 |
| 500 | 5095.0 | 3131.8 | 3488.5 | 8.9991 | 3565.0 | 3131.6 | 3488.1 | 8.8342 |
| | $1.5\times10^5$Pa(111.37℃) | | | | $3.0\times10^5$Pa(133.55℃) | | | |
| 饱和蒸汽 | 1159.0 | 2519.7 | 2693.6 | 7.2233 | 606.0 | 2543.6 | 2725.3 | 6.9919 |
| 120 | 1188.0 | 2533.3 | 2711.4 | 7.2693 | | | | |
| 160 | 1317.0 | 2595.2 | 2792.8 | 7.4665 | 651.0 | 2587.1 | 2782.3 | 7.1276 |
| 200 | 1444.0 | 2656.2 | 2872.9 | 7.6433 | 716.0 | 2650.7 | 2865.5 | 7.3115 |
| 240 | 1570.0 | 2717.2 | 2952.7 | 7.8052 | 781.0 | 2713.1 | 2947.3 | 7.4774 |
| 280 | 1695.0 | 2778.6 | 3032.8 | 7.9555 | 844.0 | 2775.4 | 3028.6 | 7.6299 |
| 320 | 1819.0 | 2840.6 | 3113.5 | 8.0964 | 907.0 | 2838.1 | 3110.1 | 7.7722 |
| 360 | 1943.0 | 2903.5 | 3195.0 | 8.2293 | 969.0 | 2901.4 | 3192.2 | 7.9061 |
| 400 | 2067.0 | 2967.3 | 3277.4 | 8.3555 | 1032.0 | 2965.6 | 3275.0 | 8.0330 |
| 440 | 2191.0 | 3032.1 | 3360.7 | 8.4757 | 1094.0 | 3030.6 | 3358.7 | 8.1538 |
| 500 | 2376.0 | 3131.2 | 3487.6 | 8.6466 | 1187.0 | 3130.0 | 3486.0 | 8.3251 |
| 600 | 2685.0 | 3301.7 | 3704.3 | 8.9101 | 1341.0 | 3300.8 | 3703.2 | 8.5892 |
| | $5.0\times10^5$Pa(151.86℃) | | | | $7.0\times10^5$Pa(164.97℃) | | | |
| 饱和蒸汽 | 374.9 | 2561.2 | 2748.7 | 6.8213 | 272.9 | 2572.5 | 2763.5 | 6.7080 |
| 180 | 404.5 | 2609.7 | 2812.0 | 6.9656 | 284.7 | 2599.8 | 2799.1 | 6.7880 |
| 200 | 424.9 | 2642.9 | 2855.4 | 7.0592 | 299.9 | 2634.8 | 2844.8 | 6.8865 |
| 240 | 464.6 | 2707.6 | 2939.9 | 7.2307 | 329.2 | 2701.8 | 2932.2 | 7.0641 |
| 280 | 503.4 | 2771.2 | 3022.9 | 7.3865 | 357.4 | 2766.9 | 3017.1 | 7.2233 |
| 320 | 541.6 | 2834.7 | 3105.6 | 7.5308 | 385.2 | 2831.3 | 3100.9 | 7.3697 |
| 360 | 579.6 | 2898.7 | 3188.4 | 7.6660 | 412.6 | 2895.8 | 3184.7 | 7.5063 |
| 400 | 617.3 | 2963.2 | 3271.9 | 7.7938 | 439.7 | 2960.9 | 3268.7 | 7.6350 |
| 440 | 654.8 | 3028.6 | 3356.0 | 7.9152 | 466.7 | 3026.6 | 3353.3 | 7.7571 |
| 500 | 710.9 | 3128.4 | 3483.9 | 8.0873 | 507.0 | 3126.8 | 3481.7 | 7.9299 |
| 600 | 804.1 | 3299.6 | 3701.7 | 8.3522 | 573.8 | 3298.5 | 3700.2 | 8.1956 |
| 700 | 896.9 | 3477.5 | 3925.9 | 8.5952 | 640.3 | 3476.6 | 3924.8 | 8.4391 |

续表

| 温度/℃ | $v$ | $U$ | $H$ | $S$ | $v$ | $U$ | $H$ | $S$ |
|---|---|---|---|---|---|---|---|---|
| | \multicolumn{4}{c}{$10.0\times10^5$ Pa(179.91℃)} | \multicolumn{4}{c}{$15.0\times10^5$ Pa(198.32℃)} | | | | |
| 饱和蒸汽 | 194.4 | 2583.6 | 2778.1 | 6.5865 | 131.8 | 2594.5 | 2792.2 | 6.4448 |
| 200 | 206.0 | 2621.9 | 2827.9 | 6.6940 | 132.5 | 2598.1 | 2796.8 | 6.4546 |
| 240 | 227.5 | 2692.9 | 2920.4 | 6.8817 | 148.3 | 2676.9 | 2899.3 | 6.6628 |
| 280 | 248.0 | 2760.2 | 3008.2 | 7.0465 | 162.7 | 2748.6 | 2992.7 | 6.8381 |
| 320 | 267.8 | 2826.1 | 3093.9 | 7.1962 | 176.5 | 2817.1 | 3081.9 | 6.9938 |
| 360 | 287.3 | 2891.6 | 3178.9 | 7.3349 | 189.9 | 2884.4 | 3169.2 | 7.1363 |
| 400 | 306.6 | 2957.3 | 3263.9 | 7.4651 | 203.0 | 2951.3 | 3255.8 | 7.2690 |
| 440 | 325.7 | 3023.6 | 3349.3 | 7.5883 | 216.0 | 3018.5 | 3342.5 | 7.3940 |
| 500 | 354.1 | 3124.4 | 3478.5 | 7.7622 | 235.2 | 3120.3 | 3473.1 | 7.5698 |
| 540 | 372.9 | 3192.6 | 3565.6 | 7.8720 | 247.8 | 3189.1 | 3560.9 | 7.6805 |
| 600 | 401.1 | 3296.8 | 3697.9 | 8.0290 | 266.8 | 3293.9 | 3694.0 | 7.8385 |
| 640 | 419.8 | 3367.4 | 3787.2 | 8.1290 | 279.3 | 3364.8 | 3783.8 | 7.9391 |
| | \multicolumn{4}{c}{$20.0\times10^5$ Pa(212.42℃)} | \multicolumn{4}{c}{$30.0\times10^5$ Pa(233.90℃)} | | | | |
| 饱和蒸汽 | 99.6 | 2600.3 | 2799.5 | 6.3409 | 66.7 | 2604.1 | 2804.2 | 6.1869 |
| 240 | 108.5 | 2659.6 | 2876.5 | 6.4952 | 68.2 | 2619.7 | 2824.3 | 6.2265 |
| 280 | 120.0 | 2736.4 | 2976.4 | 6.6828 | 77.1 | 2709.9 | 2941.3 | 6.4462 |
| 320 | 130.8 | 2807.9 | 3069.5 | 6.8452 | 85.0 | 2788.4 | 3043.4 | 6.6245 |
| 360 | 141.1 | 2877.0 | 3159.3 | 6.9917 | 92.3 | 2861.7 | 3138.7 | 6.7801 |
| 400 | 151.2 | 2945.2 | 3247.6 | 7.1271 | 99.4 | 2932.8 | 3230.9 | 6.9212 |
| 440 | 161.1 | 3013.4 | 3335.5 | 7.2540 | 106.2 | 3002.9 | 3321.5 | 7.0520 |
| 500 | 175.7 | 3116.2 | 3467.6 | 7.4317 | 116.2 | 3108.0 | 3456.5 | 7.2338 |
| 540 | 185.3 | 3185.6 | 3556.1 | 7.5434 | 122.7 | 3178.4 | 3546.6 | 7.3474 |
| 600 | 199.6 | 3290.9 | 3690.1 | 7.7024 | 132.4 | 3285.0 | 3682.3 | 7.5085 |
| 640 | 209.1 | 3362.2 | 3780.4 | 7.8035 | 138.8 | 3357.0 | 3773.5 | 7.6106 |
| 700 | 223.2 | 3470.9 | 3917.4 | 7.9487 | 148.4 | 3466.5 | 3911.7 | 7.7571 |
| | \multicolumn{4}{c}{$40\times10^5$ Pa(250.40℃)} | \multicolumn{4}{c}{$60\times10^5$ Pa(275.64℃)} | | | | |
| 饱和蒸汽 | 49.78 | 2602.3 | 2801.4 | 6.0701 | 32.44 | 2589.7 | 2784.3 | 5.8892 |
| 280 | 55.46 | 2680.0 | 2901.8 | 6.2568 | 33.17 | 2605.2 | 2804.2 | 5.9252 |
| 320 | 61.99 | 2767.4 | 3015.4 | 6.4553 | 38.76 | 2720.0 | 2952.6 | 6.1846 |
| 360 | 67.88 | 2845.7 | 3117.2 | 6.6215 | 43.31 | 2811.2 | 3071.1 | 6.3782 |
| 400 | 73.41 | 2919.9 | 3213.6 | 6.7690 | 47.39 | 2892.9 | 3177.2 | 6.5408 |
| 440 | 78.72 | 2992.2 | 3307.1 | 6.9041 | 51.22 | 2970.0 | 3277.3 | 6.6853 |
| 500 | 86.43 | 3099.5 | 3445.3 | 7.0901 | 56.65 | 3082.2 | 3422.2 | 6.8803 |
| 540 | 91.45 | 3171.1 | 3536.9 | 7.2056 | 60.15 | 3156.1 | 3517.0 | 6.9999 |
| 600 | 98.85 | 3279.1 | 3674.4 | 7.3688 | 65.25 | 3266.9 | 3658.4 | 7.1677 |
| 640 | 103.7 | 3351.8 | 3766.6 | 7.4720 | 68.59 | 3341.0 | 3752.6 | 7.2731 |
| 700 | 111.0 | 3462.1 | 3905.9 | 7.6198 | 73.52 | 3453.1 | 3894.1 | 7.4234 |
| 740 | 115.7 | 3536.6 | 3999.6 | 7.7141 | 76.77 | 3528.3 | 3989.2 | 7.5190 |
| | \multicolumn{4}{c}{$80\times10^5$ Pa(295.06℃)} | \multicolumn{4}{c}{$100\times10^5$ Pa(311.06℃)} | | | | |
| 饱和蒸汽 | 23.52 | 2569.8 | 2758.0 | 5.7432 | 18.03 | 2544.4 | 2724.7 | 5.6141 |
| 320 | 26.82 | 2662.7 | 2877.2 | 5.9489 | 19.25 | 2588.8 | 2781.3 | 5.7103 |
| 360 | 30.89 | 2772.7 | 3019.8 | 6.1819 | 23.31 | 2729.1 | 2962.1 | 6.0060 |
| 400 | 34.32 | 2863.8 | 3138.3 | 6.3634 | 26.41 | 2832.4 | 3096.5 | 6.2120 |
| 440 | 37.42 | 2946.7 | 3246.1 | 6.5190 | 29.11 | 2922.1 | 3213.2 | 6.3805 |
| 480 | 40.34 | 3025.7 | 3348.4 | 6.6586 | 31.60 | 3005.4 | 3321.4 | 6.5282 |
| 520 | 43.13 | 3102.7 | 3447.7 | 6.7871 | 33.94 | 3085.6 | 3425.1 | 6.6622 |
| 560 | 45.82 | 3178.7 | 3545.3 | 6.9072 | 36.19 | 3164.1 | 3526.0 | 6.7864 |
| 600 | 48.45 | 3254.4 | 3642.0 | 7.0206 | 38.37 | 3241.7 | 3625.3 | 6.9029 |
| 640 | 51.02 | 3330.1 | 3738.3 | 7.1283 | 40.48 | 3318.9 | 3723.7 | 7.0131 |
| 700 | 54.81 | 3443.9 | 3882.4 | 7.2812 | 43.58 | 3434.7 | 3870.5 | 7.1687 |
| 740 | 57.29 | 3520.4 | 3978.7 | 7.3782 | 45.60 | 3512.1 | 3968.1 | 7.2670 |

| 温度/℃ | $v$ | $U$ | $H$ | $S$ | $v$ | $U$ | $H$ | $S$ |
|---|---|---|---|---|---|---|---|---|
| | \multicolumn{4}{c}{$120\times10^5\,Pa(324.75℃)$} | \multicolumn{4}{c}{$140\times10^5\,Pa(336.75℃)$} |
| 饱和蒸汽 | 14.26 | 2513.7 | 2684.9 | 5.4924 | 11.49 | 2476.8 | 2637.6 | 5.3717 |
| 360 | 18.11 | 2678.4 | 2895.7 | 5.8361 | 14.22 | 2617.4 | 2816.5 | 5.6602 |
| 400 | 21.08 | 2798.3 | 3051.3 | 6.0747 | 17.22 | 2760.9 | 3001.9 | 5.9448 |
| 440 | 23.55 | 2896.1 | 3178.7 | 6.2586 | 19.54 | 2868.6 | 3142.2 | 6.1474 |
| 480 | 25.76 | 2984.4 | 3293.5 | 6.4154 | 21.57 | 2962.5 | 3264.5 | 6.3143 |
| 520 | 27.81 | 3068.0 | 3401.8 | 6.5555 | 23.43 | 3049.8 | 3377.8 | 6.4610 |
| 560 | 29.77 | 3149.0 | 3506.2 | 6.6840 | 25.17 | 3133.6 | 3486.0 | 6.5941 |
| 600 | 31.64 | 3228.7 | 3608.3 | 6.8037 | 26.83 | 3215.4 | 3591.1 | 6.7172 |
| 640 | 33.45 | 3307.5 | 3709.0 | 6.9164 | 28.43 | 3296.0 | 3694.1 | 6.8326 |
| 700 | 36.10 | 3425.2 | 3858.4 | 7.0749 | 30.75 | 3415.7 | 3846.2 | 6.9939 |
| 740 | 37.81 | 3503.7 | 3957.4 | 7.1746 | 32.25 | 3495.2 | 3946.7 | 7.0952 |
| | \multicolumn{4}{c}{$160\times10^5\,Pa(347.44℃)$} | \multicolumn{4}{c}{$180\times10^5\,Pa(357.06℃)$} |
| 饱和蒸汽 | 9.31 | 2431.7 | 2580.6 | 5.2455 | 7.49 | 2374.3 | 2509.1 | 5.1044 |
| 360 | 11.05 | 2539.0 | 2715.8 | 5.4614 | 8.09 | 2418.9 | 2564.5 | 5.1922 |
| 400 | 14.26 | 2719.4 | 2947.6 | 5.8175 | 11.90 | 2672.8 | 2887.0 | 5.6887 |
| 440 | 16.52 | 2839.4 | 3103.7 | 6.0429 | 14.14 | 2808.2 | 3062.8 | 5.9428 |
| 480 | 18.42 | 2939.7 | 3234.4 | 6.2215 | 15.96 | 2915.9 | 3203.2 | 6.1345 |
| 520 | 20.13 | 3031.1 | 3353.3 | 6.3752 | 17.57 | 3011.8 | 3378.0 | 6.2960 |
| 560 | 21.72 | 3117.8 | 3465.4 | 6.5132 | 19.04 | 3101.7 | 3444.4 | 6.4392 |
| 600 | 23.23 | 3201.8 | 3573.5 | 6.6399 | 20.42 | 3188.0 | 3555.6 | 6.5696 |
| 640 | 24.67 | 3284.2 | 3678.9 | 6.7580 | 21.74 | 3272.3 | 3663.6 | 6.6905 |
| 700 | 26.74 | 3406.0 | 3833.9 | 6.9224 | 23.62 | 3396.3 | 3821.5 | 6.8580 |
| 740 | 28.08 | 3486.7 | 3935.9 | 7.0251 | 24.83 | 3478.0 | 3925.0 | 6.9623 |
| | \multicolumn{4}{c}{$200\times10^5\,Pa(365.81℃)$} | \multicolumn{4}{c}{$240\times10^5\,Pa$} |
| 饱和蒸汽 | 5.83 | 2293.0 | 2409.7 | 4.9269 | | | | |
| 400 | 9.94 | 2619.3 | 2818.1 | 5.5540 | 6.73 | 2477.8 | 2639.4 | 5.2393 |
| 440 | 12.22 | 2774.9 | 3019.4 | 5.8450 | 9.29 | 2700.6 | 2923.4 | 5.6506 |
| 480 | 13.99 | 2891.2 | 3170.8 | 6.0518 | 11.00 | 2838.3 | 3102.3 | 5.8950 |
| 520 | 15.51 | 2992.0 | 3302.2 | 6.2218 | 12.41 | 2950.5 | 3248.5 | 6.0842 |
| 560 | 16.89 | 3085.2 | 3423.0 | 6.3705 | 13.66 | 3051.1 | 3379.0 | 6.2448 |
| 600 | 18.18 | 3174.0 | 3537.6 | 6.5048 | 14.81 | 3145.2 | 3500.7 | 6.3875 |
| 640 | 19.40 | 3260.2 | 3648.1 | 6.6286 | 15.88 | 3235.5 | 3616.7 | 6.5174 |
| 700 | 21.13 | 3386.4 | 3809.0 | 6.7993 | 17.39 | 3366.4 | 3783.8 | 6.6947 |
| 740 | 22.24 | 3469.3 | 3914.1 | 6.9052 | 18.35 | 3451.7 | 3892.1 | 6.8038 |
| 800 | 23.85 | 3592.7 | 4069.7 | 7.0544 | 19.74 | 3578.0 | 4051.6 | 6.9567 |
| | \multicolumn{4}{c}{$280\times10^5\,Pa$} | \multicolumn{4}{c}{$320\times10^5\,Pa$} |
| 400 | 3.83 | 2223.5 | 2330.7 | 4.7494 | 2.36 | 1980.4 | 2055.9 | 4.3239 |
| 440 | 7.12 | 2613.2 | 2812.6 | 5.4494 | 5.44 | 2509.0 | 2683.0 | 5.2327 |
| 480 | 8.85 | 2780.8 | 3028.5 | 5.7446 | 7.22 | 2718.1 | 2949.2 | 5.5968 |
| 520 | 10.20 | 2906.8 | 3192.3 | 5.9566 | 8.53 | 2860.7 | 3133.7 | 5.8357 |
| 560 | 11.36 | 3015.7 | 3333.7 | 6.1307 | 9.63 | 2979.0 | 3287.2 | 6.0246 |
| 600 | 12.41 | 3115.6 | 3463.0 | 6.2823 | 10.61 | 3085.3 | 3424.6 | 6.1858 |
| 640 | 13.38 | 3210.3 | 3584.8 | 6.4187 | 11.50 | 3184.5 | 3552.5 | 6.3290 |
| 700 | 14.73 | 3346.1 | 3758.4 | 6.6029 | 12.73 | 3325.4 | 3732.8 | 6.5203 |
| 740 | 15.58 | 3433.9 | 3870.0 | 6.7153 | 13.50 | 3415.9 | 3847.8 | 6.6361 |
| 800 | 16.80 | 3563.1 | 4033.4 | 6.8720 | 14.60 | 3548.0 | 4015.1 | 6.7966 |
| 900 | 18.73 | 3774.3 | 4298.8 | 7.1084 | 16.33 | 3762.7 | 4285.1 | 7.0372 |

表 D　未饱和水性质表 $[v, cm^3/g；U, kJ/kg；H, kJ/kg；S, kJ/(kg \cdot K)]$

| 温度/℃ | $v$ | $U$ | $H$ | $S$ | $v$ | $U$ | $H$ | $S$ |
|---|---|---|---|---|---|---|---|---|
| | $25 \times 10^5 Pa(223.99℃)$ | | | | $50 \times 10^5 Pa(263.99℃)$ | | | |
| 20 | 1.0006 | 83.80 | 86.30 | 0.2961 | 0.9995 | 83.65 | 88.65 | 0.2956 |
| 40 | 1.0067 | 167.25 | 169.77 | 0.5715 | 1.0056 | 166.95 | 171.97 | 0.5705 |
| 80 | 1.0280 | 334.29 | 336.86 | 1.0737 | 1.0268 | 333.72 | 338.85 | 1.0720 |
| 120 | 1.0590 | 502.68 | 505.33 | 1.5255 | 1.0576 | 501.80 | 507.09 | 1.5233 |
| 160 | 1.1006 | 673.90 | 676.65 | 1.9404 | 1.0988 | 672.62 | 678.12 | 1.9375 |
| 200 | 1.1555 | 859.9 | 852.8 | 2.3294 | 1.1530 | 848.1 | 848.1 | 2.3255 |
| 220 | 1.1898 | 940.7 | 943.7 | 2.5174 | 1.1866 | 938.4 | 944.4 | 2.5128 |
| 饱和液 | 1.1973 | 959.1 | 962.1 | 2.5546 | 1.2859 | 1147.8 | 1154.2 | 2.9202 |
| | $75 \times 10^5 Pa(290.59℃)$ | | | | $100 \times 10^5 Pa(311.06℃)$ | | | |
| 20 | 0.9984 | 83.50 | 90.99 | 0.2950 | 0.9972 | 83.36 | 93.33 | 0.2945 |
| 40 | 1.0045 | 166.64 | 174.18 | 0.5696 | 1.0034 | 166.35 | 176.38 | 0.5686 |
| 80 | 1.0256 | 333.15 | 340.84 | 1.0704 | 1.0245 | 332.59 | 342.83 | 1.0688 |
| 100 | 1.0397 | 416.81 | 424.62 | 1.3011 | 1.0385 | 416.12 | 426.50 | 1.2992 |
| 140 | 1.0752 | 585.72 | 593.78 | 1.7317 | 1.0737 | 584.68 | 595.42 | 1.7292 |
| 180 | 1.1219 | 758.13 | 766.55 | 2.1308 | 1.1199 | 756.65 | 767.84 | 2.1275 |
| 220 | 1.1835 | 936.2 | 945.1 | 2.5083 | 1.1805 | 934.1 | 945.9 | 2.5039 |
| 260 | 1.2696 | 1124.4 | 1134.0 | 2.8763 | 1.2645 | 1121.1 | 1133.7 | 2.8699 |
| 饱和液 | 1.3677 | 1282.0 | 1292.2 | 3.1649 | 1.4524 | 1393.0 | 1407.6 | 3.3596 |
| | $150 \times 10^5 Pa(342.24℃)$ | | | | $200 \times 10^5 Pa(365.81℃)$ | | | |
| 20 | 0.9950 | 83.06 | 97.99 | 0.2934 | 0.9928 | 82.77 | 102.62 | 0.2923 |
| 40 | 1.0013 | 165.76 | 180.78 | 0.5666 | 0.9992 | 165.17 | 185.16 | 0.5646 |
| 100 | 1.0361 | 414.75 | 430.28 | 1.2955 | 1.0337 | 413.39 | 434.06 | 1.2917 |
| 180 | 1.1159 | 753.76 | 770.50 | 2.1210 | 1.1120 | 750.95 | 773.20 | 2.1147 |
| 220 | 1.1748 | 929.9 | 947.5 | 2.4953 | 1.1693 | 925.9 | 949.3 | 2.4870 |
| 260 | 1.2550 | 1114.6 | 1133.4 | 2.8576 | 1.2462 | 1108.6 | 1133.5 | 2.8459 |
| 300 | 1.3770 | 1316.6 | 1337.3 | 3.2260 | 1.3596 | 1306.1 | 1333.3 | 3.2071 |
| 饱和液 | 1.6581 | 1585.6 | 1610.5 | 3.6848 | 2.036 | 1785.6 | 1826.3 | 4.0139 |
| | $250 \times 10^5 Pa$ | | | | $300 \times 10^5 Pa$ | | | |
| 20 | 0.9907 | 82.47 | 107.24 | 0.2911 | 0.9886 | 82.17 | 111.84 | 0.2899 |
| 40 | 0.9971 | 164.60 | 189.52 | 0.5626 | 0.9951 | 164.04 | 193.89 | 0.5607 |
| 100 | 1.0313 | 412.08 | 437.85 | 1.2881 | 1.0290 | 410.78 | 441.66 | 1.2844 |
| 200 | 1.1344 | 834.5 | 862.8 | 2.2961 | 1.1302 | 831.4 | 865.3 | 2.2893 |
| 300 | 1.3442 | 1296.6 | 1330.2 | 3.1900 | 1.3304 | 1287.9 | 1327.8 | 3.1741 |

# 附录五　氨（NH₃）的饱和蒸气表

| 温度/℃ | $p_s \times 10$/MPa | $v'$/(m³/kg) | $v''$/(m³/kg) | $H'$/(kJ/kg) | $H''$/(kJ/kg) | $S'$/[kJ/(kg·K)] | $S''$/[kJ/(kg·K)] |
|---|---|---|---|---|---|---|---|
| −75 | 0.0750 | 0.001368 | 12.890 | 87.50 | 1563.77 | 2.7771 | 10.2288 |
| −70 | 0.1089 | 0.001379 | 9.009 | 108.44 | 1572.98 | 2.8797 | 10.0906 |
| −65 | 0.1569 | 0.001390 | 6.459 | 129.79 | 1582.19 | 2.9823 | 9.9621 |
| −60 | 0.2187 | 0.001401 | 4.699 | 151.14 | 1590.98 | 3.0840 | 9.8419 |
| −55 | 0.3020 | 0.001413 | 3.491 | 172.50 | 1599.78 | 3.1824 | 9.7272 |
| −50 | 0.4088 | 0.001425 | 2.625 | 193.26 | 1610.79 | 3.2783 | 9.6322 |
| −45 | 0.5462 | 0.001437 | 2.009 | 215.62 | 1616.52 | 3.3767 | 9.5199 |
| −40 | 0.7177 | 0.001449 | 1.552 | 237.48 | 1627.41 | 3.4721 | 9.4350 |
| −35 | 0.9329 | 0.001462 | 1.216 | 259.79 | 1635.36 | 3.5663 | 9.3437 |
| −30 | 1.1955 | 0.001476 | 0.9635 | 282.19 | 1643.03 | 3.6597 | 9.2574 |
| −25 | 1.5161 | 0.001490 | 0.7715 | 304.67 | 1650.39 | 3.7510 | 9.1750 |
| −20 | 1.9022 | 0.001504 | 0.6237 | 327.20 | 1657.43 | 3.8406 | 9.0962 |
| −15 | 2.3631 | 0.001519 | 0.5088 | 349.89 | 1664.09 | 3.9289 | 9.0209 |
| −10 | 2.9085 | 0.001534 | 0.4185 | 372.67 | 1670.41 | 4.0160 | 8.9484 |
| −5 | 3.5486 | 0.001550 | 0.3468 | 395.65 | 1676.35 | 4.1018 | 8.8789 |
| 0 | 4.2944 | 0.001566 | 0.2895 | 418.68 | 1681.92 | 4.1868 | 8.8124 |
| 5 | 5.1574 | 0.001583 | 0.2433 | 441.84 | 1687.07 | 4.2705 | 8.7479 |
| 10 | 6.1495 | 0.001601 | 0.2056 | 465.24 | 1691.80 | 4.3530 | 8.6855 |
| 15 | 7.2831 | 0.001619 | 0.1748 | 488.73 | 1696.07 | 4.4351 | 8.6256 |
| 20 | 8.5712 | 0.001639 | 0.1494 | 512.46 | 1699.97 | 4.5159 | 8.5423 |
| 25 | 10.0273 | 0.001659 | 0.1283 | 536.45 | 1703.36 | 4.5959 | 8.5105 |
| 30 | 11.6650 | 0.001680 | 0.1106 | 560.53 | 1706.37 | 4.6750 | 8.4557 |
| 35 | 13.4989 | 0.001703 | 0.0958 | 584.90 | 1708.80 | 4.7537 | 8.4017 |
| 40 | 15.5435 | 0.001726 | 0.0833 | 609.47 | 1710.60 | 4.8320 | 8.3489 |
| 45 | 17.8138 | 0.001750 | 0.0726 | 634.26 | 1711.86 | 4.9094 | 8.2970 |
| 50 | 20.3262 | 0.001777 | 0.0635 | 659.55 | 1712.23 | 4.9865 | 8.2446 |

# 附录六　氟里昂-12（CF₂Cl₂）的饱和蒸气表

| 温度/℃ | $p_s \times 10$/MPa | $v'$/(m³/kg) | $v''$/(m³/kg) | $H'$/(kJ/kg) | $H''$/(kJ/kg) | $S'$/[kJ/(kg·K)] | $S''$/[kJ/(kg·K)] |
|---|---|---|---|---|---|---|---|
| −70 | 0.1234 | 0.0006234 | 1.1259 | 359.39 | 539.59 | 3.9377 | 4.8240 |
| −60 | 0.2270 | 0.0006349 | 0.6394 | 367.10 | 544.28 | 3.9752 | 4.8067 |
| −50 | 0.3922 | 0.0006468 | 0.3854 | 375.10 | 549.22 | 4.0120 | 4.7925 |
| −40 | 0.6424 | 0.0006592 | 0.2441 | 383.30 | 554.16 | 4.0480 | 4.7810 |
| −30 | 1.0047 | 0.0006725 | 0.1613 | 391.76 | 559.11 | 4.0835 | 4.7719 |
| −25 | 1.2372 | 0.0006793 | 0.1331 | 396.11 | 561.58 | 4.1010 | 4.7679 |
| −20 | 1.5069 | 0.0006868 | 0.1107 | 400.47 | 564.00 | 4.1183 | 4.7645 |
| −15 | 1.8262 | 0.0006940 | 0.0968 | 404.95 | 566.43 | 4.1356 | 4.7614 |
| −10 | 2.1910 | 0.0007018 | 0.0781 | 409.47 | 568.86 | 4.1528 | 4.7586 |
| −5 | 2.6088 | 0.0007092 | 0.0663 | 414.03 | 571.21 | 4.1698 | 4.7561 |
| 0 | 3.0857 | 0.0007173 | 0.0567 | 418.68 | 573.55 | 4.1868 | 4.7539 |
| 5 | 3.6244 | 0.0007257 | 0.0468 | 423.37 | 575.85 | 4.2036 | 4.7519 |
| 10 | 4.2301 | 0.0007342 | 0.0420 | 428.14 | 578.11 | 4.2204 | 4.7501 |
| 20 | 5.6671 | 0.0007524 | 0.0317 | 437.90 | 582.47 | 4.2537 | 4.7469 |
| 30 | 7.4344 | 0.0007734 | 0.0243 | 447.86 | 586.49 | 4.2867 | 4.7441 |

# 附录七　常用的热力学图

1. 氨的 $\ln p$-$H$ 图

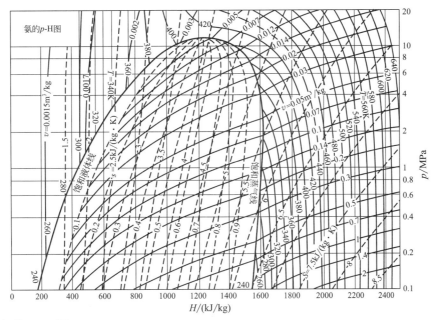

## 2. 空气的 T-S 图

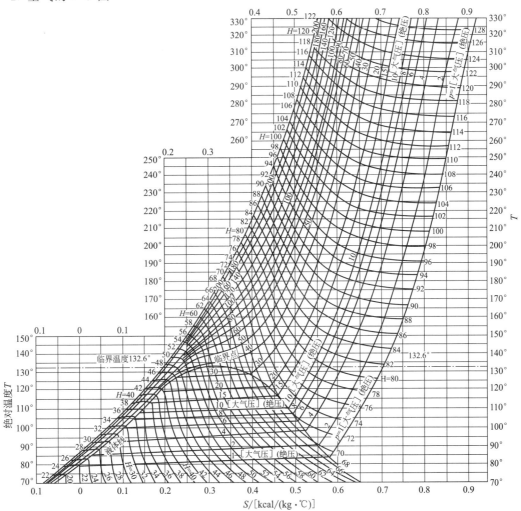

# 附录八  烃类的 *p-T-K* 列线图

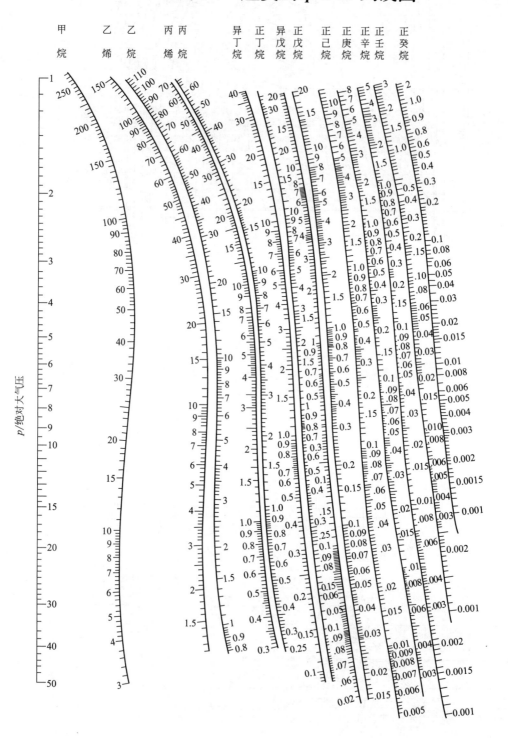

(a) 烃类的*p-T-K*图(0～200℃)

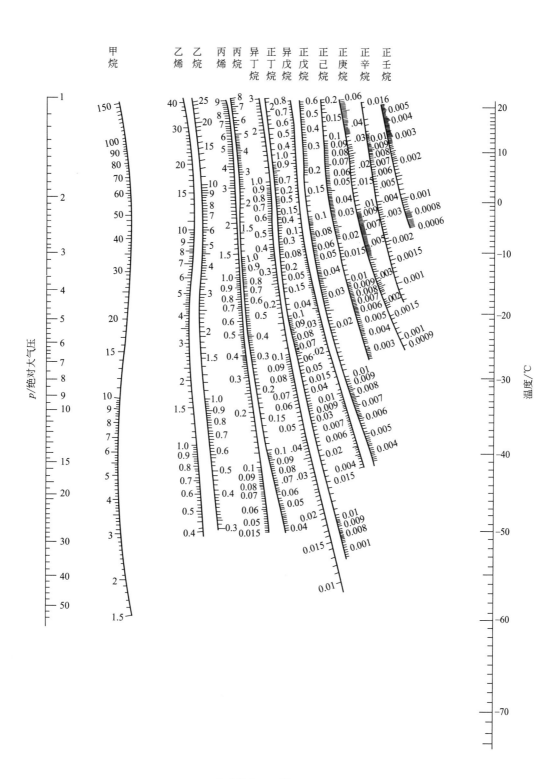

(b) 烃类的*p-T-K*图(−70~20℃)

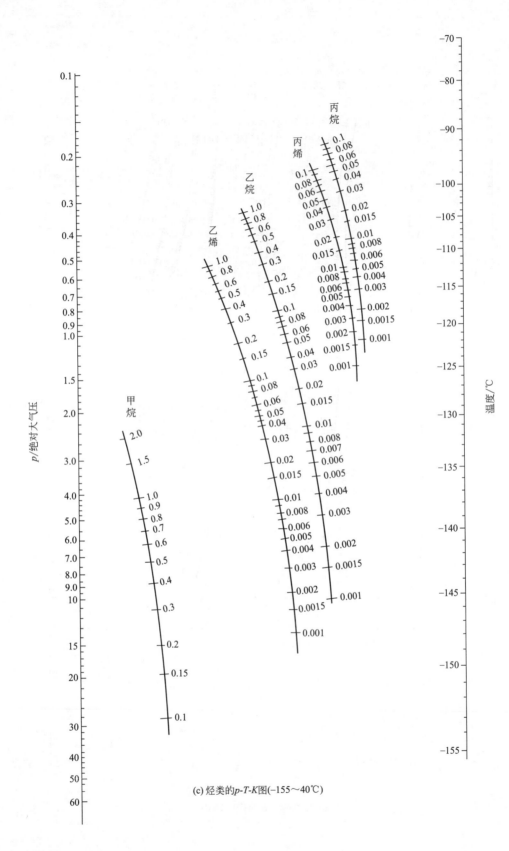

(c) 烃类的 *p-T-K* 图(−155～40℃)

# 附录九　C-G 法基团值

## 表 A　一级基团贡献值

| 基　　团 | $\Delta T_{ci}$ | $\Delta p_{ci}$ | $\Delta V_{ci}$ | $\Delta T_{bi}$ | $\Delta T_{mi}$ |
|---|---|---|---|---|---|
| —CH$_3$ | 1.6781 | 0.019904 | 75.04 | 0.8894 | 0.4640 |
| —CH$_2$— | 3.4920 | 0.010558 | 55.76 | 0.9225 | 0.9246 |
| $\diagdown$CH— | 4.0330 | 0.001315 | 31.53 | 0.6033 | 0.3557 |
| $\diagup$C$\diagdown$ | 4.8823 | −0.010404 | −0.34 | 0.2878 | 1.6497 |
| CH$_2$＝CH— | 5.0146 | 0.025014 | 116.48 | 1.7827 | 1.6472 |
| —CH＝CH— | 7.3691 | 0.017865 | 95.41 | 1.8433 | 1.6322 |
| CH$_2$＝C$\diagdown$ | 6.5081 | 0.022319 | 91.83 | 1.7117 | 1.7899 |
| —CH＝C$\diagdown$ | 8.9582 | 0.012590 | 73.27 | 1.7957 | 2.0018 |
| $\diagdown$C＝C$\diagup$ | 11.3764 | 0.002044 | 76.18 | 1.8881 | 5.1175 |
| CH≡C— | 7.5433 | 0.014827 | 93.31 | 2.3678 | 3.9106 |
| —C≡C— | 11.4501 | 0.004115 | 76.27 | 2.5645 | 9.5793 |
| CH$_2$＝C＝CH— | 9.9318 | 0.031270 | 148.31 | 3.1243 | 3.3439 |
| (＝CH—)$_A$ | 3.7337 | 0.007542 | 42.15 | 0.9297 | 1.4669 |
| (＝C$\diagdown$)$_A$ | 14.6409 | 0.002136 | 39.85 | 1.6254 | 0.2098 |
| (＝C$\rightarrow$)$_A$CH$_3$ | 8.213 | 0.01936 | 103.64 | 1.9669 | 1.8635 |
| (＝C$\rightarrow$)$_A$CH$_2$— | 10.3239 | 0.01220 | 100.99 | 1.9478 | 0.4177 |
| (＝C$\rightarrow$)$_A$CH$\diagdown$ | 10.4664 | 0.002769 | 71.20 | 1.7444 | −1.7567 |
| —CF$_3$ | 2.4778 | 0.044232 | 114.80 | 1.2880 | 3.2411 |
| —CF$_2$— | 1.7399 | 0.012884 | 95.19 | 0.6115 | |
| $\diagdown$CF— | 3.5192 | 0.004673 | | 1.1739 | |
| (＝C$\rightarrow$)$_A$F | 2.8977 | 0.013027 | 56.72 | 0.9442 | 2.5015 |
| —CCl$_3$ | 18.5875 | 0.034935 | 210.31 | 4.5797 | 10.2337 |
| —CCl$_2$— | | | | 3.56 | |
| $\diagdown$CCl— | 11.3959 | 0.003086 | 79.22 | 2.2073 | 9.8409 |
| —CH$_2$Cl | 11.0752 | 0.019789 | 115.64 | 2.9637 | 3.3376 |
| —CHCl— | 10.8632 | 0.011360 | 103.50 | 2.6948 | 2.9933 |
| —CHCl$_2$ | 16.3945 | 0.026808 | 169.51 | 3.9330 | 5.1638 |
| (＝C$\rightarrow$)$_A$Cl | 14.1565 | 0.013135 | 101.58 | 2.6293 | 2.7336 |
| ($\diagdown$C＝C$\rightarrow$)Cl | 5.4334 | 0.016004 | 56.78 | 1.7824 | 1.5598 |

| 基 团 | $\Delta T_{ci}$ | $\Delta p_{ci}$ | $\Delta V_{ci}$ | $\Delta T_{bi}$ | $\Delta T_{mi}$ |
|---|---|---|---|---|---|
| —Br | 10.5371 | −0.001771 | 82.81 | 2.6495 | 3.7442 |
| —I | 17.3947 | 0.002753 | 108.14 | 3.6650 | 4.6089 |
| —CCl$_2$F | 9.8408 | 0.035446 | 182.12 | 2.8881 | 7.4756 |
| —CClF$_2$ | 4.8923 | 0.039004 | 147.53 | 1.9163 | 2.7523 |
| —HCClF | | | | 2.3086 | |
| —F(除上述外) | 1.5974 | 0.014434 | 37.83 | 1.0081 | 1.9623 |
| —OH | 9.7292 | 0.005148 | 38.97 | 3.2152 | 3.5979 |
| $(=C)_A\!\!\!-\!OH$ | 25.9145 | −0.007444 | 31.62 | 4.4014 | 13.7349 |
| —CHO | 10.1986 | 0.014091 | 86.35 | 2.8526 | 4.2927 |
| CH$_3$CO— | 13.2896 | 0.025073 | 133.96 | 3.5668 | 4.8776 |
| —CH$_2$CO— | 14.6273 | 0.017841 | 111.95 | 3.8967 | 5.6622 |
| —COOH | 23.7593 | 0.011507 | 101.88 | 5.8337 | 11.5630 |
| —COO— | 12.1084 | 0.011294 | 85.88 | 2.6446 | 3.4448 |
| HCOO— | 11.6057 | 0.013797 | 105.65 | 3.1459 | 4.2250 |
| CH$_3$COO— | 12.5965 | 0.029020 | 158.90 | 3.6360 | 4.0823 |
| —CH$_2$COO— | 3.8116 | 0.021836 | 136.49 | 3.3950 | 3.5572 |
| CH$_3$O— | 6.4737 | 0.020440 | 87.46 | 2.2536 | 2.9248 |
| —CH$_2$O— | 6.0723 | 0.015135 | 72.86 | 1.6249 | 2.0695 |
| $\diagdown$CHO— | 5.0663 | 0.009857 | 58.65 | 1.1557 | 4.0352 |
| FCH$_2$O— | 9.5059 | 0.009011 | 68.58 | 2.5892 | 4.5047 |
| —C$_2$H$_5$O$_2$ | 17.9668 | 0.025435 | 167.54 | 5.5566 | |
| $\diagdown$C$_2$H$_4$O$_2$ | | | | 5.4248 | |
| —CH$_2$NH$_2$ | 12.1726 | 0.012558 | 131.28 | 3.1656 | 6.7684 |
| $\diagdown$CHNH$_2$ | 10.2075 | 0.010694 | 75.27 | 2.5983 | 4.1187 |
| CH$_3$NH— | 9.8544 | 0.012589 | 121.52 | 3.1376 | 4.5341 |
| —CH$_2$NH— | 10.4677 | 0.010390 | 99.56 | 2.6127 | 6.0609 |
| $\diagdown$CHNH— | 7.2121 | −0.000462 | 91.65 | 1.5780 | 3.4100 |
| CH$_3$N$\diagup^{\diagdown}$ | 7.6924 | 0.015874 | 125.98 | 2.1647 | 4.0580 |
| —CH$_2$N$\diagdown$ | 5.5172 | 0.004917 | 67.05 | 1.2171 | 0.9544 |
| $(=C)_A\!\!\!-\!NH_2$ | 28.7570 | 0.001120 | 63.58 | 5.4736 | 10.1031 |
| —CH$_2$CN | 20.3781 | 0.036133 | 158.31 | 5.0525 | 4.1859 |
| —C$_5$H$_4$N | 29.1528 | 0.029565 | 248.31 | 6.2800 | |
| $\diagdown$C$_5$H$_3$N | 27.9464 | 0.025653 | 170.27 | 5.9234 | 12.6275 |
| —CH$_2$NO$_2$ | 24.7359 | 0.020974 | 165.31 | 5.7619 | 5.5424 |
| $\diagdown$CHNO$_2$ | 23.2050 | 0.012241 | 142.27 | 5.0767 | 4.9738 |
| $(=C)_A\!\!\!-\!NO_2$ | 34.5870 | 0.015050 | 142.58 | 6.0837 | 8.4724 |

| 基　　团 | $\Delta T_{ci}$ | $\Delta p_{ci}$ | $\Delta V_{ci}$ | $\Delta T_{bi}$ | $\Delta T_{mi}$ |
|---|---|---|---|---|---|
| $HCON\begin{matrix}CH_2-\\CH_2-\end{matrix}$ | | | | 7.2644 | |
| $-CONH_2$ | 65.1053 | 0.004266 | 144.31 | 10.3428 | 31.2786 |
| $-CON(CH_3)_2$ | 36.1403 | 0.040419 | 250.31 | 7.6904 | 11.3770 |
| $-CON\begin{matrix}CH_2-\\CH_2-\end{matrix}$ | | | | 6.7822 | |
| $-CH_2SH$ | 13.8058 | 0.013572 | 102.52 | 3.2914 | 3.0044 |
| $CH_3S-$ | 14.3969 | 0.016048 | 130.21 | 3.6796 | 5.0506 |
| $-CH_2S-$ | 17.7916 | 0.011105 | 116.50 | 3.6763 | 3.1468 |
| $CHS-$ | | | | 2.6812 | |
| $-C_4H_3S$ | | | | 5.7093 | |
| $C_4H_2S$ | | | | 5.8260 | |

注：下标"A"代表芳烃结构。

## 表 B　二级基团贡献值

| 基　　团 | $\Delta T_{cj}$ | $\Delta p_{cj}$ | $\Delta V_{cj}$ | $\Delta T_{bj}$ | $\Delta T_{mj}$ |
|---|---|---|---|---|---|
| $(CH_3)_2CH-$ | −0.5334 | 0.000488 | 4.00 | −0.1157 | 0.0381 |
| $(CH_3)_3C-$ | −0.5143 | 0.001410 | 5.72 | −0.0489 | −0.2355 |
| $-CH(CH_3)CH(CH_3)-$ | 1.0699 | −0.001849 | −3.98 | 0.1798 | 0.4401 |
| $-CH(CH_3)C(CH_3)_2-$ | 1.9886 | −0.005198 | −10.81 | 0.3189 | −0.4923 |
| $-C(CH_3)_2C(CH_3)_2-$ | 5.8254 | −0.013230 | −23.00 | 0.7273 | 6.0650 |
| $CH_n=CH_m-CH_p=CH_k \quad k,m,n,p\in(0,2)$ | 0.4402 | 0.004186 | −7.81 | 0.1589 | 1.9913 |
| $CH_3-CH_m=CH_n \quad m,n\in(0,2)$ | 0.0167 | −0.000183 | −0.98 | 0.0668 | 0.2476 |
| $-CH_2-CH_m=CH_n \quad m,n\in(0,2)$ | −0.5231 | 0.003538 | 2.81 | −0.1406 | −0.5870 |
| $\begin{matrix}\diagdown\\CH-CH_m=CH_n\\\diagup\end{matrix}$ 或 $-\overset{\mid}{\underset{\mid}{C}}-CH_m=CH_n \quad m,n\in(0,2)$ | −0.3850 | 0.005675 | 8.26 | −0.0900 | −0.2361 |
| $\left(C\right)_R C_m \quad m>1$ | 2.1160 | −0.002546 | −17.55 | 0.0511 | −2.8298 |
| 三元环 | −2.3305 | 0.003714 | −0.14 | 0.4745 | 1.3772 |
| 四元环 | −1.2978 | 0.001171 | −8.51 | 0.3563 | |
| 五元环 | −0.6785 | 0.000424 | −8.66 | 0.1919 | 0.6824 |
| 六元环 | 0.8479 | 0.002257 | 16.36 | 0.1957 | 1.5656 |
| 七元环 | 3.6714 | −0.009799 | −27.00 | 0.3489 | 6.9707 |
| $CH_m=CH_nF \quad m,n\in(0,2)$ | −0.4996 | 0.000319 | −5.96 | −0.1168 | −0.0514 |
| $CH_m=CH_nBr \quad m,n\in(0,2)$ | −1.9334 | −0.004305 | 5.07 | −0.3201 | −1.6425 |
| $CH_m=CH_nI \quad m,n\in(0,2)$ | | | | −0.4453 | |
| $\left(C\right)_A Br$ | −2.2974 | 0.009027 | −8.23 | −0.6776 | 2.5832 |
| $\left(C\right)_A I$ | 2.8907 | 0.008247 | −3.41 | −0.3678 | −1.5511 |
| $\begin{matrix}\diagdown\\CHOH\\\diagup\end{matrix}$ | −2.8035 | −0.004393 | −7.77 | −0.5385 | −0.5480 |
| $-\overset{\mid}{C}OH$ | −3.5442 | 0.000178 | 15.11 | −0.6331 | 0.3189 |
| $(CH_m)_R OH \quad m\in(0,1)$ | 0.3233 | 0.006917 | −22.97 | −0.0690 | 9.5209 |

续表

| 基 团 | $\Delta T_{cj}$ | $\Delta p_{cj}$ | $\Delta V_{cj}$ | $\Delta T_{bj}$ | $\Delta T_{mj}$ |
|---|---|---|---|---|---|
| $CH_m(OH)CH_n(OH)$ $m,n\in(0,2)$ | 5.4941 | 0.005052 | 3.97 | 1.4108 | 0.9124 |
| $\diagdown CHCHO$ 或 $—CCHO$ | −1.5826 | 0.003659 | −6.64 | −0.1074 | 2.0547 |
| $(=C)_A CHO$ | 1.1696 | −0.002481 | 6.64 | 0.0735 | −0.6697 |
| $CH_3COCH_2—$ | 0.2996 | 0.001474 | −5.10 | 0.0224 | −0.2951 |
| $CH_3COCH\diagup$ 或 $CH_3COC—$ | 0.5018 | −0.002303 | −1.22 | 0.0920 | −0.2986 |
| $(=C)_R O$ | 2.9571 | 0.003818 | −19.66 | 0.5580 | 0.7143 |
| $\diagdown CHCOOH$ 或 $—CCOOH$ | −1.7493 | 0.004920 | 5.59 | −0.1552 | −3.1034 |
| $(=C)_A COOH$ | 6.1279 | 0.000344 | −4.15 | 0.7801 | 28.4324 |
| $—CO—O—CO—$ | −2.7617 | −0.004877 | −1.44 | −0.1977 | −2.3598 |
| $CH_3COOCH\diagup$ 或 $CH_3COOC—$ | −1.3406 | 0.000659 | −2.93 | −0.2383 | 0.4838 |
| $—COCH_2COO—$ 或 $—COCHCOO—$ 或 $—COCCOO—$ | 2.5413 | 0.001067 | −5.91 | 0.4456 | 0.0127 |
| $(=C)_A COO$ | −3.4235 | −0.000541 | 26.05 | 0.0835 | −2.0198 |
| $CH_m—O—CH_n=CH_p$ $m,n,p\in(0,2)$ | 1.0159 | −0.000878 | 2.97 | 0.1134 | 0.2476 |
| $(=C)_A O—CH_m$ $m\in(0,3)$ | −5.3307 | −0.002249 | −0.45 | −0.2596 | 0.1175 |
| $CH_m(NH_2)CH_n(NH_2)$ $m,n\in(0,2)$ | 2.0699 | 0.002148 | 5.80 | 0.4247 | 2.5114 |
| $(CH_m)_R NH_p(CH_n)_R$ $m,n,p\in(0,2)$ | 2.1345 | 0.005947 | −13.80 | 0.2499 | 1.0729 |
| $CH_m(OH)CH_n(NH_p)$ $m,n,p\in(0,2)$ | 5.4864 | 0.001408 | 4.33 | 1.0682 | 2.7826 |
| $(CH_m)_R S(CH_n)_R$ $m,n\in(0,2)$ | 4.4847 | | | 0.4408 | −0.2914 |

注：下标"A"代表芳烃结构，"R"代表环烷结构。

# 附录十　常用的热力学主题词

| | | | |
|---|---|---|---|
| Carnot 循环 | Carnot cycle | 敞开系统 | Open system |
| Duhem 定理 | Duhem's theorem | 超额性质 | Excess property |
| Henry 常数 | Henry constant | 超临界流体 | Supercritical fluid |
| Joule-Thomson 系数 | Joule-Thomson coefficient | 等熵效率 | Isentropic efficiency |
| Lewis-Randall 规则 | Lewis-Randall rule | 等温压缩系数 | Isothermal compressibility |
| Poynting 因子 | Poynting factor | 对比态原理 | Theorem of corresponding state |
| $p$-$V$-$T$ 关系 | $p$-$V$-$T$ relationship | | |
| Rankine 循环 | Rankine cycle | 反应进度 | Reaction coordinate |
| 标准反应热 | Standard heat of reaction | 分离因子 | Separating factor |
| 标准反应熵 | Standard entropy of reaction | 封闭体系 | Close system |
| 标准态 | Standard state | 焓 | Enthalpy |
| 部分互溶系统 | Partially miscible system | 恒沸点 | Azeotrope |

| 化学位 | Chemical potential | 热泵 | Heat pump |
|--------|-------------------|------|-----------|
| 化学反应平衡常数 | Equilibrium constant for chemical reaction | 热力学效率 | Thermodynamics efficie. |
| | | 热容 | Heat capacity |
| 化学反应平衡转化率 | Equilibrium conversion of chemical reaction | 热效应 | Heat effect |
| | | 三相点 | Triple point |
| 混合规则 | Mixing rule | 闪蒸 | Flash |
| 混合过程 | Mixing process | 熵 | Entropy |
| 活度 | Activity | 渗透压 | Osmotic pressure |
| 活度系数 | Activity coefficient | 剩余性质 | Residual property |
| 节流膨胀 | Throttling expansivity | 损失功 | Lost work |
| 可逆过程 | Reversible process | 体积膨胀系数 | Volume expansivity |
| 立方型状态方程 | Cubic equation of state | 稳态流动系统 | Steady-flow system |
| 理想功 | Ideal work | 无孔膜 | Membrane-nonporous |
| 理想气体 | Ideal gas | 相对挥发度 | Relative volatility |
| 理想溶液 | Ideal solution | 相律 | Phase rule |
| 临界点 | Critical point | 相平衡 | Phase equilibria |
| 露点 | Dew point | 性能系数 | Coefficient of performance |
| 内能 | Internal energy | 压缩因子 | Compressibility factor |
| 逆向冷凝 | Retrograde condensation | 液化 | Liquefaction |
| 凝胶 | Gel | 液液平衡 | Liquid-liquid equilibrium (LLE) |
| 能量平衡 | Energy balance | | |
| 泡点 | Bubble point | 逸度 | Fugacity |
| 偏摩尔性质 | Partial property | 逸度系数 | Fugacity coefficient |
| 偏心因子 | Acentric factor | 有效能 | Available energy |
| 普遍化关联式 | Generalized correlations | 㶲 | Exergy |
| 气体常数 $R$ | Gas constant | 蒸汽压缩制冷循环 | Vapor-compression refrige-ration cycle |
| 气体溶解度 | Gas solubility | | |
| 气体液化 | Gas liquefaction | 蒸汽动力循环 | Vapor-power cycle |
| 汽液平衡 | Vapor-liquid equilibrium (VLE) | 制冷 | Refrigeration |
| | | 状态方程 | Equation of state |
| 汽液平衡比 $K$ | $K$-value for VLE | 状态函数 | State function |
| 汽液平衡数据的一致性 | Consistency of VLE data | | |

# 参 考 文 献

[1] Smith J M，Van Ness H C. Introduction to Chemical Engineering Thermodynamics. 7th ed. New York：McGraw-Hill，2005.

[2] Poling B E，Prausnitz J M，O'Cornell J P. The Properties of Gases and Liquids. 5th ed. New York：McGraw-Hill，2001.

[3] Prausnitz J M，Lichtenthaler R N，de Azevedo E G. Molecular Thermodynamics of Fluid-Phase Equilibria. 3rd ed. New Jersey：Prentice-Hall PTR，1999.

[4] Abbott M M，Van Ness H C. Theory and Problems of Thermodynamics. 2nd ed. New York：McGraw-Hill，1989.

[5] 胡英. 近代化工热力学——应用研究的新进展. 上海：上海科学技术文献出版社，1994.

[6] 朱自强，吴有庭. 化工热力学. 第三版 北京：化学工业出版社，2010.

[7] 马沛生等. 化工热力学（通用型）. 北京：化学工业出版社，2005.

[8] 史密斯 J M，范奈司 H C. 化工热力学导论. 苏裕光，江礼科，王建华译. 第三版. 北京：化学工业出版社，1982.

[9] 施云海等. 化工热力学. 上海：华东理工大学出版社，2007.

[10] 陈钟秀，顾飞燕. 化工热力学. 北京：化学工业出版社，1993.

[11] 党洁修，涂敏端. 化工节能基础. 成都：成都科技大学出版社，1987.

[12] 顾惕人. 表面化学. 北京：科学出版社，1999.

[13] 李斯特. 工程热力学原理. 北京：化学工业出版社，1990.